JN403415

2026
최신개정

최신 **출제기준** 반영

名品

산림기능사

권현준 저

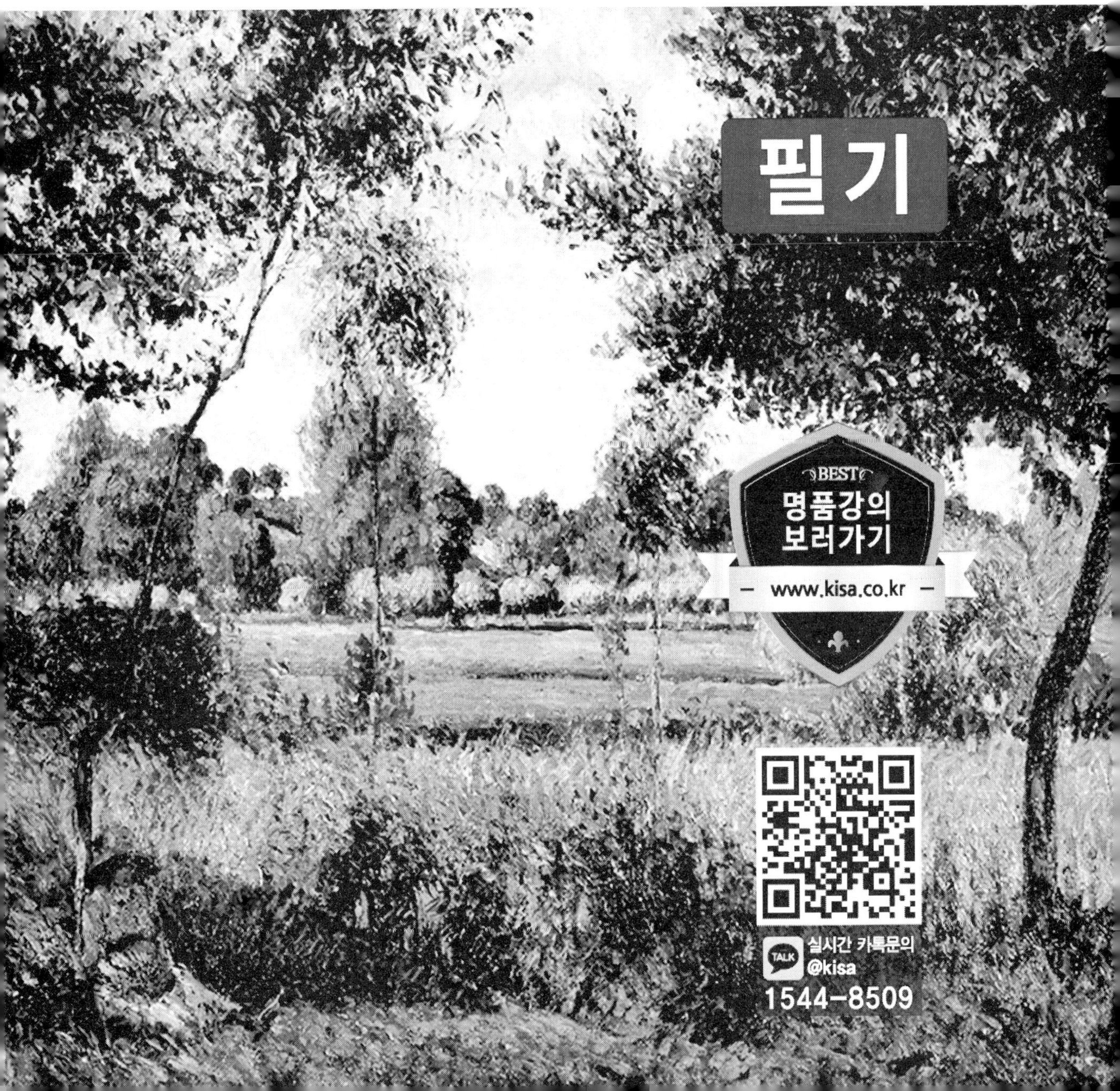
필기
BEST
명품강의
보러가기
www.kisa.co.kr
실시간 카톡문의
TALK
@kisa
1544-8509

PREFACE

　산림을 공부하는데 있어 처음 입문하는 사람에게는 용어 및 개념의 어려움이 많은 학문입니다. 단순히 나무의 종류만을 알고 암기하는 것이 아니라 산림을 건강하게 키우기 위한 조림학 및 육림분야와 산림을 아름답게 유지하기 위한 보호분야 등 그 외에도 세부적으로 산림에 대한 다양한 학문을 공부해야 합니다.
　이러한 산림이라는 학문을 접하는데 있어 좀 더 쉽게 즐겁게 시작하는 것이 중요하다고 판단했습니다.

　이 책은 깊고 복잡하게 공부를 시작하기보다 쉽게 산림을 이해하고 나아가 관련 자격증을 취득하기 위한 **기출문제** 및 **CBT문제**를 **수록**하였습니다. 이론의 경우도 이러한 자격증 취득에 좀 더 중점을 두고 반드시 알아야 하는 필수 이론을 좀 더 쉽게 공부하기 위해 **요약 정리**를 해두었습니다.
　그래서 처음에 이론을 어렵게 접하기보다 대략적인 산림의 이해를 도모하고 차후 문제를 통해 심도 있는 공부를 하고자 구성되었고 실제 관련문제에 필요한 내용들을 첨부하여 공부하는데 책을 하나하나 찾아보는 수고를 줄이고 효율적인 공부가 가능하도록 구성하였습니다.

　앞으로 산림은 사람들의 생활을 윤택하게 하기 위해 함께 공존하고 가꾸어야할 존재가 될 것이며 그만큼 관심은 높아질 것입니다. 실제로 산림 관련 자격증의 경우 응시자 수가 매년 증가하고 있으며 이는 그만큼 우리가 산림에 대한 관심도가 증가하고 있음을 의미하고 있습니다.

　지금부터 이 책을 통해 많은 분들이 자격증 합격 뿐만 아니라 산림의 발전과 본인의 행복한 미래를 위한 밑거름이 되길 기원합니다.

지은이

자격시험안내 — INFORMATION

01 개요

산림은 우리 생활에 귀중한 목재를 제공해 줄 뿐만 아니라 산림의 저수능력에 의한 수원함양, 토사유출 및 붕괴방지에 의한 국토보존, 산업화 및 공업화로 야기 되는 대기오염의 정화, 레크레이션 장소의 제공 등 인간생활을 풍요롭게 해 주고 있다. 특히 오늘 날과 같이 환경오염이 심각해지고 사회가 고도화됨에 따라 산림육성의 필요성은 더욱 강조되고 있다. 이에 따라 일정한 자격을 갖춘 사람으로 하여금 임야를 관리하게 함으로 산림의 종합적인 개발을 도모하기 위해 자격제도 제정.

02 시행기관 및 원서접수

한국산업인력공단(www.q-net.or.kr)

03 진로 및 전망

- 지방산림관서의 공무원, 작업단 등 공직과 임업회사 등에 진출할 수 있다. 「산림법」에 따라 임업지도원 자격을 취득하여 산림조합중앙회, 산림조합에 임업기술지도원으로 진출할 수 있다.
- 앞으로 산림에 대한 수요가 증대되고 산지농업, 사냥, 산림휴양 등에 종합적인 산림 경영기법이 도입될 것으로 예상되며, 임도시설의 확충되고 육림, 벌채 등의 기계화가 촉진됨에 따라 기술자의 수요가 증가될 것으로 보인다. 최근 응시자수와 합격자수 가 증가하는 추세이다.

04 시험과목 및 검정방법

구분	시험과목	검정방법
필기	1. 조림 및 육림기술 2. 산림보호 3. 임업기계	객관식 4지 택일형 60문항(60분)
실기	산림작업	작업형 (2시간 정도)

05 합격기준

필기·실기 : 100점 만점에 60점 이상 득점자

06 응시절차

1	필기원서접수	• Q-net를 통한 인터넷 원서접수 • 필기접수 기간 내 수험원서 인터넷 제출 • 사진(6개월 이내에 촬영한 3.5×4.5cm 칼라사진, 수수료 전자결제 • 수험표 본인 선택(선착순)
2	필기시험	수험표, 신분증, 필기구(흑색 싸인펜 등), 공학용계산기 지참
3	합격자 발표	• Q-net를 통한 합격확인(마이페이지 등) • 응시자격(기술사, 기능장, 산업기사, 서비스 분야 일부종목) • 제한종목은 합격예정자 발표일부터 8일 이내에(토, 공휴일 제외) • 응시자격서류를 제출하여 합격처리된 사람에 한하여 실기접수가 가능
4	실기원서 접수	• 실기접수기간 내 수험원서 인터넷(www.Q-net.or.kr)제출 • 사진(6개월 이내에 촬영한 반명함판 사진파일(JPG), 수수료(정액) • 시험일시, 장소, 본인 선택(선착순) 　단, 기술사 면접시험은 시행 10일 전 공고
5	실기시험	수험표, 신분증, 필기구, 공학용 계산기, 수험자 지참준비물(작업형 시험한정) 지참
6	최종합격자 발표	Q-net를 통한 합격확인(마이페이지 등)
7	자격증 발급	• (인터넷) 인터넷 신청 후 우편 배송 • (방문수령) 여권규격사진 및 신분확인 서류

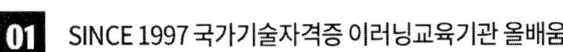

모두 바르게 빨리 **올배움** 한다.

이러닝교육기관 올배움이 특별한 이유!

01 SINCE 1997 국가기술자격증 이러닝교육기관 올배움

02 고객이 신뢰하는 브랜드대상 수상기관

03 합격생이 인정하는 최고의 명품강의

www.kisa.co.kr　1544-8509　카톡ID : kisa

07 전국 한국산업인력공단 안내

기관명	주소	연락처
서울지역본부	(02512)서울 동대문구 장안벚꽃로 279(휘경동 49-35)	02-2137-0590
서울서부지사	(03302)서울 은평구 진관3로 36(진관동 산100-23)	02-2024-1700
서울남부지사	(07225)서울시 영등포구 버드나루로 110(당산동)	02-876-8322
서울강남지사	(06193)서울시 강남구 테헤란로 412 알레르망타워 15층(대치동)	02-2161-9100
인천지사	(21634)인천시 남동구 남동서로 209(고잔동)	032-820-8600
경인지역본부	(16626)경기도 수원시 권선구 호매실로 46-68(탑동)	031-249-1201
경기동부지사	(13313)경기 성남시 수정구 성남대로 1214 광우빌딩(1~7층)	031-750-6200
경기서부지사	(14488) 경기도 부천시 길주로 463번길 69(춘의동)	032-719-0800
경기남부지사	(17561)경기 안성시 공도읍 공도로 51-23	031-615-9000
경기북부지사	(11801)경기도 의정부시 바대논길 21 해인프라자 3~5층(고산동)	031-850-9100
강원지사	(24408)강원특별자치도 춘천시 동내면 원창 고개길 135(학곡리)	033-248-8500
강원동부지사	(25440)강원특별자치도 강릉시 사천면 방동길 60(방동리)	033-650-5700
부산지역본부	(46519)부산시 북구 금곡대로 441번길 26(금곡동)	051-330-1910
부산남부지사	(48518)부산시 남구 신선로 454-18(용당동)	051-620-1910
경남지사	(51519)경남 창원시 성산구 두대로 239(중앙동)	055-212-7200
경남서부지사	(52733)경남 진주시 남강로 1689(초전동 260)	055-791-0700
울산지사	(44538)울산광역시 중구 종가로 347(교동)	052-220-3277
대구지역본부	(42704)대구시 달서구 성서공단로 213(갈산동)	053-580-2300
경북지사	(36616)경북 안동시 서후면 학가산 온천길 42(명리)	054-840-3000
경북동부지사	(37580)경북 포항시 북구 법원로 140번길 9(장성동)	054-230-3200
경북서부지사	(39371)경상북도 구미시 산호대로 253(구미첨단의료 기술타워 2층)	054-713-3000
광주지역본부	(61008)광주광역시 북구 첨단벤처로 82(대촌동)	062-970-1700
전북지사	(54852)전북특별자치도 전주시 덕진구 유상로 69(팔복동)	063-210-9200
전북서부지사	(54098)전북특별자치도 군산시 공단대로 197번지 풍산빌딩 2층(수송동)	063-731-5500
전남지사	(57948)전남 순천시 순광로 35-2(조례동)	061-720-8500
전남서부지사	(58604)전남 목포시 영산로 820(대양동)	061-288-3300
대전지역본부	(35000)대전광역시 중구 서문로 25번길 1(문화동)	042-580-9100
충북지사	(28456)충북 청주시 흥덕구 1순환로 394번길 81(신봉동)	043-279-9000
충북북부지사	(27480)충북 충주시 호암수청2로 14 (호암동) 충주농협 호암행복지점 3~4층	043-722-4300
충남지사	(31081)충남 천안시 서북구 상고1길 27(신당동)	041-620-7600
세종지사	(30128)세종특별자치시 한누리대로 296(나성동)	044-410-8000
제주지사	(63220)제주 제주시 복지로 19(도남동)	064-729-0701

08 출제기준

산림기능사

직무 분야	농림어업	중직무 분야	임업	자격 종목	산림기능사	적용 기간	2025.1.1.~ 2027.12.31
○ 직무내용 : 산림과 관련한 숙련기능을 가지고 조림, 숲가꾸기, 벌목, 산림보호 등 산림 사업 현장에서의 작업을 수행하는 직무이다.							
필기검정방법	객관식		문제수		60	시험시간		1시간

필기 과목명	문제 수	주요항목	세부항목
조림 및 육림기술, 산림보호, 임업기계	60	1. 식재	1. 식재예정지 정리 2. 식재
		2. 식재지 관리	1. 풀베기 2. 덩굴제거 3. 비료주기
		3. 어린나무가꾸기	1. 경합목 제거 2. 수형조절
		4. 가지치기	1. 가지치기작업
		5. 솎아베기	1. 솎아베기 작업
		6. 천연림가꾸기	1. 천연림보육 2. 천연림개량 3. 산림갱신
		7. 산림조성사업 안전관리	1. 안전장구 관리 2. 작업장 관리
		8. 산림작업도구 및 재료	1. 작업도구 2. 작업재료
		9. 임업기계 운용	1. 임업기계 종류 및 사용법 2. 임업기계 유지관리
		10. 산림병해충 예찰	1. 병해충 구분
		11. 산림병해충 방제	1. 방제방법
		12. 산불진화	1. 산불진화

CONTENTS

forest

PART 01 조림 및 육림기술

1. 산림 일반
- 1.1 산림의 분류 ············ 2
- 1.2 산림의 역사 ············ 3

2. 임목 종자
- 2.1 종자의 구조 ············ 6
- 2.2 종자의 산지 ············ 7
- 2.3 종자저장관리 ············ 8
- 2.4 개화결실의 촉진 ············ 13
- 2.5 종자의 품질 ············ 13
- 2.6 종자의 발아촉진 ············ 17
- 2.7 채종림과 채종원 ············ 18

3. 묘목생산 및 식재
- 3.1 번식 일반 ············ 19
- 3.2 실생묘 양성 ············ 19
- 3.3 무성 번식묘 생산 ············ 23
- 3.4 묘목의 품질검사 및 규격 ············ 28

4. 묘목 식재
- 4.1 묘목의 식재 ············ 30
- 4.2 용기묘 생산 ············ 34

5. 숲가꾸기
- 5.1 풀베기 ············ 36
- 5.2 덩굴제거 ············ 37
- 5.3 어린나무 가꾸기 ············ 39
- 5.4 가지치기 ············ 39
- 5.5 솎아베기 ············ 40
- 5.6 천연림 보육 ············ 43
- 5.7 복층림 ············ 45
- 5.8 임지시비 방법 ············ 45

6. 산림 갱신
- 6.1 갱신방법 ············ 48
- 6.2 갱신 작업종 ············ 49

7. 산림 환경	7.1 임목과 수분 ·· 55
	7.2 산림토양의 특성 ·· 57
	7.3 임목과 양분 ·· 62
	7.4 임목과 광선 ·· 65
	7.5 임목의 생장 조절 물질 ·· 68
	7.6 산림대 ·· 68

🍃 산림기능사 1단원 100제	단원 문제 및 해설 ·· 70~91

PART 02 산림보호

1. 일반 피해	1.1 인위적인 피해 ·· 94
	1.2 기상 및 기후에 의한 피해 ·· 96
	1.3 동물에 의한 피해 ·· 100
	1.4 환경오염 피해 ·· 100

2. 수목병	2.1 수목병 일반 ·· 104
	2.2 주요 수목병 종류 및 방제법 ·· 107

3. 곤충의 구조	3.1 외부구조 및 기능 ·· 118
	3.2 내부구조 및 기능 ·· 121

4. 산림 해충	4.1 산림해충 일반 ·· 124
	4.2 산림해충의 분류 ·· 127
	4.3 산림해충 방제법 ·· 132

5. 농 약	5.1 농약의 종류 ·· 134
	5.2 농약의 살포법 ·· 137
	5.3 농약의 제제 ·· 137
	5.4 농약제제의 물리적 성질 ·· 139

5. 농약의 독성 및 잔류성	6.1 농약의 독성 ·· 140
	6.2 주요 독성 ·· 140
	6.3 농약의 잔류허용기준 ·· 142

🍃 산림기능사 2단원 100제	단원 문제 및 해설 ·· 143 ~ 165

PART 03 임업기계

1. 임업기계

- 1.1 임업기계·장비의 종류 및 용도 ········· 168
- 1.2 내연기관 ··· 174
- 1.3 연료 ·· 180
- 1.4 임업기계·장비 사용법 ····················· 182
- 1.5 임업기계·장비의 유지관리 ··············· 193
- 1.6 산림작업 및 안전 ···························· 196

🌿 산림기능사 3단원 100제   단원 문제 및 해설 ·································· 206 ~ 299

PART 04 산림기능사 과년도문제

1. 산림기능사 기출문제

- 2012년 제1회 ··· 232
- 제2회 ·· 241
- 제4회 ·· 250
- 2013년 제1회 ··· 259
- 제2회 ·· 269
- 제4회 ·· 278
- 2014년 제1회 ··· 287
- 제2회 ·· 295
- 제4회 ·· 304
- 2015년 제1회 ··· 312
- 제2회 ·· 320
- 제3회 ·· 329
- 2016년 제1회 ··· 338
- 제2회 ·· 347
- 제4회 ·· 356

2. 산림기능사 CBT문제

- CBT 1회 ··· 365
- CBT 2회 ··· 373
- CBT 3회 ··· 382
- CBT 4회 ··· 391
- CBT 5회 ··· 400
- CBT 6회 ··· 409
- CBT 7회 ··· 418
- CBT 8회 ··· 427
- CBT 9회 ··· 436

2. 산림기능사 CBT문제

CBT 10회 ·· 445
CBT 11회 ·· 453
CBT 12회 ·· 461
CBT 13회 ·· 469
CBT 14회 ·· 478
CBT 15회 ·· 487

PART

조림 및 육림기술

01 산림일반

PART 01 ······ 조림 및 육림기술

1.1 산림의 분류

(1) 순림과 혼효림

순림	혼효림
① 산림이 한 수종만으로 구성된 경우 ② **순림의 특징** 　㉠ 유리한 수종으로 구성 가능 　㉡ 산림 작업과 경영이 용이함 　㉢ 임목의 벌채 비용 등 경제적으로 유리 　㉣ 경관상 아름다움	① 수종이 두 가지 이상으로 구성된 산림 ② **혼효림 특징** 　㉠ 바람에 대한 저항성이 높음 　㉡ 토양 및 수관의 공간 이용에 효율적 　㉢ 유기물 분해가 빨라 양분 순환이 양호 　㉣ 병충해 및 기타 피해에 저항성 증가

(2) 동령림과 이령림

동령림	이령림
① 나무의 나이가 같은 경우로 임분을 구성하는 나무의 수령 범위가 평균임령의 20% 내외 이면 동령림으로 취급한다. ② **동령림 장점** 　㉠ 조림 및 육림 등의 작업이 간편 　㉡ 단위면적당 다량의 목재 생산 　㉢ 우량 목재 생산이 가능	① 다양한 나이를 가진 나무들로 구성된 임분을 의미한다. ② **이령림 장점** 　㉠ 지속적인 경영과 소득이 가능 　㉡ 시장 상황에 따라 탄력적 벌채가 가능 　㉢ 천연갱신 유리 　㉣ 병충해 및 피해에 대한 저항력 증가

(3) 천연림과 인공림

천연림	인공림
① 사람의 간섭이 없는 산림을 의미한다. ② 원시림은 재해를 받은 적이 없는 산림을 말하며 처녀림이라고도 한다. ③ 천연림은 여러 식물이 발달하면서 식생의 층상구조가 나타난다.	① 인위적 간섭을 받은 산림을 의미한다. ② 인공조림 혹은 천연갱신에 의해 이루어진 산림을 인공림이라 한다.

(4) 경제림과 보안림

경제림	보안림
① 산림을 하나의 경제 수단으로 취급함을 경제림이라 한다. ② 우리가 경영하는 대부분의 목재 및 기타 임산물의 생산 수단으로 경제림에 속한다.	① 경제림과는 다르게 생산에 목적을 두기보다 간접적 혹은 공익적 이익에 중점을 두는 산림을 의미한다. ② 토사의 유출 방지, 붕괴의 방지, 생활환경의 보호, 수원 함양의 기능, 명소의 경관 보존 등의 간접적 효과를 위해 보존되는 산림을 말한다.

(5) 국유림 및 사유림

현재 국내의 산림은 사유림이 69% 로 가장 높고 다음으로 국유림 23 %, 공유림 7.6% 정도이다.

국유림	사유림
① 국가가 소유한 산림을 의미한다. ② 공유림의 경우 공공복지 증진, 지방재정확보, 사유림의 경영 시범 등의 목적	① 개인이 소유한 산림을 의미한다. ② 지방자치단체 및 공공단체가 소유하는 경우 공유림이라 한다.

1.2 수목의 분류

(1) 일반 분류

① 수목은 종을 기본단위로 하여 변종, 품종, 영양계로 분류한다.

종	생물 분류의 기본 단위, 생식작용으로 계승 가능한 식물군
변종	같은 종류의 생물에서 변이가 생겨 특성이 달리하는 것
품종	생물 분류학상 종의 하위단위, 임업상의 품종은 통상 지리적 분포에 의함
영양계	수목의 접목, 삽목 등의 무성 증식으로 한 개체를 증가시켜 유전적으로는 동일한 개체군

(2) 형태에 따른 분류

① 관목과 교목

관 목	교 목
• 성숙한 단계의 수고가 5~6m • 대표 수종으로 싸리, 쥐똥나무, 무궁화, 개나리, 장미, 회양목 등	• 성숙한 단계의 수고 10m 이상 • 대표 수종으로 소나무, 낙엽송, 오동나무, 은행나무, 포플러 등

② 겉씨 식물
　㉠ 대표 수종으로 은행나무, 소나무, 주목, 측백나무, 낙엽송, 삼나무, 비자나무 등이 있다.
　㉡ 꽃잎, 꽃받침이 없고 단성화이며 중복수정은 하지 않는다.
　㉢ 겉씨 식물의 특징은 아래와 같다.

• 암꽃의 구조에서 씨방이 없다. • 밑씨가 노출되어 있다. • 잎맥은 평행(나란히맥)하다.	• 관다발이 발달한다. • 도관이 없고 대부분 가도관이다. • 체관에 반세포가 없다.

④ 속씨 식물
　㉠ 대표 수종으로 상수리나무, 개나리, 매실나무, 사과나무, 느티나무, 밤나무, 협죽도 등이 있다.
　㉡ 꽃잎, 꽃받침이 있으며 양성화로 중복수정을 하며 속씨 식물의 특징은 아래와 같다.

• 씨방이 발달하여 밑씨를 보호한다. • 쌍떡잎식물은 그물맥의 잎맥을 보인다.	• 목질부에 도관이 발달한다. • 반세포가 있는 체관이 있다.

⑤ 상록수
　㉠ 일 년 내내 푸른 잎을 달고 있는 수목이다.
　㉡ 대표수종으로 주목, 리기다소나무, 사철나무, 비자나무, 동백나무, 가시나무 등이 있다.
　㉢ 상록수는 낙엽수와 비교하면 탄수화물의 함량이 계절적 변화가 적은 편이다.

⑥ 낙엽수
　㉠ 계절에 따라 낙엽이 일제히 떨어지거나 고엽의 일부분이 붙어 있는 수목
　㉡ 대표수종으로 은행나무, 낙엽송, 낙우송, 상수리나무, 모란, 층층나무, 배롱나무 등이 있다.
　㉢ 낙엽수는 가을이 되면 잎이 떨어지면서 광합성량의 변화가 많아 상대적으로 상록수에 비해 탄수화물의 함량의 변화가 많다.

(3) 수종 선택 원칙

경제적 원칙	• 재적 수확량이 많을 것 • 재질이 우량하고 수요가 많을 것 • 경제적 가치가 높을 것
생물적 원칙	• 병충해에 대한 저항력이 강할 것 • 적응력이 뛰어날 것
조림적 원칙	• 조림이 용이할 것 • 수종 생리 상태가 작업종에 알맞을 것 • 임지 보호에 도움이 될 것

(4) 국내에 도입된 해외 수종

분 류	수 종
미국	리기다소나무, 낙우송, 스트로브소나무, 아까시나무, 미루나무
일본	삼나무, 낙엽송, 편백, 오리나무
유럽	독일 가문비, 유럽 소나무, 이태리 포플러

(5) 주요 경제 수종

구 분		수 종
장기수	침엽수	강송, 잣나무, 전나무, 낙엽송, 삼나무, 편백, 해송, 리기테다소나무, 스트로브 잣나무, 버지니아소나무
	활엽수	참나무, 자작나무, 물푸레나무, 느티나무, 루브라참나무
속성수		이태리포플러, 현사시나무, 양황철나무, 수원포플러, 오동나무
유실수		밤나무, 호두나무

02 종자 생산

PART 01 …… 조림 및 육림기술

2.1 종자의 구조

(1) 종자의 구조

① 구조의 발달 관계

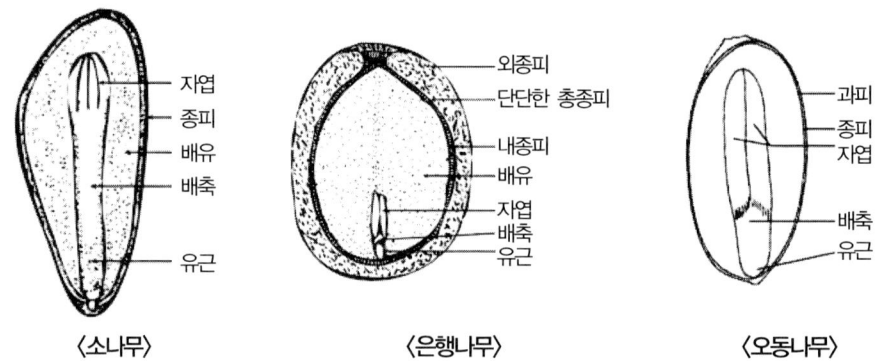

⟨소나무⟩   ⟨은행나무⟩   ⟨오동나무⟩

씨방(자방) → 열매 밑씨(배주) → 종자 주피 → 씨껍질(종피)	주심 → 내종피 극핵(2개)+정핵 → 배젖(속씨식물) 난핵 + 정핵 → 배

② 종자의 구조

종피	배주를 감싸고 있는 주피가 변화하여 이루어진 것이다.
배주	배주를 구성하는 내주피, 외주피는 내종피와 외종피로 되어 종자를 보호한다. 자방 안의 배주는 수정 후 종자가 된다.
배	난핵과 정핵이 합쳐져 이루어진다. 떡잎과 어린줄기, 뿌리가 될 배축, 유아, 근축으로 구성된다.
배젖	정핵과 2개의 극핵이 합쳐서 이루어진 것으로 외배유, 떡잎과 함께 배에 필요한 양분을 공급하고 양분의 유무에 의해 배유종자, 무배유종자로 분류한다.

※ 열매 및 종자의 배치 순서

바깥	과피	주피	주심	배유	배	안
	(씨방벽)	(씨껍질)	(내종피)	(씨젖)	(씨눈)	

(2) 종자의 수정

① 일종의 생식세포인 화분과 배낭이 형성되고 자웅 양핵이 유합되어 종자가 생성된다.
② **침엽수종**은 한 개의 정핵과 한 개의 난핵이 수정을 하며 **활엽수종**은 제 1 정핵과 난핵이 만나는 경우와 제 2 정핵과 2개의 극핵과 유합하여 3n의 배유가 되는 중복수정을 한다.

- **침엽수종(겉씨식물)**
  - 정핵(n) + 난핵(n) → 배(2n)
- **활엽수종(속씨식물)**
  - 정핵(n) + 난핵(n) → 배(2n)
  - 정핵(n) + 2개 극핵(2n) → 배젖(3n)

③ 수정 완료 후 세포 분열을 통해 발육이 일어나면서 주피는 종피가 되고 모체의 생활기능이 분리되어 독립하면 이를 **종자**라 한다.

2.2 종자의 산지

(1) 종자의 산지

종자의 산지는 종자를 얻는 곳을 의미한다. 종자를 얻은 산지와 조림을 하고자 하는 장소의 기후가 많이 상이할 경우 임목의 생장이 불량하거나 병충해에 대한 저항력이 약해질 확률이 높다.

(2) 종자의 생태형

① 생태형은 환경에 의해 같은 수종이라도 임목의 특징에 차이가 있는 것을 의미한다.
② 대표적으로 소나무는 분포 지역에 따라 6개의 생태형으로 분류된다.

생태형	지역	특징
동북형	함경남도, 강원도	수형은 줄기가 곧고 수관은 난형이며 지하고가 짧다.
금강형	금강산, 태백산	수형은 줄기가 곧고 수관이 가늘고 좁으며 지하고가 길다.
중남부 평지형	서해안 일대	줄기가 굽고 천박하고 넓게 퍼지며 지하고가 길다.
위봉형	전라북도 완주 지역	전나무 모양을 닮았으며 수관이 좁고 줄기생장은 저조하다.
안강형	울산지역	줄기가 매우 굽으며 수관은 위가 평평하고 수고가 낮고 난쟁이 형이다.
중남부 고지형	평안남도, 전라남도 내륙지방	금강형과 중남부평지형의 중간형으로 환경에 따라 금강형 혹은 중남부 평지형을 띤다.

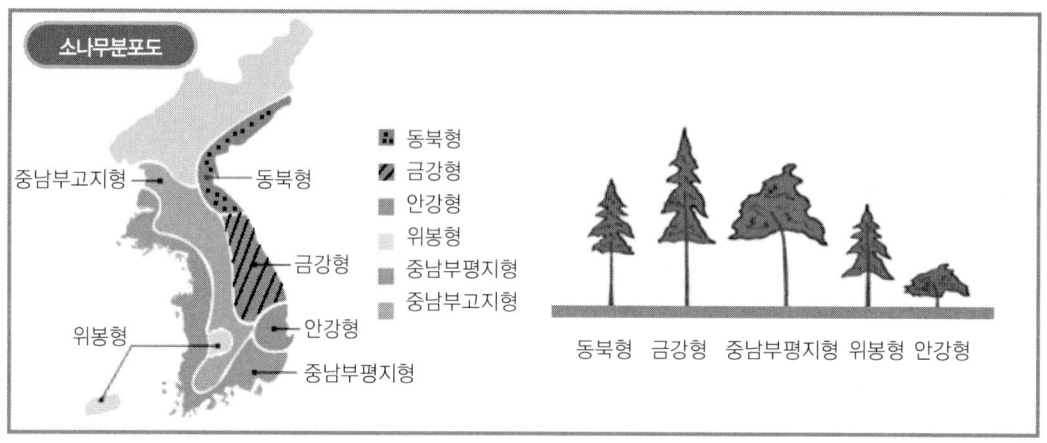

2.3 종자저장관리

(1) 종자결실량 예측

① 종자결실량을 예측하는 것은 얼마나 결실되는지를 예상하는 것으로 주로 이전의 꽃 핀 정도를 통해 예측한다.

② 수종에 따라 결실량의 주기가 서로 다르며 주기는 아래와 같다.

주 기	수 종
해마다 결실	버드나무류, 오리나무류, 포플러류
격년 결실	소나무류, 오동나무, 아까시나무, 자작나무
2~3년 주기	참나무류, 들메나무, 느티나무, 편백, 삼나무
3~4년 주기	전나무, 가문비나무, 녹나무
5년 이상	낙엽송, 너도밤나무

③ 종자의 결실은 수목의 조건이나 주변 환경, 기상 조건 등에 영향을 받는다. 수목의 개화는 봄이지만 성숙기간의 경우 수종에 따라 상이하며 아래와 같다.

꽃핀 직후에 종자 성숙	사시나무, 미루나무, 버드나무, 황철나무, 은백양
꽃핀 해의 가을 종자 성숙	삼나무, 편백, 전나무, 가문비나무, 오동나무, 졸참나무, 신갈나무, 떡갈나무
꽃핀 이듬해 가을 종자 성숙	소나무류, 상수리나무, 굴참나무, 잣나무

④ 종자의 성숙시기는 수종별로 다르며 성숙기는 아래와 같다.

월(月)	대표 수종
5	버드나무류, 미루나무, 양버들, 황철나무, 사시나무
6	시무나무, 비술나무, 벚나무, 떡느릅나무
7	회양목, 벚나무
8	스트로브잣나무, 향나무, 섬잣나무, 귀룽나무, 노간주나무
9	소나무, 낙엽송, 주목, 구상나무, 분비나무, 가문비나무, 향나무, 자작나무, 물푸레나무, 밤나무, 가래나무, 호두나무, 졸참나무, 들메나무, 층층나무
10	소나무, 잣나무, 낙엽송, 리기다소나무, 해송, 구상나무, 삼나무, 편백, 전나무, 은행나무, 오동나무, 아까시나무, 상수리나무, 굴참나무, 갈참나무, 단풍나무, 대추나무, 밤나무, 층층나무, 오리나무류
11	동백나무, 회화나무

(2) 종자의 채취

① 종자 채취 시기

㉠ 종자는 성숙정도에 따라 저장양분, 함수량의 정도에 따라 고유한 색채를 가지게 되며 이를 통해 유숙기, 황숙기, 과숙기로 구분하여 채취 시기를 결정한다.

유숙기	종피의 색은 녹색으로 내부 형태는 아직 유상으로 있을 경우
황숙기	종피의 색은 황색 혹은 갈색으로 종자의 내부 요소들이 채취적기에 이른 경우
과숙기	과도한 건조로 인해 종피 내부로 수분 침투가 곤란해 발아력이 저하된 경우

㉡ 종자의 성숙기와 채집기를 판정하는 종자의 외적 요인은 다음과 같다.

밀도	구과의 밀도 혹은 단단함 정도(단단함이 약할 때)
함수량	수분 함유 정도(수분 함유 정도가 적을 때)
색상	색의 퇴색 정도(색이 퇴색할 때)

㉢ 구과 성숙시 수종별 색의 변화를 통해 판단하며 주요 수종의 색의 변화는 아래와 같다.

수 종	색
소나무	녹색
측백나무	황녹색
가문비나무	흑색
향나무	청색

② 종자 채취 방법

방 법	특 징
벌도법	• 종자 성숙기나 이용가치가 적은 나무를 벌도하여 채집하는 것
절지법	• 결실가지의 기부나 중간부를 자르는 방법 • 깊은 산에서 주로 하는 작업으로 결실 가지가 없어져 보속생산이 불가능한 단점이 있음
장대따기	• 장대 혹은 도구를 이용하여 충격을 주어 떨어뜨리는 방법 • 주로 밤나무, 참나무류 등 종자가 잘 떨어지는 수종에 적용함
훑어따기	• 손으로 훑어서 따는 방법 • 편백, 느티나무, 느릅나무 등 가지에 종자가 모여서 달리는 수종에 주로 적용하는 방법
송이따기	• 소나무, 잣나무, 전나무 등은 송이가 잘 떨어지지 않는 수종이기에 전정가위, 고절가위 등으로 송이째 따는 것이 효과적 • 단풍나무류, 물푸레나무류, 오동나무 등은 종자가 모여 달리기에 송이째 따는 것이 효과적

(3) 종자의 탈종 및 정선

① 종자의 건조

건조법	특 징
양광 건조법	• 햇빛이 충분한 곳에 구과를 펴서 하루 2~3회 뒤집어 건조시킴 • 대표 수종으로 소나무류, 낙엽송, 전나무, 회양목 등
반음 건조법	• 햇볕에 약한 종자를 통풍이 잘되는 옥내에 얇게 펴서 건조하는 방법 • 대표 수종 오리나무류, 포플러류, 편백, 화백, 미누라무, 참나무류 등
인공 건조법	• 건조기를 이용하여 건조시키는 방법 • 보통 25℃ ~ 40℃ 까지 온도 유지, 50℃ 이상으로는 올리지 않음

② 종자의 탈종

탈종은 건조가 끝난 구과에서 종자를 빼내는 작업으로 수종에 따라 적합한 탈종의 방법이 있으며 아래와 같이 분류된다.

탈종 방법	특 징
건조 봉타법	• 막대기로 가볍게 두드려서 씨를 빼는 방법 • 대표 수종 아까시나무, 박태기나무, 오리나무
부숙 마찰법	• 부숙시킨 이후 마찰을 하여 과피를 분리 • 대표 수종 은행나무, 벚나무, 비자나무, 가래나무, 주목
도정법	• 종피를 정미기에 넣어 깎아 내는 기계적 방법 • 발아촉진의 효과도 있음 • 대표 수종 옻나무
구도법	• 열매를 절구에 넣어 공이로 찧는 방법 • 대표 수종 옻나무, 아까시나무

③ 종자의 정선

㉠ 종자의 정선이란 종자외의 협잡물인 쭉정이, 나무껍질, 모래 등을 제거하여 양질의 종자를 얻는 방법을 말한다.

㉡ 종자의 정선 방법은 아래와 같다.

종류	특징
입선법	• 굵은 종자나 열매를 손으로 선별하는 방법 • 대표 수종 밤나무, 가래나무, 호두나무, 상수리나무, 칠엽수 등 대립종자
풍선법	• 날개 및 가벼운 과피, 쭉정이를 분리할 목적, 바람을 이용하는 방법 • 소나무류, 가문비나무류, 낙엽송류 등
사선법	• 종자보다 크거나 작은 체를 이용하여 정선하는 방법, 대부분 수종의 1차 선별방법 • 사선법의 대표 수종으로 팽나무, 계수나무, 사리나무 등
액체선법	• 액체선법은 물, 식염수, 비눗물, 알코올 등의 비중액을 이용 • 수선법은 깨끗한 물에 24시간 침수 시켜 가라앉는 종자를 취하는 방법 • 수선법 대표 수종 향나무, 주목, 도토리 등 대립종자 • 식염수선법은 옻나무처럼 비중이 큰 종자의 선별에 이용, 물 1L 에 소금 280g 넣어 비중 1.18 의 액에서 선별

㉢ 정선종자 수율(수득율)

수종	수득율	수종	수득율
호두나무	52	벚나무	18.2
가래나무	51	잣나무	12.5
은행나무	28.5	향나무	12.4
자작나무	24.0	편백	11.4
박달나무	23.3	소나무, 해송 등	3
전나무	19.2	가문비나무	2.1

(4) 종자의 저장

건조 저장법	㉠ 소나무, 해송, 리기다소나무, 삼나무, 편백 등의 침엽수종 소립종자 적합 ㉡ **상온 저장법** • 종자를 건조시켜 용기에 담아 실온에서 보관하는 방법 • 장기간 저장에는 적합하지 않은 방법 ㉢ 저온 저장법(밀봉 저장법) • 종자를 건조시켜 진공상태로 밀봉하여 저온에 저장하는 방법 • 낙엽송과 같이 결실주기가 긴 수종에 적합한 방법
보습 저장법	㉠ 건조시 발아력을 상실하는 참나무, 가래나무, 목련 등에 적용하는 방법으로 습도를 유지하는 것이 특징이다. ㉡ **노천 매장법** • 저장과 발아 촉진 효과를 동시에 얻는 방법 • 종자를 땅 속에 50~100cm 깊이로 모래와 섞어 묻는다. • 대립종자와 같이 종피가 두껍고, 종피에 수분흡수 방해 물질이 있는 경우에는 장기간 매장하고, 소립종자는 1개월 정도 매장한다. • 매장시기는 대표수종에 따라 다음과 같다. | 종자채취 직후(9월~10월) 매장 | 들메나무, 단풍나무, 잣나무, 호두나무, 느티나무, 백합나무, 은행나무, 목련, 가래나무 등 | | 토양동결 전(11월 하순) 매장 | 벽오동나무, 물푸레나무, 신나무, 피나무, 층층나무, 옻나무 등 | | 토양동결이 풀린 후 파종 1개월전(3월 중순) 매장 | 소나무, 해송, 낙엽송, 가문비나무, 전나무, 리기다소나무, 방크스소나무, 삼나무, 편백, 측백나무 등 | ㉢ 보호저장법 • 모래와 종자를 섞어서 용기 안에 저장하는 방법 • 대표 수종 은행나무, 밤나무, 굴참나무 등 • 오염되지 않고 습하지 않은 모래에 섞으며 종자의 함수율이 건물중의 30% 이하로 내려가지 않도록 한다. ㉣ 냉습적법 • 종자의 발아촉진을 목적으로 후숙에 중점을 둔 저장법 • 용기 안에 보습재료로 이끼, 모래 등과 종자를 섞어 3~5°C 저장 • 종자의 함수율은 건물중 20~25% 유지

2.4 개화결실의 촉진

생리적 방법	① C/N 율 조절 • 환상박피, 단근, 접목 등이 있으며 탄수화물의 함량을 많게 하여 개화결실을 촉진한다. • C 는 탄수화물, N 은 질소를 의미하며 C/N 율이 높으면 화성을 유도하고 낮으면 영양생장이 지속된다. ② 시비 • 비료의 3요소인 질소, 인산, 칼륨을 조절하는 것으로 화아분화기에 시비시 결실이 촉진된다. • 질소보다는 인산, 칼륨이 조절에 더 효과적이다.
화학적 방법	① 식물생장 호르몬을 이용하여 화아분화를 촉진한다. ② 인식화분(멘토르화분)은 불화합성을 인식하여 화합성으로 유도한다.
물리적 방법	① 건조 및 상처주기 등의 기계적 처리를 통해 결실 촉진한다. ② 간벌 등의 임목밀도 조절을 통해 결실 촉진한다. ③ 일사량 및 온도 등의 환경 변화에 의한 결실 촉진한다.

2.5 종자의 품질

(1) 검사 기준

① 종자의 품질검사 항목으로 순량률, 용적중, 실중, ℓ 당 입수, kg 당 입수, 수분, 발아율, 효율 등이 있다.

② 종자의 크기 분류 기준

크기	기 준
대립 종자	• 1L 당 1,000 립 이하의 잣보다 큰 종자 • 대표 수종 밤나무, 상수리나무, 호두나무, 은행나무, 가래나무
중립 종자	• 1L 당 1,000~3,000 립 정도의 잣과 비슷한 크기의 종자 • 대표 수종 잣나무, 물푸레나무, 백합나무, 피나무
소립 종자	• 1L 당 3,000 ~ 100,000 립 정도의 종자 • 대표 수종 소나무, 분비나무, 전나무, 벚나무
세립 종자	• 1L 당 100,000 립 이상 종자 • 대표 수종 낙엽송, 자작나무, 편백, 삼나무, 오리나무

③ 종자검사시 요구되는 작업시료량 및 횟수

구분	용적중(g)	순량률(g)	실중(립)	수분(g)	발아율(립)
대립종자	300×4반복 = 1,200g	300×4반복 = 1,200g	100×4반복 = 400립	5×4반복 = 20g	30×5반복 = 150립
중립종자	100×4반복 = 400g	100×4반복 = 400g	500×4반복 = 2,000립	5×4반복 = 20g	50×5반복 = 250립
소립종자	50×4반복 = 200g	50×4반복 = 200g	1,000×4반복 = 4,000립	5×4반복 = 20g	100×5반복 = 500립

④ 종자 검사 후 합격한 종자는 품질보증표를 종자의 용기나 포장 외부에 부착하며 아래와 같이 구분한다.

구 분	표기 색깔
채종임분 종자	황색
채종림 종자	녹색
미검정 채종원 종자	분홍색
검정 채종원 종자	청색

(2) 종자 발아 검사

① **항온 발아기**

㉠ 발아력 검사는 종자가 발아하기 위한 최적온도는 23℃에서 실험한 것으로 기간 별로 발아하는 수종은 아래와 같다.

기 간	대표 수종
14일간	사시나무, 느릅나무
21일간	가문비나무, 편백, 화백, 아까시나무
28일간	소나무, 해송, 낙엽송, 삼나무, 자작나무, 오리나무
42일간	전나무, 느티나무, 옻나무, 목련

㉡ 종자 발아 기준은 유아나 유근이 나온 것을 기준으로 하며 만약 종료일까지 발아되지 않았을 경우는 절단을 하여 검사후 발아에 이상이 없을 때는 이것 역시 발아립으로 간주한다.

㉢ 정확한 발아율을 알아보기 위해 반복시험을 실시하면서 반복구간의 발아율이 아래의 범위를 초과할 경우는 재시험한다.

- 평균 발아율이 90% 이상, 각 반복구의 편차가 10% 이상일 경우
- 평균 발아율이 80~90% 범위, 각 반복구의 편차가 12% 이상일 경우
- 평균 발아율이 80% 미만, 각 반복구의 발아율 편차가 15% 이상일 경우

② **환원법**

㉠ 환원법에 사용되는 약품으로 테룰루산소다(Na_2TeO_2)나 테트라졸륨 1% 의 수용액이 있다.

㉡ 약액 침지후 테룰루산소다를 사용한 배는 흑색이나 암갈색으로, 테트라졸륨을 사용한 배는 적색 혹은 분홍색일때 건전한 배로 간주한다.

㉢ 환원법에 효율적인 검사 수종은 피나무, 주목, 향나무, 잣나무 가 있다.

ⓔ 환원법에 의한 발아율은 아래와 같이 구하도록 한다.

$$발아율(\%) = \frac{건전립 수}{작업시료 수} \times 100(\%)$$

ⓜ 테트라졸륨 용액은 어두운 곳에서 보관해야 한다.
ⓑ 테트라졸륨 용액은 휴면종자에도 잘 나타나며 침엽수 종자의 경우 배와 배유가 함께 염색되도록 한다.

③ **절단법**
종자를 절단하여 배와 배유의 발달상태를 육안으로 판단하는 방법이다.

④ **X 선 분석법**
종자를 X 선으로 촬영하여 내부의 상태를 확인하는 방법이다.

(3) 순량률

① 작업시료에서 협잡물, 파쇄립 등을 선발, 순정종자와의 중량의 백분율로 표시하며 공식은 아래와 같으며 대립종자의 경우 순량률을 산출하지 않는다.

$$순량률(\%) = \frac{순정종자량(g)}{작업량(g)} \times 100$$

② 주요 종자의 순량율은 아래와 같다.

수종	순량율	수종	순량율
잣나무	98	가문비나무	78
은행나무	98	오리나무	73
밤나무	96	음나무	72
가래나무	98	화백	74
곰솔	96	졸참나무	73

(4) 실중량, 용적중

실중량	용적중
① 종자 1,000 립의 무게를 의미하며 단위는 g 이다. ② 순정종자를 기준으로 실중 값이 높으면 종자가 충실한 것으로 판단한다.	① 종자 1L 당 무게를 g 단위로 나타낸다. ② 씨뿌림량을 결정하는 주요 인자 중 하나이다. ③ 종자가 1L 미만의 경우 부라웰곡립계를 이용하기도 한다.

(5) 발아율

① 발아율은 준비한 전체 시료 종자수에서 일정기간 동안 발아된 종자입수의 백분율로 표시하며 공식은 아래와 같다.

$$발아율(\%) = \frac{발아한 종자 수}{전체 시료 종자수} \times 100$$

② 종묘사업실시요령에 근거 종자 품질 기준에서 발아율은 아래의 값을 가진다.

수종	발아율(%)	수종	발아율(%)
해송	92	주목	55
리기다소나무	85	분비나무	32
소나무	87	오동나무	30
측백나무	84	구상나무	27
잣나무	74	전나무	25
은행나무	67	자작나무	10
호두나무	66	낙우송	11

(6) 발아세

발아세는 발아시험을 위한 일정 기간동안 발아하는 종자수의 비율을 말하며 통상 발아율 보다 수치가 적다. 발아세를 구하는 방법은 아래의 식에 따른다.

$$발아세(\%) = \frac{기간 중 가장 많이 발아한 날까지 종자수}{발아시험용 총 종자수} \times 100$$

(7) 효율

① 실제 종자의 사용 가치를 표현하는 것으로 구하는 방법은 아래의 식에 따른다.

$$효율(\%) = \frac{순량률 \times 발아율}{100}$$

② 종묘사업실시요령에 의거 종자품질 기준의 효율은 아래와 같다.

수종	효율	수종	효율
곰솔	88	잣나무	69
소나무	82	은행나무	66
리기테다소나무	80	주목	53
붉나무	73	분비나무	26
무궁화	77	자작나무	8

2.6 종자의 발아촉진

(1) 종자의 휴면 현상

① 종자 휴면

임목 종자가 발아를 위한 조건을 갖추었음에도 발아가 되지 않는 경우, 이러한 현상을 종자 휴면 혹은 발아휴면이라 한다.

② 종자 휴면의 원인

원 인	특 징
불투수성	• 종피나 과피가 단단하거나 두꺼운 경우 • 발생 수종 : 잣나무, 산수유나무, 대추나무, 가래나무, 자귀나무 등
물리적 요인	• 종피의 배가 성장을 물리적으로 방해받는 경우 • 발생 수종 : 잣나무, 호두나무, 가래나무, 주목 등
가스 교환	• 종자의 내부와 외부의 가스교환을 억제하는 경우 • 호흡으로 축적된 이산화탄소로 인해 종자가 휴면
미발달배	• 배의 발달이 불완전한 경우 • 발생 수종 : 은행나무, 들메나무, 향나무, 주목
배휴면	• 배 자체의 휴면 원인에 의한 경우 • 발생수종 : 사과나무, 복숭아나무, 배나무
생장억제물질	• 발아억제 물질이 식물체 내 존재하는 경우 • 발아 억제 물질로 ABA 가 있다. • 발생수종 : 감귤류, 사과나무, 배나무, 피나무, 포도나무
이중 휴면성	• 종자 휴면의 원인을 몇 가지 함께 가지는 경우 • 발생 수종 : 주목

(2) 종자의 발아조건

① 종자가 성장하는 과정을 발아라고 하며 온도, 습도, 공기, 광선의 조건이 중요하다.

분 류	특 징
산 소	• 산소 공급이 충분하여야 발아가 잘 이루어진다. • 산소가 없을 경우 무기호흡에 의해 발아하기도 한다.
수 분	• 대부분의 종자는 일정량의 수분이 있어야 발아를 할 수 있다. • 수분 흡수를 통해 종피가 연해지고 가스교환이 용이해진다.
온 도	• 발아를 위한 최적 온도의 범위는 20~30℃ 이다.
광 선	• 수종에 따라 광선에 의해 발아 혹은 억제 되기도 한다.

② 발아 과정

발아 과정	특 징
1단계 : 수분 흡수	• 수분을 흡수하여 표면이 연해져 발아가 용이해진다. • 가스교환이 쉬워진다.
2단계 : 효소의 활성 3단계 : 배의 생장	• 배유와 자엽에 보유된 전분, 단백질, 지방 등의 양분이 효소작용으로 활성화된다.
4단계 : 종피의 파열 5단계 : 유묘의 형성	• 발아시 어린뿌리가 나와 땅속에 뿌리를 내리고 종피에서 떡잎과 어린줄기가 출현 • 유근과 유아의 출현은 보통 유근이 먼저 출현한다.

(3) 종자의 발아촉진

발아 촉진법	특 징
종피파상법	• 종피나 과피에 상처를 내는 방법 • 향나무, 주목, 옻나무의 종자 처리에 효과적
침수처리법	• 물에 담가 종피를 연하게 하고 발아억제물질 제거에 효과적 • 온도에 따라 냉수침지법과 온탕침지법으로 분류 • 낙엽송, 삼나무, 편백, 소나무 종자에 적합한 방법
황산처리법	• 종자를 황산에 넣어 표면을 부식시킨 후 세척하여 파종하는 방법으로 탈납법이라 함 • 옻나무, 피나무, 콩과수목의 종자 처리에 효과적
노천매장법	• 종자의 저장과 발아촉진이 동시에 가능
층적법	• 습한 모래 혹은 이끼를 종자와 층층이 쌓아 두는 방법 • 주로 배 휴면 종자에 적용
약품처리법	• 각종 호르몬제와 화학약품을 통해 발아촉진을 하는 방법 • 지베렐린, 시토키닌, 에틸렌, 질산칼륨 등을 이용

2.7 채종림과 채종원

① 채종림은 천연림이나 인공림에서 형질이 우수한 나무를 통해 유전적으로 우량종자를 채집할 목적의 산림이다.

② 채종림 선발은 우량목, 중간목, 불량목으로 구분하고 우량목이 전체 나무의 50% 이상, 불량목은 20% 이하일 경우 양호한 상태라 할 수 있다.

③ 채종원은 우량 종자를 지속적으로 공급할 목적으로 채종림에서 선발된 수형목의 종자나 클론에 의해 조성된 1세대 채종원으로 인위적인 수목 집단이다.

④ 1단지의 면적이 1만m^2 이상 이며 모수가 150본 이상인 산림이고 채종림의 지정기준에 적합한 경우 채종림으로 지정이 가능하다.

03 묘목생산

PART 01 …… 조림 및 육림기술

3.1 번식 일반

묘목의 번식에는 대표적으로 종자번식과 영양번식이 있고 각각의 특징이 있으며 내용은 아래와 같다.

종자 번식	영양 번식
• 번식 방법이 쉬운 편이다. • 우량종 개발이 가능하다. • 영양번식과 비교시 발육이 왕성하고 수명이 길다. • 종자의 수송이 용이하다. • 육묘비가 저렴하다. • 육종된 품종에 변이가 일어나기도 한다. • 불임성 및 단위결과성 식물의 번식은 어렵다	• 모체와 유전적으로 동일한 개체를 얻을 수 있다. • 초기 생장이 좋다 • 바이러스 감염시 제거가 불가능하다. • 종자번식 대비 저장과 운반이 어렵다 • 종자번식에 비해 증식률이 낮은 편이다. • 종자번식이 불가능한 경우 유일한 번식 방법이다.

3.2 실생묘 양성

(1) 묘포 설계

① 묘포지 선택 조건

위치	• 조림지와 근접하며 묘목수급이 용이한 곳 • 묘목 생산시 충분한 면적이 있는 곳 • 한랭 지역은 동남향, 따뜻한 지역은 북향이 유리 • 북반구의 경우 조림 장소보다 묘포지를 북쪽에 위치하는 것이 유리
토양	• 토성은 사양토 혹은 식양토로서 토심이 30cm 이상인 곳 • 과하게 비옥한 토지는 도장의 가능성 있어 피하도록 함 • 토양산도는 침엽수는 pH 5.0~5.5, 활엽수는 pH 5.5~6.0 이 적당
경사	• 평탄한 곳보다 약간 경사진 곳이 관수 및 배수에 유리 • 침엽수는 1~2° 정도의 경사지, 그 외는 3~5° 정도의 경사지가 적당 • 경사 5° 초과시 계단식 경작이 유리

② 묘목 면적

㉠ 묘포의 용도별 소요면적의 비율은 아래와 같다.

육묘포지	60~70%
관배수로, 부대시설, 방풍림 등	20%
기타 소요면적 및 퇴비장 등	10 %

㉡ 목적 및 지대에 따라 아래와 같이 분류하여 정의한다.

포지	묘목이 재배되는 지역, 휴한지, 통로 등
부속지	창고, 작업실 등 재배를 위한 시설 부지
제지	계단상의 경사면

③ 묘포 구획

- 주도로는 2m 이상 너비
- 부도로는 주도로의 직각으로 1m 너비
- 모판과 모판사이 통로 30~50cm 너비
- 모판은 남쪽으로 향하게 하며 동서로 길게 설치
- 방풍림은 서북쪽에 설치하는 것이 유리
- 묘포지 경운시 20~25cm 정도가 적당

(2) 종자파종

① 파종

㉠ 파종 시기

- 봄에 파종할 때는 중부지방은 4월쯤, 남부지방은 3월쯤이 적합하다
- 파종시기는 늦은 것보다 빠른 것이 유리하며 토양의 동결이 풀리는 대로 하는 것이 좋다.
- 보통은 종자 발아 온도가 5~7℃ 정도이다.
- 파종이 어려운 수종으로 전나무, 주목, 낙엽송, 구상나무, 분비나무 등이 있다
- 이듬해 가을까지 저장이 어려운 수종은 즉시 파종하며 이를 추파라고 한다. 수종별 추파시기는 다음과 같다.

4~5월	포플러류
6월	느릅나무, 사시나무
7월~8월	회양목
11월	음나무, 복자기나무

ⓒ 파종량

파종량은 m² 당 생산예정본수의 150~200 % 정도 발아될 수 있는 양을 정하나 결정되지 않은 경우 아래 공식에 따라 파종량을 구한다.

$$W = \frac{A \times S}{D \times P \times G \times L}$$

W : 파종할 종자 양(g)   A : 파종 면적(m²)   S : m² 당 남길 묘목수
D : g 당 종자입수   P : 순량률   G : 발아율
L : 득묘율(0.3~0.5)   P × G : 효율

ⓒ 파종 방법

파종 방법	특 징
산파(흩어뿌림)	• 종자를 골고루 뿌리는 방법 • 대표수종 소나무류, 낙엽송, 오리나무류, 자작나무류 등
조파(줄뿌림)	• 종자를 한줄로 뿌리는 방법 • 묘목의 줄간 거리 20~30cm • 대표 수종 느티나무, 물푸레나무, 싸리나무, 옻나무, 아까시나무 등
점파(점뿌림)	• 일정 간격으로 종자를 1~3립 파종하는 방법 • 대표 수종 밤나무, 참나무류, 호두나무, 은행나무 등

② **정지 작업**

㉠ 파종 전 토양에 작물이 살아가기 적당한 상태로 만드는 작업을 정지 작업이라 한다.
㉡ 정지는 경운(밭갈이), 쇄토, 진압의 순으로 작업이 이루어진다.

경 운	토양을 갈아 주는 작업
쇄 토	경운한 흙을 곱게 부수고 지면을 평평하게 고르는 작업
진 압	파종하고 복토 전후 종자를 눌러 주는 작업

㉢ 진압을 해주면 토양 사이 공극이 줄어들고 긴밀해지면서 종자가 수분을 흡수하기 용이한 상태가 된다.

③ **복토(흙덮기)**

㉠ 씨를 뿌리고 흙을 덮어 주는 작업이다.
㉡ 통상 종자 직경의 2~4배 정도 흙을 덮어 준다.

④ 짚덮기
　㉠ 복토 작업 이후 짚을 덮어 건조를 막고 잡초 발생을 억제해준다.
　㈁ 표토와 종자의 유실을 막아준다.

(3) 판갈이 작업

① 판갈이(=이식)
　㉠ 묘목이 성장할 때 공간이 부족한 경우 충분히 자랄 수 있도록 다른 묘상으로 옮겨주는 작업을 판갈이라 정의한다.
　㈁ 남부지방은 3월 중~하순, 중부지방은 3월 하순~4월 상순에 주로 실시한다.
　㈃ 판갈이는 묘목이 크거나 땅이 비옥할수록 소식하는 것이 좋다.
　㈄ 양수는 음수보다 가능하면 소식하고 지엽이 옆으로 확장되는 것도 소식하는 것이 좋다.

② 판갈이 작업 방법
　㉠ 판갈이 전 단근을 하여 이식한다.
　㈁ 뿌리가 건조되지 않도록 한다.
　㈃ 소나무나 삼나무는 1년생을 판갈이 한다.
　㈄ 참나무류는 2년생으로 판갈이 한다.

(4) 묘목의 관리

① 해가림
　㉠ 어린 묘의 건조 방지를 위해 햇볕을 차단하는 작업을 말한다.
　㈁ 양수에는 해가림이 필요 없으나 잣나무, 주목, 전나무, 가문비나무 등의 음수 수종에 필요하다.
　㈃ 너무 오랜 해가림은 생장을 방해하기에 8월부터는 제거해준다.
　㈄ 비오는 날, 구름 끼는 날 등은 햇볕이 약하므로 거두는 것이 좋다.
　㈅ 해가림 작업을 통해 직사광선에 의한 볕데기 피해를 방제할 수 있다.

② 솎기
　㉠ 과도한 밀집은 성장에 방해가 되기에 생육이 양호하도록 솎아내도록 한다.
　㈁ 발아 후 묘목이 서로 닿는 것을 솎아주고 이후 불량묘를 솎아주도록 한다.
　㈃ 마지막 솎기는 기준묘를 남기고 8월 이전에 전부 제거하도록 한다.
　㈄ 솎기 횟수는 낙엽송, 삼나무는 2~3회 정도, 소나무, 전나무는 1~2회 정도로 실시하며 수종의 성장주기에 따라 횟수를 결정한다.

③ 단근
  ㉠ 묘목의 뿌리 끊기를 통해 잔뿌리를 발달시켜 활착률을 높이는 작업을 단근이라 한다.
  ㉡ 통상적으로 1년생 산출묘는 단근하지 않으나 직근성 수종인 상수리나무, 굴참나무, 졸참나무 등의 산출묘는 단근하기도 한다.
  ㉢ 단근묘는 이식묘와 비교하면 T/R률이 낮은편이다.
  ㉣ 묘목의 철늦은 자람을 억제하고 측근과 세근의 발달을 촉진한다.
  ㉤ 단근작업은 통상 5~9월에 실시한다. 측근과 잔뿌리 발육을 위해서 5~7월에 실시하고 삼나무, 낙엽송과 같이 웃자라기 쉬운 수종은 8~9월에 실시한다.

④ 제초
  ㉠ 잡초는 번식력이나 재생력이 좋아 초기에 제거를 실시하는 것이 좋다.
  ㉡ 제초는 통상 한해에 6~8회 실시한다.

⑤ 시비
  ㉠ 묘목의 생육을 위해 필요한 주요 3대 비료는 질소, 인산, 칼륨이 있다. 질소질 비료는 과다하게 공급하게 되면 도장할 우려가 있기에 공급량을 조절해주도록 한다.
  ㉡ 시비는 기비와 추비로 분류하며 기비는 비료를 파종전에, 추비는 묘목의 생장 촉진을 위해 중간에 뿌리는 작업이다.
  ㉢ 기비는 무기질비료를 사용하며 추비는 속효성 비료를 사용하는 것이 좋다.

⑥ 관수와 배수
  ㉠ 보도관수를 원칙으로 하고 필요에 따라 상면관수도 가능하다.
  ㉡ 관수로 인하여 상면에 협잡물이 묻을 가능성이 있어 관수 후에는 협잡물을 제거해주도록 한다.
  ㉢ 강우가 지속되면 묘포지에 물이 고이지 않게 배수구를 설치한다.

3.3 무성 번식묘 생산

(1) 접목

① 접목
  ㉠ 뿌리부분을 대목, 줄기와 가지 부분을 접수라 한다.
  ㉡ 접수와 대목이 잘 유합되는 정도는 동종간 〉 동속이품종간 〉 동과이속간 순이다.
  ㉢ 대목과 접수를 유전적 성질은 변하지 않는다.
  ㉣ 접수와 대목의 형성층에서 캘러스 조직이 형성되어 유합하게 된다. 그래서 접목의

활착을 위해 대목과 접수의 형성층을 밀착시켜주는 것이 중요하다.
- ⑩ 접목 부위로 식물바이러스가 침입할 수 있기에 주의가 요구된다.
- ⑭ 접목의 경우 수종이나 주위조건에 따라 적합한 방법을 선택하며 소나무류나 낙엽활엽수는 할접을 적용한다.
- ⓢ 접목의 특징

장 점	단 점
• 모수의 클론 보존이 가능 • 개화결실 촉진 • 수세 회복이 가능 • 병충해를 적게 함	• 고도의 기술을 요구 • 특정 수종끼리만 가능 • 접수, 대목의 보존의 어려움 • 일시에 많은 묘목 생산이 어려움

② 접목 시기
- ㉠ 보통 접수는 휴면상태, 대목은 활발한 상태일 때 접목의 적기이다.
- ㉡ 수종별 일반적인 접목 적정 시기는 아래와 같다.

접목 시기	수 종
3월	은행나무, 귤나무
3~4월	동백나무, 단풍나무
4~5월	밤나무, 호두나무

③ 접수
- ㉠ 접수는 병충해 및 동해가 없는 1년생 가지가 좋다.
- ㉡ 봄철에 수액이 유동하기 전에 채취하여 저장 후 사용하는 것이 좋다.
- ㉢ 접수를 저장시 온도 0~5℃, 공중습도 80% 정도에 하단을 습한 모래에 묻어 저장한다.

④ 대목
- ㉠ 대목은 병해에 강한 묘목으로 접목하고자 하는 수종의 1~3년생 실생묘가 좋다.
- ㉡ 수종 특성상 접수와 대목을 같은 수종으로 해야하는 경우가 있으며 대표적으로 밤나무와 은행나무의 경우 접수와 대목을 같은 수종으로 한다.
- ㉢ 주요 수종별 접수와 대목은 아래와 같다.

접수 – 대목	접수 – 대목
소나무류 – 해송	장미나무 – 찔레나무
섬잣나무 – 해송	호두나무 – 가래나무
귤나무 – 탱자, 감귤나무	사과나무 – 해당화

⑤ 접목의 종류

종 류	특 징
절접법	가장 널리 사용되는 방법으로 대목과 접수의 맞추고 비닐끈으로 고정한다.
박접법	접수보다 대목이 굵을 경우 적용하는 방법이다.
복접법	대목의 중심부 방향으로 칼집을 만들어 비스듬히 삽입한다.
할접법	대목이 비교적 굵고 접수가 가는 경우 적용한다.
아접법(=눈접)	접수 대신 눈을 대목의 껍질을 벗겨 끼워 붙이는 방법이다.
설접법	접수와 대목의 굵기가 비슷하고 조직이 유연하고 굵지 않을 경우 적용한다.

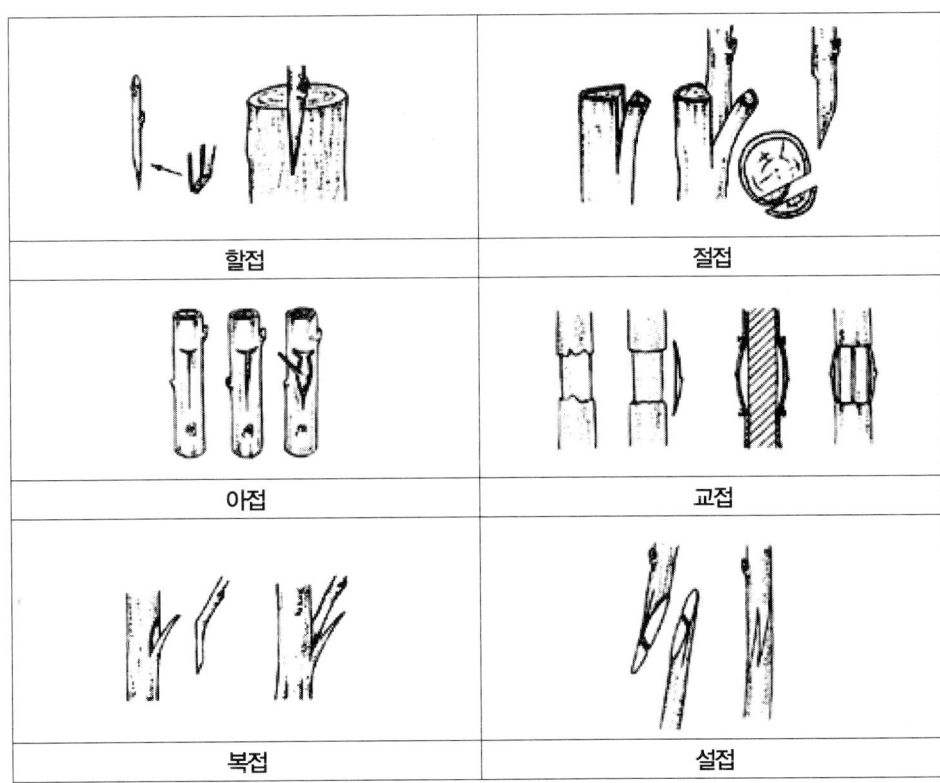

할접	절접
아접	교접
복접	설접

⑥ 접목의 영향인자

영향인자	특 징
친화성	친화성이 없을 경우 정상개체로의 성장이 어렵다
수종	• 접목이 용이한 수종 : 밤나무, 소나무, 사과나무, 뽕나무 등 • 접목이 어려운 수종 : 호두나무, 참나무 등
환경 조건	• 온도 20~40℃에서 캘러스 조직 발달에 유리하다. 40℃ 이상에서는 세포가 죽기도 한다. • 접목 후 습도는 높게 유지 되는게 유리하다. 단 물에 적시는 것은 피한다.
대목의 활력	접목시 대목이 왕성한 세포분열시가 유리하다.
접목 기술	접목을 실시하는 기술자의 능력에 영향을 받는다.

⑦ 접목 관리

  ㉠ 접목 후 비닐끈을 이용해 묶어주며 노출된 부위가 있을시 파라핀이나 접밀을 발라준다.

  ㉡ 접밀의 경우 송지, 돈지, 밀랍, 아마인유 등을 이용한다.

  ㉢ 대목에서 맹아가 발생되기도 하며 이는 제거해주도록 한다. 접수가 활착되어 발생된 맹아는 충실한 것 한 개를 남기고 나머지는 제거 하도록 한다.

(2) 삽목

① 삽목

  ㉠ 식물의 줄기나 뿌리 등 특정 부위를 잘라낸 후 이것을 발근시켜 독립된 식물로 성장시키는 것을 삽목이라 한다.

  ㉡ 삽수의 끝눈을 남향으로 향하게 한다.

  ㉢ 대부분의 수종의 삽수는 상단면이 북쪽을 향하게 하고 30° 정도 경사지게 세운다. 단, 속성수의 경우 삽수를 수직으로 세운다.

  ㉣ 작업 중 삽수가 건조하거나 눈이 상하지 않게 주의한다.

  ㉤ 바람은 삽목에 영향을 주기에 주의하도록 한다.

  ㉥ 삽목은 수액이 유동하는 3~4월에 실시하는 것이 좋다.

  ㉦ 삽수는 생육 개시 직전의 어린나무의 1년생 가지를 채취하는 것이 좋다.

② 삽목의 특징

  ㉠ 모수의 특징을 이어받음

  ㉡ 묘목 양성기간이 단축

  ㉢ 개화결실이 빨라짐

  ㉣ 병충해 저항력이 커짐

  ㉤ 결실이 어려운 수목의 번식이 가능

③ 삽목 발근의 영향인자

영향인자	특 징
유전성	유전적으로 삽목발근이 용이하거나 그렇지 않은 수종이 있다.
	용이한 수종: 포플러류, 버드나무류, 은행나무, 사철나무, 주목, 측백나무, 배롱나무, 삼나무, 무궁화, 꽝꽝나무, 동백나무, 개나리, 회양목 등
	어려운 수종: 소나무, 해송, 잣나무, 전나무, 참나무류, 단풍나무, 밤나무, 호두나무, 자귀나무, 복숭아나무, 오리나무 등
온도	삽수는 주위 온도에 영향을 받으며 낮에는 21~27℃ 일 때 발근이 양호하다. 밤에는 18℃ 전후 정도에서 발근이 유리하다.
습도	습도는 높을수록 좋으며 90% 이상 유지하는 것이 발근에 유리하다.
광선	오랜시간 광선 노출시 건조의 피해를 받을 수 있어 해가림을 한다.
모수 연령	모수의 나이가 어릴 경우 발근이 유리하다.

④ 삽수 채취 및 조제

채 취	조 제
• 생장이 왕성한 1년생 가지를 채취 • 침엽수는 보통 수관의 아래쪽, 활엽수는 가지의 윗부분을 채취 • 채취한 삽수 온도 3~5℃, 습도 80% 정도 유지 • 삽목은 수액 유동시 실시	• 삽수를 조제 후 절단면의 건조 주의 • 삽목 전 하부의 절단면에 발근촉진제에 담근 후 삽목하면 활착에 유리 • 발근촉진제의 종류로 인돌젖산(IBA), 인돌초산(IAA), 루톤액, 나프탈린초산(NAA) 등이 있으며 대중적으로 IBA를 많이 사용

(3) 취목

① 나무의 가지 일부분의 껍질을 벗겨 땅속에 묻어 뿌리를 내리는 방법으로 삽목이 어려운 경우 대체하는 방법이다.

② 취목은 방법에 따라 다음과 같이 분류된다.

종 류	특 징
단순 취목	• 가지를 굽혀서 땅속에 묻고 자기의 선단을 지상으로 나오게 하는 방법 • 대표 수종으로 석류나무, 조팝나무, 철쭉, 목련 등이 있다.
공중 취목	• 가지나 줄기의 일부에 상처를 주고 그 자리에 수태 혹은 황토로 싸서 건조하지 않도록 해주며 물을 주어 적당한 습도 조건에 유지하여 발근하는 방법 • 대표 수종으로 목련, 고무나무, 소나무 등이 있다.
단부 취목	• 가지를 굽혀 땅속에 묻어 지상으로 굴곡한 후 성장시켜 분주하는 방법
매간 취목	• 나무의 전체를 평면으로 묻어 새가지를 나오게 하고 이후 가지 밑에서 뿌리가 나오면 절단하여 새 개체를 만드는 방법 • 대표 수종으로 벚나무, 사과나무, 배나무 등이 있다.
파상 취목	• 가지를 여러 번 파상적으로 굽혀 굴곡시켜 번식하는 방법 • 대표 수종으로 포도나무, 덩굴장미 등이 있다.
맹아지 취목	• 나무의 줄기를 지면 부근에서 절단하고 성토하여 그곳에서 새로운 가지의 밑부분에서 뿌리가 나오게 하는 방법

(4) 묘목 연령

① 실생묘

ⓐ 실생묘의 처음 숫자는 파종상에서 지낸 연수, 뒤의 수는 판갈이상에서 지낸 연수를 의미한다.

ⓑ 실생묘의 표기는 아래와 같다.

표 기	의 미
1-0 묘	파종상에서 1년, 이후 판갈이가 없는 1년생 실생묘
1-1 묘	파종상 1년, 이후 1회 이식되어 1년을 지낸 2년생 실생묘
2-0 묘	파종상 2년, 이후 이식된 적이 없는 2년생 실생묘
2-1-1 묘	파종상 2년, 이후 2회의 이식이 있었으며 각 1년을 지낸 4년생 실생묘

② 삽목묘

ⓐ 삽목묘는 뿌리의 나이를 분모, 줄기의 나이를 분자로 나타내며 C 1/1 식으로 표기한다.
ⓑ 접목묘는 삽목묘와 동일하며 C 대신 G 로 나타내며 G 1/1 식으로 표기한다.
ⓒ 삽목묘의 표기는 아래와 같다.

표 기	의 미
C 1/1 묘	줄기 나이 1년, 뿌리 나이 1년인 삽목묘
C 2/3 묘	줄기 나이 2년, 뿌리 나이 3년인 삽목묘 1/2 묘가 1년 경과한 경우
C 0/3 묘	줄기가 없고, 뿌리 나이 3년 인 삽목묘

3.4 묘목의 품질검사 및 규격

(1) 검사 표본 추출

① 우량묘목은 식재시 활착과 생장이 잘되는 것을 말하며 우량묘목의 주요 조건은 다음과 같다.

ⓐ 발육이 완전하고 조직이 충실해야 한다.
ⓑ 줄기가 곧고 정아가 측아보다 우세하며 하아지가 발달하지 않아야 한다.
ⓒ 근원경이 크고 가지가 균형있게 발달해야 한다.
ⓓ 뿌리가 비교적 짧고 측근과 세근이 발달하며 지상과 지하의 균형을 이루어야 한다.
ⓔ 병충해 피해가 없어야 한다.
ⓕ 지상부와 지하부가 발달하였다면 T/R 률 값이 작은 것이 좋다.

      ⓢ 가을눈이 신장하거나 끝이 도장하지 않은 것이 좋다.
  ② 묘목의 묘령은 수종에 따라 다르며 생장이 빠른 수종은 1~2년생 묘를 생산, 생장이 느린 수종은 3~5년 묘를 생산한다.

(2) 검사 방법

① 묘목 규격

묘목은 묘령, 묘고, 간장, 근원경, 뿌리 길이 및 발달형태, 이식횟수, T/R율, H/D 율, 잎의 색 등을 평가 대상으로 한다.

측정 기준	내 용
간장	• 근원경에서 정아까지의 길이
근원경	• 포지에서 묘목줄기가 지표면에 닿았던 부분의 최소 직경
H/D 율	• mm 단위로 표시하고 근원경 대비 간장의 비율 • 간장을 근원경으로 나눈 값

② 묘목 검사

    ㉠ 묘목의 검사는 종묘사업실시요령 제 13조 묘목 검사 방법에 의거하여 실시하도록 한다.
    ㉡ 묘목생산 대행자가 묘목 검사를 받고자 할 때는 생산된 묘목을 선별하여 수종, 산지, 묘령 별로 50,000 본 단위의 모집단을 만든다.
    ㉢ 고사목, 병해충 피해목, 절간목 등의 불량 묘목이 5% 초과하지 않을 경우 검사를 시행한다.
    ㉣ 묘목검사원은 모집단의 총 속수검사를 실시한 후 모집단별로 500본에 해당하는 속의 임의로 추출하며 모집단이 50,000 본 이하인 경우 1%에 해당하는 묘목을 추출하여 수량검사 및 품질 검사를 실시한다.
    ㉤ 품질검사 결과 불합격 묘목이 5%를 초과한 때에는 그 모집단을 불합격 묘목으로 판정하고 재선별 통지를 한다.
    ㉥ 재선별 통지를 받은 자는 재검사 요청기간까지 응해야하고 재검사 요청이 없을 경우는 포기한 것으로 간주한다.

04 묘목 식재

PART 01 …… 조림 및 육림기술

4.1 묘목의 식재

(1) 굴취

① 굴취는 나무를 옮겨심기 위해 땅을 파내는 것을 의미한다.
② 대부분의 묘목은 봄에 굴취한다. 그러나 낙엽수의 경우 낙엽이 완료된 11~12월에 굴취하는 예외 수종이 있기도 하다.
③ 묘목의 굴취는 바람이 적고 흐리며 서늘한 날, 비바람이 심하거나 아침이슬이 있는 날은 작업을 피하도록 한다.
④ 선묘작업은 굴취 후 바로 햇빛이나 바람이 통하지 않게 하여 묘목의 뿌리가 마르지 않도록 한다.

(2) 곤포(묘목의 포장)

① 묘목 이동시 건조방지를 위해 물수세미, 포장보습제, 이끼류 등의 건조방지재료를 사용하여 포장하며 이를 곤포라 한다.
② 묘목 검사원은 검사결과 합격한 묘목을 완전 포장하게 하는데 부득이한 사정상 포장시 입회하지 못할 경우 총 곤포수의 5%를 풀어 확인할 수 있다. 이러한 경우 묘목의 포장 외부에 표시하는 품질 표시는 규정에 따르도록 한다.
③ 묘목의 속당본수는 대부분 20본이나, 밤나무, 수원포플러, 이태리포플러, 현사시나무, 황철나무 등은 10본이다.
④ 주요 곤포당 및 속당 묘목 본수는 아래와 같다.

수종	묘령	곤포당 본수	곤포당 속수	속당본수
가문비나무	3-1	500	25	20
곰솔	1-1	500	25	20
소나무	2-0	1000	50	20
낙엽송	1-1	500	25	20
리기다소나무	1-0	2000	100	20
이태리포플러	C 1/1	80	8	10
잣나무	2-1	1000	50	20
황철나무	C 1/1	80	8	10

(3) 운반

① 묘목은 포장 당일 운반하되 운반 중 햇빛이나 바람의 피해가 없도록 포장한다.
② 비를 맞지 않게 하며 한 번에 많은 양을 포장하면 짓눌리기에 적정량 단위로 포장한다.

(4) 가식

① 묘목을 심기전 잠시 뿌리를 묻어 건조를 방지하고 묘목의 생기를 회복하기 위한 작업을 가식이라 한다.
② 묘목 굴취 후 바로 선묘하며 가능하면 하루 이내 산지로 운반해 가식하는 것이 좋다.
③ 봄에 굴취한 것은 배수가 좋은 남향의 사양토 혹은 식양토에 가식한다.
④ 가을에 굴취한 묘목은 동북향의 서늘한 곳에 가식한다.
⑤ 가식 시 뿌리 부분을 부채살 모양으로 열가식 하도록 한다.
⑥ 묘목의 끝은 가을에는 남쪽, 봄에는 북쪽으로 45° 경사지게 한다.
⑦ 지제부가 10cm 이상 깊게 가식하도록 한다.
⑧ 단기간 가식시 다발째, 장기간 가식시 결속을 풀어 작업한다.
⑨ 비가 오거나 온 직후에는 바로 가식하지 않는다.
⑩ 한풍해가 우려되는 경우 묘목의 정단부를 바람과 반대방향으로 누여서 묻어준다.

(5) 식재

① **조림 대상지**
  ㉠ 대량생산을 목적으로 하는 산림
  ㉡ 천연갱신이 곤란한 벌채지 혹은 미립목지
  ㉢ 파종, 용기묘 조림시 생육에 지장이 있을 수 있는 산림
  ㉣ 토사 유출 등 자연재해에 대해 예방하고자 하는 산림

② 식재 유의사항
　㉠ 묘목의 뿌리나 수간이 굽지 않도록 한다.
　㉡ 식재 깊이가 너무 깊거나 얕게 되지 않도록 한다.
　㉢ 경사가 심한 것은 표토 부위가 유실되지 않도록 수평이 되도록 한다.
　㉣ 구덩이 속에는 지피물이나 낙엽 등의 이물질이 유입되지 않도록 한다.

③ 식재 시기
　㉠ 봄철과 가을철에 식재 가능하며 가능하면 봄철에 하는 것이 유리하다.
　㉡ 식재시기는 수종과 지역에 따라 차이가 있으나 지역별 적정 식재 시기는 아래와 같다.

지역	봄철	가을철
온대 남부	2월하순~3월중순	10월하순~11월중순
온대 중부	3월중순~4월초순	10월중순~11월초순
온대 북부 및 고산지대	3월하순~4월하순	9월하순~10월중순

④ 식재 밀도
　㉠ 묘목의 활착률을 고려하여 예정본수보다 5~10% 정도 많은 본수를 식재하는 것이 좋다.
　㉡ 식재 밀도는 수고 성장에는 큰 영향을 주지는 않으나 직경생장에는 많은 영향을 준다.
　㉢ 소립할수록 흉고직경이 커지며 단목재적이 빠르게 증가한다.
　㉣ 식재 밀도가 높을수록 완만재가 형성되고 밀도가 낮으면 초살형이 나타난다.
　㉤ 식재 밀도가 지나치게 높을 경우 단목의 생활력이 감소하여 간벌이 요구되기도 한다.
　㉥ 식재밀도를 결정하는데 영향을 주는 인자는 아래와 같다.

영향인자	특징
경영목표	목표에 따라 밀도를 달리하는데 대경재를 목표로 하고 간벌재의 이용이 어려운 지역은 식재본수를 적게 한다. 반대로 소경재를 목표로 할 경우 밀식하도록 한다.
지리적 조건	간벌재 이송이 용이한 지역, 조림비가 적게 소요되는 지역 등은 밀식한다.
비옥도	지위가 높거나 비옥도가 높은 지역은 소식한다.
수종	양수는 식재본수를 소식하고 음수는 밀식한다.

　㉦ 대표 수종 ha당 식재 기준은 다음과 같다.

본/ha 기준	수종
3000~6000	참나무, 물푸레나무, 느티나무, 편백
3000	잣나무, 전나무, 낙엽송, 해송
600	수원포플러, 오동나무
400	밤나무
330~400	이태리포플러
300	호두나무

④ **밀식의 장점과 단점**

장 점	단 점
• 수관 울폐가 빨라 표토의 침식과 건조를 방지한다. • 풀베기 작업기간이 단축되어 육림 비용이 절약된다. • 자연 낙지로 가지치기 비용이 절감되며 중간 간벌 수익이 기대된다.	• 묘목대 및 조림비등의 경제적 문제가 발생한다. • 관리가 어려울 경우 병충해의 피해가 빠르게 확산된다. • 대경재 생산의 경우 수확기간이 늦어진다. • 밀식할 경우 근계 발달이 약해져 풍해 및 설해를 입기도 한다.

⑤ **식재방법**

㉠ 정방형 식재

묘목 사이의 간격이 동일하여 공간의 이용이 가장 효율적이다.

$$N = \frac{A}{a^2}$$

N : 식재 묘목수
A : 조림지 면적
a : 묘목, 줄 사이 거리

㉡ 장방형 식재

줄사이 간격이 서로 다르게 식재하는 방법이다.

$$N = \frac{A}{a \times b}$$

N : 식재 묘목수
A : 조림지 면적
a : 묘목사이 거리
b : 줄사이 거리

㉢ 정삼각형 식재

정삼각형의 꼭지점 지점에 심는 것으로 묘목 사이 간격은 동일하며 정방형식재 대비 묘목 1본의 차지 면적이 86.6 % 감소한다. 대신 식재 묘목본수는 15.5% 증가한다.

$$N = \frac{A}{a^2 \times \sqrt{(1^2 - 0.5^2)}} = \frac{A}{a^2 \times 0.866} = 1.155 \times \frac{A}{a^2}$$

N : 식재 묘목수   A : 조림지 면적
a : 묘목, 줄 사이 거리   0.866값 : 삼각형 높이 비율

ㄹ) 군상식재

묘목을 3~5본씩 심는 것으로 인력 절감 및 작업이 용이한 장점이 있다. 군상식재의 종류는 아래와 같다.

종류	식재목간 거리(m)	식재군간 거리(m)
2열부분밀식	1	6.6
3본군상식재	0.6	3.3 × 3.0
5분군상식재	1.2	4.1

▲ 조림수종의 식재방법

4.2 용기묘 생산

(1) 용기묘의 특성

① 용기묘는 봄~가을 연중 조림이 가능하고 활착률이 높은 이점으로 많이 이용되고 있는 방법으로 묘목을 특수 용기에서 키우는 것으로 포트묘라고도 한다.

② 용기묘의 특징은 아래와 같다.

장 점	단 점
• 인력 절감 및 묘목의 생산기간 단축 • 운반시 묘목의 건조피해 감소 • 효율적인 노동력 분배 • 초기 생장이 빠른 수종의 활착률을 높임	• 일반묘에 비해 운반 및 식재 비용이 높음 • 조림지 적응도가 낮아 실패 가능성 있음 • 초기 생장이 느린 수종은 잡초목 관리에 많은 인력이 소모

③ 용기묘의 종류는 비닐포트, 지피포트가 있고 그 외 플라스틱포트, 종이포트, 스티로폴 포트 등이 있다. 스티로폴 포트는 가볍고 작업이 용이하나 뿌리가 용기를 뚫어 훼손 등의 단점이 있어 수종에 따른 각 용기의 활용이 요구 된다.

④ 포트대는 지면에서 60~80cm 정도로 하고 포트대 아래 공기 순환을 통해 뿌리의 썩음을 방지한다.

(2) 식재 방법

① 용기묘를 조림 현장에 이송후 육묘판 채로 나무 그늘에 놓아 둔다. 식재할 장소의 지피물을 제거해준다.
② 식재도구인 조림봉을 이용하여 분의 깊이와 유사하게 발로 식재봉을 누르면서 꺼내는데 이때 식혈이 무너지지 않도록 주의한다.
③ 조림봉으로 식재장소를 파기 어려울 경우 조림괭이와 같이 다른 도구를 이용하기도 한다
④ 맹아가 번무한 지역은 식재목이 피압될수 있어 가급적 식재하지 않는다.
⑤ 식재 후 묘목의 밖에서 안쪽으로 발로 흙을 밟아 식재혈이 식재목의 분과 밀착하도록 하며 지피물을 다진 흙 위에 피복해준다.

05 숲가꾸기

PART 01 ⋯⋯ 조림 및 육림기술

5.1 풀베기

(1) 물리적 풀베기

① 풀베기(=하예작업)
  ㉠ 조림목의 성장을 돕고 토양의 양분 및 수분이 빼앗기는 것을 막기 위해 매년 1~2회 실시한다.
  ㉡ 어린나무가꾸기, 간벌작업 전에 실시되는 전작업으로 보육작업에 많은 영향을 준다.
  ㉢ 잣나무, 소나무류는 5~8회 낙엽송 및 참나무류는 5회 정도가 적합하다.
  ㉣ 양수 수종 주위는 피압의 위험성이 높아 우선적으로 실시한다.

② 풀베기 시기
  ㉠ 풀베기 작업은 6~8월에 연 2회 실시하며 빠르면 5월에도 가능하다. 한해의 위험성이 높아지는 9월 이후에는 실시하지 않는다.
  ㉡ 가문비나무, 전나무 등은 어릴 때 자람이 늦어 5~6년까지도 실시한다.
  ㉢ 속성수의 경우 2~3년간, 장기수의 경우 3~5년간 풀베기 작업을 실시한다.

③ 풀베기 적용
  ㉠ 치수를 식재한 지역
  ㉡ 주위 잡초 및 식생에 피압될 가능성이 있는 지역
  ㉢ 식재수종이 피음에 약한 수종인 지역

④ 풀베기 방법 및 특징

종류	특 징
모두베기	• 임지가 비옥하거나 식재목에 광선 요구량이 많을 경우 적합하다. • 대표적으로 소나무, 낙엽송, 삼나무, 편백 등의 조림지에 적용된다. • 모두베기의 경우 토양침식 등의 악영향을 주기도 한다.
줄베기	• 가장 많이 이용되는 방법으로 식재열에 따라 약 90~100cm 기준으로 시행한다 • 모두베기와 비교할 때 경비와 노력이 절감된다 • 초기에 많은 광선을 요구하지 않는 잣나무, 전나무 등과 같은 수종에 적합하다 • 한해 및 풍해가 예상되는 지역에 적용한다
둘레베기	• 조림목 반경 50cm 정도 정방형 혹은 원형으로 잘라내는 방법이다. • 강한음수나 군상식재지에 한해의 보호가 필요할 경우 적용한다.

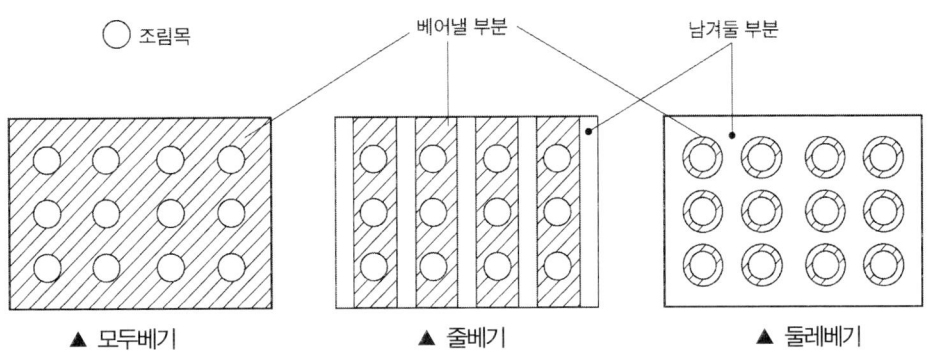

▲ 모두베기　　　　▲ 줄베기　　　　▲ 둘레베기

(2) 화학적 제초

① 주요 제초제

구분	글라신액제	헥사지논
작업대상지	비선택성 경엽살포제이므로 헥사지논입제에 내성을 갖지 않는 수종 조림지에 적용한다.	침엽수 중 소나무, 해송, 전나무 조림지에 적용하며 낙엽송, 편백, 화백 등은 약해가 있어 주의를 요한다.
작업시기	7~8월	3~4월
작업방법	희석농도 100배로 ha 당 6~8 L 정도로 상온의 깨끗한 물을 사용	ha 당 50kg 을 초과하지 않도록 하며 조림목 수관하부에 약제가 묻지 않도록 한다.

② 기타 제초제

파클로람	K-pin 이라고 하며 덩굴성식물에 효과가 있는 호르몬형 제초제로 흡수이행성이 강하다. 식물의 주두에 주로 처리한다.
시마진	광엽잡초 제거에 효과적이며 선택성 흡수이행성 제초제이다. 주로 뿌리에 흡수시킨다
엠시피피액제	MCP제는 목본식물, 광엽잡초 제거에 효과적이며 호르몬형 제초제로 경엽에 처리한다.
염소산염제	조릿대 제거에 효과적이며 비호르몬형, 비선택성 접촉형 제조제이다. 토양표면이나 경엽에 주로 처리하며 발화의 위험성이 있다.

5.2 덩굴제거

(1) 덩굴제거

① 덩굴식물은 햇빛을 좋아하여 다른 식물을 감아 오르면서 성장하거나 땅으로 기는 식물을 말한다.
② 대표적으로 칡, 다래, 담쟁이덩굴 등이 있다.
③ 덩굴제거의 적기는 생장기인 5~9월쯤이며 그중에서도 7월 전후가 가장 적합하다.
④ 덩굴제거를 위해 굴취와 같은 물리적 방법과 약품을 사용하는 화학적 방법이 있다.

(2) 물리적 덩굴제거

① 물리적 덩굴제거는 통상 2~3회 정도 실시하며 덩굴줄기 제거 및 덩굴의 완전제거를 위해 뿌리 굴취를 실시한다.
② 국내의 가장 많은 피해를 주는 것으로 칡이 있으며 어릴 때 제거하는 것이 가장 효과적이다.

(3) 화학적 덩굴제거

① 작업 대상지
　㉠ 화학약제 사용시 주위 임목, 임지 등에 피해가 없는 지역에 사용한다.
　㉡ 작업시 덩굴의 종류와 양을 고려하여 2~3회 실시한다.

② 화학 약제 작업 방법

할도법	근원부에 가까운 나무부위에 I 혹은 x 모양의 작은 상처를 내어 약액을 붓는다.
얹어두는 법	별도의 상처 없이 뿌리주위 단면에 약을 발라주는 방법으로 효과는 할도법에 비해 낮다.
살포법	잎, 줄기에 약제를 살포하는 방법, 잎에 약간의 물기가 있어야 효과가 있다. 단, 비가 오면 씻겨 내려가 효과가 떨어진다.
흡수법	약제를 흡수시키는 방법으로 주로 염소산나트륨을 사용한다.

③ 약제 사용시 주의사항
　㉠ 약액을 땅에 흘리지 않도록 주의한다.
　㉡ 약제 처리시 강우가 예상될 경우 중지한다.
　㉢ 디캄바액제는 30도 이상의 고온에서 증발할 경우 식물에 피해를 줄 수 있어 작업을 중지한다.
　㉣ 사용한 도구는 세척하여 보관하며 빈병은 회수하여 지정장소에서 처리한다.

④ 주요 약제 처리

디캄바액제	• 디캄바액제는 호르몬형 이행성 선택성 제초제이다. • 칡, 아까시 등의 콩과식물 및 광엽 잡초에 사용한다. • 처리 시기는 2~3월 혹은 10~11월 경에 실시한다. • 칡줄기 지름 2cm 이상의 경우 줄기에 처리한다. • 고온에 증발이 발생하여 식물에 약해를 일으키기도 한다.
글라신액제	• 일반 덩굴류 및 대부분의 임지에 사용 가능하다. • 처리 시기는 5~9월에 실시한다. • 약제주입기로 주두부에 약액을 주입한다. • 약제 처리시 식물의 신진대사를 교란시키고 뿌리까지 고사시킨다.

5.3 어린나무 가꾸기

(1) 어린나무 가꾸기(제벌)

① 경영목표에 부적절한 임목을 선별하고 제거하여 원하는 생육환경을 조성하는 것을 목적으로 한다. 적절한 생육환경 조성을 통해 전반적인 임분 형질의 향상을 도모한다.
② 유해수종을 제거하고 밀생지의 경우 공간 조절을 할 수 있다.
③ 작업은 조림 후 5~10년이 경과한 임분에 실시한다. 대부분 1차 작업은 풀베기 작업이 끝난 3~5년 후, 2차 작업은 1차작업이 종료되고 3~5년 이후 실시한다.
④ 작업은 6~9월 사이에 실시하는 것을 원칙으로 한다.

(2) 작업 방법

① 어린나무 가꾸기 제거 대상목은 유해수종, 덩굴류, 피해목, 폭목 등으로 선정한다.
② 보육하고자 하는 나무의 생장에 지장을 주는 나무의 제거부위는 가급적 지표에 가깝게 제거한다.
③ 유용 하층식생의 경우 작업에 지장이 없다면 제거하지 않는다.
④ 폭목의 경우 벌채 시 인접목에 대한 피해가 생기지 않도록 하며 경관유지 및 밀도조절 등을 고려하여 제거하지 않을 수도 있다.
⑤ 어린나무의 가지치기의 경우 전정가위로 실시한다.
⑥ 침엽수 가지치기는 침엽수는 형질 우세목 중심으로 실시한다.
⑦ 맹아력이 왕성한 활엽수종은 여름에서 초가을 사이 수간의 높이를 높게 절단하여 맹아력을 억제시킨다.

5.4 가지치기

(1) 가지치기

① 우량 목재 생산을 위해 가지를 끊어주는 작업을 가지치기라 정의한다.
② 죽은 가지의 제거는 작업시기에 상관이 없다.
③ 생장기는 상처등으로 인한 피해가 우려되기에 생장휴지기인 11월 이후~이듬해 3월까지가 작업하기 적합한 시기이다.
④ 수관에서 가장 굵은 가지인 으뜸가지 이하의 것을 자르는 것을 원칙으로 한다. 대표적으로 참나무류, 사시나무, 포플러류 등은 역지(으뜸가지) 이하의 가지만 잘라준다.

(2) 가지치기 특징

장 점	단 점
• 무절재 생산이 가능하다. • 수간의 완만도를 높인다. • 나무의 성장을 촉진시킨다. • 나무간의 경쟁을 완화시킨다. • 산림화재(수관화)의 피해를 줄일 수 있다.	• 과도한 가지치기는 나무의 생장이 줄어들 수 있다. • 부정아가 발생하기도 한다. • 노동력과 비용이 발생한다.

(3) 작업 방법

① 어린나무 가꾸기 작업시 가지치기는 전정가위로 실시하며 수고의 절반 높이까지 가지를 제거해 준다.
② 솎아베기 작업시 가지치기는 톱으로 실시하며 수고의 절반 높이까지 가지를 제거한다
③ 침엽수종은 절단면이 줄기와 평행하게 작업을 실시한다.
④ 활엽수종은 캘러스가 상하지 않도록 지융부에 가깝게 제거한다.
⑤ 죽은 가지의 경우 유합조직의 형성을 위해 잘라주며 가지치기 이후 절단면의 융합을 위해 보호제 혹은 도포제를 발라준다.

(4) 가지치기 수종

① 생가지치기의 위험성이 있는 수종은 자연낙지를 유도하도록 한다.
② 가지치기는 대체로 소나무는 3cm, 편백은 4~5cm 이내의 굵기에서 실시하도록 한다.
② 일반적인 활엽수의 경우 가지치기를 하면 상처유합이 잘 되지 않아 직경 5cm 이상의 가지는 자르지 않는다.

생가지치기 위험이 있는 수종	단풍나무, 느릅나무, 벚나무, 물푸레나무, 너도밤나무, 가문비나무 등
생가지치기 위험이 적은 수종	소나무, 낙엽송, 포플러류, 삼나무, 편백 등

5.5 솎아베기

(1) 솎아베기(=간벌)

① 부적합한 나무를 제거하고 형질이 우수한 임분으로 구성할 수 있으며 임분의 수직구조를 개선하여 임분의 안정화를 도모할 수 있다.
② 자연고사에 의한 손실을 방지할 수 있다.
③ 어린나무 가꾸기가 종료 시점에서 5년이 지나고 최종수확 10년전까지의 산림에 적용한다.

④ 나무의 밀도가 너무 높고 병충해 및 산사태 등의 피해 발생이 우려되는 산림에 적용한다.
⑤ 단순림의 경우 대형 산불이 발생될 가능성이 있는 산림에 적용한다.
⑥ 간벌은 목표에 따라 정량간벌, 도태간벌, 열식간벌 등으로 구분된다.
⑦ 산 가지치기를 하는 경우 11월 이후 ~ 이듬해 5월 이전까지 실행하며 산가지치기를 제외한 경우 연중 실행이 가능하다.
⑧ 임연부의 보호관리가 가능하고 나무의 자연고사에 의한 손실을 줄이는데 도움이 된다.
⑨ 간벌의 개시는 수종에 따라 상이하며 소나무나 잣나무, 삼나무의 경우 15~20년 정도이고 편백, 전나무, 가문비나무 등은 20~25년 정도를 기준으로 한다.

(2) 숲아베기의 특징

① 임목의 직경생장을 촉진하여 재적이 증가하며 목재의 형질이 향상된다.
② 병해충 및 다양한 위해를 감소시킬 수 있다.
③ 지력을 증진시킨다.
④ 간벌재를 이용하여 중간소득이 가능하다.
⑤ 숲의 가장자리인 임연부를 보호 및 관리할 수 있다.
⑥ 생육 공간(밀도) 조절이 가능하다.
⑦ 산불의 위험성이 줄어 든다.

(3) 수형급

우세목	1급목	수관에 결함이 없는 나무
	2급목	수관 발달로 옆의 나무에 방해를 받아 결함이 발생된 나무
열세목	3급목	생장이 떨어지나 주위에 1,2 급목이 제거되면 생장을 할 수 있는 나무
	4급목	생장중이나 활용될 가능성이 없는 나무
	5급목	살아날 가능성이 없는 나무

(4) 간벌의 양식

① 정성 간벌
  ㉠ 양을 정해두지 않고 간벌의 종류에 따라 실행하는 간벌을 정성 간벌 혹은 데라사끼 간벌이라 한다.
  ㉡ 정성 간벌은 하층간벌, 상층간벌, 택벌식간벌, 기계식 간벌 등이 대표적이다.
  ㉢ 여기서 하층간벌은 A종 간벌, B종 간벌, C종 간벌로 분류하고 상층 간벌은 D종 간벌, E 종 간벌로 분류 한다.
  ㉣ 하층간벌의 경우 성숙하지 못한 나무로 이루어진 숲의 임목생장을 위해 하층임관에

속하는 열세목 위주로 간벌을 실시하여 가능하면 우세목과 준우세목을 남기는 작업이다. 처음에는 가장 낮은 수관층의 나무를 벌채하고 점차 높은 층의 나무를 벌채한다.

ⓜ 하층간벌

A 종간벌(약도간벌)	• 4,5 급목을 전부 벌채하는 것
B 종간벌(중도간벌)	• 4,5 급 전부, 3급목의 일부, 2급목의 상당수를 벌채하는 것 • 가장 널리 이용되는 방법으로 3급목의 경쟁완화를 목적
C 종간벌(강도간벌)	• 2,4,5 급목 전부, 3급목의 대부분을 벌채하는 것

ⓗ 상층간벌

D 종간벌	• 상층임관을 강하게 벌채한다. • 3급목을 남겨 임상이 직사광선을 받지 않게 한다.
E 종간벌	• 최하층의 4급목이 모두 남게 되는 것

ⓢ 택벌식 간벌
- Hawley가 제시한 택벌식 간벌은 우세목을 벌채하여 그 아래의 나무의 생육을 촉진하는데 목적이 있다.
- 택벌식 간벌은 상층간벌로서 빠른 수확 이후 잔존임목에 공간을 주어 우세목으로 만들며 우세목으로 될 하급목이 충분히 있는 경우 선택하는 방법이다.

ⓞ 기계적 간벌
- 남겨둘 나무간의 거리를 정해두고 그 외 나무들을 제거하는 방법이다.
- 수형급이 구분되지 않은 균일한 임목, 유령림 등에 적용한다.

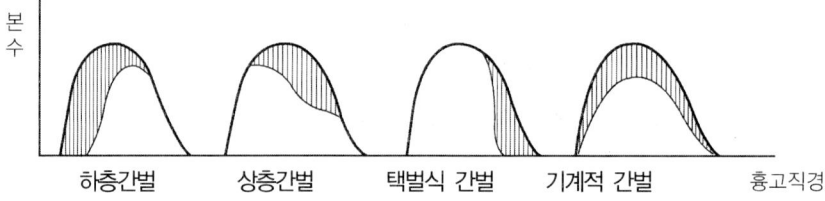

② **정량 간벌**
  ㉠ 정량 간벌은 작업할 양을 정해두고 기계적으로 작업을 한다.
  ㉡ 간벌량의 예측이 가능하고 임분의 체계적 관리가 가능하다.
  ㉢ 임목의 형질, 기능 등은 고려 대상에서 제외한다. 대신 간벌작업에서 잔존목에 대한 균일한 배치를 우선하고 불량목, 피압목 등을 선정한다.
  ㉣ 간벌 후 잔존목사이의 간격을 아래와 같이 계산하도록 한다.

$$잔존목\ 간격 = \sqrt{\frac{10,000m^2}{ha당\ 잔존본수}}$$

③ 도태간벌

㉠ 도태간벌

- 도태간벌은 상층간벌에 속하고 형질이 우수한 나무를 선발하여 생장을 촉진시킨다.
- 벌채 시기는 장기간으로 하고 미래목을 선정후 미래목을 기준으로 간벌을 시행한다.
- 간벌 기준은 미래목의 생장에 방해되는 피해목, 불량목, 폭목등을 대상으로 한다.
- 미래목, 중용목 등 하층임관을 보호하는 보호목들은 벌목하지 않도록 한다.

미래목	형질이 우수한 나무로 차후 남겨질 나무
중용목	미래목에 영향을 주지 않는 우세목
방해목	미래목 및 중용목에 지장을 주는 간벌 대상목

㉡ 미래목 선정

- 피압을 받지 않는 상층의 우세목
- 병충해 및 물리적 피해가 없는 나무
- 선정된 미래목 사이의 간격은 최소 5m 이상으로 고르게 분포하도록 선정한다.
- 활엽수는 ha 당 200 본 내외, 침엽수는 ha 당 200~400 본 기준으로 미래목을 선정한다.
- 선정된 미래목은 가슴높이에 황색 수성페인트로 표시한다.

④ 열식간벌

- 임목간에 큰 차이가 없고 생장이 균일한 입지에 적용한다.
- 열식 인공조림지에 임목밀도가 식재본수 기준 70% 이상인 임지가 적합하다.
- 작업시 2열 이상 존치하고 1열을 간벌열로 정한다.

5.6 천연림 보육

(1) 적용기준

① 우량대경재 생산이 가능한 천연림
② 평균 수고 8m 이하의 유령림단계의 숲가꾸기가 필요한 산림
③ 평균 수고 10~20m 산림으로 상층목의 수고 차이가 많이 나타나는 산림

(2) 생육단계

차수림	상층임관 임목의 평균수고 2m 내외의 임분에서 제거대상목을 제거하여 임분의 형질을 높이는 기초 단계
유령림	임목 평균 수고가 8m 이하의 임분으로 임목간 우열이 거의 없는 단계
간벌림	임목 평균 수고가 10~12m 정도로 미래목을 선정하고 도태간벌을 시작하는 단계

① 차수림 보육
㉠ 차수림에서 불량목을 제거하며 치수에 입힐 피해를 줄이기 위해 수피벗기기나 살목제(농약일종)를 사용한다.
㉡ 불필요한 수종들은 치수와의 경합을 피하기 위해 제거한다.
㉢ 치수간격은 통상 1m 내외 정도로 공간효율을 최대로 조절한다.
㉣ 불량목, 병충해 피해목 등은 제거한다.

② 유령림 보육
㉠ 형질이 불량한 나무들은 제거하되 불량 상층목 중에서도 다른 상층목에 피해를 주지 않고 경관유지 및 야생동물 서식지 등 필요에 의해서는 제거하지 않을 수 있다.
㉡ 덩굴류와 병해충 피해목은 제거한다.
㉢ 임분이 과밀한 경우 형질이 좋은 상층목도 제거 한다.
㉣ 침엽수 가지치기는 11월 ~ 이듬해 5월 까지 전정가위를 이용한다.

③ 간벌림 보육
㉠ 미래목을 선정하며 상층 우세목으로 선정한다.
㉡ 미래목 선정시 가슴높이에 황색 수성페인트로 표시한다.
㉢ 미래목끼리의 거리는 5m 이상으로 골고루 분포되게 선정한다.
㉣ 미래목은 맹아목보다 실생묘로 고려하여 선정한다.

5.7 복층림

① 복층림은 2층 이상의 임관을 가지는 산림으로 2단림, 3단림, 다단림 등이 있다.
② 복층림의 특징은 아래와 같다.

장 점	단 점
• 생산량 및 임목축적이 증가한다. • 우량 대경재 생산이 가능하다. • 안정적인 산림경영이 가능하다. • 노동력의 탄력적 배분이 가능하다. • 임내 표토유실 방지 및 다양한 저항성을 가진다. • 지력 유지에 유리하다. • 수원함양 및 풍치유지에 유리하다.	• 지속적인 관리가 필요하다. • 수확벌채 등 작업시 하층목의 손상이 우려된다. • 단층림과 비교시 기울거나 넘어지기 쉽기에 무육에 많은 수고와 경비가 든다.

5.8 임지시비 방법

(1) 산림비료 종류

① **완효성 산림비료**

비료의 효과가 천천히 나타나는 비료로서 지효성 비료라고도 한다. 생육시기에 따라 필요한 성분량만큼 비료를 공급할 수 있고 비효지속기간이 긴 장점을 가진다.

고형복합비료	• 산림에서 가장 많이 사용되는 비료로 질소 : 인산 : 칼륨의 비가 3 : 4 : 1 • 조개탄모양으로 개당 15~20g 정도의 무게이며 덩어리 형태 • 일반비료보다 상대적으로 천천히 녹아 비료의 유실이 적음
항공시비용 입상비료	• 직경 2mm 내외로 작으며 질소 : 인산 : 칼륨의 비가 장기수용은 15 : 20 : 5 사방지용은 15 : 25 : 5 정도이다.
규산피복 요소비료	• 질소가 서서히 용해되어 식물이 이용할 수 있는 양분 유효도가 높은 장점을 가지나 가격이 비싼 편이다.

② 속효성 비료는 요소, 용과린, 염화칼륨 등이 가장 많이 쓰이는 단일비료로 묘포나 사방지에 많이 사용된다.

(2) 효과

① **임지시비 특징**

㉠ 임목의 조기생장에 큰 효과를 가진다.
㉡ 사방, 식재, 파종 조림의 식재에 시비시 뿌리의 근계가 발달하고 건조에 대한 저항력이 증가한다.

ⓒ 가지치기, 간벌 등의 작업이후 시비하는 것이 효과적이다.
ⓔ 시비로 인해 생장이 빨라지면 숲이 울창해지고 강우로 인한 토실의 유실도 방지 된다.
ⓜ 시비는 봄에 시비하는 것이 가장 좋으며, 가을의 경우 11월 쯤 시비하는 것이 좋다.
ⓗ 기비는 무기질비료를 사용하고 추비는 속효성 비료를 사용하는 것이 좋다.

② **임지시비 방법**

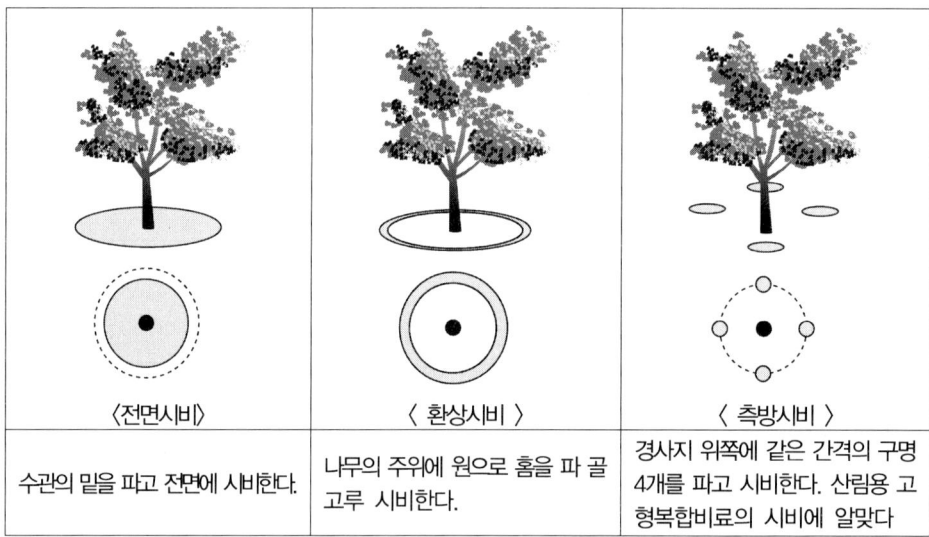

〈전면시비〉	〈환상시비〉	〈측방시비〉
수관의 밑을 파고 전면에 시비한다.	나무의 주위에 원으로 홈을 파 골고루 시비한다.	경사지 위쪽에 같은 간격의 구멍 4개를 파고 시비한다. 산림용 고형복합비료의 시비에 알맞다

(3) 시비량

① **시비량 공식**

- 이론적 시비량

$$시비량(kg/ha) = \frac{비료요소흡수량 - 천연공급량}{비료요소 흡수율} \times 100(\%)$$

$$시비량(kg/ha) = \frac{시비기준량}{비료성분량} \times 100$$

- 성분량을 실중량으로 환산

$$실중량 = \frac{성분량}{비료의 성분함량} \times 100(\%)$$

- 실중량을 성분량으로 환산

$$성분량 = \frac{사용 비료의 무게 \times 사용 비료성분}{100}$$

② 비료에 포함된 성분에서 식물이 흡수하여 이용하는 양을 **비료 이용률**이라 한다. 통상 비료 3요소인 **질소, 칼륨**이 높고 인산은 가장 낮다.

(4) 조림지 시비

특징	• 조림 후 양분이 부족하여 생장이 불량할 경우나 초기 생장이 요구되는 경우 시행한다. • 조림지 시비시 풀베기 작업의 단축과 임지의 폐쇄로 인해 표토의 침식, 양분의 유실 등을 막는 장점이 있다.
시기	• 묘목의 시비는 활착이 되고 1개월 후인 통상 5월쯤이 혹은 식재때 함께도 가능하다. 만약 봄에 시비하지 못할 경우 가을에 시비도 가능하다. • 양분 요구량이 많은 낙엽송, 활엽수류 등은 3년 연속 시비해야 효과가 나타난다.
방법	• 시비하려는 임지에 경사가 있을 경우 식재목 상부에 반원형으로 시비한다. • 조림목 가지 선단에서 수직으로 내린 곳에 5~10cm 깊이로 땅을 파 측방시비한다.

(5) 비료목

① 임지의 지력 향상에 도움을 주기 위해 심어주는 나무를 비료목이라 한다.
② 비료목에는 콩과수목으로 아까시나무, 자귀나무, 칡, 싸리나무 등이 있으며 비콩과수목에는 오리나무, 보리수나무, 소귀나무 등이 있다.
③ 비료목에는 근류균이 있어 질소를 고정하는데 도움을 주는데 콩과수목에는 Rhizobium 속이 있으며 비콩과수목에는 Frankia 가 있다.
④ 비료목은 균근의 형성에 도움을 주며 낙엽을 통해 유기물을 공급하면서 임지의 지력 유지 및 향상에 도움을 주게 된다.

06 산림 갱신

PART 01 ······ 조림 및 육림기술

6.1 갱신방법

(1) 천연갱신

① 천연갱신은 후계림을 만들어 자연적으로 종자가 낙하하여 발아하는 천연하종 혹은 맹아를 이용하여 새로운 임분을 만드는 것으로 보안림, 휴양림에 적합한 방법이다.

② **천연갱신의 특징**

장 점	단 점
• 그 지역에 가장 적합한 수종으로 자라기에 저항력이 크다. • 천연갱신에 의한 모수는 그 지역 조림지에 대한 적응력이 좋기에 인공조림시에도 실패 확률이 낮다. • 천연갱신묘의 치수는 모수의 보호를 받아 안정된 생육이 가능하다.	• 벌채목 선정이 어렵고 작업시 치수에 손상이 발생할 수도 있다. • 해마다 수확량이 달라 예측이 어렵다. • 갱신시기 및 기간이 불확실하다. • 인공조림과 비교하여 실행이 어렵고 많은 시간을 요구한다. • 임지관리에 대한 전문적인 지식 및 기술이 필요하다.

③ **갱신수종의 선정 기준**

갱신능력	결실량이 풍부하고 치수의 생육이 용이해야 한다.
지력	토질에 알맞은 수종을 선택하고 지력향상에 유리한 수종으로 선정한다.
저항력	산림의 보호를 위해 풍해, 충해 등에 대한 저항력이 있는 수종으로 선택한다.
생장량	산림경영목표에 의한 생장량을 고려하여 수종을 선택한다.
재질	수요가 많은 재질로 선택한다.
수종	천연갱신이 유리한 수종을 선택한다. | 침엽수종	소나무, 곰솔, 전나무, 가문비나무 등
활엽수종	상수리나무, 아까시나무, 오리나무, 참나무류 등	

④ 천연하종갱신의 수확예정지, 하층식생이 많아 인공조림이 힘든 지역, 보완조림이 필요한 지역 등을 대상지로 하며 갱신시 모수에서 종자가 떨어지기 이전에 아래의 정리를 하여 종자가 잘 발아할 수 있도록 준비한다.

⑤ 보완조림은 천연하종갱신을 한 곳에서 성장하는 나무가 부족할 경우 5,000본/ha 기준으로 같은 수종을 식재한다.

(2) 인공갱신

① 인공갱신은 개벌로 시작되는 경우가 많으며 재조림, 무입목지의 조림, 수종의 갱신을 목적으로 할 때 주로 실시한다.
② 천연갱신에 비해 이익이 발생하지만 조림이 실패 및 보육 경비 등의 단점을 가진다.

장 점	단 점
• 조림 수종의 선택이 가능하다. • 성림의 형성이 빠르다. • 대량 생산 등 경제적으로 유리하다.	• 임지가 건조하기 쉽다 • 토양 유실의 가능성이 있다. • 병충해에 대한 저항성이 약하다.

③ 인공갱신 실패 및 대책

원 인	대 책
• 잘못된 수종의 선택 • 잘못된 품종 및 산지 선정 • 불량 종자 채취 • 동령순림의 조성	• 적절한 수종의 선택 • 혼효이령림의 조성 • 임분밀도의 조절 • 적정 조림사업 규모의 선정

6.2 갱신 작업종

(1) 모두베기(개벌작업)

① 모두베기는 개벌작업이라하며 임분 전체를 1회의 벌채로 모두 제거하는 것을 말한다.
② 모두베기 이후 조성되는 임분은 통상 동령림이나 단순림으로 조성되며 두 가지 이상의 수종으로 심게되면 동령혼효림이 된다.
③ 개벌작업은 주로 양수에 적용되며 성숙한 임분에 가장 간단하게 적용하고 다른 수종으로 갱신할 때 가장 빠른 방법이다.

④ 개벌작업의 장단점

장 점	단 점
• 수종 변경시 적합하다. • 작업이 간단하다. • 일시에 수확하기에 경제적으로 유리하다.	• 임지의 황폐와 지력저하가 발생한다. • 토양유실이 있다. • 잡초 및 관목이 번성한다. • 건조 및 한해를 받기 쉽다

⑤ 개벌 천연하종갱신법에는 갱신면의 크기 및 모양에 따라 구분하며 대표적으로 대면적개벌법, 교호대상개벌법, 연속 대상개벌법, 군상 대상개벌법이 있다.

㉠ 대면적 개벌법

정의	대면적의 임분을 한번에 개벌하여 측방천연하종으로 갱신하는 방법
특징	• 종자가 가볍고 바람에 비산하기 쉬운 수종에 적용이 효율적이다. • 종자의 비산거리는 지형에 영향을 많이 받는다. • 벌채가 대면적에 걸치기에 수확비용이 적게 든다. • 벌목, 집재, 운재 등 작업으로 인해 차수에 피해를 주지 않는다. • 갱신기간이 짧고 후계림 조성이 빠르다. • 수종별 비산거리는 다음과 같다. | 자작나무류, 느릅나무 | 모수 수고의 4~8배 | | 소나무, 해송, 오리나무류 | 모수 수고의 3~5배 | | 단풍나무류, 물푸레나무류 | 모수 수고의 2~3배 |

㉡ 교호 대상개벌법

정의	교호대상개벌법은 임지를 띠모양의 구역을 나누어 교대로 2회에 걸쳐 벌채하는 방법으로 대폭의 결정을 위해 지형, 내음력, 수종에 따른 종자의 비산능력, 풍도 등을 고려한다.
특징	• 측방천연하종갱신 일 때는 대상 벌채구의 폭은 모수림 수고 2~3배 정도로 한다. • 1차 벌채와 2차 벌채 사이의 기간은 10년 이내가 유리하며 20년이 넘지 않도록 한다. • 2차 갱신은 보통 용이하지 않아 제 1차 대상지의 폭을 넓게 하는 것이 차수 생장에 유리하다.

㉢ 연속 대상개벌법

형태	대상개벌법에서 띠의 수를 늘려 작업하는 것으로 벌채와 갱신이 동시에 이루어진다.
특징	• 작업기간은 10~15년 정도로 한다. • 임분의 한쪽부터 갱신을 시작하여 완료후 순차적으로 다음 대상지로 진행한다.

㉣ 군상 대상개벌법

형태	대상임지의 기복이 심하거나 임상이 불규칙할 경우 임분내 수개의 군상개벌면을 정하고 주위의 모수림으로부터 하종을 갱신하는 방법이다.
특징	• 보통 군상지의 크기는 3~10a(0.03~0.1ha) 가 적당하며 모양은 상관없다 • 갱신기간은 보통 4~5년 간격을 두고 다음 갱신지를 확대해 나간다. • 벌목 및 반출 시 차수 손상을 입을 수 있다.

(2) 모수작업

① 모수작업

㉠ 성숙임분을 대상으로 실시하는 것이 유리하며 모수만을 남기고 그 외 나무를 일시에 베어내는 작업을 말한다.

㉡ 종자 공급을 목적으로 남겨둘 모수의 기준은 아래와 같다.

본수 기준	2~3 %
재적 기준	10 %
ha 당 기준	15~30 본

　　ⓒ 모수작업은 양수에 적용되는 것에 유리하며 바람에 날려 전파가 용이한 수종에 적당하다.
　　ⓔ 모수로 선정되는 수목은 바람에 대한 저항성이 강해야하고 종자의 생산성이 좋아야 한다.

② **모수작업 장단점**

장 점	단 점
• 갱신 완료까지 모수를 남겨두기에 실패확률이 낮다. • 작업이 집중되기에 작업이 비교적 간단하고 비용이 적게 든다.	• 임지가 노출되어 토양유실 우려가 있다. • 잡초나 관목이 발생하여 갱신에 지장을 주기도 한다. • 미관이 산벌, 택벌작업보다 못하다. • 수종 선택이 제한적이다.

③ **보잔목작업**

형태	모수작업과 유사한 갱신작업종으로 모수작업의 모수본수보다 다소 많은 모수의 수광생장을 촉진시켜 다음 벌기에 대경재를 생산하면서 갱신을 동시에 실시하는 방법이며 이때 남겨질 임목을 보잔목이라 한다.
특징	• 보잔목은 수세가 좋으며 수관발달이 충분한 임목을 남긴다 • 1ha 에 남겨질 임목본수는 30본 내외가 적당하다. 상황에 따라 50~75 본정도 남길수 있다. • 소나무, 낙엽송 등의 양수 수종에 적합한 방법이다 • 지하고가 높아 후계림 생장에 양호하다

(3) **산벌작업**

① **산벌작업**

　　㉠ 산벌작업은 비교적 짧은 갱신기간 동안 수 차례 갱신벌채로 벌채 및 새로운 임분을 만드는 방법으로 윤벌기가 완료되기 이전에 갱신이 완료된다하여 전갱작업이라고도 한다.
　　㉡ 갱신기간은 보통 15~20년, 윤벌기의 1/5 정도로 짧은 갱신기간 중에 실시하기도 하나 혼효상태 등에 따라 60년 소요되기도 한다.
　　㉢ 산벌작업은 천연하종갱신으로 가장 안전한 작업으로 취급되며 동령림 갱신에 유리하다.
　　㉣ 음수 수종 혹은 발아휴면성이 약한 수종에 적합하며 양수 갱신에도 가능하다.
　　㉤ 산벌작업은 갱신을 위해 예비벌, 하종벌, 후벌의 과정을 거치며 후벌의 마지막인 종벌의 순서로 작업이 진행되는데 이를 순차벌이라 한다. 하종벌부터 종벌까지의 기간을 갱신기간으로 한다.

② 산벌작업 특징

장 점	단 점
• 상대적으로 택벌작업보다 간단하고 개벌작업보다 복잡하다. • 임지 생산력이 보호된다. • 동령림으로 굵기가 고르며 줄기가 곧게 자란다. • 음수 갱신에 유리하다.	• 벌채하려는 나무가 분산되어 있어 비용이 많이 들며 개벌작업에 비해 기술요구도가 높다. • 만약 천연갱신만으로 진행될 경우 작업기간이 매우 길다. • 후벌작업시 벌채될 나무는 풍해의 피해를 받을수 있다.

③ 산벌작업 순서

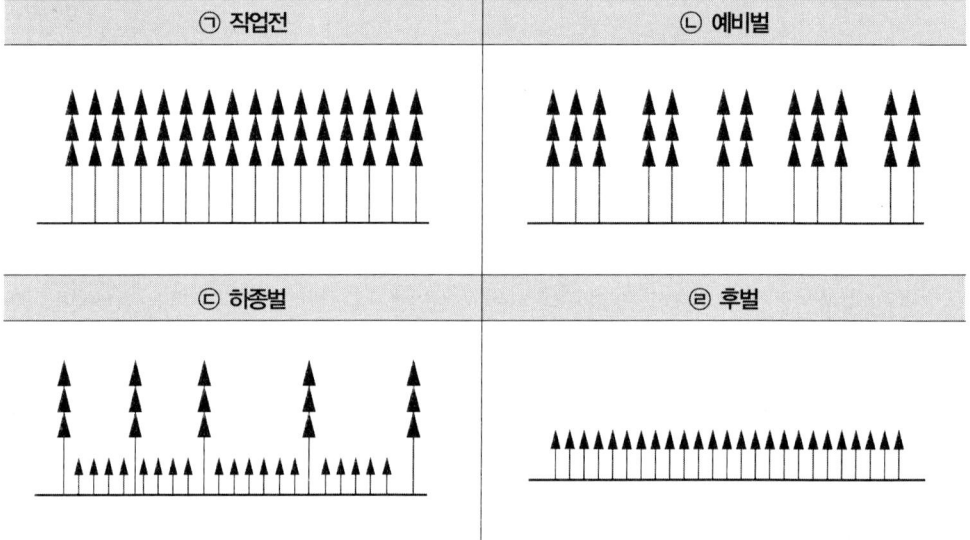

예비벌	• 산림의 갱신준비 작업을 예비벌이라 한다. • 예비벌은 1~수회에 나누어 목표를 달성한다. • 예비벌은 상황에 따라 생략이 가능하다. • 벌채시 피압목, 불량목, 폭목 등 모수로서 부적합한 나무를 벌채한다. • 임목재적의 10~30% 정도를 작업한다.
하종벌	• 하종벌은 예비벌 후 3~5년 후에 종자의 결실이 풍부하고 완전 성숙 후 다량 낙하시켜 발아시키기 위한 작업으로 종자의 결실량이 많을 때 실시하는것이 좋다. • 1회 벌채를 목적으로 하며 상황에 따라 한번더 할수도 있다. • 양수는 강하게 음수는 상대적으로 약하게 벌채하는 것이 적당하다. • 예비벌 이전 임분재적의 25~75% 정도를 작업한다.
후벌	• 후벌은 하종벌 작업 기점으로 3~5년 이후 실시하며 1회~수회 실시한다. 후벌에서도 처음 벌채를 수광벌, 마지막 벌채를 종벌이라 한다. • 치수 보호를 목적으로 남겨둔 모수를 벌채하는 작업이다. • 어린나무의 수고가 1~2m 정도 되면 후계목 생육의 안정을 위해 상층의 나무를 베어버린다. • 벌목 후 반출 시 치수의 손상을 막기 위해 가지정리를 한다.

(4) 골라베기(택벌작업)

① 택벌작업

㉠ 택벌작업은 벌기, 벌채량, 방법 등 제한이 없고 성숙한 임목을 골라 벌채하는 방법으로 일종의 이령림 작업에 속하는 갱신 작업종이다.

㉡ 택벌작업은 전구역에서 연년생장량에 해당하는 재적을 매년 벌채해야 하나 어려움이 있어 몇 개의 벌채구를 지정하여 작업한다. 그리고 처음 작업한 구역을 다시 작업하게 되는 것을 순환택벌이라 한다.

㉢ 순환택벌에서 처음 작업한 구역으로 돌아오는데 걸리는 기간을 회귀년이라 한다.

㉣ 회귀년이 길면 한구역에서의 생장기간이 길어져 재적이 증가하고 반대로 짧은 회귀년을 가질 경우 재적 역시 감소한다. 회귀년은 윤벌기를 벌채구로 나눈 값으로 나타낸다.

② 택벌작업 특징

장 점	단 점
• 지력유지 및 토사유실 방지에 유리하다. • 음수의 무거운 종자 수종에 유리하다. • 좁은 면적의 산림에서도 보속적 수확이 가능하다. • 미적으로 가치가 높다. • 산림생태계 유지에 유리하다. • 병충해에 대한 저항력이 높다. • 상층목의 결실이 양호하다.	• 고도의 작업기술을 요구한다. • 양수수종 적용이 어렵다. • 치수에 손상이 발생하기도 한다. • 벌채비용이 많이 든다.

(5) 중림작업

① 중림작업

• 용재 생산이 목적인 교림작업, 연료재 생산이 목적인 왜림작업을 동시에 실시하는 것을 중림작업이라 한다.

상 목	하 목
• 용재 생산이 목적인 교림은 택벌식으로 벌채된다 • 소나무, 전나무, 낙엽송 등의 침엽수종이 적합하다. • 윤벌기는 하목의 2~4배 정도이다.	• 연료재 생산을 목적인 왜림은 윤벌기로 개벌된다 • 서어나무, 단풍나무, 참나무 등의 활엽수종이 적합하다. • 윤벌기는 통상 10~20년 정도이다.

② 중림작업 특징

장 점	단 점
• 왜림작업보다 지력이 잘 보호된다. • 임업자본이 적어도 경영이 가능하다. • 용재와 땔감을 동시에 생산할 수 있다. • 심미적 가치가 높다.	• 경영, 기술 등 숙련이 필요하다. • 작업방법이 복잡하다. • 작업시 다른 나무에 피해를 주기도 한다. • 하목의 경우 상목의 피압으로 인해 피해를 받기도 한다. • 지력이 약한 곳에서는 작업이 어렵다.

(6) 왜림작업

① 왜림작업

㉠ 활엽수림에 연료재 생산을 목적으로 짧은 벌기령을 가지며 개벌 후 근주로부터 나오는 맹아로 갱신하는 방법을 왜림작업이라 한다.

㉡ 맹아 갱신이 가능한 수종으로 상수리나무, 신갈나무, 굴참나무, 서어나무, 물푸레나무, 오리나무, 포플러, 피나무, 밤나무 등이 있다. 상대적으로 맹아력이 강한 수종으로 참나무류, 밤나무 등이 있다.

㉢ 작업시 벌채는 생장휴지기인 11월~2월 쯤 실시하는 것이 좋다.

② 왜림작업 방법

㉠ 그루터기 주위에 움싹이 잘 발생할 수 있게 정리해주어야 한다.

㉡ 벌채점인 그루터기 높이는 지상 10cm 정도로 낮게 벌채하며 벌채면은 약간 기울이는것이 물이 고이는 것을 방지할 수 있다.

㉢ 왜림작업의 각 벌채구역 사이는 수림대를 남겨 두며 간격은 약 20m 정도로 한다.

㉣ 3년 이내 맹아가 4000본/ha 미만일 경우 보완조림을 실시한다.

㉤ 맹아 벌채시 단면은 아래와 같다.

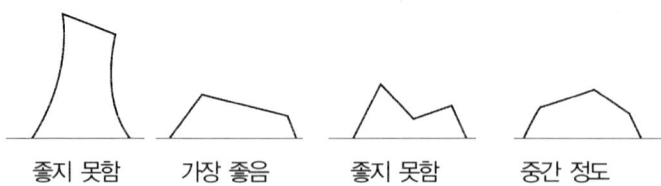

좋지 못함   가장 좋음   좋지 못함   중간 정도

③ 왜림작업 특징

장 점	단 점
• 연료재 및 소형재 생산시 적합한 작업방법이다. • 벌기가 짧아 생산량이 많다.	• 용재 생산은 어렵다. • 지력 소비가 많다. • 발생 직후의 맹아는 병충해에 약하다.

07 산림 환경

PART 01 ······ 조림 및 육림기술

7.1 │ 임목과 수분

(1) 수분 포텐셜

① 토양수분과 수분포텐셜

㉠ 토양수분장력은 Potential Force 의 앞자를 따서 pF 로 표기한다. 토양에 수분이 어느 정도의 힘으로 있는가를 수주 높이로 표시한 것이다.

㉡ pF = log H (H : 수주 높이, 단위 : cm)

㉢ 토양의 수분함량에 따라 아래와 같이 정의한다.

용어	pF	특 징
최대용수량	0	토양 내에 모든 공극에 물이 찬 상태의 수분함량
포장용수량	1.7~2.7	최대용수량에 중력수가 제거 되고 모세관의 수분 함량 기준
위조점	4.2	식물이 수분을 흡수하지 못하고 영구히 시들어버리는 시점, 이때의 수분함량은 위조계수라 한다.
흡습계수	4.5	마른 토양의 수분함량
수분당량	2.7~3.0	물을 포화시킨 토양에 원심력 적용 후 토양에 남아 있는 수분

㉣ 유효수분은 포장용수량~영구위조점까지 pF 2.7~4.2 정도이다.

㉤ 수목의 생육에 적합한 최적함수량은 최대용수량의 60~80% 정도이다.

㉥ 토양 수분의 종류는 아래와 같이 분류된다. 결합수와 흡습수는 식물이 사용할 수 없는 수분의 종류이다.

용어	pF	특 징
결합수	7.0↑	토양이나 생체 속 등에서 강하게 결합되어서 쉽게 제거할 수 없는 물
흡습수	4.5~7	토양입자 표면에 피막 상을 흡착된 수분
팽윤수	4.2~5.5	토양입자의 표면에 가까이 있는데 팽윤성 물질의 물로 식물이 이용하기 불가능
모관수	2.7~4.5	모세관의 모관력에 의해 유지되는 수분으로 식물이 실제 사용하는 유효수분
중력수	2.5↓	중력의 영향으로 토양에서 배수되는 물

(2) 수분의 흡수 과정
① 수분의 흡수를 담당하는 뿌리는 뿌리골무, 생장점, 신장부, 근모부로 분류되며 근모부에서 수분의 흡수가 가장 활발하게 이루어진다.
② 나무에서 수분의 이동통로는 목부부분이 담당하며 양분의 이동통로는 사부에서 이루어진다. 수종에 따라 침엽수의 경우 가도관이 대부분이며 도관이 없고 활엽수는 목부에 도관이 발달한 것이 특징이다.
③ 수분 흡수 과정에서 세포에 작용되는 삼투압은 세포 내로 수분이 들어가는 압력을 의미하고 막압은 세포 외로 수분이 배출되는 압력을 의미한다.
④ 뿌리의 수분 흡수는 세포의 삼투압이 토양의 삼투압보다 높아 물이 흡수되는 것이다. 이러한 뿌리의 흡수력에 의한 것을 능동적 흡수라고 한다.

(3) 증산 작용
① 잎의 기공에서 수목의 수분이 대기로 배출되는 것을 증산작용이라 한다.
② 증산작용의 조건은 광도가 강할 때, 습도가 낮을 때, 온도가 높을 때, 기공이 크고 밀도가 높을 때, 기공 개폐가 빈번할 때 많이 일어난다.
③ 잎의 증산작용은 수목의 온도 조절과 무기염 흡수를 촉진시키는 역할을 한다.
④ 잎의 수분포텐셜이 높아지면 잎의 기공이 열게 되어 증산작용이 촉진된다.

(4) 수분 스트레스
① 수목의 함수량이 저하되면 시들기 시작하는데 이를 **위조현상**이라 한다.
② 수분스트레스가 발생하면 효소의 활동이 저해되고 체내의 수분이 부족하여 팽압이 감소하게 된다.
③ 수분이 부족할 경우 아브시스산(Abscisic acid)이 생성되고 기공의 크기에도 영향을 미치게 된다.
④ 이러한 시드는 과정은 정도에 따라 초기위조, 일시적위조, 영구위조로 구분된다.

초기위조	• 수목의 지상부가 시들기 시작하는 상태이다. • 식물 생육억제의 초기 단계, pF 3.9 정도이다.
일시적 위조	• 초기 위조 이후 진행된 상태. 그러나 관수에 의하지 않아도 회복이 가능한 단계이다. • 보통 작물의 증산이 흡수보다 클 때 일어난다.
영구위조	• 수목의 뿌리가 흡수조차 불가능한 상태로 회복할 수 없는 시점이다. • pF는 통상 4.2 정도이다.

(5) 수목의 요수량

① 요수량의 정의는 건물 1g 을 생산하는데 소요되는 수분량으로 요수량은 가뭄에 대한 저항성의 척도가 되기도 한다. 보통 요수량이 작은 수종은 건조에 대한 저항성이 강한 편이다.

② 요수량 정도에 따른 수종은 아래와 같다.

요수량이 많은 수종	가문비나무, 참나무, 서어나무, 버드나무, 낙우송, 오리나무, 삼나무 등
요수량이 적은 수종	향나무, 노간주나무, 자작나무, 소나무, 편백 등

7.2 산림토양

(1) 토양의 분류

① 토양의 암석

지각표면에 주요 암석으로 화성암, 퇴적암, 변성암이 있으며 화성암과 변성암이 95% 정도를 차지하고 퇴적암이 5% 정도 차지한다.

종류	특징
화성암	• 마그마나 용암이 굳어 형성된 것으로 규산함량에 따라 암석의 색이 영향을 받는다. • 규산(SiO_2)함량이 많을수록 색이 상대적으로 밝고 규산함량이 적고 염기가 많을 경우 어두운 색을 가진다. 규산(SiO_2)의 함량에 따라 산성암, 중성암, 염기성암으로 구분된다. • 화성암의 종류로 화강암, 섬록암, 현무암, 안산암 등이 있다. • 땅속 깊은 곳에 서서히 생성되는 암성인 화강암은 입자가 커서 하나하나가 구별되는 입상조직을 띠다 규사역광물이 많아 회백색 혹은 담화색을 띠며 양료의 함량이 상대적으로 적은 편이다.
퇴적암	• 중량분포로 표면의 암석권에 5%를 차지하나 면적으로는 대륙의 80%, 바다의 대부분을 덮고 있으며 풍화, 침식작용에 의해 퇴적물이 굳은 것이다. • 퇴적암의 종류로 사암, 혈암, 석회암 등이 있다.
변성암	• 변성암은 높은 열과 압력을 받아 성질이 변하는 변성 작용에 의해 만들어 진 것이다. • 화강암은 열과 압력을 받아 편마암으로, 사암은 규암, 석회암은 대리암으로 변성 한다.

② 토양 생성 작용

㉠ 토양의 생성인자

적극적(능동적)인자	기후, 식생, 시간 등
소극적(수동적)인자	모재, 지형 등

③ 토양 단면
- 토양은 성분이 용탈과 집적의 차이로 구분되며 이때 빛깔과 입자의 크기에 따라 층으로 구분한다.

		O층 (유기물층)	• O1 : 분해되지 않은 유기물이 있어 유관관찰 가능 • O2 : 분해된 유기물이 있어 유관관찰 불가
O1 O2	유기물층		
A1 A2 A3	용탈층	A층 (용탈층)	• 부식된 유기물 및 광물질이 쌓여 검은색을 띤다. • A1 : 유기물 및 광물질이 있음 • A2 : 용탈이 가장 심한 층
B1 B2 B3	집적층	B층 (집적층)	• A층에서 용탈된 물질이 있는 층 • 갈색이나 황갈색을 띠고 가용성 염기류가 많은 편이다. • B1 : A층의 전이층 • B2 : 집적이 가장 많은 층
C	모재층	C층 (모재층)	• 위층의 물질이 쌓이거나 토양의 생성작용을 거의 받지 않은 층
R	모암층		

④ 토양의 분류
  ㉠ 국내의 토양의 분류는 형태론적 분류에 따르고 있는데 이는 토양단면에 근거한 것이며 또 다른 하나는 기후, 식생, 모재 등 토양생성인자에 근거한 생성론적 분류가 있다.
  ㉡ 토양의 분류에서 가장 기본이 되는 단위를 **토양통**이라 한다.

⑤ 토성
  ㉠ 토양은 고상, 기상, 액상으로 구성되어 있으며 고상의 대부분은 무기물과 약간의 유기물이, 기상은 토양공기, 액상은 토양수분을 의미하며 고상 : 액상 : 기상 = 50 : 25 : 25 비율로 구성되어 있다.
  ㉡ 토양은 입경의 크기 및 점토의 함량 등 기준에 의해 분류되며 토양입자에 의한 분류는 아래와 같다.

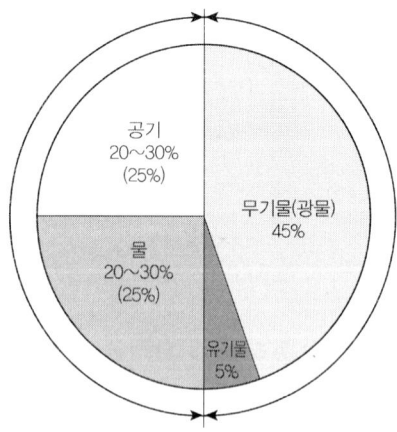

입자	입경(mm)
자갈	2.0 ↑
조사(거친모래)	0.2 ~ 2.0
세사(가는모래)	0.02 ~ 0.2
미사(고운모래)	0.002 ~ 0.02
점토	0.002 ↓

ⓒ 토성은 점토 함량을 기준으로 분류하기도 하며 사토, 식토, 양토, 사양토, 식양토 등이 있다.

토양	진흙정도(%)	생장 가능 수종
사토	12.5 ↓	소나무, 리기다소나무, 아까시나무, 버드나무
사양토	12.5 ~ 25.0	대부분 수종 가능
양토	25.0 ~ 37.5	대부분 수종 가능
식양토	37.5 ~ 50.0	소나무, 전나무 등 대부분 수종 가능
식토	50.0 ↑	낙엽송, 서어나무, 가문비나무, 벚나무

(2) 토양의 구조와 공극

① 토양 구조는 토양입자의 배열상태를 말하며 토양입자가 개별적으로 있는 경우 단립구조, 서로 결합되어 무리를 이루는 경우를 입단구조라 정의한다.

단립구조(홑알구조)	입단구조(떼알구조)
• 토양에서 각각 독립적으로 존재하는 구조로서 큰공극이 많아 수분 및 비료의 함량이 적은 편이다. • 대표적으로 모래와 미사가 단립구조를 가진다.	• 여러 입자들이 하나의 단체를 만들고 단체끼리 모여 입단을 만드는 구조로 통기성이 좋고 적정량의 수분을 보유한다. • 식물이 생육하기에 수분 및 공기의 유동에 적합한 구조이다. • 과도한 물리적 충격을 가하면 입단구조 형성이 어렵다. • 유기질 비료를 사용하면 형성이 용이하다.

② 이러한 토양의 구조는 다시 세분화되어 입상, 괴상, 주상, 판상으로 분류된다.

입상	작물 및 임목생육에 가장 좋은 구조로 유기물이 풍부하고 보수성과 통기성이 좋다. A1층에서 주로 볼 수 있다.
괴상	세로와 가로축의 길이가 비슷하며 B층에서 주로 볼 수 있다.
주상	각주상 혹은 원주상을 띠며 세로축의 길이가 가로축 길이보다 긴 것이 특징이다. 주로 B층에서 볼 수 있다.
판상	가로축의 길이가 세로축보다 길며 수분의 수직이동이 느리다. 주로 A2 층에서 볼 수 있다.

③ 토양 공극은 토양 사이의 빈공간으로 공기와 수분으로 채워질 수 있다.
④ 식물이 생육하기 적정 공극이 있는데 공극이 너무 작으면 통기성이 불량해 호흡이 불량하고 뿌리에 악영향을 주게 된다. 공극이 너무 클 경우는 수분의 보유력이 작아지게 된다.
⑤ 토양의 공극률은 전체 흙의 용적에 대한 간극의 용적비를 백분율로 표시한 것이며 비중을 이용하여 구할때는 아래와 같다.

$$공극률 = \left(1 - \frac{가비중}{진비중}\right) \times 100(\%)$$

(3) 산성토양

① 산림토양의 산정도는 4계절 중 겨울이 가장 높고 여름철이 낮은 편이다. 이는 환경조건의 영향으로 그 차이가 발생된다. 예를들어 임상의 pH 의 경우 가을에는 낙엽에서 발생되는 염기로 인해 pH 가 높아지게 된다.
② 일반적인 나무들은 중성토양에서 잘 생육하며 그 수치는 pH 5.5~6.5 정도이며 침엽수의 경우 산성토양에 잘 생육하는 편이다. pH 에 따른 수종의 적합성은 아래와 같다.

산성토양	소나무, 낙엽송, 리기다소나무, 가문비나무, 잣나무 등
중성토양	피나무, 단풍나무, 참나무 등
염기성토양	호두나무, 백합나무, 물푸레나무, 오리나무 등

③ 산성토양의 경우 산림에 피해를 주기도 하는데 주요 피해내용은 아래와 같다.
　㉠ 산성토양으로 인해 토양에 살고 있는 미생물의 활동이 저해되며 미생물의 활동저해는 유기물 분해가 느려지게 된다.
　㉡ 산성토양으로 인해 인, 칼슘과 같은 필수원소들의 유효도가 낮아서 결핍현상이 일어나기도 한다.
　㉢ 산성토양에서 망간, 알루미늄이 다량 용해될 경우 나무의 생육을 더디게 한다.
④ 산성토양의 피해를 완화하기 위해서 염기성 물질인 석회를 사용하는 것이 효과적이다.

(4) 토양미생물

① 토양미생물 종류

세균류	• 세균은 세포분열에 의해 증식하고 토양미생물 중 가장 많이 분포한다. • 자급영양세균은 암모니아, 철 등의 무기물을 산화하여 에너지를 얻는다. • 타급영양세균은 토양유기물을 산화하여 에너지를 얻는다. • 토양세균은 온도 25~30℃, pH 6~8 정도에서 생육이 양호하다.
균류	• 균사로 번식하며 대부분 유기물을 분해하여 에너지를 얻는다. • 보통 호기성이며 토양의 통기성이 불량하면 활동이 저조해진다. • 광범위한 pH 조건에서도 잘 생육하며 산성토양에도 적응력이 좋으며 산성토양에서는 암모늄태 질소를 흡수할수 있도록 한다. • 토양이 비옥할수록 균근의 형성은 적어진다. • 균류는 크게 외생균근, 내생균근, 내외생균근으로 분류한다. **외생균근**: • 균사가 뿌리 표면에 공생하며 뿌리내 세포까지는 침입하지 않고 뿌리 피층의 세포간극에 균사망을 형성한다. • 외생균근과 공존하는 대표수종으로 자작나무, 참나무, 소나무, 가문비나무 등이 있다. • 외생균근의 예로 소나무 주위에 발생하는 송이버섯이 있다. **내생균근**: 균사가 뿌리 세포 안까지 침투하여 공생 혹은 기생한다. 대표 수종으로 은행나무, 향나무, 낙우송, 호두나무 등이 있다. **내외생균근**: 외생균, 내생균의 특징을 모두 가지고 있으며 대표수종으로 피나무가 있다.
방사상균	• 실모양의 사상이며 토양에 있는 유기물을 분해하며 세균과 곰팡이의 중간적 성질을 가진 미생물로 취급한다. • 방사상균은 호기성이며 토양의 통기성이 좋아야 잘 생육하며 산성토양에서는 생육이 억제된다.
조류	• 조류는 엽록소를 가지고 광합성을 하는 남조류, 녹조류 등이 있으며 엽록소가 없고 토양의 유기물을 이용하는 종류도 있다. • 유기물의 생성, 공중질소의 고정, 산소의 공급등 토양의 많은 요소에 관여를 한다.

② 토양미생물 생육

수분	최대용수량 60~80%
온도	최적온도 27~28℃, 생육온도 0~80℃
pH	중성이 비교적 적당
토양 깊이	깊이 2~3cm 정도 최대 번식

③ 토양미생물 작용

유익작용	유해작용
• 탄소의 순환 • 토양구조 입단화 • 암모니아화성작용 • 질산화성작용 • 공중질소고정작용 • 인산 가급태화 • 토양미생물간 길항작용	• 병해의 유발 • 질산환원작용 • 탈질 작용 • 환원성 유해물질 생성 집적 • 무기성분의 변화 • 황산염의 환원작용

7.3 임목과 양분

(1) 무기염류 흡수

① 무기염류는 수목의 생육에 필요한 필수원소 16가지가 있으며 이러한 원소들이 많이 필요한 것들을 다량원소, 소량 필요할 경우를 미량원소라 한다.

구분		흡수 형태	상대량(%)
다량원소	탄소(C)	CO_2	45
	산소(O)	O_2, H_2O	45
	수소(H)	H_2O	6
	질소(N)	NO_3^-, NH_4^+	1.5
	칼륨(K)	K^+	1.0
	칼슘(Ca)	Ca^{2+}	0.5
	마그네슘(Mg)	Mg^{2+}	0.2
	인(P)	$H_2PO_4^-, HPO_4^{2-}$	0.2
	황(S)	SO_4^{2-}	0.1
미량원소	염소(Cl)	Cl^-	0.01
	철(Fe)	Fe^{3+}, Fe^{2+}	0.01
	망간(Mn)	Mn^{2+}	0.005
	붕소(B)	H_3BO_3	0.002
	아연(Zn)	Zn^{2+}	0.002
	구리(Cu)	Cu^+, Cu^{2+}	0.0006
	몰리브덴(Mo)	MoO_4^{3-}	0.00001

② 보통 수목의 양분 요구량은 농작물보다 적으며 활엽수가 침엽수보다 더 많은 영양소를 요구한다. 수종에 따른 상대적인 양분의 요구량은 아래와 같다.

양분요구정도	수 종
상(上)	오동나무, 느티나무, 전나무, 밤나무, 물푸레나무, 참나무
중(中)	낙엽송, 잣나무, 서어나무, 버드나무
하(下)	소나무, 해송, 향나무, 노간주나무, 아까시나무, 자작나무, 오리나무

(2) 양분 역할과 결핍증상

① 질소(N)

특징	• 대기 중의 78% 정도를 차지하는 원소로 수목의 단백질, 아미노산 등의 유기화합물을 구성하는 필수 원소이다. • 식물 내의 질소의 함량이 가장 많은 부위는 잎이다. • 질소의 경우 임지에 가장 풍부한 무기성분이나 임목생장에 있어 가장 결핍되기 쉬운 원소 중 하나이다.
결핍증상	• 잎의 생장이 불량하고 잎이 짧아진다. • 잎 전체의 황백화 현상이 나타나며 심할 경우 고사한다.
과잉증상	• 잎이 짙은 녹색이 되면서 도장현상이 나타난다. • 가뭄, 병충해 등의 저항성이 약해진다.

② 인산(P)

특징	• 강산성 토양에서 인산은 철, 알루미늄, 망간과 결합하여 식물이 이용할 수 없게 된다. • 중성 토양의 경우 인산의 유효도가 증가하며 pH 6~7 정도가 적당하다. • 잎, 줄기, 뿌리의 신장을 촉진하고 내한 및 내건성을 증가시킨다. • 인산은 잎에 가장 많이 분포하여 있고 식물이 흡수할 때 주로 이온형태로 흡수한다.
결핍증상	• 뿌리 발달이 늦으며 왜성화로 식물의 생장이 불량해진다. • 노엽은 암록색을 띠고 개화결실이 불량해진다. • 과실 및 종자의 형성이 불충실해진다.
과잉증상	• 아연, 철, 고토의 결핍을 유발하고 황화현상을 일으킨다. • 영양생장이 멈추고 성숙이 빨라져 수확량이 감소한다.

③ 칼륨(K)

특징	• 탄수화물대사, 단백질대사, 효소 활성화 등의 촉매역할을 한다. • 뿌리의 발육과 개화결실에 도움을 준다. • 뿌리, 줄기를 강하게 하고 병해충에 대한 저항력을 증가시킨다. • 칼륨은 잎의 기공에 개폐기작에 관여한다.
결핍증상	• 늙은잎의 선단에서 황화하고 결국 고사하게 된다. • 어린잎은 암록색이 되고 신장이 나쁘게 된다. • 뿌리의 생장이 제한되고 뿌리썩음병이 일어나기 쉽다.
과잉증상	• 칼슘과 마그네슘의 흡수를 억제하여 결핍시킨다.

④ 칼슘(Ca)

특징	• 건조지역이 습한지역보다 더 많은 양을 함유하고 있다. • 정단 분열조직 발달, 단백질의 합성, 뿌리 및 지상부의 신장에 관여한다. • 식물체 내에서는 잎에 함유량이 많다.
결핍증상	• 분열조직의 생장이 감퇴한다. • 칼슘은 식물체내에서도 이동성이 낮아 신엽, 경엽 등에서 결핍증상이 나타난다.
과잉증상	• 철, 마그네슘, 아연 등의 흡수를 방해한다.

⑤ 마그네슘(Mg)

특징	• 마그네슘은 식물의 광합성에 필수적인 엽록소의 구성성분이다. • 칼륨, 망간에 길항작용을 한다. • 종자와 잎에는 비교적 많이 분포되어 있고 뿌리에는 적은편이다.
결핍증상	• 늙은 잎에서 먼저 황화되며 심할 경우 백화현상이 일어난다. • 뿌리, 줄기의 생장이 저해된다.

⑥ 황(S)

특징	• 토양내 유기태, 무기태 형태로 있으며 대부분 유기태로 존재한다. • 토양의 유기태 황은 미생물에 의해 무기화되어 식물에 이용된다. • 단백질, 아미노산, 비타민의 구성성분으로 식물의 생리작용에 관여한다. • 대부분의 산림토양에서 황의 결핍은 거의 없으나 유기물함량이 낮은 사질토양에서 종종 발생한다.
결핍증상	• 생장이 저조해지며 뿌리혹박테리아에 의한 질소고정능력이 저하된다.
과잉증상	• 토양의 산성화를 촉진한다.

⑦ 철(Fe)

특징	• 엽록소의 생성 및 호흡효소 활동에 관여한다.
결핍증상	• 엽록소 생성이 방해되며 새잎에서 황백화가 발생한다.
과잉증상	• 망간, 인산의 결핍을 조장한다.

⑧ 망간(Mn)

특징	• 산화효소를 도와 산화, 환원반응에 관여한다. • 엽록소의 생성에 관여한다.
결핍증상	• 잎의 소형화, 잎의 황화현상이 일어나기도 한다. • 쌍자엽 식물의 경우 잎에 작은 황색반점이 생기기도 한다. • 알칼리성 토양에서 결핍증상이 자주 발생된다.
과잉증상	• 철의 결핍을 조장한다.

⑨ 붕소(B)

특징	• 세포의 분열과 화분의 수정에 관여한다. • 세포막 펙틴의 형성 및 통별조직의 유지를 도와준다.
결핍증상	• 생장점의 발육이 중지되고 심할 경우 뿌리 생장도 더뎌진다. • 꽃가루 생성이 불량하고 불임이 발생한다.
과잉증상	• 잎의 황화 현상이 발생되며 심할 경우 고사한다.

⑩ 몰리브덴(Mo)

특징	• 질소를 고정하는 근류균의 생육에 도움을 준다. • 단백질의 합성에 관여한다.
결핍증상	• 광엽이 엽면의 안쪽으로 감아 휘게 된다. • 늙은 잎에서부터 황화현상이 발생된다.

7.4 임목과 광선

(1) 광합성

① 광합성 및 호흡

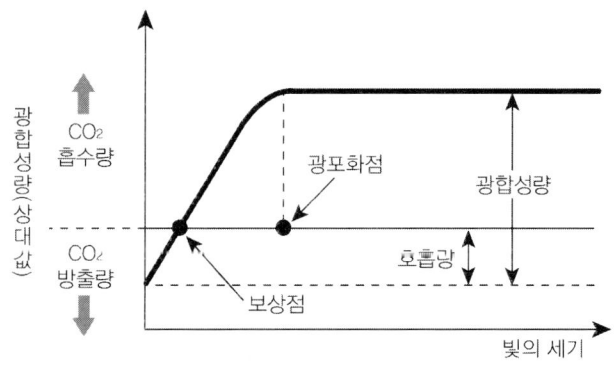

㉠ 식물은 광합성을 하는 동안 유기물의 합성과 호흡이 동시에 일어난다.

㉡ 보상점은 광도 곡선 상에서 광합성 속도가 호흡 속도와 같아지는 지점에서의 빛의 세기를 말한다.

㉢ 광포화점은 광도가 높아짐에 따라 광합성이 증가하다가 어느 한계점에 이르러는 더 이상 광합성이 증대되지 않는 점을 말한다.

㉣ 식물이 빛에너지를 이용하여 엽록체에서 CO_2와 물로부터 유기물을 합성하는 동화작용으로 반응식은 아래와 같다.

$$6CO_2 + 12H_2O \rightarrow C_6H_{12}O_6(포도당) + 6H_2O + 6O_2$$

② 광합성의 영향 인자

㉠ 주요 인자

온도	• 식물의 광합성은 10~35℃가 최적이고 그 이상 높아지면 감소되는 경향을 보인다.
광도	• 보상점보다 빛을 더 강하게 주면 광합성은 이에 따라 증가하나 어느 시점에 도달하면 그 이상의 광도를 주어도 광합성의 양은 증가되지 않는다.
이산화탄소	• 통상 이산화탄소에 따라 광합성속도는 어느 정도 증가하다가 일정 농도가 되면 일정하다. • 일조량이 많을 경우 이산화탄소 농도가 식물의 광합성에 제한 요소가 되기도 한다.
수분과 양분	• 양분이 부족하면 광합성의 양은 감소하나 양분의 종류에 따라 차이는 있다. • 식물체에서 수분의 양이 부족하면 시들게 되면서 광합성이 현저하게 줄어든다. • 양분 중 탄수화물은 잎 속에 축적되어 광합성을 저하시킨다.

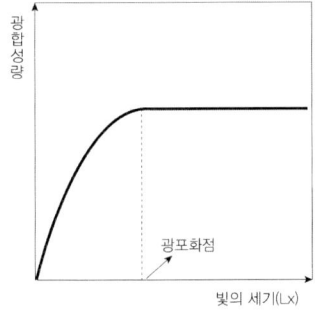
▲ 빛의 세기와 광합성

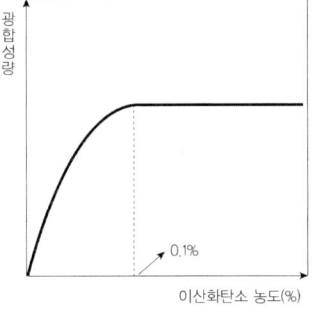
▲ 이산화탄소 농도와 광합성

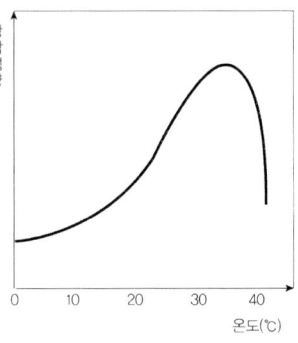
▲ 온도와 광합성

㉡ 기타 인자

수종	• 수종에 따라 광합성정도에 차이가 있다. • 양수, 음수에 의해 차이가 나며 음수는 작은 광도에도 광합성을 한다.
양엽, 음엽	• 양엽은 음엽에 비해 광보상점, 광포화점이 높다.
환경 변화	• 시간에 따른 광도의 변화로 통상 11시가 최대치를 보여준다. • 계절에 의한 온도, 광도, 잎면적의 변화에 영향을 받는다.
약제 살포	• 잎 표면이 약제에 의해 기공이 막히거나 광도를 막아 광합성량을 줄인다.

(2) 광도별 생장 반응

① 광도가 낮을 경우 광합성 역시 낮아져 호흡으로 인해 잃게 되는 것이 더 많아진다.

② 일장의 변화는 위도와 계절에 영향을 받으며 이러한 일장의 변화는 식물 분포에 영향을 미치게 된다. 예를 들어 열대지방의 경우 장일식물이 분포하고 북부지방의 경우 단일식물이

분포하게 된다. 이러한 단일, 장일은 개화조건에 의하며 아래와 같이 분류한다.

장일식물	낮이 길게 되어 화아가 유발되는 식물로 14시간 이상의 일장 조건
단일식물	낮이 밤 길이보다 짧은 조건에서 화아가 유발되는 식물로 12시간 이하의 일장 조건
중성식물	일장에 관계없이 화아하는 식물(=중일식물)
정일식물	단일, 장일에서 개화하지 않고 특정한 일장에서만 개화하는 식물(=중간식물)

③ 수목은 광의 성질인 파장에도 영향을 받으며 파장은 적외선, 가시광선, 자외선으로 분류하는데 이 중 가시광선에 가장 큰 영향을 받는다. 파장의 범위는 아래와 같다.

자외선	400nm 이하
가시광선	400~700 nm
적외선	700nm 이상

④ 광합성은 650~700nm 적색부분과 400~500nm 의 청색 부분에서 가장 효과적이며 자외선의 경우 파장이 짧아 식물의 성장을 억제시키기는 성질이 있다.

(3) 내음성 등 기타

① 내음성 영향인자

광조건이 낮은 곳에서도 생장이 가능한 성질 혹은 음지에서 견디는 정도를 말하며 수령, 토양의 수분 및 양분, 온도, 종자 등에 영향을 받는다.

수령	수령이 많아지면 내음성은 감소한다.
수분 및 양분	수분 및 양분이 부족한 곳보다 적당한 토양이 내음성이 높다. 단, 토양내 뿌리경쟁이 심할 경우 내음력이 감소하기도 한다.
온도	온도가 높을수록 수목의 내음성이 감소한다.
종자	큰 종자일수록 양분 함유량이 많아 내음성이 높다.
위도	고위도 지방일수록 광선의 요구량이 증가하며 내음성이 약해진다.

② 내음성 정도

내음성이 강한 수종을 음수, 약한 수종은 양수, 그 중간을 중용수로 분류한다.

극음수	주목, 개비자나무, 사철나무, 회양목
음수	전나무, 가문비나무, 너도밤나무, 단풍나무류
중용수	편백, 참나무류, 물푸레나무, 층층나무, 피나무, 굴피나무, 벚나무류, 잣나무
양수	은행나무, 소나무류, 측백나무, 향나무, 낙우송, 밤나무, 오리나무, 사시나무
극양수	방크스소나무, 버드나무, 자작나무, 포플러, 낙엽송

7.5 임목의 생장 조절 물질

(1) 생장 조절 물질은 옥신류, 지베렐린, 시토키닌, 에틸렌 등이 대표적이며 식물의 생장 및 발육에 영향을 주는 호르몬성 화학물질이다.

(2) 생장조절물질의 종류

종류	특 징
옥신	• 줄기, 뿌리 선단부분에 세포 신장에 영향을 주는 호르몬으로 신장촉진, 발근촉진, 개화촉진 등에 관여한다. • 천연호르몬은 IAA 가 있으며 합성호르몬으로 NAA, IBA, 2·4-D 등이 있다. • 2,4-D 는 일종의 제초제 역할을 하기도 한다.
지베렐린	• 지베렐린은 줄기의 신장을 촉진하고 개화 및 결실을 돕는다. • 옥신과 함께 작용시 효과가 극대화 된다. • 벼의 키다리병의 곰팡이에서 추출하였다. • 종자의 휴면타파 효과를 가진다. • 지베렐린은 극성이 나타나지 않아 식물체 내에서 확산에 의해 이동한다.
시토키닌	• 시토키닌은 주로 뿌리에서 합성되어 옥신과 함께 세포분열을 촉진한다. • 정아우세현상을 억제하고 종자의 발아 촉진, 엽록체 발달, 엽록소 생성 촉진등의 효과가 나타난다.
에틸렌	• 과실의 성숙을 촉진한다.
ABA	• Abscisic acid 라 하며 대표적인 생장억제물질이다. • 종자의 발아를 억제하거나 생리적 휴면을 유지시킨다.

7.6 산림대

(1) 산림대

① 산림대를 결정하는 주요 요인으로 기후가 있다. 그중에서도 기온과 강수량이 가장 큰 요인이다.

② 식물의 분포와 영향을 주는 기온관련 지수로 연평균기온, 온량지수, 한량지수, 일생육적산온도가 있다.

온량지수	월평균기온을 기준으로 5℃ 이상인 달에 5℃와의 차를 1년 동안 합한 값
한량지수	월평균기온을 기준 5℃ 이하인 달에 5℃를 감한 수치를 1년 동안 합한 값
일생육적산온도	일평균기온이 5℃ 이상인 날에 대하여 5℃를 감한 수치를 1년 동안 합한 값

(2) 수평적 산림대

① 우리나라의 산림은 기온에 따라 난대림, 온대림, 한대림으로 나누고 온대림의 경우 이를 다시 남부, 중부, 북부로 구분하여 5개의 지역으로 나눈다.
② 대체적으로 국내는 온대림이 차지하는 면적이 가장 넓은 편이다.

산림대	위도(북위)	연평균기온	임상	대표 수종
난대림	35° 이남	14℃ 이상	고유 상록활엽수 임상은 거의 파괴되고 낙엽활엽수, 침활혼합림, 소나무림화된 곳이 많음	붉가시나무, 동백나무, 후박나무, 아왜나무, 가시나무, 사철나무, 해송, 삼나무, 편백
온대림	35°~43° 내 고산지대를 제외한 지역	5~14℃	고유의 낙엽활엽수 임상은 거의 파괴되고 소나무림화된 것이 많음	참나무류, 느티나무, 소나무, 곰솔, 잣나무, 전나무
- 온대 남부	전남, 경북이남	12~14℃	소나무, 곰솔의 단순림과 서어나무, 단풍나무, 굴피나무 등의 혼효림 많음	개비자나무, 곰솔, 굴피나무, 단풍나무
- 온대 중부	경기, 강원, 황해 3도 (해안함남, 중부, 평남 중부 이남)	10~12℃	소나무순림과 신갈나무, 때죽나무 등의 혼효림 많음	때죽나무, 신갈나무, 향나무, 느티나무
- 온대 북부	온대 중부 이북	5~10℃	피나무, 박달나무, 신갈나무, 잣나무 혼효림과 소나무 순림 많음	피나무, 박달나무, 신갈나무, 전나무, 잣나무
한대림	평안북도, 함경남북도의 고원 및 고산지대	5℃ 미만	고유의 침엽수림이 파괴되고 자작나무, 사시나무, 황철나무 등의 활엽수 또는 침활혼합림이나 잎갈나무 순림	가문비나무, 분비나무, 잎갈나무, 주목, 잣나무, 전나무

08 산림기능사 1단원 기출문제 100제

PART 01 ······ 조림 및 육림기술

01 묘목의 관리 중 솎기작업의 설명으로 틀린 것은?

① 낙엽송, 삼나무, 편백 등의 2~3회 솎기작업을 한다.
② 소나무류, 전나무류 등은 1~2회 나누어 실시한다.
③ 솎기 시기는 본엽이 나온 때와 8월 하순경에 실시한다.
④ 솎기작업을 한 후에는 관수할 필요가 없다.

해설 솎기 작업은 과도한 밀집이 성장에 방해가 되기에 생육이 양호하도록 솎아주는 작업으로 솎기 작업을 하고 난 뒤에는 관수를 해주고 물이 고이지 않도록 주의한다.

02 광합성작용은 이산화탄소와 물을 원료로 하여 무엇을 만드는 과정인가?

① 단백질
② 지방
③ 비타민
④ 탄수화물

해설 광합성은 식물이 빛에너지를 이용하여 엽록체에서 이산화탄소와 물을 이용하여 유기물(탄수화물)을 합성하는 동화작용을 말한다.

03 삽목 발근이 용이한 수종은?

① 무궁화, 덩굴사철나무
② 전나무, 호두나무
③ 소나무, 밤나무
④ 참나무류, 두릅나무

해설 삽목발근이 용이한 수종으로 버드나무류, 은행나무, 사철나무류, 삼나무, 동백나무, 무궁화, 미루나무, 회양목 등이 있다.

04 토양입자의 직경이 0.02~0.2mm인 것은? (단, 토양입자의 분류 기준은 국제 분류법에 따른다.)

① 자갈
② 조사
③ 세사
④ 점토

해설 토양의 직경이 0.02 ~ 0.2 mm 인 것을 세사(가는모래)라고 한다

정답 01.④ 02.④ 03.① 04.③

05 개벌왜림작업법의 특징에 대한 설명으로 맞는 것은?
① 자본의 회수가 늦다.
② 큰 목재를 생산할 수 없다.
③ 비용이 많이 든다.
④ 병충해 등 환경인자에 대한 저항력이 비교적 적다.

해설 개벌왜림작업은 일시에 벌채수확후 맹아림을 육성하는 방법으로 큰 목재의 생산은 어렵고 대부분 수고가 낮은 나무들로 조성된다.

06 조림목을 중심으로 둘레의 잡초와 관목만을 제거 하는 밑깎기(풀베기) 방법은?
① 모두베기 ② 줄베기
③ 둘레베기 ④ 부분베기

해설 둘레베기는 조림목 반경 50cm 정도 정방형 혹은 원형으로 잘라내는 방법이다.

07 종자가 발아하기 위하여 갖추어야 할 기본 요건이 아닌 것은?
① 효소 ② 온도
③ 수분 ④ 공기

해설 종자의 발아조건으로 산소, 수분, 온도, 광선 등이 있다

08 임지와 임목의 건전한 생산성을 위한 생물적 임지보육작업으로 적합한 것은?
① 계단조림 ② 비료목 식재
③ 임지경토 ④ 임지피복

해설 비료목을 식재하면 임지의 지력을 높일수가 있어 임목의 생산성을 향상시킬수 있다.

09 2ha의 임야에 밤나무를 4m 간격의 정방형 식재를 하려면 얼마의 밤나무 묘목이 필요한가?
① 250본 ② 750본
③ 1250본 ④ 2250본

해설 식재 묘목 수 = $\dfrac{20{,}000m^2}{4m \times 4m}$ = 1,250본

정답 05.② 06.③ 07.① 08.② 09.③

10 가로 2.5m, 세로 2m인 직사각형 임지에 식재를 할 때 1ha에 심을 수 있는 나무의 수는?

① 1000그루
② 2000그루
③ 2500그루
④ 3000그루

해설 식재묘목 본수 $= \dfrac{10,000m^2}{2m \times 2.5m} = 2,000$본

11 조림을 위한 우량묘목의 구비조건이 아닌 것은?

① 발육이 왕성하고 조직이 충실한 것
② 가지가 사방으로 고루 뻗어 발달한 것
③ 묘목이 약간 웃자란 것
④ 측근(側根)과 세근(細根)의 발달량이 많은 것

해설 우량묘목의 조건으로 지상부와 지하부가 발달하였다면 T/R 률 값이 작은 것이 좋다. 또한 발육이 완전하고 조직이 충실하며 뿌리가 비교적 짧고 측근과 세근이 발달하며 지상과 지하의 균형을 이루어야 한다.

12 택벌작업의 특징이 아닌 것은?

① 임지가 항시 나무로 덮여 보호를 받게 되고 지력이 높게 유지된다.
② 상층의 성숙목은 햇볕을 충분히 받기 때문에 결실이 잘 된다.
③ 병충해에 대한 저항력이 매우 낮다.
④ 면적이 좁은 수풀에서 보속생산을 하는데 가장 알맞은 방법이다.

해설 택벌작업은 병충해에 대한 저항력이 높다

13 갱신기간에 제한이 없고 성숙 임분만 일부 벌채되는 작업종은?

① 개벌작업
② 모수작업
③ 산벌작업
④ 택벌작업

해설 택벌작업은 벌기, 벌채량, 방법 등 제한이 없고 성숙한 임목을 골라 벌채하는 방법으로 일종의 이령림 작업에 속하는 갱신 작업종이다.

정답 10.② 11.③ 12.③ 13.④

14 소나무류에 흔히 이용되는 접목법은?

① 절접
② 박접
③ 할접
④ 설접

해설: 소나무류나 낙엽활엽수는 할접을 적용한다.

15 무성번식에 의해 양성된 묘목이 아닌 것은?

① 삽목묘
② 취목묘
③ 접목묘
④ 실생묘

해설: 실생묘는 종자를 파종하여 기른묘목으로 종자번식에 해당한다.

16 모수작업에 대한 설명으로 틀린 것은?

① 남겨질 모수의 수는 전체 나무의 수에 비하여 극히 적으며 갱신이 끝나면 벌채 이용된다.
② 모수가 신임분의 상층을 구성하는 점을 제외 하고는 동령림이 조성된다.
③ 모수로 남겨야 할 임목은 전 임목에 대하여 본수로는 20~30%이다.
④ 남는 나무는 한 그루씩 외따로 서게 되는 일도 있고 때로는 몇 그루씩 무더기로 남기기도 한다.

해설: 모수로 남겨야 할 임목은 전 임목에 대하여 본수로는 2~3%이다.

17 모수작업은 전 재적의 약 몇 %의 나무를 베는가?

① 60%
② 70%
③ 80%
④ 90%

해설: 모수작업에서 종자 공급을 목적으로 남겨둘 모수의 기준은 본수 기준 2~3%, 재적기준 10%, ha 당 15~30본 이다.

정답 14.③ 15.④ 16.③ 17.④

18 종자의 숙기가 7월경인 수종은?

① 황철나무　　　　　　② 회양목
③ 잣나무　　　　　　　④ 은행나무

해설　종자의 성숙기가 7월인 수종으로 회양목, 벚나무 등이 있다.

19 덩굴식물을 설명한 것 중 옳지 않은 것은?

① 대체적으로 햇빛을 좋아하는 식물이다.
② 칡이 항상 문제로 되고 있다.
③ 덩굴치기의 시기는 덩굴식물이 뿌리속의 저장양분을 소모한 7월경이 좋다.
④ 덩굴을 잘라주면 쉽게 제거할 수 있다.

해설　덩굴의 제거를 위해서는 뿌리 굴취나 화학약제를 통해 완전제거가 가능하다.

20 덩굴식물에 속하지 않은 것은?

① 칡　　　　　　　　　② 머루
③ 다래　　　　　　　　④ 편백

해설　덩굴식물에는 칡, 다래, 담쟁이덩굴, 머루, 으름덩굴 등이 있다.

21 현재의 숲을 일시에 다른 수종으로 변경하고자할 때 가장 좋은 방법은?

① 개벌작업　　　　　　② 모수작업
③ 택벌작업　　　　　　④ 산벌작업

해설　개벌작업은 임분 전체를 1회의 벌채로 모두 제거하기에 일시에 다른 수종으로 변경할수 있다.

22 잣나무 2 - 1 - 1 묘란 몇 년생 묘목을 뜻하는가?

① 1년생　　　　　　　② 2년생
③ 3년생　　　　　　　④ 4년생

해설　2-1-1 묘는 파종상 2년, 이후 2회의 이식이 있었으며 각 1년을 지낸 4년생 실생묘이다.

정답　18.②　19.④　20.④　21.①　22.④

23 동령림과 이령림의 차이점에 대한 설명 중에서 동령림의 특징에 해당되는 것은?

① 풍해가 매우 적다.
② 갱신이 짧은 시간 내에 이루어진다.
③ 임상유기물이 지속적으로 축적된다.
④ 동령림 내 작은 나무들이 장차 유용임목으로 된다.

해설: 동령림의 경우 조림 및 육림 등의 작업이 간편하고 갱신이 짧은 시간 내에 이루어진다.

24 묘목의 활착률이 가장 좋은 것은?

① T/R율이 3이다.　　② T/R율이 5이다.
③ T/R율이 8이다.　　④ T/R율이 10이다.

해설: 지상부와 지하부가 발달하였다면 T/R 율이 작을수록 우량 묘목으로 활착률이 좋다.

25 나무가 토양용액에 녹아 있는 무기양분을 주로 흡수하는 곳은?

① 잎　　② 뿌리
③ 부름켜　　④ 줄기

해설: 토양의 수분 및 무기양분을 흡수하는 나무 부위는 뿌리이다.

26 채종 직후 노천매장 하는 종자가 아닌 것은?

① 소나무, 해송　　② 단풍나무, 들메나무
③ 잣나무, 은행나무　　④ 호두나무, 가래나무

해설: 소나무와 해송은 토양동결이 풀린 후 파종 1개월 전 노천매장한다.

27 침엽수의 가지를 제거하는 방법으로 가장 옳은 것은?

① 가지밑살의 끝부분에서 자른다.
② 가지가 뻗은 방향에 직각되게 자른다.
③ 수간에 오목한 자국이 생기게 자른다.
④ 수간에 바짝 붙여 수간축에 평행하도록 자른다.

해설: 침엽수종은 절단면이 줄기와 평행하게 작업을 실시한다.

정답　23.②　24.①　25.②　26.①　27.④

28 토양을 형성하는 암석 중 화성암에 속하지 않는 것은?

① 화강암　　　　　　② 편마암
③ 석영반암　　　　　④ 현무암

해설　편마암은 변성암에 속한다.

29 다음 중 좋은 묘목의 조건은?

① 뿌리의 발달은 적지만, 키가 큰 것
② 직근이 발달하고 가지가 굵은 묘일 것
③ 직근(直根)이 발달하고 측근(側根)이 적은 것
④ 지상부와 지하부가 균형 있게 발달되고 T/R율이 작을 것

해설　우량묘목의 조건으로 지상부와 지하부가 발달하였다면 T/R 률 값이 작은 것이 좋다. 또한 발육이 완전하고 조직이 충실하며 뿌리가 비교적 짧고 측근과 세근이 발달하며 지상과 지하의 균형을 이루어야 한다.

30 간벌의 효과에 대한 설명으로 틀린 것은?

① 지름생장을 촉진하고 숲을 건전하게 만든다.
② 빽빽한 밀도로 경쟁을 촉진시켜 나무의 형질을 좋게 한다.
③ 벌채가 되기 전에 나무를 솎아베어 중간 수입을 얻을 수 있다.
④ 나무를 솎아 벤 곳에 잡초가 무성하게 되어 표토의 유실을 막고 빗물을 오래 머무르게 하여 숲땅이 비옥해진다.

해설　간벌을 통해 생육 공간(밀도) 조절이 가능하며 임목의 직경생장을 촉진하여 재적이 증가하며 목재의 형질이 향상된다.

31 간벌 시 잔존시켜야 할 나무가 아닌 것은?

① 우량하고 건강하며 크고 가치 있는 나무
② 혼효림 수종으로 가치 있는 나무
③ 우량목이나 지표면을 보호하고 있는 나무
④ 병든 나무나 대경목인 나무

해설　간벌의 기준에서 병든나무의 경우 열세목으로 벌목하도록 한다.

정답　28.②　29.④　30.②　31.④

32 파종상의 해가림 시설을 제거하는 가장 적절한 시기는?

① 5월 중순 ~ 6월 중순 ② 7월 하순 ~ 8월 중순
③ 9월 중순 ~ 10월 상순 ④ 10월 중순 ~ 11월 중순

해설 너무 오랜 해가림은 생장을 방해하기에 8월부터는 제거해준다.

33 수중 중에서 결실주기가 5~7년인 수종은?

① 소나무 ② 낙엽송
③ 상수리나무 ④ 리기다소나무

해설 수종의 결실주기가 5년 이상인 것으로 낙엽송이 있다.

34 모수작업으로 임목벌채를 시행할 때 모수의 조건으로 틀린 것은?

① 음수 수종일 것 ② 바람의 저항이 강할 것
③ 결실 연령에 도달할 것 ④ 유전적 형질이 좋은 나무일 것

해설 모수작업은 소나무, 곰솔 등의 양수에 적용되는 것에 유리하다.

35 채집된 종자를 건조시킬 때 음지 건조를 시켜야 하는 수목종자로 바르게 짝지어진 것은?

① 소나무류, 해송 ② 낙엽송, 전나무
③ 참나무류, 편백 ④ 회양목, 소나무류

해설 반음건조법에는 오리나무류, 포플러류, 편백, 화백, 미루나무, 참나무류 등이 적합하다.

36 종자의 정선법 중 풍구, 키, 선풍기 또는 종자풍선 용으로 만든 동력식 장치 등으로 종자에 섞여있는 종자날개, 잡물, 쭉정이 등을 선별하는 방법은?

① 입선법 ② 사선법
③ 풍선법 ④ 액체선법

해설 풍선법은 날개 및 가벼운 과피, 쭉정이를 분리할 목적, 바람을 이용하는 방법이다.

정답 32.② 33.② 34.① 35.③ 36.③

37 우량한 종자의 채집을 목적으로 지정한 숲은?

① 산지림　　　　　　② 채종림
③ 종자림　　　　　　④ 우량림

해설: 채종림은 천연림이나 인공림에서 형질이 우수한 나무를 통해 유전적으로 우량종자를 채집할 목적의 산림이다.

38 다음 수종 중 꽃핀 이듬해 가을에 종자가 성숙하는 것은?

① 버드나무　　　　　② 느릅나무
③ 졸참나무　　　　　④ 상수리나무

해설: 꽃핀 이듬해 가을 종자 성숙하는 수종으로 소나무류, 상수리나무, 굴참나무, 잣나무, 비자나무, 자작나무 등이 있다.

39 종자를 채취하여 즉시 파종하여야 하는 것은?

① 소나무　　　　　　② 일본잎갈나무
③ 주목　　　　　　　④ 회양목

해설: 회양목, 느릅나무, 사시나무 등은 종자의 저장이 어려워 즉시 파종한다.

40 다음 중 묘목의 가식에 대한 설명으로 가장 거리가 먼 것은?

① 식재작업을 바로 시작할 수 없는 경우 실시한다.
② 묘목의 양이 많아서 식재기간이 길어질 경우 실시한다.
③ 가을에 굴취한 묘목을 월동 시키고자 할 때 실시한다.
④ 묘목의 길이 생장을 촉진시키기 위한 경우 실시한다.

해설: 묘목을 심기전 잠시 뿌리를 묻어 건조를 방지하고 묘목의 생기를 회복하기 위한 작업을 가식이라 한다.

정답 37.② 38.④ 39.④ 40.④

41 종자의 건조저장법 중 밀봉저장을 적용하는데 적합하지 않은 것은?

① 결실주기가 긴 수종에 적용한다.
② 수분이 많은 종자에 적용한다.
③ 소립종자를 가진 침엽수종에 흔히 적용한다.
④ 연구와 시험을 목적으로 할 때 이용한다.

해설: 밀봉 저장법은 종자를 건조시켜 진공상태로 밀봉하는 방법으로 종자의 함수율이 5% 내외 정도로 유지하는 것이 좋다.

42 정성간벌에서 임내를 정리하는 정도의 약도간벌에 속하는 것은?

① A종 간벌　　② B종 간벌
③ C종 간벌　　④ D종 간벌

해설: A종간벌은 약도간벌이라 하며 4,5 급목을 전부 벌채하는 것이다.

43 뿌리가 1년, 지상부가 1년생 된 삽목묘의 올바른 표시법은?

① B 0/2　　② C 1/1
③ D 1/2　　④ A 2/1

해설: 뿌리가 1년, 지상부가 1년의 삽목묘는 뿌리의 나이를 분모, 줄기의 나이를 분자로 나타내며 C 1/1 식으로 표기한다.

44 파종작업의 종류가 아닌 것은?

① 흩어뿌림　　② 점뿌림
③ 줄뿌림　　　④ 대뿌림

해설: 파종작업의 방법에는 산파(흩어뿌림), 조파(줄뿌림), 점파(점뿌림) 등의 방법이 있다.

정답　41.② 42.① 43.② 44.④

45 대면적 개벌 천연하종갱신의 장점이 아닌 것은?

① 양수의 갱신에 적용될 수 있다.
② 작업실행이 용이하고 빠르게 될 수 있다.
③ 동일규격의 목재생산으로 경제적으로 유리 할 수 있다.
④ 동령 일제림으로 병해충 및 위해에 강하다.

해설 동령 일제림의 경우 병해충 및 위해에 상대적으로 약한편이다.

46 다음 중 파종 후 묘포지 관리 사항이 아닌 것은?

① 쇄토
② 해가림
③ 제초작업
④ 관수

해설 묘목의 관리사항으로 해가림, 솎기, 제초, 관수와 배수, 시비 등이 있다.

47 다음 중 소나무, 해송, 리기다소나무, 낙엽송 등 건조시킨 후 실내에서 저장한 종자들의 가장 효과적인 발아촉진 방법은?

① 노천매장법
② 씨껍질에 상처를 내는 법
③ 열탕처리법
④ 침수처리법

해설 침수처리법은 물에 담가 종피를 연하게 하고 발아억제물질 제거에 효과적으로 낙엽송, 삼나무, 편백, 소나무 종자에 적합한 방법이다.

48 중림작업에서 하목으로 가장 적당하지 못한 수종은 어느 것인가?

① 참나무류
② 서어나무류
③ 느릅나무
④ 전나무

해설 전나무는 침엽수종으로 상목에 적합하다.

49 모수 작업 시 남겨둘 모수로 적합하지 않은 것은?

① 바람에 저항력이 강한 수목
② 결실 연령에 도달한 수목
③ 형질이 우수한 수목
④ 천근성인 수목

해설 모수로 선정되는 수목은 바람에 대한 저항성이 강해야하고 종자의 생산성이 좋아야 하며 비산 능력이 뛰어나야 한다.

정답 45.④ 46.① 47.④ 48.④ 49.④

50 데라사끼의 수관급 구분에서 너무 피압 되어서 충분한 공간을 주어도 쓸만한 나무로 될 가능성이 없는 것은?

① 1급목 ② 2급목
③ 3급목 ④ 4급목

해설 수형급에서 4급목은 열세목으로 생장중이나 활용될 가능성이 없는 나무이다.

51 정성간벌의 설명으로 틀린 것은?

① 간벌할 시기, 간벌할 나무의 수와 재적을 미리 정한다.
② 간벌목의 선정이 기술자의 주관에 따라 크게 영향을 받는다.
③ 간벌을 되풀이하는데 미리 한계를 정하기가 어렵다.
④ 상층간벌과 하층간벌이 있다.

해설 간벌할 시기, 간벌할 나무의 수와 재적을 미리 정하는 것은 정량간벌이다.

52 식재 시 비료를 가장 많이 주어야 하는 나무는?

① 소나무 ② 오리나무
③ 삼나무 ④ 오동나무

해설 양분의 요구도가 가장 높아 비료를 가장 많이 공급해야 하는 수종은 오동나무, 전나무, 밤나무 등이 있다.

53 다음 그림의 종자저장 방법은?

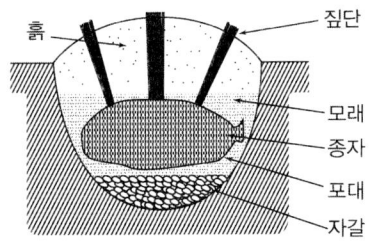

① 실온저장법 ② 밀봉저장법
③ 보호저장법 ④ 노천매장법

해설 노천매장법은 종자의 저장과 발아촉진이 동시에 가능한 방법으로 종자를 땅 속에 50~100cm 깊이로 모래와 섞어 묻는다.

정답 50.④ 51.① 52.④ 53.④

54 임목종자의 품질검사에 대한 설명으로 틀린 것은?

① (협잡물을 제거한 순정종자의 무게/시료의 무게) × 100이 순량률이다.
② 소립종자의 실중은 종자 100알의 무게를 g으로 나타낸 값이다.
③ 발아율은 순량률을 조사할 때 얻은 순정종자를 대상으로 조사한다.
④ 효율은 실제 득묘할 수 있는 효과를 예측 하는데 사용될 수 있는 종자의 사용가치를 말한다.

해설 실중은 종자 1,000 립의 무게를 의미하며 단위는 g 이다.

55 잣나무 종자의 성숙 시기는?

① 꽃이 핀 당년
② 꽃이 핀 이듬해 여름
③ 꽃이 핀 이듬해 가을
④ 꽃이 핀 3년째 가을

해설 소나무류, 상수리나무, 굴참나무, 잣나무, 비자나무, 자작나무 등은 꽃핀 이듬해 가을 종자 성숙한다.

56 가장 어린나이에서부터 가지치기를 실시해야 하는 나무는?

① 단풍나무
② 물푸레나무
③ 낙엽송
④ 벚나무

해설 보기 중에서 낙엽송은 생가지치기 위험이 적은 수종으로 가장 어린나이에서부터 가지치기가 가능하다.

57 종자의 발아율이 90%이고, 순량률이 80%일 때 종자의 효율은?

① 72%
② 80%
③ 85%
④ 90%

해설 효율(%) = $\dfrac{순량률 \times 발아율}{100} = \dfrac{90 \times 80}{100} = 72(\%)$

58 주요 수종과 대목의 연결이 옳지 않은 것은?

① 소나무류 – 해송
② 장미나무 – 찔레나무
③ 호두나무 – 가래나무
④ 사과나무 – 산돌배나무

해설 사과나무의 대목으로 해당화가 적합하다.

정답 54.② 55.③ 56.③ 57.① 58.④

59 다음 중 동일 조건하에서 종자의 비산력(飛散力)이 가장 큰 것은?

① 상수리나무 ② 소나무
③ 잣나무   ④ 주목

해설 소나무 종자의 비산력은 모수 수고의 3~5배 정도이다.

60 파종상에서 2년, 그 후 2번 이식하여 각각 2년씩 경과한 묘목의 묘령은?

① 2 - 4   ② 2 - 2 - 2
③ 4 - 2   ④ 6 - 0

해설 〈2-2-2 묘〉는 파종상 2년, 이후 2회의 이식이 있었으며 각 2년을 지낸 6년생 실생묘를 말한다.

61 테트라졸륨(T.T.C) 1% 수용액에 절단한 종자를 처리하였을 때 활력이 있는 종자는 어떤 색깔로 변하는가?

① 백색   ② 붉은색
③ 노란색   ④ 청색

해설 테트라졸륨 수용액 반응시 적색 혹은 분홍색일때 건전한 배로 간주한다.

62 숲의 갱신에 따른 벌채작업의 특성으로 틀린 것은?

① 택벌작업은 회귀년을 정하여 시행한다.
② 개벌작업은 임지가 넓게 노출되어 황폐해지기 쉽다
③ 모수작업은 예비벌, 하종벌, 후벌의 단계로 갱신되는 작업방법이다.
④ 왜림작업은 연료림이나 작은 나무의 생산에 적합하다.

해설 산벌작업에서 갱신을 위해 예비벌, 하종벌, 후벌의 과정을 거친다.

63 종자 전체의 무게가 900g 이고, 이중 협잡물의 무게가 90g이고 순수한 종자의 무게가 810g일 때의 순량률은?

① 72%   ② 81%
③ 90%   ④ 98%

해설 순량률(%) = $\dfrac{순정종자량(g)}{작업량(g)} \times 100 = \dfrac{810}{900} \times 100 = 90\%$

정답 59.② 60.② 61.② 62.③ 63.③

64 일반적으로 가지치기 작업 시에 자르지 말아야 할 가지의 최소 지름의 기준은?

① 5cm ② 10cm
③ 15cm ④ 20cm

> 해설: 일반적인 활엽수의 경우 가지치기를 하면 상처유합이 잘 되지 않아 직경 5cm 이상의 가지는 자르지 않는다.

65 산벌작업에서 임지의 종자가 충분히 결실한 해에 종자가 완전히 성숙된 후, 벌채하여 지면에 종자를 다량 낙하시켜 일제히 발아시키기 위한 벌채작업은?

① 후벌 ② 종벌
③ 예비벌 ④ 하종벌

> 해설: 하종벌은 예비벌 후 3~5년 후에 종자의 결실이 풍부하고 완전 성숙 후 다량 낙하시켜 발아시키기 위한 작업으로 종자의 결실량이 많을 때 실시하는것이 좋다.

66 연료림 작업에 가장 적합한 작업종은?

① 개벌작업 ② 산벌작업
③ 중림작업 ④ 왜림작업

> 해설: 활엽수림에 연료재 생산을 목적으로 짧은 벌기령을 가지며 개벌 후 근주로부터 나오는 맹아로 갱신하는 방법을 왜림작업이라 한다.

67 임지에 서있는 성숙한 나무로부터 종자가 떨어져 어린나무를 발생시키는 갱신 방법은?

① 맹아갱신 ② 인공조림
③ 천연하종갱신 ④ 파종조림

> 해설: 천연하종갱신은 자연적으로 종자를 낙하하여 자연발아시켜 후계림을 만드는 방법이다.

68 가지치기의 장점이 아닌 것은?

① 수고생장을 촉진한다. ② 옹이가 없는 완만재를 생산한다.
③ 나무끼리의 생존경쟁을 강화시킨다. ④ 산림의 위해를 감소시킨다.

> 해설: 가지치기를 통해 나무간의 경쟁을 완화시킨다.

정답 64.① 65.④ 66.④ 67.③ 68.③

69 종자의 품질기준에서의 발아율이 가장 높은 것은?

① 잣나무　　　　　　　　② 테다소나무
③ 오동나무　　　　　　　④ 호두나무

해설　테다소나무 85%, 잣나무 74%, 호두나무, 66%, 오동나무 30% 의 발아율을 보이며 보기 중 테다소나무가 가장 높다.

70 무육작업이라고 할 수 없는 것은?

① 풀베기　　　　　　　　② 솎아베기(간벌)
③ 가지치기　　　　　　　④ 갱신

해설　무육작업에는 풀베기, 가지치기, 제벌, 간벌 등이 있다.

71 택벌작업 시 벌구의 수를 10개로 만들면 회귀년은 얼마인가? (단, 윤벌기는 100년으로 한다.)

① 5년　　　　　　　　　② 10년
③ 20년　　　　　　　　　④ 30년

해설　회귀년은 윤벌기를 벌채구로 나눈 값으로 〈 100 / 10 = 10년 〉이다.

72 제벌은 6~8월 중에 실시하는 가장 적당한 사유는?

① 제거대상목의 맹아력이 약한 기간이므로
② 제벌대상목이 왕성한 성장을 하므로
③ 연료생산량이 많으므로
④ 작업인부를 구하기 쉬우므로

해설　맹아력이 왕성한 활엽수종은 여름에서 초가을 사이 수간의 높이를 높게 절단하여 맹아력을 억제시킨다.

정답　69.② 70.④ 71.② 72.①

73 제벌시기로 적당하지 않은 설명은?

① 겨울철에 실행하는 것이 좋다.
② 여름철에 실행하는 것이 좋다.
③ 간벌이 시작될 때까지 2~3회 제벌을 하는 것이 원칙이다.
④ 미국에서는 조림목의 흉고직경이 10cm 이하인 때 시행한다.

해설 제벌 작업은 6~9월 사이에 실시하는 것을 원칙으로 한다.

74 덩굴식물에 속하지 않는 것은?

① 칡　　　　　　　　　② 머루
③ 다래　　　　　　　　④ 싸리

해설 덩굴식물은 칡, 다래, 담쟁이덩굴, 머루, 으름덩굴 등이 있다

75 종자의 발아력 조사에 쓰이는 약제는?

① 염소산나트륨　　　　② 황산화탄소
③ 테트라졸륨　　　　　④ 인돌낙산

해설 종자의 발아력 조사에는 테트라졸륨 1% 수용액을 사용하며 적색 혹은 분홍색일때 건전한 배로 간주한다.

76 노천매장에 관한 설명 중 옳지 않은 것은?

① 종자를 묻을 때에는 종자 부패 방지를 위하여 물이 스며들지 못하도록 한다.
② 종자의 발아촉진을 겸한 저장방법이다.
③ 종자와 모래를 섞어서 매장함이 좋다.
④ 잣나무, 호두나무 등의 저장법으로 많이 적용되고 있다.

해설 노천매장은 종자의 저장과 발아 촉진의 효과를 동시에 얻을수 있는 방법으로 배수가 양호한 곳을 선택하여 매장하기에 물이 스며들어야 한다.

정답 73.① 74.④ 75.③ 76.①

77 종자를 체로 쳐서 굵고 작은 협잡물을 분별 하는 정선방법은?

① 입선법　　　　　　　　② 수선법
③ 풍선법　　　　　　　　④ 사선법

해설 사선법은 종자보다 크거나 작은 체를 이용하여 정선하는 방법이다.

78 용재와 신탄재를 동시에 생산할 수 있는 작업종은?

① 교림작업　　　　　　　② 저림작업
③ 중림작업　　　　　　　④ 왜림작업

해설 용재 생산이 목적인 교림작업, 연료재 생산이 목적인 왜림작업을 동시에 실시하는 것을 중림작업이라 한다.

79 임지의 생산력을 유지하고 또 증진시키기 위한 임지의 보육방법이 아닌 것은?

① 건조한 남향임지에 수평구를 설치한다.
② 비료목을 심는다.
③ 개벌작업을 자주 실시한다.
④ 나뭇가지나 관목 등으로 임지를 피복한다.

해설 개벌작업을 자주 실시하면 임지의 황폐와 지력저하가 발생한다.

80 종자 저장 시 정선 후 곧바로 노천매장을 해야 하는 수종으로만 짝지어진 것은?

① 층층나무, 전나무　　　② 삼나무, 편백
③ 소나무, 해송　　　　　④ 느티나무, 잣나무

해설 종자채취 직후 곧바로 노천매장하는 수종으로 들메나무, 단풍나무, 잣나무, 호두나무, 느티나무, 백합나무, 은행나무, 목련 등이 있다.

81 산벌작업에서의 작업단계가 올바르게 된 것은?

① 예비벌 → 후벌 → 하종벌　　　② 예비벌 → 종벌 → 수광벌
③ 예비벌 → 하종벌 → 후벌　　　④ 수광벌 → 종벌 → 하종벌

해설 산벌작업은 갱신을 위해 예비벌, 하종벌, 후벌의 과정을 거친다.

정답 77.④　78.③　79.③　80.④　81.③

82 다음 중 개량종자를 공급할 목적으로 인위적으로 조성된 것은?

① 채종림　　　　　　　　② 잠정 채종림
③ 채종원　　　　　　　　④ 채수원

해설　채종원은 우량 종자를 지속적으로 공급할 목적으로 채종림에서 선발된 수형목의 종자나 클론에 의해 조성된 1세대 채종원으로 인위적인 수목 집단이다.

83 다음 가지치기의 목적에 대한 설명으로 틀린 것은?

① 옹이가 없는 경제성 높은 목재를 생산한다.
② 하목을 보호하고 생장을 촉진시킨다.
③ 나무끼리의 생존경쟁을 완화시킨다.
④ 산림의 위해를 증가시킨다.

해설　가지치기는 옹이가 없는 우량 목재 생산에 적합하며 산림의 위해를 감소시킨다.

84 덩굴치기의 최적기는 언제인가?

① 3~4월　　　　　　　　② 5~6월
③ 7~8월　　　　　　　　④ 9~10월

해설　덩굴제거의 최적기는 생장기인 5~6월쯤이 적합하다.

85 굵은 생가지치기 시 위험성이 적은 수종은?

① 단풍나무　　　　　　　② 물푸레나무
③ 벚나무　　　　　　　　④ 포플러류

해설　소나무, 낙엽송, 포플러류, 삼나무, 편백 등은 생가지치기 위험이 적은 수종이다.

86 질소고정균인 근류군과 공생하는 수종으로만 짝지어진 것은?

① 아까시나무, 싸리나무　　② 오리나무, 신갈나무
③ 리기테다소나무, 은행나무　④ 단풍나무, 낙엽송

해설　질소고정균인 근류군과 공생하는 나무에는 비료목의 콩과수목들이 있으며 아까시나무, 자귀나무, 칡, 싸리나무 등이 대표적이다. 대표적인 근류균으로 콩과수목에는 Rhizobium 가 있다.

정답　82.③　83.④　84.②　85.④　86.①

87 산림토양에서만 볼 수 있는 토양층으로 가장 위층을 이루는 것은?

① 유기물층(O층) ② 표토층(A)
③ 심토층(B) ④ 모재층(C)

해설: 산림토양은 가장 위층인 유기물층이 있고 그 아래로 용탈층, 집적층, 모재층 순서로 이루어져 있다.

88 묘포의 입지조건으로 틀린 것은?

① 토양의 물리적 성질이 좋은 사질양토 ② 개간된 토양으로 토심이 30~60cm 정도
③ 관·배수가 좋은 곳 ④ 방위가 서향을 보고 있는 곳

해설: 묘포지는 모판은 남쪽으로 향하게 하며 동서로 길게 설치하는 것이 유리하다.

89 움돋이를 위한 줄기베기의 그림이다. 가장 적합한 것은?

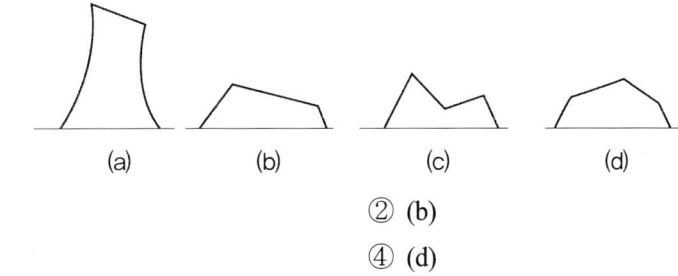

① (a) ② (b)
③ (c) ④ (d)

해설: 왜림작업에서 맹아 벌채시 (b)의 형태가 가장 좋다. 벌채면이 약간 기울어져 있어 물이 고이는 것을 방지할 수 있다.

90 밤나무에 가장 알맞은 종자 파종법은?

① 흩어뿌림 ② 줄뿌림
③ 점뿌림 ④ 군상으로 모아뿌림

해설: 점뿌림(점파)는 종자 크기가 큰 밤나무, 호두나무 등의 수종에 적합하다.

정답 87.① 88.④ 89.② 90.③

91 무성번식의 장점과 관계가 없는 것은?

① 개화가 결실이 빨라진다.
② 초기의 생장이 빠르다
③ 씨앗의 생산이 잘 안 되는 나무를 번식한다.
④ 실생묘에 비해 대량생산이 쉽다.

해설 무성번식은 실생묘에 비해 대량생산이 어렵다.

92 묘포장에서 해가림이 필요하지 않는 수종은?

① 잣나무
② 전나무
③ 낙엽송
④ 소나무

해설 소나무와 같은 양수에는 해가림이 필요 없으나 잣나무, 주목, 전나무, 가문비나무 등의 음수 수종에 필요하다.

93 인공조림과 비교한 천연갱신의 특징이 아닌 것은?

① 생산된 목재가 균일하다.
② 조림실패의 위험이 적다.
③ 숲 조성에 시간이 걸린다.
④ 생태계 구성원 보호에 유리하다.

해설 생산된 목재가 균일한 것은 인공조림의 특징이다.

94 개화한 다음 해에 결실하는 수종으로만 짝지어진 것은?

① 소나무, 자작나무
② 전나무, 아까시나무
③ 오리나무, 버드나무
④ 삼나무, 가문비나무

해설 개화한 다음 해 결실하는 수종으로 소나무, 상수리나무, 굴참나무, 자작나무, 잣나무 등이 있다.

95 종자 발아시험 기간이 가장 긴 수종들로 짝지어진 것은?

① 소나무, 삼나무
② 곰솔, 사시나무
③ 버드나무, 느릅나무
④ 일본잎갈나무, 가문비나무

해설 종자 발아검사 기준 소나무, 삼나무는 28일이며 사시나무, 느릅나무는 14일, 가문비나무는 21일 정도로 보기 중 가장 긴 수종으로 묶인 것은 소나무와 삼나무이다.

정답 91.④ 92.④ 93.① 94.① 95.①

96 모수작업의 모수본수보다 많은 모수를 수광생장을 촉진시켜 벌기에 대경재를 생산하면서 갱신을 동시에 실시하는 방법은?

① 택벌작업
② 중림작업
③ 개벌작업
④ 보잔목작업

해설 보잔목작업은 모수작업과 유사한 갱신작업종으로 모수작업의 모수본수보다 다소 많은 모수의 수광생장을 촉진시켜 다음 벌기에 대경재를 생산하면서 갱신을 동시에 실시하는 방법이며 이때 남겨질 임목을 보잔목이라 한다.

97 솎아베기가 잘된 임지, 유령림 단계에서 집약적으로 관리된 임분에서 생략이 가능한 산벌작업 과정은?

① 후벌
② 종벌
③ 하종벌
④ 예비벌

해설 산림의 갱신준비 작업인 예비벌은 관리가 잘된 임분이나 상황에 따라 생략이 가능하다.

98 봄에 가식할 장소로서 옳지 않은 것은?

① 바람이 적은 곳
② 남향으로 양지 바른 곳
③ 토양의 습도가 적절한 곳
④ 배수가 양호하고 그늘진 곳

해설 봄에 가식할 때는 배수가 좋은 남향의 사양토나 식양토에 가식한다.

99 채종림의 조성 목적으로 가장 적합한 것은?

① 방풍림 조성
② 산사태 방지
③ 우량종자 생산
④ 휴양 공간 조성

해설 채종림은 천연림이나 인공림에서 형질이 우수한 나무를 통해 유전적으로 우량종자를 채집할 목적의 산림이다.

100 맹아갱신 작업에 가장 유리한 수종은?

① 소나무
② 전나무
③ 신갈나무
④ 은행나무

해설 맹아 갱신이 가능한 수종으로 상수리나무, 신갈나무, 굴참나무, 서어나무, 물푸레나무, 오리나무, 포플러, 피나무, 밤나무, 아까시나무 등이 있다. 상대적으로 맹아력이 강한 수종으로 참나무류, 밤나무 등이 있다.

정답 96.④ 97.④ 98.② 99.③ 100.③

PART 2

산림보호

01 일반 피해

PART 02 ····· 산림보호

1.1 인위적인 피해

(1) 산림화재

① 산림 화재의 원인

㉠ 원인

자연적 요인	인위적 요인
• 벼락으로 인한 화재 • 수목간의 마찰 • 지면 낙엽에서의 자연발화	• 담배꽁초와 같은 등산객 부주의 • 산간지역 고압전선의 누전 • 사냥시 발생되는 총포의 불

㉡ 1년중 산불은 자연습도가 낮은 봄철에 가장 많이 발생하며 통계적으로 4월이 가장 발생률이 높다.

㉢ 하루단위로는 일사량이 많고 건조한 오후시간(2시~4시)때가 가장 위험하다.

㉣ 산림화재는 등산자의 부주의로 인한 화재가 가장 많으며 대략 50% 정도이다.

② 산림 화재의 피해

임 목	임 지	기 타
• 목재의 손실 • 병충해에 의한 2차 피해가 발생할 수 있음. • 임목의 경제적 가치 저하	• 낙엽층의 소실 및 토양의 이화학적 성질이 약화 • 유기양분의 손실 • 지표유하수의 증가	• 경관의 파괴 • 수원의 고갈 • 야생동물의 서식처 파괴 • 홍수 발생

③ 산림 화재의 종류

종 류	특 징
지표화	지표화는 지표의 낙엽과 지피물 등에 화재가 발생하는 것으로 치수들이 많은 피해를 받는다. 주로 등산객의 부주의에 의해서 발생한다.
수간화	나무 줄기에 화재가 발생하며 주로 지표화에 의해 번지는 경우가 많다.
수관화	임목의 상층부를 태우는 것으로 비화하기 쉽고 진화가 어려워 발생시 산림에 큰 손실을 가져온다.
지중화	지표 낙엽층 아래의 부식층에 발생하며 한번 발생시 오랜시간 연소하지만 국내에서는 거의 나타나지 않는다.

④ 산림 화재 영향 인자
  ㉠ 수종
   • 불에 대한 위험정도는 양수가 음수보다, 침엽수가 활엽수보다, 낙엽수가 상록수보다 높다.

양수 〉 음수	침엽수 〉 활엽수	낙엽수 〉 상록수
양수의 울폐도가 상대적으로 낮아 건조되기 쉬워 화재의 위험성이 높다.	침엽수 수종의 수지 성분은 불에 잘 타는 성질로 화재의 위험성이 높다.	활엽수에서도 낙엽수가 상록수보다 화재의 위험성이 높다.

   • 불에 대한 저항성을 내화성 혹은 내화력이라 하며 수종에 따라 아래와 같이 분류한다.

분류	내화성이 높은 수종	내화성이 낮은 수종
침엽수	은행나무, 잎갈나무, 낙엽송, 분비나무, 가문비나무	소나무, 해송, 편백, 삼나무
상록활엽수	굴거리나무, 황벽나무, 동백나무, 회양목, 사철나무	녹나무, 구실잣밤나무
낙엽활엽수	굴참나무, 고로쇠나무, 사시나무, 음나무	아까시나무, 벽오동나무, 참죽나무, 조릿대

  ㉡ 수령
   • 유령림일수록 피해정도가 심하다.
   • 성숙림일수록 상대적으로 습도가 높아 피해정도가 약하다.
  ㉢ 외부조건

강우량	강우량이 적은 봄철(3~5월)에는 산불 발생률이 높다.
습도	상대습도 60% 이상에서는 거의 발생하지 않으며 40% 이하에서는 발생률이 높고 진화가 어렵다.
기온	온도가 높은 낮시간에는 상태습도가 낮아져 산불 발생률이 높아진다. 반대로 밤에는 온도가 낮아져 상대습도가 높아 산불 발생률이 낮아진다.
바람	풍속이 높을수록 발생 및 피해정도가 높아진다.
경사	경사가 급할수록 산불의 진행속도가 빨라진다.

⑤ 산림 화재 진화
  ㉠ 산불이 진행되는 방향의 앞부분을 화두, 반대쪽을 화미라고 한다.
  ㉡ 산불 정도가 약할 때는 화두에서, 산불이 강할 경우 안전을 위해 화미에서 진화한다.
  ㉢ 산불 발생시 직접적인 진화가 어려울 경우 간접 방법으로 소화선을 만들고 소화선을 따라 불길을 잡아 직접 진화하도록 한다. 소화선은 전방 30~50cm 정도의

흙을 뒤집어 만든다.
② 대형 산불 발생시 직접, 간접 방법으로도 어려울 경우 진행방향에 불을 놓아 가연물을 없애주는 방법을 사용하며 이를 맞불이라 한다.
⑩ 산불이 발생할 가능성이 있는 산림의 경우 간벌 및 가지치기 등의 작업을 통해 산불의 피해가 커지지 않도록 사전에 예방하도록 한다.
⑪ 산불의 피해를 줄이기 위해 내화성 수종을 심거나, 이령혼효림으로 조성하는 것이 좋다.

1.2 기상 및 기후에 의한 피해

(1) 저온에 의한 피해

① 상해
  ㉠ 상해는 가을에 기온이 급하강하여 갈변현상이 나타나는 현상이다.
  ㉡ 이른 봄에 서리가 내리는 경우를 늦서리 혹은 만상이라 하며 만상에 의해 어린나무는 고사하기도 한다. 늦여름이나 가을철에 내린 서리로 인한 피해의 경우 조상이라 한다.
  ㉢ 만상에 의해 1년에 2개의 나이테가 생성되기도 하며 이를 상륜이라 한다.
  ㉣ 상해는 유지함량이 낮고 전분함량이 높을 때 피해가 크다.
  ㉤ 상해의 영향인자들은 아래와 같다.

수종	수종에 따라 유지와 전분함량에 영향을 받으며 유지 함량이 낮을수록 전분함량이 높을수록 피해 정도가 크다.
수령	나무가 어릴수록 피해를 받기 쉽다.
지형	습기가 많은 계곡과 같은 곳이 피해를 받기 쉽다.
방위	남면보다 북면의 피해가 심한편이다.
기후	맑은 새벽시간에 많이 발생한다.

  ㉥ 지역에 따라 상해에 대한 예방법이 다르며 대표적인 묘포지와 조림지의 대비책은 아래와 같다.

묘포지에서의 상해 예방	조림지에서의 상해 예방
• 방풍림 조성 및 배수를 양호하게 한다. • 만상의 피해를 받는 수종은 파종시기를 늦춘다. • 묘상에 짚이나 낙엽을 덮어 준다.	• 피해를 적게 받을 수종의 선택한다. • 상해의 피해를 받을 수종은 음지에 가식, 발아를 늦게 한 후에 가식한다. • 습지는 배수구 설치한다.

② 상렬
　㉠ 겨울철 수목 내부의 수분이 저온에 다른 수축 및 팽창으로 팽창압이 발생하여 수목이 갈라지는 현상을 말한다.
　㉡ 상렬이 주로 발생되는 수종으로 수양버들, 느릅나무, 포플러, 참나무류 등이 있다.
　㉢ 상렬을 막기 위해서는 배수를 양호하게 하고, 적정 울폐도를 유지하며 방풍림을 조성하는 것이 좋다.
　㉣ 주로 수간이 서남향으로 노출된 큰 나무에서 많이 발생된다.

③ 상주
　㉠ 상주의 피해는 서릿발이라고도 하며 주로 겨울철에 땅속의 물이 토양의 모세관현상에 의해 지표면으로 올라오면서 결빙과 해동이 반복되면서 식물의 뿌리에 피해를 주게 된다.
　㉡ 주로 뿌리가 지표면에 분산되는 천근성 수종에서 일어나며 진흙이 많은 토양일수록 피해정도가 심하게 나타난다.
　㉢ 상주를 방제하기 위해서는 배수를 양호하게 하고, 지피물을 보호하고 안될 경우 볏짚, 톱밥 등을 이용하여 덮어주도록 하며 다습한 곳은 파종상을 높게 해준다.
　㉣ 가을철 파종 시에는 복토를 두껍게 해준다.
　㉤ 피해가 예상되는 지역은 파종 조림을 피하고 식재조림을 하거나 토양에 모래를 혼입하도록 한다.
　㉥ 지역적으로는 국내에서는 남부지방에서 발생하는 편이다.

(2) 고온에 의한 피해

① 피소(=볕데기)
　㉠ 나무의 줄기가 강한 태양광선에 의해 급격한 수분증발이 발생하며 심할 경우 형성층에 피해를 입게 되어 고사한다.
　㉡ 코르크층이 발달한 수목의 경우 피해가 덜하지만 발달정도가 미흡한 오동나무, 호두나무, 가문비나무 등은 피해가 심한편이다. 반대로 코르크층이 발달한 참나무류, 상수리나무, 굴참나무 등은 잘 발생하지 않는다.
　㉢ 방위로 남서, 서면에 위치하는 임목에서 피해가 많이 나타난다.
　㉣ 지엽을 제거하면 햇빛을 수간 하부까지 받아 볕데기가 발생할 수 있다.
　㉤ 볕데기가 심한 부위는 갈라지면서 병해충 및 부후균 등의 침입을 받을수도 있다.
　㉥ 볕데기에 대한 피해를 예방하기 위해 해가림을 하거나 석회유, 점토 등으로 발라주거나 짚이나 새끼로 주위를 감싸 직사광선을 막아준다.

② 열해

ㄱ. 여름철 태양의 광선이 강할 경우 발생하며 심할 경우 형성층이 파괴되어 고사하기도 한다.

ㄴ. 수목의 경우 65℃부근에서 순식간에 고사한다.

ㄷ. 수종의 경우 내음성이 강할수록 열에 약하며 대표적으로 아래와 같은 수종들이 있다.

열에 강한 수종	소나무, 해송, 측백 등
열에 약한 수종	편백, 화백, 가문비나무 등

(3) 눈에 의한 피해

① 설해는 눈에 의해 발생되는 피해로 추운 지방보다 따뜻한 지방에서 이른 봄에 발생률이 높다.

② 병충해의 피해 예방과 마찬가지로 눈에 대한 피해를 줄이기 위해 단순림보다 혼효림을 동령림보다는 이령림이 더 효과적이다.

③ 식재시 삼각식재나 장방형식재를 적용하는 것이 피해를 줄일 수 있다

④ 설해의 종류는 아래와 같다.

종 류	특 징
설 절	수관에 눈이 쌓여 그 무게로 인해 가지가 부러지는 피해
설 할	눈으로 인해 누르는 압력으로 나무가 마치 터지는 듯한 피해
설 도	적설로 인해 뿌리째 넘어가는 피해
설 압	눈으로 인해 가지가 굽어지는 피해

(4) 바람에 의한 피해 등 기타

① 주풍

ㄱ. 주풍은 10~15m/s 속도로 한 방향으로 불어오는 바람을 의미한다.

ㄴ. 주풍으로 인해 생장량 감소, 수형 불량, 생리적 장애 등의 피해가 발생한다.

ㄷ. 주로 발생되는 현상으로 편심생장이 있으며 침엽수는 상방편심, 활엽수는 하방편심 현상을 보인다. 편심생장은 연륜의 중심이 한쪽으로 치우쳐 직경생장을 하는 것을 의미한다.

ㄹ. 해안의 경우 주풍은 대부분 바다에서 육지를 향해서 불며 파도로 육지에 올라온 모래를 이동시키기도 한다. 주풍방향이 해안선과 직각을 이루게 불어올 경우 파도와 모래에 미치는 영향이 커진다.

ⓜ 바람에 대한 저항성은 아래와 같이 분류할 수 있다.

바람에 강한 수종	소나무, 해송, 참나무 등
바람에 약한 수종	편백, 포플러, 자작나무 등

② 폭풍
  ㉠ 주로 29m/s 이상의 바람과 비가 함께 할 경우를 의미한다.
  ㉡ 강한 바람으로 인해 가지가 부러지고 나무가 뿌리째 넘어지는 등의 큰 피해가 발생한다.
  ㉢ 폭풍의 피해는 아래와 같은 방법으로 줄이도록 한다.
  • 단순동령림을 피하고 이령혼효림을 유도한다.
  • 개벌이나 산벌작업의 피하며 택벌작업을 실시한다.
  • 폭풍이 주로 오는 방향에 방풍림을 조성하며 나비는 10~20m 정도로 한다.
  • 벌채순서는 폭풍의 방향과 반대방향으로 실시한다.
  • 방풍림의 효과 거리는 풍상 기준 수고의 5배, 풍하 기준 15~20배 이다.

③ 조풍(=염풍)
  ㉠ 바다에서 불어오는 소금이 함유된 바람을 염풍이라 한다.
  ㉡ 염풍이 잎의 뒷면의 기공으로 침입하여 식물의 생리적 작용 저해 및 삼투압의 변화로 원형질 분리가 일어난다.
  ㉢ 염도 기준 0.5% 이상의 잎의 색이 갈색 혹은 검은색으로 변색한다.
  ㉣ 염풍이 지속적으로 불어 근처 토양에 스며들 경우 염분으로 인하여 미생물의 기능어 저해되어 유기물 분해가 느려지게 된다.
  ㉤ 임목이 염풍에 대한 내성은 아래와 같이 분류할 수 있다.

염풍에 내성이 강한 수종	해송, 향나무, 사철나무, 팽나무, 후박나무 등
염풍에 내성이 약한 수종	소나무, 전나무, 벚나무, 편백, 화백, 배나무 등

  ㉥ 바다에서 불어오는 해풍을 막기 위해 조성하는 숲을 사구림이라 한다.

(5) 한해
  ① 기온이 높고 햇빛이 강한 여름철에 토양수분의 결핍에 의해 발생하는 피해이다
  ② 수분이 부족하여 세포에서의 원형질 분리가 일어나 고사하게 된다. 수분부족으로 인해 작물의 생육에 문제가 발생하는 경우를 한해라 한다.
  ③ 한해에 영향을 받을 경우 광합성, 효소의 작용이 제대로 이루어지지 않으며 동화물질의 전류 작용에도 영향을 받게 된다.

④ 한해의 방지를 위해 질소질 과용을 피하고 인산, 칼륨을 사용해 주고 재식밀도를 낮추어 준다.
⑤ 한해의 피해를 경감시키기 위해 관수를 충분히 해주어야 한다. 관수가 어려울 경우 해가림이나 흙깔기 등을 통해 피해를 경감시키도록 한다

1.3 동물에 의한 피해

(1) 조류의 피해

피해 종류	조류 종류
파종상 종자 가해	참새, 할미새
임목의 줄기 가해	딱따구리
임목의 어린순 가해	산까치, 박새
임목의 과실 가해	어치, 동백새, 물까치, 산비둘기, 직박구리
군집 및 배설물 가해	백로, 왜가리, 가마우지

(2) 포유류 피해

종류	특징
산토끼	어린 싹 및 수피 가해
다람쥐	종자나 어린싹, 새잎 가해
두더지	묘목의 뿌리 가해
들쥐	임목의 목질부 가해

1.4 환경오염 피해

(1) 산성비

① 산성비는 대기에 산성 물질이 비와 함께 내리는 경우로 원인 물질로는 이산화황, 질소산화물 등이 있다.
② 산성비의 원인으로 화산이나 번개와 같은 자연적 요인이 있고 공장이나 자동차와 같은 사람에 의한 인위적 요인도 있다.
③ 활엽수가 침엽수보다 산성비 내성이 강하며 자세히 분류하면 산성비에 대한 내성은 쌍자엽식물, 단자엽식물, 침엽수 순서로 침엽수가 가장 강하다.
④ 산성비에 의한 피해는 다양하나 산림에 주는 피해종류는 아래와 같다.

> ㉠ 식물의 엽록체를 파괴하여 광합성의 작용 억제
> ㉡ 뿌리털의 세포가 파괴되어 수분 흡수 억제
> ㉢ 식물이 사용하는 토양의 무기염류 감소
> ㉣ 생태계에 필요한 미생물의 감소
> ㉤ 병, 해충에 대한 내성 감소
> ㉥ 식물의 생육 저해

(2) 지구온난화

① 온실가스에 의해 지구의 대기 온도가 상승하는 현상을 말한다.
② 온실가스의 종류로 수증기, 이산화탄소(CO_2), 메탄(CH_4), 이산화질소(N_2O), 과불화탄소(PFC), 수소불화탄소(HFCS), 육불화황(SF_6) 등이 있다. 간접온실가스로는 다른 물질과 반응하여 온실가스로 전환되는 가스로 질소산화물(NO_X), 일산화탄소(CO), 아황산가스(SO_2) 등이 있다
③ 지구온난화에 의한 피해는 아래와 같이 요약할 수 있다.

> ㉠ 토양의 유기물 함량 감소
> ㉡ 토양의 황폐화 촉진
> ㉢ 기후 변화로 인한 산불의 발생 증가
> ㉣ 산림 병, 해충 등 빈도 및 피해영역 변화

(3) 오존층 파괴에 의한 피해

① 오존층은 대기권 중 성층권에 분포하는 오존의 밀도가 높은 층으로 태양에서 오는 자외선을 막아 지구 생태계를 보호해주는 역할을 하고 있다.
② 오존층을 파괴하는 대표 물질로 프레온가스가 있으며 오존층 파괴에 의한 피해는 아래와 같다.

> ㉠ 식물 엽록소의 감소 및 광합성의 저하
> ㉡ 식물의 생장 감소 및 잎 표면의 백색화 발생
> ㉢ 고사 식물의 증가
> ㉣ 산림 파괴에 의한 온난화현상의 가속

(4) 대기오염물질의 종류 및 피해 형태

① 아황산가스(SO₂)

㉠ 공장 등 인위적인 요소에 의해 발생되는 아황산가스는 독성이 매우 강한 편이다. 아황산가스는 주로 환원 작용에 의해 식물에 피해를 주며 심할 경우 그을음잎마름병과 같은 식물병을 일으키기도 한다.

㉡ 아황산가스는 식물체의 잎의 기공을 통해 유입되며 황산염 형태로 축적되며 잎의 끝부분과 옆맥 사이의 조직이 괴사되는 현상을 보인다.

㉢ 아황산가스의 피해는 대기 중 고농도의 경우 급성피해와, 저농도의 경우 만성피해로 분류 할 수 있다.

급성피해	엽록소 파괴의 가속, 세포의 붕괴 및 괴사 발생한다.
만성피해	엽록소가 서서히 붕괴, 황화현상의 발생한다.

㉣ 아황산가스에 대한 수목의 영향인자

온 도	0℃에 가까운 저온의 경우 저항성 증가한다.
습 도	습도가 높을 경우 저항성 감소한다.
광 도	광도가 낮을수록 저항성 증가한다.
계 절	봄에는 저항성 감소한다.
바 람	바람이 없는 날에는 피해가 증가한다.
토 양	토양의 양분이 부족할수록 피해가 증가한다.

㉤ 감수성은 민감한 정도로 감수성이 높으면 저항성이 낮음을 의미한다. 일반적으로 침엽수보다 활엽수가 아황산가스에 대한 저항성이 강한 편이며 수종에 따른 감수성 정도의 차이는 아래와 같이 분류할 수 있다.

감수성이 높은 수종(저항성 낮음)	소나무, 벚나무, 낙엽송, 황철나무, 가문비나무, 전나무, 삼나무, 느티나무, 자작나무 등
감수성이 낮은 수종(저항성 높음)	편백, 비자나무, 가시나무, 식나무, 은행나무, 무궁화, 향나무 등

② 불화수소(HF)

㉠ 독성이 매우 강한편이며 미량으로도 식물에 피해를 주며 피해 현상은 아래와 같다.

- 엽록소 및 세포의 파괴
- 광합성의 억제
- 엽소현상의 발생
- 황색으로 변색하며 심할 경우 잎이 떨어짐
- 어린잎의 엽맥이나 주변부에 백화현상이 나타남

ⓒ 불화수소의 경우 외부적 요인에도 영향을 받으며 습도가 높을 경우 그리고 기공이 열려 있는 밤에 피해가 심하다.

③ **이산화질소(NO_2)**
　　㉠ 차량 엔진 연소 및 공장 등의 인위적 요인에 의해 발생된다.
　　ⓒ 산성비의 원인 물질이 되기도 하며 식물세포 파괴 및 갈변현상을 일으킨다.

④ **질산과산화 아세틸(PAN)**
　　㉠ PAN 은 햇빛이 있는 조건에서 피해가 나타난다.
　　ⓒ 질소산화물과 탄화수소가 광화학반응에 의해 생성되는 2차 오염물질이다.
　　ⓒ 식물의 세포막이나 소기관을 파괴하여 기능을 상실시키며 광합성을 저해시킨다.

⑤ **기타 오염 물질**

에틸렌	낙엽속도가 빠름, 새나무 가지 성장 저해 및 생장 억제 발생
암모니아	잎 전체에 영향을 주고 수시간 후 잎 전체가 갈변 혹은 검게 변함
유리염소가스	아황산가스의 3배 독성을 가지며 피해 증상은 아황산가스와 유사
염화수소	물에 쉽게 용해되어 토양을 강산성으로 변화시키며 피해증상은 불화수소와 유사

02 수목병

PART 02 ······ 산림보호

2.1 수목병 일반

(1) 수목병의 원인

① **병원의 정의**
  ㉠ 병원은 수목에 병을 일으키는 원인이 되는 것으로 병원이 생물 혹은 바이러스의 경우 **병원체**, 균류에 의한 경우 **병원균**이라 정의한다.
  ㉡ 수목에 직접 원인을 주인, 발병을 촉진시키는 기타 원인을 유인이라 한다. 유인의 경우 기상조건, 토양조건, 재배법 등 다양한 외부적 요인이 있다.

② **병원의 종류 및 분류**
  ㉠ 생물성 병원의 종류에는 세균, 진균, 선충, 바이러스, 마이코플라스마 등이 대표적이다.
  ㉡ 비생물성 병원은 외부적 요인으로 토양, 기상, 양분, 농기구, 공업폐수 등이 있다.

(2) 병징과 표징

① **병징**
  ㉠ 병징은 식물의 외형 혹은 조직의 변화, 빛깔 등에 이상이 나타나는 현상을 의미한다.
  ㉡ 병의 진행 정도나 현상의 변화에 따라 1차, 2차 병징으로 분류하기도 한다.
  ㉢ 특정 부위에만 나타나는 경우 국부병징, 수목의 전체에 나타나는 경우를 전신병징이라 한다. 국부병징에는 점무늬병, 혹병 등이 있으며 전신병징에는 오갈병, 바이러스병, 시들음병 등이 있다.
  ㉣ 병징의 현상으로 변색, 시들음, 비대, 위축, 괴사, 줄기마름, 부패 등이 있다.
  ㉤ 바이러스에 의한 병징은 대부분 전신병징은 경우가 많으며 국부병징도 간혹 나타난다.

외부병징	위축, 색소체 이상, 괴저, 기형, 잎말림, 돌기 등
내부병징	세포 내 엽록체 수 감소, 엽록체 크기 감소, 내부조직 괴사 등

② 표징

   ㉠ 병이 발생시 병원체 자체가 나타나 식별되는 현상을 의미한다.
   ㉡ 표징은 어느 정도 진행 후 발견이 되기에 조기 진단이 어렵다.
   ㉢ 진균의 경우 표징이 나타나지만 바이러스, 마이코플라스마에 의한 경우 병징만 관찰되고 표징은 나타나지 않는다.
   ㉣ 표징의 종류

영양기관	균사체, 선상균사, 균핵, 자좌, 근상균사속 등
번식기관	포자, 포자낭, 자낭각, 자낭구, 세균점괴, 포자각, 버섯 등

(3) 수목병의 발생

① 병원체 월동

   ㉠ 병원체가 주로 저온이 되는 겨울에 휴면을 하는 경우 월동이라 한다.
   ㉡ 병원균에 따라 월동장소가 다르며 아래와 같이 분류할 수 있다.

기주체	소나무혹병균, 벚나무빗자루병균, 낙엽송가지끝마름병균 등
병환부 혹은 죽은기주	낙엽송잎떨림병균, 밤나무줄기마름병균, 느티나무흰색무늬병균 등
토양	뿌리혹선충류, 오동나무빗자루병, 자줏빛날개무늬병균 등
종자	오리나무갈색무늬병균, 묘목의 잘록병균 등

② 병원체 침입

   ㉠ 세균은 주로 상처 및 자연개구부로 침입한다. 각피의 경우 세균은 침입이 어려우나 진균은 각피로도 침입이 가능하다.
   ㉡ 식물의 자연개구부에는 기공, 피목, 밀선, 수공 등이 있다.

침입경로	특징	대표 병원
각피	병원체가 식물 표면을 직접 뚫고 침입하는 경우	뽕나무뿌리썩음병균, 자줏빛날개무늬병균 등
자연개구부	기공을 통해 침입하는 경우	삼나무붉은마름병균, 소나무 잎떨림병균 등
상처	식물의 상처부위에 침입하는 경우	밤나무줄기마름병균, 낙엽송끝마름병균 등

(4) 감염 및 잠복

① 감염은 병원체가 식물에 침입해 식물로부터 영양을 섭취하는 경우를 말한다. 이때 침입후 초기병징이 나타나는 사이의 기간을 잠복기간이라 한다.
② 잠복기간은 감염이후 그리고 초기병징이 나타나기 이전의 단계를 의미한다.
③ 서로 다른 종류의 기주식물을 옮겨다니며 생활하는 병원균을 이종기생균이라 하는데 이종기생균이 기주를 변경하는 것을 기주교대라고 한다.

이종기생균	다른 기주식물을 옮겨다니는 병원균
기주교대	이종기생균이 다른 기주식물을 옮겨 다니는 것
중간기주	다른 기주식물 중 경제적 가치가 적은 식물

④ 엽록소가 없어 양분 합성을 하지 못하는 경우 다른 식물에 기생하여 양분을 섭취하는 진균, 세균, 바이러스 등을 기생체, 죽은 조직이나 유기물에서 양분을 섭취하는 것을 부생체라 하며 영양섭취법에 따라 아래와 같이 분류 된다.

절대기생체	• 순활물기생체라 하며 살아있는 조직에만 생활한다. • 살아 있는 기주와 죽은 기주 뿐 아니라 각종 영양배지에서 번식하는 경우를 비절대기생체, 반활물영양성이라 한다.
임의부생체	• 기생을 원칙으로 하나 죽은 유기물에서도 영양섭취가 가능하다.
임의기생체	• 부생을 원칙으로 하고 살아있는 조직에도 침입한다.
절대부생체	• 죽은 유기물에서만 영양을 섭취하는 순사물기생체이다.

(5) 수목병의 예찰진단

① 수병의 진단은 표본을 만들어 기존의 자료인 도감, 검색표 등을 이용하여 병원체를 진단하는 동정의 방법을 사용한다.
② 병원체의 동정은 독일의 세균학자 코흐의 4원칙에 따르며 내용은 아래와 같다.

> ㉠ 병원체는 병든 기주에 존재한다.
> ㉡ 병원체는 병든 기주에서 분리시 배지에서 자라야 한다.
> ㉢ 배양한 병원체는 접종시 같은 병을 나타내야 한다.
> ㉣ 실험적으로 접종하여 감염된 기주에서 같은 병원체를 획득할수 있다.

③ 진단에는 육안적 진단방법이 있으며 병징과 표징을 통해 확인 가능하다.

병징	변색, 시들음, 비대, 위축, 괴사, 줄기마름, 부패 등
표징	균사, 균사속, 균사막, 균핵, 자좌, 포자, 자실체 등

④ 그 외 코흐의 원칙에 따르는 병원적 진단 방법이나 지표식물을 이용하는 생물학적 진단 방법 등 상황에 맞는 다양한 진단 방법을 채택한다.

(6) 수목병의 전반

① 병원체가 운반되는 방법을 전반이라 하며 스스로 이동하는 경우도 있으나 그렇지 않은 경우 다양한 매개체를 통해 이동하게 된다.
② 병원균은 바람, 물, 토양 등 다양한 형태로 전반되며 병원균의 종류는 아래와 같다.

종자	오리나무갈색무늬병균(표면), 호두나무갈색부패병균(내부)
바람	밤나무줄기마름병균, 잣나무털녹병균, 흰가루병
물	묘목의 잘록병균, 향나무적성병
토양	근두암종병균, 묘목의 잘록병균
묘목	잣나무털녹병균, 포플러모자이크병균
매개동물 및 매개충	오동나무빗자루병, 대추나무빗자루병, 참나무 시들음병

2.2 주요 수목병 종류 및 방제법

(1) 수목병의 방제법

중간기주 제거	중간기주를 제거하는 방법
전염원 제거	병든 식물의 병든 부위를 제거하는 방법
시비	시비 조절(질소질 비료 사용량 주의)
윤작	밀도 조절을 통한 피해 확산을 막는 방법
임업적 방제	저항성 품종 생산, 혼효림의 조성, 제벌 및 간벌 등
묘목 검사	심재 전에 병원균의 전파를 막기 위해 검사를 실시
환경 개선	과습 등의 조건에서 발생되는 수목병을 막기 위한 환경의 유지 및 개선
소독	토양이나 종자 소독을 통해 병의 전파를 예방

(2) 주요 병원의 특징

① 바이러스
  ㉠ 바이러스는 핵산과 단백질로 구성된 핵단백질로 세포벽이 없고 살아있는 기주세포에서만 증식이 가능하다.
  ㉡ 크기가 작아 육안으로는 관찰이 불가능하며 전자 현미경을 통해 관찰 가능하다.
  ㉢ 인공배양 및 증식이 불가능하다.

ⓔ 식물성 바이러스는 대부분 RNA 이다.
ⓜ 대표적인 병으로 포플러 모자이크병이 있다.

② **마이코플라스마**
ⓐ 세포벽이 없고 원형질막이 존재하며 다양한 모양을 지닌 원핵미생물이다. 마이코플라스마는 바이러스와 마찬가지로 인공배양이 어렵다.
ⓑ 마이코플라스마는 주로 테트라사이클린계 약제로 방제한다.
ⓒ 주요 수목병으로 오동나무 빗자루병, 대추나무 빗자루병, 뽕나무오갈병이 있다.

③ **세균**
ⓐ 세균은 세포벽을 가지고 있으나 핵막이 없고 이분법에 의해 증식하는데 주로 광학현미경으로 관찰이 가능하다. 관찰시 간균(막대모양), 구균(공모양), 나선균(나사모양), 사상균(실뭉치모양) 등이 있는데 대부분 간균형태로 관찰된다.
ⓑ 세균은 인공배지에서 배양 및 증식이 가능하며 운동기관인 편모를 가지고 있다.
ⓒ 세균 검사시 그람염색법을 이용하며 보라색으로 변하게 되는 양성반응과 분홍색으로 변하는 음성반응이 있다. 이를 그람양성균, 그람음성균이라 한다.
ⓓ 세균은 상처나 자연개구부를 통해 침입한다.
ⓔ 병징으로는 무름, 위조, 궤양, 부패 등이 있다.
ⓕ 수목병으로 밤나무뿌리혹병, 포플러뿌리혹병, 밤나무눈마름병 등이 있다.

④ **진균**
ⓐ 진균은 실모양의 균사체로 개체를 유지하는 영양체와 종족을 보존해주는 번식체로 분류한다. 영양체는 기주에 침입하여 흡기를 이용해 양분을 섭취하고 번식체는 일정 성장시 담자체가 형성되고 포자가 만들어진다. 대부분의 나무병은 진균에 의해 발생한다.
ⓑ 진균의 일부분인 균사는 격막의 유무로 분류되며 외부에 세포벽이 있고 그 성분은 키틴으로 이루어져 있다.
ⓒ 진균은 크게 자낭균류, 담자균류, 불완전균류, 조균류 등으로 분류된다.

자낭균류	• 균사에서 격막이 있고 균핵 및 자좌가 형성된다. • 자낭균은 분생포자에 의한 무성생식과 자낭포자에 의한 유성생식을 한다. • 자낭균으로 인하여 대표적인 수목병으로 낙엽송가지끝마름병, 소나무잎떨림병 등이 있다.
담자균류	• 균사에 격막이 있고 유성포자는 담자기 위에 생기는 담자포자이다. • 대표 수목병으로 소나무혹병, 잣나무털녹병, 포플러잎녹병 등이 있다.
불완전균류	• 균사에 격막이 있고 무성 분생포자세대만으로 분류된다.
조균류	• 균사가 없거나 혹은 균사가 있어도 격막이 없다.

(3) 주요 수목병의 종류

① 소나무잎녹병
㉠ 병원은 진균(담자균류)으로 Coleosporium phellodendr 이다.
㉡ 대표기주는 소나무이고 중간기주로 황벽나무, 참취, 잔대가 있다.
㉢ 소나무 기생시 녹병포자와 녹포자를 형성해 중간기주에 기생시 여름포자와 겨울포자를 형성한다. 형성된 여름포자는 다른 중간기주에 전염되어 다시 여름포자를 만드는 과정을 반복한다. 8월쯤에는 중간기주 잎에서 겨울포자퇴를 형성, 겨울포자가 발아해 만든 담자포자가 소나무에 침입하여 월동한다.
㉣ 방제법
  • 중간기주 제거한다.
  • 만코지수화제 약제를 9월에 살포한다.

② 소나무혹병
㉠ 소나무혹병의 진균(담자균류)에 의해 발생하고 기주로 소나무, 졸참나무, 신갈나무 등이 있다.
㉡ 소나무혹병의 중간기주는 참나무가 있으며 발생시 나무의 가지나 줄기에 혹이 발생하는 것이 특징이다.
㉢ 병원균은 녹병포자, 녹포자를 만들어 소생자가 비산하여 혹이 발생하고 이 부위는 강도가 약해져 바람에 의해 부러지기도 한다.
㉣ 방제법
  • 병든 부위는 잘라 소각한다.
  • 중간기주인 참나무류를 조림하지 않는다.
  • 만코지수화제는 9월에 살포한다.

③ 소나무잎떨림병
㉠ 병원은 진균(자낭균류)으로 Lophodermium pinastri 이다.
㉡ 대표기주는 소나무이다.
㉢ 잎의 기공으로 침입하고 잎이 갈색으로 변해 떨어지게 된다.
㉣ 병든 잎에서 자낭포자 형태로 월동한다.
㉤ 방제법
  • 병든 낙엽은 소각하거나 매장한다.
  • 5~7월 만코제브수화제나 보르도액을 살포하며 피해가 심할때는 캡탄제를 사용하기도 한다.

- 조림지의 경우 활엽수를 하목으로 심을 경우 피해가 경감된다.
- 수관 하부에서 발생이 심해 풀베기, 제초 및 가지치기를 실시한다.

④ **리지나뿌리썩음병**
  ㉠ 진균(자낭균)에 의해 발생하며 기주로 소나무, 전나무, 가문비나무, 낙엽송 등이 있다.
  ㉡ 포자 발아를 위해 온도 40℃ 이상의 고온에서 발생하기에 주로 산불피해지에 발생된다.
  ㉢ 감염시 나무가 적갈색으로 변하다가 고사하며 감염된 나무 주위로 갈색의 버섯이 발생한다.
  ㉣ 방제법
  - 피해목을 벌채하며 임내에서는 소각하지 않도록 한다.
  - 피해 임지에는 베노밀수화제, 소석회를 이용해 토양을 중화한다.
  - 피해지 주변으로 1m 정도의 도랑을 만들어 피해확산을 막는다.

⑤ **잣나무털녹병**
  ㉠ 병원은 진균(담자균류)으로 Cronartium ribicola 으로 잠복기간은 3~4년 정도로 긴편이다.
  ㉡ 대표기주는 잣나무, 스트로브잣나무이며 중간기주는 송이풀, 까치밥나무이다.
  ㉢ 잎의 기공으로 침입하여 줄기로 전파된다.
  ㉣ 병든 가지나 줄기가 황색으로 변하고 부풀어 오르다가 터진 후 황색의 가루가 비산한다.
  ㉤ 감염 순서는 아래와 같이 진행 된다
  - 녹포자 형성
  - 녹포자가 중간기주에서 여름포자 형성
  - 겨울포자 형성 후 발아하여 소생자(담자포자) 발생
  - 바람에 의해 소생자(담자포자)가 잎의 기공으로 침입
  ㉥ 방제법
  - 감염된 나무, 중간기주는 제거 한다.
  - 조기에 가지치기를 실시한다.
  - 묘목은 다른 지역으로 반출하지 않는다.
  - 8월에 보르도액을 살포하여 소생자의 침입을 막는다.

⑥ **낙엽송가지끝마름병**
  ㉠ 병원은 진균(자낭균류)로 Guignardia laricina 이다.

ⓛ 대표기주는 낙엽송이다.
　　ⓒ 10년생 정도의 유령림에서 주로 발생하며 새순 혹은 잎을 침해하여 피해를 준다. 죽은가지의 경우 발생하지 않는다.
　　ⓔ 침입한 가지는 휘거나 꼿꼿하게 서는 두 가지 현상을 나타낸다.
　　ⓜ 방제법
　　　• 병든 묘목은 소각한다.
　　　• 활엽수 방풍림을 조성한다.
　　　• 맞바람이 부는 곳은 조림을 하지 않는다.
　　　• 면적이 큰 지역은 베노밀수화제를 이용하여 항공방제한다.

⑦ **포플러잎녹병**
　　ⓐ 병원은 진균(담자균류)으로 Melampsora larici-populina 이며 잠복기간이 1주일 이내로 짧은 편이다.
　　ⓑ 대표기주는 포플러이고 중간기주는 낙엽송, 현호색, 줄꽃주머니 이다.
　　ⓒ 병징으로 잎 뒷부분에 황색의 돌기가 발생하고 확산되면 잎 전면에 덮히게 된다. 중간기주인 낙엽송 잎에는 5월쯤 노란점이 발생된다.
　　ⓓ 감염시 낙엽이 빨라져 생장이 감소한다.
　　ⓔ 방제법
　　　• 떨어진 감염된 낙엽을 소각한다.
　　　• 저항성 수종을 식재한다.
　　　• 보르도액이나 만코지수화제를 여름철에 2주간격으로 살포한다.

⑧ **포플러모자이크병**
　　ⓐ 포플러모자이크병은 바이러스에 의해 발생하며 기주로는 포플러가 있다.
　　ⓑ 감염시 잎이 말리거나 반점이 발생하며 적색계통으로 변색되고 잎의 강도가 점점 약해져 잎이 부서지게 된다.
　　ⓒ 주로 병든 삽수를 통해 전염된다.
　　ⓓ 방제법
　　　• 감염된 나무는 소각한다.
　　　• 접목 기구는 소독하여 사용한다.

⑨ **밤나무줄기마름병**
　　ⓐ 병원은 진균(자낭균류)으로 Cryphonectria parasitica 이다.
　　ⓑ 대표기주는 밤나무, 참나무, 단풍나무이다.

ⓒ 감염 초기에 수피가 적갈색으로 변색되며 비가 내리면 황갈색의 포자각이 분출된다.
ⓔ 병원균은 균사 혹은 포자형으로 월동한다.
ⓜ 1900년경 동양에서 미국 동부, 유럽으로 전파되어 밤나무림을 황폐화시킨 전례가 있다.
ⓗ 상처가 발생하거나 동해나 열해와 같은 피해를 받아 형성층이 손상된 경우 쉽게 감염될 수 있다.
ⓢ 방제법
- 상처부위로 감염되기에 상처에 주의하고 병든 부위는 도려내 도포제로 처리한다.
- 상처가 발생되지 않게 백색페인트로 처리한다.
- 바람이나 매개충에 의해 전반되므로 매개충은 사전에 예방한다.
- 배수가 불량하거나 수세가 약한 경우에 피해가 심하므로 비배관리를 한다.
- 질소질 비료의 과용을 피하고 적정시비 하도록 한다.

⑩ **대추나무빗자루병**
ⓐ 병원은 파이토마플라스마이다.
ⓑ 대표기주는 대추나무, 오동나무, 뽕나무 등이 있다.
ⓒ 감염시 잎이 밀생하여 빗자루 모양처럼 되고 고사하게 된다.
ⓓ 대추나무 빗자루병, 뽕나무 오갈병, 붉나무 빗자루병은 마름무늬 매미충, 오동나무 빗자루병은 담배장님노린재에 의해 매개된다.
ⓔ 감염시 1~2년이내 전체로 퍼져 수년이내에 말라죽게 된다.
ⓕ 방제법
- 매개충 발생시기 6~9월에 아세타미프리드 수화제를 2000배액, 2주간격으로 살포한다.
- 피해가 많이 진행된 경우 제거하도록 한다.
- 발병 초기의 경우 옥시테트라싸이클린 수화제를 200배액으로 하여 수간주사한다.
- 매개충(마름무늬매미충)의 피해를 막고자 살충제를 살포한다.
- 밀식은 피하고 병든나무는 소각하도록 한다.

⑪ **모잘록병**
ⓐ 병원으로 진균과 조균류의 Pythium debaryanum, Phytophthora cactorum 과 불완전균류인 Rhizoctonia solani, Fusarium oxysporum 등이 있다.
ⓑ 대표기주로는 소나무류, 낙엽송이 있으며 활엽수에서는 참나무, 자작나무, 가시나무 등이 있다.

ⓒ 병원균은 난포자가 감염조직이나 토양에서 월동하며 이후 토양에 의해 전반된다.
　　ⓔ 모잘록병의 병원에서 Rhizoctonia, Pythium 균은 토양의 습도가 높은 경우 피해속도가 빠르며 Fusarium 은 온도가 높고 건조한 토양에서 자주 발생한다.
　　ⓜ 모잘록병은 증상은 크게 5가지로 분류한다.

지중부패형	파종된 종자가 땅속에서 발아하기 전후에 병원균에 감염되어 부패하는 경우
도복형	종자가 발아하고 유묘 단계에 병원균이 감염되고 병든 부위가 잘록해지면서 도복하고 부패하는 경우
수부형	묘목이 지상부로 나온 이후 떡잎, 어린줄기에 감염되어 묘목의 선단부가 부패하는 경우
근부형	묘목이 생장하여 목질화가 진행되는 여름이후에 뿌리가 부패하는 경우
거부형	묘목이 생장한 여름철 이후 줄기에 감염되어 상부가 말라 죽는 경우

　　ⓗ 방제법
　　　• 묘상의 배수를 양호하게 한다.
　　　• 비료를 충분히 주지만 질소질비료는 과용하지 않는다.
　　　• 병든 묘목은 소각한다.
　　　• 병이 심한 묘포지는 윤작하고 밀식을 피한다.
　　　• 클로로피크린, 사이론훈증제로 토양을 소독한다.

⑫ **삼나무 붉은마름병**
　　㉠ 병원은 진균(불완전균)에 의해 발생하고 기주로는 삼나무가 있다.
　　㉡ 병징으로 묘목 줄기가 갈색으로 변하다가 묘목 전체가 붉은 색을 띠다 고사한다.
　　㉢ 주로 5년 미만의 어린 묘목에 피해를 많이 준다.
　　㉣ 월동은 주로 병환부의 조직 내부에서 균사덩이 형태로 월동한다.
　　㉤ 주로 자연개구부를 통해 침입하여 피해를 준다.
　　㉥ 방제법
　　　• 병든 묘목은 소각한다.
　　　• 비료를 충분히 주며 질소질 비료는 적절히 사용한다.
　　　• 살균제 농약인 보르도액과 만코지수화제를 사용한다.

⑬ **뿌리혹병**
　　㉠ 병원은 세균인 Agrobacterium tumefaciens 이다.
　　㉡ 대표기주는 포플러류, 밤나무, 감나무, 포도나무, 호두나무 등으로 기주범위가 넓으며 초본식물에서도 나타난다.
　　㉢ 접목부위, 뿌리 절단면 등 상처를 통해 침입하며 토양에 서식하는 병원균이다.

② 고온 다습한 알칼리성 토양에서 주로 발생한다.
⑩ 방제법
- 병든 나무는 제거하거나 병든 부위를 도려내어 접밀한다.
- 클로로피크린, 메틸브로마이드 등으로 토양을 소독한다.
- 묘목을 심기전 병든 묘목을 제거하고 스트렙토마이신 항생제 액에 침지 후 심어준다.
- 병이 없는 건전한 묘목을 식재한다.

⑭ **소나무재선충병**
㉠ 병원은 선충으로 Bursaphelenchus xylophilus이다.
㉡ 대표기주로 소나무, 잣나무, 해송, 낙엽송 등이 있다.
㉢ 소나무재선충은 이동능력이 없어 매개충에 의해 전반되는데 주로 솔수염하늘소에 의해 전파된다. 잣나무림의 경우 북방수염하늘소에 의해 전파된다.
㉣ 솔수염하늘소는 유충으로 월동, 성충으로 우화한다.
㉤ 소나무재선충은 소나무의 AIDS 이라 불리우며 침엽이 아래로 처지고 황색과 갈색으로 변색되다가 급격히 시들어 말라 죽는다.
㉥ 피해목의 진단을 위해 6~10월쯤 수지의 분비가 감소하는지를 파악하거나 현미경을 이용한 선충의 형태적 차이를 이용한다. 유전자 마커를 이용한 분자생물학적 진단 방법을 활용하기도 한다.
㉦ 방제법
- 고사목은 벌채하여 소각한다.
- 무육관리를 통해 매개충의 전파를 예방한다.
- 솔수염하늘소를 막기 위해 먹이나무로 유인하고 소각하도록 한다.
- 소나무재선충병 예방을 위해 에마멕틴벤조에이트 유제를 년 2 회 수간주사하거나 4~5월 쯤 토양관주 처리를 한다.
- 피해 확산을 막기 위해 6월 전후 메프유제 50%, 치아클로프리드액상수화제 10% 를 항공살포한다.
- 재선충에 의해 고사된 나무는 메탐소디움액제를 뿌리고 훈증하도록 한다.

⑮ **푸사리움 가지마름병**
㉠ 병원은 진균(불완전균류)로 Fusarium circinatum 이다.
㉡ 대표기주는 리기다소나무, 테다소나무, 해송 등이다.
㉢ 균사가 가지에 월동한다. 나무의 상처를 통해 침입한다.
㉣ 병원균 포자가 바람, 매개충을 통해 전파된다. 감염된 소나무는 송진이 흐르다가

고사하게 된다.

ⓜ 방제법
- 종자를 소독하고 질소질 비료의 과용을 피한다.
- 매개충인 나무좀류, 바구미류 등을 구제한다.
- 피해가 심한 임지는 조기벌채 한다.

⑯ **참나무시들음병**

㉠ 병원은 진균으로 Raffaelea quercus mangolicae 이다.

㉡ 대표기주는 참나무류, 서어나무 등이 있다.

㉢ 병원균은 레펠리아속의 신종 곰팡이로 매개충은 광릉긴나무좀이다. 매개충은 5령의 노숙유충으로 월동한다.

㉣ 감염시 변재부에 곰팡이를 감염시키고 곰팡이가 도관을 막아 수분과 양분의 이동을 방해하여 결국 시들어 죽게 된다.

㉤ 방제법
- 매개충은 줄기와 가지에 피해를 주기에 피해부위의 경우 소각하고 매개충을 구제한다.
- 침입한 경우 구멍에 페니트로티온 유제 50~100배액을 주입한다.
- 피해목을 벌목하여 메탐소듐 액제로 훈증한다.
- 딱따구리 및 해충을 잡아먹는 조류를 보호한다.

⑯ **참나무시들음병**

㉠ 병원은 진균으로 Raffaelea quercus mangolicae 이다.

㉡ 대표기주는 참나무류, 서어나무 등이 있다.

㉢ 병원균은 레펠리아속의 신종 곰팡이로 매개충은 광릉긴나무좀이다. 매개충은 5령의 노숙유충으로 월동한다.

㉣ 감염시 변재부에 곰팡이를 감염시키고 곰팡이가 도관을 막아 수분과 양분의 이동을 방해하여 결국 시들어 죽게 된다.

㉤ 방제법
- 매개충은 줄기와 가지에 피해를 주기에 피해부위의 경우 소각하고 매개충을 구제한다.
- 침입한 경우 구멍에 페니트로티온 유제 50~100배액을 주입한다.
- 피해목을 벌목하여 메탐소듐 액제로 훈증한다.
- 딱따구리 및 해충을 잡아먹는 조류를 보호한다.

⑰ **흰가루병**
　㉠ 병원은 진균(자낭균류)이며 대표기주로 참나무류, 밤나무, 단풍나무, 오리나무 등이 있다.
　㉡ 병원균은 자낭각이나 균사로 낙엽이나 가지에서 월동한다.
　㉢ 임지의 나무는 피해가 크지 않으나 밤나무 묘목은 봄부터 가을까지 많은 피해를 입는다.
　㉣ 어린 눈이나 새순에 피해를 주며 위축 및 기형이 발생하고 생육이 저해된다
　㉤ 7월 장마철 이후부터 잎의 표면이나 뒷면에 백색의 반점이 발생하고 가을이 되면 잎을 덮는다. 가을철에는 흑색의 알갱이인 자낭구가 나타난다.
　㉥ 방제법
　　• 병든 낙엽은 모아서 소각하도록 하고 병든 가지 부분은 제거한다.
　　• 봄에 새순이 발생하기 전에는 석회유황합제를 살포하고 여름에는 만코제브 수화제를 주로 살포한다.

⑱ **그을음병**
　㉠ 병원은 진균(자낭균류)이며 기주로는 낙엽송, 주목, 소나무 등이 있다.
　㉡ 감염시 암흑색의 균사가 발생하여 자낭포자와 병포자를 형성한다. 이때 가지나 잎, 줄기 등의 포면에 그을음처럼 검게 관찰되며 이때 그을음 형태는 포자 덩어리이다.
　㉢ 깍지벌레, 진딧물 등의 배설물에 의해 발생한다.
　㉣ 균사나 자낭각 형태로 월동한다.
　㉤ 방제를 위해 질소질 비료의 과용을 피하고 살충제를 통해 관련 해충을 구제한다.

⑲ **향나무 녹병**
　㉠ 향나무 녹병의 중간기주는 배나무, 사과나무, 모과나무 등의 장미과 식물이다
　㉡ 4월에 향나무의 잎과 줄기에 동포자퇴인 자갈색의 돌기가 형성된다.
　㉢ 동포자퇴는 비가 오는 경우 수분이 많아지면 황갈색의 한천 모양으로 부풀게 된다.
　㉣ 6~7월에 장미과 식물에서 잎 앞면에는 노란색의 작은 반점들이 발생하고 중앙에 흑색점의 녹병자기가 형성되고 잎의 뒷면에는 녹포자기인 돌기가 발생한다
　㉤ 녹포자는 5~6월에 바람에 의해 향나무로 전반되어 기생하고 1~2년 후에 겨울포자퇴가 형성된다.
　㉥ 향나무 녹병의 경우 여름포자는 형성하지 않는다.
　㉦ 방제법

- 향나무의 주위에 장미과식물을 심지 않거나 거리를 많이 이격하여 심도록 한다.
- 향나무에 4월, 7월에 만코지수화제, 보르도액을 살포한다.
- 장미과식물에는 4~6월에 마이탄수화제, 티디폰수화제를 살포한다.

(4) 주요 수목병의 요약

분류	병명	병원균	기주	특징
묘포 병해	모잘록병	진균	소나무, 낙엽송, 참나무	조균류의 일종
	뿌리썩이선충병	선충	소나무, 낙엽송, 가문비나무	모잘록병과 함께 발병
	삼나무붉은마름병	진균	삼나무, 낙우송	불완전균의 일종
	뿌리혹병	세균	밤나무, 감나무, 포플러류	고온다습한 알칼리성 토양에 많이 발생
침엽수 병해	소나무재선충병	선충	소나무, 해송, 분비나무, 낙엽송	매개충:솔수염하늘소
	소나무잎떨림병	진균 (자낭균)	소나무	기공침입
	리지나뿌리썩음병		소나무, 젓나무, 낙엽송	고온에서 발생
	낙엽송가지끝마름병		낙엽송	
	향나무녹병	진균 (담자균)	배나무, 사과나무	중간기주:향나무류
	잣나무털녹병		잣나무	중간기주:송이풀, 까치밥나무
	소나무잎녹병		소나무	중간기주:황벽나무, 참취, 잔대
	푸사리움 가지마름병	진균(불완전균류)	리기다소나무, 해송	균사가 가지에 월동
활엽수 병해	포플러잎녹병	진균 (담자균)	포플러	중간기주 : 낙엽송, 줄꽃수머니, 현호색
	포플러모자이크병	바이러스	포플러	
	밤나무줄기마름병	진균 (자낭균)	밤나무, 참나무	1900년대 미국 밤나무를 전멸시킴
	벚나무빗자루병		벚나무	잔가지가 빗자루모양으로 총생함
	참나무시들음병	진균	참나무류	광릉긴나무좀이 5령의 노숙유충으로 월동
	대추나무빗자루병	파이토플라스마	대추나무	매개충:마름무늬매미충
	오동나무빗자루병		오동나무	매개충:담배장님노린재
	뽕나무오갈병		뽕나무	매개충:마름무늬매매충
기타	흰가루병	진균 (자낭균)	참나무류, 밤나무, 단풍나무	잎에 백색 반점 출현
	그을음병		낙엽송, 소나무, 주목, 식나무	흡즙성 해충이 기생하였던 곳에 주로 발생

03 곤충의 구조

PART 02 ····· 산림보호

3.1 외부구조 및 기능

(1) 피부

① 곤충의 피부는 주로 키틴질로 이루어져 있으며 곤충내부의 수분조절, 환경에 대한 보호 역할을 한다.
② 곤충의 피부는 크게 표피, 진피, 기저막등으로 구성되어 있다.
③ 표피층
- 외표피는 단백질과 지질로 구성된 얇은 층으로 수분의 증발을 억제한다.
- 외표피는 시멘트층, 왁스층, 단백성 외표피층이 있다.

④ 원표피
- 성충 표피의 대부분을 차지하며 단백질과 키틴으로 구성되어 있다.

외원표피층	곤충의 체색을 나타내는 색소를 함유
중원표피층	외원표피와 내원표피 사이의 중간 층
내원표피층	미세섬유의 배열에 의한 박막층 구조 형성

⑤ 진피층
- 단층의 세포조직에 상피세포의 형태로 표면에 미세한 융모가 있으며 단백질, 키틴, 지질 등으로 구성되어 있다.

상피세포	• 체벽 구성물질 및 곤충의 탈피용액을 분비한다. • 탈피시 오래된 큐티클층을 분해하는 키틴분해효소, 단백질분해효소를 분비한다. • 표피 조직 파괴시 재생기능을 가진다.
피부선	외표피의 시멘트층을 형성한다.
특수세포	표피 외각의 부속기관, 체표돌기의 기능에 관여하는 생성물을 분비한다.

⑥ 기저막
- 진피층 아래 구조가 없는 얇은 막으로 곤충의 근육이 부착되는 곳과 연결되며 혈구에는 분비한 점액성 다당류를 함유한다.

(2) 머리

① 곤충의 머리는 입틀, 겹눈, 홑눈, 촉각 등이 있다.
② 곤충의 입틀은 먹이를 섭취하는 곳으로 큰턱, 작은턱, 윗입술, 아랫입술, 혀로 구성되어 있다.

저작구형	씹어먹는 형
여과구형	물속 미생물을 여과시키는 형
절단흡취구형	잘라서 빨아먹는 형
흡취구	핥아먹는 형
저작핥는형	씹고 핥는 형
자흡구형	찔러서 빨아먹는 형
흡관구형	빨아먹는 형

(3) 눈

눈은 보통 1쌍의 겹눈, 2~3개의 홑눈이 있으며 예외적으로 홑눈이 없는 곤충도 있다.

(4) 더듬이

① 곤충의 더듬이는 촉각, 후각, 청각, 미각 등 다양한 감각기관 역할을 한다.
② 더듬이는 자루마디, 흔들마디(팔굽마디), 채찍마디 등 3 부분으로 구성되며 특히 채찍마디 부분을 통해 곤충을 구별하는 기준이 되기도 한다. 흔들마디의 경우 존스턴 씨기관이 있어 공기의 진동을 통해 소리를 인지하거나 바람의 방향을 느낀다. 채찍마디는 후각 감각기가 밀집되어 있다.
③ 촉각은 곤충에 따라 여러 형태를 가지고 있다.

실모양	• 채찍마디가 고르고 굵으며 끝이 가늘다. • 노린재, 메뚜기 등
채찍모양	• 털모양으로 끝으로 갈수록 가늘어진다. • 잠자리, 여치, 멸구, 뽕나무하늘소 등
염주모양	• 마디 크기 전체가 유사하나 구형이다. • 등줄벌레, 흰개미 등
톱니모양	• 각 마디가 삼각형으로 돌출되어 있다. • 방아벌레
곤봉모양	• 끝쪽으로 가면서 점점 굵어진다. • 잎벌레, 송장벌레
구간상모양	• 가느다란 마디로 가다가 끝부분에서 굵어진다. • 나비
엽상아가미모양	• 각 마디에 폭 넓은 돌출부가 있다. • 풍뎅이
빗살모양	• 각마디에 하나 혹은 두 개의 돌기가 있다. • 홍날개

(5) 가슴

① 곤충의 가슴은 3부분으로 분류되며 앞가슴, 가운데가슴, 뒷가슴이 있으며 주로 키틴질로 구성되어 있다.
② 가슴에는 날개, 다리, 기문 등의 부속기가 포함되어 있다.

(6) 날개

① 대부분의 곤충은 날개는 2쌍으로 앞날개는 가운데가슴, 뒷날개는 뒷가슴에 달려 있다.
② 날개는 곤충류를 분류하는 주요 특징 중 하나이다.
③ 곤충의 날개는 각각의 곤충의 생존전략에 따라 변형되어 왔다.

귀뚜라미, 방울벌레 등	일부가 발음기화 됨
풍뎅이, 장수풍뎅이 등	혁질화되어 보호용으로 변형
파리	몸의 균형 유지
이, 벼룩 등	날개의 퇴화

(7) 다리

① 곤충 다리는 앞가슴, 가운데가슴, 뒷가슴에 각 1쌍씩 붙어 있으며 앞가슴의 다리는 앞다리, 가운데가슴의 다리는 가운데다리, 뒷가슴의 다리는 뒷다리라 부른다.
② 다리 구조는 흉부 부착점에서 밑마디(기절), 도래마디(전절), 넓적다리마디(퇴절), 종아리마디(경절), 발목마디(부절)로 5마디로 분류한다.

(8) 배

① 배는 가슴 다음에 붙어 있으며 주로 10개 내외의 마디로 되어 있다.
② 배는 기문, 항문, 생식기, 미각, 미모, 도약기 등의 부속물이 있다.
③ 배의 표피는 연약한 편이지만 단단한 시초나 다수의 털로 보호된다.
④ 기문은 배의 마디마다 1쌍씩 있는 호흡기관이다.

3.2 내부구조 및 기능

(1) 소화계

① 소화관은 전장, 중장, 후장으로 분류되고 앞쪽은 잎을 통해 섭취, 뒤쪽은 항문을 통해 배설한다.

전장	• 섭취한 내용물을 임시 저장하고 기계적 소화작용이 일어난다. • 식도, 소낭, 전위 로 구성되며 입과 식도 사이를 인두라 한다. • 전위는 전장과 중장 사이를 말하며 중장에서의 내용물 역류를 막아준다.
중장	• 효소를 분비해 실질적인 소화 및 흡수작용을 한다. • 중장은 점액성 단백질로 구성되며 위의 기능을 하기에 내배엽에서 생긴다.
후장	• 전소장, 직장, 항문으로 구성된다. • 직장에서 수분을 흡수한다.

② 타액선은 타액을 분비하는 기능을 하며 곤충에 따라 용도가 상이한데 나비, 벌 등의 유충은 견사를 분비하여 유충집을 만들고 파리목에서 흡혈성 곤충은 흡혈시 혈액의 응고를 막는 액을 분비한다.

③ 말피기씨관은 곤충의 중장, 후장 사이에 있으며 배설작용을 돕는다.

(2) 순환계

① 순환계는 개방형 순환계와 폐쇄형 순환계로 분류되며 곤충은 개방형 순환계를 가진다. 폐쇄형 순환계는 혈액이 혈관내에서만 순환하는 것이고 개방형 순환계는 혈액이 혈관내에서만 순환하지 않는 체계이다.

② 혈액의 경우 곤충에 따라 다르지만 곤충의 혈액에는 혈림프가 존재하고 헤모시아닌 단백질이 포함되어 있다. 어떤 곤충에는 헤모글로빈, 헤모시아닌 두가지가 포함된 경우도 있다.

③ 곤충은 혈관을 통해 산소를 공급하는 것이 아닌 기문을 통해 산소를 공급하기에 곤충의 혈액에는 헤모글로빈이 없는 경우가 많다.

④ 곤충의 혈액은 혈장과 혈구로 구성되며 혈구는 식균작용, 열전달, 해독작용 등의 다양한 기능을 한다.

(3) 호흡계

① 곤충의 호흡계는 기문과 기관이 있으며 기문을 통해 들어온 공기를 기관을 통해 내부로 확산시켜 준다.

② 기문은 가슴 2쌍, 배 8쌍이 존재하며 총 10쌍이 원칙이나 곤충에 따라 차이는 있다.

③ 기문의 기능에 따라 개구식, 폐쇄식 기관계로 분류한다. 개구식은 기문이 열려 있고 폐쇄식은 기문이 없거나 기능이 없는 것이다.

(4) 신경계
① 중추신경계 곤충의 중추신경계는 시각, 촉각, 소화기관의 감각 등에 관여한다.
② 전장신경계는 전장 배벽 부근의 작은 신경구와 미주신경 등으로 구성되며 곤충의 전장, 타액선, 대동맥, 입근육 등을 지배한다.
③ 말초신경계는 근육 및 분비샘 등의 반응기관의 자극을 전달하는 운동신경과 중추신경 절로 들어가는 감각신경이 있다.

(5) 생식계
① 곤충의 생식계는 배속에 있으며 배끝의 마디에 개구하는 것이 특징이다.
② 대부분 자웅이체이나 이세리아깍지벌레와 같은 자웅동체인 것도 있다.
③ 암컷의 생식기관은 난소(알집), 수란관, 부속샘, 교미낭, 산란관, 수정낭 등이 있다.
④ 수컷의 생식기관은 고환(정집), 수정관과 저장관, 사정관, 부속샘, 교미기 등이 있다.

(6) 근육계
① 곤충의 근육 섬유의 경우 수축 및 이완에는 칼슘이온(Ca^{2+})이 관여하며 수축할때는 농도가 높아지고 이완할때는 농도가 낮아진다.
② 곤충의 근육계는 기능에 따라 분류되며 종주근, 배복근, 측근, 익근 등이 있다.

종주근	배면이나 복면이 있고 그 부분으로 구부러지거나 몸 전체가 수축하도록 한다.
배복근	몸마디의 압축에 작용하고 이를 통해 호흡작용에 도움을 준다.
측근	배판과 측판, 측판과 복판, 측판과 기문을 연결하는 근육이다.
익근	배관의 수축, 팽윤을 하는 근육이다.

(7) 감각기관
① 곤충의 감각기관은 촉각, 미각, 후각, 청각, 시각이 있다.
② 촉각은 감각모와 감각돌기를 통해 작용된다.
③ 후각은 촉각이나 입틀에 있는 감각기에 의해 작용한다.
④ 미각은 입틀의 감각모 혹은 다리의 감각기관을 통해 작용한다.
⑤ 청각은 고막기관, 존스톤씨기관, 감각모 등에 의해 작용한다. 곤충에 따라 감각기관이 상이한데 대표적으로 메뚜기의 경우 고막기관을 모기의 경우 존스톤씨기관을 가진다.
⑥ 존스톤씨기관은 더듬이의 흔들마디에 존재하며 공기의 진동을 통해 소리를 인지하고 비행 중에 바람의 속도 및 방향을 느낄 수 있다.
⑦ 시각의 경우 곁눈과 홑눈이 있다.

(8) 분비계

① 곤충의 분비선은 외분비선, 내분비선이 있다.
② 외분비선에는 침샘, 표피샘, 이마샘, 페로몬 등이 있으며 각각의 역할을 가진다.
③ 페로몬의 경우 곤충이 방출하는 일종의 화학물질로서 종 특이적으로 작용한다.
④ 같은 종의 이성을 유인하는 성페로몬, 서식지에서 동족을 부르는 집합페로몬, 위험을 전파하는 경보페로몬, 길을 안내하기 위한 길잡이 페로몬, 동족의 과밀현상을 피하기 위한 분산페로몬 등 목적에 따라 다양한 페로몬이 있다.
⑤ 내분비선은 혈액으로 방출하며 해당 기관 조직에서 작용되며 수분생리, 심장박동, 휴면 등의 다양한 대사 조절의 기능을 가진다. 대표적으로 카디아카체는 심장박동 조절, 알라타체는 성충으로 발육을 억제하는 유충호르몬 등이 있다.

04 산림해충

PART 02 ······ 산림보호

4.1 산림해충 일반

(1) 곤충의 발생

① 곤충이 알에서 유충, 번데기, 성충의 과정을 거쳐 다음세대를 낳게 될 경우까지를 세대 혹은 생활사라고 한다.
② 곤충이 1년에 1세대를 경과하는 것을 1화성, 1년에 많은 세대를 경과하는 것을 다화성이라 한다.
③ 암컷이 알을 낳게 되는 것을 우화라고 하며 알을 낳게 될 때까지의 기간을 산란전기라 한다.
④ 알이 부화할 때까지의 기간을 난기간이라 하고 곤충에 따라 그기간이 상이하다.
⑤ 알에서 부화한 유충이 번데기가 될 때까지의 기간을 말하며 환경에 따라 기간이 다르다.
⑥ 번데기가 되어 부화할 때까지의 기간을 용기라 한다.

(2) 곤충의 변태

① 알에서 부화한 유충이 여러번 탈피를 거쳐 성충으로 변화하는 과정을 변태라 한다.
② 유충이 번데기를 거쳐 성충이 되는 것을 완전변태, 알에서 부화하여 바로 성충이 되는 것은 불완전변태로 분류한다.
③ 유충은 완전변태를 한 어린 벌레이며 약충은 불완전변태를 한 경우를 말한다.

분류	과정	종류
완전변태	알 → 유충 → 번데기 → 성충	딱정벌레목(딱정벌레, 바구미, 소나무좀, 오리나무잎벌레, 도토리거위벌레), 나비목(나비, 솔나방), 벌목(벌, 개미, 밤나무순혹벌), 파리목(모기, 파리, 각다귀, 솔잎혹파리) 등
불완전변태	알 → 유충 → 성충	메뚜기목, 잠자리목, 매미목, 강도래목, 노린재목 등
과변태	알→유충→의용→용→성충	딱정벌레목 가뢰과

(3) 곤충의 성장

① 부화 : 알을 깨고 외부로 나오는 과정
② 탈피 : 표피를 벗는 과정
③ 영기 : 곤충의 탈피 기간
④ 용화 : 유충이 껍질을 벗고 번데기가 되는 과정
⑤ 우화 : 번데기에서 탈피 후 성충이 되는 과정
⑥ 용기 : 번데기에서 우화까지의 기간

(4) 발육과정

① 완전히 발육 후 알껍질을 깨고 나오는 것을 부화라 한다.
② 알에서 부화한 유충이 성장을 하면서 탈피를 하게 되며 이때 탈피횟수에 따라 령충이 결정된다. 1회 탈피할 때까지 1령충, 1회 탈피를 할 경우 2령충, 2회 탈피를 할 경우 3령충이다.
③ 이때 진행되는 탈피는 유충의 표면에 묵은 표피를 벗는 현상을 말한다.
④ 그래서 부화유충이 탈피 할때까지의 기간을 '영'이라 한다.
⑤ 용화는 일종의 번데기가 되는 현상으로 이때 번데기의 형태에 의해 나용, 피용, 위용, 전용 등으로 분류한다.
⑥ 번데기가 탈피하여 성충이 되는 것을 우화라 한다.
⑦ 암컷의 생식기 속에 수컷의 정액을 주입하는 것을 교미라 한다.
⑧ 암수의 교미에 의해 수정작용 이후 곤충이 알을 낳는 현상을 산란이라 한다.
⑨ 곤충은 종류에 따라 생식 방법이 다양하며 양성생식, 단위생식, 다배생식, 유생생식, 자웅동체 등이 있다.

양성생식	단성생식의 반대로 수정에 의한 생식을 말하는데 대부분의 곤충이 해당된다.
단위생식	• 수정 없이 또는 영양번식에 의해 유전적으로 동일한 후손이 생산되는 생식으로 암컷만으로 생식을 하기에 처녀생식이라고도 한다. • 넓은 의미에서는 무배생식이나 무포자생식을 포함한다.
다배생식	• 수정된 난핵이 분열하여 각각 개체로 발육하는 것으로 1개의 알에서 2개 이상의 곤충이 생기는 것을 말한다. • 벼룩좀벌과나 고치벌과 등이 있다.
유생생식	유생의 시기에 생식세포가 성숙하여 단위생식이 일어나 체내에 새 개체가 생긴다.

(5) 곤충의 주성

자극의 방향에 대하여 일정한 이동방향을 나타내는 행동으로서 자극에 향하는 것과 멀어지는 것이 있다. 주성은 자극의 종류에 따라 구별하는데 주광성은 빛, 주지성은 중력, 주풍성은 기류, 주수성은 유수, 주촉성은 접촉에 대한 반응이다. 주요 주성은 아래와 같다.

주광성	생물이 빛의 정방향이나 반대방향으로 이동하는 현상이다.
주화성	화학물질에 반응하는 것으로 해충방제의 수단이 되는 성질이다.
주지성	중력에 대한 반응으로 땅의 방향 혹은 반대방향으로 향하는 성질이다.

(6) 휴면

① 정상적인 조건아래에서 곤충의 발육은 지속되나 환경조건이 불리해지면 발육이 정지된다. 이때 불리한 환경조건을 제거하면 생육이 곧 회복된다. 그러나 많은 곤충들의 경우 환경조건이 회복되어도 발육이 곧 회복되지 않고 정지된 상태가 상당한 기간 지속된다. 이러한 상태를 휴면이라고 한다.

절대휴면	특정 발육단계에서 필수적으로 필요한 휴면으로 필수휴면이라고도 한다.
일시휴면	불리한 환경조건에 처한 경우의 휴면으로 조건휴면이라고도 한다.

② 이러한 휴면의 요인으로는 일장, 온도, 먹이 등 다양한 환경조건이 있다.

4.2 산림해충의 분류

(1) 피해 부위에 따른 종류

피해 부위	대표 해충
잎	독나방, 매미나방, 미국흰불나방, 버들재주나방, 솔나방, 솔잎혹파리, 어스렝이나방, 오리나무잎벌레, 잣나무넓적잎벌, 진딧물류, 집시나방, 텐트나방, 흰불나방 등
줄기	깍지벌레, 나무좀, 박쥐나방, 소나무좀, 솔껍질깍지벌레, 솔수염하늘소 등
종실 및 구과	도토리바구미, 밤나방, 밤바구미, 복숭아명나방, 솔알락명나방, 하늘소류 등
눈 및 새순	나무좀, 혹벌류, 바구미 등
뿌리	나무좀, 풍뎅이류, 하늘소류 등
분열조직	박쥐나방, 소나무좀, 알락박쥐나방, 측백하늘소 등

(2) 피해 방식에 따른 종류

흡즙성	깍지벌레, 노린재류, 버즘나무방패벌레, 선녀벌레, 응애류, 진딧물류 등
천공성	소나무좀, 바구미류, 박쥐나방, 하늘소류 등
충영의 형성	진딧물류, 혹벌류, 솔잎혹파리 등

(3) 대표 산림 해충

① **솔잎혹파리**
- 소나무, 해송에 피해를 주며 유충이 잎의 기부에 벌레혹을 만들어 즙액을 빨아먹는다.
- 1년에 1회 발생하고 유충형태로 지피물 아래 혹은 땅속에서 월동한다.
- 5월~7월 우화하여 성충이 되며 6월상순에 우화최성기이다. 성충의 경우 우화당일 산란하고 수명이 1~2일로 짧은 편이다.
- 솔잎혹파리의 성숙 유충의 크기는 1.8~2.8mm 정도이고 성충의 크기는 수컷 1.75mm, 암컷 2.0mm 정도이다.
- 방제를 위해 임지를 건조하거나 밀생 임분은 간벌하고 불량목 및 피압목을 제거한다.
- 성충 우화기에 약제 살포하거나 생물적 방제법으로 기생벌 및 조류 등을 이용한다. 기생벌의 종류로 솔잎혹파리먹좀벌, 혹파리살이먹좀벌, 혹파리등뿔먹좀벌 등이 있다.
- 솔잎혹파리는 나무주사를 통해 방제하며 주로 포스팜액제와 아세타미프리드 액제를 이용한다.
- 솔잎혹파리 방제는 5월쯤 실시하며 방제 효과의 조사는 10월쯤 실시한다.

② **솔나방**
- 소나무, 해송 등에 피해를 주는 토종벌레이다. 유충이 잎을 갉아 먹고 성충이 되기 위해 약 1년 정도의 긴 유충기간을 가진다.
- 1년에 1회 발생하고 5령충이 지피물 혹은 나무껍질 사이에 월동하며 8령충이 번데기가 되고 이후 나방이 된다. 나방의 크기는 날개를 펴게 되면 45~90mm 정도로 다른 해충에 비해 큰 편이며 성충의 경우 주로 밤에 활동하는 특징을 가진다.
- 성충은 7~8월쯤 주로 발생하며 500개 내외 정도의 알을 솔잎 위에 낳는다.
- 솔나방의 유충은 묵은 잎을 식해하는 것이 보통이나 밀도가 높으면 새로 자라는 잎도 식해하기도 한다.
- 솔나방은 전년도 여름(8월)에 호우가 내리면 다음해는 피해가 적어진다.
- 방제를 위해 월동 후 유충의 활동시기인 아바멕틴 유제를 나무주사하거나 미생물 농약 BT제를 사용하기도 한다.
- 주광성이 있어 유아등을 이용하여 유살하거나 월동장소를 만들어 유인 후 소각하기도 한다.
- 7~8월에는 산란된 알 덩어리가 있는 가지를 모아 소각한다.
- 솔나방 알의 천적인 송충알좀벌이 혹은 유충의 천적인 고치벌, 맵시벌을 이용한다.

③ **소나무좀**
- 소나무, 해송, 잣나무 등에 피해를 주며 유충이 수피 아래에 구멍을 뚫고 들어가 식해한다.
- 6월에 우화하여 새가지의 신초를 가해하며 이후 암컷 성충은 형성층 목질부에 구멍을 뚫고 들어가 아래에서 위로 갱도를 만들어 약 60개 내외의 알을 산란한다.
- 1년에 1회 발생하고 성충은 뿌리 부근의 수피 틈에서 월동 한다.
- 방제를 위해 쇠약목, 고사목 등은 벌채하고 4월쯤에는 수피를 제거하여 번식처를 없애거나 2~3월에는 먹이나무를 설치, 유인하여 먹이나무를 소각하도록 한다.
- 약제 살포시 2~4월쯤 페니트로티온 유제를 사용한다.
- 생물적 방제법으로 기생성 천적인 좀벌류, 맵시벌류, 기생파리류를 이용하거나 딱따구리류 및 해충을 잡아먹는 조류를 보호한다.

④ **밤나무혹벌**
- 주로 밤나무에 피해를 주며 잎눈에 기생하여 작은 벌레혹을 만들어 잎에 새가지가 자라지 못하게 한다.
- 성충은 초여름에 우화하여 1주일 정도 충영내 있다가 구멍을 뚫고 6~7월 외부로

탈출하여 새 눈에 3~5개 산란한다.
- 1년에 1회 발생하고 유충으로 월동한다.
- 밤나무혹벌의 유충의 체장길이는 2.5mm, 성충은 3.0mm 내외 이다.
- 암컷만으로 단성생식(단위생식)을 한다.
- 방제를 위해 내충성 품종으로 조성하거나 중국긴꼬리좀벌, 노란꼬리혹좀벌, 남색긴꼬리좀벌, 상수리좀벌 등 천적을 이용한다.
- 늦봄에 비료를 주면 피해를 감소시킬 수 있으나 피해가 심하면 내충성 품종으로 교체하는 방법이 가장 효과적이다.

⑤ **솔알락명나방**
- 잣나무, 소나무 등의 구과에 피해를 준다.
- 1년에 1회 발생하고 땅속이나 구과에서 유충형태로 월동한다.
- 방제를 위해 우화기 혹은 산란기인 6월쯤에 약제를 수관에 살포한다.

⑥ **미국흰불나방**
- 주로 포플러, 벚나무 등에 피해를 주는데 활엽수 200 여종 정도로 피해 범위가 넓으며 캐나다에서 넘어온 외래해충이다.
- 1년에 2회 발생하며 나무껍질 혹은 지피물 밑에서 번데기 형태로 월동한다.
- 부화한 유충은 4령기까지 실을 만들어 잎을 둘러싸고 그 속에서 집단생활을 하며 5령기에 유충으로 흩어져 가해한다.
- 방제를 위해 피해를 받은 낙엽은 소각하고 나방살이납작맵시벌, 송충알벌 등의 천적을 이용한다. 방제 약제로는 주로 트리클로르폰수화제 혹은 BT 수화제를 살포한다.

⑦ **오리나무잎벌레**
- 오리나무, 박달나무, 밤나무 등에 피해를 주는데 성충과 유충이 동시에 잎을 식해하며 유충의 입틀은 씹는 형태를 가지고 있다. 주로 엽육만 가해하여 잎이 붉게 변색된다.
- 1년에 1회 발생하며 성충형태로 지피물 혹은 흙속에 월동한다.
- 성충의 몸길이가 7mm 내외로 진한 남색을 띤다.
- 오리나무잎벌레 방제를 위해 5월쯤 잎 뒷면에 붙어 있는 난괴(알덩어리)는 소각하고 발생한 유충은 포살한다. 유충발생기에는 디플루벤주론, 트리플루뮤론 수화제 등으로 방제한다.
- 생물학적 방제법으로 무당벌레 등의 천적을 이용한다.

⑧ **복숭아명나방**
- 밤나무, 복숭아나무, 감나무 등의 종실에 피해를 준다.
- 1년에 2회 발생하고 10월 쯤에는 줄기의 수피 사이에 고치를 짓고 그 속에서 유충으로 월동한다.
- 복숭아명나방은 어린 유충이 1,2령 시기에 밤 가시를 식해하고 3령 이후 과육을 식해한다.
- 2화기 성충은 7월 중순~8월 상순에 우화하여 주로 밤나무 종실에 1~2개씩 산란한다.
- 방제를 위해 복숭아의 경우 5월경 봉지를 씌워 피해를 막거나 7월경 디프유제, 페니트로티온 등 약제를 살포한다.
- 곤충병원성미생물인 Bt균을 이용하거나 성페로몬 트랩을 지상 1.5~2m 되는 가지에 매달아 놓아 성충을 유인한다.

⑨ **박쥐나방**
- 버드나무, 단풍나무, 밤나무 등에 피해를 준다.
- 유충은 초본의 줄기에 구멍을 뚫고 피해를 주다가 나무로 이동하여 환상으로 가지에 피해를 준다. 이때 거미줄을 생산하여 배설물과 목재 잔재물들이 섞여 있는 것을 관찰 할 수 있다.
- 성충은 주로 밤에 활동하며 땅에 알을 산란한다.
- 1년에 1회 발생하고 알형태로 월동한다.
- 방제법으로 천공이 발생한 곳에 약제를 주입하거나 유충이 발생되는 초본류를 제거한다.

⑩ **집시나방(매미나방)**
- 주로 낙엽송, 참나무, 밤나무 등을 가해하며 기주범위가 넓은 편이다.
- 1년에 1회 발생하고 알로 나무줄기에 월동한다.
- 잡식성 해충으로 유충은 침엽수와 활엽수의 잎을 식해하며 식해 범위가 넓어 피해가 큰 편이다.

⑪ **텐트나방(천막벌레나방)**
- 참나무류, 살구나무, 포플러류 등의 다수의 활엽수를 가해한다.
- 1년에 1회 발생하고 알로 월동하며 4월쯤 부화한다.
- 부화유충은 실을 만들어 천막모양의 집을 짓는 것이 특징이고 4령까지 집단생활을 하다고 5령부터 흩어져 생활한다.

- 천막모양의 집에서 낮에는 활동을 하지 않고 주로 밤에 잎을 가해한다.
- 알을 낳을 때는 가지에 반지모양으로 200~300개 정도 낳는다.
- 유령기에 군서생활을 할때 벌레집을 제거하거나 불을 이용하는 소살을 통해 방제한다.

⑫ 버즘나무방패벌레
- 버즘나무방패벌레는 노린재목 방패벌레과로 버즘나무류, 물푸레나무류 등을 가해한다.
- 1년에 2~3회 발생하며 9월쯤 성충이 수피 틈에서 월동한다.
- 외래해충이며 약충이 기주 잎에 모여 흡즙 및 가해한다.
- 주로 장마철에 피해가 심하며 조기낙엽이 발생하기도 한다.

⑬ 도토리거위벌레
- 참나무류의 구과를 가해한다.
- 1년에 1~2회 발생하고 노숙유충으로 땅속에서 월동한다.
- 주로 도토리에 구멍을 뚫어 산란하고 열매를 연결부를 잘라 땅으로 떨어뜨린다. 이후 부화한 유충이 과육을 식해한다.

⑭ 밤바구미
- 밤나무, 참나무의 종실을 가해한다.
- 1년 1회 발생하고 노숙유충이 땅속 깊은 곳에서 월동하고 이후 번데기가 된다.
- 산란기간은 8월에서 10월까지이며 최성기는 9월이다.
- 유충이 배설물을 외부로 배출하지 않아 피해 식별이 어렵다.
- 밤바구미 방제는 훈증 처리하는 것이 효과적이다. 방제시 사용되는 약제는 펜토에이트 분제, 카보설판 수화제, 티아클로프리드 액상수화제, 페니트로티온유제 등이 있다.

⑮ 어스렝이나방
- 밤나무, 호두나무, 은행나무, 벚나무 등에 피해를 준다.
- 성충은 체장이 45mm 정도이고 날개를 편 길이는 100~130mm 정도로 큰 편이다.
- 유충의 체장은 100mm 정도의 크기이다.
- 1년에 1회 발생하고 알로 나무줄기 껍질 속에서 월동한다.
- 어린 유충은 군서생활을 하면서 잎을 가해하고 차후 분산하여 가해한다.
- 유충가해기인 5~6월에 디프수화제, 메프수화제 등의 유기인제를 살포한다.
- 나무줄기에 난괴가 있어 채취 및 소각으로 방제가 가능하다.

4.3 산림해충 방제법

(1) 기계적 방제법

① 유살

곤충을 유인하여 죽이는 방법으로 곤충의 특징에 따라 유인 방법을 선택한다.

식이유살	먹이를 이용하는 방법
번식처 유살	통나무와 같이 번식처를 이용하는 방법
잠복처 유살	월동장소 등의 잠복처를 이용하는 방법
등화 유살	빛을 이용하는 방법

② 포살

알이나 유충 등을 손이나 기구를 이용하여 직접 죽이는 방법으로 포살 역시 곤충의 특징에 따라 처리 방법이 다르다.

직접 잡는 방법	손, 기구 등을 이용해 직접 잡는 것으로 주로 어스렝이나방, 집시나방, 미국흰불나방 등에 적용된다.
찌르는 방법	하늘소, 굴레나방등 목질부 내부를 가해하는 해충을 철사를 이용해 찔러 제거하는 방법이다.
터는 방법	강한 진동으로 나무에서 떨어뜨리는 방법이다.

③ 차단
  ㉠ 주로 이동을 하는 곤충의 습성을 이용하는 방법이다.
  ㉡ 대표적인 예로 솔잎혹파리의 경우 임지에 비닐을 덮어 땅에서 우화하여 나무로 이동하는 것을 막아 피해를 막을 수 있다.
  ㉢ 다른 방법의 예로 수간에 접착성이 강한 끈끈이를 발라 이동하는 해충이 붙을 경우 제거하는 방법으로 솔나방, 집시나방 등에 적용한다.

(2) 물리적 방제법

① 해충이 살기 어려운 조건을 만들어주는 것으로 방사선, 고주파를 이용하는 방법과 환경조건을 달리하도록 온도 및 습도를 조절하는 방법이 있다.
② 온도에 영향을 받는 해충으로 가루나무좀, 나무좀, 하늘소, 바구미류 등이 있다.
③ 습도의 경우 목재를 수중에 넣어 오랜시간 방치하는 방법으로 나무좀, 하늘소, 바구미류 등에 적합한 방법이다.
④ 방사선법은 해충을 불임화 시켜 산란을 방해하는 방법이다.

(3) 임업적 방제법

① 임업적 방제는 임지의 조건을 해충에게 불리한 조건으로 만드는 방법이다.
② 내충성 품종을 이용하여 해충의 침입을 예방한다.
③ 간벌을 통해 임목밀도를 조절하여 피해를 줄인다.
④ 인산질비료와 같이 비배를 통해 전염의 피해를 줄인다. 반대로 질소질비료의 경우 많이 사용하면 오히려 병이 확산되기도 하기에 주의하도록 한다.
⑤ 조림용 종자의 경우 가능하면 유사 환경에 작업을 하도록 한다.

(4) 생물적 방제법

① 해충에 천적이 되는 생물을 이용하는 방법으로 산림생태계에 영향을 적게 미치는 장점을 가지지만 대량으로 생산이 어려우며 해충밀도가 높을 경우 그 효과가 미미하다.

장점	단점
• 생태계의 균형 유지 • 방제 효과의 반영구적 혹은 영구적 • 다른 식물 혹은 생태계에 대한 피해가 없음	• 대량 사육이 어려움 • 해충밀도가 높을 경우 효과가 낮음 • 시간 및 경비가 많이 요구됨

② 대표적으로 솔잎혹파리의 방제를 위해 사용되는 천적으로 솔잎혹파리먹좀벌, 혹파리살이먹좀벌, 혹파리등뿔먹좀벌, 혹파리반뿔먹좀벌 등이 있다.
③ 생물적 방제법을 사용하기 위해서는 아래와 같은 조건을 갖추는 것이 유리하다.

> ㉠ 성의비가 커야 한다.
> ㉡ 증식력이 좋아야 한다.
> ㉢ 다루기 용이하고 대량 생산이 가능해야 한다.
> ㉣ 준비하는 천적에 피해를 주는 생물이 없어야 한다.
> ㉤ 요구하는 해충에 대한 공격력이 좋고 단식성 내지 과식성이어야 한다.

(5) 화학적 방제법

① 화학적 방제법은 화학물질이 함유된 약품을 이용하며 효과가 빠르고 사용이 용이하지만 해충뿐 아니라 다른 생물에도 피해를 주어 생태계에 영향을 준다. 또한 원하던 해충을 처리하여도 저항성 해충이나 2차 해충등이 출현하는 부작용이 있기도 하다.
② 화학적 방제법 약제로 주로 농약이 사용되며 살균제, 살충제, 제초제 등이 있다.

05 농약

PART 02 ····· 산림보호

5.1 농약의 종류

(1) 살충제

소화중독제	해충이 약제를 먹어 소화관에서 흡수되어 처리하며 주로 저작구형을 가진 해충에 적용하면 유리하다.
침투성살충제	식물에 약제를 투입시키며 흡즙성 해충 처리에 유리하며 다른 곤충이나 천적 등에 피해가 적다.
접촉제	해충에 직접 약제를 접촉시켜 처리한다.
불임제	해충의 생식에 피해를 주어 번식을 막는다.
보조제	해충 처리 효율을 높이는 보조물질로 용제, 유화제, 전착제, 증량제 등이 있다.

(2) 살균제

① 미생물을 사멸시키는 효과를 갖는 약물을 살균제라 한다.
② 살균제에는 보호살균제, 직접살균제, 기타(종자소독제, 토양소독제, 과실방부제 등) 용도에 따라 다양한 살균제가 있다.

보호살균제	• 병원균이 식물체 내로 침입하는 것을 방지한다. • 약효 지속기간이 길어야 하며 물리적으로 부착성 및 고착성이 좋아야 한다. • 석회보르도액, 구리 분제, 유기유황제, 석회유황합제 등이 있다.
직접살균제	• 침입한 병원균에 직접 강력한 살균 작용을 한다. • 발병 후에도 방제가 가능하다. • 시스테인 등이 있다.
종자소독제	• 종자나 종묘에 감염된 병원균을 방지한다. • 지오람, 베노람 등이 있다.
토양소독제	• 토양중의 병원균을 살균시키기 위해 사용한다. • 클로로피크린, 이황화탄소, 포르말린 등이 있다.
과실방부제	• 저장한 과실이나 채소의 부패방지를 위해 사용한다. • 티오요소, 디페닐 등이 있다.

③ **보르도액**

㉠ 보르도액 제조에는 순도 98.5% 황산구리와 순도 90% 이상의 생석회가 사용된다.
㉡ 반복 사용시 토양에 구리성분이 토양에 축적되어 독성이 나타날 수 있다.
㉢ 석회보르도액을 방제에 이용하는 수목병에는 삼나무붉은마름병, 오리나무갈색무

닉병, 소나무 잎떨림병, 잣나무털녹병, 낙엽송잎떨림병, 향나무녹병, 포플러잎녹병 등이 있다.

ㄹ) 보르도액 조제법
- 금속제가 아닌 통 두 개를 준비하고 한 통에는 황산구리를 넣어 전 소요량의 80~90%의 물에 녹여서 묽은 황산구리액을 제조한다.
- 다른 통에는 생석회를 넣어 소량의 물로 소화시킨 다음 나머지 10~20%의 물에 넣어 석회유를 만든다.
- 완전히 냉각된 석회유를 잘 저으면서 여기에 황산구리용액을 조금씩 넣어 주면 보르도액이 완성된다.
- 만든 직후의 보르도액은 진한 청색을 띠지만, 오래 놓아두면 그릇 밑바닥으로 가라앉은 청색의 앙금과 맑은 물로 나누어짐. 이 청색 앙금이 유효성분인 염기성 황산구리석회이다.

ㅁ) 보르도액 주의 사항
- 보르도액은 제조 즉시 살포하며 오랜 시간 사용하지 않을 경우 염기성 황산구리의 입자가 커지면서 약효가 많이 떨어진다.
- 예방을 목적으로 사용하기에 발병 전에 사용하는 것이 좋다. 병징이 나타나기 2~7일 전에 살포하도록 한다.
- 살포액이 완전 건조 되어야 일종의 막이 형성되므로 비가 예상될 경우 살포하지 않는다. 약효의 지속성은 비가 내리지 않는 기준 약 2주 정도 지속된다.
- 구리 성분에 약한 작물에는 과석회 보르도액이나 황산아연을 가용한다.
- 석회에 대해 약한 작물의 경우 소석회 보르도액을 살포한다.

(3) 보조제

① 보조제는 살균제, 제초제 등과 같은 농약의 효과 증진을 도와주는 약제로 전착제, 증량제, 용제, 유화제, 협력제가 있으며 주요 특징은 아래와 같다.

전착제	• 병해충 및 식물의 전착에 도움을 주는 약제이다. • 전착제는 살포액이 넓게 퍼지게 해준다. • 살포면에 부착된 약제는 비바람에 의해 유실될 수 있으니 주의한다. • 작물의 약해를 일으키지 않아야 한다.
증량제	• 주성분의 농도를 낮추는 약제이다. • 분말도, 분산성, 비산성, 부착성 등이 높아야 한다. • 규조토, 탈크, 벤토나이트 등이 있다.
용제	• 약제의 유효성분을 녹이는데 사용하는 약제. • 농약에 대한 용해도가 커야한다. • 농약의 안정성을 유지하고 약해가 있어서는 안된다.
유화제	유제의 유화성을 높이는 일종의 계면활성제
협력제	유효성분의 효력을 증진

② 계면활성제
  ㉠ 계면활성제는 물에 녹기 쉬운 친수성부분과 기름에 녹기 쉬운 소수성 부분을 가지고 있는 화합물로 비누나 세제등에 많이 이용된다.
  ㉡ 계면활성제는 친수성부분의 원자단 종류로 -OH, -COOH, -CN, -COONA, $-CONH_2$ 등이 있으며 친유성부분은 포화지방족탄화수소 부분에서 수소원자 하나가 없는 알킬기(-R)인 $-C_nH_{2n+1}$ 이 가장 강하다.
  ㉢ 계면활성제는 물과 기름의 계면에서 표면장력을 감소시켜 약품의 습윤성, 부착성 및 고착성, 확전성을 높여주는 역할을 한다.

③ 용제
  ㉠ 용제는 약제의 유효성분을 녹이데 물에 잘 녹지 않는 농약을 유기용매에 녹여 유제의 형태로 사용한다.
  ㉡ 용제는 농약에 대한 용해도가 커야하고 농약의 약효나 안정성이 저하되서는 안된다.
  ㉢ 용제를 사용시 독성이 증대되거나 인체에 유해하지 않아야 한다.
  ㉣ 용제의 종류로 물, 에탄올, 메탄올 등이 있다.

④ 증량제
  ㉠ 농약의 농도를 묽게 하거나 약효를 늘리는 약품이다.
  ㉡ 증량제는 분말도, 분산성, 고착성, 부착성, 안정성이 좋아야 한다.
  ㉢ 증량제는 수분 함량이 낮아야 하고 pH 는 가급적 중성인 것이 좋다.
  ㉣ 증량제는 규조토, 탈크, 고령토, 벤토나이트 등이 있다.

⑤ 전착제
  ㉠ 살균제나 살충제와 같은 약제가 식물체에 잘 전착되도록 도와주는 약제이다.
  ㉡ 전착제는 분산력과 습윤성이 커야 하고 약제 및 다른 보조제와의 친화성이 있어야 한다.
  ㉢ 폴리옥시에틸렌, 폴리아미드수지, 폴리옥시프로필렌 등이 있다.

5.2 농약의 살포법

연무법	약제의 주성분을 연기의 형태로 해서 사용하는 방법이다
훈연법	훈연제를 가열하여 연기를 발생시켜 작물에 고루 분포하도록 하는 방법이다.
훈증법	밀폐된 곳에 넣고 약제를 가스화시켜 방제하는 방법이다.
관주법	토양내에 있는 병해충을 방제하기 위하여 땅 속에 약액을 주입하는 방법이다.
침지법	종자, 종묘를 소독하기 위하여 사용하는 방법으로 희석액에 종자를 담가 감염된 병해충을 방제하는 방법이다.
분의법	종자를 소독하기 위하여 분제로 된 약제를 종자에 피복시켜 병해충을 사멸시키는 방법이다.
도포법	나무 줄기에 환상으로 약액을 처리하여 이동하는 해충을 잡는 방법과 상처 부위를 병균이 침입하지 못하도록 약제를 바르는 방법이다.
도말법	종자 소독을 위해 분제농약을 건조한 종자에 입혀 살균, 살충하는 방법이다.

5.3 농약의 제제

(1) 농약의 제제

① 농약의 직접적인 사용이 어려워 보조제를 첨가하여 사용하기 용이한 형태로 만드는 과정을 제제라 하고 완성된 제품을 제형이라 한다.

② 농약의 제제는 사용의 편리뿐 아니라 유효성분의 효과 증가, 약해의 억제, 환경 및 사용자의 안전성 향상, 작업성 개선 등을 목적으로 한다.

③ 제형에 따른 분류시 액체시용제(유제, 액제, 수용제, 수화제, 입상), 고체시용제(분제, 입제, 미립제, 캡슐제, 저비산분제), 종자처리제(종자처리수화제, 종자처리액상수화제), 특수목적세(훈연제, 훈증제, 도포제, 판상줄제)로 분류된다.

④ 유효성분 조성에 따라 무기농약과 유기농약으로 분류된다. 유기농약은 유기화합물을 주성분으로 하는 농약으로 유기인계, 카바메이트계, 유기염소계, 유기황계, 유기불소계 등이 있으며 무기농약은 무기화합물을 주성분으로 생석회, 소석회, 황산구리, 유황 등이 있다.

(2) 액체시용제의 종류 및 특성

① 액체시용제는 제제를 물에 희석하여 사용하는 것이다.

② 액체시용제의 종류에는 유제, 액제, 수용제, 수화제, 액상, 유탁제, 분산성액제 등 종류가 다양하게 존재한다.

유제	• 주제의 성질이 지용성으로 물에 녹지 않아 유기용매에 녹여 유화제를 첨가한 용액을 말한다. • 유기용매는 주로 Xylene, Alcohol 류 등이 사용된다. • 주로 많은 양의 물에 희석하여 분무기를 이용하여 살포한다. • 유제는 수화제보다는 살포액의 조제가 편리하고 약효가 높으나 제조비가 높은 편이다. • 주요 관리 항목으로 유효성분과 유화성이다.
액제	• 주제가 수용성이며 액상으로 살포한다. • 동결의 위험이 있어 계면활성제 등과 같은 동결방지제를 첨가해준다.
수용제	• 수용성의 유효성분을 증량제로 희석하고 분상이나 입상의 고체로 제제한다. • 액제보다 취급 및 보관은 용이하다.
수화제	• 물에 녹지 않는 주제를 벤토나이트 등의 점토광물과 계면활성제 등을 배합하여 혼합 분쇄하여 제제한다. • 수화제는 골고루 퍼지는 현수성이 중요하며 수화성, 고착성, 습진성 등이 좋아야 한다.
입상수화제	• 물에 희석하여 사용하는 농약으로 유효성분과 수화성이 중요하다. • 가루 상태 농약과 보조제를 미세하게 분쇄하여 입자끼리 엉기지 않도록 한 제형으로 수화제를 개선한 것이다.
유탁제	• 용매에 잘 녹지 않는 물질을 용매에 잘 분산시키기 위해 첨가하는 물질
미탁제	• 농약원제를 물에 희석하는 액상제형으로 입자의 크기가 매우 작아 유제나 유탁제보다 효과가 좋다.

(3) 고체시용제(고형시용제)의 종류 및 특성

① 고체시용제는 유효성분을 탈크(talc), 클레이(clay), 벤토나이트(bentonite) 등의 증량제로 희석하여 만든 제제이다.
② 고형시용제는 분제, 미분제, 입제, 미립제, 캡슐제 등이 있다.

분제	• 유효성분을 점토광물과 보조제를 혼합하여 만든 미분말이다. • 보조제는 유효성분의 물리성과 안정성을 높여준다. • 분제의 경우 물에 섞지 않고 제품 그대로 살포한다. • 분제는 작물의 잔효성이 수화제나 유제에 비하여 낮은편이다.
미분제	• 병해충의 효과를 증폭시키기 위해 입자를 작게 하여 비산성을 높인 약제이다. • FD제(플로우더스트제, Flow Dust)는 하우스 내의 병해충 방제를 위해 개발되어 미립자가 장시간 부유하여 균일하게 확산되도록 평균입경을 2μm 정도로 작게 제형하여 살포한다.
입제	• 유효성분을 고형증량제, 안정제, 계면활성제 등을 넣어 입상으로 성형한 제제이다. • 입자가 무거운 편이라 비산의 위험성은 적다. • 단위면적당 사용량이 많아 가격이 비싼 편이다. • 입제의 경우 제조방법에는 흡착법, 피복법, 압출식조립법, 조립흡착법 등이 있다.
미립제	• 제제의 방법은 입제와 같으나 입제보다 입자의 크기가 작으며 입도의 범위가 62~219μm 정도이다.

5.4 농약제제의 물리적 성질

(1) 액상시용제의 물리적 성질

유화성	• 제제를 물에 가한 경우 유립자가 균일하게 분산하여 유탁액이 되는 성질을 말한다.
습전성	• 살포한 약액이 작물이나 해충의 표면에 퍼지는 성질을 말한다.
수화성	• 수화제와 물과의 친화도를 말한다.
현수성	• 수화제에 물을 넣어 조제한 현탁액의 고체입자가 균일하게 분산 부유하는 성질과 안정성을 말한다.
침투성	• 살포된 약제가 식물체에 침투하는 성질을 말한다.
표면장력	• 공기와 접하는 계면에 있어서 계면장력을 말한다.
부착성	• 살포한 약액이 식물체에 붙는 성질을 말한다.
접촉각	• 정지된 액체의 표면이 고체와 접하는 점에 있어 액면과 고체면이 이루는 각도를 말한다.
고착성	• 부착한 약제가 빗물에 씻겨 내리지 않고 식물 표면에 붙어 있는 성질을 말한다.

(2) 고상시용제의 물리적 성질

분말도	• 고체상태 제형의 입자 크기를 나타내는 것이다.
입도	• 제제의 입경을 나타내는 것이다.
용적비중	• 제형의 단위용적당 무게를 나타낸 것이다.
응집력	• 분제의 입자나 물에 희석한 약품들의 입자가 뭉치는 성질을 말한다.
분산성	• 분제가 균일하게 분산하는 성질을 말한다.
비산성	• 분제가 바람에 의해 이동하는 성질을 말한다.
토분성	• 분제의 입자가 살분기의 분출구로 잘 미끄러지는 성질을 말한다.
부착성,고착성	• 살포된 분제가 작물이나 해충에 붙어 있는 성질을 말한다.
안정성	• 분제가 분해되고나 변하지 않는 성질을 말한다.
경도	• 입자의 단단한 정도를 말한다.
수중붕괴성	• 농약이 토양이나 수면에 처리시 유효성분이 방출되는 성질을 말한다.

06 농약의 독성 및 잔류성

PART 02 …… 산림보호

6.1 농약의 독성

① 농약의 독성은 농약이 인축이나 환경생물에 해를 입히는 성질을 의미한다.
② 농약독성은 발현대상, 투여방법, 독성강도, 발현속도에 의해 구분된다.

구분		정의
발현 대상	포유동물	사람, 포유동물에 대한 독성
	환경생물	유용생물(물고기, 새, 지렁이, 꿀벌, 누에 등)에 대한 독성
투여 방법	흡입독성	호흡을 통해 체내 침투되어 발생하는 독성
	경피독성	피부을 통해 체내 침투되어 발생하는 독성
	경구독성	입을 통해 체내 침투되어 발생하는 독성
독성 강도	맹독성	세계보건기구 기준 Class Ia
	고독성	세계보건기구 기준 Class Ib
	보통독성	세계보건기구 기준 Class II
	저독성	세계보건기구 기준 Class III
발현속도	급성독성	일시에 다량의 농약에 노출되었을 경우 나타나는 독성
	만성독성	소량의 농약에 장기간 노출 시 나타나는 독성

6.2 주요 독성

(1) 급성 독성

① 급성 독성은 일시에 다량의 농약에 노출되었을 경우 나타나는 독성으로 급성독 정도에 따른 농약의 구분으로 Ⅰ급(맹독성), Ⅱ급(고독성), Ⅲ급(보통독성), Ⅳ급(저독성) 으로 구분한다.

구분	시험동물의 반수를 죽일수 있는 양(mg/kg 체중)			
	급성경구		급성경피	
	고체	액체	고체	액체
Ⅰ급(맹독성)	5 미만	20 미만	10 미만	40 미만
Ⅱ급(고독성)	5 이상 50 미만	20 이상 200 미만	10 이상 100 미만	40 이상 400 미만
Ⅲ급(보통독성)	50 이상 500 미만	200 이상 2000 미만	100 이상 1000 미만	400 이상 4000 미만
Ⅳ급(저독성)	500 이상	2000 이상	1000 이상	4000 이상

② 세계보건기구에서 쥐를 대상으로 한 급성 경구 및 피부 독성실험에 의거하여 LD_{50}(반수치사량, 중위치사량)을 산출하고 값에 따라 농약의 독성을 분류한다.

③ 반수치사량은 농약을 위의 표와 같이 경구와 경피를 통해 침입된 독성이 동물의 반수인 50%정도가 치사하는 약품의 양을 의미하며 이 숫자가 작을수록 독성이 강함을 의미한다.

(2) 만성 독성

① 소량의 농약에 장기간 노출 시 나타나는 독성으로 검증을 위해 시험동물에 반복투여를 장기간에 걸쳐 실시하여 잔류농약의 위험성을 알아본다.

② 만성독성 수준을 평가하는데 최대무작용량(NOEL)을 산출하는데 최대무작용량은 장기 독성시험동물이 아무런 영향을 받지 않는 최대 용량으로 mg/kg/day 로 표기하며 여기서 kg 은 체중 단위를 의미한다.

(3) 어독성

① 농약등의 어류에 대한 독성을 어독성이라 하며 어류의 반수를 죽일수 있는 농도를 기준으로 Ⅰ급, Ⅱ급, Ⅲ급으로 구분한다.

구분	반수를 죽일 수 있는 농도(mg/l, 48시간)
Ⅰ급	0.5 미만
Ⅱ급	0.5 이상 2 미만
Ⅲ급	2 이상

② 벼재배용 농약 등의 경우 어류에 대한 어독성이 Ⅱ급 또는 Ⅲ급에 속하는 농약으로서 미꾸라지에 대한 어독성이 Ⅰ급에 속하는 농약 등은 Ⅰ급 다음의 Ⅱs급으로 구분한다.

③ 어독성은 반수치사농도로 표시하며 이는 48시간 후에도 50%가 살아 남는 농도로 ppm 으로 표기한다.

④ 어독성 시험은 주로 잉어가 이용되며 어류가 알 시기에는 감수성이 가장 낮다.

6.3 농약의 잔류허용기준

① 농약의 잔류허용기준은 농약의 최대잔류허용량을 의미하며 주로 화란방식에 의해 검증한다.

$$\text{최대잔류허용량(ppm)} = \frac{\text{1일 섭취허용량(mg/kg)} \times \text{국민평균체중(kg)}}{\text{농약이 사용되는 식품 1일 섭취량(kg)}}$$

② 농약 잔류허용기준은 만성독성을 기준으로 하며 신체에 급진적인 영향을 주는 급성독성과는 관련이 없는 기준이다.
③ 농약의 1일 허용량은 농약을 매일 섭취해도 영향이 없는 농약의 양으로 최대무작용약량(NOEL, No Observed Effect Level)에서 안전계수를 곱한 값으로 정의한다.
④ 농약 1일 섭취량은 mg/kg 단위로 표현한다.

07 산림기능사 2단원 기출문제 100제

PART 02 ······ 산림보호

01 주로 유효성분을 연기의 상태로 해서 해충을 방제 하는 데 쓰이는 약제는?

① 훈증제 ② 훈연제
③ 유인제 ④ 기피제

해설 훈연제를 가열하여 연기를 발생시켜 해충을 방제하며 이를 훈연법이라 한다.

02 침엽수 또는 활엽수의 잎과 줄기에 발생하는 그을음병을 가장 효과적으로 방제하는 방법은?

① 살균제를 살포한다. ② 흡즙성 곤충을 방제한다.
③ 설탕물을 뿌린다. ④ 요소 엽면시비를 한다.

해설 그을음병의 방제를 위해 질소질 비료의 과용을 피하고 살충제를 통해 깍지벌레, 진딧물과 같은 흡즙성 해충을 구제한다.

03 대추나무 빗자루병의 병원균은?

① 바이러스 ② 세균
③ 파이토플라스마 ④ 진균

해설 대추나무 빗자루병, 오동나무 빗자루병 등은 파이토플라스마에 의해 발생한다.

04 솔나방은 1년에 몇 번 발생하는가?

① 1회 ② 2회
③ 3회 ④ 4회

해설 솔나방은 1년에 1회 발생한다.

05 어스렝이나방의 월동 생태는?

① 성충 ② 유충
③ 알 ④ 번데기

해설 어스렝이나방은 1년에 1회 발생하고 알로 나무줄기 껍질 속에서 월동한다.

정답 01.② 02.② 03.③ 04.① 05.③

06 종실을 가해하는 해충은?

① 솔알락명나방 ② 느티나무벼룩바구미
③ 솔수염하늘소 ④ 대벌레

해설 복숭아명나방, 솔알락명나방, 하늘소류 등은 종실 및 구과를 가해한다.

07 모잘록병을 방제하기 위한 방법으로 타당하지 않는 것은?

① 밀실 되지 않도록 파종량을 조절한다.
② 종자소독을 철저히 한다.
③ 묘상에 물이 과습 되도록 충분히 준다.
④ 질산질비료의 과용을 삼가고 완숙 퇴비를 사용한다.

해설 모잘록병 방제를 위해 묘상의 배수를 양호하게 한다.

08 "송충이"라고도 불리며, 5령 유충으로 월동을 하여 이듬해 4월경부터 잎을 갉아먹는 해충은?

① 솔나방 ② 소나무좀
③ 솔잎혹파리 ④ 솔껍질깍지벌레

해설 1년에 1회 발생하고 5령충이 지피물 혹은 나무껍질 사이에 월동하고 이듬해 4월에 잎에 피해를 준다.

09 유충과 성충 모두가 나무 잎을 식해하는 해충은?

① 참나무재주나방 ② 솔나방
③ 어스렝이나방 ④ 오리나무잎벌레

해설 오리나무잎벌레는 성충과 유충이 동시에 잎을 가해한다.

정답 06.① 07.③ 08.① 09.④

10 새로 나온 가지에 피해를 주며 가지 끝이 밑으로 꼬부라져 농갈색 갈고리 모양으로 되어 낙엽이 되는 병은?

① 향나무 녹병
② 잣나무 털녹병
③ 낙엽송 가지끝마름병
④ 붉나무 빗자루병

해설 가지끝마름병은 진균(자낭균류)에 의해 발생하고 침입한 가지는 휘거나 꼿꼿하게 서는 두가지 현상을 나타낸다.

11 토양 중에 서식하는 균류에 의하여 전염되는 병은?

① 소나무 잎녹병
② 모잘록병
③ 오동나무 빗자루병
④ 뽕나무 오갈병

해설 모잘록병은 병원균이 토양에 월동하고 토양에 의해 전반된다. 모잘록병을 방제하기 위해 클로로피크린 등을 이용하여 토양을 소독한다.

12 나무의 병원체 중 바이러스에 의한 병은 병원체가 나무의 전신으로 퍼져서 심한 피해를 주고 있다. 다음의 병해 중 바이러스에 의한 병은?

① 포플러 모자이크병
② 벚나무 빗자루병
③ 대추나무 빗자루병
④ 오동나무 빗자루병

해설 모자이크병은 바이러스에 의해 발생한다.

13 다음 중 잎을 가해하지 않는 해충은?

① 솔나방
② 소나무좀
③ 미국흰불나방
④ 오리나무잎벌레

해설 소나무좀은 주로 줄기를 가해한다.

14 소나무 잎녹병에 있어서 여름포자(하포자)의 중간 숙주가 되는 것은?

① 황벽나무
② 잎갈나무
③ 까치밥나무
④ 참나무류

해설 소나무 잎녹병의 중간기주로는 황벽나무, 참취, 잔대가 있다.

정답 10.③ 11.② 12.① 13.② 14.①

15. 농약에서 보조제를 쓰는 목적과 거리가 먼 것은?

① 협력제는 유효성분의 효력을 증진시킨다.
② 전착제는 주제(主劑)의 전착력(展着力)을 좋게 한다.
③ 계면활성제는 유제의 유화성을 높이는데 쓰인다.
④ 증량제는 분제에 있어서 유효성분의 농도를 높이기 위해 쓴다.

해설: 증량제는 주성분의 농도를 낮추는 약제이다.

16. 잣나무 털녹병의 중간기주로 병의 예방을 위해서 잣나무부근에 식재를 피해야 할 수종은?

① 소나무　　　　　② 비자나무
③ 참중나무　　　　④ 까치밥나무

해설: 잣나무 털녹병의 중간기주로 송이풀, 까치밥나무가 있으며 이들은 잣나무 부근의 식재를 피하도록 한다.

17. 소나무와 곰솔의 새잎에 벌레혹을 만들어 피해를 주는 해충은?

① 솔나방　　　　　② 솔잎혹파리
③ 소나무좀　　　　④ 소나무재선충

해설: 솔잎혹파리는 소나무, 해송에 피해를 주며 유충이 잎의 기부에 벌레혹을 만들어 즙액을 빨아 먹는다.

18. 수목병해 중 병징은 있으나 표징이 없는 것은?

① 낙엽송잎떨림병　　② 잣나무털녹병
③ 오동나무빗자루병　④ 삼나무붉은마름병

해설: 오동나무빗자루병은 파이토플라스마에 의해 발생하는데 진균의 경우 표징이 나타나지만 바이러스, 파이토플라스마에 의한 경우 병징만 관찰되고 표징은 나타나지 않는다.

정답 15.④ 16.④ 17.② 18.③

19 완전히 자란 유충이 9월 하순경부터 비온 뒤 벌레혹을 탈출, 지피물 밑이나 1~2cm 깊이의 흙속에 들어가 유충으로 월동하는 해충은?

① 소나무좀 ② 밤나무혹벌
③ 솔잎혹파리 ④ 가문비왕나무좀

해설 솔잎혹파리는 유충으로 지피물 아래나 땅속에서 월동한다.

20 포플러 잎녹병의 중간숙주는?

① 향나무 ② 송이풀
③ 일본잎갈나무 ④ 까치밥나무

해설 포플러 잎녹병의 중간기주는 낙엽송(일본잎갈나무), 현호색, 줄꽃주머니 이다.

21 주제를 용제에 녹이고 거기에 유화제를 첨가하여 물과 섞이도록 한 약제는?

① 용액 ② 유제
③ 수화제 ④ 분제

해설 유제는 주제의 성질이 지용성으로 물에 녹지 않아 유기용매에 녹여 유화제를 첨가한 용액을 말한다.

22 향나무 녹병의 방제법으로 틀린 것은?

① 보르도액을 살포한다. ② 중간기주를 제거한다.
③ 주변에 배나무를 식재하여 보호한다. ④ 향나무의 감염된 수피를 제거 소각한다.

해설 배나무는 향나무 녹병의 중간기주로 주변에 배나무를 식재할 경우 피해가 더욱 확산된다.

23 대부분의 균류, 세균, 파이토플라스마 및 바이러스 등의 병원체가 식물조직에 침입하는 방법은?

① 각피침입 ② 화기(花器)침입
③ 상처를 통한침입 ④ 자연개구(開口)를 통한침입

해설 나무 및 식물에 상처가 발생할 경우 대부분의 병원체가 침입할 수 있다.

정답 19.③ 20.③ 21.② 22.③ 23.③

24 활엽수의 잎을 가해하는 미국흰불나방에 대한 설명으로 틀린 것은?

① 보통 1년에 2~3회 발생한다.
② 잎 뒷면에 600~700개의 알을 낳는다.
③ 1화기 성충은 7월 하순부터 8월 중순에 우화한다.
④ 용화 장소는 수피사이나 지피물밑 등이며, 번데기로 월동한다.

해설: 미국흰불나방의 1화기 성충은 5~6월에 나타나고 2화기 성충은 7~8월에 발생한다.

25 산불에 대해 내화력이 가장 약한 수종은?

① 삼나무   ② 동백나무
③ 은행나무 ④ 고로쇠나무

해설: 삼나무, 소나무, 녹나무, 아까시나무 등은 내화력이 약한 수종이다.

26 파이토플라스마에 의한 주요 수목병이 아닌 것은?

① 붉나무빗자루병   ② 벚나무빗자루병
③ 오동나무빗자루병 ④ 대추나무빗자루병

해설: 벚나무빗자루병은 진균(자낭균)에 의해 발생한다.

27 밤나무혹벌의 생태와 방제에 대한 설명으로 바르게 설명된 것은?

① 땅속에 번데기로 월동한다.
② 방사에 의한 천적으로는 방제효과가 없다.
③ 성충은 9월 하순~10월 하순에 우화한다.
④ 내충성 밤나무 품종으로 갱신하는 것이 방제에 효과적이다.

해설: 밤나무혹벌의 방제방법으로 늦봄에 비료를 주면 피해를 감소시킬 수 있으나 피해가 심하면 내충성 품종으로 교체하는 방법이 가장 효과적이다.

정답 24.③ 25.① 26.② 27.④

28 한상(寒傷)에 대한 설명으로 옳은 것은?

① 식물체의 조직 내에 결빙현상은 발생하지 않지만 저온으로 인해 생리적으로 장애를 받는 것이다.
② 온대식물이 피해를 가장 받기 쉽다.
③ 저온으로 인해 식물체 조직 내에 결빙현상이 발생하여 식물체를 죽게 한다.
④ 한겨울 밤 수액이 저온으로 인해 얼면서 부피가 증가할 때 수간이 갈라지는 현상이다.

해설 한상은 식물체 세포 내에 결빙현상은 나타나지 않으나 저온으로 인해 생리적 장애가 발생하여 생육에 지장을 초래하는 경우를 말한다.

29 늦은 봄부터 늦가을까지 주로 묘목에 많이 발생하는 병해로서 잎의 뒷면에 표징이 나타나며, 어린 눈을 침해하면 잎이 오그라들고 기형이 되는 것은?

① 소나무 그을음병
② 잣나무털녹병
③ 밤나무 흰가루병
④ 소나무 혹병

해설 밤나무 흰가루병은 어린 눈이나 새순에 피해를 주며 위축 및 기형이 발생하고 생육이 저해된다. 7월 장마철 이후부터 잎의 표면이나 뒷면에 백색의 반점이 발생하고 가을이 되면 잎을 덮는다. 가을철에는 흑색의 알갱이인 자낭구가 나타난다.

30 길항미생물이 식물병을 방제하는 작용기작으로 틀린 것은?

① 미생물이 항생물질을 생산한다.
② 미생물이 식물을 자극시켜 지베렐린을 유도한다.
③ 미생물이 병원균에 병을 일으킨다.
④ 미생물이 병원균과 양분경쟁을 한다.

해설 지베렐린의 경우 생장조절제로 식물의 생장촉진에 관여하는 호르몬이다.

31 유충으로 월동하는 해충끼리 짝지어진 것은?

① 참나무재주나방 - 잣나무넓적잎벌
② 미국흰불나방 - 누런솔잎벌
③ 매미나방 - 어스렝이나방
④ 독나방 - 버들재주나방

해설 유충으로 월동하는 해충으로 솔나방, 솔잎혹파리, 밤나무혹벌, 솔알락명나방, 독나방, 버들재주나방 등이 있다.

정답 28.① 29.③ 30.② 31.④

32 응애류에 대해서만 선택적으로 방제효과가 있는 약제는?

① 살균제
② 살충제
③ 살비제
④ 살서제

해설 살비제는 응애류를 선택적으로 방제하는 약제이며 작용점 및 작용기작의 경우 살충제와 유사한 특성을 가진다.

33 유아등(誘蛾燈)을 이용한 솔나방의 구제 적기는?

① 3월 하순~4월 중순
② 5월 하순~6월 중순
③ 7월 하순~8월 중순
④ 9월 하순~10월 중순

해설 솔나방은 주광성이 있어 유아등을 이용하여 유살하는데 7~8월쯤이 구제 적기이다.

34 우리나라 산림해충 중에서 많은 종류를 차지하고 있으며, 대부분 외골격이 발달하여 단단하며, 씹는 입틀을 가지고 완전변태를 하는 해충은?

① 딱정벌레목
② 나비목
③ 노린재목
④ 벌목

해설 딱정벌레목은 곤충의 종 가운데 40% 정도인 35만여종을 차지하는 목으로 가장 많은 종수를 가지고 있다. 대부분 외골격이 발달하여 단단하고 씹는 입틀을 가지고 있으며 완전변태를 한다.

35 불완전균류에 대한 설명으로 옳은 것은?

① 자낭 속에서 자낭포자 8개를 갖고 있다.
② 유성세대(有性世代)로 알려져 있는 균류이다.
③ 무성세대(無性世代)만으로 분류된 균류이다.
④ 버섯종류를 총칭한다.

해설 균사에 격막이 있고 유성포자가 확인되지 않는 무성세대로 분류된 균류이다.

정답 32.③ 33.③ 34.① 35.③

36 산림해충의 방제 시 분제(粉劑)살포에 대한 설명으로 틀린 것은?

① 인가주변이나 큰 도로 가까이에 사용이 용이하다.
② 저녁때는 상승기류가 없을 때 살포한다.
③ 단위시간당 액제보다 넓은 면적을 살포할 수 있다.
④ 살포량은 줄기나 잎을 손으로 문질렀을 때 가루가 손에 묻을 정도이면 좋다.

> 해설 분제는 물에 섞지 않고 제품 그대로 살포하는 고체시용제로 잔효성이 수화제나 유제에 비해 낮은 편이라 인가주변이나 도로 가까이에서는 사용을 피해야 한다.

37 묘포 모잘록병(입고병)의 방제 대책으로 볼 수 없는 것은?

① 밀식과 이어짓기를 피한다.
② 토양과 씨앗을 소독한 후 파종한다.
③ 모판이 습하지 않도록 배수를 양호하게 한다.
④ 시비를 자주하고, 일회 시비량을 많이 한다.

> 해설 모잘록병은 질소질 비료의 과용을 피한다.

38 포플러 잎녹병 병원균의 상태를 가장 잘 나타낸 것은?

① 병원균이 포플러나 중간기주인 낙엽송과 현호색을 기주교대 하는 2종 기생균이다.
② 포플러의 잎에 녹병정자와 녹포자를 형성한다.
③ 낙엽송의 잎에 여름포자와 겨울포자를 형성한다.
④ 여름에 잎 뒷면에 노랑색의 소립점을 형성하고 겨울에는 잎이 담황색으로 변한다.

> 해설 포플러는 기주인 포플러와 중간기주인 낙엽송, 현호색, 줄꽃주머니를 기주교대하는 이종 기생균이다.

39 충분히 자란 유충은 먹는 것을 중지하고 유충시기의 껍질을 벗고 번데기가 되는데, 이와 같은 현상을 무엇이라 하는가?

① 부화 ② 용화
③ 우화 ④ 난기

> 해설 유충이 껍질을 벗고 번데기가 되는 과정을 용화라 한다.

정답 36.① 37.④ 38.① 39.②

40 다음 중 수목병해의 개념 설명이 틀린 것은?

① 생물적 요인에 의한 수목병해는 전염성이다.
② 넓은 의미의 수목병은 수목의 세포나 조직이 생물적 또는 비생물적 요인에 의하여 식물체 기능에 이상증상을 나타내는 것을 말하고, 이것을 표징이라고 한다.
③ 수목병의 발생은 3대 요소인 기주, 병원체, 환경의 상호관계에 의해 결정된다.
④ 주요 병원으로는 곰팡이, 세균, 선충, 바이러스, 파이토플라스마, 원생동물, 기생성 종자식물이 있다.

해설: 생물적 혹은 비생물적 요인에 의해 식물체의 기능에 이상증상이 나타나는 것은 병징의 특징이다.

41 뽕나무 오갈병의 병원균은?

① 진균
② 세균
③ 바이러스
④ 파이토플라스마

해설: 파이토플라스마에 의해 발생하는 주요 수목병으로 오동나무 빗자루병, 대추나무 빗자루병, 뽕나무오갈병이 있다.

42 다음 중 내화력에 가장 강한 수종은?

① 은행나무
② 소나무
③ 밤나무
④ 전나무

해설: 은행나무, 가문비나무, 황벽나무, 굴참나무, 사시나무 등은 내화력이 강한 수종에 속한다.

43 임업경영상으로 볼 때 벌기(伐期)가 길면 많이 발생하는 해충은?

① 흡수성 해충
② 식엽성 해충
③ 천공성 해충
④ 뿌리 해충

해설: 벌기가 길면 임목밀도가 높아져 수관경쟁으로 임목이 쇠약해지고 천공성 해충의 피해를 받기 쉬워진다.

정답 40.② 41.④ 42.① 43.③

44 솔나방의 월동형태와 월동장소로 짝지어진 것 중 옳은 것은?

① 알 – 낙엽밑　　② 유충 – 낙엽밑
③ 성충 – 솔잎　　④ 번데기 – 나무껍질

해설　솔나방은 식엽성해충으로 5형 유충이 지피물이나 나무껍질 사이에 월동한다.

45 녹병균에 의한 수병은 중간기주를 거쳐야 병이 전염된다. 다음 수종 중 향나무녹병의 중간기주는?

① 송이풀　　② 상수리나무
③ 꽃아그배나무　　④ 낙엽송

해설　향나무녹병의 중간기주는 배나무, 사과나무 등이 있다.

46 수병의 예방법으로 임업적(생태적) 방제법과 거리가 가장 먼 것은?

① 그 지역에 알맞은 조림 수종의 선택
② 위생법에 의한 철저한 식물 검역 제도 도입
③ 단순림 보다는 침엽수와 활엽수의 혼효림 조성
④ 육림작업을 적기에 실시하고, 벌채를 벌기령에 맞추어 실시

해설　식물 검역제도 도입은 법적 방제법으로 일종의 제도적 방법이다.

47 농약의 사용 목적 및 작용 특성에 따른 분류에서 보조제가 아닌 것은 어느 것인가?

① 전착제　　② 증량제
③ 용제　　④ 혼합제

해설　보조제는 해충 처리 효율을 높이는 보조물질로 용제, 유화제, 전착제, 증량제 등이 있다.

48 수목 병해는 병원체의 감염특성으로 인하여 특징적인 병징을 만든다. 아래의 병명 중 바이러스에 의하여 발생되는 병은 무엇인가?

① 흰가루병　　② 떡병
③ 모자이크병　　④ 청변병

해설　식물성 바이러스에 의한 대표적인 병으로 모자이크병이 있다.

정답　44.② 45.③ 46.② 47.④ 48.③

49 훈증제가 갖추어야 할 조건이 아닌 것은?

① 휘발성이 커서 일정한 시간 내에 살균 또는 살충시킬 수 있어야 한다.
② 인화성이어야 한다.
③ 침투성이 커야 한다.
④ 훈증할 목적물의 이화학적, 생물학적 변화를 주어서는 안 된다.

해설 훈증제는 인화성이 없어야 안전하게 사용할 수 있다.

50 불완전균류에 의한 병이 아닌 것은?

① 삼나무붉은마름병
② 오동나무탄저병
③ 오리나무갈색무늬병
④ 대추나무빗자루병

해설 대추나무빗자루병은 파이토플라스마에 의해 발생한다.

51 유충이 잎살만 먹고 엽맥을 남겨 잎이 그물 모양이 되며 성충은 주맥만 남기고 잎을 갉아 먹는 해충은?

① 텐트나방
② 오리나무잎벌레
③ 미국흰불나방
④ 박쥐나방

해설 오리나무잎벌레는 잎살만 먹고 엽맥을 남겨 잎이 그물 모양이 되며 성충은 주맥만 남기고 잎을 갉아 먹는데 성충과 유충이 동시에 잎을 식해한다.

52 다음 (괄호)에 적당한 약제는?

( )는 병원균의 포자가 기주인 식물에 부착하여 발아하는 것을 저지하거나 식물이 병원균에 대하여 저항성을 가지게 하는 약제를 말한다.

① 직접살균제
② 보호살균제
③ 세포막 형성저해제
④ 단백질 형성저해제

해설 보호살균제는 병원균이 식물체 내로 침입하는 것을 방지한다. 약효 지속기간이 길어야 하며 물리적으로 부착성 및 고착성이 좋아야 한다.

정답 49.② 50.④ 51.② 52.②

53 피해목을 벌채한 후 약제 훈증처리의 방제가 필요한 수병은?

① 호두나무 탄저병
② 밤나무 줄기마름병
③ 참나무 시들음병
④ 잣나무털녹병

해설 참나무 시들음병에 의한 피해목은 벌목하여 메탐소듐 액제로 훈증한다.

54 희석액 중의 약제농도가 0.05%일 때, 물 10ℓ에 대한 약량은 몇 ㎖인가?

① 5mL
② 10mL
③ 50mL
④ 100mL

해설 물 10L에 대한 약제 농도가 0.05% 일 경우 $10,000ml \times \dfrac{0.05}{100} = 5ml$ 의 약제량이 포함되어 있다.

55 기생봉이나 포식곤충을 이용하여 해충을 방제하는 것을 무엇이라 하는가?

① 기계적 방제법
② 물리적 방제법
③ 임업적 방제법
④ 생물적 방제법

해설 해충의 천적이 되는 생물을 이용하여 해충을 방제하는 방법을 생물적 방제법이라 한다.

56 향나무 녹병균은 배나무를 중간숙주로 하는데 배나무에 기생하는 시기는?

① 1~2월
② 3~4월
③ 5~7월
④ 8~9월

해설 향나무 녹병의 중간기주인 배나무에는 6~7월쯤 기생하여 녹병자기가 형성된다.

57 다음 중 방화림 조성용으로 가장 적합한 수종은?

① 소나무
② 삼나무
③ 갈참나무
④ 녹나무

해설 방화림으로 적합한 수종은 내화성이 강한 수종으로 잎갈나무, 굴거리나무, 굴참나무, 갈참나무 등이 있으며 보기의 소나무, 삼나무, 녹나무는 내화성이 약해 방화림 조성용으로는 적합하지 않다.

정답 53.③ 54.① 55.④ 56.③ 57.③

58 어스렝이나방의 설명이 옳지 않은 것은?

① 밤나무, 버즘나무 등의 잎을 먹는다.
② 날개 편 길이는 105~135mm, 몸길이는 45mm 정도이다.
③ 성충으로 월동한다.
④ 천적인 어스렝이알좀벌을 이용하여 방제한다.

해설 어스렝이나방은 알로 월동한다.

59 하늘소의 피해를 방제하기 위하여 철사로 찔러 죽였다. 무슨 방제법에 속하는가?

① 생물적 방제법 　　② 화학적 방제법
③ 임업적 방제법 　　④ 기계적 방제법

해설 직접 찔러 죽이는 방법은 포살법으로 기계적 방제법에 해당한다

60 밤나무순혹벌은 어떤 번식을 하는가?

① 다배생식 　　② 단위생식
③ 유생생식 　　④ 유성생식

해설 밤나무순혹벌은 암컷만으로 생식을 하는 단위생식을 한다.

61 다음 중 미국흰불나방이나 텐트나방의 유령기 유충을 구제하는 방법으로 가장 좋은 것은?

① 솜방망이로 태우는 소살법이 좋다.
② 나무줄기에 끈끈이를 바르는 차단법이 좋다.
③ 먹이로 유인하여 잡는 먹이 유살법이 좋다.
④ 묘포에서는 밭을 갈아주는 경운법을 쓰는 것이 좋다.

해설 미국흰불나방이나 텐트나방은 유령기에 군서생활을 하기에 이 시기에 불을 이용하는 소살법을 통해 방제하는 것이 효과적이다.

정답 58.③ 59.④ 60.② 61.①

62 임내 습도가 높은 곳에서 왕성한 활동을 보이는 해충은?

① 솔나방 ② 명나방
③ 응애 ④ 솔잎혹파리

해설 솔잎혹파리는 임내 습도가 높은 곳에서 활동이 왕성하다. 그래서 이를 방제하기 위해 임지를 건조하기도 한다.

63 산불 발생이 가장 많은 시기는?

① 3~5월 ② 6~8월
③ 9~11월 ④ 12~2월

해설 국내의 산불은 자연습도가 낮은 봄철에 많이 발생하며 대략 3~5월정도이며 4월에 가장 발생률이 높다.

64 칡과 같은 만경류를 제거하는 방법이 잘못 된 것은?

① 글라신 액제 처리시기는 칡의 경우 농번기를 피하여 겨울 또는 봄에 실시한다.
② 글라신액제 원액을 흡수시킨 면봉은 칡머리 부분에 송곳으로 구멍을 뚫고 삽입한다.
③ 글라신액제와 물을 1 : 1로 혼합한 액을 주입기로 주입한다.
④ 만경류의 경우 되도록 어릴 때 제거하는 것이 효과적이다.

해설 칡과 같은 만경류에 글라신 액제를 처리할 경우 5~9월쯤인 여름에 실시한다.

65 다음 중 보르도액의 조제절차가 틀린 것은?

① 원료로 사용되는 황산구리는 순도 98.5% 이상, 생석회는 순도 90% 이상을 사용하여야 좋은 보르도액을 만들 수 있다.
② 보르도액의 조제 시 황산구리는 양철통을 사용한다.
③ 필요한 물의 80~90%의 물에 황산구리를 녹여 묽은 황산구리액을 만든다.
④ 생석회는 소량의 물로 소화시킨 다음 필요한 물의 10~20%의 물에 넣어 석회유를 만든다.

해설 보르도액은 금속제가 아닌 통을 준비하여 조제한다.

정답 62.④ 63.① 64.① 65.②

66 해충의 직접적인 구제방법 중 기계적 방제법에 속하지 않는 것은?

① 포살법
② 소살법
③ 유살법
④ 냉각법

해설 산림해충의 기계적 방제법에는 유살, 포살, 소살, 차단 등의 방법이 있다.

67 유아등으로 등화유살 할 수 있는 해충은?

① 오리나무잎벌레
② 솔잎혹파리
③ 밤나무혹벌
④ 어스렝이나방

해설 등화유살은 주광성이 강한 해충에 적용하는데 어스렝이나방에 적용 가능하다.

68 모표장에서 많이 발생하는 모잘록병의 방제법으로 적합하지 않은 것은?

① 토양소독 및 종자소독을 한다.
② 돌려짓기를 한다.
③ 질소질비료를 많이 준다.
④ 솎음질을 자주하여 생립본수를 조절한다.

해설 질소질비료를 과용하지 않고 인산질비료 충분히 준다.

69 다음 중 비생물적 병원(病原)인 것은?

① 선충
② 진균
③ 공장폐수
④ 파이토플라스마

해설 비생물적 병원은 외부적 요인으로 토양, 기상, 양분, 농기구, 공업폐수 등이 있다.

70 진딧물이나 깍지벌레 등이 수목에 기생한 후 그 분비물 위에 번식하여 나무의 잎, 가지, 줄기가 검게 보이는 병은?

① 흰가루병
② 그을음병
③ 줄기마름병
④ 잎떨림병

해설 그을음병은 진딧물, 깍지벌레의 배설물에 의해 발생하고 그을음과 같은 포자 덩어리로 인해 검게 보인다.

정답 66.④ 67.④ 68.③ 69.③ 70.②

71 다음 중 농약의 독성에 대한 설명으로 옳지 않은 것은?

① 경구와 경피에 투여하여 시험한다.
② 농약의 독성은 중위치사량으로 표시한다.
③ LD_{50}은 시험동물의 50%가 죽는 농약의 양을 뜻한다.
④ 농약의 독성은 [농약의 양(mg) / 시험동물의 체적(m^3)]으로 표시한다.

해설 세계보건기구에서 쥐를 대상으로 한 급성 경구 및 피부 독성실험에 의거하여 LD_{50}(반수치사량, 중위치사량)을 산출하고 값에 따라 농약의 독성을 분류한다.

72 잣나무 털녹병균의 침입부위는?

① 잎
② 줄기
③ 종자
④ 뿌리

해설 잣나무털녹병균은 잎의 기공으로 침입한다.

73 다음 중 농약의 물리적 형태에 따른 분류가 아닌 것은?

① 유제
② 분제
③ 전착제
④ 수화제

해설 전착제는 병해충 및 식물의 전착에 도움을 주는 보조제이다.

74 이른 봄에 수목의 발육이 시작된 후에 갑자기 내린 서리에 의해 어린잎이 받는 피해는?

① 조상
② 만상
③ 농상
④ 준상

해설 이른 봄에 서리가 내리는 경우를 늦서리 혹은 만상이라 하며 만상에 의해 어린나무는 고사하기도 한다.

75 주로 나무의 상처부위로 병원균이 침입하여 발병하는 것으로 상처부위에 올바른 외과수술을 해야 하며, 저항성 품종을 심어 방제하는 병은?

① 향나무 녹병
② 소나무 잎떨림병
③ 밤나무 줄기마름병
④ 삼나무 붉은마름병

해설 밤나무 줄기마름병은 상처부위로 감염되기에 상처에 주의하고 병든 부위는 도려내 도포제로 처리한다.

정답 71.④ 72.① 73.③ 74.② 75.③

76 균류 병원균이 과습한 토양에서 묘목 뿌리로 침입하여 발병하는 것은?

① 반점병
② 탄저병
③ 모잘록병
④ 불마름병

해설: 모잘록병은 과습한 토양에서 피해속도가 증가하는 병원균이 있다. 이러한 모잘록병 방제를 위해 묘상의 배수를 양호하게 해주어야 한다.

77 곤충이 생활하는 도중에 환경이 좋지 않으면 발육을 멈추고 좋은 환경이 될 때까지 일시적으로 발육을 멈추고 좋은 환경이 될 때까지 일시적으로 정지하는 현상으로 정상으로 돌아오는데 다소 시간이 걸리는 것은?

① 휴면
② 이주
③ 탈피
④ 휴지

해설: 곤충이 생활하기 불리한 환경 조건을 극복하기 위해 발육을 정지하는 상태를 휴면이라 한다.

78 진딧물의 화학적 방제법 중 천적보호에 유리한 방제약제로 가장 좋은 것은?

① 훈증제
② 기피제
③ 접촉 살충제
④ 침투성 살충제

해설: 침투성 살충제는 식물에 약제를 투입시키며 진딧물과 같은 흡즙성 해충 처리에 유리하며 다른 곤충이나 천적등에 피해가 적다.

79 세균에 의해 발생되는 뿌리혹병에 관한 설명으로 옳은 것은?

① 방제법으로는 유기물보다는 석회시용량을 늘려야 한다.
② 초본식물에도 발생한다.
③ 주로 뿌리에 발생하며 가지에는 발생하지 않는다.
④ 병원균은 수목의 병환부에서는 월동하지 않고 토양속에서 월동한다.

해설: 뿌리혹병은 기주범위가 넓으며 초본식물과 목본식물에서 발생한다.

정답 76.③ 77.① 78.④ 79.②

80 다음 중 상대적으로 가장 높은 온도의 발병 조건을 요구하는 수병은?

① 낙엽송 가지끝마름병 ② 잿빛곰팡이병
③ 리지나뿌리썩음병 ④ 소나무 잎떨림병

해설: 리지나뿌리썩음병은 높은 온도에서 포자가 발아하여 발병하기에 산불피해지에 주로 나타난다.

81 곤충류에서 수컷의 정자를 저장하는 암컷의 기관은?

① 저장낭(seminal vesicle) ② 수정낭(spermatheca)
③ 알집(ovary) ④ 정집(testis)

해설: 수정낭은 암컷의 생식기관 중 하나로 수컷에게서 받은 정자를 저장한다.

82 내화력이 강한 수종으로 짝지어진 것은?

① 단풍나무와 삼나무 ② 소나무와 녹나무
③ 대왕송과 은행나무 ④ 해송과 벽오동나무

해설: 내화력이 강한 수종으로 은행나무, 대왕송, 낙엽송, 굴참나무, 동백나무 등이 있다.

83 다음 중 우리나라 산림 쇠퇴의 원인이라고 할 수 없는 것은?

① 공해의 증가 ② 자연적 산불의 발생
③ 기후변동과 악화 ④ 병이나 해충의 피해

해설: 자연적 산불의 발생과 같은 경우는 산불의 발생률에서 매우 적은 비중을 차지한다.

84 솔나방의 성충 1마리가 몇 개 정도의 알을 낳는가?

① 100개 ② 50 ~ 100개
③ 500개 정도 ④ 1000개 정도

해설: 솔나방은 7~8월쯤 주로 발생하며 500개 내외 정도의 알을 솔잎 위에 낳는다.

정답 80.③ 81.② 82.③ 83.② 84.③

85 다음 중 진균의 특징이 아닌 것은?

① 균체에는 가는 실모양의 균사가 발달되어있다.
② 균사는 격막이 있는 것과 없는 것이 있다.
③ 엽록소를 갖고 있어 광합성 작용을 한다.
④ 고등식물의 세포처럼 세포벽이 있다.

해설: 진균은 실모양의 균사체로 개체를 유지하는 영양체와 종족을 보존해주는 번식체로 분류한다. 진균의 일부분인 균사는 격막의 유무로 분류되며 외부에 세포벽이 있고 그 성분은 키틴으로 이루어져 있다.

86 다음 중 솔잎혹파리의 우화 최성기로 가장 적합한 것은?

① 4월 상순
② 6월 상·중순
③ 9월 하순
④ 10월 상·중순

해설: 솔잎혹파리는 5월 중순~7월상순에 우화하여 성충이 되며 6월 상순이 우화 최성기이다.

87 병원균이 기주식물의 조직 내에서 월동하지 않는 것은?

① 뿌리혹병
② 벚나무 빗자루병
③ 포플러 흰가루병
④ 낙엽송 가지끝마름병

해설: 흰가루병은 병든 낙엽이나 가지에서 월동한다.

88 주제를 용제에 녹이고 거기에 유화제를 첨가하여 물과 섞이도록 한 약제는?

① 용액
② 분제
③ 유제
④ 수화제

해설: 유제는 주제의 성질이 지용성으로 물에 녹지 않아 유기용매에 녹여 유화제를 첨가한 용액을 말한다.

89 땅속에서 월동하지 않는 해충은?

① 솔잎혹파리
② 오리나무잎벌레
③ 잣나무넓적잎벌
④ 어스렝이나방

해설: 어스렝이나방은 1년에 1회 발생하며 나무 위에서 알로 월동한다.

정답 85.③ 86.② 87.③ 88.③ 89.④

90 매미나방에 대한 설명으로 옳은 것은?

① 2, 4-D 액제를 사용하여 방제한다.
② 연간 2회 발생하며 유충으로 월동한다.
③ 침엽수, 활엽수를 가리지 않는 잡식성이다.
④ 암컷이 활발하게 날아다니며 수컷을 찾아다닌다.

해설 매미나방은 주로 낙엽송, 참나무, 밤나무 등을 식해하나 침엽수, 활엽수를 가리지 않아 기주 범위가 넓은 편이다.

91 산림해충 방제법 중 임업적 방제법에 속하는 것은?

① 천적방사
② 기생벌 이식
③ 내충성 수종 이용
④ 병원 미생물 이용

해설 임업적 방제법에는 내충성 품종의 선택, 간벌 및 밀도 조절, 시비, 혼효림의 조성 등의 방법이 있다.

92 포플러 잎녹병의 증상으로 옳지 않은 것은?

① 병든 나무는 급속히 말라 죽는다.
② 초여름에는 잎 뒷면에 노란색 작은 돌기가 발생한다.
③ 초가을이 되면 잎 양면에 짙은 갈색 겨울포자퇴가 형성된다.
④ 중간기주의 앞에 형성된 녹포자가 포플러로 날아와 여름포자퇴를 만든다.

해설 포플러 잎녹병은 감염시 낙엽이 빨라지는데 이를 통해 생장이 감소하기는 하나 급속하게 말라 죽지는 않는다.

93 다음 중 밤나무 줄기마름병의 병원체가 침입하는 경로는?

① 뿌리를 통한 침입
② 주피를 통한 침입
③ 잎의 기공을 통한 침입
④ 줄기의 상처를 통한 침입

해설 밤나무 줄기마름병은 진균에 의해 발생하며 주로 상처를 통해 감염된다.

정답 90.③ 91.③ 92.① 93.④

94 곤충의 몸 밖으로 방출되어 같은 종끼리 통신을 하는데 이용되는 물질은?

① 퀴논(quinone)
② 호르몬(hormone)
③ 테르펜(terpenes)
④ 페로몬(pheromone)

해설 페로몬의 경우 곤충이 방출하는 일종의 화학물질로서 종 특이적으로 작용한다. 같은 종의 이성을 유인하는 성페로몬, 서식지에서 동족을 부르는 집합페로몬, 위험을 전파하는 경보페로몬, 길을 안내하기 위한 길잡이 페로몬, 동족의 과밀현상을 피하기 위한 분산페로몬 등 목적에 따라 다양한 페로몬이 있다.

95 오동나무 빗자루병의 병원체를 전파시키는 주요 매개 곤충은?

① 응애
② 진딧물
③ 나무이
④ 담배장님노린재

해설 오동나무 빗자루병의 병원체인 파이토플라스마는 담배장님노린재에 의해 전파된다.

96 세균에 의한 수목 병해는?

① 소나무 잎녹병
② 낙엽송 잎떨림병
③ 호두나무 뿌리혹병
④ 밤나무 줄기마름병

해설 세균에 의한 수목병으로 밤나무뿌리혹병, 포플러뿌리혹병, 밤나무눈마름병 등이 있다.

97 다음 중 대추나무 빗자루병 방제에 효과적인 약제는?

① 베노밀 수화제
② 아다멕틴 유제
③ 아세타미프리드 액제
④ 옥시테트라사이클린 수화제

해설 파이토플라스마에 의해 발생하는 대추나무 빗자루병은 옥시테트라사이클린으로 방제한다.

98 완전변태를 하지 않는 산림해충은?

① 소나무좀
② 솔잎혹파리
③ 오리나무잎벌레
④ 버즘나무방패벌레

해설 버즘나무방패벌레는 노린재목으로 불완전변태를 한다.

정답 94.④ 95.④ 96.③ 97.④ 98.④

99 수목의 대기오염 피해를 줄이기 위한 방제법으로 옳지 않은 것은?

① 이령혼효림으로 유도
② 내연성 수종으로 조림
③ 택벌을 피하고 개벌로 전환
④ 석회질비료를 사용하여 양료 유실 방지

해설 수목의 대기오염의 피해를 줄이는데 있어 개벌을 하면 토양의 유실 및 주위 수목에도 영향을 주어 이후 피해가 늘어나게 된다.

100 저온에 의한 피해 중에서 수목 조직 내에 결빙이 일어나는 피해는?

① 습해
② 한해
③ 동해
④ 설해

해설 동해는 저온에 의한 피해로 식물이 세포 내외로 결빙이 일어나 심할 경우 고사한다.

정답 99.③ 100.③

PART 3
임업기계

01 임업기계

PART 03 ····· 임업기계

1.1 │ 임업기계·장비의 종류 및 용도

(1) 조림 및 숲가꾸기 기계·장비

① **식재용**

　㉠ 사식재용 괭이
　　• 평지나 경사지에 사용하며 소묘 사식에 적합하다. 자루 각도는 60~70°이다.

　㉡ 각식재용 양날 괭이
　　• 양날괭이로 한쪽은 땅을 벌리는 용도, 한쪽은 도끼로 땅을 가르는 용도이다.
　　• 형태는 타원형이나 네모형이 있으며 타원형 부분은 자갈이 섞이고 뿌리가 있는 곳에서 주로 사용하고 네모형은 땅이 무르고 자갈이 없는 곳에서 주로 사용한다.

　㉢ 손도끼
　　• 조림용 묘목의 긴뿌리의 단근 작업에 적합하다.

　㉣ 재래식 삽
　　• 농업 및 토목 작업에 널리 사용되는 도구이다.
　　• 산림 작업에서는 식재, 사방 분양 등에서 많이 이용되고 있다.

　㉤ 재래식 괭이
　　• 산림작업에서는 식재작업 및 사방사업 등에서 사용되고 있다.
　　• 식재작업시 땅속에 있는 나무뿌리, 잡초뿌리 등을 끊고 흙을 부드럽게 해준다.
　　• 규격화된 제품이 아닌 수공업제품으로 모양, 무게, 재료 등이 다르다.

② **무육용**

　㉠ 스위스 보육낫
　　• 유령림 무육작업용으로 지름 5cm 내외 잡목제거에 적합하다.
　　• 자루가 손에서 미끄러지지 않게 손잡이 머리에 받침쇠가 부착되어 있다.

　㉡ 소형 전정가위
　　• 직경 1.5cm 내외 치수 무육작업에 적합하다.

ⓒ 무육용 이리톱
- 무육용 날과 가지치기용 날이 함께 있는 것이 특징이며 직경 6~15cm 내외의 유령림 무육작업에 적합하다.

③ **가지치기용**
ⓐ 소형 손톱
- 덩굴식물 제거 및 직경 2cm 이하 가지치기에 적합하다.
ⓑ 고지절단용 톱
- 높이 4~5m 정도의 가지치기에 적합하다.
- 자루의 길이는 절단 높이에 따라 조절 가능해야하고 가볍고 단단해야 한다.
ⓒ 자동지타기
- 나무의 수간을 타고 가지치기를 하며 옹이 발생을 최소화 한다.
- 수간을 나선형으로 돌면서 체인톱에 의해 가지를 제거한다.
- 자동지타기를 사용하는 나무는 가지가 가늘고 통직하게 잘 자란 나무에 적합하다.
- 작업가능한 흉고직경은 15~30cm 정도이고 자를 수 있는 가지 직경은 5cm 정도이다.

④ **양묘용**
- 양묘용 장비로는 트랙터, 경운작업기, 정지작업기, 퇴비살포기, 파종기, 약제살포기, 묘목이식기, 관수장치, 단근굴취기, 중경제초지, 콘베이어 시설, 묘목 수확기, 콘테이너 양묘시설 등이 있다.
- 식혈기는 조림작업을 할 때 식목용 구덩이를 파는 기계이다.

(2) 수확기계·장비
① 벌목용으로 톱, 도끼, 쐐기, 목재 돌림대, 갈고리, 밀대, 박피삽, 사피, 측척 등이 있다.
② 도끼는 목적에 따라 가지치기용, 벌목용, 손도끼, 장작패기용 등으로 구분되며 각각의 날의 각도가 다르다.
ⓐ 도끼에 사용되는 자루의 용재로는 박달나무, 물푸레나무, 단풍나무, 호두나무, 가래나무, 참나무류 등이 적합하다.
ⓑ 자루의 재료는 가볍고 열전도율이 낮으며 탄력이 있고 질긴 소재를 사용한다
ⓒ 도끼는 용도에 따라 벌목용은 9~12°, 가지치기용은 8~10°, 장작패기용은 목질구조가 연한 침엽수는 15°, 단단한 활엽수의 경우 30~35°정도로 연마한다.
③ 쐐기는 벌목 방향을 결정하고 톱이 끼이는 것을 방지하며 종류는 아래와 같다.

나무쐐기	잘건조하고 단단한 활엽수재를 이용하며 섬유가 긴방향을 길이방향으로 한다.
두랄루민	가볍고 기계톱날의 손상을 적게 주며 주로 대경목의 벌목에 이용한다.
라이싱거 두랄	원형 기계톱 사용시 이용하며 톱날이 목재 사이 끼었을 때 사용한다.

④ 목재 방향 조정 장비

목재 방향 전도용 지렛대	벌목중 걸린 나무를 빼거나, 벌도목의 방향을 돌리는데 이용한다.
벌도지레, 벌도용 장대, 밀개	소경재의 벌도 방향 조정에 이용한다.

⑤ 기타 장비

갈고리	벌도목 방향 전환 및 운반
박피기	벌도목 껍질 제거
사피	통나무 운반 장비
측척	벌채목을 규격대로 자를 때 표시하는 장비

(3) 다공정 처리기계

① 벌도, 가지제거, 집적 등 다양한 공정을 연속적으로 처리하는 기기를 다공정 임업기계라 한다.

② 대표적으로 펠러번처, 프로세서, 하베스터가 있으며 각각의 특징은 아래와 같다.

㉠ 하베스터
- 임목을 벌목하여 가지자르기, 토막내기 작업을 일관된 공정으로 작업할 수 있는 다공정 벌채장비이다.
- 하베스터는 대부분 무한궤도식이며 크레인의 형태에 따라 텔레스코픽 붐 방식과 너클붐 방식으로 분류된다.

㉡ 프로세서
- 이미 벌목된 전목의 가지를 자르고 토막을 내는 장비로서 벌채목의 수간을 잡는 그래플장치, 가지를 자르는 장치, 수간을 밀어내는 송재 장치, 절단장치로 이루어져 있다.
- 프로세서의 성능은 로울러에 의한 송재장치의 송재력, 송재속도, 가지치는 칼날의 작업 정도 (精度)에 따라 좌우된다.

㉢ 펠러번처
- 펠러번처는 임목을 벌목하는 장비로서 임목을 벌도하여 일정한 장소에 모아쌓기가 가능한 장비로서 후속작업인 전목집재를 손쉽게 하는 장비이다.
- 임목을 절단하는 방식에는 유압식 전단 가위식, 디스크 쏘우식, 체인톱 방식

등이 있다
- 소경목일 경우 벌채목 여러 본을 모아서 한번에 지면에 내려놓아 작업시간을 단축하여 능률을 올릴 수 있는 어큐뮬레이터(accumulator)기능을 가진 종류도 있다.

(4) 집재장비

① 중력집재

㉠ 활로에 의한 집재
- 수라집재라하며 산비탈에 인공적으로 미끄러질 홈통을 만들어 집재하는 방식이다.
- 활로의 종류로는 흙수라(토수라), 나무수라, 판자수라, 플라스틱수라 등이 있다.

토수라	경사를 따라 인공적으로 도랑길을 만들어 목재를 운반한다. 활로운재 중에서 가장 간단하며 시설비가 적게든다. 하지만 임지의 훼손이 많은 편이고 목재의 손상도 약 10% 내외 정도로 발생한다.
목수라	나무통길, 판자수라 등은 목재를 이용하며 주위 환경이나 목재의 손상은 토수라에 비해 적지만 설치 비용 및 시간이 소요되는 단점이 있다.
플라스틱수라	• 간벌재나 소경재 집재를 위해 플라스틱이나 FRP 등의 재료로 여러개의 통을 연결하는 집재용 통길을 이용한다. 플라스틱 수라는 유효작업거리 20~25m, 유효경사 25~55%, 집재거리 100~150m, 직경 35cm 미만 재장 5m 이하의 원목을 ·집재함을 기준으로 한다. • 집재지 가까이에서의 경사는 15% 이내가 되어야 안전하고 최소 종단경사는 15~25% 되어야 한다. 최대 경사가 50~60% 인 경우는 속도 조절장치가 필요하다.

㉡ 강선에 의한 집재
- 강선, 와이어 로프 등을 이용하여 공중에 설치하여 내려보내는 방식으로 지형의 제약을 적게 받으며 소경 단재의 집재에 적합하다.

② 기계 집재

임목집재용 기기로 중력식, 소형원치, 트랙터 및 스키더를 기본차량으로 하는 지면끌기식, 중급경사지에 활용하는 타워야더, 가선집재용 기계 등이 있다.

가선집재	• 집재용 가선부분과 야더집재기로 구성된 기기로 경사가 급한 산악림에 적합한 장비이다. • 공중으로 이동하기에 잔존 임분에 대한 피해가 적은 편이다. • 트랙터 집재보다는 집재작업에 요구되는 에너지가 적다. • 기동성이 떨어지고 장비가 고가이며 숙련된 기술을 요구한다.
트랙터 집재	• 평탄지, 완경사지에 적합한 집재이다. • 기동성 및 작업의 생산성이 높다. • 작업이 단순하고 비용이 적게 든다. • 주위 임지의 피해가 있고 높음 임도밀도를 요구한다.
소형원치	지형이 험하거나 단거리의 통나무 및 간벌재 집재시 이용된다.
포워더	평지에서 집재 통나무를 싣고 운반하는 장비이다

(5) 와이어로프

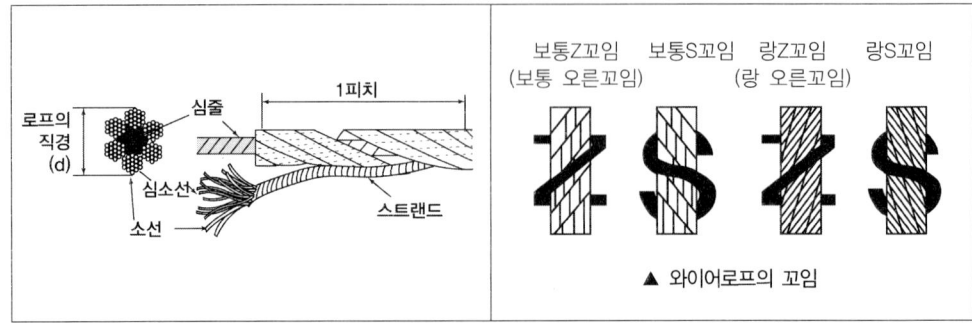

① 가느다란 철선을 꼬아서 1줄의 스트랜드를 만들고, 다시 여러 가닥의 스트랜드 심줄 중심으로 꼬아서 만든 쇠밧줄이다
② 꼬임의 형태에 따라 보통꼬임과 랑꼬임이 있다. 보통꼬임은 와이어꼬임과 스트랜드 꼬임이 반대방향인 것을 말한다. 랑꼬임은 와이어로프의 꼬임과 스트랜드의 꼬임방향이 같은 방향인 것을 말한다
③ 스트랜드의 꼬임 방향에 따라 S꼬임 로프와 Z꼬임 로프가 있다.
④ 와이어로프 고리는 와이어로프 직경의 약 20배 이상으로 한다
⑤ 임업용에는 스트랜드가 6개인 것이 가장 많이 이용되며 작업줄은 보통꼬임을 주로 사용한다.
⑥ 보통꼬임은 킹크가 잘 일어나지 않으나 마모가 많이 일어난다.
⑦ 와이어로프 6×7(스트랜드 본수×와이어 개수)은 7본선과 6꼬임을 의미하며 단면도는 아래와 같다.

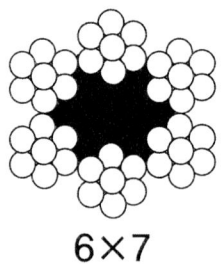

6×7

⑧ 와이어로프의 폐기 기준은 아래와 같다
- 이음매가 있는 것
- 한 꼬임에 끊어진 소선수 10% 이상 인 것
- 지름의 감소가 공칭지름 7% 이상 인 것
- 심하게 변형되거나 부식된 것
- 열과 전기 충격에 의한 손상된 것

⑨ 안전계수

- 안전계수 공식

$$\text{안전계수} = \frac{\text{와이어로프 절단하중(kg)}}{\text{와이어로프에 걸리는 최대장력(kg)}}$$

- 와이어로프 안전계수

가공본줄	짐당김줄, 되돌림줄, 버팀줄, 고정줄 등 작업줄	짐올림줄, 짐매달음줄
2.7	4.0	6.0

- 가공본줄 최대장력

반출되는 목재와 반송기의 전체 하중의 합은 P 를 받는 가공본줄의 최대장력 T1 은 다음과 같이 구할 수 있다.

$$T1 = (W + P) \times \Phi$$

W : 가선의 전체 중량(가선의 사거리 × 가선의 단위중량)
P : 가공본줄에 걸리는 전체하중(반출목재중량 + 반송기의 무게)
Φ : 최대장력계수

(6) 산림토목 기계 및 장비

① 굴착 및 운반 기계

㉠ 불도저

불도저는 흙을 깎아 운반하는 장비로 단거리 토공작업에 적합한 기계이다. 리퍼는 연암이나 단단한 지반의 굴착에 적합하며 종류에 따라 용도가 다양하다.

구분	용도
스트레이트도저	대량의 흙을 굴착하고 다지는데 사용
앵글도저	블레이드면이 진행방향의 중심으로 20~30° 정도의 경사가 있어 흙을 좌우로 밀어내어 지면을 고르게 한다
리퍼도저	단단한 흙이나 연암의 파쇄 작업에 사용
레이크도저	나무 뿌리 제거 및 지반 파헤치기 사용

㉡ 스크레이퍼

스크레이퍼는 보울을 상하로 움직여 토사를 굴착, 적재, 운반, 다짐의 작업을 수행하는 토공용 기계이다.

㉢ 운반기계에는 덤프트럭, 크레인, 지게차, 체인블록 등이 있다.

② 굴착 적재 기계

㉠ 적재기계로는 로더, 차륜식 로더, 소형로더 등이 있다.

㉡ 셔블계 굴착기계에 파워셔블, 백호우, 드래그라인, 크램셀 등이 있다.

파워 셔블	버킷을 밀어 올려 기계의 위치보다 높은 곳의 토사를 굴착하는 기계로 굳은 점토와 경질의 흙을 굴착하는데 적합하다.
백호우	기계의 위치보다 낮은 곳의 토사를 굴착하며 굳은 지반의 굴착이나 옆도랑 등의 토사 제거에 적합하다. 또한 토목시공에서 넓은 장소의 적재용으로도 적합하다.
드래그라인	기면보다 낮은 곳의 표토를 굴착하거나 운반차에 적재하는 작업에 적합하다.
크램셀	지면보다 낮은 위치에 수직 낙하하여 토사류를 굴착하는 방식으로 좁은 장소에서 깊은 굴착시 적합하다.

③ 전압 기계

  ㉠ 정지기계에는 모터그레이더로 노면깎기, 노면 다지기 등에 적합하다.
  ㉡ 전압기계에는 로드롤러, 타이어롤로, 탬핑롤러, 래머 등이 있다.

로드롤러	쇄석이나 자갈, 모래 등 변형에 대해 저항이 있는 재료들을 얇게 다지는데 적합한 머캐덤 롤러가 있으며 이후 끝내기 작업으로 탠덤롤러를 사용한다.
탬핑롤러	롤러 표면에 돌기가 부착되 두꺼운 성토 다짐에 적합하다.
타이어롤러	기층, 노반의 표면 다짐등에 적합하기에 아스팔트와 같은 포장작업의 마무리에 사용된다.

1.2 내연기관

(1) 엔진의 분류

① 내연기관인 엔진은 연료를 연소시켜 발생하는 고온, 고압의 가스나 증기의 팽창현상을 이용해 동력을 만드는 기관이다.
② 내연기관은 왕복형기관, 회전형기관, 분사추진형기관으로 크게 분류된다.
③ 점화방식에 의한 분류

불꽃점화기관 (전기점화기관)	연료와 공기를 혼합하고 점화플러그를 이용하여 연료를 점화시키는 기관으로 가솔린기관, 석유기관, 가스기관 등이 있다.
압축점화기관 (압축착화기관)	공기를 고온, 고압으로 압축시켜 연료를 발화시키는 기관으로 별도의 점화 장치가 필요 없으며 디젤기관이 있다.
소구기관	공기를 흡입하여 압축하여 연료를 분사하는 방식이나 디젤기관에 비해 압축비가 작아 자연발화는 어렵다. 실린더 상부의 소구 시동에 의해 연료를 연소시키며 주로 선박기관 등이 있다.

④ 작동원리에 의한 분류

  ㉠ 실린더에서 연료가 연소되어 동력이 발생하는 과정을 사이클이라 한다.
  ㉡ 1사이클에 필요한 피스톤 왕복횟수에 따라 2행정, 4행정기관으로 분류한다.

2행정기관 (2사이클기관)	1사이클 완료에 피스톤이 2행정 1왕복운동으로 흡기, 압축, 폭발 및 배기의 1사이클을 2행정으로 완료한다.
4행정기관 (4사이클기관)	1사이클 완료에 피스톤이 4행정 2왕복운동으로 흡기, 압축, 폭발 및 배기의 1사이클이 4행정으로 완료한다.

⑤ 연료 공급에 의한 분류

기화기기관	기화기에 의해 연료를 공기와 함께 흡입하는 기관
가스혼합밸브 기관	가스혼합밸브에 의해 흡입공기에 연료가스를 혼합하고 기관에 공급하는 기관
연료분사기관	펌프로 연료를 실린더 내부로 분사하는 기관

⑥ 연료 공급에 의한 분류

수랭식기관	실린더 주위에 물재킷을 두고 물을 순환시켜 냉각시킨다.
공랭식기관	자연바람이나 통풍을 통해 열을 방출하며 공기와의 접촉면적의 효율을 위해 냉각핀 구조를 이용한다.

(2) 엔진의 작동원리

① 4행정 불꽃점화기관(전기점화기관)

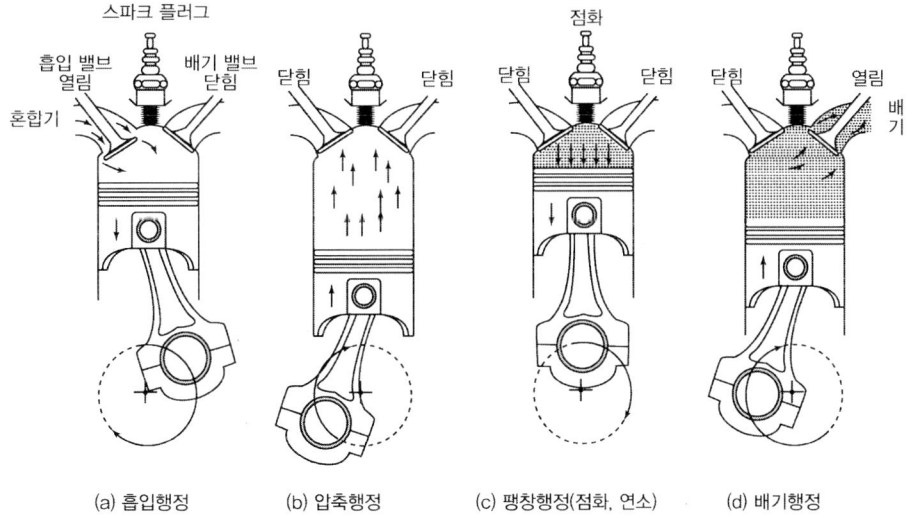

(a) 흡입행정　　(b) 압축행정　　(c) 팽창행정(점화, 연소)　　(d) 배기행정

흡입	실린더에 피스톤이 내려오면서 용적이 증가하면서 흡입력이 발생하는데 이때 공기와 연료의 혼합가스가 흡입된다. 흡입밸브는 열리고 배기밸브는 닫혀 크랭크축은 반회전한다.
압축	흡입 및 배기 밸브가 닫히고 피스톤이 하사점에서 상사점으로 이동하면서 혼합가스가 압축된다.
팽창	혼합가스가 폭발하면서 순간적으로 많은 열이 발생하고 연소가스가 고온이 되면서 팽창하여 높은 압력이 발생한다. 이때 압력에 의해 피스톤이 상사점에서 하사점으로 밀리면서 커넥팅로드를 밀어 크랭크축을 회전하여 동력이 발생한다.
배기	혼합가스가 폭발하면 산소를 대부분 소비하기에 실린더 외부로 연소가스를 배출하게 된다. 이때 피스톤이 하사점에서 상사점으로 다시 상승할 때 연소가스가 배출된다.

② 4행정 압축점화기관(압축착화기관)

4행정 압축점화기관(4행정 디젤)은 4행정 전기점화기관과 유사하게 흡기, 팽창, 배기의 4행정으로 움직인다. 그런데 흡기행정에서 공기만 흡입하고 압축행정의 마지막에 고온, 고압의 공기에 연료를 분사하여 자연 발화시킨다는 점에서 4행정 전기점화기관과 차이가 있다.

③ 2행정 기관

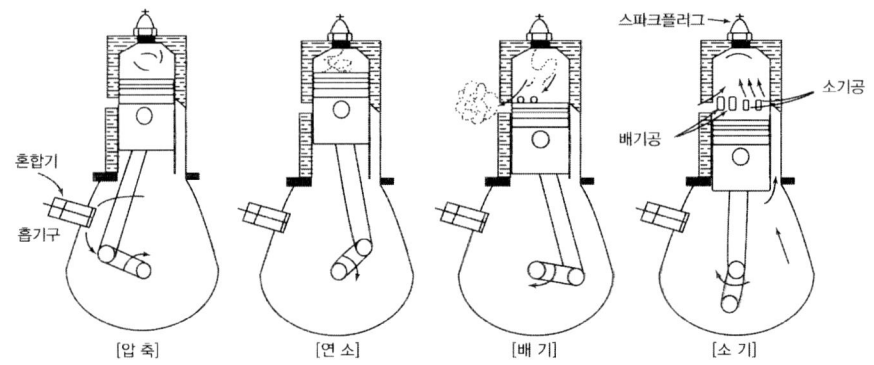

[2행정 전기점화기관의 작동원리]

㉠ 2행정기관은 1회의 동력을 얻기 위해 1회의 크랭크축 회전만 필요하다.

㉡ 배기량이 동일하면 2행정기관이 4행정기관보다 2배의 출력을 얻을 수 있다.

㉢ 국내의 임업용으로 사용되는 2행정기관은 가솔린을 연료로 사용하는 전기점화기관이 이용되고 있다.

㉣ 2행정 기관 작동원리

• 2행정 기관은 피스톤이 상승하면 배기공과 소기공이 모두 막혀 실린더 속에 혼합가스가 압축한다.

• 크랭크 케이스 속의 압력이 낮아져 기화기에 형성된 혼합가스가 흡기구를 통해 크랭크케이스로 흡입된다.

• 피스톤이 상서점에 이르고 스파크플러그에 의해 점화하여 연소가 된다.

- 폭발압력이 피스톤을 하사점으로 밀고 하사점에서 배기공이 열려 실린더 속의 연소가스가 외부로 방출된다.

④ 4행정기관과 2행정 기관의 비교

구분	4행정 기관	2행정 기관
연료 소비율	적다	크다
회전력	큰 회전력을 얻는다	작은 회전력을 얻는다
운전	저속에서 고속까지 운전범위가 넓다	저속운전은 어렵다
배기음	낮다	높다
제작비	비싸다	저렴하다
구조	복잡하다	간단하다
중량	무겁다	가볍다
윤활유 소비량	적다	많다

⑤ 내연기관의 성능 및 압축비
- 실린더 속에서 가스가 압축되는 정도를 압축비로 표현하며 구하는 방법은 아래와 같다.

$$압축비 = \frac{연소실용적 + 행정용적}{연소실용적}$$

- 기관에서 압축행정에서 흡입된 공기만 압축하는 압축비는 가솔린기관에서는 5~10 정도이며 디젤기관은 15~20 정도이다.
- 가솔린기관에서 압축비가 높을 경우 내폭성이 크게 되어 옥탄가가 높은 것을 사용하는 것이 좋다.
- 총배기량은 배기량에 실린더수를 곱하여 산출하고 기관의 크기를 나타내는 척도로 이용한다. 총배기량을 구하는 방법은 다음과 같다.

$$V_D = \frac{\pi}{4} \times D^2 \times l \times z$$

V_D : 총배기량(cc) D : 실린더 내경(cm)
l : 행정(cm)   z : 실린더 수(기통수)

V_D : 총배기량(cc), D : 실린더 내경(cm), l : 행정(cm), z : 실린더 수(기통수)

(3) 엔진의 주요부분

① **실린더와 피스톤**
- 실린더 내부에서 폭발이 일어나고 피스톤은 왕복운동을 하게 된다.
- 실린더의 주위에는 수냉식 기관의 경우 물재킷을 설치하고 공랭식 기관에는 냉각핀을 설치하여 열을 조절한다.
- 피스톤은 커넥팅로드에 의해 크랭크축에 연결되어 있다
- 실린더 내에서 고속 왕복 운동을 하며 폭발에 의해 발생하는 힘을 크랭크 축에 전달한다.

② **동력전달장치**
- 커넥팅로드(연접봉)는 피스톤과 크랭크축을 연결하여 연소실에서 연소가스에 의해 피스톤에 가한 힘을 크랭크 축에 전달하는 역할을 한다.
- 크랭크축은 피스톤의 왕복운동을 회전운동으로 바꾸어 주는데 큰 하중을 받아 고속으로 회전한다.
- 플라이휠은 기관의 회전을 원활하게 해주며 실린더의 수가 적거나 회전속도가 느린 경우 큰 플라이휠을 설치하고 반대의 경우 상대적으로 작은 플라이휠을 설치한다.

③ **밸브개폐장치**
- 실린더 내부의 기체를 피스톤의 이동으로 흡입이나 배출이 되는데 관여하는 장치를 밸브개폐장치라 한다.
- 배기밸브는 고온에 노출되기에 내열성을 가지고 있어야 한다.

④ **윤활장치**
- 윤활유는 피스톤과 실린더 벽의 열을 흡수하고 크랭크케이스에서 기관을 냉각시키는 기능과 실린더 벽과 피스톤 사이의 기밀작용으로 압축손실을 감소시키는 기능, 부식방지 기능을 가진다.
- 윤활방법에는 비산식, 압송식, 비산압송식 등이 있다.

⑤ **냉각장치**
- 기관을 냉각시키는 것으로 공냉식과 수냉식이 있다.
- 공냉식은 실린더 주위에 설치한 냉각핀을 이용하며 효율을 높이기 위해 송풍기를 사용한다. 공냉식은 구조가 간단하고 주로 체인톱과 같은 소형 기관에 이용한다.
- 수냉식은 냉각매체인 물을 이용하며 구조에 따라 호퍼식, 콘덴서식, 라디에이터식 등이 있다.
- 수냉식은 주위 기온이 0°C 이하로 내려가면 냉각수가 동결될수 있어 보관시 냉각수

를 제거하거나 부동액을 사용한다.

⑥ 기화기
- 기화기는 연료를 기체로 만들어 공기와 혼합시켜 기관에 공급하는 장치로 벤투리관, 스로틀밸브, 초크밸브 등이 있다.

벤투리관	주연료 노즐끝의 압력을 낮추어 연료가 주연료 노즐에서 분출하게 한다. 유입된 연료는 고속조절나사와 기화기의 외부에 공전조절나사에 의해 조정되며 이를 통해 공전속도를 조절할수 있다.
스로틀밸브	혼합기의 분량을 가감하여 기관의 회전속도, 출력을 변화시킨다..
초크밸브	시동을 쉽게 하기 위해 흡입공기를 조절하여 혼합가스 농도를 짙게 하는 밸브로 냉각상태에서 시동할 때는 초크밸브를 닫아 농도를 조절하고 정상 작동시 개방한다.

- 기화기가 오염되거나 미숙한 조작시 배기가스가 검게 나오고 엔진에 힘이 없을 때는 기화기를 청소해주는 것이 좋다.
- 기화기의 연료체가 막힐 경우 오일이 적게 공급되어 엔진의 마모가 촉진된다. 이러한 경우 오일 구멍을 세척하고 부품을 교체해준다.

(4) 가솔린기관과 디젤기관

① 가솔린기관
㉠ 휘발성이 좋은 가솔린을 연료로 사용한다. 고속이며 중량이 가벼워 기관의 단위 중량당 출력이 큰 편이다. 주로 소형경량의 임업기계에 이용되고 있다.
㉡ 2행정 가솔린 기관은 별도의 윤활장치가 없이 윤활유와 가솔린을 혼합하여 연료로 사용한다.
㉢ 가솔린은 공랭식과 수랭식이 있는데 주로 수랭식 기관을 많이 이용한다.
㉣ 연료장치의 기화기(카뷰레터)는 가솔린기관에 특유의 장치이고 가솔린과 공기를 적당한 비율로 혼합시켜 실린더로 보낸다.

② 디젤기관
㉠ 연료로 경유 또는 중유를 사용한다. 고속디젤기관은 경유를 원료로 하여 농업용 기관에 주로 사용된다. 저속디젤기관은 중류를 원료로 한다.
㉡ 디젤기관은 압축점화기관이라 하며 실린더 내의 공기를 흡입, 압축해서 고온, 고압으로 한다.
㉢ 디젤기관은 전기적인 점화장치가 필요 없고 대신 연료를 분사하기 위한 연료 분사펌프와 연료분사노즐이 필요하다.

③ 가솔린기관과 디젤기관의 비교

특성	가솔린기관	디젤기관
연료와 공기의 혼합	기화기(외부혼입)	분사(내부혼합)
연료의 종류	휘발유	경유
발화 장치	전기불꽃에 의한 점화	압축열에 의한 자연발화
작동 중의 진동, 소음	비교적 작다	비교적 크다
열효율	25~32%	32~38%
연료 소비율	230~300g/ps.h	150~240g/ps.h
배기가스 온도	1000℃	600℃
압축비	6~11:1	14~22:1
장 점	• 제작이 용이하고 제작비가 적게 든다. • 배기량당 출력의 차이가 없으며 가속성이 좋다.	• 연료비가 저렴하고 열효율이 높다. • 토크 변동이 적고 운전이 용이하다. • 인화점이 높아 화재의 위험성이 적다.
단 점	• 연료소비율이 높고 연료비가 비싸다. • 연료의 인화점이 낮아 화재의 위험성이 있다.	• 소음 및 진동이 크다. • 매연이 많이 발생하는 편이다. • 마력당 중량이 크고 제작비가 비싸다.

(5) 내연기관 출력

① 출력은 기관에서 발생하는 동력으로 국제표준화기구에서 정한 국제단위를 이용한다.
② 일반적으로 체인톱 출력은 kW, PS(독일마력), HP(영국마력) 등으로 표현하며 출력의 환산은 다음과 같다.
- 1PS = 0.735 kW = 75 kgf·m/s
- 1HP = 0.746 kW
- 1kW = 1.36 PS = 1.34 HP

1.3 연료

(1) 연료의 종류와 특성

① 가솔린
- 가솔린은 원유를 증류할 때 40~150℃에서 추출한 것으로 비중은 0.7 ~ 0.76 정도이다.
- 가솔린은 전기점화기관의 연료로 사용되며 가솔린기관에 이용된다.

- 휘발성이 크고 화재의 위험성이 있으며 증발되기 쉬워 취급 및 저장에 주의를 요구한다.

② 등유
- 등유는 석유라고 하며 원유를 증류할 때 150 ~ 250°C에서 추출한 것으로 비중 0.78 ~ 0.84 정도이다.
- 발화점, 휘발성은 가솔린보다 낮으며 인화점이 높아 화재의 위험성은 적은 편이다
- 전기점화기관의 연료로는 부적합하다.
- 가솔린에 비해 가격이 저렴하여 석유기관에 주로 사용된다.

③ 경유
- 경유는 증류 온도 200 ~ 300°C, 비중 0.84 ~ 0.88 정도로 고속디젤기관의 연료로 이용된다.
- 농업용 디젤기관은 대부분은 경유를 사용한다.

④ 중유
- 비중 0.91 ~ 0.94 정도로 다른 연료에 비해 비중이 높은 편이다.
- 중유는 경유에서 추출한 후 잔유에서 아스팔트와 피치를 제거한 것으로 저속디젤기관에 이용된다.

(2) 윤활유의 종류 및 특성

① 윤활유의 종류

㉠ 엔진오일
- 주로 내연기관의 실린더벽 등의 운동부에 사용되며 엔진에 가장 많은 양의 오일이 필요하다.
- 엔진오일은 엔진을 원활하게 운용하고 오래 사용할 수 있으며 경제적인 것이 좋다.
- 적당한 점도특성을 가지며 산화안정성이 있어야 한다.
- 부식 방지성 및 녹방지 성능이 좋아야 한다.
- 내모마성이 좋아야 한다.

㉡ 기어오일
- 기어오일은 엔진오일과 달리 교환기간이 길어 다양한 특징이 요구된다.
- 기어오일은 적당한 점도 특성을 갖고 지속성이 있어야 한다.
- 극압성이 높아야 하고 산화안전성이 좋아야 한다.
- 저온에 유동성이 좋아야 하고 거품이 나타나지 않아야 한다.
- 녹이나 부식방지성이 좋아야 한다.

② 윤활유의 분류
- SAE(society of automotive engineers) 점도분류가 많이 이용된다.
- 겨울에는 점도가 낮은 SAE 10W ~ 20 을 사용하며 이때 "W" 는 겨울을 의미한다.
- 여름에는 점도가 높은 SAE30~50 을 주로 사용한다.
- SAE 10W/30 으로 표기될 경우 겨울에는 SAE 10을 의미하고, 여름에는 SAE 30 을 의미한다.

③ 윤활유의 특징
- 윤활유의 점도가 너무 높으면 내부마찰이 증가해 동력손실이 발생하고 열전달이 불량해진다.
- 윤활유의 점도가 너무 낮으면 유성이 좋아져 유막을 만들기 쉬우나 부하가 증대되 유막이 파괴된다.

④ 윤활유의 구비 조건
- 윤활유가 금속면에 점착하는 유성이 좋아야 한다.
- 점도가 적당해야 한다.
- 온도에 의한 점도 변화가 적어야 한다.
- 안정성이 있어야 한다.
- 부식성이 없어야 한다.

1.4 임업기계·장비 사용법

(1) 체인톱

① 체인톱의 특징
- 산림에서 취급하는 체인톱은 중량이 가볍고 출력이 높아야 한다. 주로 1기통 2행정 공랭식 가솔린엔진을 이용한다. 2행정 기관이기에 흡입, 압축, 배기의 작동원리로 움직인다.
- 체인톱 수명은 약 1500 시간 정도이다.
- 체인톱은 원동기부분, 동력전달부분, 톱체인부분으로 구분된다.
- 안내판의 길이는 체인톱 엔진출력에 따라 차이가 있으며 보통은 30 ~ 40cm 정도이다. 안전설계기준에 의하면 49cc 이하의 경우 33cm, 50~60cc 는 40cm 정도이다.
- 체인톱에서 톱체인의 평균사용시간은 약 150시간을 기준으로 하며 안내판은 약 450 시간을 기준으로 한다.

- 체인톱은 동력전달장치에서 피스톤, 크랭크축, 원심형클러치, 스프로킷, 체인톱날 순서로 작동한다.

② **체인톱의 조건**
- 중량이 가볍고 취급방법이 간단해야 한다.
- 견고하고 절삭효율이 좋아야 한다.
- 소음과 진동이 적어야 한다.
- 연료소비, 유지비 등의 기타경비가 적게 들어야 한다.
- 가격이 저렴하고 소모품의 수급이 용이해야 한다.
- 벌근이 높이를 되도록 낮게 절단할 수 있어야 한다.

③ **체인톱 구조**

㉠ 체인톱 구조

원동기부분	실린더, 피스톤, 크랭크축, 점화장치, 기화기, 시동장치, 연료탱크, 에어필터
동력전달부분	클러치, 감속장치, 스프로킷
쏘체인	쏘체인, 안내판, 체인장력조절장치, 체인덮개

㉡ 체인톱 명칭 및 기능

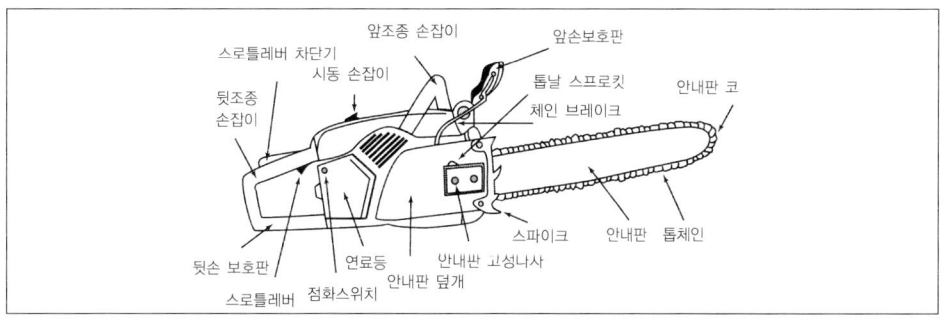

톱체인	• 나무 절삭 부분이다.
스파이크	• 체인톱을 지지하여 지렛대 역할을 한다. • 지레발톱 혹은 완충스파이크라고도 한다.
손잡이	• 운반 및 작업시 사용되는 부분이다.
점화플러그	• 실린더내 연소실에 압축된 혼합기 점화한다. • 전극간격은 0.4~0.5 mm 정도이다.
스로틀레버	• 스로틀레버는 기화기의 공기차단판과 연결되어 있다. • 엔진의 회전속도를 조정한다.
에어필터	• 기관에 흡입되는 먼지, 톱밥 등을 제거

안내판	• 체인톱날의 지탱 및 레일 역할을 한다. • 안내판에서 가장 마멸이 심한 부분을 안내판 코라 한다. • 체인이 느슨할 경우 안내판 코 윗부분에 요철이 발생한다. • 평균 사용시간은 약 450 시간 정도로 한다.
안내판 덮개	• 원심분리형 클러치, 스프로킷 등을 보호한다.
스프로킷	• 체인을 걸어 톱날을 구동하는 톱니바퀴로 크랭크축에 연결되어 톱체인을 회전시킨다. • 원심분리형 클러치에서 동력을 받아 스프로킷이 톱체인을 움직이는 방식이다.
기화기	• 체인톱의 기화기는 3개의 노즐에서 분출되어 크랭크실로 유입되며 주노즐, 제1공전노즐, 제2공전노즐이 있다. • 공기의 유입을 닫아주는 주는 판은 초크판, 스로틀차단판으로 2개가 있다.

ⓒ 안전장치

앞, 뒤손 보호판 (핸드가드)	체인이 끊어질 경우 손을 보호
손잡이	작업시 발생되는 진동을 완화
체인브레이크	체인톱이 튐현상과 같은 충격을 받을때 체인을 강제 급정지
체인잡이볼트	체인이 끊어지거나 튀는 것을 방지
체인덮개	톱날의 위험에서 작업자를 보호
완충스파이크	체인톱의 지지 및 튐김 방지
스로틀레버차단판	톱 작동시 장애물에 의해 액셀레버가 작동하지 않게 차단
진동방지장치	진동을방지하여 작업자를 보호
소음기	소음 피해를 방지
방진고무	엔진에 발생하는 소음 및 진동을 방지

ⓔ 톱체인 종류

대패형	• 톱날이 둥글고 절삭저항이 큰편이다. • 톱니의 마멸이 적고 초보자가 사용하기 쉬운 편이다. • 가로수 혹은 모래나 흙이 묻어 있는 나무 벌목에 적합하다.
반끌형	• 윗톱날과 가로톱날의 접합부가 둥근편이다. • 톱날세우기는 원형줄을 이용한다.
끌형	• 톱날이 각이 져서 절삭저항이 낮다. • 각줄로 톱니를 세우기에 초보자가 사용하지 어렵다.

ⓜ 톱체인 구조

- 톱체인 규격은 피치로 표시하며 피치는 3개의 리벳 간격의 1/2 길이를 말한다.
- 톱날의 모양에 따라 대패형(치퍼형), 끌형(치젤형), 톱파일형, 안전형 등이 있다.
- 톱체인 종류에 따른 연마각도는 아래와 같다.

구분		대패형톱날	반끌형톱날	끌형톱날
창날각		35°	35°	30°
가슴각		90°	85°	80°
지붕각		60°	60°	60°

- 톱날의 깊이제한부는 톱날이 한번에 팔수 있는 깊이로 절삭 윗날과 깊이제한부의 높이차를 의미한다. 이러한 깊이 제한부는 깊이, 각도, 절삭량을 결정하는 주요 요인이다.
- 깊이제한부를 너무 높게 연마시 절삭 깊이가 얇아 절삭량이 적어지게 되며 반대의 경우 절삭 깊이가 깊어 절삭량은 많아져도 톱날에 부하가 많이 걸리게 되어 수명이 짧아진다.

ⓑ 톱날 연마
- 톱날에 맞는 줄을 선택하고 한쪽 방향으로 줄질을 한다.
- 대패형은 수평으로 반끌형과 끌형은 수평에서 위쪽으로 10° 정도 상향 줄질을 한다.
- 줄의 직경은 1/10 정도로 상부날 위로 올라오게 한다.
- 톱날의 길이가 일정하도록 연마한다.

④ **체인톱 연료**
 ㉠ 체인톱은 2행정 가솔린 기관으로 가솔린과 윤활유(엔진오일)를 25 : 1 정도로 배합하여 사용한다.
 ㉡ 작업시 시간당 표준 연료 소비량은 휘발유 1.5L , 오일 0.4L 정도이다.
 ㉢ 체인톱은 내폭성이 낮은 저옥탄가의 가솔린은 사용하여야 고폭발로 인한 기계손상을 막을수 있다.

⑤ **엔진 출력**
엔진의 출력에 따라 아래와 같이 분류된다.

구분	출력(kw)	무게(kg)
소형체인톱	2.2	6
중형체인톱	3.3	9
대형체인톱	4.0	12

⑥ 체인톱 작업시 주의사항

㉠ 체인톱 시동시 톱날 주위 3m 이내 사람이나 장애물이 없도록 한다.

㉡ 소경재는 비스듬히 절단을 하며 20° 정도의 경사를 두어 벌목한다.

㉢ 통나무 절단 및 가지치기 작업 도중 안내판 끝의 체인 위쪽 부분이 접촉되었을 경우 체인톱이나 작업자 방향 위쪽 혹은 뒤쪽으로 반력이 생기므로 주의한다.
- 반력 현상을 방지하기 위해 안내판 끝단부 체인 위쪽 부분에 나무 등 접촉을 피한다.
- 어깨 높이 이상에서 사용하지 않고 톱체인은 날카롭게 연마해둔다.

㉣ 절단 작업 중 안내판이 끼어 톱체인이 정지할 경우 무리하게 운전하지 않고 비틀어 빼내지 않는다.

㉤ 벌목 작업시 다음과 같이 주의한다.
- 입목을 벌도할 경우 풍향, 수형, 지형, 인접목 등을 충분히 고려하여 벌도 방향을 정한다.
- 벌채목의 입목에 대한 재적 비율을 높이기 위해 가능하면 벌목의 위치인 벌채점이 낮아야 한다.
- 일반적으로 경사진 산림은 벌도방향이 보통 임지의 경사방향에 대하여 가로방향이나 혹은 약 30° 경사진 방향이 적합하다.
- 트랙터를 이용한 지면끌기식 집재는 어골형으로 집재로 바깥을 향하도록 벌도작업을 실시한다
- 가선집재를 이용할 경우 집재로를 향하도록 벌도방향을 선정한다.

㉥ 벌도목 가지치기시 다음과 같이 주의한다.
- 톱은 몸체와 가급적 밀착하고 무릎을 약간 구부리고 안내판이 짧은 기계톱을 사용한다.
- 장력을 받고 있는 가지는 조금씩 절단하여 장력을 제거하고 작업한다.
- 오른발은 후방손잡이 뒤에 오도록 하고 왼발은 뒤로 빼어 안내판으로부터 거리를 두도록 한다.
- 작업시 체인톱을 가볍게 접촉시켜 전진하면서 절단한다.

- 반력현상을 방지하기 위해 안내판 끝단부 체인 위쪽 부분으로 절단하지 않는다.
- 반력현상은 킥백현상(Kick back)이라 하며 체인톱의 톱날을 회전시키고 있는 상태에서 안내판 코 윗부분이 나무에 접촉되면서 작업자 방향으로 톱날이 튀는 현상이다.

⑦ **체인톱 점검 및 청소**

㉠ 체인톱 일반
- 기계의 볼트 및 너트의 이완이나 탈락 여부를 확인한다.
- 파손개소와 결손부품의 유무를 확인한다.
- 연료나 윤활유의 누출 여부를 확인한다.
- 점화 플러그의 오작동 여부를 확인한다.
- 체인 오일의 급유를 확인한다.

㉡ 체인톱 1일 정비
- 휘발유와 오일을 주유 전에 잘 흔들어 혼합시켜 주입한다. 잘 혼합되지 않을 경우 연소가 불충분하여 오일이 연소실에 쌓이기도 한다. 또한 오일 함유비가 낮을 경우 엔진 내부 기름칠이 적어 엔진이 마모되기도 한다.
- 휘발유와 오일 혼합시 오일의 비율이 높을 경우 실린더와 피스톤 등에 눌러 붙어 엔진이 마모되기도 하기도 한다.
- 에어필터는 1일 1회 이상 청소를 한다. 작업조건에 따라 수시로 청소해주기도 한다. 에어필터가 더러우면 연료와 공기의 혼합비가 맞지 않아 연료 소비량이 높아지고 기기 성능이 낮아진다. 톱밥찌꺼기나 오물은 부드러운 솔을 맑은 휘발유나 경유에 묻혀 씻어낸다.
- 안내판의 홈 속데 끼어 있는 톱밥이나 윤활유 찌꺼기를 제거해준다.

㉢ 체인톱 주간 정비
- 안내판 홈의 깊이, 넓이 및 회전롤러의 견고정도를 점검한다.
- 체인톱날은 마모, 파괴부분, 상해부분을 점검하고 손상된 부분은 교환을 한다. 체인은 휘발유나 석유로 깨끗하게 청소한 다음 윤활유에 담가둔다.
- 체인의 전동쇠를 검사하고 체인을 휘발유, 석유 등으로 세척하여 윤활유에 담가둔다.
- 점화부분의 스파크플러그(점화플러그)의 점검을 하고 양극간격은 0.4~0.5mm로 조정한다. 플러그에 이상이 있을 경우 교환한다.
- 체인톱의 본체는 압력공기로 청소를 하고 호스, 전기 배선을 점검하고 나사를 고정한다.
- 체인톱이 새 것일 경우 15~20시간을 작동한 이후 너트와 나사를 조여주도록 한다.

ⓔ 체인톱 분기별 정비
- 분기별이나 작업시간이 약 150 시간일 경우 철저한 분해소제를 한다.
- 연료통 속의 모든 연료를 제거하고 깨끗한 연료로 씻어준다.
- 연료필터는 깨끗한 연료로 세척 및 조립하고 필요시 필터를 교환한다.
- 윤활유통은 휘발유로 씻어주고 걸름망을 세척 및 교환한다.
- 시동줄 및 시동스프링은 완전 분해하여 오물을 제거하고 마모여부를 점검한다.
- 냉각장치는 분해하여 송풍관을 청소한다.
- 점화장치는 기능검사만 실시하며 별도의 세척 및 분해는 하지 않는다. 전류단속기의 접촉부는 최대 0.4mm 정도를 유지하고 수리가 필요할 경우 전문가에게 문의한다.
- 원심분리형 클러치는 기능점검 및 청결상태를 점검한다.
- 기화기(캬브레타)는 연료막을 점검하고 기능검사를 실시한다. 고장이 발생하면 분해하고 가능하면 전문가에게 문의한다.

ⓜ 체인톱 엔진 점검

원인	점검
엔진이 과열될 경우	• 사용연료가 적합한지 점검한다. • 점화플러그가 정상적인지 점검한다. • 냉각팬의 오염을 점검한다. • 연료실에 카본부착을 확인한다.
엔진이 작동하지 않을 경우	• 연료 통로가 막히거나 연료가 부족한지 점검한다. • 기화기 연결부에 누출여부를 점검한다. • 메인노즐의 막힘을 확인하고 점화장치불량여부를 점검한다. • 오일 탱크가 비었거나 오일펌프를 점검한다.
엔진의 액셀레버를 잡아도 가속이 되지 않을 경우	• 에어필터의 오염 정도를 점검한다. • 점화코일, 단류장치의 결함을 점검한다. • 기화기를 점검하고 조작의 미숙이 없었는지를 파악한다.

ⓗ 체인톱 청소
- 기계 외부의 흙, 톱밥 등을 제거한다.
- 에어클리너 및 급유구를 청소한다.
- 스프로킷 주위를 정리한다.
- 쏘체인의 청소와 톱니를 세운다.

ⓢ 체인톱 장기보관
- 연료와 오일을 비워준다.
- 특수오일을 사용하여 엔진을 보호한다.
- 매달 10분 내외로 가동시키고 보관시 건조한 공간에 보관한다.
- 매년 1회 전문가의 점검을 받도록 한다.

(2) 예불기

① 예불기의 구조 및 특징
- 예불기는 가솔린엔진이나 소형 전기모터를 원동기로 하여 원심클러치, 전동축, 기어 등으로 구성되어 있다.
- 머리부의 둥근톱을 고속 회전하여 풀베기 작업, 조림지 정리 등에 주로 이용된다
- 구성요소로는 엔진부, 동력전달부, 예불머리부 등으로 구별된다.
- 엔진부는 2싸이클 공냉 가솔린 엔진으로 20~50cc 정도이며 최근에는 소형 경량의 20~30cc 가 많다.
- 예불기의 점화플러그의 수명은 150 시간 정도이고 중심전극와 접지건극의 사이간격은 0.6 ~ 0.7mm 정도로 체인톱 엔진보다는 넓다.
- 예불기의 공기여과장치는 주입되는 공기의 먼지와 실린더 내부의 마모를 줄여주는데 여과장치가 막힐 경우 연료 소모량이 많아지고 엔진의 힘이 줄어 주기적인 청소를 요구한다.
- 예불기의 톱날은 좌측방향인 시계반대방향으로 회전한다.

② 예불기 연료 및 오일
- 예불기의 연료는 약 0.5L/h 정도가 소모된다.
- 예불기 엔진은 혼합윤활방식으로 가솔린에 윤활유를 혼합하여 사용한다. 이때 가솔린과 윤활유는 25 : 1 정도로 혼합하여 사용한다.
- 예불기의 윤활작용을 위해 기어오일(그리스)를 사용한다.
- 예불기의 기어케이스에는 #90-120 그리스를 20 ~ 25cc 정도 넣는다.

③ 예불기의 분류
- 휴대방식(장착방식)에 의해 어깨걸이식(견괘식), 손잡이식, 등짐식(배부식)이 있다.
- 엔진 종류에 의해 엔진식 예불기, 전동식 예불기 등으로 분류 된다.
- 예불날의 종류에 따라 회전날식 예불기, 직선왕복날 방식 예불기, 왕복요동식 예불기, 나일론 코드식 예불기 등이 있다.

회전날식	예불날이 회전하여 관목, 잡초류를 제거한다.
직선왕복날	회전날이 파손이나 초목 절단물의 비산 등의 가능성이 적다. 조릿대, 억새, 관목 등에는 사용하지 않는다.
왕복요동식	구동방식이 안전한 편이며 정원목이나 정원석 주위의 풀을 제거한다.
나일론	일반 예불기로는 안전상 사용이 어려운 묘속이나 콘크리트 등의 주위나 입목을 휘감은 풀을 깎을 때 사용한다.

④ 예불기 유지관리
- 공기여과장치를 깨끗하게 청소 및 관리한다.
- 50시간 사용마다 연료탱크를 휘발유로 세척한다.
- 장기간 사용하지 않을 경우 연료를 제거하고 건조한 곳에 보관한다.
- 작업을 완료하면 항상 필요 부분은 점검하도록 한다.
- 예불기의 오일(윤활유)은 사용시간이 20시간이 되면 교환해주는 것이 좋다.
- 예불기의 기화기(캬브레이터)의 청소주기는 100 시간 정도이다.

⑤ 예불기 작업시 주의사항
- 사고예방을 위해 안전모, 안면보호망, 귀마개, 장갑 등의 안전보호장비를 착용한다.
- 긴소매의 윗도리와 긴바지의 작업복을 입는다.
- 작업 전 기계의 이상 유무를 점검하고 발 끝에 톱날이 접촉되지 않도록 주의한다.
- 항상 왼발을 앞으로 하고 전진할 때는 오른발을 먼저 앞으로 이동시킨다.
- 예불기는 톱날의 사각지점(12시 방향 ~ 3시방향)의 사용을 금지하고 다른 작업자와의 거리는 최소 10m 이상 안전거리를 확보한다.
- 예불기의 톱날은 지면에서 10~20cm 높이에 위치하는 것이 적당하고 톱날의 각도는 5~10° 정도를 유지하도록 한다.
- 1년생 잡초 제거를 할 때는 작업의 폭을 1.5m 정도로 한다.
- 소경재는 비스듬히 절단을 하며 20° 정도의 경사를 두어 벌목한다.

(3) 소형원치

① 아크야 원치, 체인톱 원치 등은 견인력이 0.5 ~ 1 ton 정도인 원치로 휴대용이나 자체 견인력을 이용하여 임내를 이동할 수 있는 2행정 기관 장비이다.
② 일반적으로 산림에서는 지면끌기 집재용 원치로 경우에 따라 가공본줄을 설치하여 단거리 상향집재에 이용하기도 한다.
③ 아크야원치는 작업노선은 경사면을 따라 상하로 직선이 되게 설치해주고 집재노선에 포함된 지장목은 지면과 같이 정리하여 집재작업에 걸림이 없도록 한다. 작업노선 중앙에는 지주목이 있도록 노선을 정리해주도록 한다.
④ 파이원치의 경우 트랙터에 부착형 집재기로 트랙터의 동력을 이용하여 지면에 끌어 집재한다.

(4) 트랙터

① 임업에 사용되는 트랙터는 평탄지나 완경사지 정도가 적당한 집재기이다.

② **트랙터의 특징**

장점	단점
• 기동성이나 작업생산성이 높다. • 작업이 단순하여 비용이 적게 든다.	• 주위 임지 피해가 발생하여 환경문제가 있다. • 완경사지 정도에서만 작업이 가능하다.

③ 트랙터에는 주행장치에 따라 궤도형(크롤러형)과 차륜형으로 분류한다.

구분	궤도형(크롤러형)	차륜형
견인력	크다	작다
접지면적	크다	작다
무게	무겁다	가볍다
주행속도	느리다(약 10km/h)	빠르다(약 30km/h)
기동성	낮다	높다
등판력	좋다(25~30°)	다소 낮다(20~25°)
숙련요구도	높다	낮다
유지비	높음	낮음
회전반경	작음	높음

④ 임업용 트랙터는 집재목과 허용각도는 최대 15°, 안전각도는 10° 이상 기울지 않도록 한다.

(5) 타워야더

① 타워야더는 임도나 작업로에서 가선을 설치하여 원목을 이동시키는 집재 및 운재 기기이다. 임도가 적고 지형이 급경사지에서의 집재작업에 용이하다.

② 신속한 이동을 위해 트럭에 탑재하여 설치와 조작이 간단하고 작업시 안전성이 확보되어야 한다.

③ 상향집재시에는 가공본줄(skyline), 간선(mainline) 2선만을 가선하고 하향집재시에는 스카이라인, 간선, 되돌림줄(haul back line) 3개를 설치하여 작업효율을 높인다.

④ 타워야더는 평지, 하향, 상향 등 전지역에서 사용이 가능하다.

⑤ 작업시 유의사항
- 연약지반에 설치를 금하고 집재기를 한쪽으로 기울어지지 않도록 하여 수평을 유지한다.
- 지주목과 버팀목을 튼튼한 임목으로 선택하고 적합한 지주가 없을 경우 강도가 높은 인공지주를 설치한다.
- 집재노선은 가능한 일직선이 되도록 하고 버팀줄은 가공본줄 후방 20~30°로 기울이고 내각은 40~60°가 되도록 좌우 균등하게 설치한다.
- 타워의 직립성, 방향, 버팀줄 및 가공본줄, 당김줄 및 되돌림 줄, 반송기 등의 상태를 점검하고 시운전을 실시한다.

(6) 가선집재

① 가선집재는 벌채지에서 집재 대상목을 임도변에 위치한 토장으로 끌어내는 작업으로 와이어로프와 윈치를 이용하는 집재작업이나 소형윈치나 트랙터에 부착한 윈치의 지면끌기 집재작업 등을 포함한다.

② 가선집재의 경우 입목 및 목재의 피해가 적은 편이고 낮은 임도밀도 지역과 급경사지에서도 작업이 가능하다. 하지만 기동성이 떨어지고 장비가 고가이며 숙련된 기술자가 필요한 단점이 있다.

③ 가선집재의 종류

㉠ 가공본줄이 있는 경우

타일러식	• 가공본줄 경사 10~25° 범위 대면적 개벌작업에 적합 • 가로 집재가 용이하나 집재거리가 제한적 • 집재에 의한 잔존목 손상이 많고 와이어마모가 심함
엔드리스 타일러식	• 운전, 가로집재, 집재목의 짐내림에 용이 • 가로집재 장치가 있을 경우 택벌지에서 직각방향 가로집재가 가능
폴링블록식	• 단거리, 소면적 집재에 용이 • 가공본줄 설치 및 철거가 용이하나 조작이 어렵고 속도가 느림
호이스트 케리지식	• 잔존목 훼손을 최소화하며 조작이 간편함 • 전용반송기가 있어야하고 가로집재 거리가 제한적
스너빙	• 올림집재로 이용되며 설치가 간단하고 운전이 용이 • 보통 가로집재가 불가능

㉡ 가공본줄이 없는 경우

하이리드식	• 거리 100m 내외 완경사지에서 소량 작업에 용이 • 운전은 단순하나 훼손의 우려가 있음
러닝스카이라 인식	• 거리 300m 내외 소량 간벌, 택벌작업지에 적합 • 운전은 어렵지만 가선 및 철거가 용이하다.
단선순환식	• 간벌, 택벌작업지에 적합 • 잔존목 피해가 많고 작업효율이 낮다.
슬랙라인식	• 짐올림줄이 필요 없고 가선설치가 용이 • 와이어로프의 기능이 분리되기 때문에 조작이 간단하고 반송기도 특수한 것이 필요 없음

1.5 임업기계·장비의 유지관리

(1) 작업도구의 적합성

① 작업도구의 형태와 크기는 작업자의 신체에 적합해야 한다.
② 작업도구는 적은 힘으로 많은 효율을 낼 수 있는 구조여야 한다.
③ 작업도구의 길이는 적당해야 효율적으로 힘이 전달된다.
④ 손잡이의 길이는 작업자의 팔 길이 정도가 적당하다.
⑤ 작업 도구의 날 끝의 각도가 적당하고 날카로워야 땅을 잘 팔수 있다.
⑥ 작업도구의 무게가 적당해야 큰 힘을 낼 수 있다.

(2) 정비 및 일상점검

① 장비의 파손상태를 점검하고 이상이 있을 경우 수리한다.
② 기관의 볼트, 너트의 조임을 확인한다.
③ 누수를 점검한다.
④ 냉각수의 양을 점검하고 부족할 경우 보충한다.
⑤ 장비의 정지 상태에서 수평을 유지하면서 오일량을 점검한다.
⑥ 연료량을 확인하여 운전에 지장이 없도록 한다.
⑦ 벨트, 브레이크, 타이어, 보향장치 등을 점검한다.
⑧ 장비의 공전, 가속, 변속 등의 작동 상태를 점검한다.

(3) 소도구 관리

① 도끼 손질
  • 도끼의 날 부분은 평줄, 원형공구성 등을 이용하여 날을 세운다.
  • 도끼의 날 안쪽에서 밖을 향해 반복하여 연마를 하며 줄 찌꺼기가 길게 나오면 정상적인 줄질이다.

- 날의 각도는 벌목용 도끼는 9~12°, 가지치기용 도끼는 8~10° 정도로 한다.
- 연마한 도끼의 날은 아치형을 이루어야 올바른 형태이며 날카로운 삼각형이나 무딘 둔각형은 잘못된 형태로 작업이 어렵고 사고를 유발할 위험이 있다.
- 도끼날이 날카로운 삼각형 형태로 연마되면 벌목시 날이 나무속에 끼이기 쉽고, 무딘 둔각형은 나무가 잘 잘리지 않아 날이 튀기도 한다.

아치형   날카로운 삼각형   무딘 삼각형

② **손톱 손질**

㉠ 톱니의 형태 및 부분별 명칭은 다음과 같다.

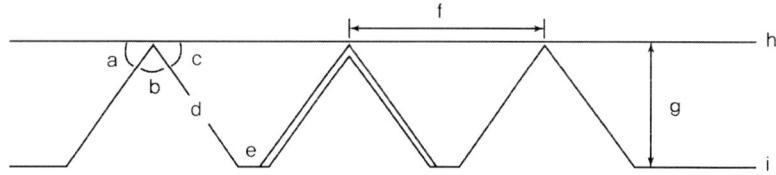

a : 가슴각, b : 꼭지각, c : 등각, d : 톱니등, e : 톱니홈(톱밥집), f : 톱니넓이, g : 톱니높이, h : 톱니꼭지선, i : 톱니뿌리선

[삼각형 톱니]

㉡ 톱니의 부분별 기능

명칭	기능
톱니가슴	톱니가슴각은 나무를 절단하는 부분이다.
톱니꼭지각	쐐기의 역할을 하고 꼭지각이 적으면 톱니가 약해진다.
톱니등	나무와의 마찰력을 감소시킨다.
톱니홈	톱밥이 잠시 머물다가 빠져나가는 부분이다.
톱니뿌리선	뿌리선이 일정선에 있으면 톱니가 강하게 되고 작업능률이 오른다.
톱니꼭지선	톱의 꼭지선이 일정하지 않을 경우 톱질에 힘이 많이 필요하게 된다.

㉢ 톱니의 부분별 기능

삼각톱니	삼각날의 높이, 넓이, 각도, 톱날의 젖힘 등에 유의한다
이리톱니	삼각날보다 능률은 높으나 날갈기가 어려운 편이다

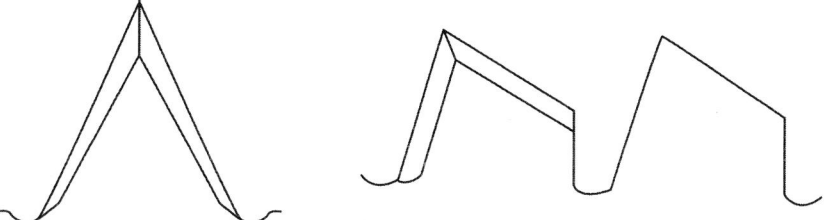

[톱니의 형태](좌 : 삼각톱니, 우 : 이리톱니)

ⓐ 톱니 가는 방법
- 일반 톱니 가는 방법
  - 평면줄로 톱니 높이를 모두 같게 갈아주어 톱니꼭지선이 일치되도록 한다
  - 톱니꼭지선 조정 시 낮아진 높이만큼 톱니홈을 파주어 홈의 바닥이 바르게 되도록 한다.
  - 규격에 맞는 줄로 톱니 양면의 날을 일정한 각도로 세워준다.
- 삼각톱니 가는 방법
  - 톱니 높이를 같게 하고 톱니를 갈아준다. 줄질을 안내판의 선과 평행하게 하며 안내판 선의 각도는 침엽수가 60°, 활엽수가 70°이고 꼭지각은 38° 정도로 한다.
  - 줄질은 안에서 밖으로 하며 다시 톱을 돌려 끼워 조이고 반복 작업을 한다.
  - 톱니 젖힘은 나무와의 마찰을 줄이기 위하여 한다.
  - 침엽수는 활엽수보다 많이 젖혀 주는데 이는 목섬유가 연하고 마찰이 크기 때문이다.
  - 톱니 젖힘은 톱니 뿌리선에서 2/3 지점을 중심으로 젖혀준다.
  - 침엽수는 0.3~0.5mm, 활엽수는 0.2~0.3mm 정도로 젖혀주고 젖힘의 크기는 모든 톱니가 일정해야 한다.
- 이리톱니 가는 방법
  - 이리톱의 톱니 가슴각은 침엽수는 60°, 활엽수는 75° 정도로 한다.
  - 톱니 젖힘은 삼각톱날과 같이 한다.
  - 톱니꼭지각이 56 ~ 60° 정도로 유지하고 톱니등각이 35° 정도로 갈아준다.
  - 톱니의 젖힘 정도는 활엽수나 얼어있는 나무는 0.3mm, 침엽수는 0.4mm 정도로 한다.

1.6 산림작업 및 안전

(1) 산림작업 안전수칙

① **안전 일반**
- 작업시작 전에 작업순서 및 작업원간의 연락방법을 충분히 숙지한 후 작업에 착수하여야 한다.
- 작업자는 안전모, 안전화 등의 보호구를 착용하여야 하며, 항상 호루라기 등 경적 신호기를 휴대하여야 한다.
- 강풍, 폭우, 폭설 등 악천후로 인하여 작업상의 위험이 예상될 때에는 작업을 중지하여야 한다.
- 톱, 도끼 등의 작업도구는 작업시작과 종료 시에 점검하여 안전한 상태로 사용하여야 한다.
- 벌목 및 조재작업을 할 때에는 작업면보다 아래 경사면 출입을 통제하여야 한다.
- 벌목 및 조재작업을 할 때 위험이 예상되는 도로, 반출로 등에는 위험표지를 잘 보이는 곳에 설치하고 유지 관리하여야 한다.
- 체인톱을 사용할 때에는 다음 각 목의 사항을 준수하여야 한다.
  - 체인톱에 대한 정확한 취급과 사용방법을 숙지한 후 사용하여야 한다.
  - 방진용 장갑과 방음용 귀마개를 사용하여야 한다.
  - 체인톱을 시동할 때에는 톱날이 주위의 사람 또는 물건에 접촉되지 않도록 안전한 장소에서 시동하여야 한다.
  - 체인톱을 이동할 때에는 반드시 엔진을 정지하여야 한다.
  - 체인톱의 연속 운전은 10분을 넘지 않아야 한다.
- 화재의 예방을 위하여 다음 각 목의 사항을 준수하여야 한다.
  - 담뱃불, 성냥불 등은 확실히 소화하여야 한다.
  - 체인톱과 연료 부근에서는 화기를 취급하지 않아야 한다.
  - 체인톱에 연료를 급유할 때에는 엔진을 정지하고 평탄한 장소에서 실시하여야 하며, 적당한 용기를 사용하여 엎질러지지 않게 하여야 한다.
  - 과열된 체인톱의 배기통 부근에 낙엽 등의 가연물질이 접촉되지 않도록 하여야 한다.

② 벌목 작업
- 벌채사면의 구획은 세로방향으로 하고, 동일 벌채사면의 위·아래 동시 작업을 금지하여야 한다.
- 인접한 곳에서 벌목할 때에는 절단 대상수목을 중심으로 수목 높이의 1.5배 이상 안전거리를 유지하여 작업하여야 한다.
- 절단수목 주위의 관목, 고사목, 넝쿨 및 부석 등은 제거하여야 한다.
- 미리 대피장소를 정하고 대피 통로는 대피할 때 지장을 초래하는 나무뿌리, 넝쿨 등의 장해물을 미리 제거하여 정비하여야 한다.
- 다음 각 목의 벌목작업은 작업책임자를 선임하고 그 지시에 따라 작업하여야 한다.
  - 가슴높이 직경이 70센티미터 이상인 입목의 벌목
  - 가슴높이 직경이 20센티미터 이상으로 중심이 현저하게 기울어진 입목의 벌목
  - 비계 등의 받침대 위에서 특수한 방법에 의한 벌목
  - 안전대를 착용하여야 하는 벌목
  - 벌목 시 위험을 초래할 수 있을 정도로 뒤틀렸거나 속이 빈 나무의 벌목
  - 중심이 심하게 절단방향의 반대로 되어 있는 절단수목의 벌목
- 절단방향은 수형, 인접목, 지형, 풍향, 풍속, 절단 후의 집재작업 등을 고려하여 가장 안전한 방향으로 선택하여야 한다.
- 벌목 시 수구(face)는 다음 각 목의 방법에 의하여 만들어야 한다(그림 1).
  - 벌목할 수목의 가슴높이 직경이 40센티미터 이상일 때는 벌근 직경의 4분의 1 이상 깊이의 수구를 만들어야 한다.
  - 벌목할 수목의 가슴높이 직경이 10센티미터 이상, 40센티미터 미만일 때에는 충분한 깊이의 수구를 만들어야 한다.
  - 벌목할 수목의 가슴높이 직경이 20센티미터 이상일 때는 수구의 상·하면의 각도는 30도 이상으로 하여야 한다.
- 추구(backcut)는 수구 밑면보다 절단수목 지름의 10분의 1정도 높은 위치에 만들어야 한다.

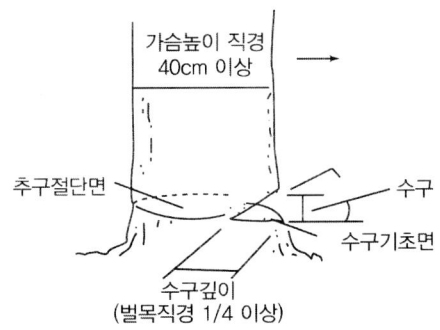

- 벌목작업에 종사하는 근로자는 벌목으로 인한 위험이 생길 우려가 있을 때에는 미리 신호를 하고 다른 근로자가 대피한 것을 반드시 확인한 후 작업하여야 한다.

③ **특수 임목 벌목**
  ㉠ 편심 나무 및 쌍지목 벌도
   - 편심 입목은 기운 방향을 피하고 쌍지목은 기운 정도를 보고 분할하여 절단한다.
   - 가지달린 나무는 가지가 걸린 상황을 고려하고 상하로 입목에 가지가 달린 경우 아래의 입목부터 좌우로 입목에 가지가 걸린 경우는 가는 입목을 가지가 달린 방향의 반대방향으로 벌도한다.
  ㉡ 걸린 나무 처리
   - 걸림목은 견인용 도구를 이용하여 실시하며 나무의 벌도, 넘기기, 원구자르기, 가지제거 등의 작업에 위험 부담이 있을 경우 작업을 실행하지 않는다.

④ **조재작업**
  - 강풍, 강설 등에 의하여 전도된 목재와 부러진 목재의 조재는 작업책임자의 지시에 따라 작업하여야 한다.
  - 경사지에서 조재작업을 할 때에는 말뚝 등으로 목재가 굴러 떨어지는 것을 방지하기 위한 조치를 하여야 한다.
  - 벌목현장에서 조재작업을 할 때에는 작업시작 전에 조재작업에 지장을 줄 수 있는 주위의 나뭇가지 등을 제거하여야 한다.
  - 경사지에서 조재작업을 할 때에는 작업자의 발이 나무 밑으로 향하지 않게 주의하여야 한다.

⑤ **집재 및 운재작업**
  - 기계 집재장치와 운재삭도의 조립, 해체, 변경, 수리 등의 작업 또는 이들 설비에 의한 집재작업 혹은 운재작업 시에는 작업책임자를 선임하여야 한다.
  - 집재 및 운재작업 책임자는 경험이 풍부한 사람으로 선임하여야 하며, 작업 책임자는 다음 각 목의 사항을 확인하여야 한다.
    - 작업의 방법 및 근로자의 배치
    - 재료의 결함 유무와 기구 및 공구의 기능을 점검하여 불량품을 제거하는 일
    - 작업 중 안전대 및 안전모 등의 사용 상태를 확인하는 일
  - 집재 및 운재작업 책임자, 집재기 운전자, 운재삭도의 제동기 취급자는 매일 작업시작

전과 작업 종료 후 장비를 점검하여야 한다.
- 원목집게 등의 작업용구를 사용하는 자는 매일 작업시작 전에 점검하여야 한다.
- 집재 및 운재작업을 할 경우 위험이 예상되는 통로, 반출로 등에는 위험표지판을 설치하고 이를 유지·관리하여야 한다.
- 안전모는 규격에 맞는 것을 바르게 착용하도록 하고 안전화는 발에 잘 맞으며 미끄러질 염려가 없는 것을 착용하여야 한다.
- 호루라기 등 경적신호기를 휴대하고 작업의 내용에 따라 필요한 보호구를 착용하여야 한다.
- 강풍, 폭우, 폭설 등 악천후 때에는 작업을 중지하여야 한다.
- 강풍, 폭우, 폭설 등으로 작업이 중지된 때에는 장비를 점검하여 이상을 발견했을 때에는 즉시 수리하거나 교환하여야 한다.
- 반송기의 제동장치 고장 등 통제기능 상실에 의한 비상사태가 발생하였을 경우에는 미리 정해진 대피장소로 신속하게 대피하여야 한다.
- 전화, 무선통신기 등의 장치에 의한 신호는 지명된 사람이 하고, 필요한 연락 및 신호는 정확하게 하여야 한다.
- 집재기 운전 중에는 다음 각 목에서 지정한 장소의 출입을 금하며, 작업 중 출입할 필요가 있을 때에는 작업책임자의 지시를 받아야 한다.
  - 가공본선의 아래로서 화물의 강하 또는 낙하에 의한 위험이 있는 곳
  - 작업선의 내각으로서 띠쇠선의 절단 및 탈락, 가이드 블록의 탈락 등의 위험이 있는 곳
  - 주상작업 중의 지주 주변
  - 그 밖에 출입이 금지된 곳
- 기계집재장치 또는 운재삭도의 운전 중에는 그 운전자가 운전 위치에서 떠나서는 아니 된다.
- 원목승강대는 다음 각 목에 정하는 바에 따라 만들어야 한다.
  - 예측되는 하중에 대하여 충분히 견딜 수 있는 구조로 하고 지주, 보 등은 볼트로 확실하게 고정하여야 한다.
  - 높이가 2미터 이상이고 충분한 넓이를 갖는 원목승강대로서 추락위험이 있는 외부의 끝단으로부터 1미터 안쪽 위치에 출입금지 표시를 하여야 한다.
  - 추락의 위험이 있는 곳으로 출입금지 표시가 어려울 때에는 추락방지 시설을 하여야 한다.

- 안전계수는 와이어로프의 절단하중을 그 와이어로프에 걸리는 최대 장력으로 나눈 값이다.
- 기계 집재장치 또는 운재삭도의 조립 또는 삭도의 장력에 변경이 있을 때에는 가공본선의 안전계수를 점검한 후 최대하중으로 시운전을 한 후에 사용하여야 한다.
- 기계 집재장치 또는 운재삭도의 운반기 등에 근로자가 탑승하여서는 아니 된다. 다만, 반송기, 선 등 기재의 점검, 보수 작업을 할 경우에는 추락 및 협착 등에 의한 위험이 없도록 조치 후 탑승하도록 한다.
- 집재 및 운재작업 시는 이상이 발견되었을 때에는 즉시 보수하거나 교체하여야 한다.

(2) 안전사고 예방 및 응급처치

① **안전사고 예방**

㉠ 안전의식 고양
- 안전의식이 자리 잡는 것이 안전관리의 출발점이다
- 포스터, 팜플렛, 게시물, 좌담회 및 강습회 등을 통해 안전에 대한 관심을 높이도록 한다.

㉡ 안전 교육
- 재해 방지를 위해 어떤 행동을 하는 것에 대한 정확한 지식과 동작을 위한 훈련이 필요하다.
- 새로운 작업방법을 도입할 경우 그 작업에 종사하는 작업자에 대한 연수회와 교육을 철저하게 실시한다.
- 교육은 1회에 끝내지 않고 필요에 따라 지속적으로 실시하도록 한다.

㉢ 안전 점검
- 안전점검은 작업설비, 작업방법, 안전방지 도구 등을 점검한다.
- 안전점검 시에는 미리 작성된 안전점검표의 항목에 따라 누락되지 않도록 한다.
- 점검실시 결과 발견된 위험이나 방법에 대해서는 신속하게 개선하도록 한다.

② **안전사고 대책**

㉠ 산림 안전사고
- 안전사고 작업분야의 경우 벌채작업이 전체 사고의 70%, 무육작업이 20%, 기타 10% 정도로 나타난다.
- 국내의 경우 아직까지 무육작업이 산림사고의 많은 부분을 차지하고 있으나 앞으로 임목수확작업이 증가될 것으로 예상되기에 이에 대한 대비가 필요하다.

ⓒ 산림작업이 어려운 이유
- 더위, 추위, 비, 바람, 눈 등와 같은 기상조건에 영향을 많이 받는다.
- 산악자의 장애물과 경사로 인해 미끄러지기 쉽다.
- 산림작업도구 및 기계 자체가 위험성을 내포하고 있다.
- 작업장소를 계속 이동하여야 한다.
- 무거운 통나무가 넘어지거나 굴러 내리는 경우가 많다.
- 기타 독충, 독사, 구르는 돌등에 의해 피해를 받기 쉽다.

ⓒ 안전사고 발생원인
- 위험을 두려워하지 않고 오만한 태도를 가졌을 경우
- 안일한 생각으로 태만히 작업할 경우
- 과로하거나 과중한 작업을 수행할 경우
- 계획 없이 일을 서둘러 할 경우
- 실없는 자부심과 자만심이 발동할 경우

ⓔ 안전사고 예방 준칙
- 작업 실행에 심사숙고 할 것
- 작업의 중용을 지킬 것
- 긴장하지 않고 부드럽게 할 것
- 규칙적인 휴식을 취하고 율동적인 작업을 할 것
- 휴식 직후에는 서서히 작업속도를 높일 것
- 몸의 일부로만 계속 작업을 피하고 몸 전체를 고르게 움직일 것
- 위험을 항상 연두에 두고 보호장비를 항상 착용할 것
- 작업복은 작업종과 일기에 맞추어 입을 것
- 올바른 기술과 적당한 도구를 사용할 것
- 유사시를 대비하여 혼자서 작업하지 말 것
- 산불을 조심할 것

③ 안전장비

안전헬멧	떨어지는 나무 가지나 돌등으로부터 머리를 보호하는 장비이다.
귀마개	소음을 적게 하여 난청을 예방하는 안전장비이다.
얼굴보호망	톱밥, 가시, 가지 및 기타 오염물에서 눈을 보호한다.
안전복	추위나 더위에서 신체를 보호하고 각종 상해로부터 작업자를 보호하는 장비이다. 작업복 상의는 허리가 분리된 바지의 웃옷일 경우 허리부분이 걸어야 한다. 어깨와 등 부위에는 식별을 위해 경계색인 오렌지색을 넣는다. 작업복 하의는 멜빵이 있는 바지가 좋다.
안전장갑	찰과상, 절단상해, 진동, 추위, 찔림, 오염 등으로 손을 보호한다.
안전화	미끄러짐을 막고 습기와 추위로부터 발을 보호한다. 돌부리에 부딪히거나 무거운 물체에 짓눌리는 것을 방지하고 체인톱, 도끼 등의 타격이나 예리한 도구에 발을 찔리는 것을 예방한다.

④ **산림작업자 피로**

㉠ 피로는 어느 시간 작업을 통해 작업능률이 감퇴하고 착오가 증가하며 주관적인 주의력이 감소, 흥미 상실, 권태 등의 복잡한 심리적 불쾌감을 말한다.

㉡ 피로는 휴식으로 회복이 가능한 급성피로와 오랜기간 걸쳐 축적되어 휴식에 의해서 회복이 어려운 만성피로로 분류할 수 있다.

㉢ 작업자의 피로는 RMR 7 정도는 10분, RMR 3 정도는 3시간 정도 작업이 가능한 것으로 판단하고 있다.

㉣ 산림작업자의 피로의 원인 및 내용은 다음과 같다.

작업환경	기온, 습도, 진동, 소음, 분진 등과 같이 작업환경조건이 열악할 경우 육체적, 정신적 피로가 더 빨리 누적된다.
작업속도	작업속도를 지속적으로 빠르게 할 경우 피로 누적에 원인이 되기에 정상상태에서 경제적인 작업속도로 작업하는 것이 좋다. 주작업의 에너지 대사율 기준 4~5 부근을 한계 기준으로 잡고 있으며 8시간 정도의 지속 작업을 요구할 경우 에너지대사율 2~3 정도가 적당하다.
작업시간	야근근무는 주간근무에 비해 작업경과시간 기준 약 80% 피로상태에 도달한다고 판단하고 있다.
작업태도	작업자의 근무조건, 생활조건, 의욕감 등도 피로도에 영향을 미친다.

㉤ 피로가 작업에 미치는 영향으로 작업자의 정확도가 저하, 작업속도 저하, 실동률 저하, 사고 및 재해 발생 가능성 증가 등이 있다.

㉥ 피로의 회복을 위해서는 다음과 같은 방법을 취하는 것이 좋다.
- 충분한 휴식과 수면을 취한다.
- 충분한 영향섭취를 한다.
- 산책 및 가벼운 체조를 실시한다.
- 목욕 및 마사지 등의 물리적 요법을 실시한다.

- 음악감상 및 오락 등의 취미를 통해 기분전환을 한다.

⑤ **에너지 대사**
- 에너지 대사율(RMR : Relative Metabolic Rate)은 산소 호흡량을 측정하여 에너지의 소모량을 표시하는 것이다.
- 에너지 대사량은 기초대사량, 안정대사량, 노동대사량, 생활대사량 등으로 구분한다.

기초대사량	생체 유지를 위한 최소의 에너지로 누운 자세에서 성인남자는 1400 kcal 의 기초대사량을 가진다.
안정대사량	의자에 앉은 상태의 대사량으로 기초대사량보다 약 20% 높다.
노동대사량	안정대사량에 작업에 소요되는 대사량을 추가하여 구한다.
생활대사량	일정생활에 필요한 대사량이다.

- 에너지 대사율 $= \dfrac{\text{작업에 소요되는 에너지량}}{\text{기초대사량}}$
  $= \dfrac{\text{작업기간 내 산소소비량} - \text{작업기간내 안정시 산소소비량}}{\text{작업시간 내 기초대사 산소 소비량}}$
  $= \dfrac{\text{노동대사량}}{\text{기초대사량}}$

(4) 작업관리

① **산림자산**

산림의 자산으로 생산자산과 유동자산이 있으며 생산자산에는 고정자산, 유동자산, 임목자산으로 분류되며 유통자산은 현금 및 증권등이 있다.

고정자산	임지, 건물, 기계 등
유동자산	미처분임산물, 묘목, 비료, 종자 등
임목자산	임목축적

② **부채**

정부의 재정자금, 은행의 차입금이나 미불금 등의 재산 혹은 다른 투자자의 자본 등을 부채라고 한다.

③ **감가상각**

자산의 가치가 사용 및 시간에 따라 점차 감소하는 것을 감가라 하고 이를 보상하는 내용을 감가상각이라 정의한다.

㉠ 감가의 종류

물질적 감가는 사용과 자연적 감가를 의미하며 진부화 및 부적응에 의한 감가는 기능적 감가라 정의한다.

물질적 감가	사용에 의한 감가, 자연적 감가
진부화 감가	기술의 발달로 인한 진부화
부적응 감가	사업의 변화 및 확장 등으로 인한 설비의 부적응

ⓒ 감가상각액 계산법

감가상각액의 계산방법으로 정액법, 정률법, 급수법, 비례법, 연수합계법 등이 있다.

정액법	가장 간단하고 보편적인 계산법으로 매년 일정액이 감소한다는 가정이며 계산은 아래와 같다. $D = \dfrac{C-S}{N}$ D : 감가상각비 C : 구입가격 N : 연수 S : 폐물가격
정률법	매년 일정비율로 감가된다는 가정으로 계산법은 아래와 같다 $r = 1 - \sqrt[n]{\dfrac{S}{C}}$ r : 상각률 S : 폐물가격 C : 구입가격 n : 내용연수
급수법	내용연수가 지나도 미상환액이 남지 않는 특징이 있으며 계산법은 아래와 같다 $D_a = \dfrac{2K(n+a+1)}{n(n+1)}$ D_a : a년도의 감가상각비 K : 상각총액 n : 내용연수
비례법	고정설비의 사용 정도에 따른 상각액을 정하는 것으로 계산법은 아래와 같다 $D = (C-S) \times \dfrac{W}{T}$ D : 감가상각비 C : 구입가격 S : 폐물가격 W : 작업시간수 T : 자산존속기간 때 총작업시간수
연수합계법	기간이 지날수록 감가상각비가 감소하며 계산법은 아래와 같다 $D = (C-S) \times \dfrac{N}{1+2+\approx+n}$ D : 감가상각비 C : 구입가격 S : 폐물가격 N : 잔존연수 n : 내용연수

④ 작업 경비

  ㉠ 기계손료

  $$\text{작업 1시간당 손료(원/hr)} = \frac{1}{100} \times (\text{기계구입원가(원)}) \times \text{시간당 전손료율(\%)}$$

  $$\text{단위재적당손료(원/m}^3) = \frac{1}{\text{1일 작업량(m}^3)} \times (\text{작업1시간당손료(원/hr)} \times \text{1일가동시간(hr)})$$

  ㉡ 인건비

  $$\text{단위재적당인건비(원/m}^3) = \frac{\text{1사업단위 작업원의 1일당 인건비 합계(원/일)}}{\text{1사업단위의 1일 작업량(m}^3/\text{일)}}$$

  $$= \frac{\text{1사업단위의 1일당 평균인건비(원/인·일)}}{\text{1사업단위의 평균노동생산성(m}^3/\text{인·일)}}$$

  ㉢ 연료비

  $$\text{단위재적당연료비(원/m}^3) = \frac{\text{기계작업 1일당 연료소비량} \times \text{단가(원/일)}}{\text{기계작업 1일 작업량(m}^3/\text{일)}}$$

(5) 임업기계화 발전

① **인력작업단계**
- 대부분의 작업이 손도구나 휴대용 동력작업기를 이용한 인력작업으로 구성된 단계이다.

② **부분기계화 작업단계**
- 작업에 있어 일부는 인력작업으로 실시하고 일부작업은 기계작업을 실시하는 단계이다.
- 벌목작업은 인력작업인 체인톱으로 실시한다.
- 집재작업은 기계를 이용하는 단계이다.
- 중급기계화 단계는 현재 국내의 상황에서 적용할 수 있는 방법으로 소경목이나 중경목 상태에서 이용한다. 적은 투자를 통해 생력화 효과를 높일 수 있는 방법이다.
- 고급기계화 단계에서는 벌목작업만 체인톱으로 실시하고 나머지 조재, 집재 작업은 임목수확전용기계를 이용한다. 작업능률 및 노동생산성이 높다.

③ **완전기계화 작업단계**
- 임목의 벌목작업부터 전 과정을 완전기계화 하는 단계이다.
- 지형이 양호한 경우 펠러번쳐, 프로세서, 하베스터 등을 이용한다.
- 집재작업의 경우 집게가 있는 임업용 트랙터를 이용하고 조재작업이 이루어진 원목은 포워더를 이용한다.

02 산림기능사 3단원 기출문제 100제

PART 03 ······ 임업기계

01 4행정 엔진과 2행정 엔진의 비교 중 2행정 엔진의 설명으로 올바른 것은?
① 동일 배기량일 때 출력이 적다.   ② 배기음이 낮다.
③ 무게가 가볍다.   ④ 휘발유와 오일 소비가 적다.
해설 2행정 기관의 경우 4행정 기관과 비교하면 중량이 가볍다

02 벌목작업용 도구가 아닌 것은?
① 지렛대   ② 밀게
③ 사피   ④ 양날괭이
해설 벌목용으로 톱, 도끼, 쐐기, 목재 돌림대, 갈고리, 밀대, 박피삽, 사피, 측척 등이 있다.

03 산림작업 시 사용되는 안전장비로 적합하지 않은 것은?
① 안전헬멧, 얼굴보호망   ② 귀마개, 안정화
③ 안전작업복, 안전장갑   ④ 휴대용 라디오, 쌍안경
해설 산림작업의 안전장비로 안전헬멧, 귀마개, 얼굴보호망, 안전복, 안전장갑, 안전화 등이 있다.

04 다음 중 원형기계톱 사용 시 기계톱이 목재사이에 끼었을 때 사용하는 것은?

해설 쐐기는 벌목 방향을 결정하고 톱이 끼이는 것을 방지한다.

정답 01.③ 02.④ 03.④ 04.②

05 예불기 운전 및 작업상 유의사항으로 옳지 않은 것은?

① 발끝에 예불기의 톱날이 접촉되지 않도록 주의한다.
② 작업 방향은 톱날의 회전방향이 좌측이므로 우측에서 좌측으로 실시한다.
③ 주변에 사람 유무를 확인하고 엔진을 시동한다.
④ 작업원간 거리는 가능한 5m 이내로 최대한 근접한 거리에서 실행한다.

해설 예불기 작업시 다른 작업자와의 거리는 최소 10m 이상 안전거리를 확보한다.

06 기계톱 사용 시 안전에 대한 내용으로 틀린 것은?

① 안전작업에 필요한 각종 장비를 반드시 착용한다.
② 절단작업 시는 충분히 스로틀레버를 잡아 가속한 후 사용한다.
③ 위험한 부분은 안내판코로 찔러 베기를 한다.
④ 기계작업 전이나 작업 중 음주는 시각, 감각, 판단상의 장애를 일으킨다.

해설 안내판코 부분으로 찔러베기를 할 경우 반력이 생길 수 있기에 주의한다.

07 경사진 산림에서 임목벌도 방향은 보통 임지의 경사방향에 대하여 얼마 정도가 적합한가?

① 10°
② 가로방향 또는 30°
③ 45°
④ 60°

해설 일반적으로 경사진 산림은 벌도방향이 보통 임지의 경사방향에 대하여 가로방향이나 혹은 약 30° 경사진 방향이 적합하다.

08 기계톱은 원동기부, 동력전달부 및 톱체인부로 구분된다. 다음 중 동력전달부가 아닌 것은?

① 에어필터
② 원심클러치
③ 스프라킷
④ 안내판

해설 기계톱의 동력전달장치에는 피스톤, 크랭크축, 원심클러치, 스포로킷, 안내판, 체인톱날 등이 있다.

정답 05.④ 06.③ 07.② 08.①

09 기계톱의 구비조건으로 맞지 않은 것은?

① 중량이 무겁고 대형이어야 한다.
② 소음과 진동이 적고 내구성이 높아야 한다.
③ 벌근의 높이를 되도록 낮게 절단할 수 있어야 한다.
④ 부품공급이 용이하고 가격이 저렴하여야 한다.

해설: 기계톱의 중량은 가벼워야 한다.

10 기계톱의 연료와 오일을 혼합할 때 휘발유 15L이면 오일의 양은 약 몇 L가 필요한가? (단, 오일의 혼합비율은 25 : 1이다.)

① 0.1
② 0.3
③ 0.6
④ 1.2

해설: 〈 휘발유 : 오일 = 25 : 1 = 15 : 0.6 〉으로 15L 휘발유에 필요한 오일의 양은 0.6L 이다.

11 아래에 설명하고 있는 임업기계는 무엇인가?

> · 전목 집재작업 시 작업공정에 적합한 기계장비이다.
> · 인공 철기둥과 가선집재장치를 트럭, 트랙터, 임내차등에 탑재하여 주로 급경사지의 집재작업에 적용하는 이동식 차량형 집재기계로서 가선의 설치, 철수, 이동이 용이한 가전집재전용 고성능 농업기계이다.
> · 일본에서 개발 보급된 RME-300T 기종이 있다.
> · 설계하중이 1톤 내외인 것이 대부분이다.

① 프로세서
② 타워야더
③ 포워더
④ 리모콘 윈치

해설: 타워야더는 임도나 작업로에서 가선을 설치하여 원목을 이동시키는 집재 및 운재 기기이다. 임도가 적고 지형이 급경사지에서의 집재작업에 용이하다.

12 조림용 도구가 아닌 것은?

① 식혈봉
② 각식재용 양날괭이
③ 아이디얼 식혈삽
④ 쐐기

해설: 쐐기는 벌목용 도구이다

정답 09.① 10.③ 11.② 12.④

13 다음 중 벌도뿐만 아니라 초두부 제거, 가지 제거 작업을 거쳐 일정 길이의 원목생산에 이르는 조재작업을 동시에 수행할 수 있는 기계는? (단, 기계는 다른 부착물과 변형이 없는 기본형태이다.)

① 펠러(feller)
② 펠러번처(feller buncher)
③ 펠러스키더(feller skidder)
④ 하베스터(harvester)

해설 하베스터는 임목을 벌목하여 가지자르기, 토막내기 작업을 일관된 공정으로 작업할 수 있는 다공정 벌채장비이다.

14 다음 중 임업기계화의 목적이 아닌 것은?

① 노동생산성의 향상
② 생산비용의 절감
③ 임업기계의 가동률 저감
④ 중노동으로부터의 해방

해설 임업기계화를 통해 힘든 노동에서 해방되고 노동생산성을 향상시킨다. 또한 생산비용의 절감과 경영규모의 확대를 도모한다.

15 우리나라의 임업기계화 작업을 위한 제약인 자가 아닌 것은?

① 험준한 지형조건
② 풍부한 전문기능인
③ 기계화 시업의 경험부족
④ 영세한 경영규모

해설 풍부한 전문기능인은 임업기계화 작업에 도움이 된다.

16 다음 중 기계톱의 사용 용도가 아닌 것은?

① 인력벌목
② 풀베기
③ 조림지 정리 작업
④ 지타 작업

해설 풀베기는 주로 예불기를 이용한다.

17 특별한 경우를 제외하고 도끼자루를 사용하기에 적합한 길이는?

① 사용자 팔 길이
② 사용자 팔 길이의 2배
③ 사용자 팔 길이의 0.5배
④ 사용자 팔 길이의 1.5배

해설 손잡이 자루의 길이는 작업자의 팔 길이 정도가 적당하다.

정답 13.④ 14.③ 15.② 16.② 17.①

18 기계톱을 장기보관 시 주의사항으로 옳지 않은 것은?

① 연료와 오일을 가득 채워 놓는다.
② 특수오일로 엔진 내부를 보호한다.
③ 1년에 1회씩 전문적인 검사를 받도록 한다.
④ 건조한 방에서 먼지가 들어가지 않도록 보관한다.

해설: 기계톱 장기보관 시 연료와 오일을 비워둔다.

19 구입비가 30,000,000원인 트랙터의 매년 일정액의 감가상각비를 구하면? (단, 잔존가격은 취득원가의 10%이고 상각율은 0.2이며, 정액법을 이용하여 계산한다.)

① 1,000,000원
② 2,500,000원
③ 4,500,000원
④ 5,400,000원

해설: 매년감가상각비 $= \dfrac{\text{구입가격} - \text{잔존가격}}{\text{내용연수}} \times \text{상각률}$

$= \dfrac{30,000,000 - 3,000,000}{1} \times 0.2 = 5,400,000$

20 다음 중 4행정 점화기관의 사이클 작동순서로 가장 맞는 것은?

① 흡입 → 압축 → 팽창 → 배기
② 흡입 → 팽창 → 압축 → 배기
③ 압축 → 흡입 → 팽창 → 배기
④ 팽창 → 흡입 → 압축 → 배기

해설: 4행정기관은 1사이클에 흡입, 압축, 폭발, 배기의 순으로 작동된다.

21 기계톱의 엔진에서 스파크플러그의 적정 전극간격은 얼마인가?

① 0.1~0.2mm
② 0.2~0.3mm
③ 0.3~0.4mm
④ 0.4~0.5mm

해설: 기계톱의 스파크플러그의 전극간격 기준은 0.4 ~ 0.5mm 이다.

정답 18.① 19.④ 20.① 21.④

22 와이어로프 교체 기준이 아닌 것은?

① 킹크가 발생한 경우
② 소선이 절단된 경우
③ 형태 변형 및 부식이 현저한 경우
④ 와이어로프 직경의 감소가 공칭 직경 5% 이내인 경우

해설 와이어로프 직경의 감소가 공칭 직경 7% 이상인 경우 와이어로프를 교체해준다.

23 산림작업 시 안전사고 예방을 위하여 지켜야할 사항과 거리가 먼 것은?

① 작업 실행에 심사숙고 할 것
② 긴장하지 말고 부드럽게 할 것
③ 휴식직후에는 서서히 작업속도를 높일 것
④ 휴식과는 관계없이 능률을 높이기 위하여 열심히 할 것

해설 작업의 안전 및 능률을 높이기 위해서는 휴식이 필요하다.

24 다음 중 윤활유로서 구비해야 할 성질이 아닌 것은?

① 유성이 좋아야 한다.
② 점도가 적당해야 한다.
③ 온도에 의한 점도의 변화가 커야 한다.
④ 부식성이 없어야 한다.

해설 윤활유의 구비 조건으로 온도에 의한 점도 변화가 적어야 하고 부식성이 없어야 한다.

25 기계톱에서 톱니의 1피치(인치)는 어떻게 표시하는가?

① 2개의 리벳간의 간격을 3으로 나눈 것
② 3개의 리벳간의 간격을 2로 나눈 것
③ 5개의 리벳간의 간격을 3으로 나눈 것
④ 3개의 리벳간의 간격을 5로 나눈 것

해설 톱체인 규격은 피치로 표시하며 피치는 3개의 리벳 간격의 1/2 길이를 말한다.

정답 22.④ 23.④ 24.③ 25.②

26 산림집재작업 방법 중에서 사용하는 동력에 따른 종류에 속하지 않는 것은?

① 인력에 의한 집재 작업
② 축력에 의한 집재 작업
③ 자력에 의한 집재 작업
④ 기계력에 의한 집재 작업

해설 산림집재작업의 동력에는 인력에 의한 집재, 축력에 의한 집재, 중력에 의한 집재, 기계에 의한 집재 등이 있다.

27 일반적으로 가솔린과 오일을 25 : 1로 혼합하여 연료로 사용하는 기계장비로 묶어져 있는 것은?

① 예불기, 기계톱
② 예불기, 타워야더
③ 파미윈치, 타워야더
④ 파미윈치, 아크야윈치

해설 예불기, 기계톱의 2행정 가솔린 기관의 경우 가솔린과 윤활유를 25 : 1 비율로 혼합하여 사용한다.

28 내연기관에 있어서 열기관이란 무엇인가?

① 연료를 연소시켜 질적 에너지를 양적 에너지로 바꾼다.
② 연료를 연소시켜 열에너지를 기계적 에너지로 바꾼다.
③ 연료를 연소시켜 기계적 에너지를 열에너지로 바꾼다.
④ 연료를 연소시켜 화학적 에너지로 바꾼다.

해설 열기관은 연료의 에너지를 내부기관을 통해 연소시켜 발생하는 고온, 고압의 가스, 증기를 팽창하여 발생하는 동력을 기계적 에너지로 바꾸는 기관을 말한다.

29 기계톱의 일일정비 및 점검사항에 해당하지 않는 것은?

① 안내판의 손질
② 에어필터의 청소
③ 연료필터의 청소
④ 휘발유와 오일의 혼합

해설 연료필터는 깨끗한 연료로 세척 및 조립하고 필요시 필터를 교환하는 것은 분기별 정비에 해당한다.

정답 26.③ 27.① 28.② 29.③

30 노동의 경중에 따른 에너지 대사율 중 임업 노동이 속하는 중노동 작업은 얼마인가?

① 0~1
② 1~2
③ 4~7
④ 7이상

해설: 산림 작업에서 RMR(에너지 대사율) 4~7을 중노동 작업으로 간주한다.

31 기계톱에서 톱니의 부분별 기능에 대한 설명 중 틀린 것은?

① 톱니 가슴각 부분에서 나무를 절단한다.
② 꼭지각이 적을수록 톱니가 약하다.
③ 톱니 홈은 톱밥이 임시 머문 후 빠져나가는 곳이다.
④ 꼭지선이 일정하지 않으면 톱질할 때 힘이 적게 든다.

해설: 톱의 꼭지선이 일정하지 않을 경우 톱질에 힘이 많이 필요하게 된다.

32 2행정 내연기관에서 연료에 오일을 첨가시키는 가장 큰 이유는?

① 점화를 쉽게 하기 위하여
② 엔진 내부에 윤활작용을 시키기 위하여
③ 엔진 회전을 저속으로 하기 위하여
④ 체인의 마모를 줄이기 위하여

해설: 2행정 내연기관에 연료에 오일을 첨가하는 것은 윤활작용을 통해 실린더 벽과 피스톤 사이의 압축손실을 감소시키고 부식의 방지 기능을 가진다.

33 소형원치의 활용 범위가 아닌 것은?

① 소집재 작업
② 조재작업
③ 수라설치 작업
④ 직접견인

해설: 소형원치는 주로 집재에 활용하는 장비로 조재작업에는 활용되지 않는다.

정답 30.③ 31.④ 32.② 33.②

34 기계톱의 동력전달 순서를 바르게 나타낸 것은?

① 피스톤 → 스프라켓 → 크랭크축 → 클러치 → 체인톱날
② 피스톤 → 크랭크축 → 스프라켓 → 클러치 → 체인톱날
③ 피스톤 → 스프라켓 → 클러치 → 크랭크축 → 체인톱날
④ 피스톤 → 크랭크축 → 클러치 → 스프라켓 → 체인톱날

해설 체인톱은 동력전달장치에서 피스톤, 크랭크축, 원심형클러치, 스프로킷, 체인톱날 순서로 작동한다.

35 벌도된 나무를 기계톱으로 가지치기를 할 때의 작업방법으로 옳은 것은?

① 전진하면서 작업한다.
② 안내판이 긴 중기계톱을 사용하는 것이 효율적이다.
③ 작업자는 벌도된 나무로부터 가급적 먼 간격을 두고 작업한다.
④ 벌목한 나무는 몸과 기계톱 사이에 놓고 작업을 하지 않는다.

해설 가지치기 작업시 체인톱을 가볍게 접촉시켜 전진하면서 절단한다.

36 다음 중 현재 우리나라 임업에서 널리 사용 되는 기계톱안내판(guide bar)의 길이는?

① 20cm 이하
② 30~60cm
③ 70~100cm
④ 100cm 이상

해설 안내판의 길이는 체인톱 엔진출력에 따라 차이가 있으며 보통은 30 ~ 40cm 정도이다.

37 기계톱에 사용하는 오일의 점액도를 표시한 것 중 겨울용(- 25℃)으로 가장 적당한 것은?

① SAE 20W
② SAE 30
③ SAE 40
④ SAE 50

해설 SAE 는 점도의 분류에 분류를 나타내고 날씨가 추운 겨울용의 경우 숫자 뒤에 W를 붙여 표현한다. 겨울에는 점도가 낮은 SAE10W 혹은 SAE20W 가 적당하다.

정답 34.④ 35.① 36.② 37.①

38 예불기 사용에 따른 설명으로 맞지 않은 것은?

① 작업자의 최소안전거리는 10m 이상이다.
② 톱날의 회전방향은 시계방향이다.
③ 작업은 등고선방향으로 진행한다.
④ 일반적으로 공랭식 2행정 가솔린엔진을 이용한다.

해설: 예불기의 톱날은 좌측방향인 시계반대방향으로 회전한다.

39 기관 윤활유에 요구되는 특성이 아닌 것은?

① 점도가 적당할 것
② 응고점이 낮을 것
③ 인화점이 낮을 것
④ 열과 산의 저항력이 클 것

해설: 윤활유의 인화점이 낮으면 화재의 위험성이 있다. 윤활유는 소량 투입하기는 하나 인화점이 높고 점도가 적당하며 안전성이 있어야 한다.

40 와이어로프를 구성하는 스트랜드 조합 및 스트랜드를 구성하는 와이어로프의 조합방법 중 24 본선 6꼬임 표기로 옳은 것은?

① 24 × 6
② 6 × 24
③ IWRC × S(24)
④ IWRC × S(6)

해설: 6 × 24(스트랜드 본수×와이어 개수) 의 경우 24본선과 6꼬임을 의미한다.

41 무육톱의 삼각톱날 꼭지각은 몇 도(°)로 정비하여야 하는가?

① 25°
② 28°
③ 35°
④ 38°

해설: 삼각톱니의 경우 줄질을 안내판의 선과 평행하게 하며 안내판 선의 각도는 침엽수가 60°, 활엽수가 70°이고 꼭지각은 38° 정도로 한다.

정답 38.② 39.③ 40.② 41.④

42 기계톱의 안전장치로만 나열되어 있는 것은?

① 방진고무, 전방손잡이보호판, 후방손잡이, 에어휠터
② 체인잡이볼트, 스프라켓, 에어휠터, 체인브레이크
③ 기계톱날, 안내판, 지레발톱, 스파크플러그
④ 체인브레이크, 전방손잡이보호판, 후방손잡이보호판, 체인잡이 볼트

해설 기계톱의 안전장치에는 체인브레이크, 체인잡이볼트, 손잡이 및 보호판, 스로틀레버 차단판, 진동방지장치, 소음기, 방진고무 등이 있다.

43 내연기관의 동력전달장치가 아닌 것은?

① 케넥팅로드(connecting rod)
② 플라이휠(fly wheel)
③ 크랭크축(crankshaft)
④ 밸브개폐장치

해설 실린더 내부의 기체를 피스톤의 이동으로 흡입이나 배출이 되는데 관여하는 장치를 밸브개폐장치라 한다. 동력전달장치로는 커넥팅로드, 크랭크축, 플라이휠 등이 있다.

44 삼각톱날을 연마할 때 준비하지 않아도 되는 것은?

① 마름모줄
② 원형 연마석
③ 톱니 젖힘쇠
④ 원형줄

해설 원형줄은 톱체인의 톱날세우기에 이용한다.

45 기계톱을 이용한 벌목작업에서 안전상 일반적으로 사용하지 않는 쐐기는?

① 철제쐐기
② 목재쐐기
③ 알루미늄제 쐐기
④ 플라스틱제 쐐기

해설 체인톱에는 톱니의 파손과 체인의 파손으로 인한 사고를 방지하기 위해 알루미늄 쐐기나 플라스틱 쐐기, 목재쐐기를 주로 사용한다.

46 산림작업을 위한 안전장비가 아닌 것은?

① 안전헬멧
② 귀마개
③ 얼굴보호망
④ 마스크

해설 산림작업의 안전장비로 안전헬멧, 귀마개, 얼굴보호망, 안전복, 안전장갑, 안전화 등이 있다.

정답 42.④ 43.④ 44.④ 45.① 46.④

47 다음 중 조림용 도구에 대한 설명으로 틀린 것은?

① 각식재용 양날괭이 - 형태에 따라 타원형과 사각형으로 구분되며 한쪽 날은 괭이로서 땅을 벌리는데 사용하고 다른 한쪽 날은 도끼로서 땅을 가르는데 사용되다.
② 사식재괭이 - 경사지, 평지 등에 사용하고 대묘 소묘의 사식에 적합하다.
③ 손도끼 - 조림용 묘목의 긴뿌리의 단근작업에 이용되며 짧은 시간에 많은 뿌리를 자를 수 있다.
④ 재래식괭이 - 규격품으로 오래전부터 사용되어 오던 작업도구로 산림작업에서 풀베기, 단근 등에 이용된다.

해설 재래식괭이는 산림작업에서는 식재작업 및 사방사업 등에서 사용되고 있다. 식재작업시 땅속에 있는 나무뿌리, 잡초뿌리 등을 끊고 흙을 부드럽게 해준다.

48 손톱의 톱니 젖힘이 옳은 것은?

① 침엽수 : 0.3~0.5mm
② 활엽수 : 0.3~0.5mm
③ 침엽수 : 0.5~0.8mm
④ 활엽수 : 0.5~0.8mm

해설 침엽수는 0.3 ~ 0.5mm, 활엽수는 0.2 ~ 0.3mm 정도로 젖혀주고 젖힘의 크기는 모든 톱니가 일정해야 한다.

49 측척이란 무엇에 사용되는 도구인가?

① 벌도목의 방향전환에 사용되는 도구이다.
② 침엽수의 박피를 위한 도구이다.
③ 벌채목을 규격재로 자를 때 표시하는 도구이다.
④ 산악지대 벌목지에서 사용되는 도구로서 방향전환 및 끌어내기를 동시에 할 수 있는 도구이다.

해설 측척은 벌채목을 규격대로 자를 때 표시하는 장비이다

50 손톱의 톱니높이가 일직선상에 있지 않을 경우 어떤 현상이 나타날 것인가?

① 톱밥의 폭이 커진다.
② 톱질의 능률이 떨어지고 힘이 든다.
③ 톱질이 깊이 된다.
④ 특별한 영향이 없다.

해설 체인톱의 톱니가 잘 세워지지 않은 경우 절단이 잘 이루어지지 않아 진동이 발생하며 톱체인의 마모 및 파손이 발생하게 된다.

정답 47.④ 48.① 49.③ 50.②

51 다음 중 점화방식에 의해 분류된 기관이 아닌 것은?

① 외연기관　　　　　　　　② 전기점화기관
③ 압축착화기관　　　　　　④ 소구기관

해설: 내연기관의 점화방식에 따라 전기점화기관, 압축착화기관, 소구기관 으로 분류한다

52 다음 중 기계톱 사용이 가능한 지역은?

① 어린이와 동물이 뛰어노는 곳　　② 특정 동식물이 분포하는 곳
③ 밀폐 된 실내　　　　　　　　　④ 숲속의 작업장

해설: 기계톱의 사용은 특정 동식물 및 인적이 없고 개방된 숲속의 작업장이 적합하다

53 벌목작업에서 쐐기는 주로 벌도방향의 결정과 안전작업을 위해 사용되는데 목재쐐기를 만드는데 적당한 수종이 아닌 것은?

① 아까시나무　　　　　　　② 단풍나무
③ 참나무류　　　　　　　　④ 리기다소나무

해설: 나무쐐기는 주로 단단한 활엽수재를 이용한다.

54 벌목 중 나무에 걸린 나무의 방향전환이나 벌도목을 돌릴 때 사용되는 작업도구는?

① 쐐기　　　　　　　　　② 식혈봉
③ 박피삽　　　　　　　　④ 지렛대

해설: 지렛대는 벌목중 걸린 나무를 빼거나, 벌도목의 방향을 돌리는데 이용한다.

55 다음 중 산림토목용 기계의 범주에 포함되는 기계는?

① 모터그레이더(motor grader)　　② 집재기
③ 벌도기(feller buncher)　　　　　④ 적재집재차량(forwarder)

해설: 모터그레이더는 정지기계로 노면의 깎기, 노면의 다지기 등을 수행하는 산림토목용 기계이다.

정답　51.①　52.④　53.④　54.④　55.①

56 벌목한 나무를 기계톱으로 가지치기 할 때 유의할 사항으로 올바른 것은?

① 안내판이 짧은 기계톱을 사용한다.
② 후진하면서 작업한다.
③ 벌목한 나무를 몸과 기계톱밖에 놓고 작업한다.
④ 작업자는 벌목한 나무와 멀리 떨어져 서서 작업한다.

해설 톱은 몸체와 가급적 밀착하고 무릎을 약간 구부리고 안내판이 짧은 기계톱을 사용한다.

57 기계톱에 사용되는 연료는 휘발유와 무엇을 혼합하여 혼합유를 만들어 사용하는가?

① 기어오일
② 엔진오일
③ 그리스
④ 방청유

해설 기계톱에 사용하는 휘발유는 엔진오일과 25 : 1 비율로 혼합하여 사용한다.

58 기계톱날의 구성요소 중 목재의 절삭 두께에 영향을 주는 것은?

① 창날각
② 지붕각
③ 전동쇠
④ 깊이제한부

해설 톱날의 깊이제한부는 톱날이 한번에 팔수 있는 깊이로 절삭의 두께를 조절한다.

59 기계톱날의 연마 각도에 대한 설명 중 틀린 것은?

① 끌형 톱날의 창날각 연마각도는 30°이다.
② 대패형 톱날과 반끌형 톱날의 창날각 연마 각도는 각각 35°, 40°이다.
③ 끌형, 대패형, 반끌형 톱날의 지붕각 연마 각도는 60°로 동일하다.
④ 가슴각 연마각도는 대패형 90°, 반끌형 85°, 끌형 80°이다.

해설 대패형 톱날과 반끌형 톱날의 창날각 연마 각도는 각각 35°, 35°로 동일하다.

정답 56.① 57.② 58.④ 59.②

60 우리나라 여름철에 기계톱 사용 시 혼합유 제조를 위한 윤활유 점액도가 가장 알맞은 것은?

① SAE 20 ② SAE 30
③ SAE 20W ④ SAE 30W

해설: 여름에는 점도가 높은 SAE 30~50 을 주로 사용한다.

61 조림 및 무육작업에 있어 식재작업 시 유의할 사항으로 틀린 것은?

① 안전장비를 착용한다. ② 작업자 간의 안전거리를 유지한다.
③ 경사지에서는 상하로 서서 작업한다. ④ 식재괭이 자루가 안전한가 확인한다.

해설: 조림 및 무육작업을 할 때는 경사지는 안전사고의 위험성이 있어 상하로 서서 작업하지 않는다.

62 기계톱날 연마에 사용하는 원형줄을 선택할 때는 톱니의 상부보다 줄 지름의 얼마 정도가 상부 날 위로 올라가는 것을 선택하는가?

① 1/2 ② 1/5
③ 1/6 ④ 1/10

해설: 톱날의 연마시 줄의 직경은 1/10 정도로 상부날 위로 올라오게 한다.

63 산림도구를 만들기 위한 자루용 원목으로 사용되는 목재로서 가치가 없는 것은?

① 침엽수 목재 ② 목질 섬유가 긴 나무
③ 탄력이 크고 질긴 나무 ④ 옹이, 갈라진 흠이 없는 나무

해설: 자루의 재료는 가볍고 열전도율이 낮으며 탄력이 있고 질긴 소재로 주로 활엽수 목재를 이용한다.

64 안전장비와 그 주요기능에 대한 설명의 관계가 서로 적절하지 않는 것은?

① 귀마개 - 난청을 예방하는 귀 보호
② 얼굴보호망 - 자외선 등으로부터 피부 보호
③ 안전헬멧 - 떨어지는 나뭇가지나 돌 등으로 부터 보호
④ 안전복 - 추위나 더위, 오염이나 각종상해로 부터 신체 보호

해설: 얼굴보호망은 톱밥, 가시, 가지 및 기타 오염물에서 눈을 보호한다.

정답 60.② 61.③ 62.④ 63.① 64.②

65 기계톱의 주간정비 항목 중 점화부분의 정비사항 으로 틀린 것은?

① 스파크플러그의 정비
② 연료통과 연료필터 청소
③ 스파크플러그의 외부 점검
④ 점화상태의 점검결과에 따른 플러그 교환

해설 연료통과 연료필터 청소는 체인톱 분기별 정비에 해당한다.

66 임업기계의 분류에서 조림 및 육림기계가 아닌 것은?

① 예불기 ② 지타기
③ 식혈기 ④ 프로세서

해설 프로세서는 다공정 처리 기계이다.

67 다음 그림은 기계톱의 각 부분의 구조이다. 번호 ③의 지레발톱에 대한 설명이 올바른 것은?

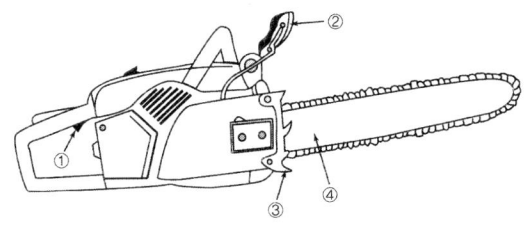

① 악셀레버의 차단기이다.
② 기계톱을 조종하는 앞손잡이다.
③ 나무를 절삭하며, 보통 안전용 제인덮개로 보호한다.
④ 정확히 작업을 할 수 있도록 지지역할 및 완충과 받침대 역할을 한다.

해설 스파이크(지레발톱)는 체인톱을 지지하는 지렛대 역할을 한다.

정답 65.② 66.④ 67.④

68 산림작업도구인 각식재용 양날괭이에 대한 설명으로 틀린 것은?

① 형태에 따라 타원형과 네모형이 있다.
② 도끼날 부분은 질긴 뿌리를 자르는 것으로만 사용한다.
③ 타원형은 자갈이 섞이고 지중에 뿌리가 있는 곳에서 사용한다.
④ 네모형은 땅이 무르고 자갈이 없으며 잡초가 많은 곳에 사용한다.

해설 도끼날 부분은 땅을 가르는 용도로 사용한다.

69 산림 작업용 도끼의 날을 갈 때 날카로운 삼각형으로 연마하지 않고 아치형으로 연마하는 이유로 가장 적합한 것은?

① 도끼날이 목재에 끼이는 것을 막기 위하여
② 연마하기가 쉽기 때문에
③ 도끼날의 마모를 줄이기 위하
④ 마찰을 줄이기 위하여

해설 도끼날이 날카로운 삼각형 형태로 연마되면 벌목시 날이 나무속에 끼이기 쉽고, 무딘 둔각형은 나무가 잘 잘리지 않아 날이 튀기도 한다. 연마한 도끼의 날은 아치형을 이루어야 올바른 형태이다.

70 기계톱의 기관에 흡입되는 공기 중의 먼지를 제거하는 작용을 하는 것은?

① 피스톤
② 크랭크축
③ 에어필터
④ 연료탱크

해설 에어필터는 관에 흡입되는 먼지, 톱밥 등을 제거한다.

71 현장에서 사용하고 있는 자동지타기의 문제점이 아닌 것은?

① 우천 시 미끄러짐
② 바퀴에 의한 상처
③ 임목의 형상에 기인한 상처
④ 인력에 의한 가지치기 작업보다 더 높은 위치까지 작업불가

해설 자동지타기는 인력에 의해 가지치기 작업보다 더 높은 위치까지 작업이 가능하다.

정답 68.② 69.① 70.③ 71.④

72 실린더 속에서 가스가 압축되는 정도를 나타내는 압축비의 공식은?

① 압축비 = (연소실용적＋행정용적) / 연소실용적
② 압축비 = (크랭크실＋피스톤직경) / 크랭크실용적
③ 압축비 = (흡입행정＋압축용적) / 연소실용적
④ 압축비 = (연소실용적＋실린더내경) / 행정용적

해설 실린더 속에서 가스가 압축되는 정도를 압축비로 표현하며 구하는 방법은 아래와 같다

$$압축비 = \frac{연소실용적 + 행정용적}{연소실용적}$$

73 2행정 기관을 4행정 기관과 비교했을 때, 2행정기관의 특징에 대한 설명으로 틀린 것은?

① 배기음이 낮다.
② 휘발유와 오일 소비가 크다.
③ 동일배기량에 비해 출력이 크다.
④ 저속운전이 곤란하다.

해설 배기음이 낮은 것은 4행정 기관의 특징이다

74 안전사고 예방기본대책에서 예방 효과가 큰 순서로 올바르게 나열된 것은?

① 위험제거 → 위험으로부터 멀리 떨어짐 → 위험고정 → 개인안전보호
② 개인안전보호 → 위험고정 → 위험제거 → 위험으로부터 멀리 떨어짐
③ 위험고정 → 개인안전보호 → 위험제거 → 위험으로부터 멀리 떨어짐
④ 위험으로부터 멀리 떨어짐 → 개인안전보호 → 위험제거 → 위험고정

해설 안전사고를 예방하는 것은 위험을 제거하는 것이 가장 효과적이며 다음으로 위험에서 거리두기, 위험고정, 개인안전 보호 정도의 순서로 효과가 있다.

75 기계톱의 일일정비사항에 해당하지 않는 것은?

① 휘발유와 오일의 혼합
② 에어필터의 청소
③ 안내판의 손질
④ 연료통과 연료필터의 청소

해설 연료통과 연료필터 청소는 체인톱 분기별 정비에 해당한다.

정답 72.① 73.① 74.① 75.④

76 노동의 경중은 에너지대사율로 표시하는데 다음 중 표시 방법으로 옳은 것은?

① P.P.M ② R.M.R
③ G.N.P ④ M.R.A

해설: 에너지 대사율은 RMR(Relative Metabolic Rate)이라 한다.

77 엔진의 출력은 마력(HP, PS)대신에 kW 단위를 사용하고 있다. 1마력은 약 몇 kW 와 같은가?

① 0.7 ② 1.0
③ 1.4 ④ 2.0

해설: 1 마력은 0.735 kw 와 같다

78 기계톱 기화기의 역할을 알맞게 설명한 것은?

① 공기와 연료를 혼합하여 크랭크실로 분사 시키는 장치이다.
② 공기와 오일을 혼합하여 클러치 부분으로 밀어내는 장치이다.
③ 연료와 오일을 혼합하여 크랭크실로 분사 시키는 장치이다.
④ 공기와 연료를 혼합하여 클러치 부분으로 밀어내는 장치이다.

해설: 기화기는 연료를 기체로 만들어 공기와 혼합시켜 크랭크실로 분사 및 공급하는 장치로 벤투리관, 스로틀밸브, 초크밸브 등이 있다.

79 소경재 벌목방법에서 벌목방향으로 20° 정도 경사를 두어 벌목하는 방법은?

① 비스듬히 절단하는 방법 ② 간이수구 절단방법
③ 수구추구에 의한 절단방법 ④ 지렛대를 이용한 방법

해설: 소경재는 비스듬히 절단을 하며 20° 정도의 경사를 두어 벌목한다.

80 일반적으로 예불기는 시간당 몇 리터(L)를 소모되는 것으로 보고 준비하는 것이 좋은가?

① 50L ② 5L
③ 0.5L ④ 0.05L

해설: 예불기의 연료는 약 0.5L/h 정도가 소모된다.

정답 76.② 77.① 78.① 79.① 80.③

81 예불기 사용시 올바른 자세와 작업방법이 아닌 것은?

① 돌발적인 사고예방을 위하여 안전모, 안면 보호망, 귀마개 등을 사용하여야 한다.
② 예불기를 멘 상태의 바른 자세는 예불기 톱날의 위치가 지상으로부터 10 ~ 20cm에 위치하는 것이 좋다.
③ 1년생 잡초 제거 작업 시 작업의 폭은 1.5m가 적당하다.
④ 항상 오른쪽 발을 앞으로 하고 전진할 때는 왼쪽발을 먼저 앞으로 이동시킨다.

해설 항상 왼발을 앞으로 하고 전진할 때는 오른발을 먼저 앞으로 이동시킨다.

82 다음 중 도끼자루로 가장 적합한 나무는?

① 잣나무
② 소나무
③ 물푸레나무
④ 백합나무

해설 도끼에 사용되는 자루의 용재로는 박달나무, 물푸레나무, 단풍나무, 호두나무, 참나무류 등이 적합하다.

83 2행정기관은 크랭크축이 1회전 할 때마다 몇 회 폭발하는가?

① 1회
② 2회
③ 3회
④ 4회

해설 2행정 기관은 1회의 동력을 얻기 위해 1회의 크랭크축의 회전이 필요하고 이때 1회 폭발한다.

84 내연기관에서 연접봉의 역할은?

① 크랭크와 피스톤을 연결하는 역할을 한다.
② 엔진의 파손된 부분을 용접하는 봉이다.
③ 크랭크 양쪽으로 연결된 부분을 말한다.
④ 엑셀 레버와 기화기를 연결하는 부분이다.

해설 커넥팅로드(연접봉)는 피스톤과 크랭크축을 연결하여 연소실에서 연소가스에 의해 피스톤에 가한 힘을 크랭크 축에 전달하는 역할을 한다.

정답 81.④ 82.③ 83.① 84.①

85 가선집재의 장점에 대한 틀린 설명은?

① 다른 집재방법보다 지형조건의 영향을 적게 받는다.
② 임지 및 잔존임분에 피해를 최소화할 수 있다.
③ 트랙터 집재에 비해 집재작업에 필요한 에너지가 적게 소요된다.
④ 다른 집재방법보다 작업원에 대한 기술적 요구도가 낮다.

해설 가선집재는 장비가 고가이고 숙련된 기술을 요구한다.

86 기계톱 기화기의 벤트리관으로 유입된 연료량은 무엇에 의해 조정될 수 있는가?

① 저속조절나사와 노즐
② 지뢰쇠와 연료유입 조정 니들밸브
③ 고속조절나사와 공전조절나사
④ 배출 밸브막과 펌프막

해설 주연료 노즐끝의 압력을 낮추어 연료가 주연료 노즐에서 분출하게 한다. 유입된 연료는 고속조절나사와 기화기의 외부에 공전조절나사에 의해 조정된다.

87 4행정기관과 비교한 2행정기관의 특징으로 옳지 않은 것은?

① 연료 소모량이 크다.
② 저속운전이 곤란하다.
③ 동일배기량에 비해 출력이 작다.
④ 혼합연료 이외에 별도의 엔진오일을 주입하지 않아도 된다.

해설 배기량이 동일하면 2행정기관이 4행정기관보다 2배의 출력을 얻을 수 있다.

88 예불날의 종류에 따른 예불기의 분류가 아닌 것은?

① 회전날식 예불기
② 로터리식 예불기
③ 왕복요동식 예불기
④ 나일론코드식 예불기

해설 예불날의 종류에 따라 회전날식 예불기, 직선왕복날 방식 예불기, 왕복요동식 예불기, 나일론코드식 예불기 등이 있다.

정답 85.④ 86.③ 87.③ 88.②

89 체인톱의 평균 수명과 안내판의 평균 수명으로 옳은 것은?

① 1000시간, 300시간
② 1500시간, 450시간
③ 2000시간, 600시간
④ 2500시간, 700시간

해설 체인톱에서 톱체인의 수명은 약 1500시간을 기준으로 하며 안내판은 약 450 시간을 기준으로 한다.

90 벌목 방법의 순서로 옳은 것은?

① 벌목 방향 설정 - 수구자르기 - 추구자르기 - 벌목
② 벌목 방향 설정 - 추구자르기 - 수구자르기 - 벌목
③ 수구자르기 - 추구자르기 - 벌목 방향 설정 - 벌목
④ 추구자르기 - 수구자르기 - 벌목 방향 설정 - 벌목

해설 벌목을 위해 대상목의 방향을 설정하고 수목의 수구를 만들고 반대쪽에 추구 작업을 하여 벌목을 한다.

91 예불기 날 중 자갈, 돌 등 장애물이 많고 잔디나 1년생 초본류의 예취작업에 적합한 것은?

① 삼각날
② 원형톱날
③ 사각날
④ 나일론줄 날

해설 나일론줄 날 예불기는 일반 예불기로는 안전상 사용이 어려운 묘속이나 콘크리트 등의 주위나 입목을 휘감은 풀을 깎을 때 사용한다.

92 다음 산림작업 도구 중 유령림의 무육보다는 간벌의 무육작업에 적합한 도구는?

① 톱
② 소형 기계톱
③ 낫
④ 전정가위

해설 유령림 무육보다 간벌의 무육은 벌목 및 수확작업에 있어 기계톱이 적합하다.

정답 89.② 90.① 91.④ 92.②

93 예불기 사용 시 주의 사항이 아닌 것은?
① 안전모를 쓰고 장갑을 낀다.
② 미끄러지지 않는 구두를 신는다.
③ 짧은 소매가 달린 자켓과 짧은 바지를 입는다.
④ 간단한 구급약을 휴대한다.

해설: 예불기 작업시 긴소매의 윗도리와 긴바지의 작업복을 입는다.

94 체인톱 몸통과 작업기와의 연결부위에 고무뭉치가 끼어 있다. 무슨 역할을 하는가?
① 소음예방   ② 진동예방
③ 방청작용   ④ 냉각작용

해설: 체인톱 몸통과 작업기와의 연결부위 고무뭉치는 방진고무로 진동을 예방하는 역할을 한다.

95 손톱의 톱니 꼭지선이 일정하지 않다면 다음 중 어떤 현상이 나타날 것인가?
① 톱밥의 양이 많아진다.   ② 톱질할 때 힘이 많이 든다.
③ 톱질이 깊게 된다.   ④ 톱니가 강하며 능률이 오른다.

해설: 톱의 꼭지선이 일정하지 않을 경우 톱질에 힘이 많이 필요하게 된다.

96 자동지타기를 이용한 작업에 대한 설명으로 옳지 않은 것은?
① 절단 가능한 가지의 최대직경에 유의한다.
② 우천 시 미끄러짐, 센서 이상 등의 문제점이 있다.
③ 나선형으로 올라가지 못하고 곧바로만 올라간다.
④ 승강용 바퀴 답압에 의해 수목에 상처가 발생하기도 한다.

해설: 자동지타기는 수간을 나선형으로 돌면서 체인톱에 의해 가지를 제거한다.

정답 93.③ 94.② 95.② 96.③

97 소형원치에 대한 설명으로 옳지 않은 것은?

① 리모콘 등으로 원격 조종이 가능한 것도 있다.
② 가공본줄을 설치하여 단거리 상향집재에 이용하기도 한다.
③ 견인력이 약 5톤 내외이고 현장의 지주목에 고정하여 사용한다.
④ 작업자가 보행하면서 조작하는 것은 캐디형(caddy)이라고 한다.

해설 아크야 원치, 체인톱 원치 등은 견인력이 0.5 ~ 1 ton 정도이다.

98 기계톱 사용 직전에 점검할 사항으로 일상 점검(작업 전 점검)사항이 아닌 것은?

① 기계톱의 이물질 제거
② 점화플러그의 간격 조정
③ 기계톱 외부, 기화기 등의 오물 제거
④ 체인브레이크 등 안전장치의 이상 유무

해설 점화플러그 간격 조정은 체인톱 주간 정비 항목에 해당한다.

99 임업용 와이어로프의 용도 중 작업선의 안전계수 기준은?

① 2.7 이상
② 4.0 이상
③ 6.0 이상
④ 7.5 이상

해설 버팀줄, 고정줄, 작업줄 등의 안전계수는 4.0 이다.

100 트랙터를 이용한 집재 시 안전과 효율성을 고려했을 때 일반적으로 작업 가능한 최대 경사도로 옳은 것은?

① 5~10
② 15~20
③ 25~30
④ 35~40

해설 트랙터는 평탄지나 완경사지 정도에 집재가 적합한 기기로 약 25° 정도가 적합하다.

정답 97.③ 98.② 99.② 100.③

PART 4

산림기능사
과년도 기출문제

2012년 시행
2013년 시행
2014년 시행
2015년 시행
2016년 시행
CBT 문제

2012년 제1회 산림기능사

01 숲의 작업종 중 모수작업에 의하여 조성되는 후계림은 어떤 형태인가?
① 이령림 ② 노령림
③ 동령림 ④ 다층림

해설 모수작업은 모수만 남기고 나머지 나무를 일시에 벌채하는 작업으로 이후 나무의 나이가 유사한 동령림이 형성된다.

02 종자를 채취하여 즉시 파종하여야 하는 것은?
① 소나무 ② 일본잎갈나무
③ 칠엽수 ④ 포플러류

해설 저장이 어려운 수종은 즉시 파종하는데 대표적으로 포플러류, 느릅나무, 사시나무, 회양목, 음나무, 복자기나무 등이 있다.

03 다음 수종 중 암수가 딴그루인 것은?
① 은행나무 ② 삼나무
③ 신갈나무 ④ 소나무

해설 암수가 딴그루인 것은 자웅이주라 하며 은행나무, 버드나무, 소철, 가죽나무 등이 있다.

04 모수작업에 관한 설명으로 옳지 않은 것은?
① 갱신에 필요한 종자공급보다 갱신된 어린 나무의 보호를 위한 작업이다.
② 남겨질 모수는 전체나무의 수에 비해 극히 적은 일부에 지나지 않는다.
③ 모수는 결실이 양호한 성숙목을 선정한다.
④ 양수의 갱신에 적합하다.

해설 모수작업은 종자를 공급할 수 있는 모수를 남기고 나머지 나무를 일시에 벌채하는 작업이다.

05 종자의 성숙기가 6~7월인 수종은?
① 소나무 ② 층층나무
③ 자작나무 ④ 벚나무

해설 종자의 성숙기가 6~7월에 걸치는 것으로 벚나무가 있다.

06 다음 중 조림지의 풀베기를 실시하는 시기로 가장 적합한 것은?
① 3~5월 ② 6~8월
③ 9~11월 ④ 12~2월

해설 풀베기 작업은 6~8월에 연 2회 실시하며 빠르면 5월에도 가능하다. 한해의 위험성이 높아지는 9월 이후에는 실시하지 않는다.

07 조림지의 숲가꾸기 순서로 옳은 것은?
① 풀베기 → 제벌 → 간벌
② 풀베기 → 간벌 → 제벌
③ 제벌 → 풀베기 → 간벌
④ 제벌 → 간벌 → 풀베기

해설 조림지의 숲가꾸기 작업은 조림 후 풀베기를 시작으로 제발, 가지치기, 간벌의 순서로 진행한다.

정답 01.③ 02.④ 03.① 04.① 05.④ 06.② 07.①

08 다음 우량묘의 조건으로 틀린 것은?

① 발육이 왕성하고 신초의 발달이 양호한 것
② 우량한 유전성을 지닌 것
③ 측근과 세근이 잘 발달된 것
④ 침엽수종의 묘에 있어서는 줄기가 곧고 측아가 정아보다 우세한 것

해설) 줄기가 곧고 정아가 측아보다 우세한 것이 좋다.

09 리기다소나무 1년생 묘목의 곤포당 본수는?

① 1,000본 ② 2,000본
③ 3,000본 ④ 4,000본

해설) 리기다소나무 1년생 묘목의 곤포당 본수는 2,000본이고 속수는 100본이다.

10 일정한 면적에 직사각형 식재를 할 때 묘목 수의 계산은?

① $\dfrac{조림지 면적}{묘간거리}$

② $\dfrac{조림지 면적}{(묘간거리)^2}$

③ $\dfrac{조림지 면적}{(묘간거리)^2 \times 0.866}$

④ $\dfrac{조림지 면적}{묘간거리 \times 줄사이의 거리}$

해설) 직사각형식재는 장방형 식재로 조림지면적을 묘간거리와 줄사이 거리의 곱으로 나눈 값이다.

11 묘목의 뿌리가 2년생, 줄기가 1년생을 나타내는 삽목묘의 연령 표기를 바르게 한 것은?

① 2-1 묘 ② 1-2 묘
③ 1/2 묘 ④ 2/1 묘

해설) 삽목묘는 뿌리의 나이를 분모, 줄기의 나이를 분자로 나타내며 묘목의 뿌리가 2년생, 줄기가 1년의 경우 C 1/2 로 표기한다.

12 발근촉진제로 쓰이는 식물성 호르몬제는?

① 지베렐린
② AMO-1618
③ 나프탈렌아세트산(NAA)
④ 수산화나트륨

해설) 발근촉진제의 종류로 인돌젖산(IBA), 인돌초산(IAA), 루톤액, 나프탈린초산(NAA) 등이 있으며 대중적으로 IBA 를 많이 사용한다.

13 다음 중 조림목의 보육을 위한 풀베기 방법으로 볼 수 없는 것은?

① 모두베기 ② 둘레베기
③ 골라베기 ④ 줄베기

해설) 풀베기의 방법에는 모두베기, 둘레베기, 줄베기 등이다.

14 파종상을 만든 후 모판에 롤러로 흙의 입자와 입자가 밀착되도록 다짐작업을 함으로써 얻을 수 있는 장점은?

① 해충의 발생을 억제한다.
② 새의 피해를 줄인다.
③ 땅속의 수분을 효과적으로 이용한다.
④ 병해의 발생을 줄인다.

해설) 진압을 해주면 토양 사이 공극이 줄어들고 긴밀해지면서 종자가 수분을 흡수하기 용이한 상태가 된다.

정답 08.④ 09.② 10.④ 11.③ 12.③ 13.③ 14.③

15 다음 중 결실을 촉진시키는 방법으로 옳은 것은?

① 질소질 비료의 비율을 높여 시비한다.
② 줄기의 껍질을 환상으로 박피한다.
③ 수목의 식재밀도를 높게 한다.
④ 차광망을 씌워 그늘을 만들어 준다.

해설 환상박피, 단근, 접목 등이 있으며 수목의 지상부에 탄수화물의 함량을 많게 하여 개화결실을 촉진한다.

16 다음 중 산벌작업의 주된 목적은?

① 천연갱신 ② 임지 건조방지
③ 보속적 수확 ④ 임목무육

해설 산벌작업은 천연하종갱신으로 가장 안전한 작업으로 취급되며 동령림 갱신에 유리하다.

17 예비벌 → 하종벌 → 후벌의 순서로 시행되는 작업종은?

① 왜림작업 ② 중림작업
③ 산벌작업 ④ 모수림작업

해설 산벌작업은 갱신을 위해 예비벌, 하종벌, 후벌의 과정을 거치며 후벌의 마지막인 종벌의 순서로 작업이 진행되는데 이를 순차벌이라 한다.

18 다음 중 임지의 보호방법으로 옳지 않은 것은?

① 비료목을 식재한다.
② 황폐한 임지는 등고선 방향으로 수평구를 설치한다.
③ 임지 표면의 낙엽과 가지를 모두 제거한다.
④ 균근균을 배양하여 임지에 공급한다.

해설 임지의 표면의 낙엽과 가지를 모두 제거하면 토양 유실 및 양분 순환이 불량해지면서 토양의 황폐화가 진행된다.

19 다음 중 콩과식물의 비료목이 아닌 것은?

① 다릅나무, 싸리류
② 칡, 아까시나무
③ 붉나무, 누리장나무
④ 자귀나무, 아까시나무

해설 비료목에는 콩과수목으로 아까시나무, 자귀나무, 칡, 싸리나무 등이 있으며 비콩과수목에는 오리나무, 보리수나무, 소귀나무 등이 있다.

20 묘목설계 구획시에 시설부지, 주·부도 및 보도를 제외한 묘목을 양성하는 포지는 전체면적으로 몇 %가 적합한가?

① 30 ~ 40 ② 40 ~ 50
③ 50 ~ 60 ④ 60 ~ 70

해설 묘목설계 구획에서 시설부지, 보도 및 기타 소요면적 등을 제외한 육묘포지는 60~70% 정도를 기준으로 한다.

21 다음 중 천연림에 대한 설명으로 맞지 않는 것은?

① 수종이 다양하다.
② 나무의 크기가 일정하다.
③ 층위가 다양하다.
④ 원시림 또는 처녀림이라 한다.

해설 천연림은 수종 및 임령이 다양하여 나무의 크기도 다양하다.

22 다음 중 택벌림에 대한 설명으로 틀린 것은?

① 병해와 충해에 저항력이 높다.
② 음수의 갱신에는 부적당하다.
③ 임관이 항상 울폐한 상태에 있으므로 임지와 어린나무가 보호를 받는다.
④ 숲의 심미적 가치가 좋다.

해설 택벌작업은 음수 수종에 적용하기 유리하고 양수수종에는 적용이 어렵다.

정답 15.② 16.① 17.③ 18.③ 19.③ 20.④ 21.② 22.②

23 접목을 할 때 접수와 대목의 가장 좋은 조건은?

① 접수와 대목이 모두 휴면상태일 때
② 접수와 대목이 모두 왕성하게 생리적 활동을 할 때
③ 접수는 휴면상태이고, 대목은 생리적 활동을 시작할 때
④ 접수는 생리적 활동을 시작하고, 대목은 휴면상태일 때

해설 보통 접수는 휴면상태, 대목은 활발한 상태일 때 접목의 적기이다

24 수목과 광선에 대한 설명으로 틀린 것은?

① 수종에 따라 광선의 요구도에 차이가 있는 것은 아니다.
② 광선은 임목의 생장에 절대적으로 필요하다.
③ 소나무와 같은 수종을 양수라고 한다.
④ 전나무와 같은 수종을 음수라고 한다.

해설 수종에 따라 광의 요구도가 차이가 난다.

25 임목종자의 품질검사 항목에 해당되지 않는 것은?

① 종자의 건조법 ② 순량률
③ 발아율   ④ 종자 1000립의 중량

해설 종자의 품질검사 항목은 순량률, 용적중, 실중, 1당 입수, kg당 입수, 수분, 발아율, 효율 등이다.

26 다음 해충 중 소나무의 새순에 기생하여 양분을 빨아먹음으로써 수세를 약화시켜 새로운 순을 말라 죽이는 것은?

① 소나무좀   ② 박쥐나방
③ 향나무하늘소 ④ 소나무가루깍지벌레

해설 소나무가루깍지벌레는 가지의 수액을 빨아먹어 신초가 잘 자라지 못하게 하고 수세를 약화시킨다.

27 다음 중 25%의 살균제 100cc를 0.05% 액으로 희석하는데 소요되는 물의 양(cc)은? (단, 농약의 비중은 1이다.)

① 39,900   ② 49,900
③ 59,900   ④ 69,900

해설 희석할 물의 양 = 원액의 용량×((원액의 농도 / 희석할 농도) − 1)×원액의 비중
100×((25 / 0.05)−1)×1 = 100×499
= 49,900

28 산불발생이 가장 많은 시기는?

① 3~5월   ② 6~8월
③ 9~11월   ④ 12~2월

해설 국내의 산불은 자연습도가 낮은 봄철에 많이 발생하며 대략 3~5월정도이며 4월에 가장 발생률이 높다.

29 유충과 성충이 모두 잎을 식해하는 해충은?

① 오리나무잎벌레 ② 솔나방
③ 미국흰불나방   ④ 매미나방

해설 오리나무잎벌레는 성충과 유충이 동시에 잎을 식해한다.

30 칡과 같은 만경류를 제거하는 방법이 잘못된 것은?

① 글라신액제 처리시기는 칡의 경우 농번기를 피하며 겨울 또는 봄에 실시한다.
② 글라신액제 원액을 흡수시킨 면봉은 칡머리 부분에 송곳으로 구멍을 뚫고 삽입한다.
③ 글라신액제와 물을 1 : 1로 혼합한 액을 주입기로 주입한다.
④ 만경류의 경우 되도록 어릴 때 제거하는 것이 효과적이다.

정답 23.③ 24.① 25.① 26.④ 27.② 28.① 29.① 30.①

> 해설 칡과 같은 만경류에 글라신 액제를 처리할 경우 5~9월쯤인 여름에 실시한다.

31 다음 중 보르도액의 조제절차가 틀린 것은?

① 원료로 사용되는 황산구리는 순도 98.5% 이상, 생석회는 순도 90% 이상을 사용하여야 좋은 보르도액을 만들 수 있다.
② 보르도액의 조제 시 황산구리는 양철통을 사용한다.
③ 필요한 물의 80~90%의 물에 황산구리를 녹여 묽은 황산구리액을 만든다.
④ 생석회는 소량의 물로 소화(消和, slaking) 시킨 다음 필요한 물의 10~20%의 물에 넣어 석회유를 만든다.

> 해설 보르도액은 금속제가 아닌 통을 준비하여 조제한다.

32 도시의 공원이나 가로수에서 나타나는 수목피해의 원인으로 틀린 것은?

① 토양 경화
② 호흡 불량
③ 뿌리 조임
④ 자연유기물비료 과다공급

> 해설 도시공원이나 가로수의 경우 토양에 양분이 부족한 경우가 있기에 유기물비료를 과다하게 공급할 경우 토양의 부족한 양분을 보충하여 수목의 피해를 경감시킨다.

33 해충의 직접적인 구제방법 중 기계적방제법에 속하지 않는 것은?

① 포살법
② 소살법
③ 유살법
④ 냉각법

> 해설 산림해충의 기계적 방제법에는 유살, 포살, 소살, 차단 등의 방법이 있다.

34 진딧물이나 깍지벌레 등이 수목에 기생한 후 그 분비물 위에 번식하여 나무의 잎, 가지, 줄기가 검게 보이는 병은?

① 흰가루병
② 그을음병
③ 줄기마름병
④ 잎떨림병

> 해설 그을음병은 진딧물, 깍지벌레의 배설물에 의해 발생하고 그을음과 같은 포자 덩어리로 인해 검게 보인다.

35 다음 중 비생물적 병원(病原)인 것은?

① 선충
② 진균
③ 공장폐수
④ 파이토플라스마

> 해설 비생물적 병원은 외부적 요인으로 토양, 기상, 양분, 농기구, 공업폐수 등이 있다.

36 묘포장에서 많이 발생하는 모잘록병의 방제법으로 적합하지 않은 것은?

① 토양소독 및 종자소독을 한다.
② 돌려짓기를 한다.
③ 질소질 비료를 많이 준다.
④ 솎음질을 자주하여 생립본수(生立本數)를 조절한다.

> 해설 질소질비료를 과용하지 않고 인산질비료 충분히 준다.

37 유아등으로 등화유살 할 수 있는 해충은?

① 오리나무잎벌레
② 솔잎혹파리
③ 밤나무혹벌
④ 어스렝이나방

정답 31.② 32.④ 33.④ 34.② 35.③ 36.③ 37.④

해설 등화유살은 주광성이 강한 해충에 적용하는데 어스렝이나방에 적용 가능하다.

38 다음 해충 중 수피 틈이나 지피물 밑에서 제5령 유충으로 월동하는 것은?

① 솔나방　　② 매미나방
③ 어스렝이나방　④ 버들재주나방

해설 1년에 1회 발생하고 5령충이 지피물 혹은 나무껍질 사이에 월동한다.

39 다음 중 살충제의 부작용에 대한 설명으로 틀린 것은?

① 천적류는 접촉제보다 소화중독제의 영향을 특히 많이 받는다.
② 살충제 약해는 강우 전후에 발생하기 쉽다.
③ 같은 살충제를 오랫동안 사용하면 저항성 해충군이 출현한다.
④ 진딧물류나 응애류의 경우 살충제를 사용한 후 해충밀도가 급격히 증가할 수도 있다.

해설 천적류는 소화중독제보다는 접촉제에 더 영향을 많이 받는다.

40 농약의 형태에 대한 영어표기 중 "EC"가 뜻하는 것은?

① 액제　　② 유제
③ 수화제　④ 입제

해설 액상으로서 물에 희석하였을 때 유화되는 농약을 유제(Emulsifiable Concentrate, EC)라 한다.

41 노동강도의 경중(輕重)은 에너지대사율로 표시하는데 다음 중 표시방법으로 옳은 것은?

① GNP　　② MRA
③ PPM　　④ RMR

해설 에너지 대사율(RMR : Relative Metabolic Rate)은 산소 호흡량을 측정하여 에너지의 소모량을 표시하는 것이다.

42 벌목작업 시 안전작업 방법으로 설명이 올바른 것은?

① 작업도구들은 벌목방향으로 치우고 도피 시 방해가 되지 않도록 한다.
② 벌목영역은 벌채목을 중심으로 수고의 3배이다.
③ 벌목구역은 벌채목이 넘어가는 구역이다.
④ 벌목영역에는 사람이 아무도 없어야 한다.

해설 작업도구는 벌목방향의 반대방향으로 정리하며 벌목영역은 벌채목을 중심으로 1.5배 이상 안전거리를 유지한다.

43 기계톱 기화기의 벤트리관으로 유입된 연료량은 무엇에 의해 조정될 수 있는가?

① 저속조정나사와 노즐
② 지뢰쇠와 연료유입 조정니들 밸브
③ 고속조정나사와 공전조정나사
④ 배출 밸브막과 펌프막

해설 주연료 노즐끝의 압력을 낮추어 연료가 주연료 노즐에서 분출하게 한다. 유입된 연료는 고속조정나사와 기화기의 외부에 공전조정나사에 의해 조정된다.

정답　38.① 39.① 40.② 41.④ 42.③ 43.③

44 산림작업도구인 각식재용 양날괭이에 대한 설명으로 틀린 것은?

① 형태에 따라 타원형과 네모형이 있다.
② 도끼날 부분은 나무를 자르는 것으로만 사용한다.
③ 타원형은 자갈이 섞이고 지중에 뿌리가 있는 곳에서 사용한다.
④ 네모형은 땅이 무르고 자갈이 없으며 잡초가 많은 곳에 사용한다.

해설 도끼날 부분은 땅을 가르는 용도로 사용한다.

45 가선집재의 장점에 대한 설명으로 틀린 것은?

① 다른 집재방법보다 지형조건의 영향을 적게 받는다.
② 임지 및 잔존임분에 피해를 최소화할 수 있다.
③ 트랙터 집재에 비해 집재작업에 필요한 에너지가 적게 소요된다.
④ 다른 집재방법보다 작업원에 대한 기술적 요구도가 낮다.

해설 가선집재는 장비가 고가이고 숙련된 기술을 요구한다.

46 다음 그림에서 소경재 벌목작업의 간이수구에 의한 절단방법으로 가장 적합한 것은?

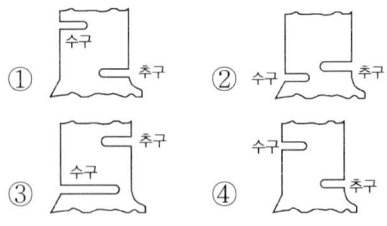

해설 벌목할 수목의 가슴높이 직경이 10센티미터 이상, 40센티미터 미만일 때에는 충분한 깊이의 수구를 만들어야 한다. 추구는 수구 밑면보다 절단수목 지름의 10분의 1정도 높은 위치에 만들어야 한다.

47 실린더 속에서 가스가 압축되는 정도를 나타내는 압축비의 공식으로 적합한 것은?

① 압축비 = $\dfrac{흡입행정 + 압축용적}{연소실용적}$
② 압축비 = $\dfrac{크랭크실 + 피스톤직경}{크랭크실용적}$
③ 압축비 = $\dfrac{연소실용적 + 행정용적}{연소실용적}$
④ 압축비 = $\dfrac{연소실용적 + 실린더내경}{형정용적}$

해설 실린더 속에서 가스가 압축되는 정도를 압축비로 표현하며 구하는 방법은 아래와 같다.
압축비 = $\dfrac{연소실용적 + 행정용적}{연소실용적}$

48 기계톱의 엔진 과열현상이 일어날 수 있는 원인으로 가장 거리가 먼 것은?

① 사용연료의 부적합
② 점화플러그의 불량
③ 냉각팬에 먼지흡착
④ 클러치의 측면마모

해설 기계톱 엔진이 과열되는 경우 사용연료의 부적합, 점화플러그 불량, 냉각팬의 오염 및 먼지흡착, 연료실 카본 부착 등을 확인한다.

49 내연기관에서 연접봉의 역할은?

① 크랭크와 피스톤을 연결하는 역할을 한다.
② 엔진의 파손된 부분을 용접하는 봉이다.
③ 크랭크 양쪽으로 연결된 부분을 말한다.
④ 엑셀 레버와 기화기를 연결하는 부분이다.

해설 커넥팅로드(연접봉)는 피스톤과 크랭크축을 연결하여 연소실에서 연소가스에 의해 피스톤에 가한 힘을 크랭크 축에 전달하는 역할을 한다.

정답 44.② 45.④ 46.② 47.③ 48.④ 49.①

50 2행정기관은 크랭크축이 1회전할 때마다 몇 회 폭발하는가?

① 1회　② 2회
③ 3회　④ 4회

해설 2행정 기관은 1회의 동력을 얻기 위해 1회의 크랭크축의 회전이 필요하고 이때 1회 폭발한다.

51 라이싱거 듀랄은 무엇에 사용되는 도구인가?

① 땅위에 쓰러져 있는 벌도목의 방향전환 도구이다.
② 벌도방향 위치선정을 위한 쐐기의 일종이다.
③ 원형 기계톱 사용시 기계톱이 목재사이에 끼었을 때 사용하는 쐐기의 일종이다.
④ 자루가 짧은 침엽수 박피기의 일종이다.

해설 라이싱거 두랄은 원형 기계톱 사용시 이용하며 톱날이 목재 사이 끼었을 때 사용하는 쐐기의 일종이다.

52 다음 중 반끌형 톱날의 연마각도로 맞는 것은?

① 창날각 : 35°　② 가슴각 : 60°
③ 지붕각 : 85°　④ 수식삭 : 45°

해설 반끌형톱날은 창날각 35°, 가슴각 85°, 지붕각 60° 이다.

53 예불기 작업시 작업자 상호간의 최소 안전거리는 몇 m 이상이 적합한가?

① 4m　② 6m
③ 8m　④ 10m

해설 예불기 작업 시에는 다른 작업자와 최소 10m 이상의 안전거리를 둔다.

54 산림작업으로 인한 피로의 회복방법 중 적합하지 않은 것은?

① 휴식과 숙면을 취할 것
② 충분한 영양을 섭취할 것
③ 산책 및 가벼운 체조를 실시할 것
④ 스트레스 해소를 위하여 수영, 축구, 격투기 등의 운동을 할 것

해설 산림작업자의 피로 회복을 위해서는 음악감상 및 오락 등의 가벼운 취미 생활을 통해 기분전환을 하는 것이 좋다. 수영, 축구 등의 운동은 피로의 누적 가능성이 있어 피하도록 한다.

55 다음 중 도끼자루로 가장 적합한 나무는?

① 잣나무　② 소나무
③ 물푸레나무　④ 백합나무

해설 도끼에 사용되는 자루의 용재로는 박달나무, 물푸레나무, 단풍나무, 호두나무, 참나무류 등이 적합하다.

56 다음 중 체인톱의 안전장치에 속하지 않는 것은?

① 자동체인브레이크
② 안전 스로틀
③ 핸드가드
④ 에어필터

해설 에어필터는 체인톱 기관에 공기 중의 먼지 및 톱밥 등을 제거해주는 일반 장치이다.

57 2행정 내연기관에서 외부의 공기가 크랭크실로 유입되는 원리는?

① 피스톤의 흡입력
② 기화기의 공기펌프
③ 크랭크실과 외부와의 기압차
④ 크랭크축의 원운동

정답 50.① 51.③ 52.① 53.④ 54.④ 55.③ 56.④ 57.③

해설 2행정 기관은 피스톤이 상승하면 배기공과 소기공이 모두 막혀 실린더 속에 혼합가스가 압축한다. 크랭크 케이스 속의 압력이 낮아져 기화기에 형성된 혼합가스가 흡기구를 통해 크랭크케이스로 흡입된다. 이때 크랭크실과 외부와 발생되는 기압차에 의해 외부 공기가 크랭크실로 유입하게 된다.

58 다음 중 산림작업이 어려운 이유가 아닌 것은?

① 비, 바람 등과 같은 기상조건에 영향을 덜 받는다.
② 산림작업 도구 및 기계 자체가 위험성을 내포하고 있다.
③ 독사, 독충, 구르는 돌 등에 의해 피해를 받기 쉽다.
④ 산악지의 장애물과 경사로 인해 미끄러지기 쉽다.

해설 산림작업은 대부분 외업으로 비, 바람 등과 같은 기상조건에 영향을 많이 받는다.

59 체인톱의 주간정비사항으로만 조합된 것은?

① 스파크플러그 청소 및 간극 조정
② 기화기 연료막 점검 및 엔진오일 펌프 청소
③ 시동줄 및 시동스프링 점검
④ 연료통 및 여과기 청소

해설 체인톱의 주간정비에는 안내판 점검, 체인톱날 점검, 점화부분의 스파크플러그 점검 및 간극조정, 체인톱의 본체 청소 및 재선 점검 등을 실시한다.

60 예불기 사용시 올바른 자세와 작업방법이 아닌 것은?

① 돌발적인 사고예방을 위하여 안전모, 안면 보호망, 귀마개 등을 사용하여야 한다.
② 예불기를 멘 상태의 바른 자세는 예불기 톱날의 위치가 지상으로부터 10 ~ 20cm에 위치하는 것이 좋다.
③ 1년생 잡초제거 작업 시 작업의 폭은 1.5m가 적당하다.
④ 항상 오른쪽 발을 앞으로 하고 전진할 때는 왼쪽발을 먼저 앞으로 이동시킨다.

해설 항상 왼발을 앞으로 하고 전진할 때는 오른발을 먼저 앞으로 이동시킨다.

정답 58.① 59.① 60.④

2012년 제2회 산림기능사

01 임분의 전임목을 일시에 모두 바꾸고자 할 때 가장 알맞은 벌채방식은?
① 개벌작업   ② 산벌작업
③ 택벌작업   ④ 모수작업

해설 개벌작업은 임분 전체를 1회의 벌채로 모두 제거하며 전임목을 일시에 바꾸고자 할 때 적용한다.

02 봄에 묘목을 가식할 때 묘목의 끝은 어느 방향으로 향하게 땅에 묻는가?
① 동쪽   ② 서쪽
③ 남쪽   ④ 북쪽

해설 묘목의 끝은 가을에는 남쪽, 봄에는 북쪽으로 45° 경사지게 한다.

03 묘목의 식혈식재(구덩이 식재) 순서를 바르게 나열한 것은?
① 흙채우기→구덩이 파기→지피물 피복→묘목 삽입→다지기→지피물 제거
② 지피물 제거→다지기→구덩이 파기→묘목 삽입→흙채우기→지피물 피복
③ 지피물 제거→구덩이 파기→묘목 삽입→흙채우기→다지기→지피물 피복
④ 지피물 제거→구덩이 파기→지피물 피복→묘목 삽입→다지기→흙채우기

해설 묘목의 식혈식재는 식재장소의 지피물을 제거하고 조림봉으로 구덩이를 만들어 묘목을 구덩이에 넣고 흙을 채워준다. 흙을 충분히 채운 후에 묘목의 밖에서 안쪽으로 발로 흙을 밟아 식재혈이 식재목의 분과 밀착시켜주고 지피물로 다시 피복해준다.

04 나무가 토양용액에 녹아 있는 무기양분을 주로 흡수하는 곳은?
① 잎   ② 뿌리
③ 부름켜   ④ 줄기

해설 토양 내의 무기양분은 뿌리를 통해 흡수된다.

05 다음 중 소나무, 해송, 리기다소나무, 낙엽송 등 건조시킨 후 실내에 저장한 종자들의 가장 효과적인 발아촉진 방법은?
① 노천매장법
② 침수처리법
③ 열탕처리법
④ 씨껍질에 상처를 내는 법

해설 건조저장 이후에 파종하는 낙엽송, 삼나무, 편백, 소나무, 해송 등은 침수처리법으로 처리하면 종자의 발아가 효과적으로 촉진된다.

06 삽수의 발근에 관한 설명으로 틀린 것은?
① 어미나무의 영양상태가 좋고 질소의 함량이 탄수화물의 함량보다 많을 때 발근율이 높아진다.
② 주로 어린나무에서 딴 삽수가 늙은 나무에서 채취한 삽수보다 발근이 잘 된다.
③ 낙엽활엽수는 대부분 가지의 윗부분에서 얻은 삽수가 발근이 잘 된다.
④ 침엽수류는 발근 초기에 햇볕을 충분히 받도록 하고 새잎이 나오기 시작하면 차광을 하여 준다.

정답 01.① 02.④ 03.③ 04.② 05.② 06.①

해설 어미나무의 영양상태가 좋고 질소의 함량보다 탄수화물의 함량이 높을 때 발근율이 높아진다. 즉 C/N 율이 클 때 발근율이 높다.

07 임목생육을 촉진시키기 위한 작업은?

① 간벌작업 ② 모수작업
③ 개벌작업 ④ 왜림작업

해설 간벌작업은 부적합한 나무를 제거하여 형질이 우수한 임분으로 유도한다.

08 다음 중 임지를 보호하기 위한 가장 좋은 작업 방법은?

① 개벌작업 ② 모수작업
③ 산벌작업 ④ 택벌작업

해설 택벌작업은 성숙한 임목을 골라 벌채하는 방법으로 지력유지 및 토사유실 방지에 유리하다.

09 간벌작업의 실행순서로 맞는 것은?

① 간벌목 선정 → 답사 → 벌도 → 뒷손질
② 간벌목 선정 → 벌도 → 답사 → 뒷손질
③ 답사 → 간벌목 선정 → 벌도 → 뒷손질
④ 답사 → 뒷손질 → 간벌목 선정 → 벌도

해설 간벌작업의 경우 대상 임지의 조사를 위한 답사를 실시하고 이후 간벌목의 선정한다. 간벌목에는 페인트를 이용하거나 별도의 표시를 해두며 이후 벌채작업을 시작한다. 벌채작업이 완료되면 대상목의 정리를 실시하도록 한다.

10 잔존본수 400그루, 득묘율 30%, 종자효율 70%, 1g당 종자 알 수가 150개일 때의 m²당 파종량은 약 몇 g인가?

① 6.4g ② 9.5g
③ 12.7g ④ 17.6g

해설 $W = \dfrac{400}{150 \times 0.7 \times 0.3} ≒ 12.7g$

11 침엽수종의 간벌재가 경제적인 가치에 도달하게 되었을 때 처음 간벌은 보통 몇 년생일 때 실시하는가?

① 5~10년 ② 15~20년
③ 25~30년 ④ 35~40년

해설 대표적으로 소나무와 잣나무와 같은 침엽수종은 15~20년 쯤에 간벌을 처음 실시한다.

12 다음 중 흉고직경이 6~16cm의 임목을 나타낸 것은?

① 치수 ② 소경목
③ 대경목 ④ 중경목

해설 흉고직경 6~16cm 의 임목을 소경목으로 분류한다.

13 다음 파종조림에 대한 설명으로 틀린 것은?

① 발아가 잘되는 수종에 적용한다.
② 소나무, 해송 등에 적용한다.
③ 중부지방의 파종 시기는 2월 말이다.
④ 삼나무, 소나무, 전나무는 파종한 당년도에 발아한다.

해설 중부지방의 파종시기는 4월이 적합하다.

14 임목의 생장휴지기에 작업을 실시하면 작업 효과를 얻을 수 없는 것은?

① 간벌 ② 제벌
③ 맹아갱신 ④ 가지치기

해설 일반적인 벌채는 생장휴지기에 실시하나 맹아갱신의 경우 생장휴지기에 실시하면 맹아가 연약해져서 작업의 효과가 떨어진다.

정답 07.① 08.④ 09.③ 10.③ 11.② 12.② 13.③ 14.③

15 점파(점뿌림)가 적합한 수종은?

① 리기다소나무, 소나무
② 가문비나무, 주목
③ 낙엽송, 측백나무
④ 호두나무, 밤나무

해설 점파는 밤나무, 참나무류, 호두나무, 은행나무 등의 수종에 적합하다.

16 음수 수종으로 바르게 짝지어진 것은?

① 주목, 서어나무 ② 소나무, 전나무
③ 주목, 해송   ④ 편백, 낙엽송

해설 수목은 극음수이며 서어나무는 음수이다.

17 삽수 발근에 가장 큰 영향을 끼치는 요인이 아닌 것은?

① 모수의 연령
② 수종의 유전성
③ 삽수의 양분 조건
④ 모수의 생육환경 조건

해설 삽수 발근에 영향 인자로 모수의 연령, 수종의 유전성, 삽수의 양분 정도, 온도, 습도, 광선 등의 외부조건이 있다.

18 밤나무, 호두나무, 가래와 같은 씨앗의 정선법은?

① 수선법   ② 노천매장법
③ 입선법   ④ 풍선법

해설 굵은 종자나 열매를 손으로 선별하는 방법을 입선법이라 하며 밤나무, 가래나무, 호두나무, 상수리나무, 칠엽수 등의 대립종자에 적합하다.

19 다음 중 상록수로만 짝지어진 것은?

① 소나무-사스레나무
② 가시나무-동백나무
③ 굴참나무-굴피나무
④ 광나무-메타세쿼이아

해설 상록수는 일년 내내 푸른 잎을 달고 있는 수목으로 주목, 리기다소나무, 사철나무, 비자나무, 동백나무, 가시나무 등이 있다.

20 다음 중 우량묘목의 조건이 아닌 것은?

① 유전적으로 우량한 형질을 지닌 것
② 병충해의 피해가 없고 줄기가 곧은 것
③ 가지가 굵고 주근이 길게 잘 발달된 것
④ 가지가 사방으로 고르게 뻗어 발달한 것

해설 우량묘목은 줄기가 곧고 가지가 균형있게 발달해야 한다. 뿌리는 비교적 짧고 측근과 세근이 발달하며 지상과 지하의 균형을 이루어야 한다.

21 수종 중 측방천연하종에 의한 천연갱신이 용이한 수종은?

① 잣나무   ② 밤나무
③ 소나무   ④ 가래나무

해설 측방천연하종에 의한 천연갱신은 개벌에 의해 나타날 수 있으며 종자가 가볍고 비산거리가 상대적으로 긴 소나무, 자작나무류, 느릅나무 등이 유리하다.

22 수관급에서 열세목과 우세목이란 무엇을 결정하는 것인가?

① 수관이 임관층의 윗부분에 있는지, 아래부분에 있는지의 식별
② 가지가 정상적으로 뻗어 있는지의 식별
③ 줄기가 곧은지 굽은지의 식별
④ 수관의 굴곡 정도의 식별

정답 15.④ 16.① 17.④ 18.③ 19.② 20.③ 21.③ 22.①

> **해설** 주로 상층임관을 구성하는 나무를 우세목이라 하며 임관층의 아래에 있거나 우세목을 피압하는 등의 나무를 열세목이라 한다.

23 왜림의 특징이 아닌 것은?

① 맹아로 갱신된다
② 벌기가 길다.
③ 수고가 낮다.
④ 땔감 생산용으로 알맞다.

> **해설** 왜림작업은 활엽수림에 연료재 생산을 목적으로 짧은 벌기령을 가진다.

24 택벌림의 작업으로 이루어진 숲의 형태는?

① 동령림　　② 일제림
③ 단순림　　④ 이령림

> **해설** 택벌작업은 벌기, 벌채량, 방법 등 제한이 없고 성숙한 임목을 골라 벌채하는 방법으로 일종의 이령림 작업에 속하는 갱신 작업종이다.

25 다음 중 인공조림지의 숲가꾸기 작업순서가 맞는 것은?

① 벌채 → 조림 → 제벌 → 풀베기 → 가지치기 → 간벌
② 벌채 → 제벌 → 조림 → 풀베기 → 간벌 → 가지치기
③ 벌채 → 조림 → 풀베기 → 제벌 → 가지치기
④ 벌채 → 풀베기 → 조림 → 간벌 → 가지치기

> **해설** 인공조림지의 숲가꾸기는 벌채를 통해 시작되며 수종을 선별하여 조림하고 어린나무 보호를 위해 풀베기 작업을 수년간 실시한다.

이후 제벌 및 가지치기를 통해 우량목으로 유도한다.

26 땅속에서 월동하지 않는 해충은?

① 솔잎혹파리　　② 오리나무잎벌레
③ 잣나무넓적잎벌④ 어스렝이나방

> **해설** 어스렝이나방은 1년에 1회 발생하며 나무 위에서 알로 월동한다.

27 주제를 용제에 녹이고 거기에 유화제를 첨가하여 물과 섞이도록 한 약제는?

① 용액　　② 분제
③ 유제　　④ 수화제

> **해설** 유제는 주제의 성질이 지용성으로 물에 녹지 않아 유기용매에 녹여 유화제를 첨가한 용액을 말한다.

28 병원균이 기주식물의 조직 내에서 월동하지 않는 것은?

① 뿌리혹병
② 벚나무 빗자루병
③ 포플러 흰가루병
④ 낙엽송 가지끝마름병

> **해설** 흰가루병은 병든 낙엽이나 가지에서 월동한다.

29 유충이 4령기까지는 잎 뒤에 실을 토하여 만든 집 속에 떼지어 살지만 5령기부터 흩어져서 엽맥만 남기고 7월 중·하순까지 가해하며 생활하는 해충은?

① 독나방　　② 솔수염하늘소
③ 버들재주나방　④ 미국흰불나방

> **해설** 미국흰불나방은 부화한 유충이 4령기까지 실을 만들어 잎을 둘러싸고 그 속에서 집단생활을 하며 5령기에 유충으로 흩어져 가해한다.

정답　23.②　24.③　25.③　26.④　27.③　28.③　29.④

30 다음 중 솔잎혹파리의 우화 최성기로 가장 적합한 것은?
① 4월 상순   ② 6월 상·중순
③ 9월 하순   ④ 10월 상·중순

해설 솔잎혹파리는 5월 중순~7월상순에 우화하여 성충이 되며 6월 상순이 우화 최성기이다.

31 다음 중 진균의 특징이 아닌 것은?
① 균체에는 가는 실모양의 균사가 발달되어 있다.
② 균사는 격막이 있는 것과 없는 것이 있다.
③ 엽록소를 갖고 있어 광합성 작용을 한다.
④ 고등식물의 세포처럼 세포벽이 있다.

해설 진균은 실모양의 균사체로 개체를 유지하는 영양체와 종족을 보존해주는 번식체로 분류한다.
진균의 일부분인 균사는 격막의 유무로 분류되고 외부에 세포벽이 있고 그 성분은 키틴으로 이루어져 있다

32 솔나방의 성충 1마리가 몇 개 정도의 알을 낳는가?
① 100개   ② 50 ~ 100개
③ 500개 정도 ④ 1000개 정도

해설 솔나방은 7~8월쯤 주로 발생하며 500개 내외 정도의 알을 솔잎 위에 낳는다.

33 다음 중 우리나라 산림 쇠퇴의 원인이라고 할 수 없는 것은?
① 공해의 증가
② 자연적 산불의 발생
③ 기후변동과 악화
④ 병이나 해충의 피해

해설 자연적 산불의 발생과 같은 경우는 산불의 발생률에서 매우 적은 비중을 차지한다.

34 병원체의 감염에 의한 병징 중 변색에 해당되는 것은?
① 함몰   ② 오갈
③ 모자이크   ④ 위조

해설 모자이크는 바이러스병의 병징으로 황색의 반문이 발생하기에 변색에 해당된다.

35 성충의 몸 길이는 7mm 내외이며 몸은 진한 남색이고, 알은 황색이며 타원형으로 장경이 1mm인 산림해충은?
① 오리나무잎벌레 ② 솔나방
③ 독나방   ④ 깍지벌레

해설 성충의 몸길이가 7mm 내외로 진한 남색을 띠는 것은 오리나무잎벌레이다.

36 침엽수 모잘록병, 삼나무 붉은마름병은 어떤 비료를 많이 주었을 때 잘 발생하는가?
① 질소   ② 인산
③ 칼륨   ④ 유기질비료

해설 모잘록병, 삼나무 붉은마름병은 질소질비료의 과용을 하면 다량 발생할 수 있다.

37 내화력이 강한 수종으로 짝지어진 것은?
① 단풍나무와 삼나무
② 소나무와 녹나무
③ 대왕송과 은행나무
④ 해송과 벽오동나무

해설 내화력이 강한 수종으로 은행나무, 대왕송, 낙엽송, 굴참나무, 동백나무 등이 있다.

정답 30.② 31.③ 32.③ 33.② 34.③ 35.① 36.① 37.③

38 곤충류에서 수컷의 정자를 저장하는 암컷의 기관은?

① seminal vesicle)
② 수정낭(spermatheca)
③ 알집(ovary)
④ 정집(testis)

해설 수정낭은 암컷의 생식기관 중 하나로 수컷에게서 받은 정자를 저장한다.

39 다음 중 상대적으로 가장 높은 온도의 발병 조건을 요구하는 수병은?

① 낙엽송 가지끝마름병
② 잿빛곰팡이병
③ 리지나뿌리썩음병
④ 소나무 잎떨림병

해설 리지나뿌리썩음병은 높은 온도에서 포자가 발아하여 발병하기에 산불피해지에 주로 나타난다.

40 세균에 의해 발생되는 뿌리혹병에 관한 설명으로 옳은 것은?

① 방제법으로는 유기물보다는 석회시용량을 늘려야 한다.
② 초본식물에도 발생한다.
③ 주로 뿌리에 발생하며 가지에는 발생하지 않는다.
④ 병원균은 수목의 병환부에서는 월동하지않고 토양속에서 월동한다.

해설 뿌리혹병은 기주범위가 넓으며 초본식물과 목본식물에서 발생한다.

41 손톱의 톱니 꼭지선이 일정하지 않다면 다음 중 어떤 현상이 나타날 것인가?

① 톱밥의 양이 많아진다.
② 톱질할 때 힘이 많이 든다.
③ 톱질이 깊게 된다.
④ 톱니가 강하며 능률이 오른다.

해설 톱의 꼭지선이 일정하지 않을 경우 톱질에 힘이 많이 필요하게 된다.

42 체인톱 몸통과 작업기와의 연결부위에 고무뭉치가 끼어 있다. 무슨 역할을 하는가?

① 소음예방   ② 진동예방
③ 방청작용   ④ 냉각작용

해설 체인톱 몸통과 작업기와의 연결부위 고무뭉치는 방진고무로 진동을 예방하는 역할을 한다.

43 다음 중 1 ps는 몇 kW인가?

① 0.7455   ② 0.7355
③ 0.7255   ④ 0.7555

해설 1PS = 0.735kW 이다.

44 다음 설명에 해당하는 작업단계는?

> 일부의 작업은 인력작업으로 이루어지고 일부는 기계작업이 공존하는 단계로서, 벌목작업은 인력작업인 체인톱으로 실시하고 집재작업은 기계를 이용하는 단계

① 인력 작업단계
② 자동화 작업단계
③ 부분기계화 작업단계
④ 완전기계화 작업단계

해설 부분기계화 작업단계는 작업에 있어 일부는 인력작업으로 실시하고 일부작업은 기계작업을 실시하는 단계이다.

정답 38.② 39.③ 40.② 41.② 42.② 43.② 44.③

45 다음 손톱을 연마하기 위한 톱니의 젖힘 크기 중에서 가장 적합한 것은?

① 침엽수 0.5~0.6㎜, 활엽수 0.4~0.6㎜
② 침엽수 0.4~0.6㎜, 활엽수 0.5~0.6㎜
③ 침엽수 0.3~0.5㎜, 활엽수 0.2~0.3㎜
④ 침엽수 0.2~0.3㎜, 활엽수 0.3~0.4㎜

해설 침엽수는 0.3~0.5㎜, 활엽수는 0.2~0.3㎜ 정도로 젖혀주고 젖힘의 크기는 모든 톱니가 일정해야 한다.

46 작업장에서 작업자 배치 시 가장 먼저 고려해야 할 사항은?

① 작업능률 극대화 ② 안전성 최대화
③ 감독의 난이도   ④ 작업량 배정

해설 작업장에서 작업자의 안전이 최우선적으로 고려되어야 한다.

47 기계톱에 사용되는 연료는 휘발유와 무엇을 혼합하여 혼합유를 만들어 사용하는가?

① 기어 오일   ② 엔진 오일
③ 그리스   ④ 방청유

해설 체인톱은 2행정 가솔린 기관으로 가솔린과 윤활유(엔진오일)를 25:1 정도로 배합하여 사용한다.

48 체인톱 연료 소비량이 비정상적으로 높을 경우 예상되는 원인이 아닌 것은?

① 흡수호스 또는 전기도선에 결함이 있다.
② 기화기 조절이 잘못되어 있다.
③ 기화기 내 공전 노즐이 막혀 있다.
④ 에어필터가 더럽혀져 있다.

해설 기화기의 공전 노즐이 막혀있을 경우 연료 소비량은 비정상적으로 높아지지는 않는다.

49 와이어로프로 고리를 만들 때 와이어로프 직경의 몇 배 이상으로 하는가?

① 10배   ② 20배
③ 15배   ④ 25배

해설 와이어로프 고리는 와이어로프 직경의 약 20배 이상으로 한다.

50 체인톱 공전 시 엔진이 정지하여 작업 진행에 시간 손실이 많다. 기화기의 어느 나사를 조정하여 주면 작업능률을 높일 수 있는가?

① H나사(고속 조정나사)
② L나사(저속 조정나사)
③ LA나사(공전 조정나사)
④ C나사

해설 기화기에는 벤투리관, 스로틀밸브, 초크 밸브 등이 있으며 공전조절나사를 통해 기관의 회전속도 및 출력을 조절하여 작업능률을 높일 수 있다.

51 다음 수종 중 산림 작업용 도구 자루로 가장 적합한 것은?

① 오동나무   ② 느티나무
③ 소나무   ④ 히말라야 시다

해설 도끼에 사용되는 자루의 용재로는 박달나무, 물푸레나무, 단풍나무, 호두나무, 참나무류 등이 적합하다.

정답 45.③ 46.② 47.② 48.③ 49.③ 50.③ 51.②

52 예불기 사용 시 주의 사항이 아닌 것은?

① 안전모를 쓰고 장갑을 낀다.
② 미끄러지지 않는 구두를 신는다.
③ 짧은 소매가 달린 자켓과 짧은 바지를 입는다.
④ 간단한 구급약을 휴대한다

해설 예불기 작업시 긴소매의 윗도리와 긴바지의 작업복을 입는다.

53 내연기관을 점화방식에 의해 분류한 기관이 아닌 것은?

① 외연기관   ② 전기점화기관
③ 압축착화기관 ④ 소구기관

해설 내연기관의 점화방식에 따라 전기점화기관, 압축착화기관, 소구기관 으로 분류한다.

54 체인톱 사용상의 벌목조재 시 안전사고 방지의 장비 중 불필요한 것은?

① 방진용 가죽장갑
② 소음방지용 귀마개
③ 헬멧
④ 마세티

해설 마세티는 육림도구로 안전사고 방지 장비에는 해당되지 않는다.

55 체인톱에 사용하는 윤활유의 설명이 올바른 것은?

① 윤활유의 점액도 표시는 사용 외기온도로 구분된다.
② 윤활유 등급을 표시하는 번호가 높을수록 점도가 낮다.
③ 윤활유 SAE 20W 중 W는 중량을 의미한다.
④ 윤활유 SAE 30 중 SAE는 국제자동차협회의 약자이다.

해설 윤활유의 점액도 표시는 외부 온도에 따라 구분하며 겨울에는 점도가 낮고 여름에는 높다.

56 조림 및 무육작업에 있어 식재작업 시 유의할 사항으로 틀린 것은?

① 안전장비를 착용한다.
② 작업자 간의 안전거리를 유지한다.
③ 경사지에서는 상하로 서서 작업한다.
④ 식재팽이 자루가 안전한가 확인한다.

해설 조림 및 무육작업을 할 때는 경사지는 안전사고의 위험성이 있어 상하로 서서 작업하지 않는다.

57 다음 산림작업 도구 중 유령림의 무육보다는 간벌의 무육작업에 적합한 도구는?

① 톱   ② 소형 기계톱
③ 낫   ④ 전정가위

해설 유령림 무육보다 간벌의 무육은 벌목 및 수확작업에 있어 기계톱이 적합하다.

58 2행정기관의 기계톱에 사용하는 혼합연료의 취급방법으로 가장 적합한 것은?

① 각 연료를 혼합하지 않고 주입하여 사용한다.
② 주입하기 전 잘 흔들어서 혼합한 뒤 주입한다.
③ 오일만을 추가하여 사용한다.
④ 휘발유만을 추가하여 사용한다.

해설 2행정 기관의 기계톱은 휘발유와 오일을 주유 전에 잘 흔들어 혼합시켜 주입한다. 잘 혼합되지 않을 경우 연소가 불충분하여 오일이 연소실에 쌓이기도 한다.

정답 52.③ 53.① 54.④ 55.① 56.③ 57.② 58.②

59 예불기 날 중 자갈, 돌 등 장애물이 많고 잔디나 1년생 초본류의 예취작업에 적합한 것은?

① 삼각날 ② 원형톱날
③ 사각날 ④ 나일론줄 날

해설 나일론줄 날 예불기는 일반 예불기로는 안전상 사용이 어려운 묘속이나 콘크리트 등의 주위나 입목을 휘감은 풀을 깎을 때 사용한다.

60 체인에 오일이 적게 공급될 경우 예상되는 원인이 아닌 것은?

① 오일펌프에 잘못되어 공기가 들어가 있다.
② 안내판으로 가는 오일구멍이 막혀 있다.
③ 클러치의 측면이 마모되어 있다.
④ 오일펌프가 잘못 결합되어 있다.

해설 오일펌프가 잘못 연결되거나 중간에 공기가 있을 경우 공급이 되지 않거나 적게 들어가게 된다. 또한 안내판으로 가는 오일 구멍이 막혀있는 경우도 유사한 현상이 발생하게 된다.

정답 59.④ 60.③

2012년 제4회 산림기능사

01 산벌작업에서 임지의 종자가 충분히 결실한 해에 종자가 완전히 성숙된 후, 벌채하여 지면에 종자를 다량 낙하시켜 일제히 발아시키기 위한 벌채작업은?

① 예비벌 ② 하종벌
③ 후벌   ④ 종벌

해설 하종벌은 종자의 결실이 풍부하고 완전 성숙 후 다량 낙하시켜 발아시키기 위한 작업으로 종자의 결실량이 많을 때 실시하는것이 좋다.

02 잡목 솎아내기 방법으로 잘못 설명한 것은?

① 천연생의 불필요한 나무를 제거한다.
② 조림목 중에서 형질이 불량한 나무를 제거한다.
③ 형질이 우량한 자생 참나무, 자작나무, 피나무도 제거한다.
④ 우량목이 없거나 덩굴식물로 덮여 있으면 모두 베어내고 인공 조림한다.

해설 잡목 솎아베기는 밀도 조절 및 경관 유지를 위해 실시하며 주로 부적합한 나무를 제거한다.

03 인공림에 비하여 천연림이 유리한 점은?

① 수종갱신이 용이하다.
② 생태적으로 안전하다.
③ 생육이 고르고 안전하다.
④ 벌기를 앞당길 수 있다.

해설 다양한 식물군이 발달한 천연림은 생태적으로 매우 안정적이다.

04 덩굴식물에 속하지 않는 것은?

① 칡   ② 머루
③ 다래 ④ 싸리

해설 덩굴식물은 칡, 다래, 담쟁이덩굴, 머루, 으름덩굴 등이 있다.

05 다음 중 식재 밀도에 대한 설명으로 옳지 않은 것은?

① 밀식조림이란 1ha당 5,000주 이상 식재한 것을 뜻한다.
② 소나무는 밀식하면 수고와 지하고가 높아진다.
③ 일반적으로 양수는 밀식하고 음수는 소식한다.
④ 지력이 다소 낮은 곳에서는 밀식하여 지력 유지를 위해 노력하는 것이 좋다.

해설 일반적으로 양수는 소식하고 음수는 밀식한다.

06 임목을 생산 벌채하고, 이용하고, 또 그곳에 새로운 숲을 조성하는 작업체계를 기술적으로 무엇이라 하는가?

① 무육작업 ② 산림작업종
③ 제벌작업 ④ 임목개량

정답 01.② 02.③ 03.② 04.④ 05.③ 06.②

해설: 산림작업종 혹은 갱신작업종은 임분의 조성, 무육, 수확, 갱신 등의 작업체계를 말한다.

③ 양질점토 : 점토가 45~65% 정도 함유
④ 점토 : 점토가 65% 이상 함유

해설: 사질토는 대부분 모래인 토양이다.

07 일반적인 낙엽활엽수를 봄에 접목하고자 한다. 접수를 접목하기 2~4주일 전에 따서 2주정도 저장할 때 가장 적합한 온도는?

① -5℃ 정도 ② 5℃ 정도
③ 15℃ 정도 ④ 20℃ 정도

해설: 접수를 저장시 온도 0~5℃, 공중습도 80% 정도에 하단을 습한 모래에 묻어 저장한다.

11 이듬해 춘기까지 저장하기 어려운 수종으로 종자의 발아력이 상실되지 않도록 7월에 채종하면 즉시 파종해야 되는 수종은?

① 버드나무 ② 벚나무
③ 회양목   ④ 잣나무

해설: 회양목은 7~8월에 채종하여 저장이 어려워 즉시 파종한다.

08 택벌림의 장점으로 볼 수 없는 것은?

① 면적이 작은 숲에서 보속생산을 하는 데 적당하다.
② 임지와 어린나무가 보호를 받는다.
③ 숲의 심미적 가치가 높다.
④ 양수의 갱신에 적합하다.

해설: 택벌작업은 음수의 무거운 종자 수종에 유리하고 양수에는 적용이 어렵다.

12 수목의 종자번식과 비교한 무성번식의 특성에 관한 설명으로 틀린 것은?

① 종자 번식에 비해 기술이 필요하다.
② 좋은 형질의 어미나무를 확보하여야 한다.
③ 접목묘는 개화결실이 늦어진다.
④ 실생묘에 비해 대량생산이 어렵다.

해설: 접목묘는 개화결실이 촉진된다.

09 바닷가에 주로 심는 나무로서 적합한 것은?

① 곰솔   ② 소나무
③ 낙엽송   ④ 잣나무

해설: 바닷가에는 바다에서 불어오는 소금이 함유된 염풍이 있어 염풍에 강한 곰솔, 향나무, 사철나무 등이 적합하다.

13 다음 중 삽목 시 발근이 잘되는 수종으로만 짝지어진 것은?

① 이팝나무, 소나무
② 포플러류, 사철나무
③ 두릅나무, 백합나무
④ 물푸레나무, 오리나무

해설: 삽목 발근이 용이한 수종으로 포플러류, 버드나무류, 은행나무, 사철나무, 주목, 회양목 등이 있다.

10 우리나라 토성구분에 대한 설명으로 잘못된 것은?

① 사질토 : 모래를 50% 이상 함유
② 양질사토 : 미사와 점토가 25% 정도 함유

정답 07.② 08.④ 09.① 10.① 11.③ 12.③ 13.②

14 제벌작업은 임목의 생리상 어느 계절에 하는 것이 가장 좋은가?

① 초봄　② 여름
③ 늦가을　④ 겨울

해설 ▷ 제벌작업은 일반적으로 6~9월 쯤 실시하며 늦어도 11월말 까지 완료한다.

15 다음 중 가지치기 방법으로 옳은 것은?

① 가지치기는 수종 및 경영목적에 따라 결정되어야 한다.
② 가지치기 시기는 수목의 생장이 왕성한 여름에 실시한다.
③ 활엽수는 지융부를 제거한다.
④ 절단부가 융합이 늦어도 관계없으므로 굵은 가지는 제거해도 된다.

해설 ▷ 가지치기는 우량 목재 생산을 위해 가지를 끊어주는 작업으로 수종이나 경영목적에 따라 시기 및 작업방법을 결정한다.

16 낙엽송(묘령 2년)의 곤포당 본수는?

① 100　② 200
③ 500　④ 1000

해설 ▷ 묘령 2년의 낙엽송은 곤포당 본수는 500본, 속수는 25본이다.

17 용기묘(pot seedling)에 대한 설명으로 틀린 것은?

① 제초작업이 생략될 수 있다.
② 묘포의 적지조건, 식재시기 등이 큰 문제가 되지 않는다.
③ 묘목의 생산비용이 많이 들고 관수시설이 필요하다.
④ 운반이 용이하여 운반비용이 매우 적게 든다.

해설 ▷ 용기묘는 일반묘에 비해 운반 및 식재 비용이 많이 든다.

18 다음 중 교목에 해당하는 수종은?

① 개나리　② 회양목
③ 소나무　④ 반송

해설 ▷ 교목은 성숙한 단계의 수고 10m 이상의 나무로 소나무, 낙엽송, 오동나무, 은행나무, 포플러 등이 있다.

19 다음 중 묘령의 표시에 대한 설명이 맞지 않는 것은?

① 2-0묘 : 상체된 일이 없는 2년생 묘
② 1-1묘 : 파종상에서 1년이 경과된 후 한번상체되어 1년이 지난 묘
③ 1/2묘 : 삽목 후 반년(6개월)이 경과한 묘
④ 1/1묘 : 뿌리의 나이가 1년, 줄기의 나이가 1년인 묘

해설 ▷ 1/2 묘는 뿌리는 2년, 줄기는 1년된 삽목묘를 의미한다.

20 다음 중 개벌작업의 장점에 해당되는 것은?

① 재해에 대한 저항성이 증대된다.
② 지력유지 및 치수보호상 유리하다.
③ 풍치유지 및 수원함양기능이 증대된다.
④ 생산재의 품질이 균일하고 벌목작업이 단순하다.

해설 ▷ 개벌작업은 임분 전체를 1회에 벌채하는 것으로 동시에 벌채를 하기에 생산재의 품질이 균일하고 벌목작업이 단순하다.

정답　14.② 15.① 16.③ 17.④ 18.③ 19.③ 20.④

21 풀베기를 끝낸 후 조림지에서 칡이나 머루 등의 식물을 제거하는 작업은?

① 간벌 ② 제벌
③ 가지치기 ④ 덩굴치기

해설 풀베기가 끝나고 조림지에서 칡이나 머루와 같은 덩굴을 제거하는 방법을 덩굴치기라 하며 5~9월쯤 실시하고 그중에서도 7월 전후가 가장 적합하다.

22 산벌작업 중 어린 나무의 높이가 1~2m 가량이 되면 후계목의 생육을 촉진시키기 위해 상층에 있는 나무를 모조리 베어 버리는 작업은?

① 예비벌 ② 하종벌
③ 수광벌 ④ 후벌

해설 후벌은 치수 보호를 목적으로 남겨둔 모수를 벌채하는 작업으로 하종벌 작업 기점으로 3~5년 이후 실시하는 편이다.

23 제벌을 설명한 것 중 틀린 것은?

① 조림지의 경우 쓸모없는 침입수종을 제거한다.
② 임분 전체의 형질을 향상시키는 데 목적이 있다.
③ 수관간의 경쟁이 시작되는 시점에 실시한다.
④ 임상을 정비하여 불량목과 불량품종을 다 제거하여 간벌작업이 필요 없게 된다.

해설 제벌은 부적절한 임목을 선별하고 제거하여 임분의 형질의 향상을 도모하는데 제벌작업을 한다고하여 간벌작업이 필요 없어지는 것은 아니다.

24 우리나라 산지에서 수목에 가장 피해를 많이 주는 덩굴식물은?

① 머루덩굴 ② 칡덩굴
③ 다래덩굴 ④ 담쟁이덩굴

해설 덩굴식물은 햇빛을 좋아하여 다른 식물을 감아 오르면서 성장하거나 땅으로 기는 식물을 말하며 칡이 수목에 가장 큰 피해를 주는 덩굴식물이다.

25 토양의 단면도를 보았을 때 위쪽에서 아래쪽으로의 순서가 맞게 배열된 것은?

① 표토층 → 모재층 → 심토층 유기물층
② 표토층 → 유기물층 → 심토층 → 모재층
③ 유기물층 → 표토층 → 심토층 → 모재층
④ 유기물층 → 표토층 → 모재층 → 심토층

해설 토양은 위쪽을 유기물층이라 하며 용탈이 일어나는 아래층을 표토층이라 한다. 표토층의 아래는 용탈된 물질이 있는 층으로 심토층이라 하며 그 아래에는 토양의 생성작용을 거의 받지 않는 모재층이 있다.

26 산불에 관한 설명 중 틀린 것은?

① 일반적으로 침엽수는 활엽수에 비해 피해가 심하다.
② 교림은 왜림보다 피해가 적다.
③ 혼효림은 단순림보다 피해가 적다.
④ 유령림보다는 노령림의 피해가 크다.

해설 일반적으로 활엽수종으로 구성된 왜림은 상대적으로 침엽수종이 많은 교림보다 피해가 적게 나타난다.

정답 21.④ 22.④ 23.④ 24.② 25.③ 26.②

27 다음은 선충에 대한 설명이다. 틀린 것은?

① 대체로 실같이 가늘고 긴 모양을 하고 있다.
② 식물기생선충은 몸길이가 평균 1mm 내외이다.
③ 주로 식물의 뿌리를 물어 뜯어먹어 가해한다.
④ 선충에 의한 수병으로는 침엽수 묘목의 뿌리썩이 선충병이 있다.

> **해설** 선충류는 뿌리속의 양분을 흡습하여 세포의 비대현상이 일어나게 한다.

28 토양 중에서 수분이 부족하여 생기는 피해는?

① 볕데기 ② 상해
③ 한해   ④ 열사

> **해설** 한해는 기온이 높고 햇빛이 강한 여름철에 토양수분의 결핍에 의해 발생하는 피해이다.

29 산림화재의 위험도를 좌우하는 직접적인 요인이 아닌 것은?

① 가연성 지피물의 종류와 양
② 가연성 지피물의 건조도
③ 산림화재의 교육과 계몽
④ 수지의 유무

> **해설** 산림화재의 교육과 계몽은 산림화재의 간접적인 요인이다.

30 다음 중 볕데기의 피해를 가장 많이 받는 수종은?

① 오동나무 ② 소나무
③ 낙엽송   ④ 상수리나무

> **해설** 볕데기의 피해를 많이 받는 수종은 코르크층의 발달이 미흡한 오동나무, 호두나무, 가문비나무 등이 있다.

31 밤나무 흰가루병을 방제하는 방법으로 옳지 않은 것은?

① 가을에 병든 낙엽과 가지를 제거하여 불태운다.
② 묘포의 환경이 너무 습하지 않도록 주의한다.
③ 봄 새눈이 나오기 전에 석회유황합제 등 의약제를 뿌린다.
④ 한 여름 고온 시 석회유황합제를 살포한다.

> **해설** 봄에 새순이 발생하기 전에는 석회유황합제를 살포하고 여름에는 만코제브 수화제를 주로 살포한다.

32 피해목을 벌채한 후 약제 훈증처리의 방제가 필요한 수병은?

① 대추나무 빗자루병
② 뽕나무 오갈병
③ 잣나무 털녹병
④ 참나무 시들음병

> **해설** 참나무 시들음병의 방제법 중 한 방법으로 피해목을 벌목하여 메탐소듐 액제로 훈증한다.

33 다음 중 밤나무혹벌을 방제하는 방법 중 가장 효과적인 것은?

① 내병성 품종을 식재한다.
② 천적을 보호한다.
③ 살충제를 수시 살포한다.
④ 실생묘를 식재한다.

> **해설** 밤나무혹벌은 늦봄에 비료를 주면 피해를 감소시킬수 있으나 피해가 심하면 내충성 품종으로 교체하는 방법이 가장 효과적이다.

정답 27.③ 28.③ 29.③ 30.① 31.④ 32.④ 33.①

34 응애만을 죽일 수 있는 약제를 무엇이라 부르는가?

① 살충제 ② 살균제
③ 살서제 ④ 살비제

해설 살비제는 응애류를 선택적으로 방제하는 약제이며 작용점 및 작용기작의 경우 살충제와 유사한 특성을 가진다.

35 담자균류에 의한 수병이 아닌 것은?

① 잣나무 털녹병
② 전나무 빗자루병
③ 낙엽송 가지끝마름병
④ 소나무 혹병

해설 낙엽송 가지끝마름병은 자낭균류에 의해 발생한다.

36 다음 피해 증상 중 공해 피해(아황산가스) 증상을 바르게 설명한 것은?

① 잎에 둥근무늬가 생기고 갈색으로 변한다.
② 잎의 뒷면이 흰가루를 뿌린 것같이 보이고 색깔은 변하지 않는다.
③ 잎의 가장자리와 엽맥 사이에 암녹색의 괴사반점이 나타난다.
④ 잎에 그을음이 붙어 있는 것같이 검게 변한다.

해설 아황산가스는 식물체의 잎의 기공을 통해 유입되며 황산염 형태로 축적되며 잎의 끝부분과 엽맥 사이의 조직이 괴사되는 현상을 보인다.

37 산림해충이 여름철의 밤에 불빛을 보면 모여드는 성질을 이용하여 방제하는 방법은?

① 차단법 ② 식이유살법
③ 잠복소유살법 ④ 등화유살법

해설 등화유살법은 기계적 방제법 중 하나로 빛을 보면 모이는 주광성을 이용한 방제법이다.

38 항생물질 살균제가 아닌 것은?

① 석회황합제
② 스트렙토마이신
③ 옥시테트라사이클린
④ 폴리옥신비

해설 항생물질 살균제는 농용항생제라 하며 가스가마이신, 스트렙토마이신, 폴리옥신비, 옥시테트라사이클린제 등이 있다.

39 묘목이 어느 정도 자라서 목화된 후에 뿌리가 침해되어 암갈색으로 변하며 썩는 모잘록병 유형은?

① 도복형 ② 지중부패형
③ 수부형 ④ 근부형

해설 모잘록병은 5가지 정도의 유형이 있으며 묘목이 생장하여 목질화가 진행된 여름이후에 뿌리가 부패하고 병든 묘는 말라죽지는 않으나 생육이 불량해지는 것을 근부형이라 한다.

40 서릿발이 가장 많이 발생하는 곳은?

① 사양토 ② 양토
③ 사토 ④ 점토

해설 서릿발은 진흙이 많은 토양인 점토일수록 피해 정도가 심하게 나타난다.

정답 34.④ 35.③ 36.③ 37.④ 38.① 39.④ 40.④

41 산림 작업용 도끼를 손질할 때 날카로운 삼각형으로 연마하지 않고 아치형으로 연마하는 이유로 가장 적합한 것은?

① 도끼날이 목재에 끼이는 것을 막기 위하여
② 연마하기 쉽기 때문에
③ 도끼날의 마모를 줄이기 위하여
④ 마찰을 줄이기 위하여

해설 도끼날이 날카로운 삼각형 형태로 연마되면 벌목시 날이 나무속에 끼이기 쉽기 때문이다.

42 일반적으로 벌도목의 가지치기 작업 시 기계톱의 안내판 길이로 적합한 것은?

① 30 - 40cm   ② 50 - 60cm
③ 60 - 70cm   ④ 70 - 80cm

해설 안내판의 길이는 체인톱 엔진출력에 따라 차이가 있으며 보통은 30 ~ 40cm 정도이다. 안전설계기준에 의하면 49cc 이하의 경우 33cm, 50~60cc 는 40cm 정도이다.

43 삼각톱니 연마 시 삼각날 꼭지각은 어느 정도가 적합한가?

① 30°   ② 38°
③ 45°   ④ 50°

해설 줄질을 안내판의 선과 평행하게 하며 안내판 선의 각도는 침엽수가 60°, 활엽수가 70° 이고 꼭지각은 38° 정도로 한다.

44 벌목작업 기술에서 수평절단기술과 거리가 먼 것은?

① 아래로 절단하는 기분으로 왼손 손잡이를 약간 들어 준다.
② 왼손은 손잡이 왼쪽을 잡아준다.
③ 왼손을 축으로 하여 오른손으로 돌린다.
④ 지렛대 발톱을 축으로 하여 뒷손잡이를 사용한다.

해설 벌목작업시 왼손을 축으로 하여 오른손을 15° 정도 아래로 한다.

45 산림무육 도구와 거리가 먼 것은?

① 재래식 낫   ② 전정가위
③ 이리톱   ④ 쐐기

해설 쐐기는 쐐기는 벌목 방향을 결정하고 톱이 끼이는 것을 방지하는 벌목용 장비이다.

46 일반 상황하에서의 벌목작업 과정 중 순서가 올바른 것은?

① 작업도구 정돈 → 정확한 벌목방향결정 → 주위정리 → 추구만들기 → 수구만들기
② 작업도구 정돈 → 주위정리 → 정확한 벌목 → 방향결정 → 수구만들기 → 추구만들기
③ 작업도구 정돈 → 정확한 벌목방향결정 → 수구만들기 → 추구만들기 → 주위정리
④ 작업도구 정돈 → 정확한 벌목방향결정 → 주위정리 → 수구만들기 → 추구만들기

해설 벌목을 위해 작업도구를 정리하고 벌목의 방향을 결정한다. 방향이 결정되면 주위정리를 통해 대피장소를 확보한다. 이후 수구를 만들고 반대쪽에 추구를 만들어 벌목한다.

47 현장에서 사용하고 있는 동력 가지치기톱(PS50)의 작업방법 중 잘못된 것은?

① 작업자와 가지치기봉과의 각도가 최소한 70°를 유지하여야 한다.
② 가지치기 작업은 아래쪽에서 위쪽 방향으로 실시한다.
③ 큰 가지는 반드시 아래쪽에서 1/3 정도를 먼저 작업한 후 위에서 아래로 안전하게 작업한다.
④ 큰 가지나 긴 가지는 한 번에 자르게 되면 톱날이 끼이게 되므로 끝에서부터 3단계로 나누어 자른다.

정답 41.① 42.① 43.② 44.① 45.④ 46.④ 47.②

해설 가지치기 작업은 위쪽에서 아래쪽 방향으로 실시한다.

48 다음 중 벌도와 가지치기가 가능한 장비는?
① 펠러번쳐 ② 하베스터
③ 프로세서 ④ 포워더

해설 하베스터는 임목을 벌목하여 가지자르기, 토막내기 작업을 일관된 공정으로 작업할 수 있는 다공정 벌채장비이다.

49 톱니 젖히기에 대한 설명으로 틀린 것은?
① 나무와의 마찰을 줄이기 위해 한다.
② 활엽수는 침엽수보다 많이 젖혀 준다.
③ 톱니 뿌리선으로부터 2/3 지점을 중심으로 하여 젖혀준다.
④ 젖힘의 크기는 0.2 ~ 0.5mm가 적당하다.

해설 톱니의 젖히기는 침엽수는 0.3 ~ 0.5mm, 활엽수는 0.2 ~ 0.3mm 정도로 침엽수가 더 많이 젖혀 준다.

50 벌목작업 시 고려할 사항이 아닌 것은?
① 벌목방향을 정확히 하여야 한다.
② 안전사고를 예방하기 위한 준칙을 철저히 지켜야 한다.
③ 잔존목의 이용재적이 많이 나오도록 한다.
④ 주변 임목의 피해를 가능한 감소시켜야 한다.

해설 잔존목의 이용재적을 최소화 해야 한다.

51 내연기관의 분류 중 4행정기관의 작동순서로 맞는 것은?
① 흡입-압축-폭발-배기
② 압축-폭발-흡입-배기
③ 배기-압축-폭발-흡입
④ 폭발-배기-흡입-압축

해설 4행정기관은 1사이클 완료에 흡기, 압축, 폭발 및 배기의 1사이클이 4행정으로 완료한다.

52 안전사고의 발생 원인으로 틀린 것은?
① 작업의 중용을 지킬 때
② 과로하거나 과중한 작업을 수행할 때
③ 실없는 자부심과 자만심이 발동할 때
④ 안일한 생각으로 태만히 작업을 수행할 때

해설 작업의 중용을 지킬 경우 안전사고를 예방할 수 있다.

53 다음 중 체인톱의 구비조건이 아닌 것은?
① 중량이 가볍고 소형이며 취급방법이 간편할 것
② 소음과 진동이 적고 내구성이 높을 것
③ 연료소비, 수리유지비 등 경비가 적게 들어갈 것
④ 벌근의 높이를 높게 절단할 수 있을 것

해설 체인톱은 벌근이 높이를 되도록 낮게 절단할 수 있어야 한다.

54 산림무육작업 시 준수하여야 할 유의사항으로 틀린 것은?
① 단독작업을 하되 동료와 가시권, 가청권 내에서 작업한다.
② 기계작업 시는 수동작업과 기계작업을 교대로 한다.
③ 안전장비를 착용한다.
④ 작업로를 설치하지 않고 분산하여 작업한다.

해설 산림무육작업을 할 때는 작업로를 설치하여 작업의 안전성을 높이고 과도한 분산 작업보다는 적정거리를 유지하여 작업한다.

정답 48.② 49.② 50.③ 51.① 52.① 53.④ 54.④

55 아크야윈치(썰매형윈치)의 집재작업시 올바른 작업 준비사항은?

① 작업노선 중앙에 지주목이 있도록 노선을 정리
② 작업노선은 경사를 따라 좌우로 설치
③ 작업노선 상에 있는 그루터기는 30cm 이하로 정리
④ 기계를 고정시키는 말뚝설치

해설 아크야윈치는 작업노선은 경사면을 따라 상하로 직선이 되게 설치해주고 집재노선에 포함된 지장목은 지면과 같이 정리하여 집재작업에 걸림이 없도록 한다. 작업노선 중앙에는 지주목이 있도록 노선을 정리해주도록 한다.

56 와이어로프의 꼬임과 스트랜드의 꼬임방향이 같은 방향으로 된 것은?

① 보통꼬임   ② 교차꼬임
③ 랑꼬임   ④ 랑 보통꼬임

해설 랑꼬임은 와이어로프의 꼬임과 스트랜드의 꼬임방향이 같은 방향인 것을 말한다.

57 다음 그림에서 톱니의 명칭이 잘못된 것은?

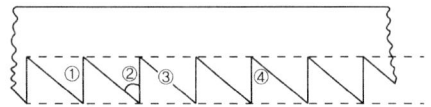

① ① 톱니가슴
② ② 톱니 꼭지각
③ ③ 톱니등
④ ④ 톱니 꼭지선

해설 보기 ④ 은 톱니홈 이다.

58 다음 중 산림작업을 위한 개인안전장비로 가장 거리가 먼 것은?

① 안전화   ② 안전헬멧
③ 구급낭   ④ 안전장갑

해설 작업자는 안전모, 안전화 등의 보호구를 착용하여야 하며, 항상 호루라기 등 경적 신호기를 휴대하여야 한다. 구급낭은 개인장비가 아닌 작업조별 장비에 해당한다.

59 발전의 원리 중 플라이휠에 부착되어 있는 영구자석과 코일이 감겨있는 철심과의 전극간격은?

① 0.2 mm   ② 0.5 mm
③ 1.0 mm   ④ 1.2 mm

해설 플라이휠에 부착된 영구자석과 코일이 감겨있는 철심과의 전극간격은 0.2mm 정도이다.

60 다음은 벌목작업 시 지켜야 할 사항이다. 틀린 것은?

① 벌목방향은 나무가 안전하게 넘어가고 집재하기가 용이한 방향으로 정한다.
② 도피로는 상황에 따라 나무가 넘어가는 방향에 따라 임의로 정한다.
③ 벌목구역은 벌채목을 중심으로 수고의 2배에 해당하는 영역이며, 이 구역에는 벌목자만 있어야 한다.
④ 작업자가 일에 익숙하지 못했거나 또는 비탈진 곳에서 작업을 할 때는 벌채면 높이 표시를 하여 둔다.

해설 벌목작업 시에는 나무가 넘어가는 방향을 미리 정해두고 대피장소를 정한다.

정답 55.① 56.③ 57.④ 58.③ 59.① 60.②

2013년 제1회 산림기능사

01 은행나무, 잣나무, 벚나무, 느티나무, 단풍나무등의 발아촉진법으로 가장 적당한 것은?

① 종자 정선이 끝나면 바로 노천매장을 한다.
② 씨뿌리기 한 달 전에 노천매장을 한다.
③ 보호저장을 한다.
④ 습적법으로 한다.

해설 들메나무, 단풍나무, 잣나무, 호두나무, 느티나무, 백합나무, 은행나무, 목련 등은 종자채취 직후 바로 매장하면 종자의 저장과 발아촉진의 효과를 얻을 수 있다.

02 숲 가꾸기에서 가지치기를 하는 가장 큰 목적은?

① 중간수입을 얻는다.
② 연료(땔감)를 수확한다.
③ 마디가 없는 우량목재를 생산한다.
④ 생장을 촉진한다.

해설 가지치기는 우량 목재의 생산에 목적을 두고 있으며 나무의 생장 촉진 및 수간의 완만도를 높여준다.

03 비교적 짧은 기간 동안에 몇 차례로 나누어 베어내고 마지막에 모든 나무를 벌채하여 숲을 조성하는 방식으로, 갱신된 숲은 동령림으로 취급되는 작업 방식은?

① 산벌작업 ② 모수작업
③ 택벌작업 ④ 왜림작업

해설 산벌작업은 비교적 짧은 갱신기간 동안 수 차례 갱신벌채로 벌채 및 새로운 임분을 만드는 방법으로 윤벌기가 완료되기 이전에 갱신이 완료된다하여 전갱작업이라고도 한다.

04 갱신하고자 하는 임지에 있는 임목을 일시에 벌채하고 새로운 임분을 조성시키는 방법은?

① 개벌작업 ② 모수작업
③ 택벌작업 ④ 산벌작업

해설 개벌작업은 임분 전체를 1회의 벌채로 모두 제거하는 것으로 새로운 임분을 조성하는데 유리하다.

05 우량묘목 생산기준에서 T/R율은 무엇인가?

① 묘목의 무게이다.
② 묘목의 지상부 무게를 뿌리부의 무게로 나눈 값이다.
③ 묘목의 뿌리부 무게를 지상부의 무게로 나눈 값이다.
④ 묘목의 지상부의 무게에서 뿌리부의 무게를 뺀 값이다.

해설 T/R 율은 지상부 비율/지하부의 비율을 의미하며 지상부가 크거나 지하부가 작을 경우 T/R 율은 커진다.

정답 01.① 02.③ 03.① 04.① 05.②

06 다음에서 제벌작업 시 제거되어야 할 나무로만 옳게 나열한 것은?

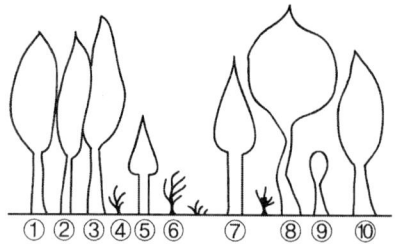

① ①,⑤ ② ④,⑤
③ ⑦,⑨ ④ ②,⑧

해설 제벌작업은 유해수종을 제거하여 밀생지의 공간 조절을 통해 양호한 생육환경을 조성하는 것이다. 주로 대상목의 생장에 지장이 되는 유해수종, 피해목, 불량목, 폭목 등을 제거하도록 한다.

07 바다에서 불어오는 바람은 염분이 있어 식물에 해를 준다. 이러한 해풍을 막기 위해 조성하는 숲은?

① 방풍림 ② 풍치림
③ 사구림 ④ 보안림

해설 바다에서 불어오는 해풍을 막기 위해 조성하는 숲을 사구림이라 한다. 대표적으로 염풍에 강한 수종으로 해송, 사철나무, 팽나무 등이 있다.

08 침엽수의 가지를 제거하는 가장 좋은 방법은?

① 가지밑살의 끝부분에서 자른다.
② 가지가 뻗은 방향에 직각되게 자른다.
③ 수간에 오목한 자국이 생기게 자른다.
④ 수간에 바짝 붙여 수간축에 평행하도록 자른다.

해설 침엽수는 절단면을 줄기와 평행하게 자른다. 활엽수종은 캘러스가 상하지 않도록 지융부에 가깝게 제거한다.

09 묘목의 판갈이 또는 산출 시 단근작업을 하는 가장 큰 이유는?

① 지상부 생장 촉진을 위하여
② 양분 소모를 적게 하기 위하여
③ 수분의 소모를 억제하기 위하여
④ 가는 뿌리(세근)의 발달을 촉진하기 위하여

해설 단근 작업을 통해 잔뿌리 발달을 촉진하여 활착률을 높인다.

10 채종림의 조성 목적으로 가장 적합한 것은?

① 방풍림 조성 ② 우량종자 생산
③ 사방사업   ④ 자연보호

해설 채종림은 천연림이나 인공림에서 형질이 우수한 나무를 통해 유전적으로 우량종자를 채집할 목적의 산림이다.

11 우량묘목의 구비조건으로 적합하지 않은 것은?

① 조직이나 눈 또는 잎이 충실할 것
② 줄기, 가지, 잎이 정상적으로 자랄 것
③ 직근이 측근 또는 잔뿌리의 발생보다 양호할 것
④ 웃자라지 않을 것

해설 우량묘목은 직근보다는 측근과 세근이 발달해야 한다.

정답 06.④ 07.③ 08.④ 09.④ 10.② 11.③

12 상층수관을 강하게 벌채하고 3급목을 남겨서 수간과 임상이 직사광선을 받지 않도록 하는 간벌 형식은?

① A종 간벌 ② B종 간벌
③ C종 간벌 ④ D종 간벌

> 해설 D종간벌은 상층간벌에 속하며 상층임관을 벌채하고 3급목을 남겨 임상이 직사광선을 받지 않게 한다.

13 치수 무육(어린나무가꾸기) 작업의 가장 큰 목적은?

① 목재를 생산하여 수익을 얻기 위함이다.
② 숲을 보기 좋게 하기 위함이다.
③ 산불 피해를 줄이기 위함이다.
④ 불량목을 제거하여 치수의 생육공간을 충분히 제공하기 위함이다.

> 해설 치수 무육을 통해 불량목 및 유해수종을 제거하여 적절한 생육환경 및 공간을 조성한다.

14 다음 중 무배유종자는?

① 밤나무   ② 물푸레나무
③ 소나무   ④ 잎갈나무

> 해설 무배유종자에는 호두나무, 자작나무, 밤나무, 단풍나무 등이 있다.

15 다음 설명에 해당하는 벌채 방법은?

> 숲을 띠모양으로 나누고 순차적으로 개벌해 나가면서 갱신을 끝내는 방법으로 이때, 띠모양의 구역을 교대로 벌채하여 두 번 만에 모두 개벌하는 것

① 연속대상개벌작업
② 군상개벌작업
③ 대상택벌작업
④ 교호대상개벌작업

> 해설 교호대상개벌법은 임지를 띠모양의 구역을 나누어 교대로 2회에 걸쳐 벌채하는 방법이다.

16 왜림작업에 대한 설명으로 틀린 것은?

① 과거 연료재나 신탄재가 필요했던 시절에 주로 사용되었다.
② 벌기가 짧아 적은 자본으로 경영할 수 있다.
③ 묘목의 식재부터 걸리는 여러 단계를 모두 거쳐 생장이 왕성할 때 벌채한다.
④ 벌채는 생장정지기인 11월 이후부터 이듬해 2월 이전까지 실시한다.

> 해설 활엽수림에 연료재 생산을 목적으로 짧은 벌기령을 가지며 개벌 후 근주로부터 나오는 맹아로 갱신하는 방법을 왜림작업이라 한다.

17 묘포설계 구획 시에 시설부지, 주·부도 및 보도를 제외한 묘목을 양성하는 포지는 전체 면적의 몇 %가 적합한가?

① 20 ~ 30   ② 40 ~ 50
③ 60 ~ 70   ④ 80 ~ 90

> 해설 묘목을 양성하는 육묘포지는 60~70% 정도를 차지하고 관배수로, 부대시설, 방풍림 등이 20% 정도를, 기타 소요면적 및 퇴비장 등이 10%를 차지한다.

18 파종 조림의 성과에 관계되는 요인으로 가장 거리가 먼 것은?

① 수분   ② 서리의 해
③ 동물의 해 ④ 식물의 해

> 해설 파종 조림의 성과에 관계되는 요인으로 외부의 환경 조건 및 병해충, 동물의 해, 수종, 토양조건, 송사의 품질 등이 있다.

정답 12.④ 13.④ 14.① 15.④ 16.③ 17.③ 18.④

19 인공갱신에 대한 천연갱신의 장점이 아닌 것은?

① 생산되는 목재가 균일하며 작업이 단순하다.
② 자연환경의 보존 및 생태계 유지측면에서 유리하다.
③ 성숙한 나무로부터 종자가 떨어져서 숲이 조성된다.
④ 보안림, 국립공원 또는 풍치를 위한 숲은 주로 천연갱신에 의한다.

> 해설 생산되는 목재가 균일하고 작업이 단순한 것은 인공갱신의 장점이다.

20 다음 중 묘령의 표시가 맞는 것은?

① 1-1묘 : 발아한 후 파종상에서 1년을 지낸 1년생 묘
② 1/1묘 : 파종상에서 6개월, 그 후 판갈이하여 6개월을 지낸 만 1년생 묘
③ 2-1-1묘 : 파종상에서 2년, 그 후 판갈이하여 1년씩 두 번 상체된 묘
④ 1/2묘 : 뿌리의 나이가 1년, 줄기의 나이가 2년인 삽목묘

> 해설 2-1-1묘는 파종상 2년, 이후 2회의 이식이 있었으며 각 1년을 지낸 4년생 실생묘이다.

21 풀베기에서 전면깎기에 대한 설명으로 틀린 것은?

① 조림목만 남겨 놓고 모든 잡초를 깎는다.
② 피압으로 수형이 나빠지기 쉬운 양수에 적용한다.
③ 우리나라 북부지방에서 주로 실시하는 방법이다.
④ 낙엽송, 소나무, 삼나무, 잣나무 등에 잘 적용된다.

> 해설 우리나라의 북부지방은 상대적으로 추운지방이라 전면깎기보다는 둘레베기가 추위에서 조림목을 보호하기 적합하다.

22 우량대경재를 생산하기 위한 숲을 대상으로 미래목을 선발하여 우수한 나무의 자람을 촉진하는 간벌 방법은?

① 상층 간벌 ② 도태 간벌
③ 기계적 간벌 ④ 택벌식 간벌

> 해설 도태간벌은 상층간벌에 속하고 형질이 우수한 나무를 선발하여 생장을 촉진시킨다. 벌채 시기는 장기간으로 하고 미래목을 선정 후 미래목을 기준으로 간벌을 시행한다.

23 산벌작업에서의 갱신기간으로 옳은 것은?

① 예비벌부터 하종벌까지
② 하종벌부터 후벌까지
③ 후벌부터 하종벌까지
④ 수광벌부터 종벌까지

> 해설 산벌작업에서 하종벌부터 종벌까지의 기간을 갱신기간으로 한다.

24 산벌작업의 가장 올바른 작업 순서는?

① 예비벌 → 하종벌 → 후벌
② 하종벌 → 후벌 → 예비벌
③ 후벌 → 예비벌 → 하종벌
④ 후벌 → 하종벌 → 수광벌

> 해설 산벌작업은 갱신을 위해 예비벌, 하종벌, 후벌의 과정을 거친다.

25 조림용 장려 수종은 장기수, 속성수, 유실수 등으로 구분하는데, 그 중 특성에 따라 오랜 기간 자라서 큰 목재를 생산하는 장기수로 적합한 것은?

① 잣나무
② 현사시나무
③ 오동나무
④ 밤나무

해설 잣나무, 전나무, 삼나무, 해송 등이 장기수에 해당한다.

26 한해의 피해를 경감하는 방법으로 옳은 것은?

① 낙엽과 기타 지피물을 제거한다.
② 묘목을 얕게 심는다.
③ 평년보다 파종 등 육묘작업을 늦게 한다.
④ 관수가 불가능할 때에는 해가림, 흙깔기 등을 한다.

해설 한해는 토양수분의 결핍에 의해 발생하는 피해로 관수가 어려울 경우 해가림이나 흙깔기 등을 통해 피해를 경감시킬수 있다.

27 수병과 중간기주와의 연결이 옳게 된 것은?

① 소나무 혹병 - 참나무
② 잣나무 털녹병 - 낙엽송
③ 포플러 잎녹병 - 송이풀
④ 소나무류 잎녹병 - 등골나물

해설 잣나무 털녹병의 중간기주는 송이풀류 까치밥나무류, 포플러 잎녹병은 낙엽송, 현호색, 줄꽃주머니이며 소나무 잎녹병은 황벽나무, 참취, 잔대 이다.

28 산불이 났을 때 수목이 견디는 힘은 수종에 따라 다르다. 다음 중 내화력이 강한 수종만으로 나열한 것은?

① 은행나무, 아왜나무, 녹나무
② 분비나무, 소나무, 가시나무
③ 아까시나무, 고로쇠나무, 사철나무
④ 가문비나무, 굴거리나무, 참나무

해설 가문비나무, 굴거리나무, 참나무류, 고로쇠나무, 음나무, 분비나무 등은 내화력이 강한 수종이다.

29 산림화재에 대한 설명으로 틀린 것은?

① 지표화는 지표에 쌓여 있는 낙엽과 지표물·지상관목층·갱신치수 등이 불에 타는 화재이다.
② 수관화는 나무의 수관에 불이 붙어서 수관에서 수관으로 번져 타는 불을 말한다.
③ 지중화는 낙엽층의 분해가 더딘 고산지대에서 많이 나며, 국토의 약 70%가 산악지역인 우리나라에서 특히 흔하게 나타나며, 피해도 크다.
④ 수간화는 나무의 줄기가 타는 불이며, 지표화로부터 연소되는 경우가 많다.

해설 지표 낙엽층 아래의 부식층에 발생하며 한번 발생시 오랜시간 연소하지만 국내에서는 거의 나타나지 않는다.

30 파이토플라스마(phytoplasma)에 의한 병이 아닌 것은?

① 벚나무 빗자루병
② 뽕나무 오갈병
③ 오동나무 빗자루병
④ 대추나무 빗자루병

해설 벚나무빗자루병은 진균에 의해 발생한다.

31 주로 잎을 가해하는 식엽성 해충으로 짝지어진 것은?

① 솔나방, 천막벌레나방
② 흰불나방, 소나무좀
③ 오리나무잎벌레, 밤나무혹벌
④ 잎말이나방, 도토리거위벌레

정답 25.① 26.④ 27.① 28.④ 29.③ 30.① 31.①

해설) 식엽성 해충으로 솔나방, 독나방, 오리나무잎벌레, 미국흰불나방, 천막벌레나방 등이 있다.

32 다음 중 수목에 가장 많은 병을 발생시키고 있는 병원체는?

① 균류　　　② 세균
③ 파이토플라스마　④ 바이러스

해설) 수목병에 관련해서 가장 많은 병을 일으키는 병원체로 진균이 있으며 그 다음으로 세균, 바이러스 가 있다.

33 살충제 중 해충의 입을 통해 체내로 들어가 중독 작용을 일으키는 약제는?

① 접촉제　　　② 훈증제
③ 침투성 살충제　④ 소화중독제

해설) 소화중독제는 해충이 약제를 먹어 소화관에서 흡수되어 중독증상을 일으킨다.

34 다음 그림과 같이 작은 나뭇가지에 가락지 모양으로 알을 낳는 해충은?

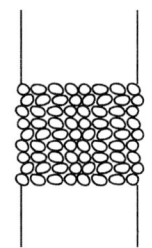

① 집시나방　　② 어스렝이나방
③ 미국흰불나방　④ 천막벌레나방

해설) 천막벌레나방은 텐트나방이라며 반지모양으로 200~300개 정도의 알을 낳는다.

35 다음이 설명하는 해충으로 옳은 것은?

- 암컷 성충의 몸길이는 2~2.25mm이고 몸 색깔은 황색에서 황갈색이며, 유충이 솔잎의 기부에서 즙액을 빨아먹어 피해가 3~4년 계속되면 나무가 말라 죽는다.
- 솔나방과 반대로 울창하고 습기가 많은 산림에 크게 발생한다.
- 1년에 1회 발생하며 유충으로 지피물 밑이나 흙속에서 월동한다.

① 솔잎깍지벌레
② 소나무가루깍지벌레
③ 솔잎혹파리
④ 소나무좀

해설) 솔잎혹파리는 1년에 1회 발생하고 유충으로 지피물 아래 혹은 땅속에서 월동한다. 암컷 성추는 약 2mm 정도의 크기이며 유충이 잎의 기부에서 벌레혹을 만들어 즙액을 빨아먹는다.

36 산림화재 후에 임목에 가장 큰 피해를 주는 산림 해충은?

① 솔나방　　　② 소나무좀벌레
③ 오리나무잎벌레　④ 넓적다리잎벌

해설) 소나무좀벌레는 산림에서 화재 및 저항성이 낮은 소나무의 껍질을 뚫고 산란을 하며 부화한 유충은 수액이동을 차단하여 소나무의 생육에 지장을 주고 고사시킨다.

37 바이러스 감염에 의한 목본식물의 대표적인 병징은?

① 혹　　　② 모자이크
③ 탈락　　④ 총생

해설) 바이러스의 병징은 모자이크, 괴저, 잎말림, 기형 등이 있다.

정답 32.① 33.④ 34.④ 35.③ 36.② 37.②

38. 모잘록병의 방제법이 아닌 것은?

① 묘상이 과습하지 않도록 주의하고, 햇빛이 잘 쬐도록 한다.
② 파종량을 적게 하고 복토가 너무 두껍지 않도록 한다.
③ 인산질 비료를 적게 주어 묘목을 튼튼히 한다.
④ 병이 심한 묘포지는 돌려짓기를 한다.

해설 모잘록병은 인산질 비료는 충분히 공급하고 질소질 비료의 과용을 피한다.

39. 수관화가 발생하기 쉬운 상대습도(관계습도)는?

① 25% 이하
② 30 ~ 40%
③ 50 ~ 60%
④ 70% 이상

해설 수관화는 상대습도 25% 이하에서 많이 발생한다.

40. 묘포에서 뿌리나 지접근부를 주로 가해하는 곤충류는?

① 풍뎅이과
② 유리나방과
③ 솜벌레과
④ 혹파리과

해설 뿌리부분을 가해하는 곤충으로 나무좀, 풍뎅이류, 하늘소류 등이 있다.

41. 체인톱날 연마시 깊이제한부를 너무 낮게 연마했을 때 나타나는 현상으로 틀린 것은?

① 톱밥이 정상으로 나오며 절단이 잘 된다.
② 톱밥이 두꺼우며 톱날에 심한 부하가 걸린다.
③ 안내판과 톱니발의 마모가 심해 수명이 단축된다.
④ 체인이 절단되면서 사고가 날 수 있다.

해설 깊이제한부를 너무 높게 연마시 절삭 깊이가 얇아 절삭량이 적어지게 되며 반대의 경우 절삭 깊이가 깊어 절삭량은 많아져도 톱날에 부하가 많이 걸리게 되어 수명이 짧아진다.

42. 체인톱의 톱니가 잘 세워지지 않은 것을 사용할 때 발생할 수 있는 문제점으로 가장 거리가 먼 것은?

① 절단효율 저하
② 톱체인 마모 또는 파손
③ 진동발생
④ 엔진파손

해설 체인톱의 톱니가 잘 세워지지 않은 경우 절단이 잘 이루어지지 않아 진동이 발생하며 톱체인의 마모 및 파손이 발생하게 된다. 작업효율이 떨어지나 엔진파손까지는 발생하지 않는다.

43. 체인톱날 종류에 따른 각 부의 연마각도로 옳은 것은?

① 반끌형 : 가슴날 80°
② 끌형 : 가슴각 80°
③ 반끌형 : 창날각 30°
④ 끌형 : 창날각 35°

해설 반끌형 가슴날은 85°, 반끌형 창날각은 35°, 끌형 창날각은 30° 이다

44. 체인톱을 항상 양호한 상태로 유지하기 위해서는 작업 전과 작업 후에 반드시 기계를 점검하고 청소를 해야 한다. 체인톱의 청소 항목에 해당되지 않는 것은?

① 기계 외부의 흙, 톱밥 등 제거
② 에어클리너의 청소
③ 엔진 내부 및 연료통의 청소
④ 톱 체인의 청소와 톱니세우기

해설 연료통의 청소는 분기별 정비에 해당한다.

정답 38.③ 39.① 40.① 41.① 42.④ 43.② 44.③

45 소경재 벌목을 위해 비스듬히 절단할 때는 수구를 만들지 않는 경우 벌목 방향으로 몇 도 정도 경사를 두어 바로 벌채하는가?

① 20°　　② 30°
③ 40°　　④ 50°

해설) 소경재는 비스듬히 절단을 하며 20° 정도의 경사를 두어 벌목한다.

46 산림작업 시 안전사고의 발생원인과 거리가 먼 것은?

① 안일한 생각으로 태만히 작업을 할 때
② 과로하거나 과중한 작업을 수행할 때
③ 계획 없이 일을 서둘러 할 때
④ 기술능력을 최대한 발휘할 때

해설) 기술능력을 최대한 발휘하는 것은 안전사고를 줄일 수 있는 특성이다.

47 임도가 적고 지형이 급경사지인 지역의 집재작업에 가장 적합한 집재기는?

① 포워더　　② 타워야더
③ 트랙터　　④ 펠러번처

해설) 타워야더는 임도나 작업로에서 가선을 설치하여 원목을 이동시키는 집재 및 운재 기기이다. 임도가 적고 지형이 급경사지에서의 집재작업에 용이하다.

48 측척의 용도로 옳은 것은?

① 벌도목의 방향전환에 사용되는 도구이다.
② 침엽수의 박피를 위한 도구이다.
③ 벌채목을 규격재로 자를 때 표시하는 도구이다.
④ 산악지대 벌목지에서 사용되는 도구로서 방향전환 및 끌어내기를 동시에 할 수 있는 도구이다.

해설) 측척은 벌채목을 규격대로 자를 때 표시하는 도구이다.

49 일반적으로 도끼자루 제작에 가장 적합한 수종으로 묶어진 것은?

① 소나무, 호두나무, 느티나무
② 호두나무, 가래나무, 물푸레나무
③ 가래나무, 물푸레나무, 전나무
④ 물푸레나무, 소나무, 전나무

해설) 도끼에 사용되는 자루의 용재로는 박달나무, 물푸레나무, 단풍나무, 호두나무, 가래나무, 참나무류 등이 적합하다.

50 톱니를 갈 때 약간 둔하게 갈아야 톱의 수명도 길어지고 작업능률도 높아지는 벌목지는?

① 소나무 벌목지
② 포플러류 벌목지
③ 참나무류 벌목지
④ 잣나무 벌목지

해설) 침엽수보다는 활엽수의 목섬유 강도가 강해서 톱니를 갈 때 약간 둔하게 갈아야 수명이 길어지고 작업능률이 높아진다.

51 무육작업 시 사용되는 임업용 톱의 톱니 관리방법 중 톱니 젖힘은 톱니 뿌리선으로부터 어느 지점을 중심으로 젖혀야 하는가?

① 1/4 지점　　② 1/3 지점
③ 1/5 지점　　④ 2/3 지점

정답 45.① 46.④ 47.② 48.③ 49.② 50.④ 51.④

해설 톱니 젖힘은 톱니 뿌리선에서 2/3 지점을 중심으로 젖혀준다.

52. 다음 ( )안에 적당한 값을 순서대로 나열한 것은?

> 기계톱의 체인 규격은 피치(pitch)로 표시하는데, 이는 서로 접하여 있는 ( )개의 리벳 간격을 ( )로 나눈 값을 나타낸다.

① 1, 2 ② 3, 2
③ 2, 4 ④ 4, 2

해설 톱체인 규격은 피치로 표시하며 피치는 3개의 리벳 간격의 1/2 길이를 말한다.

53. 산림작업을 위한 안전사고 예방 수칙으로 올바른 것은?

① 긴장하고 경직되게 할 것
② 비정규적으로 휴식할 것
③ 휴식 직후는 최고로 작업속도를 높일 것
④ 몸 전체를 고르게 움직여 작업할 것

해설 산림작업의 경우 안전사고를 위해 몸 전체의 긴장을 풀고 고르게 움직여 작업하는 것이 좋다.

54. 체인톱날 연마용 줄의 선택으로 적합한 것은?

① 줄의 지름이 1/10 상부날 아래로 내려오는 것
② 줄의 지름이 1/10 상부날 위로 올라오는 것
③ 줄의 지름이 상부날과 수평인 것
④ 줄의 지름이 5/10 정도 상부날 아래로 내려오는 것

해설 체인톱날 연마용 줄은 직경 1/10 정도로 상부날 위로 올라오게 한다.

55. 기계톱을 이용한 벌도목 가지치기 시 유의사항으로 옳지 않은 것은?

① 톱은 몸체와 가급적 가까이 밀착시키고 무릎을 약간 구부린다.
② 오른발은 후방손잡이 뒤에 오도록 하고 왼발은 뒤로 빼내어 안내판으로부터 멀리 떨어져 있도록 한다.
③ 가지는 가급적 안내판의 끝 쪽인 안내판 코를 이용하여 절단한다.
④ 장력을 받고 있는 가지는 조금씩 절단하여 장력을 제거한 후 작업한다.

해설 반력현상을 방지하기 위해 안내판 끝단부 체인 위쪽 부분으로 절단하지 않는다.

56. 체인톱의 배기가스가 검고, 엔진에 힘이 없다. 어떠한 경우에 이러한 결함이 생기는가?

① 기화기 조절이 잘못되었다.
② 연료 내 오일 혼합량이 적다.
③ 플러그에서 조기점화가 되기 때문이다.
④ 안내판으로 통하는 오일 구멍이 막혔다.

해설 기화기 조절이 잘못되거나 오염된 경우 체인톱의 배기가스가 검고 엔진이 잘 돌아가지 않는다.

57. 전문 벌목용 체인톱의 일반적인 본체 수명으로 옳은 것은?

① 500시간 정도 ② 1,000시간 정도
③ 1,500시간 정도 ④ 2,000시간 정도

해설 체인톱 수명은 약 1500시간 정도이다.

정답 52.② 53.④ 54.② 55.③ 56.① 57.③

58 기계톱날의 구성요소 중 목재의 절삭두께에 영향을 주는 것은?

① 창날각 ② 지붕각
③ 전동쇠 ④ 깊이제한부

> **해설** 깊이제한부는 톱날이 한번에 팔수 있는 깊이로 절삭두께를 결정하는 주요인자이다. 너무 높게 연마되면 절삭 깊이가 얇아 절삭량이 적어지며 반대의 경우 절삭 깊이가 깊어 절삭량이 많아져 톱날의 부하가 많이 걸리게 된다.

59 예불기에 의한 작업 시 톱날의 위치는 지상으로부터 어느 정도의 높이가 가장 적당한가?

① 1~5cm ② 5~10cm
③ 10~20cm ④ 20~30cm

> **해설** 예불기의 톱날은 지면에서 10~20cm 높이에 위치하는 것이 적당하고 톱날의 각도는 5~10° 정도를 유지하도록 한다.

60 일반적으로 많이 사용되는 체인톱의 연료에 대한 설명으로 옳은 것은?

① 연료는 휘발유 10L에 엔진오일 0.4L를 혼합하여 사용한다.
② 옥탄가가 높은 휘발유를 사용한다.
③ 작업도중 연료 보충은 엔진가동 상태로 혼합한다.
④ 연료통을 흔들지 않고 기계톱에 급유한다.

> **해설** 체인톱은 2행정 가솔린 기관으로 가솔린과 윤활유(엔진오일)를 25 : 1 정도로 배합하여 사용한다. 즉 휘발유 10L 에 엔진오일 0.4L를 혼합하여 사용한다.

정답 58.④ 59.③ 60.①

2013년 제2회 산림기능사

01 산림용 고형복합비료의 함량비율(질소 : 인산 : 칼륨)으로 가장 적합한 것은?

① 1 : 3 : 4　② 3 : 4 : 1
③ 2 : 2 : 2　④ 3 : 1 : 4

해설 산림의 고형복합비료는 가장 많이 이용되는 비료이며 질소, 인산, 칼륨의 비가 3 : 4 : 1 이다.

02 조림목의 식재열을 따라 약 90~100cm 폭으로 잡초목을 제거하는 풀베기 작업은?

① 모두베기　② 줄베기
③ 둘레베기　④ 잡초베기

해설 줄베기는 식재열을 따라 약 90~100cm 기준으로 시행하며 한해 및 풍해가 예상되는 지역에 적용한다.

03 발아기간을 단축하기 위하여 씨를 뿌리기 전에 발아촉진을 시키는 방법으로 틀린 것은?

① X선 분석법　② 종피파상법
③ 침수처리법　④ 노천매장법

해설 X선 분석법은 종자의 내부 상태를 확인하는 발아 검사법이다.

04 모수작업에 관한 설명으로 맞는 것은?

① 종자 비산력이 작은 수종은 불가하다.
② 음수의 갱신에 적합하다.
③ 군상으로 남기는 것은 불가하다.
④ 모수로 남겨야 할 임목은 전임목에 대하여 본수로는 2~3%이다.

해설 모수로 남겨야 할 임목은 전임목에 대해 본수 기준 2~3%, 재적 기준 10%, ha 당 기준 15~30본을 기준으로 한다.

05 임지와 임목의 건전한 생산성을 위한 생물적 임지보육작업으로 적합한 것은?

① 계단조림　② 비료목 식재
③ 임지경토　④ 임지피복

해설 비료목은 임지의 지력 향상에 도움을 주기 위해 심어주는 나무로 임목의 생산성에 도움을 준다.

06 다음의 특징을 갖는 작업종은?

- 임지가 노출되지 않고 항상 보호되며 표토의 유실이 없다.
- 음수갱신에 좋고 임지의 생산력이 높다.
- 미관상 가장 아름답다.
- 작업에 많은 기술을 요하고 매우 복잡하다.

① 산벌작업　② 택벌작업
③ 모수작업　④ 중림작업

해설 택벌작업은 성숙한 임목을 골라 벌채하는 방법으로 지력유지 및 토사유실 방지에 유리하고 좁은 면적의 산림에서도 보속적 수확이 가능하다. 또한 산림생태계 유지에 유리하고 미적인 가치가 높은 편이다.

정답 01.② 02.② 03.① 04.④ 05.② 06.②

07 파종상에서 1년간 키운 다음 이식하여 1년을 키운 후 다시 이식해서 1년을 더 키운 3년실생묘의 연령 표기는?

① 1-2묘
② 1-1-1묘
③ 1/2묘
④ 1-2-1묘

해설 실생묘의 처음 숫자는 파종상에서 지낸 연수, 뒤의 수는 판갈이상에서 지낸 연수를 의미하며 파종상 1년, 이식후 1년, 다시 이식해 1년을 키운 3년생은 〈1-1-1 묘〉로 표기 한다.

08 임목종자의 품질검사에 대한 틀린 설명은?

① 순량률은 순정종자 무게를 전체 시료종자 무게로 나누어 백분율로 표기한다.
② 용적중은 10L의 종자무게를 kg 단위로 표시한다.
③ 발아율은 발아된 종자의 수를 전체 시료종자의 수로 나누어 백분율로 표기한다.
④ 효율은 실제 득묘할 수 있는 효과를 예측하는 데 사용될 수 있는 종자의 사용가치를 말한다.

해설 용적중은 종자 1L 당 무게를 g 단위로 나타낸다.

09 B종간벌에 대한 설명으로 옳은 것은?

① 4·5급목을 전부 벌채하고 2급목의 소수를 벌채하는 것
② 최하층의 4·5급목 전부와 3급목의 일부, 그리고 2급목의 상당수를 벌채하는 것
③ 4·5급목의 전부와 3급목의 대부분을 벌채하고 때에 따라서는 1급목의 일부를 벌채하는 것
④ 4·5급목의 전부와 특히 1급목의 일부도 벌채하는 것

해설 B종간벌(중도간벌)은 4,5 급 전부, 3급목의 일부, 2급목의 상당수를 벌채한다. 가장 널리 이용되는 방법으로 3급목의 경쟁완화를 목적으로 한다.

10 교림작업과 왜림작업을 혼합한 갱신작업으로 동일 임지에서 건축재(일반용재)와 신탄재를 동시에 생산하는 것을 목적으로 하는 작업종은?

① 개벌작업
② 산벌작업
③ 중림작업
④ 왜림작업

해설 용재 생산이 목적인 교림작업, 연료재 생산이 목적인 왜림작업을 동시에 실시하는 것을 중림작업이라 한다.

11 산림묘포 적지 선정에 대한 틀린 설명은?

① 토심이 깊고 부식질 함량이 많으면 좋다.
② 묘포 토양의 적정 산도는 pH 5.5~6.5가 적당하다.
③ 평탄지보다 5° 이하의 경사가 있으면 관수와 배수에 좋다.
④ 북반구에서는 조림할 장소보다 남쪽에 있는 것이 유리하다.

해설 북반구의 경우 조림 장소보다 묘포지를 북쪽에 위치하는 것이 유리하다.

12 내음력이 뛰어난 음수끼리만 짝지어진 것은?

① 주목, 회양목
② 회양목, 낙엽송
③ 소나무, 잣나무
④ 주목, 소나무

해설 주목, 개비자나무, 사철나무, 회양목 등은 극음수에 속한다.

13 택벌작업에서 벌채목을 정할 때 생태적 측면에서 가장 중점을 두어야 할 사항은?

① 우량목의 생산
② 간벌과 가지치기
③ 대경목을 중심으로 벌채
④ 숲의 보호와 무육

해설 택벌작업은 성숙한 임목을 골라 벌채하는 작업으로 산림생태계의 유지에 유리한데 이는 숲의 보호와 무육에 중점을 두기 때문이다.

정답 07.② 08.② 09.② 10.③ 11.④ 12.① 13.④

14 조림을 위한 우량묘목의 구비조건이 아닌 것은?

① 발육이 완전하고 조직이 충실한 것
② 가지가 사방으로 고루 뻗어 발달한 것
③ 묘목이 약간 웃자란 것
④ 측근과 세근의 발달량이 많을 것

> 해설 우량묘목은 줄기가 곧고 정아가 측아보다 우세하며 지상부와 지하부의 균형을 이루어야 한다.

15 씨앗을 건조할 때 음지에 건조해야 하는 종은?

① 소나무　　② 밤나무
③ 전나무　　④ 낙엽송

> 해설 종자를 음지에서 건조하는 방법을 받음 건조법이라 하며 오리나무류, 포플러류, 편백, 화백, 미루나무, 참나무, 밤나무 등이 적합하다.

16 꽃의 구조 중 암꽃과 수꽃이 한 나무에 달리는 자웅동주에 해당하는 수종이 아닌 것은?

① 자작나무　　② 밤나무
③ 버드나무　　④ 호두나무

> 해설 버드나무는 자웅이수에 속한다.

17 가식에 관한 설명으로 맞는 것은?

① 가을철 가식 때에는 묘목의 끝이 남쪽으로 향하도록 한다.
② 단기간 가식할 때에는 다발을 풀어 가식한다.
③ 한풍해가 우려될 때에는 묘목 끝이 바람과 같은 방향으로 누인다.
④ 가식하는 장소는 햇빛이 많이 들어야 한다.

> 해설 묘목의 끝은 가을에는 남쪽, 봄에는 북쪽으로 45° 경사지게 한다.

18 채종림에 대한 설명으로 틀린 것은?

① 채종림은 전국 산림 중 우량 임분을 골라 법적인 절차를 거쳐 지정한다.
② 지금 당장 필요한 우량종자를 확보하고자 잠정적으로 이용하는 임분이다.
③ 사유림에서는 채종림으로 지정받을 수 없다.
④ 채종림으로 지정되면 우량한 형질을 지니니 개체목을 잔존시키고 불량목을 제거한다.

> 해설 사유림도 1단지의 면적이 1만m² 이상이며 모수가 150본 이상인 산림이고 채종림의 지정기준에 적합한 경우 채종림으로 지정이 가능하다.

19 종자의 성숙시기가 5월인 수종은?

① 피나무　　② 소나무
③ 가래나무　　④ 버드나무

> 해설 5월에 종자가 성숙하는 수종으로 버드나무류, 미루나무, 양버들, 황철나무, 사시나무 등이 있다.

20 완만재를 생산할 수 있을 뿐만 아니라 수간의 직경생장을 증대시키기 위한 육림작업은?

① 풀베기　　② 어린나무가꾸기
③ 덩굴제거　　④ 가지치기

> 해설 우량 목재 생산을 위해 가지를 끊어주는 작업을 가지치기라 한다. 가지치기는 수간의 완만도를 높이고 무절재 생산에 도움을 준다.

정답　14.③　15.②　16.③　17.①　18.③　19.④　20.④

21 도태간벌의 특성에 대한 옳은 설명은?

① 간벌양식으로 볼 때 하층간벌에 속한다.
② 간벌재 이용에 유리하다.
③ 복층구조 유도가 힘들다.
④ 장벌기 고급 대경재 생산에는 부적합하다.

해설 도태간벌은 상승간벌에 속하고 복층구조 유도가 쉬운편이다. 벌채 시기를 장기간으로 하기에 장벌기 고급 대경재 생산에도 유리하다. 간벌의 경우 미래목의 생장에 방해되는 피해목, 불량목, 폭목 등을 대상으로 한다.

22 연료림이나 작은 나무의 생산에 적당한 작업종은?

① 교림작업   ② 왜림작업
③ 중림작업   ④ 모수작업

해설 왜림작업은 활엽수림에 연료재 생산을 목적으로 짧은 벌기령을 가진다.

23 종자의 품질검사에서 발아율이 60%이고, 순량률이 80%인 종자의 효율은?

① 13%   ② 20%
③ 48%   ④ 75%

해설 효율(%) = $\dfrac{순량율 \times 발아율}{100}$
= $\dfrac{60 \times 80}{100}$ = 48(%)

24 다음 중 삽목발근이 어려운 수종은?

① 사철나무   ② 아까시나무
③ 동백나무   ④ 주목

해설 사철나무, 동백나무, 주목은 삽목발근이 용이한 수종이며 아까시나무와 참나무, 단풍나무 등은 삽목발근이 어려운 수종이다.

25 데라사끼 간벌형식 중 상층수관을 강하게 벌채하고 3급목을 남겨서 수간과 임상이 직사광선을 받지 않도록 하는 것은?

① A종   ② C종
③ D종   ④ E종

해설 D종간벌은 상층임관을 강하게 벌채하여 3급목을 남겨 임상이 직사광선을 받지 않도록 한다.

26 최근에 산불이 발생하면 임내에 가연물이 많아 대형화되는 경우가 많다. 최근까지 조사된 산불 원인 중 산불발생빈도가 가장 높은 것은?

① 어린이 불장난   ② 성묘객의 실화
③ 입산자의 실화   ④ 논·밭두렁 소각

해설 산림화재는 등산자의 부주의로 인한 화재가 가장 많다.

27 수목의 종실을 가해하는 해충은?

① 대벌레
② 솔알락명나방
③ 솔수염하늘소
④ 느티나무벼룩바구미

해설 도토리바구미, 밤나방, 밤바구미, 복숭아명나방, 솔알락명나방, 하늘소류 등은 종실을 가해한다.

28 산불위기 경보구분과 발령기준에 대한 설명으로 틀린 것은?

① 관심 산불예방에 대한 관심이 필요한 경우 주의경보 발령기준에 미달
② 주의 - 산불위험지수 51 이상 지역이 70%이상
③ 경계-산불위험지수 61 이상 지역이 80% 이상

정답 21.② 22.② 23.③ 24.② 25.③ 26.③ 27.② 28.③

④ 심각-산불위험지수 86 이상 지역이 70% 이상

해설 산불위기 경보에서 경계는 산불위험지수가 66 이상인 지역이 70% 이상을 기준으로 한다.

29 다음 중 잠복기간이 가장 긴 수병은?

① 소나무 재선충병
② 잣나무 털녹병
③ 포플러 잎노병
④ 낙엽송 잎떨림병

해설 잣나무털녹병은 잠복기간이 3~4년 정도로 길다.

30 주풍에 의한 피해로서 가장 거리가 먼 것은?

① 임목의 생장량이 감소된다.
② 수형을 불량하게 한다.
③ 침엽수는 상방편심 생장을 하게 된다.
④ 기공이 폐쇄되어 광합성 능력이 저하된다.

해설 주풍으로 인해 생장량 감소, 수형 불량, 생리적 장애 등의 피해가 발생한다. 편심생장의 경우 침엽수는 상방편심, 활엽수는 하방편심 현상을 보인다.

31 솔잎혹파리의 방제를 위하여 수간주사를 할 때 사용하는 약제는?

① 포스팜
② 스미치온
③ 메타시스톡스
④ 다찌가렌

해설 솔잎혹파리리는 나무주사를 통해 방제하며 주로 포스팜액제와 아세타미프리드 액제를 이용한다

32 농약의 효력을 높이기 위해 사용하는 물질 중 농약에 섞어서 고착성, 확전성, 현수성을 높이는데 사용되는 것은?

① 훈증제
② 불임제
③ 유인제
④ 전착제

해설 전착제는 병해충 및 식물의 전착에 도움을 주는 보조제이다.

33 아까시나무 모자이크병의 매개충은?

① 복숭아혹진딧물
② 오동나무매미충
③ 마름무늬매미충
④ 솔잎혹파리

해설 복숭아혹진딧물은 각종 바이러스의 매개충으로 복숭아나무, 자두나무, 벚나무 등의 수목뿐 아니라 작물에도 많은 피해를 준다.

34 겨울철 저온에 의한 나무의 피해가 가장 큰 상혈발생 지형은?

① 계곡이 아닌 햇볕이 잘 드는 곳
② 바람이 잘 통하는 평탄한 곳
③ 북풍을 막아주는 남향의 지형
④ 사면을 따라 오목하게 들어간 곳

해설 사면을 따라 오목하게 들어가거나 골짜기의 아래 등지와 같은 곳은 겨울철 냉기가 모이기 쉬운 지형으로 상혈이 발생하기 쉽다.

35 오리나무 잎벌레에 대한 설명으로 틀린 것은?

① 지피물 밑이나 흙속에서 월동한다.
② 성충으로 월동한다.
③ 유충은 엽육을 먹으며 성장한다.
④ 1년에 2회 이상 발생한다.

해설 오리나무잎벌레는 1년에 1회 발생한다

정답 29.② 30.④ 31.① 32.④ 33.① 34.④ 35.④

36 살충기작에 의한 살충제의 분류 방법 중 나프탈렌, 크레오소트 등이 속하는 것은?

① 유인제 ② 기피제
③ 용제   ④ 증량제

해설 기피제는 직접적인 살상작용은 하지 않으나 해충의 접근을 막는 약제로 나프탈렌, 크레졸혼합제 등이 있다.

37 포플러 잎녹병의 중간숙주는?

① 향나무   ② 송이풀
③ 일본잎갈나무 ④ 까치밥나무

해설 포플러 잎녹병의 중간기주는 낙엽송(일본잎갈나무), 현호색, 줄꽃주머니가 있다.

38 다음 중 담자균류에 의한 수병은?

① 소나무 혹병
② 밤나무 줄기마름령
③ 그을음병
④ 오동나무 탄저병

해설 담자균에 의해 발생하는 수목병으로 소나무혹병, 잣나무털녹병, 포플러잎녹병 등이 있다.

39 살충제 중 훈증제로 쓰이는 약제는?

① 메틸브로마이드 ② Bt제
③ 비산연제   ④ DDVP

해설 살충제 중 훈증제로 메틸브로마이드, 클로로피크린 등이 대표적이다.

40 화학적 방제법 중 독성분이 해충의 입을 통하여 소화관 내에 들어가 중독작용을 일으켜 사망시키는 약제는?

① 접촉살충제   ② 훈연제
③ 소화중독제   ④ 침투성 살충제

해설 소화중독제는 해충이 약제를 먹어 소화관에서 흡수되어 처리하며 주로 저작구형을 가진 해충에 적용하면 유리하다.

41 다음은 예불기의 장치 중 어느 것에 대한 설명인가?

> 주입되는 공기의 먼지와 실린더 내부의 마모를 줄일뿐 아니라 연료의 소비를 도와주는데 이것이 막히면 엔진의 힘이 줄고 연료 소모량이 많아지며 시동이 어려워진다.

① 엑셀레버   ② 연료탱크
③ 공기필터 덮개 ④ 공기여과장치

해설 예불기의 공기여과장치는 주입되는 공기의 먼지와 실린더 내부의 마모를 줄여주는데 여과장치가 막힐 경우 연료 소모량이 많아지고 엔진의 힘이 줄어 주기적인 청소를 요구한다.

42 체인톱의 부품에 해당되지 않는 것은?

① 스프라켓
② 안내판
③ 피치
④ 스로틀레버 차단판

해설 톱체인의 규격을 피치로 표시한다.

정답 36.② 37.③ 38.① 39.① 40.③ 41.④ 42.③

43 다음 중 임목수확작업의 순서를 바르게 나타낸 것은?

① 벌목 → 조재 → 운재 → 집재
② 벌목 → 운재 → 조재 → 집재
③ 벌목 → 조재 → 집재 → 운재
④ 벌목 → 운재 → 집재 → 조재

해설 임목수확작업은 벌목을 하여 일정 크기의 원목으로 조재를 하고 원목을 특정장소로 집재하여 판매처로 운재하게 된다.

44 도끼와 자루를 연결하였을 때 그림과 같이 도끼의 일부에 공기가 통과할 수 있는 공간이 있을 때 어떤 결과가 나타나는가?

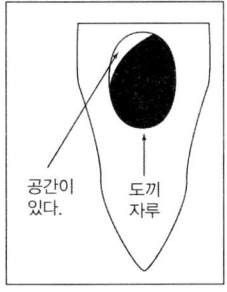

① 자루 빼기가 힘들다.
② 자루의 사용이 효율적이다.
③ 자루가 빠질 위험이 높다.
④ 특별한 영향이 없다.

해설 도끼와 자루가 연결부위에 공간이 있으면 빠질 위험이 있다.

45 예불기 작업 시 작업자의 준수사항으로 틀린 것은?

① 작업을 침착하게 진행하여야 한다.
② 항상 전진 또는 좌우이동은 천천히 하여야 한다.
③ 소경재는 90°로 절단하여야 한다.
④ 톱날은 항상 연미되어 있어야 하며 예비날을 휴대한다.

해설 소경재는 비스듬히 절단을 하며 20° 정도의 경사를 두어 벌목한다.

46 내연기관에 속하지 않는 것은?

① 디젤기관   ② 가솔린기관
③ 로켓기관   ④ 증기기관

해설 내연기관에는 디젤기관, 가솔린기관, 가스터빈, 로켓기관, 제트기관 등이 있다. 증기기관은 외연기관에 속한다.

47 다음 중 기계톱에 사용되는 연료에 대한 설명으로 틀린 것은?

① 기계톱은 2행정기관이므로 혼합유를 사용한다.
② 급유할 때에는 연료를 잘 흔들어 섞어준 뒤에 급유해야 한다.
③ 옥탄가가 높은 휘발유가 사동이 잘 걸리고 출력이 높아 편리하다.
④ 불법 제조된 휘발유를 사용하면 오일막 또는 연료호스가 녹고 연료통 내막을 부식시킨다.

해설 체인톱은 내폭성이 낮은 저옥탄가의 가솔린은 사용하여야 고폭발로 인한 기계손상을 막을 수 있다.

48 다음 중 가선집재 작업의 순서로 가장 알맞은 것은?

① 벌목조재 → 가선집재 → 조재 → 집적작업 → 수요처(제재소)
② 가선집재 → 벌목조재 → 조재 → 집적작업 → 수요처(제재소)
③ 집적작업 → 조재 → 가선집재 → 벌목조재 → 수요처(제재소)
④ 벌목조재 → 가선집재 → 집적작업 → 조재 → 수요처(제재소)

정답 43.③ 44.③ 45.③ 46.④ 47.③ 48.①

해설) 임목집재에서 가선집재의 작업은 벌목 조재, 가선집재, 조재, 직접작업, 상차작업, GMC 운재, 상차작업, 화물트럭 운반, 수요처 순서로 진행이 된다.

49 4행정기관에서 1사이클을 완료하기 위하여 크랭크축은 몇 회전하는가?

① 4
② 3
③ 2
④ 1

해설) 4행정기관은 1사이클 완료에 피스톤이 4행정 2왕복운동으로 크랭크 2회전을 한다.

50 조림용 도구에 대한 설명으로 틀린 것은?

① 각식재용 양날괭이 - 형태에 따라 타원형과 네모형으로 구분되며 한 쪽날은 괭이로서 땅을 벌리는 데 사용하고 다른 한 쪽날은 도끼로서 땅을 가르는 데 사용된다.
② 사식재 평이 - 경사지, 평지 등에 사용하고 대묘보다 소묘의 사식에 적당하다.
③ 손도끼 - 조림용 묘목의 긴뿌리의 단근작업에 이용되며, 짧은 시간에 많은 뿌리를 자를 수 있다.
④ 재래식 괭이 - 규격품으로 오래전부터 사용되어 오던 작업도구로 산림작업에서 풀베기, 단근 등에 이용된다.

해설) 재래식괭이는 산림작업에서는 식재작업 및 사방사업 등에서 사용되고 있다. 식재작업시 땅속에 있는 나무뿌리, 잡초뿌리 등을 끊고 흙을 부드럽게 해준다.

51 체인톱 2행정기관의 연료 혼합비로 맞는 것은?

① 휘발유 25 : 중유 1
② 휘발유 25 : 오일 1
③ 휘발유 10 ; 등유 1
④ 휘발유 10 : 오일 1

해설) 체인톱은 2행정 가솔린 기관으로 가솔린과 윤활유(엔진오일)를 25 : 1 정도로 배합하여 사용한다.

52 엔진에서 피스톤이 상부에 있을 때를 상사점(TDC)이라 하고, 최하부로 내려갔을 때를 하사점(BDC)이라 한다. TDC와 BDC 사이는 무엇이라 하는가?

① 연소실
② 행정
③ 실린더
④ 피스톤

해설) 상사점과 하사점 사이의 작동거리를 행정이라 한다.

53 다음은 벌채 및 반출사업 경비 중 기계작업시 단위재적당 연료비를 산출하는 공식이다. (   )안에 들어갈 알맞은 것은?

$$단위재적당연료비(원/m^3) = \frac{(\quad) \times 연료단가(원/L)}{기계작업1일작업량(m^3/일)}$$

① 기계작업 1일당 연료소비량
② 기계작업 1본당 연료소비량
③ 기계작업 1시간당 연료소비량
④ 기계작업 1분담 연료소비

해설) 단위재적당 연료비는 기계작업 1일당 연료소비량에 단가를 곱하고 이를 기계작업 1일 작업량으로 나누어 준다.

54 안전사고 예방기본대책에서 예방 효과가 큰 순서로 올바르게 나열된 것은?

① 위험으로부터 멀리 떨어짐 → 개인안전보호 → 위험제거 → 위험고정
② 위험고정 → 개인안전보호 → 위험제거 → 위험으로부터 멀리 떨어짐
③ 개인안전보호 → 위험고정 → 위험제거

정답 49.③ 50.④ 51.② 52.② 53.① 54.④

→ 위험으로부터 멀리 떨어짐
④ 위험제거 → 위험으로부터 멀리 떨어짐
→ 위험고정 → 개인안전보호

해설 안전사고를 예방하는 것은 위험을 제거하는 것이 가장 효과적이며 다음으로 위험에서 거리두기, 위험고정, 개인안전 보호 정도의 순서로 효과가 있다.

55 견착식 예불기를 착용하였을 때 예불기 날과 지면과의 높이는 어느 정도가 적합한가?

① 5 - 10 cm　② 10 ~ 20 cm
③ 20 ~ 30 cm　④ 30 ~ 40 cm

해설 예불기의 톱날은 지면에서 10~20cm 높이에 위치하는 것이 적당하다.

56 경사지에서의 벌목작업방법이 올바르게 설명된 것은?

① 벌목할 나무가 미끄러질 위험이 있는 곳에서는 산정방향과 비스듬히 벌목한다.
② 조재작업 시는 가능한 한 벌목한 나무의 산정 반대방향에 서서 작업한다.
③ 작업자들이 경사지 상하에 서서 작업한다.
④ 작업장 아래에 도로가 있을 경우에는 경찰에 접수만 하고 작업한다.

해설 벌목할 나무가 미끄러질 위험이 있을 경우 산정방향에서 작업을 하며 동일 벌채사면의 위, 아래 동시 작업은 하지 않는다.

57 소경재 벌목방법에서 벌목방향으로 20도 정도 경사를 두어 벌목하는 방법은?

① 비스듬히 절단하는 방법
② 간이 수구 절단방법
③ 수구 및 주구에 의한 절단방법
④ 지렛대를 이용한 방법

해설 소경재는 비스듬히 절단을 하며 20° 정도의 경사를 두어 벌목한다.

58 소경재 임분작업을 하려고 이리톱의 톱날 갈기를 할 때 가장 적당한 가슴각은 얼마인가?

① 침엽수는 60°, 활엽수는 60°이다.
② 침엽수는 60°, 활엽수는 70°이다.
③ 침엽수는 70°, 활엽수는 70°이다.
④ 침엽수는 70°, 활엽수는 60°이다.

해설 이리톱의 톱니 가슴각은 침엽수는 60°, 활엽수는 75° 정도로 한다. 보기중 가장 근접된 답은 2번이 되겠다.

59 임목집재용 기계 중 활로에 의한 집재 시 활로 구조에 따른 수라의 종류로 틀린 것은?

① 흙수라　② 석수라
③ 나무수라　④ 플라스틱 수라

해설 활로에 의한 집재는 토수라(흙수라), 나무수라, 플라스틱수라 등이 있다.

60 내연기관 중 실린더의 압축비를 바르게 나타낸 것은?

① 압축비 = $\dfrac{행정용적 + 간극용적}{간극용적}$

② 압축비 = $\dfrac{행정용적 + 간극용적}{행정용적}$

③ 압축비 = $\dfrac{행정용적 - 간극용적}{간극용적}$

④ 압축비 = $\dfrac{행정용적 - 간극용적}{행정용적}$

해설 실린더 속에서 가스가 압축되는 정도를 압축비로 표현하며 구하는 방법은 아래와 같다.

압축비 = $\dfrac{간극용적 + 행정용적}{간극용적}$

정답 55.② 56.① 57.① 58.② 59.② 60.①

2013년 제4회 산림기능사

01 밑깎기의 가장 중요한 목적은?
① 조림목에 안정된 환경을 만들어 주기 위함
② 겨울철에 동해를 방지하기 위함
③ 음수 수종의 생장을 도모하기 위함
④ 수목의 나이테 너비를 조절하기 위함

해설 풀베기(밑깎기) 조림목의 성장을 돕고 토양의 양분 및 수분이 빼앗기는 것을 막기 위해 매년 1~2회 실시 한다.

02 무육작업이라고 할 수 없는 것은?
① 풀베기 ② 솎아베기(간벌)
③ 가지치기 ④ 갱신

해설 산림무육작업에는 풀베기, 덩굴제거, 제벌, 가지치기, 간벌이 있다.

03 산벌작업의 순서로 옳은 것은?
① 후벌 → 예비벌 → 하종벌
② 하종벌 → 후벌 → 예비벌
③ 하종벌 → 예비벌 → 후벌
④ 예비벌 → 하종벌 → 후벌

해설 산벌작업은 갱신을 위해 예비벌, 하종벌, 후벌의 과정을 거치며 후벌의 마지막인 종벌의 순서로 작업이 진행되는데 이를 순차벌이라 한다.

04 2ha의 임야에 밤나무를 4m 간격의 정방형 식재를 하려면 얼마의 밤나무 묘목이 필요한가?
① 250본 ② 750 본
③ 1,250본 ④ 2,250 본

해설 $\dfrac{20000 m^2}{4m \times 4m} = 1250$ 본

05 질소의 함유량이 20%인 비료가 있다. 이 비료를 80g 주었을 때 질소성분량으로는 몇 g을 준 셈이 되는가?
① 8g ② 16g
③ 20g ④ 80g

해설 $80g \times \dfrac{20}{100} = 16g$

06 소나무 천연림의 나이가 어릴 때, 보육의 궁극적인 목표는?
① 우량 용재 생산 ② 땔감, 표고 용재
③ 송이 생산 ④ 휴양 풍치림

해설 소나무 천연림은 우량목재의 생산에 목적을 둔다.

07 묘목의 특수식재 중 천근성이며 직근이 빈약하고 측근이 잘 발달된 가문비나무 등과 같은수종의 어린 노지묘를 식재할 때 사용되는 방법은?
① 봉우리 식재 ② 치식
③ 용기묘 식재 ④ 대묘 식재

해설 봉우리 식재는 구덩이를 파고 안에 봉우리를 만들어 묘목을 심는 방법으로 천근성이면서 상대적으로 측근이 발달된 나무에 적합하다.

정답 01.① 02.④ 03.④ 04.④ 05.② 06.① 07.①

08 다음 중 종자의 용적중이 가장 큰 수종은?

① 물푸레나무 ② 낙엽송
③ 복자기나무 ④ 소나무

해설 용적중은 종자 1L 당 무게를 g 단위로 나타내며 소나무의 용적중이 큰 편이다.

09 대면적 개벌법에 의한 갱신 시 소나무의 종자 비산거리로 옳은 것은?

① 모수 수고의 1 ~ 3배
② 모수 수고의 3 ~ 5배
③ 모수 수고의 4 ~ 6배
④ 모수 수고의 5 ~ 7배

해설 소나무는 모수 수고의 3~5배 정도의 비산거리를 갖는다.

10 유실수인 밤나무는 보통 1ha당 몇 본을 식재하는가?

① 400본 ② 800본
③ 1,200본 ④ 3,000본

해설 밤나무의 경우 보통 1ha 당 400본을 식재한다.

11 모수작업법에 대한 설명으로 옳은 것은?

① 임지를 정비해줌으로써 노출된 임지의 갱신이 이루어질 수 있다.
② 벌채가 집중되므로 경비가 많이 든다.
③ 종자의 비산능력을 갖추지 않은 수종도 가능하다.
④ 토양의 침식과 유실 우려가 거의 없다.

해설 모수작업은 성숙한 임분을 대상으로 임지를 정리하고 종자를 공급할 수 있는 모수를 남기고 일시에 베어내어 갱신이 이루어진다.

12 선천적 유전 형질에 의해서 삽수의 발근이 대단히 어려운 수종은?

① 향나무 ② 밤나무
③ 사철나무 ④ 동백나무

해설 밤나무, 호두나무, 자귀나무, 복숭아나무, 잣나무, 전나무, 참나무류 등은 삽수의 발근이 어려운 수종이다.

13 조림수종의 선택 조건에 맞지 않는 것은?

① 가지가 굵고 긴 나무
② 입지 적응력이 큰 나무
③ 위해에 대하여 적응력이 큰 나무
④ 성장속도가 빠른 나무

해설 조림수종의 선택조건에서 가지는 가늘고 길어야 한다.

14 산벌작업의 특성에 대한 설명으로 가장 옳은 것은?

① 약간 음수성을 띤 수종에 알맞은 작업종이고 갱신이 짧다.
② 약간 음수성을 띤 수종에 알맞은 작업종이고 갱신이 비교적 오래 걸린다.
③ 약간 양수성을 띤 수종에 알맞은 작업종이고 갱신이 비교적 오래 걸린다.
④ 약간 양수성을 띤 수종에 알맞은 작업종이고 갱신이 짧다.

해설 산벌작업은 음수 갱신에 유리하며 갱신기간은 보통 15~20년정도이나 혼효상태에 따라 60년이 소요될 정도로 비교적 오래 걸린다.

15 다음 중 측면맹아력이 가장 강한 수종은?

① 잣나무 ② 아까시나무
③ 소나무 ④ 낙엽송

해설 맹아력이 강한 수종으로 상수리나무, 굴참나무, 서어나무, 물푸레나무, 밤나무, 아까시나무 등이 있다.

정답 08.④ 09.② 10.① 11.① 12.② 13.① 14.② 15.②

16 다음 중 가지치기의 단점으로 틀린 것은?

① 나무의 성장이 줄어들 수 있다.
② 부정아가 발생한다.
③ 작업상 노무문제가 있다.
④ 무절재를 생산한다.

해설 가지치기를 통해 무절재를 생산하는 것은 장점에 속한다.

17 묘목의 관리 중 솎기작업의 설명으로 틀린 것은?

① 낙엽송, 삼나무, 편백 등은 2~3회 솎기작업을 한다.
② 소나무류, 전나무류 등은 1~2회 나누어 실시한다.
③ 솎기시기는 본엽이 나온 때와 8월 하순경에 실시한다.
④ 솎기작업을 한 후에는 관수할 필요가 없다.

해설 묘목의 관리에서 관수의 경우 보도관수를 원칙으로 한다.

18 정선종자의 수율이 가장 높은 수종은?

① 가문비나무 ② 소나무
③ 편백   ④ 전나무

해설 정선종자의 수율은 전나무가 19.2%로 보기 중에서 가장 높으며 가문비나무 2.1%, 소나무 3%, 편백 11.4% 정도이다.

19 노천매장법 중 파종하기 한 달쯤 전에 매장하는 것이 발아촉진에 도움을 주는 수종은?

① 백합나무   ② 측백나무
③ 옻나무   ④ 가래나무

해설 노천매장법에서 파종하기 1달 전에 매장하여 발아촉진에 도움이 되는 수종으로 소나무, 해송, 가문비나무, 전나무, 삼나무, 측백나무 등이 있다.

20 채집된 종자를 건조시킬 때 음지 건조를 시켜야하는 수목 종자로 바르게 짝지어진 것은?

① 소나무류, 해송 ② 나염송, 전나무
③ 참나무류, 편백 ④ 회양목, 소나무류

해설 반음건조법에는 오리나무류, 포플러류, 편백, 화백, 미루나무, 참나무류 등이 적합하다.

21 일반적인 간벌 순서로 옳은 것은?

① 간벌목 선정→답사→벌도→뒷손질
② 답사→간벌목 선정→벌도→뒷손질
③ 답사→간벌목 선정→뒷손질→벌도
④ 간벌목 선정→뒷손질→답사→벌도

해설 일반적으로 답사를 통해 벌목량 및 상태를 조사하고 간벌목을 선정한다. 이후 벌도 및 뒷손질을 실시한다.

22 묘목을 심을 때 뿌리를 잘라주는 목적은?

① 식재가 용이하다.
② 양분의 소모를 막는다.
③ 수분의 소모를 막는다.
④ 측근과 세근의 발달을 도모한다.

해설 묘목의 뿌리를 잘라주는 작업을 단근이라 하며 이를 통해 측근과 세근의 발달을 촉진한다.

23 전체 나무 중 우량목과 불량목의 비율이 어느 정도 되어야만 그 임분은 좋은 채종림이라 할 수 있는가?

① 우량목 30% 이상, 불량목 15% 이하
② 우량목 40% 이상, 불량목 15% 이하
③ 우량목 50% 이상, 불량목 20% 이하
④ 우량목 70% 이상, 불량목 20% 이하

해설 채종림 선발은 우량목, 중간목, 불량목으로 구분하고 우량목이 전체 나무의 50% 이상, 불량목은 20% 이하일 경우 양호한 상태라 할수 있다.

정답 16.④ 17.④ 18.④ 19.② 20.③ 21.② 22.④ 23.③

24 숲가꾸기와 관련된 설명으로 옳은 것은?

① 풀베기는 대개 9월 이후에도 실시한다.
② 풀베기는 조림목의 수고가 50cm 이상이 되도록 한다.
③ 제벌은 겨울철에 실시하는 것이 좋다.
④ 덩굴치기에 있어서 칡의 제거는 줄기 절단보다 약제처리가 효과적이다.

해설 칡은 국내에서 가장 많은 피해를 주며 칡을 제거하기 위해 물리적 절단보다는 약제처리를 통해 제거하는 것이 효과적이다.

25 대목이 비교적 굵고 접수가 가늘 때 적용되는 접목법은?

① 박접 ② 절접
③ 복접 ④ 할접

해설 할접은 대목이 비교적 굵고 접수가 가는 경우 적용한다.

26 솔나방의 방제방법으로 틀린 것은?

① 4월 중순 ~ 6월 중순과 9월 상순 ~ 10월 하순에 유충이 솔잎을 가해할 때 약제를 살포한다.
② 6월 하순부터 7월 중순 고치 속의 번데기를 집게로 따서 소각한다.
③ 솔나방의 기생성 천적이 발생할 수 있도록 가급적 단순림을 조성한다.
④ 성충 활동기에 피해 임지에 수은등을 설치한다.

해설 솔나방의 방제를 위해 단순림보다는 혼효림이 효과적이다.

27 한상에 대한 설명으로 옳은 것은?

① 식물체의 조직 내에 결빙현상은 발생하지 않지만 저온으로 인해 생리적으로 장애를 받는 것이다.
② 온대식물이 피해를 가장 받기 쉽다.
③ 저온으로 인해 식물체 조직 내에 결빙현상이 발생하여 식물체를 죽게 한다.
④ 한겨울 밤 수액이 저온으로 인해 얼면서 부피가 증가할 때 수간이 갈라지는 현상이다.

해설 한상은 식물체 세포 내에 결빙현상은 나타나지 않으나 저온으로 인해 생리적 장애가 발생하여 생육에 지장을 초래하는 경우를 말한다.

28 임업적인 방법으로 피해를 예방하는 것은?

① 혼효림 조성 ② 페로몬 이용
③ 식물검역제도 ④ 천적 방사

해설 임업적 방제는 임지의 조건을 개선하여 해충에게 불리한 조건으로 만드는 것으로 혼효림 조성, 내충성 품종 식재 등의 방법이 있다.

29 유충과 성충 모두가 나무 잎을 식해하고 성충으로 활동하는 해충은?

① 참나무재주나방
② 오리나무잎벌레
③ 어스렝이나방
④ 잣나무 넓적잎벌

해설 오리나무잎벌레는 성충과 유충이 동시에 잎을 식해하며 유충의 입틀은 씹는 형태를 가지고 있다.

30 다음 수병 중 자낭균에 의해 발생되지 않는 것은?

① 그을음병 ② 탄저병
③ 흰가루병 ④ 모잘록병

해설 모잘록병은 진균에서 조균류에 의해 발생한다.

정답 24.④ 25.④ 26.③ 27.① 28.① 29.② 30.④

31 다음 중 잎을 가해하지 않는 해충은?

① 미국흰불나방 ② 오리나무잎벌레
③ 복숭아명나방 ④ 솔나방

해설 복숭아명나방은 밤나무, 복숭아나무, 감나무 등의 종실에 피해를 준다.

32 수목의 가지에 기생하여 생육을 저해하고 종자는 새가 옮기는 것은?

① 세균   ② 바이러스
③ 재선충   ④ 겨우살이

해설 겨우살이는 수목의 가지에 기생하고 종자는 새가 섭취한 뒤 배설하여 이동을 하게 된다.

33 미국흰불나방의 월동 형태는?

① 성충   ② 알
③ 유충   ④ 번데기

해설 미국흰불나방은 번데기로 월동한다.

34 다음 중 살충제의 보조제에 대한 설명으로 틀린 것은?

① 협력제는 주제의 살충력을 증진시키는 약제이다.
② 증량제는 주약제의 농도를 높이기 위하여 사용되는 약제이다.
③ 유화제는 유제의 유화성을 높이기 위하여 사용되는 물질이다.
④ 전착제는 해충의 표면에 살포액이 잘 부착하도록 하기 위하여 사용되는 약제이다.

해설 증량제는 주성분의 농도를 낮추는 약제이다.

35 1988년 부산에서 처음 발견된 소나무재선충에 대한 설명으로 틀린 것은?

① 매개곤충은 솔수염하늘소이다.
② 피해고사목은 벌채 후 매개충의 번식처를 없애기 위하여 임지 외로 반출한다.
③ 소나무재선충은 매개충의 후식 상처를 통하여 수체 내로 이동해 들어간다.
④ 매개충의 유충은 자라서 터널 끝에 번데기방(용실)을 만들고 그 안에서 번데기가 된다.

해설 소나무재선충에 의해 피해를 입은 고사목은 번식처를 없애기 위해 소각하거나 약제를 이용하여 훈증처리하도록 한다.

36 소나무혹병의 중간기주는?

① 송이풀   ② 참취
③ 황벽나무 ④ 졸참나무

해설 소나무혹병의 중간기주는 참나무류이다.

37 마름무늬매미충이 매개하지 않는 병은?

① 대추나무 빗자루병
② 뽕나무오갈병
③ 오동나무 빗자루병
④ 붉나무 빗자루병

해설 오동나무 빗자루병은 담배장님노린재에 의해 매개된다.

38 녹병균에 의한 수병은 중간기주를 거쳐야 병이 전염된다. 다음 수종 중 소나무잎녹병의 중간기주는?

① 오리나무   ② 포플러
③ 황벽나무   ④ 사과나무

해설 소나무 잎녹병의 중간기주에는 황벽나무, 참취, 잔대 등이 있다.

정답 31.③ 32.④ 33.④ 34.② 35.② 36.④ 37.③ 38.③

39 알에서 부화한 곤충이 유충과 번데기를 거쳐 성충으로 발달하는 과정에서 겪는 형태적 변화를 뜻하는 용어는?

① 우화 ② 변태
③ 휴면 ④ 생식

해설 알에서 부화한 곤충이 유충과 번데기 과정을 거쳐 성충에 도달하는 것을 변태 혹은 완전변태라 한다. 알에서 유충을 거쳐 성충으로 되는 것을 불완전변태라 한다.

40 같은 뜻을 가진 용어로 연결된 것은?

① 절대기생체-사물영양성
② 비절대기생체-반활물영양성
③ 임의기생체 - 조건적부생체
④ 임의부생체- 조건적기생체

해설 살아 있는 기주와 죽은 기주 뿐 아니라 각종 영양배지에서 번식하는 경우를 비절대기생체라 한다.

41 4행정 기관과 비교한 2행정기관의 설명으로 틀린 것은?

① 구조가 간단하다.
② 무게가 가볍다.
③ 오일소비가 적다.
④ 폭발음이 적다.

해설 2행정 기관의 오일소비량은 4행정과 비교하여 많은 편이다.

42 체인톱니의 깊이 제한부가 높게 연마되면 어떠한 현상이 발생하는가?

① 작업시간이 빨라진다.
② 기계의 수명에는 하등 관계가 없다.
③ 인체에는 아무런 영향을 주지 않는다.
④ 절삭량이 적어진다.

해설 깊이제한부를 너무 높게 연마시 절삭 깊이가 얇아 절삭량이 적아지게 된다.

43 다음 그림은 체인톱의 각 부분의 구조이다. 번호 ④의 스파이크(지레발톱)에 대한 설명이 올바른 것은?

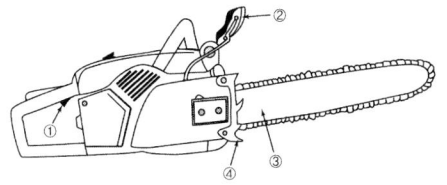

① 벌도목 가지치기 시 균형을 잡아준다.
② 기계톱을 조종하는 앞손잡이다.
③ 나무를 절삭하며, 보통 안전용 체인덮개로 보호한다.
④ 정확히 작업을 할 수 있도록 지지역할 및 완충과 받침대 역할을 한다.

해설 스파이크는 체인톱을 지지하는 지렛대 역할을 한다.

44 트랙터의 주행장치에 의한 분류 중 크롤러바퀴의 장점이 아닌 것은?

① 견인력이 크고 접지면적이 커서 연약지반, 험한 지형에서도 주행성이 양호하다.
② 무게가 가볍고 고속주행이 가능하여 기동성이 있다.
③ 회전반지름이 작다.
④ 중심이 낮아 경사지에서의 작업성과 등판능력이 우수하다.

해설 크롤러바퀴는 무게가 무겁고 주행속도가 느리며 기동성이 낮다.

45 기계톱의 연료 배합 시 휘발유 20L에 필요한 엔진오일의 양은?

① 0.2L ② 0.4L
③ 0.6L ④ 0.8L

해설 기계톱에서 휘발유와 오일의 배합비는 25 : 1이 적합하며 〈 25:1 = 20:0.8 〉 휘발유가 20L일 경우 엔진오일은 0.8L 정도가 적당하다.

정답 39.② 40.② 41.③ 42.④ 43.④ 44.② 45.④

46 예불기 작업 시 유의사항으로 틀린 것은?

① 작업 전에 기계의 가동 점검을 실시한다.
② 발 끝에 톱날이 접촉되지 않도록 한다.
③ 주변에 사람이 있는지 확인하고 엔진을 시동한다.
④ 작업원간 상호 3m 이상 떨어져 작업한다.

> 해설 예불기 사용시 다른 작업자와의 거리는 최소 10m 이상 안전거리를 확보한다.

47 내연기관의 동력전달장치가 아닌 것은?

① 커넥팅로드   ② 크랭크축
③ 플라이휠   ④ 밸브개폐장치

> 해설 동력전달장치에는 커넥팅로드, 크랭크축, 플라이휠이 있으며 밸브개폐장치는 엔진의 공기의 흡입과 배출에 관여하는 장치이다.

48 벌목 중 나무에 걸린 나무의 방향전환이나 벌도목을 돌릴 때 사용되는 작업도구는?

① 쐐기   ② 식혈봉
③ 박피삽   ④ 지렛대

> 해설 지렛대는 벌목중 걸린 나무를 빼거나, 벌도목의 방향을 돌리는데 이용한다.

49 기계톱 일일정비의 대상이 아닌 것은?

① 에어필터(공기청정기) 청소
② 안내판 손질
③ 휘발유와 오일의 혼합
④ 스파크 플러그 전극 간격 조정

> 해설 점화부분의 스파크플러그의 점검을 하고 양극간격은 0.4~0.5mm 로 조정하는 등의 정비는 주간정비에 해당한다.

50 나무를 벌목할 때 사용하는 도구만을 나열한 것은?

① 보육낫, 쐐기, 목재돌림대, 지렛대
② 쐐기, 목재돌림대, 지렛대, 도끼, 사피
③ 목재돌림대, 지렛대, 도끼, 가지치기톱
④ 지렛대, 도끼, 재래식괭이, 손 톱

> 해설 벌목용 도구로 톱, 도끼, 쐐기, 목재 돌림대, 갈고리, 사피 등이 있다.

51 구입비가 30,000,000원인 트랙터의 매년 일정액의 감가상각비를 구하면? (단, 잔존가격은 취득원가의 10%이고 상각률은 0.2이며, 정액법을 이용하여 계산한다.)

① 2,500,000원   ② 1,000,000원
③ 5,400,000원   ④ 4,500,000원

> 해설 매년감가상각비
> $= \dfrac{\text{구입가격} - \text{잔존가격}}{\text{내용연수}} \times \text{상각률}$
> $= \dfrac{30,000,000 - 3,000,000}{1} \times 0.2 = 5,400,000$

52 가선집재 장비 중 Koller K-300의 상향 최대집재거리로 옳은 것은?

① 300m   ② 400m
③ 500m   ④ 600m

> 해설 타워야더(Koller K-300)은 300m 까지 상향집재가 가능하다. Koller K-800 의 경우 상, 하향 집재로 800m 까지 가능하다.

53 다음 설명에 해당하는 임업기계는?

- 벌도, 가지지기, 작동, 집적의 4가지 기능 가운데 최소 벌도 가지치기 기능을 가진 기계의 총칭이며, 특히 벌도 칩핑 기능을 가진 기계도 포함된다.
- 작동용 절단장치는 Single Grip형과 Two Grip형이 있다.

정답 46.④ 47.④ 48.④ 49.④ 50.② 51.③ 52.① 53.④

① 펠러번처 ② 프로세서
③ 포워더 ④ 하베스터

해설 하베스터는 임목을 벌목하여 가지자르기, 토막내기 작업을 일관된 공정으로 작업할 수 있는 다공정 벌채장비이다.

54 벌목한 나무를 체인톱으로 가지치기 시 유의사항으로 틀린 것은?

① 안내판이 짧은 경체인톱을 사용한다.
② 작업자는 벌목한 나무와 최대한 멀리 떨어져 작업한다.
③ 안전한 자세로 서서 작업한다.
④ 체인톱은 자연스럽게 움직여야 한다.

해설 작업자는 벌목한 나무와 일정간격을 두고 작업하며 톱은 몸체와 가급적 밀착하고 무릎을 약간 구부린다.

55 일반적으로 예불기는 연료를 시간당 몇 리터(L)를 소모되는 것으로 보고 준비하는 것이 좋은가?

① 0.5L ② 2L
③ 10L ④ 5L

해설 예불기의 연료는 약 0.5L/h 정도가 소모된다.

56 체인톱의 일상점검 내용이 아닌 것은?

① 나사류의 느슨함, 외관상태 점검, 수리
② 적정한 체인오일 토출량 확인
③ 점화플러그 전극의 간격 조정
④ 체인의 장력조절

해설 점화부분의 스파크플러그의 점검은 주간정비에 해당한다.

57 2행정 내연기관에서 연료에 오일을 첨가시키는 가장 큰 이유는?

① 점화를 쉽게 하기 위하여
② 엔진 내부에 윤활작용을 시키기 위하여
③ 엔진 회전을 저속으로 하기 위하여
④ 체인의 마모를 줄이기 위하여

해설 2행정 내연기관에 연료에 오일을 첨가하는 것은 윤활작용을 통해 실린더 벽과 피스톤 사이의 압축손실을 감소시키고 부식의 방지 기능을 가진다.

58 플라스틱 수라에 대한 설명으로 틀린 것은?

① 플라스틱 수라의 최소 종단경사는 15~20%가 되어야 한다.
② 집재지 가까이에서의 경사는 30% 이내가 안전하다.
③ 수라를 설치하기 위한 첫 단계로 집재선을 표시한다.
④ 수라 설치 시 집재선 양쪽 옆의 나무나 잘린나무 그루터기에 로프를 이용하여 팽팽하게 잡아 당겨 잘 묶어 놓는다.

해설 집재지 가까이에서의 경사는 15% 이내가 되어야 안전하다.

59 산림 작업도구의 능률에 대한 설명이 틀린 것은?

① 자루의 길이는 적당히 길수록 힘이 세어진다.
② 도구 날의 끝 각도가 작을수록 나무가 잘 빠개진다.
③ 도구는 적당한 무게를 가져야 힘이 세어진다.
④ 자루가 너무 길면 정확한 작업이 어렵다.

해설 작업도구의 날 끝의 각도가 적당히 커야 나무가 잘 절단된다.

정답 54.② 55.① 56.③ 57.② 58.② 59.②

60 우리나라의 임업기계화 작업을 위한 제약 인자가 아닌 것은?

① 험준한 지형조건
② 풍부한 전문기능인
③ 기계화 사업의 경험부족
④ 영세한 경영규모

> **해설** 풍부한 전문기능인의 증가는 임업기계화를 촉진시키는 역할을 한다.

정답 60.②

2014년 제1회 산림기능사

01 다음 중 왜림작업으로 가장 적합한 수종은?

① 전나무　　② 참나무
③ 아까시나무　④ 가문비나무

> **해설** 왜림작업에 적합한 수종으로 아까시나무, 상수리나무, 밤나무 등이 있다.

02 우리나라 삼림대를 구성하는 요소로서 일반적으로 북위 35° 이남, 평균기온이 14℃ 이상 되는 지역의 산림대는?

① 열대림　　② 난대림
③ 온대림　　④ 온대북부림

> **해설** 난대림은 북위 35° 이남에 연평균기온 14℃ 이상의 지역으로 대표 수종으로는 후박나무, 가시나무, 해송, 삼나무 등이 있다.

03 열간거리 1.0m, 묘간거리 1.0m로 묘목을 식재하려면 1ha당 몇 그루의 묘목이 필요한가?

① 5,000　　② 3,000
③ 10,000　　④ 12,000

> **해설** $\dfrac{10000\,m^2}{1m \times 1m} = 10,000$ 본

04 발아율 90%, 고사율 10%, 순량률 80%일 때 종자의 효율은?

① 14.4%　　② 18.0%
③ 16.0%　　④ 72.0%

> **해설** 효율 $= \dfrac{순량률 \times 발아율}{100} = \dfrac{90 \times 80}{100} = 72(\%)$

05 묘목을 굴취하여 식재하기 전에 묘포지나 조림지 근처에 일시적으로 도랑을 파서 뿌리 부분을 묻어 두어 건조방지 및 생기회복 작업으로 옳은 것은?

① 가식　　② 선묘
③ 접목　　④ 곤포

> **해설** 묘목을 심기전 잠시 뿌리를 묻어 건조를 방지하고 묘목의 생기를 회복하기 위한 작업을 가식이라 한다.

06 다음 중 나무의 가지를 자르는 방법으로 옳지 않은 것은?

① 고사지는 제거한다.
② 침엽수는 절단면이 줄기와 평행하게 가지를 자른다.
③ 활엽수에서 지름 5cm 이상의 큰 가지 위주로 자른다.
④ 수액유동이 시작되기 직전인 성장휴지기에 하는 것이 좋다.

> **해설** 일반적인 활엽수의 경우 가지지기를 하면 상처유합이 잘 되지 않아 직경 5cm 이상의 가지는 자르지 않는다.

07 대면적의 임분이 일시에 벌채되어 동령림으로 구성되는 작업종으로 옳은 것은?

① 개벌작업　② 택벌작업
③ 산벌작업　④ 모수작업

> **해설** 개벌작업은 임분 전체를 1회의 벌채로 모두 제거하는 방법으로 동령림 및 단순림으로 구성되며 주로 양수에 적용한다.

정답 01.③ 02.② 03.③ 04.④ 05.① 06.③ 07.①

08 종자가 비교적 가벼워서 잘 날아갈 수 있는 수종에 가장 적합한 갱신작업은?

① 모수작업 ② 택벌작업
③ 중림작업 ④ 왜림작업

해설 모수작업은 성숙임분을 대상으로 실시하며 모수만 남기고 그 외 나무를 벌채하는 작업으로 바람에 날려 전파가 용이한 수종에 적당하다.

09 임분 갱신에 관한 설명 중 틀린 것은?

① 파종조림, 식재조림은 인공갱신에 속한다.
② 맹아갱신은 대경 우량재 생산이 곤란하다.
③ 천연하종갱신은 경제적이고 적지적수가 될 수 있다.
④ 모든 임분갱신은 천연하종갱신으로 하는 것이 좋다.

해설 임분갱신의 경우 임분의 환경 및 경제적 조건을 고려하여 결정한다.

10 꽃핀 이듬해 가을에 종자가 성숙하는 수종은?

① 버드나무 ② 느릅나무
③ 졸참나무 ④ 비자나무

해설 꽃핀 이듬해 가을 종자 성숙하는 수종으로 소나무류, 상수리나무, 굴참나무, 잣나무, 비자나무가 있다.

11 다음 설명 중 옳지 않은 것은?

① 취목은 휘묻이라고도 한다.
② 삽목과 조직배양은 무성번식이다.
③ 접목은 가을에 실시하는 것이 좋다.
④ 취목 시 환상박피하면 발근이 잘 된다.

해설 보통 접수는 휴면상태, 대목은 활발한 상태일때 접목의 적기이다.

12 대면적 개벌 천연하종갱신법의 장단점에 관한 설명으로 옳은 것은?

① 음수의 갱신에 적용한다.
② 새로운 수종 도입이 불가하다.
③ 성숙임분 갱신에는 부적당하다.
④ 토양의 이화학적 성질이 나빠진다.

해설 대면적의 임분을 한번에 개벌하여 측방천연하종으로 갱신하는 방법으로 임지의 황폐화 및 지력의 저하가 발생하여 토양의 이화학적 성질이 나빠진다.

13 다음 중 곤포당 수종의 본수가 가장 적은 것은?

① 삼나무(2년생) ② 자작나무(1년생)
③ 호두나무(1년생) ④ 잣나무(2년생)

해설 곤포당 본수
· 잣나무(2년생) : 2,000
· 삼나무(2년생) : 1,000
· 자작나무(1년생) : 1,000
· 호두나무(1년생) : 500

14 조림할 땅에 종자를 직접 뿌려 조림하는 것은?

① 식수조림 ② 파종조림
③ 삽목조림 ④ 취목조림

해설 파종조림은 종자를 직접 뿌리는 방법이다.

15 다음 종자의 발아촉진방법 중 옳지 않은 것은?

① 종피에 기계적으로 상처를 가하는 방법
② 황산처리법
③ 노천매장법
④ X선법

해설 X선법은 종자의 발아검사 방법이다.

정답 08.① 09.④ 10.④ 11.③ 12.④ 13.③ 14.② 15.④

16 소나무, 해송과 같은 양수의 수종에 적용되는 풀베기의 방법은?

① 전면깎기　② 줄깎기
③ 둘레깎기　④ 점깎기

> 해설　전면깎기(모두베기)는 소나무, 낙엽송, 삼나무, 편백 등의 조림지에 적합한 방법이다.

17 벌채구를 구분하여 순차적으로 벌채하여 일정한 주기에 의해 갱신작업이 되풀이 되는 것을 무엇이라 하는가?

① 윤벌기　② 회귀년
③ 벌채시기　④ 간벌기간

> 해설　순환택벌에서 처음 작업한 구역으로 돌아오는데 걸리는 기간을 회귀년이라 한다.

18 일반적인 침엽수종에 대한 묘포의 가장 적당한 토양산도는?

① pH 4.0 ~ 5.0　② pH 6.5 ~ 7.5
③ pH 5.0 ~ 6.5　④ pH 3.0 ~ 4.0

> 해설　토양산도는 침엽수는 pH 5.0~5.5, 활엽수는 pH 5.5~6.0 이 적당하다.

19 가지치기의 목적으로 가장 적합한 것은?

① 경제성 높은 목재 생산
② 연료림 조성
③ 맹아력 증진
④ 산불 예방

> 해설　우량 목재 생산을 위해 가지를 끊어주는 작업을 가지치기라 한다.

20 종자의 저장방법으로 옳지 않은 것은?

① 건조저장　② 저온저장
③ 냉동저장　④ 노천매장

> 해설　종자의 저장방법으로 상온저장, 저온저장, 노천매장, 보호저장 등의 방법이 있다.

21 간벌에 관한 설명으로 옳지 않은 것은?

① 솎아베기라고도 한다.
② 임관을 울폐시켜 각종 재해에 대비하고자 한다.
③ 조림목의 생육공간 및 임분구성 조절이 목적이다.
④ 임분의 수직구조 및 안정화를 도모한다.

> 해설　간벌은 부적합한 나무를 제거하고 형질이 우수한 임분으로 구성할수 있으며 임분의 수직구조를 개선하여 임분의 안정화를 도모한다.

22 일반적으로 가지치기 작업시에 자르지 말아야 할 가지의 최소 지름의 기준은?

① 5cm　② 10cm
③ 15cm　④ 20cm

> 해설　가지치기를 하면 상처유합이 잘 되지 않아 직경 5cm 이상의 가지는 자르지 않는다.

23 일반적으로 밑깎기 작업에 적당한 계절은?

① 봄　② 여름
③ 가을　④ 겨울

> 해설　풀베기 작업은 6~8 월에 연 2 회 실시하는 것이 일반적이며 한해의 위험성이 높아지는 9월 이후에는 실시하지 않는다.

정답　16.①　17.②　18.③　19.①　20.③　21.②　22.①　23.②

24 묘포의 입지를 선정할 때 고려해야 할 요건별 최적조건으로 짝지은 것으로 옳지 않은 것은?

① 경사도 : 3 ~ 5°
② 토양 : 질땅
③ 방위 : 남향
④ 교통 : 편리

해설 묘포 입지 선정시 토양은 사양토 혹은 식양토가 적하다.

25 다음 중 조파(條播)에 의한 파종으로 가장 적합한 수종은?

① 회양목 ② 가래나무
③ 오리나무 ④ 아까시나무

해설 조파에 적합한 수종으로 느티나무, 물푸레나무, 싸리나무, 옻나무, 아까시나무 등이 있다.

26 농약 주성분의 농도를 낮추기 위하여 사용하는 보조제는?

① 전착제 ② 유화제
③ 증량제 ④ 협력제

해설 증량제는 주성분의 농도를 낮추는 보조제이다.

27 소나무 혹병의 중간기주는?

① 낙엽송 ② 송이풀
③ 졸참나무 ④ 까치밥나무

해설 소나무혹병의 중간기주는 졸참나무이다.

28 유관속 시들음병의 기주 및 전파경로로 짝지어진 것으로 옳지 않은 것은?

① 흑변뿌리병 - 나무좀
② 감나무 시들음병 - 뿌리
③ 느릅나무 시들음병 - 나무좀
④ 참나무 시들음병 - 광릉긴나무좀

해설 감나무 시들음병은 특정 매개체에 의해 전반된다.

29 사과나무 및 배나무 등의 잎을 가해하고 성충의 날개가루나 유충의 털이 사람의 피부에 묻으면 심한 통증과 피부병을 유발하는 해충은?

① 독나방 ② 박쥐나방
③ 어스랭이나방 ④ 미국흰불나방

해설 독나방은 잎을 가해하는 해충으로 애벌레 시절부터 독을 가지고 있는 것이 특징이다. 특히 독나방이 사람의 피부에 닿으면 알레르기 반응이나 피부병이 유발된다.

30 해충저항성이 발생하지 않고 해충을 선별적으로 방제할 수 있는 방법은?

① 생물적 방제법 ② 물리적 방제법
③ 임업적 방제법 ④ 기계적 방제법

해설 생물적 방제법은 해충에 천적이 되는 생물을 이용하는 방법으로 해충의 저항성 발생 없이 선택적으로 해충을 방제할 수 있다.

31 해충의 월동상태가 옳지 않은 것은?

① 대벌레 : 성충
② 천막벌레나방 : 알
③ 어스렝이나방 : 알
④ 참나무재주나방 : 번데기

해설 대벌레는 알 형태로 월동한다.

정답 24.② 25.④ 26.③ 27.③ 28.② 29.① 30.① 31.①

32 어린 묘목을 재배하는 양묘장에서 겨울철에 저온의 피해를 막기 위하여 주풍 방향에 나무를 심어 바람을 막아 주는 것을 무엇이라 하는가?

① 방풍림 ② 방조림
③ 채종림 ④ 보안림

해설 방풍림은 저온에 의한 상해 피해 및 바람에 의한 피해를 막아준다.

33 참나무 시들음병을 매개하는 광릉긴나무좀을 구제하는 가장 효율적인 방제법은?

① 피해목 약제 수간주사
② 피해목 약제 수관살포
③ 피해 임지 약제 지면처리
④ 피해목 벌목 후 벌목재 살충 및 살균제 훈증처리

해설 광릉긴나무좀의 방제를 위해 벌목 및 소각, 약제사용, 훈증 등의 방법이 있으나 그중에서 피해부위를 소각하거나 피해목을 벌목하여 메탐소듐 액제로 훈증하는 것이 가장 효과적이다.

34 다음 중 방화림(防火林) 조성용으로 가장 적합한 수종은?

① 편백 ② 삼나무
③ 소나무 ④ 가문비나무

해설 방화림은 내화성이 강한 수종으로 조성하는 것이 적합하며 대표적으로 은행나무, 가문비나무, 황벽나무, 음나무 등이 있다.

35 수목의 주요 병원체가 균류에 의한 병은?

① 뽕나무 오갈병
② 잣나무 털녹병
③ 소나무 재선충병
④ 대추나무 빗자루병

해설 잣나무털녹병은 진균 중에서 담자균에 의해 발생한다.

36 나무줄기에 뜨거운 직사광선을 쬐면 나무 껍질의 일부에 급속한 수분 증발이 일어나거나 형성층 조직이 파괴되고 그 부분의 껍질이 말라죽는 피해를 받기 쉬운 수종으로 짝지어진 것은?

① 소나무, 해송, 측백나무
② 참나무류, 낙엽송, 자작나무
③ 황벽나무, 굴참나무, 은행나무
④ 오동나무, 호두나무, 가문비나무

해설 태양의 직사광선에 의해 발생하는 볕데기는 코르크층의 발달이 미흡한 오동나무, 호두나무, 가문비나무 등에서 피해가 심하게 나타난다.

37 뛰어난 번식력으로 인하여 수목 피해를 가장 많이 끼치는 동물로 올바르게 짝지은 것은?

① 사슴, 노루 ② 곰, 호랑이
③ 산토끼, 들쥐 ④ 산까치, 박새

해설 산토끼와 들쥐는 번식력이 강하며 산토끼는 어린싹이나 수피를 가해하고 들쥐는 임목의 목질부를 가해한다.

38 다음 중 바이러스에 의하여 발생되는 수목병해로 옳은 것은?

① 청변병 ② 불마름병
③ 뿌리혹병 ④ 모자이크병

해설 바이러스에 의해 발생하는 증상으로 위축 모자이크, 괴저, 잎말림, 돌기 등이 있다.

정답 32.① 33.④ 34.④ 35.② 36.④ 37.③ 38.④

39 살충제 중 유제(乳劑)에 대한 설명으로 옳지 않은 것은?

① 수화제에 비하여 살포용 약액조제가 편리하다.
② 포장, 우송, 보관이 용이하며 경비가 저렴하다.
③ 일반적으로 수화제나 다른 제형보다 약효가 우수하다.
④ 살충제의 주제를 용제에 녹여 계면활성제를 유화제로 첨가하여 만든다.

해설 유제는 수화제보다는 살포액의 조제가 편리하고 약효가 높으나 제조비가 높은 편이다.

40 다음 해충 중 주로 수목의 잎을 가해하는 것으로 옳지 않은 것은?

① 어스렝이나방 ② 솔알락명나방
③ 천막벌레나방 ④ 솔노랑잎벌

해설 솔알락명나방은 종실 및 구과를 가해한다.

41 산림작업에 사용하는 식재도구로 옳지 않은 것은?

① 재래식 삽   ② 재래식 낫
③ 재래식 괭이 ④ 각식재용 양날괭이

해설 산림작업의 식재용 도구로 사식재용 괭이, 각식재용 양날 괭이, 손도끼, 재래식 삽, 재래식 괭이 등이 있다.

42 벌목조재 작업 시 다른 나무에 걸린 벌채목의 처리로 옳지 않은 것은?

① 지렛대를 이용하여 넘긴다.
② 걸린 나무를 흔들어 넘긴다.
③ 걸려있는 나무를 토막내어 넘긴다.
④ 소형견인기나 로프를 이용하여 넘긴다.

해설 걸림목은 견인용 도구를 이용하여 실시하며 나무의 벌도, 넘기기, 원구자르기, 가지제거 등의 작업에 위험 부담이 있을 경우 작업을 실행하지 않는다.

43 다음 중 산림무육도구가 아닌 것은?

① 스위스 보육낫 ② 가지치기톱
③ 양날괭이   ④ 전정가위

해설 양날괭이는 산림 식재용 도구이다.

44 체인톱 엔진이 돌지 않을 시 예상되는 고장원인이 아닌 것은?

① 기화기 조절이 잘못되어 있다.
② 기화기 내 연료체가 막혀 있다.
③ 기화기 내 공전노즐이 막혀 있다.
④ 기화기 내 펌프질하는 막에 결함이 있다.

해설 기화기 노즐이 막히는 경우 엔진에 힘이 없고 간혹 검은 연기가 배출된다.

45 초보자가 사용하기 편리하고 모래 등이 많이 박힌 도로변 가로수 정리용으로 적합한 체인톱 톱날의 종류는?

① 대패형 톱날 ② 끌형 톱날
③ 반끌형 톱날 ④ L형 톱날

해설 대패형은 가로수 혹은 모래나 흙이 묻어 있는 나무 벌목에 적합하다.

46 다음에 해당하는 톱으로 옳은 것은?

① 제재용 톱   ② 무육용 이리톱
③ 벌도작업용 톱 ④ 조재작업용 톱

해설 무육용 날과 가지치기용 날이 함께 있는 것이 특징이며 직경 6~15cm 내외의 유령림 무육작업에 적합하다.

정답 39.② 40.② 41.② 42.③ 43.③ 44.③ 45.① 46.②

47 대패형 톱날의 창날각도로 가장 적당한 것은?

① 30° ② 35°
③ 80° ④ 60°

해설) 대패형톱날의 창날각은 35° 연마한다.

48 체인톱 엔진 회전수들 조정할 수 있는 장치는?

① 에어필터 ② 스프라켓
③ 스로틀레버 ④ 스파크플러그

해설) 스로틀레버는 기화기의 공기차단판과 연결되어 있고 엔진의 회전속도를 조정한다.

49 임업용 트랙터를 사용하는데 있어 집재목과 트랙터 간의 허용각도와 안전각도로 옳은 것은?

① 허용각도 = 최대 15°, 안전각도 = 0 ~ 10°
② 허용각도 = 최대 30°, 안전각도 = 0 ~ 30°
③ 허용각도 = 최대 35°, 안전각도 = 0 ~ 40°
④ 허용각도 = 최대 90°, 안전각도 = 0 ~ 45°

해설) 임업용 트랙터는 집재목과 허용각도는 최대 15°, 안전각도는 10° 이상 기울지 않도록 한다.

50 외기온도에 따른 윤활유 점액도로 올바르게 짝시은 것은?

① +30℃ ~ +60℃ : SAE 30
② +10℃ ~ +30℃ : SAE 10
③ -60℃ ~ -30℃ : SAE 30 W
④ -30℃ ~ -10℃ : SAE 20 W

해설) SAE 는 점도의 분류에 분류를 나타내고 날씨가 추운 겨울용의 경우 숫자 뒤에 W를 붙여 표현한다.

51 산림작업 안전사고 예방수칙으로 옳지 않은 것은?

① 몸 전체를 고르게 움직이며 작업할 것
② 긴장하지 말고 부드럽게 작업에 임할 것
③ 작업복은 작업종과 일기에 따라 착용할 것
④ 안전사고 예방을 위하여 가능한 혼자 작업할 것

해설) 안전사고 예방을 위해 최소 2인 1개조로 작업한다.

52 다음 중 가선 집재기계로 옳지 않은 것은?

① 하베스터
② 자주식 반송기
③ 썰매식 집재기
④ 이동식 타워형 집재기

해설) 하베스터는 임목을 벌목하여 가지자르기, 토막내기 작업을 일관된 공정으로 작업할 수 있는 다공정 벌채장비이다.

53 기계톱 운전, 작업 시 유의사항으로 옳지 않은 것은?

① 벌목 가동 중 톱을 빼낼 때는 톱을 비틀어서 빼낸다.
② 절단작업 시 충분히 스로틀레버를 잡아 주어야 한다.
③ 안내판의 끝 부분으로 작업하지 않는다.
④ 이동 시는 반드시 엔진을 정지한다.

해설) 절단 작업 중 안내판이 끼어 톱체인이 정지할 경우 무리하게 운전하지 않고 비틀어 빼내지 않는다.

54 4행정 엔진의 작동순서로 옳은 것은?

① 흡입→ 폭발→ 배기→ 압축
② 압축→ 흡입→ 배기→ 폭발
③ 폭발→ 압축→ 배기→ 흡입
④ 흡입→ 압축→ 폭발→ 배기

정답 47.② 48.③ 49.① 50.④ 51.④ 52.① 53.① 54.④

해설 4행정 2왕복운동으로 흡기, 압축, 폭발 및 배기의 1사이클이 4행정으로 완료한다.

55 체인톱에 사용하는 연료로 휘발유와 윤활유를 혼합할 때 일반적으로 사용하는 비율(휘발유 : 윤활유)로 가장 적당한 것은?

① 5 : 1 ② 15 : 1
③ 25 : 1 ④ 35 : 1

해설 체인톱은 2행정 가솔린 기관으로 가솔린과 윤활유(엔진오일)를 25 : 1 정도로 배합하여 사용한다.

56 어깨걸이식 예불기를 메고 바른 자세로서 손을 떼었을 때 지상으로부터 날까지의 가장 적절한 높이는 몇 cm 정도인가?

① 5 ~ 10 ② 10 ~ 20
③ 20 ~ 30 ④ 30 ~ 40

해설 예불기의 톱날은 지면에서 10~20cm 높이에 위치하는 것이 적당하다.

57 기계톱 체인에 오일이 적게 공급될 때 예상되는 고장 원인으로 옳지 않은 것은?

① 기화기 내의 연료체가 막혀 있다.
② 흡수호스 또는 전기도선에 결함이 있다.
③ 흡입 통풍관의 필터가 작동하지 않는다.
④ 오일펌프가 잘못되어 공기가 들어가 있다.

해설 오일펌프가 잘못 연결되거나 중간에 공기가 있을 경우 공급이 되지 않거나 적게 들어가게 된다. 또한 안내판으로 가는 오일 구멍이 막혀있는 경우도 유사한 현상이 발생하게 된다.

58 동력 가지치기톱 사용에 대한 설명으로 옳지 않은 것은?

① 작업 진행 순서는 나무 아래에서 위로 향한다.
② 큰가지는 반드시 아래쪽에 1/3 정도 베고 위에서 아래로 향한다.
③ 작업자와 가지치기봉과의 각도는 약 70° 정도를 유지해야 한다.
④ 큰가지나 긴가지는 가능한 톱날이 끼지 않도록 3단계 정도로 나누어 자른다.

해설 동력 가지치기톱은 작업 진행이 위에서 아래로 향한다.

59 1PS에 대한 설명으로 옳은 것은?

① 45 kg을 1초에 1m 들어 올린다.
② 55 kg을 1초에 1m 들어 올린다.
③ 65 kg을 1초에 1m 들어 올린다.
④ 75 kg을 1초에 1m 들어 올린다.

해설 1PS 는 75kgf · m/s 으로 1초에 75kg 을 1m 들어 올림을 의미한다.

60 플라스틱 수라의 속도 조절 장치를 설치하는 종단 경사로 가장 적당한 것은?

① 20 ~ 30% ② 30 ~ 40%
③ 40 ~ 50% ④ 50 ~ 60%

해설 플라스틱 수라는 최대 경사가 50~60% 인 경우는 속도 조절장치가 필요하다.

정답 55.③ 56.② 57.① 58.① 59.④ 60.④

2014년 제2회 산림기능사

01 다음 중 제벌의 살목제로 쓸 수 있는 것은?

① N, A, A
② Ammate
③ 2,4-D
④ 2,4,5-T

해설 살목제는 나무를 죽이는 제초제로 2,4-D 글리포세이트, 옥신계통의 살목제 등이 있다. 여기서 2,4-D 및 암메이트(Ammate) 등은 사용이 금지 되어있어 옥신계통의 살목제인 NAA 를 사용할 수 있다.

02 토양입자의 직경이 0.02~0.2mm인 것은?(단, 토양입자의 분류 기준은 국제분류법에 따른다.)

① 세사
② 조사
③ 자갈
④ 점토

해설 세사(가는모래)는 0.02~0.2 mm 입경을 기준으로 한다.

03 묘포지에 대한 설명으로 옳지 않은 것은?

① 경사가 없는 평지가 좋다.
② 관수와 배수가 양호한 곳이 좋다.
③ 일반적으로 양토 또는 사질양토가 좋다.
④ 관리가 편하고 조림지에 가까운 곳이 좋다.

해설 묘포지는 평지보다는 약간의 경사가 있는 곳이 좋다.

04 개벌작업의 장점에 해당하지 않는 것은?

① 성숙한 임목의 숲에 적용할 수 있는 가장 간편한 방법이다.
② 현재의 수종을 다른 수종으로 변경하고자 할 때 적절한 방법이다.
③ 다양한 크기의 목재를 일시에 생산하므로 경제적 수입면에서 좋다.
④ 벌채작업이 한지역에 집중되므로 작업이 경제적으로 진행될 수 있다.

해설 개벌작업은 임분 전체를 한번에 벌채하는 방법으로 유사한 크기의 목재를 얻을 수 있다.

05 산벌작업에 대한 설명으로 옳은 것은?

① 갱신이 완료된 후 하종벌 작업을 한다.
② 1회의 벌채로 갱신이 완료되어 경제적이다.
③ 초기 작업과정은 간벌작업과 유사한 면이 있다.
④ 갱신법들 중 가장 생태적으로 안정된 숲을 만들 수 있다.

해설 산벌작업은 짧은 갱신기간을 통해 수차례 갱신벌채를 하기에 초기에는 간벌작업과 유사한 면을 보여준다.

06 임목종자의 발아에 필요한 필수 요소는?

① CO_2, 온도, 광선
② 온도, 수분, 산소
③ 비료, 수분, 광선
④ 공기, 양분, 광선

해설 종자의 발아조건으로 산소, 수분, 온도, 광선 등이 있다.

정답 01.① 02.① 03.① 04.③ 05.③ 06.②

07 다음 중 여름철(7월 정도)에 종자를 채취하는 수종으로 가장 적합한 것은?

① 소나무　② 회양목
③ 느티나무　④ 오리나무

> **해설** 회양목, 벚나무는 7월쯤 종자가 성숙하기에 여름철에 채취한다.

08 모수작업에 관한 설명으로 옳지 않은 것은?

① 음수 수종 갱신에 적합하다.
② 벌채작업이 집중되어 경제적으로 유리하다.
③ 주로 종자가 가볍고 쉽게 발아하는 수종에 적용한다.
④ 모수의 종류와 양을 적절히 조절하여 수종의 구성을 변화시킬 수 있다.

> **해설** 모수작업은 양수 수종 갱신에 유리하다.

09 다음 중 2엽속생(한곳에서 잎이 두 개 남)인 수종은?

① 곰솔　② 백송
③ 잣나무　④ 리기다소나무

> **해설** 소나무, 해송 등은 잎이 한곳에서 2개씩 나는 이엽송이다.

10 묘목 식재 시 유의 사항으로 적절하지 않은 것은?

① 뿌리나 수간 등이 굽지 않도록 한다.
② 너무 깊거나 얕게 식재되지 않도록 한다.
③ 비탈진 곳에서의 표토 부위는 경사지게 한다.
④ 구덩이 속에 지피물, 낙엽 등이 유입되지 않도록 한다.

> **해설** 경사가 심한 것은 표토 부위가 유실되지 않도록 수평이 되도록 한다.

11 조림의 기능 중 '수종구성의 조절'에 대한 설명으로 옳은 것은?

① 유용수종의 도입은 인공식재로만 가능하다.
② 외지로부터 수종 도입은 고려대상이 아니다.
③ 유용수종을 남기고 원하지 않는 수종은 제거하는 일이다.
④ 주로 경제성 측면에서 수행하고 생물학적 측면은 고려대상이 아니다.

> **해설** 조림의 기능에서 수종구성의 조절을 통해 유용한 수종을 남기고 불량목이나 원하지 않는 수종을 제거한다.

12 Hawley의 간벌양식 중 흉고직경급이 낮은 수목이 가장 많이 벌채되는 것은?

① 수관간벌　② 하층간벌
③ 택벌식간벌　④ 기계적간벌

> **해설** 하층간벌의 경우 성숙하지 못한 나무로 이루어진 숲의 임목생장을 위해 하층임관에 속하는 열세목 위주로 간벌을 실시하여 가능하면 우세목과 준우세목을 남기는 작업이다.

13 면적 2.0ha의 조림지에 묘간거리 2m로 정사각형 식재할 때 묘목 소요 본수는?

① 2,500 본　② 3,000 본
③ 4,000 본　④ 5,000 본

> **해설** $\dfrac{20,000\,m^2}{2m \times 2m} = 5,000$ 본

14 일반적으로 소나무의 암꽃 꽃눈이 분화하는 시기는?

① 4월경　② 6월경
③ 8월경　④ 10월경

> **해설** 소나무의 암꽃은 8~9월쯤 꽃눈이 분화한다.

정답 07.② 08.① 09.① 10.③ 11.③ 12.② 13.④ 14.③

15 다음 중 비료목의 효과가 가장 적은 수종은?

① 자귀나무   ② 아까시나무
③ 오리나무류   ④ 서어나무류

해설 자귀나무, 아까시나무, 오리나무는 비료목에 속하며 임지의 지력향상에 도움을 준다.

16 군상개벌 작업시 군상지는 일반적으로 얼마정도 간격으로 벌채를 실시하는가?

① 2~3년   ② 4~5년
③ 6~7년   ④ 8~9년

해설 군상개벌작업의 갱신기간은 보통 4~5년 간격을 두고 다음 갱신지를 확대해 나간다.

17 어린나무가꾸기에 관한 설명으로 옳지 않은 것은?

① 임분에서 대상 수종이 아닌 수종을 제거하는 것이다.
② 일반적으로 비용이 저렴하여 가능한 작업을 많이 한다.
③ 여름철에 실행하여 늦어도 11월 전에 종료하는 것이 좋다.
④ 약 6cm 이상의 우세목이 임분 내에서 50% 이상 다수 분포될 때까지의 단계를 말한다.

해설 어린나무 가꾸기는 경영목표에 부적절한 임목을 선별하고 제거하여 원하는 생육환경을 조성하는 것을 목적으로 한다. 무조건적으로 가능한 많은 작업을 하기보다 부적절한 임목에 대해 효과적으로 제거하고 유용 하층식생의 경우 작업에 지장이 없다면 제거하지 않는다.

18 잔존본수 500본/m²인 수종의 묘목을 100,000주 생산하기 위해서는 순수 묘상 면적이 최소 얼마나 필요한가?

① 2m²   ② 20m²
③ 200m²   ④ 2,000m²

해설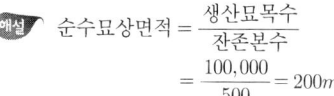

$$순수묘상면적 = \frac{생산묘목수}{잔존본수} = \frac{100,000}{500} = 200 m^2$$

19 제벌작업에서 제거대상목이 아닌 것은?

① 폭목
② 하층식생
③ 침입목 또는 가해목
④ 열등 형질목

해설 유용 하층식생의 경우 작업에 지장이 없다면 제거하지 않는다.

20 종자 저장방법에서 노천매장법에 관한 설명으로 옳지 않은 것은?

① 종자와 모래를 섞어서 매장한다.
② 종자의 발아촉진을 겸한 저장방법이다.
③ 잣나무, 호두나무 등의 종자 저장법으로 활용할 수 있다.
④ 종자를 묻을 때 부패 방지를 위하여 수분이 스며들지 못하도록 한다.

해설 노천매장법은 배수가 양호한 곳으로 선택하며 수분이 어느정도 스며들게 하는 방법이다.

21 주로 맹아에 의하여 갱신되는 작업종은?

① 왜림작업   ② 교림작업
③ 산벌작업   ④ 모수작업

해설 활엽수림에 연료재 생산을 목적으로 짧은 벌기령을 가지며 개벌 후 근주로부터 나오는 맹아로 갱신하는 방법을 왜림작업이라 한다.

정답 15.④ 16.② 17.② 18.③ 19.② 20.④ 21.①

22 다음 중 가지치기에 대한 설명으로 옳지 않은 것은?

① 하층목 보호 및 생장 촉진한다.
② 임목간 생존경쟁을 심화시킬 수 있다.
③ 옹이가 없는 완만재로 생산 가능하다.
④ 목표생산재가 톱밥, 펄프 등의 일반소경재는 하지 않는다.

해설 가지치기를 통해 나무간의 경쟁을 완화시킨다.

23 파종조림에 대한 설명으로 옳지 않은 것은?

① 종자 결실이 많은 수종에 적합하다.
② 산파, 조파, 점파 등의 방법이 있다.
③ 전나무, 주목, 일본잎갈나무 등에 알맞다.
④ 암석지, 급경사지, 붕괴지 등에 적용할 수 있다.

해설 파종이 어려운 수종으로 전나무, 주목, 낙엽송, 구상나무, 분비나무 등이 있다.

24 광합성작용은 이산화탄소와 물을 원료로 하여 무엇을 만드는 과정인가?

① 지방
② 단백질
③ 비타민
④ 탄수화물

해설 식물은 광합성을 통해 이산화탄소와 물을 원료로하여 탄수화물을 합성하는 동화작용을 한다.

25 일반적으로 소나무과 종자 저장에 가장 알맞은 조건은?

① 고온건조
② 저온과습
③ 고온과습
④ 저온건조

해설 저온건조 조건에서는 소나무, 해송, 리기다 소나무, 삼나무, 편백 등의 침엽수종 소립종자 적합하다.

26 내화력이 강한 수종으로만 바르게 짝지은 것은?

① 은행나무, 녹나무
② 대왕송, 참죽나무
③ 가문비나무, 회양목
④ 동백나무, 구실잣밤나무

해설 내화력이 강한 수종으로 가문비나무, 잎갈나무, 황벽나무, 회양목, 음나무 등이 있다.

27 다음 중 수목병해의 자낭균류에 대한 설명으로 옳지 않은 것은?

① 곰팡이 중에서 가장 큰 분류군이다.
② 일반적으로 8개의 자낭포자를 형성한다.
③ 소나무 혹병, 잣나무 잎떨림병 등의 발병 원인이다.
④ 무성세대는 분생포자, 유성세대는 자낭포자를 형성한다.

해설 소나무혹병은 담자균류에 의해 발생한다.

28 병원균의 포자가 기주인 식물에 부착하여 발아하는 것을 저지하거나 식물이 병원균에 대하여 저항성을 가지게 하는 약제로 옳은 것은?

① 보호살균제
② 직접살균제
③ 단백질 형성저해제
④ 세포막 형성저해제

해설 보호살균제는 식물 병원균에 대한 저항성을 가지게 하는 약제로 대표적으로 보르도액, 석회화합제 등이 있다.

정답 22.② 23.③ 24.④ 25.④ 26.③ 27.③ 28.①

29 대기오염물질로만 바르게 짝지은 것은?

① 수소, 염소, 중금속
② 황화수소, 분진, 질소산화물
③ 아황산가스, 불화수소
④ 암모니아, 이산화탄소, 에틸렌

해설) 대기오염물질에는 아황산가스, 불화수소, 이산화질소, 질산과산화아세틸(PAN), 염화수소, 분진 등이 있다.

30 파이토플라즈마에 의한 병해에 해당하는 것은?

① 뽕나무 오갈병
② 벚나무 빗자루병
③ 참나무 시들음병
④ 밤나무 줄기마름병

해설) 파이토플라스마는 대추나무빗자루병, 오동나무빗자루병, 뽕나무오갈병 등에 원인이 된다.

31 쇠약하거나 죽은 소나무 및 벌채목에 주로 발생하는 해충은?

① 소나무재선충 ② 소나무좀
③ 솔나방   ④ 솔잎혹파리

해설) 소나무좀은 쇠약목이나 죽은 소나무 및 벌채목에서 주로 발생한다. 이러한 소나무좀의 방제를 위해 쇠약목, 고사목은 벌채하여 제거하기도 한다.

32 버즘나무, 벚나무, 포플러류 가로수를 주로 가해하는 미국흰불나방의 월동 형태는?

① 알   ② 유충
③ 성충   ④ 번데기

해설) 미국흰불나방은 1년에 2회 발생하며 나무 껍질 혹은 지피물 밑에서 번데기 형태로 월동한다.

33 개미와 진딧물의 관계나 식물과 화분매개충의 관계처럼 생물간 서로가 이득을 준다는 개념의 용어로 옳은 것은?

① 격리공생   ② 편리공생
③ 의태공생   ④ 상리공생

해설) 상리공생은 생물간 서로가 상호작용을 통해 이득이 되는 것을 말한다.

34 오동나무 빗자루병의 매개충이 아닌 것은?

① 솔수염하늘소   ② 썩덩나무노린재
③ 담배장님노린재 ④ 오동나무매미충

해설) 솔수염하늘소는 소나무재선충병의 매개충이다.

35 두더지의 피해 형태에 대한 설명으로 가장 옳은 것은?

① 나무의 줄기 속을 파먹는다.
② 나무의 어린 새순을 잘라먹는다.
③ 땅속에 큰나무 뿌리를 잘라먹는다.
④ 묘포에서 나무의 뿌리를 들어 올려 말라 죽게 한다.

해설) 두더지는 땅속에서 묘목의 뿌리를 가해한다.

36 수목 병해 원인 중 세균에 의한 수병으로 옳은 것은?

① 모잘록병   ② 그을음병
③ 흰가루병   ④ 뿌리혹병

해설) 뿌리혹병은 세균에 의해 발생한다.

정답 29.② 30.① 31.② 32.④ 33.④ 34.① 35.④ 36.④

37 다음 중 곤충의 외분비샘에서 분비되는 대표적인 물질은?

① 침 ② 페로몬
③ 유약호르몬 ④ 알라타체호르몬

> 해설) 페로몬은 외분비선에서 분비되는 물질로 다양한 정보 전달의 역할을 한다.

38 소나무 잎떨림병의 병원균이 월동하는 형태는?

① 자낭각 ② 소생자
③ 자낭포자 ④ 분생포자

> 해설) 소나무 잎떨림병은 병든 잎에서 자낭포자 형태로 월동한다.

39 솔노랑잎벌의 가해형태에 대한 설명으로 옳은 것은?

① 주로 묵은 잎을 가해한다.
② 울폐된 임분에 많이 발생한다.
③ 새순의 줄기에서 수액을 빨아 먹는다.
④ 봄에 부화한 유충이 새로 나온 잎을 갉아 먹는다.

> 해설) 솔노랑잎벌은 어린소나무림이나 임연부에서 많이 발생하고 울폐된 임분에는 거의 없으며 발생시 묵은 잎을 식해한다. 봄에 부화한 유충은 2년생의 잎을 식해한다.

40 비행하는 곤충을 채집하기 위해 사용하는 트랩으로 옳지 않은 것은?

① 유아등 ② 수반트랩
③ 미끼트랩 ④ 끈끈이트랩

> 해설) 미끼트랩은 지상에 이동하는 곤충을 채집하는 용도로 비행하는 곤충에는 사용하기 어렵다.

41 다음 중 체인톱날을 구성하는 부품 명칭이 아닌 것은?

① 리벳 ② 이음쇠
③ 전동쇠 ④ 스프라켓

> 해설) 스프라켓은 톱날은 구동시키는 소모품이다.

42 기계톱의 에어필터 청소 방법으로 옳지 않은 것은?

① 혼합유를 사용하여 청소하면 더욱 효과적이다.
② 연료와 공기의 혼합비를 유지하기 위해 청소한다.
③ 일반적으로 1일 1회 이상 청소하고, 작업조건에 따라 수시로 청소한다.
④ 톱밥찌꺼기나 오물은 부드러운 솔을 맑은 휘발유나 경유에 묻혀 씻어낸다.

> 해설) 에어필터에 혼합유를 사용하면 필터 오염으로 사용이 재사용이 어렵다.

43 2행정 및 4행정 기관의 특징으로 옳지 않은 것은?

① 2행정 기관은 크랭크의 1회전으로 1회씩 연소를 한다.
② 이론적으로 동일한 배기량일 경우 2행정 기관이 4행정 기관보다 출력이 높다.
③ 2행정 기관은 하사점부근에서의 배기가스 배출과 혼합가스의 흡입을 별도로 한다.
④ 4행정 기관은 크랭크의 2회전으로 1회 연소하고, 흡기→압축→폭발·팽창→배기의 4행정으로 한다.

> 해설) 2행정 기관은 피스톤이 상승하면 배기공과 소기공이 모두 막혀 실린더 속에 혼합가스가 압축된다. 크랭크 케이스 속의 압력이 낮아져 기화기에 형성된 혼합가스가 흡기구를 통해 크랭크케이스로 흡입된다. 이후 피스톤 상사점에서 스파크 플러그 점화에 의해 연소하고 폭발압력이 피스톤을 하사점으로 밀고

정답 37.② 38.③ 39.① 40.③ 41.④ 42.① 43.③

하사점에서 배기공이 열려 실린더 속의 연소 가스가 외부로 방출된다.

44 다음 중 2행정 싸이클 기관에 있지만 4행정기관에는 없는 것은?

① 밸브   ② 오일판
③ 소기공   ④ 푸시로드

해설 2행정 기관은 피스톤이 상승하면 배기공과 소기공이 모두 막혀 실린더 속에 혼합가스가 압축한다.

45 혼합연료에 오일의 함유비가 높을 경우 나타나는 현상으로 옳지 않은 것은?

① 연료의 연소가 불충분하여 매연이 증가한다.
② 스파크플러그에 오일이 덮히게 된다.
③ 오일이 연소실에 쌓인다.
④ 엔진을 마모시킨다.

해설 윤활유는 피스톤과 실린더 벽의 열의 흡수 및 마모를 방지시키는 역할을 하는데 오일의 비율이 너무 높을 경우 오히려 피스톤, 실린더 등에 눌러 붙게된다.

46 산림작업 도구에 대한 설명으로 옳지 않은 것은?

① 자루이 재료는 가볍고 열전도율이 높아야한다.
② 도구의 크기와 형태는 작업자의 신체에 적합해야 한다.
③ 작업자의 힘이 최대한 도구 날 부분에 전달할 수 있어야 한다.
④ 도구의 날 부분은 작업 목적에 효과적일 수 있도록 단단하고 날카로워야 한다.

해설 자루의 재료는 가볍고 열전도율이 낮으며 탄력이 있고 질긴 소재를 사용한다.

47 산림작업에서 개인 안전복장 착용 시 준수사항으로 가장 옳지 않은 것은?

① 몸에 맞는 작업복을 입어야 한다.
② 안전화와 안전장갑을 착용한다.
③ 가지치기 작업할 때는 얼굴보호망을 쓴다.
④ 작업복 바지는 멜빵있는 바지는 입지 않는다.

해설 산림작업자의 작업복 바지로 멜빵있는 바지를 입기도 하며 멜빵형이 있다.

48 산림용 작업도구의 자루용 원목으로 적합하지 않는 것은?

① 탄력이 큰 나무
② 목질이 질긴 나무
③ 목질섬유가 긴 나무
④ 옹이가 있는 나무

해설 자루의 재료는 가볍고 열전도율이 낮으며 탄력이 있고 질긴 소재를 사용한다. 대표 용재로 박달나무, 물푸레나무, 단풍나무 등이 있다.

49 벌목한 나무를 기계톱으로 가지치기할 때 유의할 사항으로 가장 옳은 것은?

① 후진하면서 작업한다.
② 안내판이 짧은 기계톱을 사용한다.
③ 벌목한 나무를 몸과 기계톱 밖에 놓고 작업한다.
④ 작업자는 벌목한 나무와 멀리 떨어져 서서 작업한다.

해설 톱은 몸체와 가급적 밀착하고 무릎을 약간 구부리고 안내판이 짧은 기계톱을 사용한다.

50 다음 중 조림 및 육림용 기계가 아닌 것은?

① 윈치   ② 예불기
③ 동력지타기   ④ 체인톱

해설 윈치는 집재용 기계이다.

정답 44.③ 45.④ 46.① 47.④ 48.④ 49.② 50.①

51 기계톱의 성능을 판단할 때 필요한 조건으로 옳지 않은 것은?

① 취급방법 및 사용법이 간편
② 부품의 공급이 용이하고 가격이 저렴
③ 소음과 진동을 줄일 수 있도록 무거움
④ 연료비, 수리비, 유지비 등 경비가 적게 소요

> 해설 체인톱은 중량이 가볍고 취급방법이 간단해야하며 소음과 진동이 적어야 한다.

52 벌도된 나무에 가지치기와 조재작업을 하는 임업기계는?

① 포워더   ② 프로세서
③ 스윙야더   ④ 원목집게

> 해설 프로세서는 이미 벌목된 전목의 가지를 자르고 토막을 내는 다공정 처리기계이다.

53 백호우의 장비 규격 표시 방법으로 옳은 것은?

① 차체의 길이(m)
② 차체의 무게(ton)
③ 표준 견인력(ton)
④ 표준버켓 용량(m³)

> 해설 백호우는 버킷의 용량을 입방미터(m³)로 표시한다.

54 예불기의 원형톱날 사용 시 안전사고 예방을 위해 사용 금지된 부분은?

① 시계점 12 ~ 3시 방향
② 시계점 3 ~ 6시 방향
③ 시계점 6 ~ 9시 방향
④ 시계점 9 ~ 12시 방향

> 해설 예불기는 톱날의 사각지점(12시 방향 ~ 3시 방향)의 사용을 금지한다.

55 휘발유와 윤활유 혼합비가 50 : 1일 경우 휘발유 20리터에 필요한 윤활유는?

① 0.2 리터   ② 0.4 리터
③ 0.6 리터   ④ 0.8 리터

> 해설 휘발유와 윤활유의 혼합비가 50 : 1 인 경우 휘발유 20L 에 들어갈 윤활유는 〈50:1 = 20:0.4〉로 0.4L 가 필요하다.

56 가선집재의 가공본줄로 사용되는 와이어로프의 최대장력이 2.5ton이다. 이 로프에 500kg의 벌목된 나무를 운반한다면 이 로프의 안전계수는 얼마인가?

① 0.05   ② 5
③ 200   ④ 1,250

> 해설 현재 와이어로프의 최대장력은 2500kg 이고 와이어로프에 걸리는 장력은 500kg 이므로 안전계수는 아래와 같다.
>
> 안전계수 $= \dfrac{2500}{500} = 5$

57 기계톱의 대패형 톱날 연마 방법으로 옳은 것은?

① 가슴각 : 60° 연마
② 가슴각 : 90° 연마
③ 창날각 : 40° 연마
④ 창날각 : 25° 연마

> 해설 대패형톱날의 창날각 35°, 가슴각 90°, 지붕각 60° 로 연마한다.

58 산림작업용 안전화가 갖추어야 할 조건으로 옳지 않은 것은?

① 철판으로 보호된 안전화코
② 미끄러짐을 막을 수 있는 바닥판
③ 땀의 배출을 최소화하는 고무재질
④ 발이 찔리지 않도록 되어있는 특수보호 재료

정답 51.③ 52.② 53.④ 54.① 55.② 56.② 57.② 58.③

해설 안전화의 경우 미끄러움을 막고 통풍이 잘되어 땀의 배출이 원활하게 이루어져야 한다. 또한 찍힘 등의 발을 보호하기 위해 철판으로 된 안전화코가 착용되어 있어야 한다.

59 벌목 및 집재 작업 시 이용되는 도구로 옳지 않은 것은?

① 사피
② 박살피
③ 이식승
④ 듀랄루민 쐐기

해설 벌목 및 집재 작비로 톱, 도끼, 쐐기류, 사피, 박살피, 지렛대 등이 있으며 이식승은 양묘 사업용 소도구이다.

60 소형원치의 일반적인 사용목적으로 옳지 않은 것은?

① 대경재의 장거리 집재용
② 수라 설치를 위한 수라 견인용
③ 설치된 수라의 집재선까지의 횡집재용
④ 대형 집재장비의 집재선까지의 소집재용

해설 소형원치는 지형이 험하거나 단거리의 통나무 집재시 이용된다.

정답 59.③ 60.①

2014년 제4회 산림기능사

01 우량한 종자의 채집을 목적으로 지정한 숲은?

① 산지림　② 채종림
③ 종자림　④ 우량림

해설 채종림은 천연림이나 인공림에서 형질이 우수한 나무를 통해 유전적으로 우량종자를 채집할 목적의 산림이다.

02 산림갱신을 위하여 대상지의 모든 나무를 일시에 베어내는 작업법은?

① 개벌작업　② 산벌작업
③ 모수작업　④ 택벌작업

해설 개벌작업은 임분 전체를 1회의 벌채로 모두 제거하는 것을 말한다.

03 다음이 설명하고 있는 줄기접 방법으로 옳은 것은?

〈줄기접 시행순서〉
· 서로 독립적으로 자라고 있는 접수용 묘목과 대목용 묘목을 나란히 접근
· 양쪽 묘목의 측면을 각각 칼로 도려냄
· 도려낸 면을 서로 밀착시킨 상태에서 접목끈으로 단단히 묶음

① 절접　② 합접
③ 기접　④ 교접

해설 기접은 뿌리가 있는 식물 간의 줄기의 측면을 도려내어 양면을 합쳐 밀착시킨 상태로 접합하는 방법이다.

04 낙엽이 쌓이고 분해된 성분으로 구성된 토양 단면층은?

① 표토층　② 모재층
③ 심토층　④ 유기물층

해설 유기물층은 가장 표면에 있는 토양층으로 낙엽, 가지 등의 유기물이 있는 층이다.

05 임지 보육상 비료목으로 적당한 수종은?

① 소나무　② 잣나무
③ 오리나무　④ 느티나무

해설 임지의 지력 향상에 도움을 주기 위해 심어주는 나무를 비료목이라 하며 대표적으로 오리나무, 아까시나무, 자귀나무 등이 있다.

06 산성 토양을 중화시키는 방법으로 가장 효과가 빠른 것은?

① 석회를 사용한다.
② NAA나 IBA를 사용한다.
③ 두엄을 많이 섞어준다.
④ 토양미생물을 접종한다.

해설 산성토양에는 염기성 성질을 가진 석회를 뿌려 중화시킬수 있다.

07 다음 설명하는 용어로 옳은 것은?

발아된 종자의 수를 전체 시료종자의 수로 나누어 백분율로 표시한다.

① 순량률　② 효율
③ 발아율　④ 종자율

정답 01.② 02.① 03.③ 04.④ 05.③ 06.① 07.③

해설 발아율은 준비한 전체 시료 종자수에서 일정 기간 동안 발아된 종자입수의 백분율로 나타낸 것이다.

08 종자의 결실량이 많고 발아가 잘 되는 수종과 식재조림이 어려운 수종에 대하여 주로 실시하는 조림방법은?

① 대묘조림   ② 용기조림
③ 소묘조림   ④ 직파조림

해설 종자의 결실량이 많고 발아가 잘되는 수종의 경우 파종의 방법을 이용한다. 이렇게 종자를 임지에 직접 파종하는 방법을 직파조림이라 한다.

09 우리나라의 산림대에 대한 설명으로 옳은 것은?

① 온대림과 냉대림으로 구분된다.
② 온대림과 난대림으로 구분된다.
③ 난대림, 온대림, (아)한대림으로 구분된다.
④ 난대림, 온대림, 온대북부림으로 구분된다.

해설 우리나라의 산림대는 난대림, 온대림, 한대림으로 분류되며 온대림은 온대남부, 온대중부, 온대북부로 분류한다.

10 곰솔에 관한 설명으로 옳지 않은 것은?

① 암수딴그루이다.
② 바다 바람에 강하다.
③ 근계는 심근성이고 측근의 발달이 왕성하다.
④ 양수수종이다.

해설 곰솔은 암수한그루인 자웅동주이다.

11 한 나무에 암꽃과 수꽃이 달리는 암수한그루 수종은?

① 주목   ② 은행나무
③ 사시나무   ④ 상수리나무

해설 암수한그루 수종으로 오리나무, 삼나무, 소나무, 굴참나무, 가래나무, 호두나무, 곰솔, 상수리나무 등이 있다.

12 접목을 할 때 접수와 대목의 가장 좋은 조건은?

① 접수와 대목이 모두 휴면상태일 때
② 접수와 대목이 모두 왕성하게 생리적 활동을 할 때
③ 접수는 휴면상태이고, 대목은 생리적 활동을 할 때
④ 접수는 생리적 활동을 하고, 대목은 휴면상태일 때

해설 보통 접수는 휴면상태, 대목은 활발한 상태일때 접목의 적기이다.

13 군상 식재지 등 조림목의 특별한 보호가 필요한 경우 적용하는 풀베기 방법으로 가장 적합한 것은?

① 줄베기   ② 전면베기
③ 둘레베기   ④ 대상베기

해설 둘레베기는 조림목 반경 50cm 정도 정방형 혹은 원형으로 잘라내는 방법으로 강한음수나 군상식재지에 한해의 보호가 필요할 경우 적용한다.

14 갱신기간에 제한이 없고 성숙 임목만 선택해서 일부 벌채하는 것은?

① 왜림작업   ② 택벌작업
③ 맹아작업   ④ 산벌작업

해설 택벌작업은 벌기, 벌채량, 방법 등 제한이 없고 성숙한 임목을 골라 벌채하는 방법으로 일종의 이령림 작업에 속하는 갱신 작업종이다.

정답 08.④ 09.③ 10.① 11.④ 12.③ 13.③ 14.②

15 다음 중 생가지치기로 인한 부후의 위험성이 가장 높은 수종은?

① 삼나무 ② 소나무
③ 벚나무 ④ 일본잎갈나무

> 해설: 생가지치기로 부후의 위험이 있는 수종은 단풍나무, 느릅나무, 벚나무, 물푸레나무, 벚나무, 너도밤나무, 가문비나무 등이 있다.

16 윤벌기가 80년이고 벌채구역이 4개인 임지에서의 회귀년의 기간으로 알맞은 것은?

① 20년 ② 25년
③ 30년 ④ 40년

> 해설: 회귀년은 윤벌기를 벌채구로 나눈 값으로 나타낸다. 〈 80 / 4 = 20년 〉

17 인공조림과 천연갱신의 설명으로 옳지 않은 것은?

① 천연갱신에는 오랜 시일이 필요하다.
② 인공조림은 기후 풍토에 저항력이 강하다.
③ 천연갱신으로 숲을 이루기까지의 과정이 기술적으로 어렵다.
④ 천연갱신과 인공조림을 적절히 병행하면 조림성과를 높일 수 있다.

> 해설: 천연갱신은 기후 풍토에 저항력이 강하며 인공조림은 경제적 가치에 중점을 두고 수종을 선택하기에 기후 풍토에 저항력이 상대적으로 약한 편이다.

18 밤나무를 식재면적 1ha에 묘목간 거리 5m로 정사각형 식재할 때 소요되는 묘목의 총 본수는?

① 400본 ② 1,200본
③ 500본 ④ 3,000본

> 해설: 소요 묘목의 본수 = $\dfrac{10,000\,m^2}{5m \times 5m}$ = 400본

19 음수 갱신에 좋으며 예비벌, 하종벌, 후벌의 3단계로 모두 벌채되고 새로운 임분이 동령림으로 나타나게 하는 작업종으로 옳은 것은?

① 저림작업 ② 택벌작업
③ 모수작업 ④ 산벌작업

> 해설: 산벌작업은 갱신을 위해 예비벌, 하종벌, 후벌의 과정을 거치며 후벌의 마지막인 종벌의 순서로 작업이 진행되는데 이를 순차벌이라 한다.

20 종자를 미리 건조하여 밀봉 저장할 때 다음 중 가장 적정한 함수율은?

① 상관없음 ② 약 5 ~ 10%
③ 약 11 ~ 15% ④ 약 16 ~ 20%

> 해설: 밀봉 저장법은 종자를 건조시켜 진공상태로 밀봉하여 저온에 저장하는 방법으로 종자의 함수율은 5~7% 정도로 유지하는 것이 적합하다.

21 묘목의 뿌리가 2년생, 줄기가 1년생을 나타내는 삽목묘의 연령 표기가 옳은 것은?

① 2-1묘 ② 1-2묘
③ 1/2묘 ④ 2/1묘

> 해설: 삽목묘는 뿌리의 나이를 분모, 줄기의 나이를 분자로 나타내며 뿌리가 2년, 줄기가 1년의 경우 〈 1/2 묘 〉로 표기한다.

22 곰솔 1-1묘의 지상부 무게 27g, 지하부 무게 9g일 때 T/R율은?

① 0.3 ② 3.0
③ 18.0 ④ 36.0

> 해설: T/R = 지상부/지하부 = 27/9 = 3

정답 15.③ 16.① 17.② 18.① 19.④ 20.② 21.③ 22.②

23 일정한 규칙과 형태로 묘목을 식재하는 배식설계에 해당되지 않는 것은?

① 정방형 식재 ② 장방형 식재
③ 정육각형 식재 ④ 정삼각형 식재

해설 대표적인 식재 방법에는 정방형식재, 장방형식재, 정삼각형식재, 군상식재 등이 있다.

24 조림지에 침입한 수종 등 불필요한 나무 제거를 주목적으로 하는 작업으로 가장 적합한 것은?

① 덩굴치기 ② 산벌
③ 풀베기 ④ 어린나무가꾸기

해설 어린나무 가꾸기는 부적절한 임목을 선별 및 제거하여 원하는 생육환경을 조성하는 방법이다.

25 점파로 파종하는 수종으로 옳은 것은?

① 은행나무, 호두나무
② 주목, 아까시나무
③ 노간주나무, 옻나무
④ 전나무, 비자나무

해설 점파는 일정 간격으로 종자를 1~3립 파종하는 방법으로 밤나무, 참나무류, 호두나무, 은행나무 등이 적합하다.

26 곤충의 몸에 대한 설명으로 옳지 않은 것은?

① 기문은 몸의 양옆에 10쌍 내외가 있다.
② 곤충의 체벽은 표피, 진피층, 기저막으로 구성되어 있다.
③ 대부분의 곤충은 배에 각 1쌍씩 모두 6개의 다리를 가진다.
④ 부속지들이 마디로 되어 있고 몸 전체도 여러 마디로 이루어진다.

해설 일반적으로 곤충 다리는 앞가슴, 가운데가슴, 뒷가슴에 각 1쌍씩 붙어 있으며 모두 6개의 다리를 가진다.

27 수정된 난핵이 분열하여 각각 개체로 발육하는 것으로서 1개의 수정난에서 여러 개의 유충이 나오는 곤충의 생식방법은 무엇인가?

① 단위생식 ② 다배생식
③ 양성생식 ④ 유생생식

해설 다배생식은 수정된 난핵이 분열하여 각각 개체로 발육하는 것으로 1개의 알에서 2개 이상의 곤충이 생기는 것을 말한다.

28 산림환경관리에 대한 설명으로 옳지 않은 것은?

① 천연림 내에서는 급격한 환경변화가 적다.
② 복층림의 하층목은 상층목보다 내음성 수종을 선택하여야 한다.
③ 혼효림은 구성 수종이 다양하여 특정병해의 대면적 산림피해가 발생하기 쉽다.
④ 천연림은 성립과정에서 여러 가지 도태압을 겪어 왔으므로 특정 병해에 대한 저항성이 강하다.

해설 특정병해에 대면적 산림피해가 발생하기 쉬운 곳은 단순림으로 혼효림의 경우 다양한 수종이 존재하여 저항성을 가진 경우가 있기에 산림피해가 상대적으로 적게 발생한다.

29 잣나무 털녹병에 대한 설명으로 옳지 않은 것은?

① 송이풀 제거작업은 9월 이후 시행해야 효과적이다.
② 여름포자는 환경이 좋으면 여름동안 계속 다른 송이풀에 전염한다.
③ 여름포자가 모두 소실되면 그 자리에 털 모양의 겨울포자퇴가 나타난다.
④ 중간기주에서 형성된 담자포자는 바람에 의하여 잣나무 잎에 날아가 기공을 통하여 침입한다.

정답 23.③ 24.④ 25.① 26.③ 27.② 28.③ 29.①

> **해설** 잣나무 털녹병은 4~6월쯤 병든 가지나 줄기가 황색으로 변하고 부풀어 오르다가 터진 후 황색의 가루가 비산하여 중간기주로 녹포자가 날아가기에 중간기주 제거 작업은 그전에 실시하는 것이 좋다.

30 볕데기 현상의 원인은 무엇인가?

① 급격한 온도변화
② 급격한 토양내 양분 용탈
③ 대기 중 오존농도의 급격한 증가
④ 대기 중 황산화물의 급격한 감소

> **해설** 볕데기(피소)는 강한 태양광선을 받으면서 온도 상승 및 급격한 수분증발로 형성층에 피해를 입어 심할 경우 고사한다.

31 어린 묘가 땅 위에 나온 후 묘의 윗부분이 썩는 모잘록병의 병증을 무엇이라고 하는가?

① 수부형 ② 근부형
③ 도복형 ④ 지중부패형

> **해설** 모잘록병에 의해 묘목이 지상부로 나온 이후 떡잎, 어린줄기에 감염되어 묘목의 선단부가 부패하는 경우를 수부형이라 한다.

32 솔나방 발생 예찰(유충 밀도조사)에 가장 적합한 시기는?

① 6월 중 ② 8월 중
③ 10월 중 ④ 12월 중

> **해설** 솔나방의 경우 전년도 10월 쯤 조사한 유충 밀도를 통해 금년 봄의 발생밀도를 예측한다.

33 솔잎혹파리는 일반적으로 1년에 몇 회 발생하는가?

① 1회 ② 2회
③ 3회 ④ 5회

> **해설** 솔잎혹파리는 1년에 1회 발생한다.

34 대기오염에 의한 급성피해증상이 아닌 것은?

① 조기낙엽 ② 엽록괴사
③ 엽맥간 괴사 ④ 엽맥 황화현상

> **해설** 엽맥의 황화현상은 만성피해에 해당한다.

35 아황산가스에 강한 수종만으로 올바르게 묶인 것은?

① 가시나무, 편백, 소나무
② 동백나무, 가시나무, 소나무
③ 동백나무, 전나무, 은행나무
④ 은행나무, 향나무, 가시나무

> **해설** 편백, 비자나무, 가시나무, 식나무, 은행나무, 무궁화 향나무 등은 아황산가스에 대한 저항성이 높은 수종이다.

36 향나무 녹병균은 배나무를 중간숙주로 기생하여 오렌지색 별무늬가 나타나는 시기로 가장 옳은 것은?

① 3 ~ 4월 ② 6 ~ 7월
③ 8 ~ 9월 ④ 10 ~ 11월

> **해설** 배나무와 같은 중간기주에서 6~7월에 노란색의 작은 반점들이 발생하고 중앙에 흑색점의 녹병자기가 형성된다.

37 솔나방의 월동형태와 월동장소로 짝지어진 것 중 옳은 것은?

① 알-솔잎 ② 유충-솔잎
③ 알-낙엽 밑 ④ 유충-낙엽 밑

> **해설** 솔나방은 5령충으로 낙엽이나 지피물 혹은 나무껍질 사이에 월동한다.

정답 30.① 31.① 32.③ 33.① 34.④ 35.④ 36.② 37.④

38 기상에 의한 피해 중 풍해의 예방법으로 옳지 않은 것은?

① 택벌법을 이용한다.
② 묘목 식재 시 밀식 조림한다.
③ 단순동령림의 조성을 피한다.
④ 벌채 작업 시 순서를 풍향의 반대 방향부터 실행한다.

해설 풍해에 의한 방제법으로 단순동령림을 피하고 이령혼효림을 유도하며 묘목의 식재 시 밀식을 피하고 적정 밀도를 유지하도록 한다.

39 성충으로 월동하는 것끼리 짝지어진 것은?

① 미국흰불나방, 소나무좀
② 소나무좀, 오리나무잎벌레
③ 잣나무넓적잎벌, 미국흰불나방
④ 오리나무잎벌레, 잣나무넓적잎벌

해설 성충으로 월동하는 해충으로 소나무좀, 오리나무잎벌레, 버즘나무방패벌레 등이 있다.

40 기주교대를 하는 수목병이 아닌 것은?

① 포플러 잎녹병
② 소나무 혹병
③ 오동나무 탄저병
④ 배나무 붉은별무늬병

해설 기주교대를 하는 수목병은 중간기주를 가지고 있으며 포플러 잎녹병은 낙엽송 및 줄꽃주머니가 있고 소나무혹병은 참나무가 중간기주이며 배나무 붉은별무늬병의 중간기주는 향나무이다.

41 도끼날의 종류별 연마 각도(°)로 옳지 않은 것은?

① 벌목용 : 9 ~ 12
② 가지치기용 : 8 ~ 10
③ 장작패기용(활엽수) : 30 ~ 35
④ 장작패기용(침엽수) : 25 ~ 30

해설 도끼는 용도에 따라 벌목용은 9~12°, 가지치기용은 8~10°, 장작패기용은 목질구조가 연한 침엽수는 15°, 단단한 활엽수의 경우 30~35° 정도로 연마한다.

42 기계톱 체인의 깊이제한부 역할은?

① 절삭 폭을 조절한다.
② 절삭 두께를 조절한다.
③ 절삭 각도를 조절한다.
④ 절삭 방향을 조절한다.

해설 톱날의 깊이제한부는 톱날이 한번에 팔수 있는 깊이로 절삭의 두께를 조절한다.

43 다음 중 양묘용 장비로 사용되는 것이 아닌 것은?

① 지조결속기   ② 정지작업기
③ 중경제초기   ④ 단근굴취기

해설 양묘용 장비로 트랙터, 경운작업기, 정지작업기, 약제살포기, 관수장치, 단근굴취기, 중경제초기 등이 있다. 지조결속기는 임목 부산물을 운반하는 장비이다.

44 체인톱의 안내판 1개가 수명이 다하는 동안 체인은 보통 몇 개 사용할 수 있는가?

① 1/2개   ② 2개
③ 3개   ④ 4개

해설 체인톱의 안내판의 수명은 평균 450 시간이고 톱체인의 수명은 평균 150시간 정도이다. 안내판 1개의 수명동안 체인 3개 정도가 가능하다.

45 다음 중 기계톱의 체인을 돌려주는 동력전달장치는?

① 실린더   ② 플라이휠
③ 점화플러그 ④ 원심클러치

해설 체인톱의 원동기의 동력을 체인에 전달하기 위하여 원심클러치가 있다.

정답 38.② 39.② 40.③ 41.④ 42.② 43.① 44.③ 45.④

46 기계톱의 연료와 오일을 혼합할 때 휘발유 15리터이면 오일의 적정 양은 얼마인가?(단, 오일은 특수오일이 아님)

① 0.06리터   ② 0.15리터
③ 0.6리터   ④ 1.5리터

> 해설: 체인톱은 2행정기관으로 연료와 윤활유를 25:1 비율로 배합하며 15L 연료의 경우 0.6L를 배합한다.

47 엔진이 시동되지 않을 경우 예상되는 원인이 아닌 것은?

① 오일탱크가 비어 있다.
② 연료탱크가 비어 있다.
③ 기화기내 연료가 막혀 있다.
④ 플러그 점화케이블 결함이 있다.

> 해설: 오일탱크가 비어있을 경우 오일이 공급되지 않거나 오일펌프가 작동되지 않는다.

48 기계톱 최초 시동 시 쵸크를 닫지 않으면 어떤 현상 때문에 시동이 어렵게 되는가?

① 연료가 분사되지 않기 때문이다.
② 공기가 소량 유입하기 때문이다.
③ 공기 내 연료비가 높기 때문이다.
④ 공기 내 연료비가 낮기 때문이다.

> 해설: 시동을 쉽게 하기 위해 초크를 닫아 혼합가스의 농도를 짙게하고 정상 작동시 개방을 한다. 그런데 최초 시동 시 초크를 닫지 않을 경우 공기 내 연료비가 낮게 되어 시동이 잘 걸리지 않게 된다.

49 기계톱 작업자를 위한 안전장치로 옳지 않은 것은?

① 스프라켓 덮개
② 체인잡이 볼트
③ 후방손잡이 보호판
④ 스로틀레버 차단판

> 해설: 기계톱의 안전장치에는 체인브레이크, 체인잡이볼트, 손잡이 및 보호판, 스로틀레버 차단판, 진동방지장치, 소음기, 방진고무 등이 있다.

50 기계톱의 사용 시 오일함유비가 낮은 연료의 사용으로 나타나는 현상으로 옳은 것은?

① 검은 배기가스가 배출되고 엔진에 힘이 없다.
② 오일이 연소되어 퇴적물이 연소실에 쌓인다.
③ 엔진 내부에 기름칠이 적게 되어 엔진을 마모시킨다.
④ 스파크플러그에 오일막이 생겨 녹킹이 발생할 수 있다.

> 해설: 오일 함유비가 낮을 경우 엔진 내부 기름칠이 적어 엔진이 마모되기도 한다.

51 다음 중 집재용 장비로만 묶어진 것은?

① 윈치, 스키더
② 윈치, 프로세서
③ 타워야더, 하베스터
④ 모터그레이더, 스키더

> 해설: 집재용 장비로 소형윈치, 트랙터, 스키더, 타워야더 등이 있다.

52 안전사고 예방준칙과 관계가 먼 것은?

① 작업의 중용을 지킬 것
② 율동적인 작업을 피할 것
③ 규칙적인 휴식을 취할 것
④ 혼자서는 작업하지 말 것

> 해설: 율동적인 작업은 조화롭고 규칙적으로 작업하는 것으로 안전사고 예방에 도움이 된다.

정답 46.③ 47.① 48.④ 49.① 50.③ 51.① 52.②

53 디젤기관과 비교했을 때 가솔린기관의 특성으로 옳지 않은 것은?

① 전기점화 방식이다.
② 배기가스 온도가 낮다.
③ 무게가 가볍고 가격이 저렴하다.
④ 연료는 기화기에 의한 외부혼합방식이다.

해설 디젤기관의 열효율이 가솔린기관보다 높아 디젤기관의 배기가스 온도는 가솔린기관보다 낮은 편이다.

54 무육톱의 삼각톱날 꼭지각은 몇 도(°)로 정비하여야 하는가?

① 25   ② 28
③ 35   ④ 38

해설 삼각톱날의 꼭지각은 38° 정도로 한다.

55 기계톱의 동력연결은 어떤 힘에 의하여 스프라켓에 전달되는가?

① 반력
② 구심력
③ 원심력과 마찰력
④ 중력과 마찰력

해설 원심분리형 클러치에서 동력을 받아 스프로킷이 톱체인을 움직이는 방식으로 회전속도가 증가하면서 발생하는 원심력과 마찰력이 스프로킷에 전달된다.

56 액셀레버를 잡아도 엔진이 가속되지 않을 때 예상되는 원인이 아닌 것은?

① 에어필터가 더럽혀져 있다.
② 연료내 오일의 혼합량이 적다.
③ 점화코일과 단류장치가 결함이 있다.
④ 기화기 조절이 잘못되었거나 결함이 있다.

해설 연료 내 오일의 혼합량이 적을 경우 엔진의 마모가 가속화되며 액셀을 잡아 엔진이 가속화되지 않는 문제는 나타나지 않는다.

57 다음 중 작업도구와 능률에 관한 기술로 가장 거리가 먼 것은?

① 자루의 길이는 적당히 길수록 힘이 강해진다.
② 도구의 날 끝 각도가 클수록 나무가 잘 부셔진다.
③ 도구는 가볍고 내려치는 속도가 빠를수록 힘이 세어진다.
④ 도구의 날은 날카로운 것이 땅을 잘 파거나 잘 자를 수 있다.

해설 도구는 적당한 무게를 가져야 내려치는 속도가 빠르고 힘이 세며 작업 효율이 높아진다.

58 특별한 경우를 제외하고 도끼를 사용하기에 가장 적합한 도끼 자루의 길이는?

① 사용자 팔 길이
② 사용자 팔 길이의 2배
③ 사용자 팔 길이의 0.5배
④ 사용자 팔 길이의 1.5배

해설 손잡이의 길이는 작업자의 팔 길이 정도가 적당하다.

59 4행정기관과 비교한 2행정기관의 특징으로 옳지 않은 것은?

① 중량이 가볍다.
② 저속운전이 용이하다.
③ 시동이 용이하고 바로 따뜻해진다.
④ 배기음이 높고 제작비가 저렴하다.

해설 2행정기관은 저속운전이 어렵다.

60 트랙터를 이용한 집재시 안전과 효율성을 고려했을 때 일반적으로 작업 가능한 최대 경사도(°)로 옳은 것은?

① 5~10   ② 15~20
③ 25~30   ④ 35~40

해설 트랙터는 평탄지나 완경사지 정도에 집재가 적합한 기기로 약 25° 정도가 적합하다.

정답 53.② 54.④ 55.③ 56.② 57.③ 58.① 59.② 60.③

2015년 제1회 산림기능사

01 다음 중 종자 수득률이 가장 높은 수종은?

① 잣나무 ② 벚나무
③ 박달나무 ④ 가래나무

해설) 보기의 수득율의 경우 가래나무는 51%, 박달나무 23.3 %, 벚나무 18.2%, 잣나무 12.5% 순서로 보기 중 가래나무가 수득율이 가장 높다.

02 소립종자의 실중에 대한 옳은 설명은?

① 종자 1L의 4회 평균 중량
② 종자 1,000립의 4회 평균 중량
③ 종자 100립의 4회 평균 중량 곱하기 10
④ 전체 시료종자 중량 대비 각종 불순물을 제거한 종자의 중량 비율

해설) 소립종자 실중의 기준은 〈 1,000 × 4반복 = 4,000립 〉으로 종자 1000립의 4회 평균의 중량을 말한다.

03 임지에 비료목을 식재하여 지력을 향상시킬 수 있는데, 다음 중 비료목으로 적당한 수종은?

① 소나무 ② 전나무
③ 오리나무 ④ 사시나무

해설) 비료목으로 아까시나무, 자귀나무, 칡, 싸리나무, 오리나무, 보리수나무, 소귀나무 등이 있다.

04 덩굴류 제거작업 시 약제사용에 대한 설명으로 옳은 것은?

① 작업시기는 덩굴류 휴지기인 1~2월에 한다.
② 칡 제거는 뿌리까지 죽일 수 있는 글라신 액제가 좋다.
③ 약제 처리 후 24시간 이내에 강우가 있을 때 흡수율이 높다.
④ 제초제는 살충제보다 독성이 적으므로 약제 취급에 주의를 기울일 필요가 없다.

해설) 덩굴류 제거 작업은 생장기인 5~9월에 실시하며 약제 처리 후 24시간 이내에 강우가 예상 될 경우 약제의 유실문제가 있어 중지한다. 제초제 사용후 처리 도구는 잘 세척하여 보관하며 약제 취급에 주의를 기울여야 한다.

05 파종조림의 성과에 영향을 미치는 요인에 대한 설명으로 옳지 않은 것은?

① 발아한 어린 묘는 서리의 피해가 많다.
② 다른 곳보다 흙을 더 두껍게 덮어줄 경우 수분조절이 어려워 건조 피해를 입는다.
③ 발아하여 줄기가 약할 때 비가 와서 흙이 튀어 흙옷을 만들면 그 묘목은 죽게 된다.
④ 우리나라의 봄 기후는 건조하기 쉬우므로 발아가 지연되면 파종조림은 실패하게 된다.

해설) 다른 곳보다 흙을 더 두껍게 덮어줄 경우 수분의 증발이 적어져 건조의 피해는 입지 않는다. 너무 과도한 복토를 할 경우 종자가 잘 자라지 않을수 있으나 통상 종자 직경의 2~4배 정도의 흙을 덮어 주는 것이 좋다.

정답 01.④ 02.② 03.③ 04.② 05.②

06 묘포의 정지 및 작상에 있어서 가장 적합한 밭갈이 깊이는?

① 20cm 미만
② 20cm~30cm 정도
③ 30cm~50cm 정도
④ 50cm 이상

해설 묘포지 경운시 20~25cm 정도가 적당하다.

07 임분을 띠 모양으로 구획하고 각 띠를 순차적으로 개벌하여 갱신하는 방법은?

① 산벌작업
② 대상개벌작업
③ 군상개벌작업
④ 대면적개벌작업

해설 대상개벌작업은 임지를 띠모양의 구역을 나누어 교대로 2회에 걸쳐 벌채하는 방법이다.

08 묘상에서 단근작업에 관한 설명으로 옳지 않은 것은?

① 주로 휴면기에 실시한다.
② 측근과 세근을 발달시킨다.
③ 묘목의 철늦은 자람을 억제한다.
④ 단근의 깊이는 뿌리의 2/3 정도로 남기도록 한다.

해설 단근은 잔뿌리의 발달과 활착률을 높이기 위해서 실시하기에 휴면기를 피하고 5~9월에 실시한다.

09 벌채 방식이 간벌작업과 가장 비슷한 것은?

① 개벌작업
② 모수작업
③ 중림작업
④ 택벌작업

해설 택벌작업은 벌기, 벌채량, 방법 등 제한이 없고 성숙한 임목을 골라 벌채하는 방법으로 벌채의 방식은 간벌작업과 유사하다.

10 다음 중 침엽수의 수형목 선발 기준으로 옳지 않은 것은?

① 수관이 넓을 것
② 생장이 왕성할 것
③ 상층 임관에 속할 것
④ 상당한 종자가 달릴 것

해설 침엽수의 수형목은 수관이 좁고 가지가 가늘며 한쪽으로 치우지지 않아야 한다.

11 묘포 설계 면적에서 육묘지에 해당되지 않는 것은?

① 재배지
② 방풍림
③ 일시휴한지
④ 묘상 간의 통로면적

해설 묘포의 용도별 소요면적을 보면 육묘포지는 60~70%, 관배수로, 부대시설, 방풍림 등은 20%를 차지하며 기타 소요면적 및 퇴비장 등이 10%를 차지한다.

12 모수작업에 대한 설명으로 옳은 것은?

① 양수 수종의 갱신에 적당하다.
② 양수와 음수의 섞임을 조절할 수 있다.
③ ha당 남겨질 모수는 100본 이상으로 한다.
④ 현재의 수종을 다른 수종으로 바꾸고자 할 때 적당하다.

해설 모수작업은 소나무, 곰솔 등의 양수에 적용되는 것에 유리하며 바람에 날려 전파가 용이한 수종에 적당하다.

13 산림 토양층위 중 빗물이 아래로 침전하면서 부식질, 점토, 철분, 알루미늄 성분 등을 용탈하여 내려가다가 집적해 놓은 토양층은?

① A 층
② B 층
③ C 층
④ R 층

정답 06.② 07.② 08.① 09.④ 10.① 11.② 12.① 13.②

> **해설** B층은 집적층이라 하여 용탈층에서 용탈된 물질이 있는 층으로 심토층이라고도 한다. 주로 갈색이나 황갈색을 띠고 가용성 염기류가 많은 편이다.

14 다음 중 수목 종자 발아에 영향을 미치는 주요 환경인자로 가장 거리가 먼 것은?

① 수분 ② 공기
③ 토양 ④ 온도

> **해설** 종자가 성장하는 과정을 발아라고 하며 온도, 습도, 공기, 광선의 조건이 중요하다.

15 묘목이 활착되지 못하는 주요 이유로 옳지 않은 것은?

① T/R율이 낮을 때
② 건조한 임지에 심었을 때
③ 비료가 직접 뿌리에 닿았을 때
④ 적정 식재 시기보다 늦어졌을 때

> **해설** 일반적인 묘목의 T/R 율이 낮을 경우 뿌리 부분이 잘 발달하여 활착율이 높은 것을 의미한다.

16 산지에 묘목을 식재한 후 가장 먼저 해야 할 무육작업은?

① 제벌 ② 간벌
③ 풀베기 ④ 가지치기

> **해설** 묘목을 식재한 지역은 풀베기를 통해 주위 잡초에 피압되어 묘목의 생육이 방해되지 않도록 가장 먼저 해야할 무육작업이다.

17 채종림 지정 기준으로 옳지 않은 것은?

① 벌채나 도남벌이 없었던 임분
② 보호관리 및 채종작업이 편리한 지역
③ 병충해가 없고 생태적 조건에 적응한 상태
④ 단위면적당 1ha 이상, 모수는 50본/ha 이상

> **해설** 채종림의 단위면적당 1ha 이상이고 모수가 150본/ha 이상인 산림이어야 한다.

18 다음 중 생가지치기를 할 때 상처 부위의 부후 위험성이 가장 큰 수종은?

① 곰솔 ② 단풍나무
③ 리기다소나무 ④ 일본잎갈나무

> **해설** 생가지치기를 할 때 부후 위험성이 큰 수종으로 단풍나무, 느릅나무, 벚나무, 물푸레나무, 벚나무, 너도밤나무, 가문비나무 등이 있다.

19 선묘한 2년생 소나무 묘목의 속당 본수로 옳은 것은?

① 20본 ② 25본
③ 50본 ④ 100본

> **해설** 소나무 2년생 묘목은 곤포당 본수 1000, 속 수 50, 속당 본수 20이다.

20 우리나라 지각의 대부분을 이루고 있는 암석은?

① 수성암 ② 석회암
③ 변성암 ④ 화성암

> **해설** 국내의 경우 화성암이 지각의 60% 이상을 차지하고 있으며 화성암과 변성암을 합치면 95% 정도를 차지하고 있다.

21 택벌림에서 가장 많은 본수의 경급은?

① 소경급 ② 중경급
③ 모두 동일함 ④ 대경급

> **해설** 택벌작업은 벌기, 벌채량의 제한이 없이 성숙한 임목을 골라 벌채하기에 소경급이 가장 많은 본수를 차지하게 된다.

정답 14.③ 15.① 16.③ 17.④ 18.② 19.① 20.④ 21.①

22 풀베기 작업을 1년에 2회 실시하려 할 때 가장 알맞은 시기는?

① 1월과 3월　② 3월과 6월
③ 6월과 8월　④ 7월과 10월

해설 풀베기 작업은 6~8월에 연 2회 실시하며 빠르면 5월에도 가능하다. 한해의 위험성이 높아지는 9월 이후에는 실시하지 않는다.

23 어린나무가꾸기 작업 시 맹아력이 왕성한 활엽수종에 가장 적합한 작업방법은?

① 뿌리를 자른다.
② 큰 가지만 제거한다.
③ 뿌리목 부근에서 벌채한다.
④ 수간을 지상 1m 정도 높이에서 절단한다.

해설 어린나무 가꾸기에서 맹아력이 강한 활엽수종은 수간을 지상 1m 정도의 높이에서 절단하여 맹아력을 억제시킨다.

24 인공조림의 장점으로 옳지 않은 것은?

① 미입목지나 황폐지에 숲을 조성할 수 있다.
② 숲을 조성하는 데 기간이 짧고 임분관리가 용이하다.
③ 전체적으로 불량한 형질을 가진 임분의 개량에 적용 가능하다.
④ 오랜 세월을 지내는 동안 그곳의 환경에 적응되어 견디어내는 힘이 강하다.

해설 오랜세월을 지내고 환경에 잘 적응하는 것은 천연갱신의 장점이다.

25 10ha의 산림에 묘목을 2m 간격으로 정방형 식재하려면 최소 몇 주의 묘목이 필요한가?

① 2,500주　② 25,000주
③ 5,000주　④ 50,000주

해설 $\dfrac{100,000m^2}{2m \times 2m} = 25,000$ 본

26 1년에 2~3회 발생하며 1, 2령기 유충은 밤가시를 식해하다가 3령기 이후 성숙해지면 과육을 식해하는 해충은?

① 밤바구미　② 밤나무혹벌
③ 복숭아명나방　④ 솔알락명나방

해설 복숭아명나방은 어린 유충이 1,2령 시기에 밤 가시를 식해하고 3령 이후 과육을 식해한다. 10월 쯤에는 줄기의 수피 사이에 고치를 짓고 그 속에서 유충으로 월동한다.

27 뽕나무 오갈병의 병원균은?

① 균류　② 선충
③ 바이러스　④ 파이토플라스마

해설 뽕나무 오갈병은 파이토플라스마에 의해 발생한다.

28 다음 중 알로 월동하는 해충은?

① 삼나무독나방　② 텐트나방
③ 솔나방　④ 버들재주나방

해설 텐트나방은 1년에 1회 발생하고 알로 월동한다.

29 다음 중 기주교대를 하는 수목병에 해당하지 않는 것은?

① 포플러 잎녹병
② 소나무 재선충병
③ 잣나무 털녹병
④ 사과나무 붉은별무늬병

해설 소나무재선충은 매개충에 의해 전반되고 기주교대는 하지 않는다.

30 충분히 자란 유충은 먹는 것을 중지하고 유충시기의 껍질을 벗고 번데기가 되는데, 이와같은 현상을 무엇이라 하는가?

① 용화　② 부화
③ 약충　④ 우화

정답 22.③ 23.④ 24.④ 25.② 26.③ 27.④ 28.② 29.② 30.①

해설 유충이 껍질을 벗고 번데기가 되는 과정을 용화라 한다.

31 배나무를 기주교대하는 이종기생성 병은?

① 향나무 녹병   ② 소나무 혹병
③ 전나무 잎녹병 ④ 오리나무 잎녹병

해설 향나무녹병의 중간기주로 배나무가 있으며 기주교대를 통해 수목병이 확산된다

32 다음 수목 병해 중 바이러스에 의한 병은?

① 잣나무 털녹병
② 벚나무 빗자루병
③ 포플러 모자이크병
④ 밤나무 줄기마름병

해설 바이러스에 의해 발생하는 수목병으로 포플러 모자이크병이 있다.

33 다음 중 살충제의 제형에 따라 분류된 것은?

① 수화제   ② 훈증제
③ 소화중독제 ④ 유인제

해설 제형에 따른 분류로 유제, 액제, 수용제, 수화제, 유탁제, 미탁제 등이 있다.

34 아황산가스 대기오염에 의한 수목의 피해 양상에 대한 설명으로 옳지 않은 것은?

① 바람이 없는 날에는 피해가 크다.
② 일반적으로 겨울보다 봄에 피해가 더 크다.
③ 대기 및 토양습도가 낮을 때 피해가 늘어난다.
④ 밤보다는 동화작용이 왕성한 낮에 피해가 심하다.

해설 아황산가스에 의한 피해 현상을 보면 습도가 높을 경우 피해가 증가하고 토양은 양분이 부족할 경우 피해가 증가한다.

35 다음 중 산불에 대한 내화력이 강한 수종은?

① 편백   ② 곰솔
③ 삼나무 ④ 은행나무

해설 내화력이 강한 수종으로 은행나무, 낙엽송, 가문비나무, 굴참나무, 고로쇠나무 등이 있다.

36 다음 중 제초제의 병뚜껑과 포장지 색으로 옳은 것은?

① 녹색   ② 황색
③ 분홍색 ④ 빨간색

해설 용도별 색깔

살균제	분홍색
살충제	녹색
제초제	황색
생장조절제	청색

37 대추나무 빗자루병의 병원체 및 치료법에 대한 설명으로 옳은 것은?

① 재선충 - 살선충제
② 바이러스(Virus) - 침투성 살균제
③ 파이토플라스마 - 항생제
④ 녹병균 - 침투성 살균제

해설 대추나무 빗자루병은 파이토플라스마에 의해 발생하며 옥시테트라사이클린 항생계통의 약제를 수간주사하여 치료한다.

38 성숙한 유충의 몸길이가 가장 큰 해충은?

① 독나방   ② 박쥐나방
③ 매미나방 ④ 어스렝이나방

해설 어스렝이나방의 유충 몸길이는 100mm 이며 주로 줄기에서 알로 월동한다. 1년에 1회 발생하고 5~7월쯤 잎을 식해하는 식엽성 해충이다.

정답 31.① 32.③ 33.① 34.③ 35.④ 36.② 37.③ 38.④

39 볕데기에 대한 설명으로 옳지 않은 것은?

① 남서방향 임연부의 고립목에 피해가 나타나기 쉽다.
② 오동나무나 호두나무처럼 코르크층이 발달되지 않는 수종에서 자주 발생한다.
③ 강한 복사광선에 의해 건조된 수피의 상처부위에 부후균이 침투하여 피해를 입는다.
④ 토양의 온도를 낮추기 위한 관수나 해가림 또는 짚을 이용한 토양피복 등의 처리를 하는 것이 좋다.

해설 나무의 줄기가 강한 태양광선에 의해 급격한 수분증발이 발생하며 심할 경우 형성층에 피해를 입게 되어 고사한다.

40 세균에 의해 발생되는 뿌리혹병에 관한 설명으로 옳은 것은?

① 방제법으로 석회 시용량을 줄인다.
② 건조할 때 알칼리성 토양에서 많이 발생한다.
③ 주로 뿌리에서 발생하며 가지에는 발생하지 않는다.
④ 병원균은 수목의 병환부에서는 월동하지 않고 토양 속에서만 월동한다.

해설 뿌리혹병은 고온다습한 알칼리성 토양에서 많이 발생하기에 알칼리성으로 만드는 석회의 시용량을 줄이면 방제가 가능하다

41 다음 중 냉각된 기계톱의 최초 시동 시 가장 먼저 조작하는 것은?

① 쵸크레버 ② 스로틀레버
③ 액셀고정레버 ④ 체인브레이크레버

해설 초크는 시동을 쉽게 하기 위해 흡입공기를 조절하여 혼합가스 농도를 짙게 하는 밸브로 냉각된 기계톱의 최초 시동 시 가장 먼저 조작한다.

42 다음 중 가선집재에 사용되는 가공본줄의 최대장력은? (단, T = 최대장력, W = 가선의 전체중량, Φ = 최대장력계수, P = 가공본줄에 걸리는 전체하중)

① $T = W \div P \times \Phi$
② $T = W \times P \times \Phi$
③ $T = (W - P) \times \Phi$
④ $T = (W + P) \times \Phi$

해설 가공본줄 최대장력 = (가선 전체 중량 + 가공본줄에 걸리는 전체하중) × 최대장력계수

43 소집재작업이나 간벌재를 집재하는 데 가장 적절한 장비는?

① 스키더 ② 타워야더
③ 소형윈치 ④ 트랙터 집재기

해설 소형윈치는 지형이 험하거나 단거리의 통나무 및 간벌재 집재시 이용된다.

44 삼각톱니 가는 방법에서 톱니 젖힘의 설명으로 옳지 않은 것은?

① 젖힘의 크기는 0.2~0.5mm가 적당하다.
② 활엽수는 침엽수보다 많이 젖혀 주어야 한다.
③ 톱니 젖힘은 나무와의 마찰을 줄이기 위하여 한다.
④ 톱니 젖힘은 톱니 뿌리선으로부터 2/3 지점을 중심으로 하여 젖혀준다.

해설 침엽수는 활엽수보다 많이 젖혀 주는데 이는 목섬유가 연하고 마찰이 크기 때문이다.

45 다음 중 양묘작업 도구로 적합한 것은?

① 이리톱 ② 지렛대
③ 갈고리 ④ 식혈봉

해설 이리톱, 지렛대, 갈고리 등은 벌목용 장비에 속한다.

정답 39.④ 40.① 41.① 42.④ 43.③ 44.② 45.④

46 도끼 자루 제작을 위한 재료에 대한 설명으로 옳은 것은?

① 탄력이 있고 질겨야 한다.
② 무겁고 보습력이 좋아야 한다.
③ 가볍고 섬유질이 짧아야 한다.
④ 일반적으로 느티나무는 적합하지 않다.

해설 자루의 재료는 가볍고 열전도율이 낮으며 탄력이 있고 질긴 소재를 사용한다.

47 다음 중 대패형 톱날의 창날각으로 가장 적합한 것은?

① 30° ② 35°
③ 40° ④ 45°

해설 대패형 톱날의 창날각은 35°이다.

48 산림작업 시 안전사고 예방을 위하여 지켜야 할 사항으로 옳지 않은 것은?

① 작업실행에 심사숙고 할 것
② 긴장하지 말고 부드럽게 할 것
③ 가급적 혼자 작업하여 능률을 높일 것
④ 휴식 직후에는 서서히 작업속도를 높일 것

해설 산림작업은 혼자서 작업하지 않고 2인 1개조 혹은 그 이상의 인원이 한 개 조로 작업을 한다.

49 집재장에서 통나무를 끌어내리는 데 사용하기 가장 적합한 작업도구는?

① 삽 ② 지게
③ 사피 ④ 클램프

해설 사피는 통나무 운반 장비로 통나무 표면에 장비를 찍어서 끌어 운반한다.

50 기계톱 안내판의 끝부분이 단단한 물체에 접촉하여 안내판이 작업자가 있는 뒤로 튀어오르는 현상은?

① 킥백현상 ② 댐핑현상
③ 브레이크현상 ④ 오버히팅현상

해설 킥백현상은 체인톱의 톱날을 회전시키고 있는 상태에서 안내판 코 윗부분이 나무에 접촉되면서 작업자 방향으로 톱날이 튀는 현상이다.

51 윤활유로서 구비해야 할 성질이 아닌 것은?

① 유성이 좋아야 한다.
② 점도가 적당해야 한다.
③ 부식성이 없어야 한다.
④ 온도에 의한 점도의 변화가 커야 한다.

해설 윤활유는 점도가 적당해야 하고 온도에 의한 점도 변화가 적어야 한다.

52 기계톱 출력의 표시로 사용되는 단위로 옳은 것은?

① HS ② HA
③ HO ④ HP

해설 일반적으로 체인톱 출력은 kW, PS, HP 등으로 표현한다.

53 다음 중 체인톱니의 피치(pitch)는 무엇을 의미 하는가?

① 리벳 3개의 간격을 2등분하여 표시한 것
② 리벳 3개의 간격을 4등분하여 표시한 것
③ 리벳 2개의 간격을 3등분하여 표시한 것
④ 리벳 2개의 간격을 4등분하여 표시한 것

해설 톱체인 규격은 피치로 표시하며 피치는 3개의 리벳 간격의 1/2 길이를 말한다.

정답 46.① 47.② 48.③ 49.③ 50.① 51.④ 52.④ 53.①

54 기계톱을 이용한 벌목작업에서 안전상 일반적으로 사용하지 않는 쐐기는?

① 철제쐐기
② 목재쐐기
③ 알루미늄제 쐐기
④ 플라스틱제 쐐기

> **해설** 체인톱에는 톱니의 파손과 체인의 파손으로 인한 사고를 방지하기 위해 알루미늄 쐐기나 플라스틱 쐐기, 목재쐐기를 주로 사용한다.

55 4행정 엔진과 비교할 때 2행정 엔진의 설명으로 옳은 것은?

① 무게가 가볍다.
② 배기음이 작다.
③ 휘발유의 오일소비가 적다.
④ 동일 배기량일 때 출력이 적다.

> **해설** 2행정기관은 4행정기관과 비교하여 무게가 가볍다.

56 기계톱에 사용하는 연료는 휘발유 20리터에 휘발유와 오일을 25:1의 비율로 혼합하려고 한다. 다음 중 오일의 양은 얼마인가?

① 0.4리터
② 0.6리터
③ 0.8리터
④ 1.0리터

> **해설** 기계톱의 휘발유와 윤활유의 비율은 25:1 정도로 하며 20L 휘발유의 경우 0.8L 정도의 오일이 적당하다.

57 4행정 싸이클 기관의 작동순서로 옳은 것은?

① 흡입 → 압축 → 배기 → 폭발
② 흡입 → 폭발 → 배기 → 압축
③ 흡입 → 배기 → 압축 → 폭발
④ 흡입 → 압축 → 폭발 → 배기

> **해설** 4행정기관은 1사이클에 흡입, 압축, 폭발, 배기의 순으로 작동된다.

58 우리나라 여름철(+10℃~+40℃)에 기계톱 사용 시 혼합유 제조를 위한 윤활유 점도가 가장 알맞은 것은?

① SAE 20
② SAE 20 W
③ SAE 30
④ SAE 10

> **해설** 여름에는 점도가 높은 SAE 30~50 을 주로 사용한다.

59 벌목작업 시 다른 나무에 걸린 벌채목의 처리방법으로 옳지 않은 것은?

① 기계톱을 이용하여 토막낸다.
② 견인기를 이용하여 뒤로 끌어낸다.
③ 경사면을 따라 조심스럽게 끌어낸다.
④ 방향전환 지렛대를 이용하여 넘긴다.

> **해설** 걸림목은 견인용 도구를 이용하여 실시하며 나무의 벌도, 넘기기, 원구자르기, 가지제거 등의 작업에 위험 부담이 있을 경우 작업을 실행하지 않는다.

60 다음 중 벌도, 가지치기 및 조재작업 기능을 모두 가진 장비는?

① 포워더
② 하베스터
③ 프로세서
④ 스윙야더

> **해설** 하베스터는 임목을 벌목하여 가지자르기, 토막내기 작업을 일관된 공정으로 작업할 수 있는 다공정 벌채장비이다.

정답 54.① 55.① 56.③ 57.④ 58.③ 59.① 60.②

2015년 제2회 산림기능사

01 산림 내 가지치기 작업의 주된 목적은 무엇인가?

① 연료용재 생산 ② 우량목재 생산
③ 중간수입 목재 ④ 각종 위해 방지

해설 가지치기는 우량 목재 생산을 위해 실시하는 작업이다.

02 묘목과 묘목 사이의 거리가 1m, 열과 열 사이의 거리가 2.5m의 장방형 식재일 때 1ha에 심게 되는 묘목 본수는?

① 2,000본 ② 3,000본
③ 1,000본 ④ 4,000본

해설 식재묘목 본수 $= \dfrac{10,000m^2}{1m \times 2.5m} = 4,000$본

03 묘목식재에 대한 설명으로 옳지 않은 것은?

① 묘목의 굴취 시기는 식재하기 전이다.
② 묘목의 굴취는 비오는 날에 하면 좋다.
③ 캐낸 묘목의 건조를 막기 위하여 축축한 거적으로 덮는다.
④ 굴취 시 토양에 습기가 너무 많을 때는 어느 정도 마른 다음에 작업을 실시한다.

해설 묘목의 굴취는 바람이 적고 흐리며 서늘한 날, 비바람이 심하거나 아침이슬이 있는 날은 작업을 피하도록 한다.

04 조림목 외의 수종을 제거하고 조림목이라도 형질이 불량한 나무를 벌채하는 무육 작업은?

① 덩굴치기 ② 풀베기
③ 가지치기 ④ 잡목 솎아베기

해설 부적합한 나무를 제거하여 형질이 우수한 임분으로 구성하기 위해 잡목 솎아베기를 실시한다.

05 양묘 시 일반적으로 1년생을 이식하지 않는 수종은?

① 소나무 ② 편백
③ 가시나무 ④ 일본잎갈나무

해설 가시나무, 전나무, 잣나무, 가문비나무는 1년생을 이식하지 않는다.

06 다음 중 임지의 지력 유지 및 증진 방법으로 적합하지 않은 것은?

① 개벌작업을 한다.
② 흙의 침식을 방지한다.
③ 토양의 pH를 교정한다.
④ 지표의 유기물을 보호한다.

해설 개벌작업의 단점으로 토양이 유실되고 임지의 황폐와 지력저하가 발생한다.

정답 01.② 02.④ 03.② 04.④ 05.③ 06.①

07 덩굴을 제거하기 위해 생장기인 5~9월에 실시하는 약제는?

① 글라신 액제
② 만코제브 수화제
③ 다이아지논 유제
④ 클로란트라닐리프롤 입상수화제

해설 글라신액제의 처리 시기는 5~9월에 실시하며 일반 덩굴류 및 대부분의 임지에 사용 가능하다.

08 다음 중 두 번 판갈이 한 3년생 묘령을 나타낸 것은?

① 3-0묘   ② 2-1묘
③ 1-2묘   ④ 1-1-1묘

해설 1-1-1 묘는 파종상에서 1년, 그뒤에 2번의 이식이 있었고 각 이식에서 1년을 지난 총 3년생 묘목을 의미한다.

09 천연갱신에 대한 설명으로 옳지 않은 것은?

① 갱신기간이 길다.
② 조림 비용이 적게 든다.
③ 환경 인자에 대한 저항력이 강하다.
④ 수종과 수령이 모두 동일하여 취급이 간편하다.

해설 수종과 수령이 동일하여 취급이 간편한 것은 인공갱신의 특징이다.

10 임목 종자의 발아촉진 방법에 해당하지 않는 것은?

① 환원법   ② 고저온처리법
③ 침수처리법   ④ 황산처리법

해설 환원법은 발아검사 방법 중 하나이다.

11 다음 중 삽목이 잘되는 수종끼리만 짝지어진 것은?

① 버드나무, 잣나무
② 개나리, 소나무
③ 사철나무, 미루나무
④ 오동나무, 느티나무

해설 삽목이 용이한 수종으로 사철나무, 버드나무, 측백나무, 미루나무, 동백나무 등이 있다.

12 비료목으로 적합하지 않는 수종은?

① 소나무   ② 오리나무
③ 보리수나무   ④ 자귀나무

해설 비료목에는 아까시나무, 자귀나무, 칡, 싸리나무, 오리나무, 보리수나무, 소귀나무 등이 있다.

13 파종 후의 작업 관리 중 삼나무 묘목의 뿌리 끊기 작업 시기로 가장 적합한 것은?

① 7월 중순   ② 9월 중순
③ 5월 중순   ④ 3월 중순

해설 단근작업은 5~9월쯤 실시하는데 삼나무와 같이 웃자라기 쉬운 수종은 8~9월에 실시한다.

14 산벌작업 중에서 후계목으로 키우고 싶지 않은 수종이나 불량목을 제거하고, 임관을 소개시켜 천연갱신에 적합한 임지상태를 만드는 작업을 무엇이라 하는가?

① 종벌   ② 후벌
③ 예비벌   ④ 하종벌

해설 벌채시 피압목, 불량목, 폭목 등 모수로서 부적합한 나무를 벌채하여 산림의 갱신준비를 하는 작업을 예비벌이라 한다.

정답 07.① 08.④ 09.④ 10.① 11.③ 12.① 13.② 14.③

15 봄에 묘목을 가식할 때 묘목의 끝은 어느 방향으로 향하게 하여 경사지게 묻는가?

① 동쪽 ② 서쪽
③ 북쪽 ④ 남쪽

해설 가식할 때 묘목의 끝은 가을에는 남쪽, 봄에는 북쪽으로 45° 경사지게 한다.

16 다음 중 묘목의 가식에 대한 설명으로 옳지 않은 것은?

① 동해에 약한 유묘는 움가식을 한다.
② 뿌리부분을 부채살 모양으로 열가식 한다.
③ 선묘 결속된 묘목은 즉시 가식하여야 한다.
④ 지제부가 10㎝가 되지 않도록 얕게 가식한다.

해설 지제부가 10cm 이상 깊게 가식하도록 한다.

17 다음 중 꽃이 핀 다음 씨앗이 익을 때까지 걸리는 기간이 가장 짧은 것은?

① 향나무, 가문비나무
② 사시나무, 버드나무
③ 소나무, 상수리나무
④ 자작나무, 굴참나무

해설 버드나무류, 미루나무, 양버들, 황철나무, 사시나무 등은 종자의 성숙기가 5월 정도로 보기 중 가장 짧은 편이다.

18 풍치가 좋고 지속적으로 목재생산이 가능한 산림작업종은?

① 개벌작업 ② 택벌작업
③ 모수작업 ④ 중림작업

해설 택벌작업은 성숙한 임목을 골라 벌채하는 방법으로 보속적인 수확이 가능하고 미적 가치가 높고 산림생태계 유지에도 유리하다.

19 종자를 저장하는 방법으로 보습저장법이 아닌 것은?

① 냉습적법 ② 상온저장법
③ 노천매장법 ④ 보호저장법

해설 보습저장법에는 노천매장법, 보호저장법, 냉습적법이 있으며 상온저장법은 건조 저장법에 속한다.

20 인공조림으로 갱신할 때 가장 용이한 작업종은?

① 개벌작업 ② 택벌작업
③ 산벌작업 ④ 모수작업

해설 개벌작업은 임분 전체를 1회의 벌채로 모두 제거하는 것으로 후계림 조성이 간단하다.

21 다음 그림은 참나무류 종자의 내부구조도이다. 어린 뿌리는 어느 부분인가?

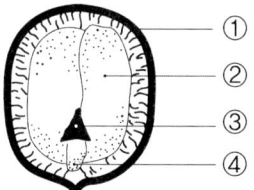

① ① ② ②
③ ③ ④ ④

해설 ① 내종피 ② 씨젖 ③ 떡잎 ④ 어린 뿌리

22 모수작업에서 잔존 모수로서 갖추어야 할 구비 조건으로 옳지 않은 것은?

① 형질이 우수해야 할 것
② 음수 계통의 나무일 것
③ 풍해에 견딜 수 있고 병해가 없을 것
④ 결실 연령에 도달하여 종자 생산 능력이 많은 나무일 것

해설 모수작업은 양수 수종에 적합하다.

23 중림작업에 대한 설명으로 옳은 것은?

① 각종 피해에 대한 저항력이 약하다.
② 하층목의 맹아 발생과 생장이 촉진된다.
③ 상층을 벌채하면 하층이 후계림으로 상층까지 자란다.
④ 상층과 하층은 다른 수종으로 혼생시킬 수 있다.

해설 용재 생산이 목적인 교림작업, 연료재 생산이 목적인 왜림작업을 동시에 실시하는 것을 중림작업이라 한다. 교림은 주로 침엽수종으로 왜림작업인 하목은 활엽수종이 혼생한다.

24 피나무, 단풍나무, 느릅나무, 참나무류 등의 생육에 적당한 산림토양의 pH는?

① pH 3.5~4.0   ② pH 4.5~5.0
③ pH 5.5~6.0   ④ pH 6.5~7.0

해설 피나무, 단풍나무, 느릅나무, 참나무류 등의 활엽수종은 토양산도 pH 5.5~6.0 이 적당하다.

25 조림목이 양수인 경우 조림지의 밑깎기 방법으로 가장 적합한 작업은?

① 줄깎기   ② 둘레깎기
③ 전면깎기   ④ 혼합깎기

해설 모두베기는 임지가 비옥하거나 식재목에 광선 요구량이 많을 경우 적합하며 소나무, 낙엽송, 삼나무 등의 양수 조림지에 적용한다.

26 알로 월동하는 해충끼리 짝지어진 것은?

① 솔나방, 참나무재주나방, 매미나방
② 짚시나방, 텐트나방, 어스렝이나방
③ 미국흰불나방, 천막벌레나방, 복숭아명나방
④ 참나무재주나방, 어스렝이나방, 복숭아명나방

해설 알로 월동하는 해충으로 짚시나방, 텐트나방, 박쥐나방, 어스렝이나방 등이 있다.

27 농약의 사용 목적 및 작용 특성에 따른 분류에서 보조제가 아닌 것은?

① 유제   ② 유화제
③ 협력제   ④ 전착제

해설 보조제는 살균제, 제초제 등과 같은 농약의 효과 증진을 도와주는 약제로 전착제, 증량제, 용제, 유화제, 협력제 등이 있다.

28 저온에 의한 피해 중에서 수목 조직 내에 결빙이 일어나는 피해는?

① 습해   ② 한해
③ 동해   ④ 설해

해설 동해는 저온에 의한 피해로 식물이 세포 내외로 결빙이 일어나 심할 경우 고사한다.

29 낙엽송 잎떨림병 방제에 주로 사용하는 약제는?

① 지오람 수화제
② 만코제브 수화제
③ 디플루벤주론 수화제
④ 티아클로프리드 액상수화제

해설 낙엽송 잎떨림병은 5~7월쯤 만코제브수화제, 보르도액을 살포하여 방제한다.

30 묘포에서 가장 피해가 심한 모잘록병의 발병 원인은?

① 세균   ② 균류
③ 오리나무잎벌레   ④ 바이러스

해설 묘포에서 발생하는 모잘록병의 병원균은 균류로 Rhizoctonia, Pythium 균은 토양의 습도가 높은 경우 피해속도가 빠르며 Fusarium 은 온도가 높고 건조한 토양에서 자주 발생한다.

정답 23.④ 24.③ 25.③ 26.② 27.① 28.③ 29.② 30.②

31 실을 토해 집을 짓고 낮에는 활동하지 않으며 주로 밤에 잎을 가해하는 해충은?

① 텐트나방 ② 오리나무잎벌레
③ 솔노랑잎벌 ④ 어스렝이나방

> 해설) 텐트나방은 천막모양의 집에서 낮에는 활동을 하지 않고 주로 밤에 잎을 가해한다.

32 오리나무잎벌레 유충이 가해한 수목의 피해 형태로 옳은 것은?

① 잎맥만 가해하여 구멍이 뚫어진다.
② 가지 끝을 가해하여 피해 입은 부위가 말라죽는다.
③ 대부분 어린 새순을 갉아 먹어 수목의 생육을 방해한다.
④ 주로 잎의 잎살을 먹기 때문에 잎이 붉게 변색된다.

> 해설) 오리나무 잎벌레는 성충과 유충이 동시에 잎을 식해하며 주로 엽육만 가해하여 잎이 붉게 변색된다.

33 산불 진화 방법에 대한 옳지 않은 설명은?

① 불길이 약한 산불 초기는 화두부터 안전하게 진화한다.
② 직접, 간접법으로 끄기 어려울 때 맞불을 놓아 끄기도 한다.
③ 물이 없을 경우 삽 등으로 토사를 끼얹는 간접소화법을 사용할 수 있다.
④ 불길이 강렬하면 소화선을 만들어 화두의 불길이 약해지면 그 후 간접소화법을 쓴다.

> 해설) 간접소화법은 직접진화가 어려워 방화선 구축이나 주위에 식생을 제거하여 가연물을 없애는 방법이다. 물이 없을 경우 삽으로 토사를 끼얹는 것은 간접소화법이 아닌 진화 후 잔불을 정리하는 방법에 해당한다.

34 수목의 대기오염 피해를 줄이기 위한 방제법으로 옳지 않은 것은?

① 이령혼효림으로 유도
② 내연성 수종으로 조림
③ 택벌을 피하고 개벌로 전환
④ 석회질비료를 사용하여 양료 유실 방지

> 해설) 수목의 대기오염의 피해를 줄이는데 있어 개벌을 하면 토양의 유실 및 주위 수목에도 영향을 주어 이후 피해가 늘어나게 된다.

35 완전변태를 하지 않는 산림해충은?

① 소나무좀
② 솔잎혹파리
③ 오리나무잎벌레
④ 버즘나무방패벌레

> 해설) 버즘나무방패벌레는 노린재목으로 불완전변태를 한다.

36 해충의 밀도가 증가하거나 감소하는 경향을 알기 위해 충태별 사망수, 사망요인, 사망률 등의 항목으로 구성된 표는 무엇인가?

① 생명표 ② 생태표
③ 생식표 ④ 수명표

> 해설) 생명표는 연령별 생명표와 시간별 생명표로 분류하며 곤충의 경우 시간별 생명표를 주로 이용한다. 해충의 개체군 현황을 알아보고자 해충별 사망수, 사망의 요인, 사망률 등을 조사한다.

37 다음 중 상대적으로 가장 높은 온도의 발병조건을 요구하는 수병은?

① 잿빛곰팡이병
② 자줏빛날개무늬병
③ 리지나뿌리썩음병
④ 아밀라리아뿌리썩음병

정답 31.① 32.④ 33.③ 34.③ 35.④ 36.① 37.③

해설 리지나뿌리썩음병은 포자 발아를 위해 온도 40℃ 이상의 고온에서 발생하기에 주로 산불피해지에 발생된다.

38 내화력이 강한 침엽수종으로 올바르게 짝지어진 것은?

① 삼나무, 편백
② 소나무, 곰솔
③ 삼나무, 분비나무
④ 은행나무, 분비나무

해설 내화력이 강한 침엽수종으로 은행나무, 잎갈나무, 낙엽송, 분비나무, 가문비나무 등이 있다.

39 잣나무 털녹병의 중간기주는?

① 잔대   ② 송이풀
③ 향나무 ④ 황벽나무

해설 잣나무털녹병의 대표기주는 잣나무, 스트로브잣나무이며 중간기주는 송이풀, 까치밥나무이다.

40 수병의 예방법으로 임업적(생태적) 방제법과 거리가 가장 먼 것은?

① 미래목 선정   ② 혼효림 조성
③ 적지적수 조림 ④ 숲가꾸기 실시

해설 미래목 선정은 간벌을 한 방법에 속하며 임업적 방제법과는 관련이 없다.

41 와이어로프의 손상에 대비한 교체기준이 아닌 것은?

① 킹크가 발생한 것
② 변화 정도가 현저한 것
③ 직경의 감소가 공칭직경의 3%를 초과한 것
④ 와이어로프의 꼬임사이의 소선수 1/10 이상 절단된 것

해설 와이어로프 손상 기준으로 지름의 감소가 공칭지름 7% 이상 인 것은 교체한다.

42 가선집재 기계를 이용하여 집재작업을 할 때, 초커 설치에 대한 유의사항으로 옳은 것은?

① 가급적 대량 집적하도록 설치를 한다.
② 작업자 위치는 작업줄의 내각에 있어야 한다.
③ 측방집재선 변경을 할 때에는 작업줄을 최대한 팽팽하게 하고 작업을 한다.
④ 작업원은 로딩 블록을 원목이 있는 지점까지 유도하여 정지시킨 상태에서 설치를 한다.

해설 로딩블록은 초커설치된 원목을 리프팅라인이나 홀라인에 의해 승강시키는 블록이다. 작업원은 로딩 블록을 원목이 있는 지점까지 유도하고 완전 정지시킨 상태에서 설치를 하도록 한다.

43 기계톱 작업 중 안내판의 끝부분이 단단한 물체와 접촉하여 체인의 반발력으로 튀어 오르는 현상은?

① 킥백 현상   ② 킥인 현상
③ 킥오프 현상 ④ 킥포워딩 현상

해설 킥백현상(Kick back)은 체인톱의 톱날을 회전시키고 있는 상태에서 안내판 코 윗부분이 나무에 접촉되면서 작업자 방향으로 톱날이 튀는 현상이다.

44 체인톱니에서 창날각 30°, 가슴각 80°, 지붕각 60°인 것은?

① 끌형 톱날   ② L형 톱날
③ 반끌형 톱날 ④ 대패형 톱날

해설 끌형톱날은 창날각 30°, 가슴각 80°, 지붕각 60°이다.

정답 38.④ 39.② 40.① 41.③ 42.④ 43.① 44.①

45 기계톱에 의한 벌목 조재작업 상의 주의점으로 가장 부적합한 것은?

① 작업 개시 전 작업 용구 점검
② 벌목 후에 이동시 엔진 가동상태로 이동
③ 빌도 시 만약의 경우 대비해서 대피로를 미리 선정
④ 복장은 간편하며 몸을 보호할 수 있는 것으로, 소음 방지용 귀마개 착용

해설 벌목 후 이동시 엔진은 정지하고 이동한다.

46 자동지타기를 이용한 작업에 대한 설명으로 옳지 않은 것은?

① 절단 가능한 가지의 최대직경에 유의한다.
② 우천 시 미끄러짐, 센서 이상 등의 문제점이 있다.
③ 나선형으로 올라가지 못하고 곧바로만 올라간다.
④ 승강용 바퀴 답압에 의해 수목에 상처가 발생하기도 한다.

해설 자동지타기는 수간을 나선형으로 돌면서 체인톱에 의해 가지를 제거한다.

47 다음 중 일반적으로 가솔린과 오일을 25 : 1로 혼합하여 연료로 사용하는 기계장비로 짝지어진 것은?

① 예불기, 타워야더
② 예불기, 아크야윈치
③ 파미윈치, 타워야더
④ 파미윈치, 아크야윈치

해설 가솔린과 오일을 25 : 1 비율로 혼합하여 연료로 사용하는 장비는 2행정 기관으로 예불기, 윈치가 있다.

48 임목수확작업 기계화에 대한 설명으로 옳지 않은 것은?

① 기상 및 지형 등 자연조건에 따라 작업능률에 미치는 영향이 크다.
② 임목의 규격화가 불가능하므로 목적에 맞는 기계를 선택해야 한다.
③ 작업의 소규모화에 따라 다공정 기계장비보다 전문 기계장비가 경제적이다.
④ 기계 조작 작업원의 숙련 정도에 따라 작업 능률에 미치는 영향이 크다.

해설 소규모 작업에는 전문 기계장비보다는 다공정 기계장비가 경제적이고 효율적이다.

49 소형원치에 대한 설명으로 옳지 않은 것은?

① 리모콘 등으로 원격 조종이 가능한 것도 있다.
② 가공본줄을 설치하여 단거리 상향집재에 이용하기도 한다.
③ 견인력이 약 5톤 내외이고 현장의 지주목에 고정하여 사용한다.
④ 작업자가 보행하면서 조작하는 것은 캐디형 (caddy)이라고 한다.

해설 아크야 윈치, 체인톱 윈치 등은 견인력이 0.5 ~ 1 ton 정도이다.

50 손톱 톱니의 각 부분에 대한 설명으로 옳지 않은 것은?

① 톱니가슴 : 나무와의 마찰력을 감소시킨다.
② 톱니꼭지각 : 각이 작을수록 톱니가 약하다.
③ 톱니홈 : 톱밥이 임시 머문 후 빠져 나가는 곳이다.
④ 톱니꼭지선 : 일정하지 않으면 톱질할 때 힘이 든다.

해설 톱니가슴각은 나무를 절단하는 부분이다.

정답 45.② 46.③ 47.② 48.③ 49.③ 50.①

51 고성능 임업기계로서 비교적 경사가 완만한 작업지에서 벌도, 가지치기, 조재작업을 한 공정으로 처리할 수 있는 것은?

① 슬러셔 ② 펠러번쳐
③ 프로세서 ④ 하베스터

> 해설) 하베스터는 임목을 벌목하여 가지자르기, 토막내기 작업을 일관된 공정으로 작업할 수 있는 다공정 벌채장비이다.

52 조림목을 심는 구덩이를 파는 데 주로 사용하는 기계는?

① 예열기 ② 예불기
③ 하예기 ④ 식혈기

> 해설) 식혈기는 조림작업을 할 때 구덩이를 파는 기계이다.

53 기계톱의 안전장치가 아닌 것은?

① 이음쇠 ② 핸드가드
③ 체인잡이 ④ 안전스로틀

> 해설) 기계톱의 안전장치로 앞, 뒤손 보호판, 체인브레이크, 체인잡이볼트, 체인덮개, 완충스파이크, 스로틀레버차단판, 진동방지장치, 소음기, 방진고무 등이 있다.

54 기계톱 사용 직전에 점검할 사항으로 일상 점검(작업 전 점검)사항이 아닌 것은?

① 기계톱의 이물질 제거
② 점화플러그의 간격 조정
③ 기계톱 외부, 기화기 등의 오물 제거
④ 체인브레이크 등 안전장치의 이상 유무

> 해설) 점화플러그 간격 조정은 체인톱 주간 정비 항목에 해당한다.

55 실린더 속에서 가스가 압축되는 정도를 나타내는 압축비의 공식은?

① $\dfrac{행정용적 + 압축용적}{연소실용적}$

② $\dfrac{연소실용적 + 행정용적}{연소실용적}$

③ $\dfrac{크랭크실용적 + 압축용적}{크랭크실용적}$

④ $\dfrac{연소실용적 + 크랭크용적}{행정용적}$

> 해설) 실린더 속에서 가스가 압축되는 정도를 압축비라 하고 구하는 방법은 아래와 같다.
>
> 압축비 $= \dfrac{연소실용적 + 행정용적}{연소실용적}$

56 4행정 기관과 비교한 2행정 기관의 특성으로 옳지 않은 것은?

① 시동이 용이 ② 배기음이 낮음
③ 중량이 가벼움 ④ 토크 변동이 적음

> 해설) 2행정기관은 4행정기관보다 배기음이 높다.

57 다음 ( ) 안에 들어갈 단어로 옳은 것은?

> 기계톱에 사용하는 오일은 여름철 상온(10~40°C)에서는 SAE ( )을 사용한다.

① 10W ② 20
③ 20W ④ 30

> 해설) 여름에는 점도가 높은 SAE30~50 을 주로 사용한다.

58 다음 중 벌목용 작업 도구가 아닌 것은?

① 쐐기 ② 밀대
③ 이식승 ④ 원목돌림대

> 해설) 벌목용으로 톱, 도끼, 쐐기, 목재 돌림대, 갈고리, 밀대, 박피삽, 사피, 측척 등이 있다.

정답 51.④ 52.④ 53.① 54.② 55.② 56.② 57.④ 58.③

59 임업용 와이어로프의 용도 중 작업선의 안전계수 기준은?

① 2.7 이상 ② 4.0 이상
③ 6.0 이상 ④ 7.5 이상

해설 버팀줄, 고정줄, 작업줄 등의 안전계수는 4.0 이다.

60 기계톱의 크랭크축에 연결하여 톱체인을 회전하도록 하는 것은?

① 체인 ② 안내판
③ 스프라켓 ④ 전방손잡이

해설 스프로킷은 체인을 걸어 톱날을 구동하는 톱니바퀴로 크랭크축에 연결되어 톱체인을 회전시킨다.

정답 59.② 60.③

2015년 제4회 산림기능사

01 산림토양층에서 가장 위층에 있는 것은?
① 표토층 ② 심토층
③ 모재층 ④ 유기물층

> 해설: 유기물층은 토양의 단면에서 가장 위층에 존재하며 유기물이 분포되어 있는 층이다.

02 덩굴제거 작업에 대한 설명으로 옳지 않은 것은?
① 물리적방법과 화학적방법이 있다.
② 콩과작물은 디캄바액제를 살포한다.
③ 일반적인 덩굴류는 글라신액제로 처리한다.
④ 24시간 이내 강우가 예상될 경우 약제 필요량 보다 1.5배 정도 더 사용한다.

> 해설: 덩굴제거를 위한 약제 처리시 강우가 예상될 경우 약제처리를 중지한다.

03 묘목의 가식 작업에 관한 설명으로 옳지 않은 것은?
① 장기간 가식할 때에는 다발체로 묻는다.
② 장기간 가식할 때에는 묘목을 바로 세운다.
③ 충분한 양의 흙으로 묻은 다음 관수를 한다.
④ 일시적으로 뿌리를 묻어 건조 방지 및 생기 회복을 위해 실시한다.

> 해설: 단기간 가식시 다발째, 장기간 가식시 결속을 풀어 작업한다.

04 묘목의 식혈식재(구덩이 식재)순서를 바르게 나열한 것은?

```
a : 구덩이 파기    b : 다지기
c : 묘목 삽입      d : 지피물 제거
e : 지피물 피복    f : 흙채우기
```

① d→a→c→f→b→e
② d→c→a→f→b→e
③ d→a→c→b→f→e
④ d→c→a→b→f→e

> 해설: 식혈식재를 할때는 〈 지피물 제거→구덩이 파기→묘목 삽입→흙채우기→다지기→지피물 피복 〉 순서로 진행한다.

05 맹아갱신 작업에 가장 유리한 수종은?
① 소나무   ② 전나무
③ 신갈나무 ④ 은행나무

> 해설: 맹아 갱신이 가능한 수종으로 상수리나무, 신갈나무, 굴참나무, 서어나무, 물푸레나무, 오리나무, 포플러, 피나무, 밤나무, 아까시나무 등이 있다. 상대적으로 맹아력이 강한 수종으로 참나무류, 밤나무 등이 있다.

06 결실을 촉진시키는 방법으로 옳은 것은?
① 수목의 식재밀도를 높게 한다.
② 줄기의 껍질을 환상으로 박피한다.
③ 간벌이나 가지치기를 하지 않는다.
④ 차광망을 씌워 그늘을 만들어 준다.

> 해설: 수목의 결실을 촉진시키는 방법으로 껍질을 환상으로 박피하는 생리적 방법이 있다.

정답 01.④ 02.④ 03.① 04.① 05.③ 06.②

07 다음 중 내음성이 가장 강한 수종은?

① 밤나무 ② 사철나무
③ 버드나무 ④ 오리나무

해설) 주목, 개비자나무, 사철나무, 회양목 등은 극음수로 내음성이 강한 수종이다.

08 실생묘 표시법에서 1-1 묘란?

① 판갈이한 후 1년간 키운 1년생 묘목이다.
② 파종상에서만 1년 키운 1년생 묘목이다.
③ 판갈이를 하지 않고 1년 경과된 종자에서 나온 묘목이다.
④ 파종상에서 1년 보낸 다음, 판갈이하여 다시 1년이 지난 만 2년생 묘목으로 한 번 옮겨 심은 실생묘이다.

해설) 1-1 묘는 파종상에서 1년을 보내고 그 뒤에 한번 이식하여 1년을 지낸 2년생 묘목을 말한다.

09 다음 중 결실주기가 가장 긴 수종은?

① 곰솔 ② 소나무
③ 전나무 ④ 일본잎갈나무

해설) 낙엽송(일본잎갈나무), 너도밤나무 등은 결실주기가 5년이상으로 가장 길다.

10 수확을 위한 벌채 금지 구역으로 옳지 않은 것은?

① 내화수림대로 조성·관리되는 지역
② 도로변 지역은 도로로부터 평균 수고폭
③ 벌채구역과 벌재구역 사이 100m 폭의 잔존 수림대
④ 생태통로 역할을 하는 8부 능선 이상부터 정상부, 다만 표고가 100m 미만인 지역은 제외

해설) 벌채구역과 벌채구역 사이 20m 폭의 잔존 수림대는 수확을 위한 벌채를 금지하는 구역이다.

11 조림목과 경쟁하는 목적 이외의 수종 및 형질불량목이나 폭목 등을 제거하여 원하는 수종의 조림목이 정상적으로 생장하기 위해 수행하는 작업은?

① 풀베기 ② 개벌작업
③ 간벌작업 ④ 어린나무가꾸기

해설) 어린나무가꾸기는 부적절한 임목을 선별하고 제거하여 원하는 생육환경을 조성하는 것을 목적으로 한다.

12 리기다소나무 노지묘 1년생 묘목의 곤포당 본수는?

① 1,000본 ② 2,000본
③ 3,000본 ④ 4,000본

해설) 리기다소나무 1-0 묘의 곤포당 본수는 2000본이다.

13 종묘사업 실시요령의 종자품질기준에서 다음 중 발아율이 가장 높은 수종은?

① 곰솔 ② 주목
③ 비자나무 ④ 전나무

해설) 곰솔의 발아율은 92%, 비자나무 61%, 주목 55%, 전나무 25% 정도로 곰솔이 가장 높다.

14 연료채취를 목적으로 벌기령을 짧게 하는 작업종은?

① 중림작업 ② 택벌작업
③ 왜림작업 ④ 개벌작업

해설) 왜림작업은 활엽수림에 연료재 생산을 목적으로 짧은 벌기령을 가진다.

정답 07.② 08.④ 09.④ 10.③ 11.④ 12.② 13.① 14.③

15 중림작업의 상층목 및 하층목에 대한 설명으로 옳지 않은 것은?

① 일반적으로 하층목은 비교적 내음력이 강한 수종이 유리하다.
② 하층목이 상층목의 생장을 방해하여 대경재 생산에 어려운 단점이 있다.
③ 상층목은 지하고가 높고 수관의 틈이 많은 참나무류 등 양수종이 적합하다.
④ 상층목과 하층목은 동일 수종으로 주로 실시하나, 침엽수 상층목과 활엽수 하층목의 임분구성을 중림으로 취급하는 경우도 있다.

해설 상층목의 생장은 하층목의 생장을 방해하거나 피압을 하여 하층목의 맹아 발생 및 생장을 억제한다.

16 가지치기에 관한 설명으로 옳지 않은 것은?

① 포플러류는 역지(으뜸가지) 이하의 가지를 제거한다.
② 임목의 질적 개선으로 옹이가 없고 통직한 완만재 생산을 위한 육림작업이다.
③ 큰 생가지를 잘라도 위험성이 적은 수종은 물푸레나무, 단풍나무, 벚나무, 느릅나무 등이다.
④ 나무가 생리적으로 활동하고 있을 때 가지치기를 하면 껍질이 잘 벗겨지고 상처가 크게 된다.

해설 물푸레나무, 단풍나무, 벚나무, 느릅나무 등은 생가지치기의 위험이 높은 수종이다.

17 다음의 표를 참고하여 아래 조건에 대하여 적합한 수종은?

- 첫해에는 파종상에서 경과한다.
- 다음 해에는 그대로 둔다.
- 3년째 봄에 판갈이 한다.
- 4년째 봄에 산에 심는다.

수종	시작년도				
	1	2	3	4	5
소나무	○	–	△		
잣나무	○	–	×	△(–)	(△)
삼나무	○	×	△(×)	(–)	(△)
신갈나무	○	×	△		

○ : 파종, × : 판갈이, △ : 산출,
– : 거치(남겨둠), ( ) : 대체안

① 소나무   ② 잣나무
③ 삼나무   ④ 신갈나무

해설 표를 참고하여 첫해에는 표의 모든 나무들이 파종을 하였고 다음해 그대로 둔것은 소나무와 잣나무이다. 그리고 3년째 봄에 판갈이를 한 것은 잣나무이며 4년째 봄에 산에 심은 것도 최종적으로 잣나무로 나타난다.

18 잔존시키는 임목의 성장 및 형질 향상을 위하여 임목 간의 경쟁을 완화시키는 작업은?

① 개벌작업   ② 간벌작업
③ 택벌작업   ④ 산벌작업

해설 간벌작업을 통해 부적합한 나무를 세서하고 형질이 우수한 임분으로 구성할수 있으며 밀도 조절을 통해 임목 간의 경쟁을 완화시킬 수 있다.

19 3년생 잣나무를 관리하기 위해 풀베기 작업 계획 수립 시 가장 적절하지 않은 것은?

① 모두베기를 한다.
② 5~8년간은 계속한다.
③ 5~7월 중에 실행한다.
④ 잡초가 무성한 곳은 한 해에 2번 실행한다.

정답 15.② 16.③ 17.② 18.② 19.①

해설 모두베기는 임지가 비옥하거나 식재목에 광선이 많이 요구되는 양수 수종에 적합하다. 잣나무의 경우 중용수에 해당하기에 모두베기 방법은 적절하지 않다.

20 나무를 굽게 하고 생장을 저하시키며 심한 경우 나무줄기를 부러뜨리는 기후 인자는?

① 수분　② 바람
③ 온도　④ 광선

해설 바람에 의해 편심생장이 발생하기도 하며 폭풍과 같이 심할 경우 가지가 부러지고 나무가 뿌리째 넘어지는 피해가 발생한다.

21 모수작업법을 이용한 산림 갱신에서 모수의 조건으로 적합하지 않은 것은?

① 유전적으로 형질이 좋아야 한다.
② 우세목 중에서 고르도록 한다.
③ 종자는 많이 생산할 수 있어야 한다.
④ 바람에 대한 저항력은 고려 대상이 아니다.

해설 모수작업에서 선정된 모수는 바람에 대한 저항력이 강해야 한다.

22 종자 검사에 관한 설명으로 옳지 않은 것은?

① 실중이란 1리터에 대한 무게를 나타낸 것이다.
② 효율이란 발아율과 순량률의 곱으로 계산할 수 있다.
③ 발아율이란 일정한 수의 종자 중에서 발아력이 있는 것을 백분율로 표시한 것이다.
④ 순량률이란 일정한 양의 종자 중 협잡물을 제외한 종자량을 백분율로 표시한 것이다.

해설 실중은 종자 1,000 립의 무게를 의미하며 단위는 g 이다.

23 2ha의 면적에 2m 간격으로 정방형으로 묘목을 식재하고자 할 때 소요 묘목본수는?

① 2,000본　② 2,500본
③ 4,000본　④ 5,000본

해설 식재묘목수 = $\dfrac{20,000 m^2}{2m \times 2m}$ = 5,000본

24 산벌작업의 순서로 옳은 것은?

① 예비벌 → 후벌 → 하종벌
② 하종벌 → 예비벌 → 후벌
③ 예비벌 → 하종벌 → 후벌
④ 하종벌 → 후벌 → 예비벌

해설 산벌작업은 갱신을 위해 예비벌, 하종벌, 후벌의 과정을 거친다.

25 다음 중 밤나무 종자의 정선 방법으로 가장 좋은 것은?

① 입선법　② 수선법
③ 풍선법　④ 사선법

해설 입선법은 굵은 종자를 손으로 선별하는 방법으로 밤나무, 가래나무, 호두나무 등에 대립종자에 적합한 방법이다.

26 다음 중 솔잎혹파리에 대한 설명으로 옳지 않은 것은?

① 완전변태를 한다.
② 솔잎의 기부에서 즙액을 빨아 먹는다.
③ 1년에 2회 발생하며 알로 월동한다.
④ 기생성 친적으로 솔잎혹파리먹좀벌 등이 있다.

해설 솔잎혹파리는 1년에 1회 발생하고 유충형태로 지피물 아래 혹은 땅속에서 월동한다.

정답　20.② 21.④ 22.① 23.④ 24.③ 25.① 26.③

27 다음 살충제 중에서 불임제의 작용 특성을 갖는 것은?

① 비산석회 ② 알킬화제
③ 크레오소트 ④ 메틸브로마이드

해설 불임제는 해충의 생식에 피해를 주어 번식을 막는 약제로 아폴레이트, 메테파 등의 알킬화제가 있다.

28 잣이나 솔방울 등 침엽수의 구과를 가해하는 해충은?

① 솔나방 ② 솔박각시
③ 소나무좀 ④ 솔알락명나방

해설 솔알락명나방은 잣나무, 소나무 등의 구과에 피해를 준다.

29 어스렝이나방에 대한 설명으로 옳지 않은 것은?

① 알로 월동한다.
② 1년에 1회 발생한다.
③ 유충이 열매를 가해한다.
④ 플라타너스, 호두나무 등을 가해한다.

해설 어스렝이나방은 유충이 잎을 가해한다.

30 세균에 의한 병이 아닌 것은?

① 잎떨림병 ② 불마름병
③ 뿌리혹병 ④ 세균성 구멍병

해설 잎떨림병은 진균에 의해 발생한다.

31 벚나무 빗자루병의 방제법으로 옳지 않은 것은?

① 디페노코나졸 입상수화제를 살포한다.
② 옥시테트라사이클린 항생제를 수간주사한다.
③ 동절기에 병든 가지 밑부분을 잘라 소각한다.
④ 이미녹타딘트리스알베실레이트 수화제를 살포한다.

해설 옥시테트라사이클린 항생제는 파이토플라스마에 의해 발생하는 대추나무 빗자루병, 오동나무 빗자루병에 효과적인 약제이며 진균에 의해 발생하는 벚나무 빗자루병에는 적합하지 않다.

32 다음 살충제 중 가장 친환경적인 농약은?

① 비티 수화제 ② 디프 수화제
③ 메프 수화제 ④ 베스트 수화제

해설 비티(BT)수화제는 생물적 방제에 해당하는 미생물 농약으로 보기 중 가장 친환경적이다.

33 피해목을 벌채한 후 약제 훈증처리의 방제가 필요한 수병은?

① 뽕나무 오갈병 ② 잣나무 털녹병
③ 소나무 잎녹병 ④ 참나무 시들음병

해설 참나무 시들음병은 피해목을 벌목하여 메탐소듐 액제로 훈증한다.

34 저온에 의한 피해의 종류가 아닌 것은?

① 상한(frost harm)
② 상렬(frost crack)
③ 상해(frost injury)
④ 상주(frost heaving)

해설 저온에 의한 피해로 상해, 상렬, 상주 등이 있다.

정답 27.② 28.④ 29.③ 30.① 31.② 32.① 33.④ 34.①

35 대기오염물질 중 아황산가스에 잘 견디는 수종으로 옳은 것은?

① 전나무, 느릅나무
② 소나무, 사시나무
③ 단풍나무, 향나무
④ 오리나무, 자작나무

> 해설 편백, 비자나무, 가시나무, 식나무, 은행나무, 무궁화, 향나무 등은 아황산가스에 저항력이 강하다.

36 다음 중 미국흰불나방이나 텐트나방의 유충은 함께 모여 살면서 잎을 가해하는 습성이 있는데, 이를 이용하여 유충을 태워 죽이는 해충 방제 방법은?

① 경운법
② 차단법
③ 소살법
④ 유살법

> 해설 소살법은 병해충을 예방하거나 구제하기 위해 불에 태워 죽이는 방법으로 유충이 군집하여 가해하는 해충에 적합한 방법이다.

37 바이러스에 의한 수목병으로 옳은 것은?

① 전나무 잎녹병
② 밤나무 줄기마름병
③ 대추나무 빗자루병
④ 아까시나무 모자이크병

> 해설 바이러스병은 모자이크, 위축, 잎말림 등의 증상을 보인다.

38 내화력이 강한 수종으로 옳은 것은?

① 사철나무, 피나무
② 분비나무, 녹나무
③ 가문비나무, 삼나무
④ 사시나무, 아까시나무

> 해설 내화력이 강한 수종으로 사철나무, 은행나무, 피나무, 가문비나무, 음나무, 굴참나무 등이 있다.

39 우리나라에서 발생하는 주요 소나무류 잎녹병균의 중간기주가 아닌 것은?

① 잔대
② 현호색
③ 황벽나무
④ 등골나물

> 해설 소나무 잎녹병의 중간기주로 황벽나무, 참취, 잔대가 있다.

40 선충에 대한 설명으로 옳지 않은 것은?

① 기생성 선충과 비기생성 선충이 있다.
② 대부분이 잎에 기생하며 잎의 즙액을 먹는다.
③ 선충에 의한 수목병은 뿌리썩이 선충병과 소나무재선충병 등이 있다.
④ 기생 부위에 따라 내부기생, 외부기생, 반내부기생 선충으로 나눌 수 있다.

> 해설 선충은 주로 뿌리를 가해하여 혹을 만들거나 뿌리를 썩게 하는 피해를 입힌다.

41 2행정 내연기관에서 외부의 공기가 크랭크실로 유입되는 원리로 옳은 것은?

① 피스톤의 흡입력
② 기화기의 공기펌프
③ 크랭크축 운동의 원심력
④ 크랭크실과 외부와의 기압차

> 해설 2행정 기관은 피스톤이 상승하면 배기공과 소기공이 모두 막혀 실린더 속에 혼합가스가 압축한다. 크랭크 케이스 속의 압력이 낮아져 기화기에 형성된 혼합가스가 흡기구를 통해 크랭크케이스로 흡입된다. 이때 크랭크실과 외부와 발생되는 기압차에 의해 외부 공기가 크랭크실로 유입하게 된다.

정답 35.③ 36.③ 37.④ 38.① 39.② 40.② 41.④

42 기계톱에 사용하는 윤활유에 대한 설명으로 옳은 것은?

① 윤활유 SAE 20W 중 W는 중량을 의미한다.
② 윤활유 SAE 30 중 SAE는 국제자동차협회의 약자이다.
③ 윤활유의 점액도 표시는 사용 외기온도로 구분한다.
④ 윤활유 등급을 표시하는 번호가 높을수록 점도가 낮다.

해설 윤활유의 점액도 표시는 외부 온도에 따라 구분하며 겨울에는 점도가 낮고 여름에는 높다.

43 내연기관에서 연접봉(커넥팅 로드)이란?

① 크랭크 양쪽으로 연결된 부분을 말한다.
② 엔진의 파손된 부분을 용접하는 봉이다.
③ 크랭크와 피스톤을 연결하는 역할을 한다.
④ 엑셀 레버와 기화기를 연결하는 부분이다.

해설 커넥팅로드(연접봉)는 피스톤과 크랭크축을 연결하여 연소실에서 연소가스에 의해 피스톤에 가한 힘을 크랭크 축에 전달하는 역할을 한다.

44 기계톱의 에어필터를 청소하고자 할 때 가장 적합한 것은?

① 물
② 오일
③ 휘발유
④ 휘발유와 오일 혼합액

해설 에어필터는 1일 1회 이상 청소를 한다. 작업조건에 따라 수시로 청소해주기도 한다. 에어필터가 더러우면 연료와 공기의 혼합비가 맞지 않아 연료 소비량이 높아지고 기기 성능이 낮아진다. 톱밥찌꺼기나 오물은 부드러운 솔을 맑은 휘발유나 경유에 묻혀 씻어낸다.

45 기계톱 작업 중 소음이 발생하는데 이에 대한 방음대책으로 옳지 않은 것은?

① 작업시간 단축
② 방음용 귀마개 사용
③ 머플러(배기구) 개량
④ 안전복 및 안전화 착용

해설 안전복 및 안전화는 작업의 안전을 위한 대책이지 방음대책은 되지 않는다.

46 디젤기관의 특징이 아닌 것은?

① 압축열에 의한 자연발화 방식이다.
② 연료는 윤활유와 함께 혼합하여 넣는다.
③ 진동 및 소음이 가솔린기관에 비해 크다.
④ 배기가스 온도가 가솔린기관에 비해 낮다.

해설 연료와 윤활유를 함께 혼합하여 넣는 것은 가솔린 기관이다.

47 기계톱에서 깊이제한부의 주요 역할은?

① 톱날 보호
② 절삭 두께 조절
③ 톱날 속도 조절
④ 톱날 연결 고정

해설 톱날의 깊이제한부는 톱날이 한번에 팔수 있는 깊이로 절삭의 두께를 조절한다.

48 예불기 구성요소인 기어 케이스 내 그리스(윤활유)의 교환은 얼마 사용 후 실시하는 것이 가장 효과적인가?

① 200시간
② 20시간
③ 10시간
④ 50시간

해설 예불기의 오일(윤활유)은 사용시간이 20시간이 되면 교환해주는 것이 좋다.

정답 42.③ 43.③ 44.③ 45.④ 46.② 47.② 48.②

49 무육작업용 장비로 활용하기 가장 부적합한 것은?

① 손도끼　　② 전정가위
③ 재래식 낫　④ 가지치기 톱

해설　무육용 장비로 스위스 보육낫, 전정 가위, 무육용 이리톱, 가지치기 톱 등이 있다.

50 산림용 기계톱에 사용하는 연료의 배합기준(휘발유 : 엔진오일)으로 가장 적합한 것은?

① 25:1　　② 4:1
③ 1:25　　④ 1:4

해설　기계톱에서 휘발유와 오일의 배합비는 25 : 1 이 적합하다.

51 삼각톱니의 젖히기에 대한 설명으로 옳지 않은 것은?

① 침엽수는 활엽수보다 많이 젖혀 준다.
② 나무와의 마찰을 줄이기 위한 것이다.
③ 젖힘의 크기는 0.2~0.5㎜가 적당하다.
④ 톱니 뿌리선으로부터 1/3 지점을 중심으로 젖혀준다.

해설　삼각톱니는 톱니 뿌리선으로부터 2/3 지점을 중심으로 하여 젖혀준다.

52 임업용 기계톱의 엔진을 냉각하는 방식으로 주로 사용되는 것은?

① 공냉식　　② 수냉식
③ 호퍼식　　④ 라디에이터식

해설　체인톱과 같은 소형기관은 주로 공랭식을 사용한다. 공냉식은 실린더 주위에 설치한 냉각판을 이용하며 효율을 높이기 위해 송풍기를 사용한다.

53 분해된 기계톱의 체인 및 안내판을 다시 결합할 때 제일 먼저 해야 될 사항은?

① 스프라켓에 체인이 잘 걸려있는지 확인한다.
② 체인장력조정나사를 시계 방향으로 돌려 체인장력을 조절한다.
③ 체인을 스프라켓에 걸고 안내판의 아래쪽 큰 구멍을 안내판 조정핀에 끼운다.
④ 체인장력조정나사를 시계 반대 방향으로 돌려 장력조절핀을 안쪽으로 유도시킨다.

해설　분해된 기계톱의 체인 및 안내판 결합시 체인장력조정나사를 시계 반대 방향으로 돌려 장력조절핀을 안쪽으로 유도시킨다.

54 벌목작업 도구 중에서 쐐기는?

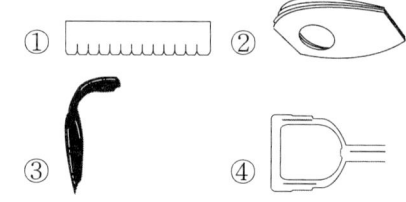

해설　쐐기는 벌목 방향을 결정하고 톱이 끼이는 것을 방지한다.

55 벌도와 벌도목을 모아쌓는 기능이 주목적으로 가지제거나 절단 기능은 없는 임업기계는?

① 스키더　　② 펠러번쳐
③ 하베스터　④ 프로세서

해설　펠러번처는 임목을 벌목하는 장비로서 임목을 벌도하여 일정한 장소에 모아쌓기가 가능한 장비로서 후속작업인 전목집재를 손쉽게 하는 장비이다.

정답　49.① 50.① 51.④ 52.① 53.④ 54.② 55.②

56 산림작업의 벌출공정 구성요소로 옳지 않은 것은?

① 조사　　② 벌목
③ 조재　　④ 집재

> 해설　산림작업에 있어 벌출공정 벌목, 조재, 집재, 운반, 적재 등이 있다.

57 산림작업 도구에 대한 설명으로 옳지 않은 것은?

① 도구의 손잡이는 사용자의 손에 잘 맞아야 한다.
② 작업자의 힘이 최대한 도구의 날 부분에 전달될 수 있어야 한다.
③ 도구의 자루에 사용되는 재료는 열전도율이 높고 탄력이 좋아야 한다.
④ 도구의 날과 자루는 작업 시 발생하는 충격을 작업자에게 최소한으로 줄일 수 있어야한다.

> 해설　자루의 재료는 가볍고 열전도율이 낮으며 탄력이 있고 질긴 소재를 사용한다. 대표 용재로 박달나무, 물푸레나무, 단풍나무 등이 있다.

58 산림용 기계톱 구성요소인 쏘체인(saw chain)의 톱날 모양으로 놓지 않은 것은?

① 리벳형(rivet)　② 안전형 (safety)
③ 치젤형(chisel)　④ 치퍼형(chipper)

> 해설　산림의 쏘체인 톱날의 모양으로 치퍼형, 치젤형, 안전형, 톱파일형 등이 있다.

59 산림작업 시 준수할 사항으로 옳지 않은 것은?

① 안전장비를 착용한다.
② 규칙적으로 휴식한다.
③ 가급적 혼자서 작업한다.
④ 서서히 작업 속도를 높인다.

> 해설　산림작업은 혼자서 작업하지 않고 2인 1개조 혹은 그 이상의 인원이 한 개 조로 작업을 한다.

60 전문 벌목용 기계톱에서 본체의 일반적인 수명은?

① 약 150시간　② 약 450시간
③ 약 600시간　④ 약 1,500시간

> 해설　체인톱의 일반적인 수명은 약 1500시간이다.

정답　56.① 57.③ 58.① 59.③ 60.④

2016년 제1회 산림기능사

01 모수작업에 대한 설명으로 옳은 것은?
① 벌채가 집중되므로 경비가 많이든다.
② 토양의 침식과 유실 우려가 거의 없다.
③ 종자의 비산능력을 갖추지 않은 수종도 가능하다.
④ 개벌작업보다 신생임분의 구성을 잘 조절할 수 있다.

> **해설** 개벌작업은 전체 임분을 1회에 걸쳐 모두 제거하기에 모수작업이 신생임분의 유도 및 구성을 상대적으로 잘 조절할 수 있다.

02 묘목을 단근할 때 나타나는 현상으로 옳은 것은?
① 주근 발달 촉진
② 활착률이 낮아짐
③ T/R율이 낮은 묘목 생산
④ 품질이 안 좋은 묘목 생산

> **해설** 단근으로 뿌리 부분이 발달하면서 T/R 율이 낮아지게 된다.

03 종자의 저장과 발아촉진을 겸하는 방법은?
① 냉습적법   ② 노천매장법
③ 침수처리법   ④ 황산처리법

> **해설** 노천매장법은 종자의 저장과 발아촉진이 동시에 가능하게 한다.

04 결실을 촉진하기 위한 작업이 아닌 것은?
① 환상박피   ② 솎아베기
③ 단근 처리   ④ 콜히친 처리

> **해설** 콜히친처리법은 염색체를 분리하여 배수체를 늘리는 방법이다. 결실 촉진 방법으로는 환상박피, 단근, 접목, 시비 등의 방법들이 있다.

05 수피에 코르크가 발달되고 잎의 뒷면에 백색성모가 많이 있는 수종은?
① 굴참나무   ② 갈참나무
③ 신갈나무   ④ 상수리나무

> **해설** 굴참나무는 코르크가 발달하여 열해에 강한 편이며 잎의 뒷면에는 백색의 성모가 밀생하고 줄기의 가장자리는 흰 갈색을 띤다.

06 파종량을 구하는 공식에서 득묘율이란?
① 일정 면적에서 묘목을 얻은 비율
② 솎아낸 묘목수에 대한 잔존 묘목수의 비율
③ 발아한 묘목수에 대한 잔존 묘목수의 비율
④ 파종된 종자입수에 대한 잔존 묘목수의 비율

> **해설** 파종된 종자입수에 대한 잔존 묘목수의 비율을 득묘율 혹은 묘목 잔존율이라 하며 0.3 ~ 0.5 정도의 범위 값을 가진다.

정답 01.④ 02.③ 03.② 04.④ 05.① 06.④

07 도태간벌에 대한 설명으로 옳은 것은?

① 복층구조 유도가 힘들다.
② 간벌재 이용에 유리하다.
③ 간벌양식으로 볼 때 하층간벌에 속한다.
④ 장벌기 고급 대경재 생산에는 부적합하다.

해설 도태간벌은 형질이 우수한 나무를 선발하여 그 나무의 생장에 방해되는 피해목, 불량목, 폭목 등을 간벌하기에 간벌재 이용에 유리하다.

08 나무아래심기(수하 식재)에 대한 설명으로 옳지 않은 것은?

① 수하 식재는 임내의 미세환경을 개량하는 효과가 있다.
② 수하 식재는 주임목의 불필요한 가지 발생을 억제하는 효과가 있다.
③ 수하 식재는 표토 건조 방지, 지력 증진, 황폐와 유실방지 등을 목적으로 한다.
④ 수하 식재용 수종으로는 양수 수종으로 척박한 토양에 견디는 힘이 강한 것이 좋다.

해설 수하식재는 내음력이 강한 수종일수록 적합하며 대표 수종으로 낙엽송, 삼나무, 편백, 전나무 등이 있다.

09 제벌작업에 대한 설명으로 옳지 않은 것은?

① 가급적 여름철에 실행한다.
② 낫, 톱, 도끼 등의 작업도구가 필요하다.
③ 침입수종과 불량목 등 잡목 솎아베기 작업을 실시한다.
④ 간벌작업 실시 후 실시하는 작업단계로서 보육작업에서 가장 중요한 단계이다.

해설 제벌작업은 조림후 5~10년이 경과한 임분에 실시하는데 간벌작업 이전에 실시하는 보육작업이다.

10 발아에 가장 오랜 시일이 필요한 수종은?

① 화백 ② 옻나무
③ 솔송나무 ④ 자작나무

해설 종자의 발아 실험 결과 전나무, 느티나무, 옻나무, 목련 등의 수종이 최적온도 조건에서 42일 정도로 가장 긴 기간을 요구했다.

11 산림 부식질의 기능으로 옳지 않은 것은?

① 토양 가비중을 높인다.
② 토양 입자를 단단히 결합한다.
③ 토양수분의 이동, 저장에 영향을 미친다.
④ 질소, 인산 같은 양분의 공급원으로 제공된다.

해설 토양에서 부식질이 많은 토양은 가비중이 낮은 편이다.

12 용재생산과 연료생산을 동시에 생산할 수 있으며, 하목은 짧은 윤벌기로 모두 베어지고 상목은 택벌식으로 벌채되는 작업종은?

① 택벌작업 ② 산벌작업
③ 중림작업 ④ 왜림작업

해설 용재 생산이 목적인 교림작업, 연료재 생산이 목적인 왜림작업을 동시에 실시하는 것을 중림작업이라 한다.

13 우량 묘목의 기준으로 옳지 않은 것은?

① 뿌리에 상처가 없는 것
② 뿌리의 발달이 충실한 것
③ 겨울눈이 충실하고 도장하지 않는 것
④ 뿌리에 비해 지상부의 발육이 월등히 좋은 것

해설 우량묘목은 뿌리가 비교적 짧고 측근과 세근이 발달하며 지상과 지하의 균형을 이루어야 한다.

정답 07.② 08.④ 09.④ 10.② 11.① 12.③ 13.④

14 참나무속에 속하며 우리나라 남쪽 도서지방 등 따뜻한 곳에서 나는 상록수 수종은?

① 굴참나무　② 신갈나무
③ 가시나무　④ 너도밤나무

> 해설　가시나무는 참나무과에 상록활엽교목으로 지리적으로 우리나라에서는 제주도와 같이 남쪽 지방에 주로 자생한다.

15 특정 임분의 야생동물군집 보전을 위한 임분구성 관리 방법으로 적절하지 못한 것은?

① 택벌사업
② 대면적 개벌사업
③ 혼효림 또는 복층림화
④ 침엽수 인공림 내외에 활엽수의 도입

> 해설　대면적 개벌은 임분을 한번에 개벌하기에 황폐화 및 지력의 저하로 야생동물 군집의 보전에는 불리한 환경이 조성된다.

16 접목의 활착률이 가장 높은 것은?

① 대목과 접수 모두 휴면 중일 때
② 대목과 접수 모두 생리적 활동을 시작하였을 때
③ 대목은 생리적 활동을 시작하고 접수는 휴면 중일 때
④ 대목은 휴면 중이고 접수는 생리적 활동을 시작하였을 때

> 해설　접목은 보통 접수는 휴면상태, 대목은 활발한 상태일 때 접목의 적기이다.

17 부숙마찰법으로 종자 탈종이 가능한 수종은?

① 벚나무　② 밤나무
③ 전나무　④ 향나무

> 해설　부숙마찰법은 부숙시킨 이후 마찰을 하여 과피를 분리하는 방법으로 은행나무, 벚나무, 비자나무, 가래나무, 주목 등에 적용 가능하다.

18 천연갱신의 장점으로 옳지 않은 것은?

① 임지를 보호한다.
② 생산된 목재가 대체로 균일하다.
③ 인공갱신에 비해 경비가 적게 든다.
④ 환경에 잘 적응된 수종으로 구성되어 있다.

> 해설　생산된 목재가 균일한 것은 인공갱신의 특징이다.

19 가식 작업에 대한 설명으로 옳지 않은 것은?

① 가급적 물이 잘 고이는 곳에 묻는다.
② 일시적으로 뿌리를 묻어 건조를 방지한다.
③ 낙엽수는 묘목 전체를 땅 속에 묻어도 된다.
④ 조림지의 환경에 순응시키기 위해 실시한다.

> 해설　가식 작업을 할 때는 물이 고이지 않게 하고 배수를 양호하게 해주어야 한다. 또한 비가 오거나 온 직후에는 바로 가식하지 않는다.

20 데라사키의 상층간벌에 속하는 것은?

① A종 간벌　② B종 간벌
③ C종 간벌　④ D종 간벌

> 해설　데라사끼의 상층간벌에는 D종, E종 간벌이 있다.

정답　14.③　15.②　16.③　17.①　18.②　19.①　20.④

21 동령림과 비교한 이령림의 장점으로 옳지 않은 것은?

① 산림경영상 산림조사 및 수확이 간편하다.
② 병충해 등 유해인자에 대한 저항력이 높다.
③ 시장의 목재 경기에 따라 벌기 조절에 융통성이 있다.
④ 숲의 공간구조가 복잡하여 생태적 측면에서는 바람직한 형태이다.

해설 이령림은 동령림에 비해 산림 조사 및 수확이 상대적으로 복잡하다.

22 수목의 측아 생장을 억제하여 정아 생장을 촉진시키는 호르몬은?

① 옥신   ② 에틸렌
③ 사이토키닌   ④ 아브시스산

해설 옥신은 줄기, 뿌리의 선단부분에 세포 신장에 영향을 주어 정아 생장을 촉진하여 측아 생장을 억제한다.

23 묘목의 굴취시기로 가장 좋지 않은 때는?

① 흐린 날
② 비오는 날
③ 바람이 없는 날
④ 잎의 이슬이 마른 새벽

해설 묘목의 굴취는 바람이 적고 흐리며 서늘한 날, 비바람이 심하거나 아침이슬이 있는 날은 작업을 피하도록 한다.

24 묘목의 연령을 표시할 때 1/2묘란?

① 6개월 된 삽목묘이다.
② 뿌리가 1년, 줄기가 2년 된 묘목이다.
③ 1/1묘의 지상부를 자른지 1년이 지난 묘이다.
④ 이식상에서 1년, 파종상에서 2년을 보낸 만3년생의 묘목이다.

해설 1/2 묘는 〈지상부/지하부〉를 의미하며 뿌리의 나이가 2년, 줄기의 나이는 1년된 삽목묘를 말한다. 1/1 묘가 되었을 때 지상부를 한 번 절단하고 1년이 경과된 경우이다.

25 다음 중 종자의 과실이 시과(翅果)로 분류되는 수종은?

① 참나무   ② 소나무
③ 단풍나무   ④ 호두나무

해설 시과는 과피가 얇은 막 모양으로 도출하여 날개모양의 열매가 바람을 타고 멀리 이동하는 것으로 단풍나무, 느릅나무, 물푸레나무 등이 있다.

26 다음 중 낙엽송잎벌에 대한 설명으로 옳지 않은 것은?

① 1년에 3회 발생한다.
② 어린 유충이 군서하여 잎을 가해한다.
③ 3령 유충부터는 분산하여 잎을 가해한다.
④ 기존의 가지보다는 새로운 가지에서 나오는 짧은 잎을 식해한다.

해설 낙엽송잎벌은 어린 유충이 군서하여 잎을 가해하는데 새로 나오는 가지보다는 기존의 가지에서 나오는 짧은 잎을 식해한다.

27 다음 중 대추나무 빗자루병 방제에 효과적인 약제는?

① 베노밀 수화제
② 아다멕틴 유제
③ 아세타미프리드 액제
④ 옥시테트라사이클린 수화제

해설 파이토플라스마에 의해 발생하는 대추나무 빗자루병은 옥시테트라사이클린으로 방제한다.

정답 21.① 22.① 23.② 24.③ 25.③ 26.④ 27.④

28 잡초나 관목이 무성한 경우의 피해로서 적당하지 않은 것은?

① 지표를 건조하게 한다.
② 병충해의 중간 기주 역할을 한다.
③ 양수 수종의 어린나무 생장을 저해한다.
④ 임지를 갱신하려 할 때 방해요인이 된다.

해설) 잡초나 관목이 무성한 경우 토양의 건조가 방지된다.

29 유해 가스에 예민한 수목은 피해를 받으면 비교적 선명한 증상을 나타내는 현상을 이용하여 대기오염의 해를 감정하는 방법은?

① 지표식물법   ② 혈청진단법
③ 표징진단법   ④ 코흐의법칙

해설) 지표식물법은 대기오염에 민감하게 반응하는 식물들의 변화를 통해 대기오염정도를 나타내는 척도가 된다.

30 세균에 의한 수목 병해는?

① 소나무 잎녹병
② 낙엽송 잎떨림병
③ 호두나무 뿌리혹병
④ 밤나무 줄기마름병

해설) 세균에 의한 수목병으로 밤나무뿌리혹병, 포플러뿌리혹병, 밤나무눈마름병 등이 있다.

31 오동나무 빗자루병의 병원체를 전파시키는 주요 매개 곤충은?

① 응애   ② 진딧물
③ 나무이   ④ 담배장님노린재

해설) 오동나무 빗자루병의 병원체인 파이토플라스마는 담배장님노린재에 의해 전파된다.

32 지상부의 접목 부위, 삽목의 하단부 등으로 병원균이 침입하고, 고온 다습할 때 알칼리성 토양에서 주로 발생하는 것은?

① 탄저병
② 뿌리혹병
③ 불마름병
④ 리지나뿌리썩음병

해설) 뿌리혹병은 접목부위, 뿌리 절단면 등 상처를 통해 침입하며 고온 다습한 알칼리성 토양에서 주로 발생한다.

33 땅 속에서 월동하는 해충이 아닌 것은?

① 솔잎혹파리   ② 어스렝이나방
③ 잣나무넓적잎벌 ④ 오리나무잎벌레

해설) 어스렝이나방은 알로 나무줄기 껍질 속에서 월동한다.

34 곤충의 몸 밖으로 방출되어 같은 종끼리 통신을 하는데 이용되는 물질은?

① 퀴논(quinone)
② 호르몬(hormone)
③ 테르펜(terpenes)
④ 페로몬(pheromone)

해설) 페로몬의 경우 곤충이 방출하는 일종의 화학물질로서 종 특이적으로 작용한다. 같은 종의 이성을 유인하는 성페로몬, 서식지에서 동족을 부르는 집합페로몬, 위험을 전파하는 경보페로몬, 길을 안내하기 위한 길잡이 페로몬, 동족의 과밀현상을 피하기 위한 분산페로몬 등 목적에 따라 다양한 페로몬이 있다.

35 다음 중 밤나무 줄기마름병의 병원체가 침입하는 경로는?

① 뿌리를 통한 침입
② 주피를 통한 침입
③ 잎의 기공을 통한 침입
④ 줄기의 상처를 통한 침입

정답 28.① 29.① 30.③ 31.④ 32.② 33.② 34.④ 35.④

해설 밤나무 줄기마름병은 진균에 의해 발생하며 주로 상처를 통해 감염된다.

36 포플러 잎녹병의 증상으로 옳지 않은 것은?

① 병든 나무는 급속히 말라 죽는다.
② 초여름에는 잎 뒷면에 노란색 작은 돌기가 발생한다.
③ 초가을이 되면 잎 양면에 짙은 갈색 겨울포자퇴가 형성된다.
④ 중간기주의 앞에 형성된 녹포자가 포플러로 날아와 여름포자퇴를 만든다.

해설 포플러 잎녹병은 감염시 낙엽이 빨라지는데 이를 통해 생장이 감소하기는 하나 급속하게 말라 죽지는 않는다.

37 산림해충 방제법 중 임업적 방제법에 속하는 것은?

① 천적방사
② 기생벌 이식
③ 내충성 수종 이용
④ 병원 미생물 이용

해설 임업적 방제법에는 내충성 품종의 선택, 간벌 및 밀도 조절, 시비, 혼효림의 조성 등의 방법이 있다.

38 작은 나뭇가지에 다음 그림과 같은 모양으로 알을 낳는 해충은?

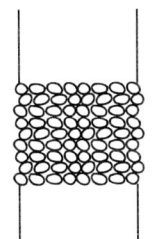

① 매미나방   ② 천막벌레 나방
③ 미국흰불나방 ④ 복숭아심식나방

해설 천막벌레나방(텐트나방)은 알을 낳을 때는 가지에 반지모양으로 200~300개 정도 낳는다.

39 솔나방이 주로 산란하는 곳은?

① 솔잎 사이
② 솔방울 속
③ 소나무 수피 틈
④ 소나무 뿌리 부근 땅 속

해설 솔나방은 500개 내외 정도의 알을 솔잎 위에 낳는다.

40 파이토플라스마에 의한 수목병은?

① 뽕나무 오갈병
② 벚나무 빗자루병
③ 소나무 잎떨림병
④ 아카시아 모자이크병

해설 파이토플라스마에 의해 대추나무빗자루병, 오동나무빗자루병, 뽕나무오갈병 등이 발생한다.

41 매미나방에 대한 설명으로 옳은 것은?

① 2, 4-D 액제를 사용하여 방제한다.
② 연간 2회 발생하며 유충으로 월동한다.
③ 침엽수, 활엽수를 가리지 않는 잡식성이다.
④ 암컷이 활발하게 날아다니며 수컷을 찾아다닌다.

해설 매미나방은 주로 낙엽송, 참나무, 밤나무 등을 식해하나 침엽수, 활엽수를 가리지 않아 기주 범위가 넓은 편이다.

42 완전변태를 하는 해충에 속하는 것은?

① 솔거품벌레
② 도토리거위벌레
③ 솔껍질깍지벌레
④ 버즘나무방패벌레

해설 완전변태를 하는 해충으로 딱정벌레목의 도토리거위벌레가 있다.

정답 36.① 37.③ 38.② 39.① 40.① 41.③ 42.②

43 포플러 잎녹병의 중간 기주는?

① 오동나무 ② 오리나무
③ 졸참나무 ④ 일본잎갈나무

해설) 포플러 잎녹병의 중간기주는 낙엽송(일본잎갈나무), 현호색, 줄꽃주머니 이다.

44 아황산가스에 의한 피해가 아닌 것은?

① 증산작용이 쇠퇴한다.
② 잎의 주변부와 엽맥 사이 조직이 괴사한다.
③ 소나무류에서는 침엽이 적갈색으로 변한다.
④ 어린잎의 엽맥과 주변부에 백화현상이나 황화현상을 일으킨다.

해설) 어린잎의 엽맥이나 주변부에 백화현상이 나타나는 것은 불화수소에 의한 피해현상이다.

45 페니트로티온 50% 유제(비중 1.0)를 0.1%로 희석하여 ha 1,000L를 살포하려고 할 때 이때 필요한 소요 약량은?

① 500mL ② 1,000mL
③ 2,000mL ④ 2,500mL

해설) 페니트로티온 50% 유제를 0.1% 로 희석하기에 희석배수는 〈50÷0.1=500배〉 이다.

$$소요약량(배액) = \frac{단위면적당사용량}{소요희석배수}$$
$$= \frac{1000L}{500} = 2L = 2,000ml$$

46 다음 중 예불기 캬브레이터의 일반적인 청소 주기는?

① 10시간 ② 20시간
③ 50시간 ④ 100시간

해설) 예불기의 기화기(캬브레이터)의 청소주기는 100 시간 정도이다.

47 잔목집재 후 집재장에서 가지치기 및 조재작업을 수행하기에 가장 적합한 장비는?

① 스키더 ② 포워더
③ 프로세서 ④ 펠러번처

해설) 프로세서는 이미 벌목된 전목의 가지를 자르고 토막 내는 장비로서 벌채목의 수간을 잡는 그래플장치, 가지를 자르는 장치, 수간을 밀어내는 송재 장치, 절단장치로 이루어져 있다.

48 기계톱에 연료를 혼합하여 사용하고 있다. 이에 대한 설명으로 옳지 않은 것은?

① 윤활유가 과다하면 출력저하나 시동불량의 현상이 나타난다.
② 윤활유로 인해 휘발유가 희석되기 때문에 기계톱에는 옥탄가가 높은 휘발유를 사용한다.
③ 휘발유에 대한 윤활유의 혼합비가 부족하면 피스톤, 실린더 및 엔진 각 부분에 눌러 붙을 수 있다.
④ 휘발유와 윤활유를 20:1 ~ 25:1의 비율로 혼합하나 체인톱 전용 윤활유를 사용하는 경우 40:1로 혼합하기도 한다.

해설) 체인톱은 내폭성이 낮은 저옥탄가의 가솔린은 사용하여야 고폭발로 인한 기계손상을 막을수 있다.

49 집재거리가 길어 스카이라인이 지면에 닿아 반송기의 주행이 곤란할 때 설치하는 장치는?

① 덴버클 ② 도르레
③ 힐블럭 ④ 중간지지대

해설) 집재선 중간에 산등성이가 있거나 스카이라인이나 원목이 땅에 닿거나 곡선집재 등으로 스카이라인 중간을 지지할 필요가 있을 경우 중간지지대를 이용한다.

정답 43.④ 44.④ 45.③ 46.④ 47.③ 48.② 49.④

50 예불기를 휴대 형식으로 구분한 것으로 가장 거리가 먼 것은?

① 등짐식　② 손잡이식
③ 허리걸이식　④ 어깨걸이식

해설 예불기는 휴대방식(장착방식)에 의해 어깨걸이식(견괘식), 손잡이식, 등짐식(배부식)이 있다.

51 4기통 디젤 엔진의 실린더 내경이 10cm, 행정이 4cm일 때 이 엔진의 총배기량은?

① 785cc　② 1,256cc
③ 4,000cc　④ 3,140cc

해설
$$V_D = \frac{\pi}{4} \times D^2 \times l \times z$$
$$= 0.785 \times 10^2 \times 4 \times 4 = 1256$$

V_D : 총배기량(cc), D : 실린더내경(cm)
l : 행정(cm), z : 기통수

52 산림 작업용 도구의 자루를 원목으로 제작하려 할 때 가장 부적합한 것은?

① 옹이가 있으면 더욱 단단해서 좋다.
② 목질섬유가 길고 탄성이 크며 질긴 나무가 좋다.
③ 일반적으로 가래나무 또는 물푸레나무 등이 적합하다.
④ 다듬어진 각목의 섬유방향은 긴 방향으로 배열되어야 한다.

해설 자루의 재료는 가볍고 열전도율이 낮으며 탄력이 있고 질긴 소재를 사용한다. 원목이 갈라지거나 옹이가 없어야 한다.

53 집재용 도구로 적합하지 않는 것은?

① 로그잭　② 피커룬
③ 캔트훅　④ 파이크폴

해설 로그잭(Log Jack)은 벌목한 나무를 잡아 고정하여 구르지 못하도록 한다.

54 기계톱 체인의 수명 연장 및 파손 방지 예방방법으로 가장 적합한 것은?

① 석유에 넣어 둔다.
② 윤활유에 넣어 둔다.
③ 가솔린에 넣어 둔다.
④ 구리스에 넣어 둔다.

해설 체인톱날은 마모, 파괴부분, 상해부분을 점검하고 손상된 부분은 교환을 한다. 체인은 휘발유나 석유로 깨끗하게 청소한 다음 윤활유에 담가둔다.

55 기계톱의 연속조작 시간으로 가장 적당한 것은?

① 10분 이내　② 30분 이내
③ 45분 이내　④ 1시간 이내

해설 체인톱의 연속 운전은 10분을 넘지 않아야 한다.

56 가선 집재용 장비가 아닌 것은?

① 타워야더
② 아크야 윈치
③ 파르미 트랙터
④ 나무운반 미끄럼틀

해설 나무운반 미끄럼틀은 중력을 이용한 중력집재로 벌채된 원목을 하향집재한다.

57 대표적인 다공정 처리계로서 벌도, 가지치기, 조재목 다듬질, 토막내기 작업을 모두 수행할 수 있는 기계는?

① 포워더　② 펠러번처
③ 하베스터　④ 프로세서

해설 하베스터는 임목을 벌목하여 가지자르기, 토막내기 작업을 일관된 공정으로 작업할 수 있는 다공정 벌채장비이다.

정답 50.③ 51.② 52.① 53.① 54.② 55.① 56.④ 57.③

58 다음 그림과 같이 나무가 걸쳐 있을 때에 압력부는 어느 위치인가?

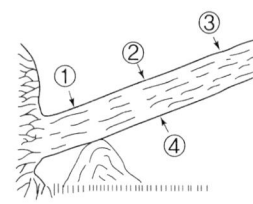

① 위치 ①
② 위치 ②
③ 위치 ③
④ 위치 ④

해설 나무가 특정 지형에 의해 한쪽으로 걸쳐 있을 경우 하부에는 압력이 발생하여 압력부라 한다.

59 가솔린엔진과 비교할 때 디젤엔진의 특징으로 옳지 않은 것은?

① 열효율이 높다.
② 토크변화가 작다.
③ 배기가스 온도가 높다.
④ 엔진 회전속도에 따른 연료공급이 자유롭다.

해설 가솔린 엔진의 배기가스 온도가 더 높다.

60 임업용 기계톱의 쏘체인 톱니의 피치(pitch)의 정의로 옳은 것은?

① 서로 접한 3개의 리벳간격을 2로 나눈 값
② 서로 접한 2개의 리벳간격을 3으로 나눈 값
③ 서로 접한 4개의 리벳간격을 3으로 나눈 값
④ 서로 접한 3개의 리벳간격을 4로 나눈 값

해설 톱체인 규격은 피치로 표시하며 피치는 3개의 리벳 간격의 1/2 길이를 말한다.

정답 58.④ 59.③ 60.①

2016년 제2회 산림기능사

01 종자 정선 방법으로 풍선법을 적용하기 어려운 수종은?

① 밤나무 ② 소나무
③ 가문비나무 ④ 일본잎갈나무

해설 풍선법은 날개 및 가벼운 과피, 쭉정이를 분리할 목적, 바람을 이용하는 방법으로 소나무, 가문비나무, 낙엽송 등에 주로 적용한다. 밤나무와 같은 대립종자를 가진 수종은 입선법이 효율적이다.

02 덩굴식물을 제거하는 방법으로 옳지 않은 것은?

① 디캄바 액제는 콩과식물에 적용한다.
② 인력으로 덩굴의 줄기를 제거하거나 뿌리를 굴취한다.
③ 글라신 액제는 2~3월 또는 10~11월에 사용하는 것이 효과적이다.
④ 약제 처리 후 24시간 이내에 강우가 예상될 경우 약제 처리를 중지한다.

해설 글라신액제는 주로 7~8월쯤 작업하는 것이 가장 효과적이다.

03 어린나무가꾸기의 1차 작업시기로 가장 알맞은 것은?

① 풀베기가 끝난 3~5년 후
② 가지치기가 끝난 5~6년 후
③ 덩굴제거가 끝난 1~2년 후
④ 솎아베기가 끝난 6~9년 후

해설 어린나무 가꾸기는 대부분 1차 작업은 풀베기 작업이 끝난 3~5년후, 2차 작업은 1차작업이 종료되고 3~5년 이후 실시한다.

04 임목 간 식재밀도를 조절하기 위한 벌채 방법에 속하는 것은?

① 간벌작업 ② 개벌작업
③ 산벌작업 ④ 중림작업

해설 간벌작업은 부적합한 나무를 제거하여 형질이 우수한 임분으로 구성하도록 하는 것을 목적으로 하며 중간간벌을 통해 식재밀도를 조절한다.

05 대목의 수피에 T자형으로 칼자국을 내고 그안에 접아를 넣어 접목하는 방법은?

① 절접 ② 눈접
③ 설접 ④ 할접

해설 눈접(아접)법은 접수 대신 눈을 대목의 껍질을 벗겨 끼워 붙이는 방법으로 대목의 수피에 마치 T 자와 같은 모양의 칼자국을 낸다.

06 일정한 면적에 직사각형 식재를 할 때 소요 묘목수 계산식은?

① $\dfrac{조림지 면적}{묘간 거리}$

② $\dfrac{조림지 면적}{(묘간 거리)^2}$

③ $\dfrac{조림지 면적}{(묘간 거리)^2 \times 0.866}$

④ $\dfrac{조림지 면적}{묘간 거리 \times 줄사이의 거리}$

해설 직사각형식재는 장방형식재라하며 줄사이 간격이 서로 다르게 식재하는 방법이다.

$$식재묘목수 = \dfrac{조림지면적}{묘목사이거리 \times 줄사이 거리}$$

정답 01.① 02.③ 03.① 04.① 05.② 06.④

07 용재 생산목적 수종으로 가장 거리가 먼 것은?
① 소나무 ② 느티나무
③ 자작나무 ④ 상수리나무

　해설　느티나무의 경우 용재 생산목적 수종으로 채택하기에는 임지의 조건이 제한되어 있어 대면적 조림이 어렵다.

08 지력이 좋고 수준이 많아 잡초가 무성하고 기후가 온난하며, 주로 소나무 조림지에 적합한 풀베기 방법은?
① 줄베기 ② 점베기
③ 모두베기 ④ 둘레베기

　해설　모두베기는 임지가 비옥하거나 식재목에 광선 요구량이 많을 경우 적합하다. 대표적으로 소나무, 낙엽송, 삼나무, 편백 등의 조림지에 적용된다.

09 종자의 발아력 조사에 쓰이는 약제는?
① 에틸렌 ② 지베렐린
③ 테트라졸륨 ④ 사이토키닌

　해설　종자의 발아력 조사에서 환원법에 사용되는 약품으로 테트라졸륨이 있다. 테트라졸륨을 사용한 배는 적색 혹은 분홍색일때 건전한 배로 간주한다.

10 늦은 가을철 묘목을 가식할 때 묘목의 끝 방향으로 가장 적합한 것은?
① 동쪽 ② 서쪽
③ 남쪽 ④ 북쪽

　해설　가식을 할 때 묘목의 끝은 가을에는 남쪽, 봄에는 북쪽으로 45° 경사지게 한다.

11 묘포상에서 해가림이 필요 없는 수종은?
① 전나무 ② 삼나무
③ 사시나무 ④ 가문비나무

　해설　묘포상에서 소나무, 포플러, 사시나무 등은 양수 수종들은 해가림이 필요 없다.

12 파종상에서 2년, 그 뒤 판갈이상에서 1년을 지낸 3년생 묘목의 표시 방법은?
① 1-2묘 ② 2-1묘
③ 0-3묘 ④ 1-1-1묘

　해설　2-1 묘는 파종상에서 2년, 이식상에서 1년을 보낸 3년생 묘목이다.

13 어미나무를 비교적 많이 남겨서 천연갱신을 통해 후계림을 조성하되 어미나무는 대경재생산을 위해 그대로 두는 작업종은?
① 개벌작업 ② 산벌작업
③ 택벌작업 ④ 보잔목작업

　해설　보잔목작업은 모수작업과 유사한 갱신작업종으로 모수작업의 모수본수보다 다소 많은 모수의 수광생장을 촉진시켜 다음 벌기에 대경재를 생산하면서 갱신을 동시에 실시하는 방법이며 이때 남겨질 임목을 보잔목이라 한다.

14 그루터기에서 발생하는 맹아를 이용하여 후계림을 만드는 작업을 무엇이라 하는가?
① 왜림작업 ② 개벌작업
③ 산벌작업 ④ 택벌작업

　해설　활엽수림에 연료재 생산을 목적으로 짧은 벌기령을 가지며 개벌 후 근주로부터 나오는 맹아로 갱신하는 방법을 왜림작업이라 한다.

정답 07.② 08.③ 09.③ 10.③ 11.③ 12.② 13.④ 14.①

15 데라사키식 간벌에 있어서 간벌량이 가장 적은 방식은?

① A종 간벌　② B종 간벌
③ C종 간벌　④ D종 간벌

해설 A 종간벌(약도간벌)은 4,5 급목을 전부 벌채하는 것으로 다른 간벌양식에 비해 간벌량이 가장 적다.

16 일본잎갈나무 1-1묘 산출 시 근원경의 표준규격은?

① 3mm 이상　② 4mm 이상
③ 5mm 이상　④ 6mm 이상

해설 일본잎갈나무 1-1묘의 규격은 간장 35cm 이상, 근원경 6mm, 근장 2cm 이상을 기준으로 한다.

17 지력을 향상시키기 위한 비료목으로 적당하지 않은 것은?

① 오리나무　② 갈참나무
③ 자귀나무　④ 소귀나무

해설 비료목에는 아까시나무, 자귀나무, 칡, 싸리나무, 오리나무, 보리수나무, 소귀나무 등이 있다.

18 묘목 가식에 대한 옳지 않은 설명은?

① 동해에 약한 유묘는 움가식을 한다.
② 비가 올 때에는 가식하는 것을 피한다.
③ 선묘 결속된 묘목은 즉시 가식하여야 한다.
④ 지제부는 낮게 묻어 이식이 편리하게 한다.

해설 묘목 가식을 할 때 지제부가 10cm 이상 깊게 가식하도록 한다.

19 산벌작업 과정에서 모수로 부적합한 것을 선정하여 벌채하는 작업은?

① 종벌　② 후벌
③ 하종벌　④ 예비벌

해설 산벌작업에서 예비벌은 벌채시 피압목, 불량목, 폭목 등 모수로서 부적합한 나무를 벌채한다.

20 겉씨식물에 속하는 수종은?

① 밤나무　② 은행나무
③ 가시나무　④ 신갈나무

해설 겉씨식물은 씨방이 밑씨를 감싸고 있지 않아 밑씨가 외부로 드러나있는 것으로 소나무, 은행나무 등의 침엽수종들이 있다.

21 종자 정선 후 바로 노천매장을 하는 수종은?

① 벚나무　② 피나무
③ 전나무　④ 삼나무

해설 종자를 채취 후에 노천매장을 하는 수종으로 들메나무, 단풍나무, 잣나무, 호두나무, 느티나무, 백합나무, 은행나무, 목련 등이 있다.

22 갱신 대상 조림지를 띠 모양으로 나누어 순차적으로 개벌해 가면서 갱신하는 것으로 3차례 이상에 걸쳐서 개벌하는 것은?

① 군상개벌법　② 대면적개벌법
③ 교호대상개벌법　④ 연속대상개벌법

해설 연속대상개벌법은 대상개벌법에서 띠의 수를 늘려 작업하는 것으로 벌채와 갱신이 동시에 이루어진다. 임분의 한쪽부터 갱신을 시작하여 완료후 순차적으로 다음 대상지로 진행하는데 3차례 이상에 걸쳐 개벌하게 된다.

23 개벌작업의 장점으로 옳지 않은 것은?

① 양수 수종 갱신에 유리하다.
② 방법이 간단하여 경영이 용이하다.
③ 임지의 모든 수목이 제거되어 지력 유지에 용이하다.
④ 동령림이 형성되어 모든 숲가꾸기 작업이 편하고 경제적이다.

정답　15.①　16.④　17.②　18.④　19.④　20.②　21.①　22.④　23.③

해설 개벌작업은 임분 전체를 1회의 벌채로 모두 제거하기에 토양 유실 및 임지의 황폐가 일어나기 쉽다.

24 매년 결실하는 수종은?
① 소나무 ② 오리나무
③ 자작나무 ④ 아까시나무

해설 해마다 결실하는 수종으로 버드나무류, 오리나무류, 포플러류 등이 있다.

25 모수작업법에 대한 설명으로 옳지 않은 것은?
① 양수 수종의 갱신에 적합하다.
② 작업방법이 용이하고 경제적이다.
③ 작업 후 낙엽층이 손상되지 않도록 주의한다.
④ 소나무의 갱신 치수가 발생하면 풀베기를 해줘야 한다.

해설 모수작업은 종자 공급을 위한 모수를 제외하고 벌채하는 작업으로 낙엽층의 손상에 대해서는 고려하지 않는다.

26 파이토플라스마에 의해 발병하지 않는 것은?
① 뽕나무 오갈병
② 벚나무 빗자루병
③ 오동나무 빗자루병
④ 대추나무 빗자루병

해설 벚나무 빗자루병은 진균에 의해 발생한다.

27 소나무좀에 대한 설명으로 옳은 것은?
① 주로 건전한 나무를 가해한다.
② 월동 성충이 수피를 뚫고 들어가 알을 낳는다.
③ 1년 2회 발생하며 주로 봄과 가을에 활동한다.
④ 부화한 유충은 성충의 갱도와 평행하게 내수피를 섭식한다.

해설 소나무좀은 암컷 성충은 형성층 목질부에 구멍을 뚫고 들어가 아래에서 위로 갱도를 만들어 약 60개 내외의 알을 산란한다.

28 잠복기간이 가장 짧은 수목병은?
① 소나무 혹병 ② 잣나무 털녹병
③ 포플러 잎녹병 ④ 낙엽송 잎떨림병

해설 포플러 잎녹병은 진균인 담자균에 의해 발생하고 잠복기간이 1주일 이내로 짧은 편이다.

29 밤나무혹벌의 번식형태로 옳은 것은?
① 단위생식 ② 유성생식
③ 다배생식 ④ 유성번식

해설 밤나무혹벌은 암컷만으로 단성생식(단위생식)을 한다.

30 주제를 용제에 녹여 계면활성제를 유화제로 첨가하여 제재한 약제 종류는?
① 유제 ② 입제
③ 분제 ④ 수화제

해설 유제는 주제의 성질이 지용성으로 물에 녹지 않아 유기용매에 녹여 유화제를 첨가한 용액을 말한다.

31 주풍(계속적이고 규칙적으로 부는 바람)에 의한 피해로 가장 거리가 먼 것은?
① 수형을 불량하게 한다.
② 임목의 생장량이 감소된다.
③ 침엽수는 상방편심 생장을 하게 된다.
④ 기공이 폐쇄되어 광합성 능력이 저하된다.

해설 주풍은 한방향으로 불어오는 바람을 의미하며 생장량 감소, 수형 불량, 생리적 장애 등의 피해가 발생한다. 또한 편심생장이 발생하는데 침엽수는 상방편심, 활엽수는 하방편심 현상이 나타난다.

정답 24.② 25.③ 26.② 27.② 28.③ 29.① 30.① 31.④

32 손이나 그물 등을 사용하여 해충을 직접 잡아 방제하는 것은?

① 포살법　　② 소살법
③ 직살법　　④ 수살법

해설 포살은 알이나 유충 등을 손이나 기구를 이용하여 직접 죽이는 방법이다.

33 주로 묘목에 큰 피해를 주며 종자를 소독하여 방제하는 것은?

① 잣나무 털녹병
② 두릅나무 녹병
③ 밤나무 줄기마름병
④ 오리나무 갈색무늬병

해설 오리나무갈색무늬병은 병원균이 종자에 월동하기에 종자를 소독하면 방제할수 있다.

34 아황산가스에 대한 저항성이 가장 약한 수종은?

① 향나무　　② 은행나무
③ 자작나무　④ 동백나무

해설 아황산가스에 저항성이 약한 수종으로 소나무, 벚나무, 가문비나무, 느티나무, 자작나무 등이 있다.

35 알로 월동하는 해충은?

① 독나방　　　　② 매미나방
③ 미국흰불나방　④ 참나무재주나방

해설 알로 월동하는 해충으로 매미나방, 어스렝이나방, 텐트나방 등이 있다.

36 우리나라에서 발생하는 상주(서릿발)에 대한 설명으로 옳은 것은?

① 가장 추운 1월 중순에 많이 발생한다.
② 중부지방보다 남부지방에 잘 발생한다.
③ 토양함수량이 90% 이상으로 많을 때 발생한다.
④ 비료를 주어 상주 생성을 막을 수 있지만 질소비료는 가장 효과가 낮다.

해설 우리나라는 대체로 남부 지방이 서릿발 현상이 나타나기 쉽다.

37 가뭄이나 해충의 피해를 받아 약해진 나무에 잘 발생하는 병으로 주로 신초의 침엽기부를 고사시키는 것은?

① 소나무 혹병
② 소나무 줄기녹병
③ 소나무 재선충병
④ 소나무 가지끝마름병

해설 소나무가지끝마름병은 주로 가뭄이나 해충의 피해를 받아 약해진 나무에서 발생하며 초기에는 신초와 종자의 생장을 저해하다가 심할 경우 줄기와 종실에 침입하여 줄기 및 종자의 부패를 일으켜 고사시킨다.

38 송이풀이나 까치밥나무와 기주교대를 하는 것은?

① 소나무 혹병
② 소나무 잎녹병
③ 잣나무 털녹병
④ 배나무 붉은별무늬병

해설 잣나무털녹병의 중간기주로 송이풀과 까치밥나무가 있다.

정답 32.① 33.④ 34.③ 35.② 36.② 37.④ 38.③

39 솔잎혹파리에 대한 설명으로 옳지 않은 것은?

① 주로 1년에 1회 발생한다.
② 충영 속에서 번데기로 월동한다.
③ 1920년대 초반 일본에서 우리나라로 침입한 것으로 추정된다.
④ 생물학적 방제법으로 솔잎혹파리먹좀벌 등 기생성 천적을 이용하여 방제하기도 한다.

해설 솔잎혹파리는 1년에 1회 발생하고 유충형태로 지피물 아래 혹은 땅속에서 월동한다.

40 모잘록병의 방제법으로 옳지 않은 것은?

① 병이 심한 묘포지는 돌려짓기를 한다.
② 인산질 비료를 많이 주어 묘목을 관리한다.
③ 묘상이 과습할 정도로 수분을 충분히 보충한다.
④ 파종량을 적게 하고 복토가 너무 두껍지 않도록 한다.

해설 모잘록병 방제를 위해 묘상의 배수를 양호하게 하고 질소질 비료의 과용을 피한다.

41 대추나무 빗자루병 방제를 위한 약제로 가장 적합한 것은?

① 피리다벤 수화제
② 디플루벤주론 수화제
③ 비티쿠르스타키 수화제
④ 옥시테트라사이클린 수화제

해설 대추나무 빗자루병은 파이토플라스마에 의해 발생하며 옥시테트라사이클린 수화제로 방제한다.

42 해충 방제이론 중 경제적 피해수준에 대한 설명으로 옳은 것은?

① 해충에 의한 피해액과 방제비가 같은 수준인 해충의 밀도를 말한다.
② 해충에 의한 피해액이 방제비보다 높을 때의 해충의 밀도를 말한다.
③ 해충에 의한 피해액이 방제비보다 낮을 때의 해충의 밀도를 말한다.
④ 해충에 의한 피해액과 무관하게 방제를 해야 하는 해충의 밀도를 말한다.

해설 경제적 피해수준은 경제적 피해가 나타나는 최소밀도로 해충에 의한 피해비용과 방제비용이 같은 수준의 밀도를 말한다.

43 해충이 나무에서 내려올 때 줄기에 짚이나 가마니를 감아 해충이 파고 들도록 하여 이것을 태워서 해충을 방제하는 방법은?

① 등화 유살법
② 경운 유살법
③ 잠복장소 유살법
④ 번식장소 유살법

해설 먹이나무를 설치하거나 월동을 위한 장소를 제공하여 유인한 후 이것을 소각하는 방법으로 잠복장소유살법이라 한다.

44 외국에서 들어온 해충이 아닌 것은?

① 솔나방
② 밤나무혹벌
③ 미국흰불나방
④ 버즘나무방패벌레

해설 솔나방은 토종벌레이다.

정답 39.② 40.③ 41.④ 42.① 43.③ 44.①

45 포플러 잎녹병의 중간기주에 해당하는 것은?

① 잔대, 모싯대
② 쑥부쟁이, 참취
③ 소나무, 등골나무
④ 일본잎갈나무, 현호색

해설 포플러 잎녹병의 중간기주는 낙엽송(일본잎갈나무), 현호색, 줄꽃주머니 이다.

46 산림 작업용 도끼 날 형태 중에서 나무속에 끼어 쉽게 무뎌지는 것은?

① 아치형 ② 삼각형
③ 오각형 ④ 무딘 둔각형

해설 도끼날이 날카로운 삼각형 형태로 연마되면 벌목시 날이 나무속에 끼이기 쉽고, 무딘 둔각형은 나무가 잘 잘라지 않아 날이 튀기도 한다.

47 체인톱 작업 중 위험에 대비한 안전장치가 아닌 것은?

① 스프라킷 ② 핸드가드
③ 체인잡이 ④ 체인브레이크

해설 스프로킷은 체인을 걸어 톱날을 구동하는 톱니바퀴로 크랭크축에 연결되어 톱체인을 회전시키는 동력전달장치이다.

48 와이어로프로 고리를 만들 때 와이어로프 직경의 몇 배 이상으로 하는가?

① 10배 ② 15배
③ 20배 ④ 25배

해설 와이어로프 고리는 와이어로프 직경의 약 20배 이상으로 한다.

49 2행정 내연기관에 일정 비율의 오일을 섞어야 하는 이유로 가장 적당한 것은?

① 엔진 윤활을 위하여
② 조기점화를 막기 위하여
③ 연소를 빨리 식히기 위하여
④ 연료의 흡입을 빨리 하기 위하여

해설 2행정 내연기관에 연료에 오일을 첨가하는 것은 윤활작용을 통해 실린더 벽과 피스톤 사이의 압축손실을 감소시키고 부식의 방지 기능을 가진다.

50 스카이라인을 집재기로 직접 견인하기 어려움에 따라 견인력을 높이기 위한 가선장비는?

① 샤클 ② 힐블럭
③ 반송기 ④ 윈치드럼

해설 스카이라인을 잡아당기는 경우 집재기로 직접 견인하는 것은 곤란하기 때문에 힐라인과 힐블록을 넣어 견인력을 높여 잡아당긴다. 힐블록에는 2차형, 4차형, 6차형 등이 있다.

51 기계톱으로 가지치기를 할 때 지켜야 할 유의사항이 아닌 것은?

① 후진하면서 작업한다.
② 안내판이 짧은 기계톱을 사용한다.
③ 작업자는 벌목한 나무에 가까이 서서 작업한다.
④ 벌목한 나무를 몸과 체인톱 사이에 놓고 작업한다.

해설 가지치기 작업시 체인톱을 가볍게 접촉시켜 전진하면서 절단한다.

정답 45.④ 46.② 47.① 48.③ 49.① 50.② 51.①

52 내연기관(4행정)에 부착되어 있는 캠축의 역할로 가장 적당한 것은?

① 오일의 순환추진
② 피스톤의 상·하 운동
③ 연료의 유입량을 조절
④ 흡기공과 배기공을 열고 닫음

해설 4행정 엔진이 1사이클을 완료하면 크랭크축이 2회전, 캠축이 1회전을 하면서 각 실린더의 흡기밸브와 배기밸브가 각 1회 열리고 닫히게 된다.

53 손톱의 톱니 부분별 기능에 대한 설명으로 옳지 않은 것은?

① 톱니가슴 : 나무를 절단한다.
② 톱니홈 : 톱밥이 임시 머문 후 빠져나가는 곳이다.
③ 톱니등 : 쐐기역할을 하며 크기가 클수록 톱니가 약하다.
④ 톱니꼭지선 : 일정하지 않으면 톱질할 때 힘이 많이 든다.

해설 톱니등은 나무와의 마찰력을 감소시킨다.

54 벌목용 작업도구로 이용되는 것은?

① 쐐기   ② 이식판
③ 식혈봉   ④ 양날괭이

해설 벌목용으로 톱, 도끼, 쐐기, 목재 돌림대, 갈고리, 밀대, 박피삽, 사피, 측척 등이 있다.

55 기계톱의 연료통(또는 연료통 덮개)에 있는 공기구멍이 막혀 있으면 어떤 현상이 나타는가?

① 연료가 세지 않아 운반 시 편리하다.
② 연료의 소모량을 많게 하여 연료비가 높게 된다.
③ 연료를 기화기로 공급하지 못해 엔진가동이 안 된다.
④ 가솔린과 오일이 분리되어 가솔린만 기화기로 들어간다.

해설 연료통 공기구멍이 막혀 있을 경우 연료 공급이 원활하지 않고 공기가 없어 혼합가스가 만들어지지 않아 엔진가동이 안된다.

56 농업용 트랙터를 임업용으로 활용 시 앞차축과 뒷차축의 하중비로 가장 적절한 것은?

① 50:50   ② 40:60
③ 60:40   ④ 30:70

해설 농용 트랙터는 앞자축 하중보다 뒷자축 하중이 크므로 이를 보완하기 위해 차체 앞부분에 웨이트나 추가 작업기를 부착하여 앞차축과 뒷차축의 하중비를 60:40 으로 조정한다.

57 벌도목 운반이 주목적인 임업기계는?

① 지타기   ② 포워더
③ 펠러번쳐   ④ 프로세서

해설 포워더는 평지에서 집재 통나무를 싣고 운반하는 장비이다.

58 체인톱의 점화플러그 정비 주기로 옳은 것은?

① 일일정비   ② 주간정비
③ 월간정비   ④ 계절정비

해설 점화플러그는 주간 정비 항목이며 양극 간격도 조정하도록 한다.

정답 52.④ 53.③ 54.① 55.③ 56.③ 57.② 58.②

59 벌목작업 시 안전사고 예방을 위하여 지켜야 하는 사항으로 옳지 않은 것은?

① 벌목방향은 작업자의 안전 및 집재를 고려하여 결정한다.
② 도피로는 사전에 결정하고 방해물도 제거한다.
③ 벌목구역 안에는 반드시 작업자만 있어야 한다.
④ 조재작업 시 벌도목의 경사면 아래에서 작업을 한다.

해설 경사지에서 조재작업을 할 때에는 작업자의 발이 나무 밑으로 향하지 않게 주의 하여야 한다.

60 정원목 및 정원석 주위에 입목을 휘감은 풀들을 깎을 때 안심하고 사용가능한 예불기의 날 형태는?

① 회전날식
② 왕복요동식
③ 직선왕복날식
④ 나일론코드식

해설 나일론줄 날 예불기는 일반 예불기로는 안전상 사용이 어려운 묘속이나 콘크리트 등의 주위나 입목을 휘감은 풀을 깍을 때 사용한다.

정답 59.④ 60.④

2016년 제4회 산림기능사

01 인공조림과 비교한 천연갱신의 특징이 아닌 것은?

① 생산된 목재가 균일하다.
② 조림실패의 위험이 적다.
③ 숲 조성에 시간이 걸린다.
④ 생태계 구성원 보호에 유리하다.

> 해설: 생산된 목재가 균일한 것은 인공조림의 특징이다.

02 예비벌을 실시하는 주요 목적으로 거리가 먼 것은?

① 벌채목의 반출 용이
② 잔존목의 결실 촉진
③ 부식질의 분해 촉진
④ 어린나무 발생의 적합한 환경 조성

> 해설: 예비벌은 산벌작업의 초기단계로 피압목, 불량목, 폭목 등 모수로서 부적합한 나무를 벌채하여 산림의 갱신준비 작업을 한다.

03 소나무의 용기묘 생산에 대한 설명으로 옳지 않은 것은?

① 시비는 관수와 함께 실시한다.
② 겨울에는 생장을 하지 않으므로 관수하지 않는다.
③ 육묘용 비료는 하이포넥스(Hyponex)나 BS그린을 사용한다.
④ 피트모스, 펄라이트, 질석을 1:1:1의 비율로 상토를 제조한다.

> 해설: 용기묘는 시설 내부에 있기에 겨울에도 수시로 관수를 해주어야 한다.

04 묘포지 선정 요건으로 거리가 먼 것은?

① 교통이 편리한 곳
② 양토나 사질양토로 관배수가 용이한 곳
③ 1~5° 정도의 경사지로 국부적 기상피해가 없는 곳
④ 토지의 물리적 성질보다 화학적 성질이 중요하므로 매우 비옥한 곳

> 해설: 토양이 과하게 비옥한 토지는 도장의 가능성 있어 피하도록 하며 토성은 사양토나 식양토가 적당하다.

05 구과가 성숙한 후에 10년 이상이나 모수에 부착되어 있어 종자의 발아력이 상실되지 않고 산불이 나면 인편이 열리는 수종은?

① 편백
② 소나무
③ 잣나무
④ 방크스소나무

> 해설: 방크스소나무는 북아메리카가 원산인 외래종으로 산불 직후 싹이 나는 수종이다. 가을에 구과를 채취하여 고온처리를 통해 비늘조각이 벌어지면 종자를 얻을 수 있다.

06 개화한 다음 해에 결실하는 수종으로만 짝지어진 것은?

① 소나무, 자작나무
② 전나무, 아까시나무
③ 오리나무, 버드나무
④ 삼나무, 가문비나무

> 해설: 개화한 다음 해 결실하는 수종으로 소나무, 상수리나무, 굴참나무, 자작나무, 잣나무 등이 있다.

정답 01.① 02.① 03.② 04.④ 05.④ 06.①

07 침엽수 가지치기 방법으로서 적당한 것은?

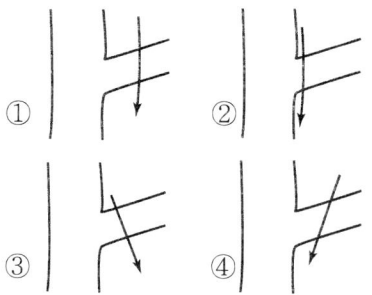

해설 침엽수종은 절단면이 줄기와 평행하게 작업을 실시한다.

08 수종별 무기양료의 요구도가 적은 것에서 큰 순서로 나열된 것은?

① 백합나무<자작나무<소나무
② 자작나무<백합나무<소나무
③ 소나무<자작나무<백합나무
④ 소나무<백합나무<자작나무

해설 일반적으로 활엽수가 침엽수보다 더 많은 양분을 요구하며 양분의 요구도가 큰 순서로는 백합나무, 자작나무, 소나무 순이다.

09 파종상에서 2년, 판갈이상에서 1년 된 만 3년생의 묘목의 표기 방법은?

① 1-2   ② 2-1
③ 1-1-1   ④ 1-0-2

해설 파종상에서 2년, 판갈이 상에서 1년이 된 3년 된 묘목의 경우 〈2-1 묘〉로 표기한다.

10 미래목의 구비 용건으로 틀린 것은?

① 피압을 받지 않은 상층의 우세목
② 나무줄기가 곧고 갈라지지 않은 것
③ 병충해 등 물리적인 피해가 없을 것
④ 주위 임목보다 월등히 수고가 높을 것

해설 미래목의 경우 피압을 받거나 병해충이 없는 우세목으로 선정하며 수고가 높을 필요는 없다.

11 종자 발아시험 기간이 가장 긴 수종들로 짝지어진 것은?

① 소나무, 삼나무
② 곰솔, 사시나무
③ 버드나무, 느릅나무
④ 일본잎갈나무, 가문비나무

해설 종자 발아검사 기준 소나무, 삼나무는 28일이며 사시나무, 느릅나무는 14일, 가문비나무는 21일 정도로 보기 중 가장 긴 수종으로 묶인 것은 소나무와 삼나무이다.

12 T/R율에 대한 설명으로 틀린 것은?

① T/R율의 값이 클수록 좋은 묘목이다.
② 묘목의 지상부와 지하부의 중량비이다.
③ 질소질 비료를 과용하면 T/R율의 값이 커진다.
④ 좋은 묘목은 지하부와 지상부가 균형있게 발달해 있다.

해설 지상부와 지하부의 균형있게 발달하며 T/R률은 적은 것이 좋은 묘목이다.

정답 07.② 08.③ 09.② 10.④ 11.① 12.①

13 모수작업의 모수본수보다 많은 모수를 수광생장을 촉진시켜 벌기에 대경재를 생산하면서 갱신을 동시에 실시하는 방법은?

① 택벌작업　② 중림작업
③ 개벌작업　④ 보잔목작업

해설　보잔목작업은 모수작업과 유사한 갱신작업종으로 모수작업의 모수본수보다 다소 많은 모수의 수광생장을 촉진시켜 다음 벌기에 대경재를 생산하면서 갱신을 동시에 실시하는 방법이며 이때 남겨질 임목을 보잔목이라 한다.

14 주로 뿌리를 이용하여 삽목하는 수종은?

① 삼나무　② 동백나무
③ 오동나무　④ 사철나무

해설　오동나무는 3~4월에 뿌리를 캐어 맹아를 자라게하는 근삽법을 이용한다.

15 솎아베기가 잘된 임지, 유령림 단계에서 집약적으로 관리된 임분에서 생략이 가능한 산벌작업 과정은?

① 후벌　② 종벌
③ 하종벌　④ 예비벌

해설　산림의 갱신준비 작업인 예비벌은 관리가 잘된 임분이나 상황에 따라 생략이 가능하다.

16 소나무 종자의 무게가 45g이고 협잡물을 제거한 후의 무게가 43.2g일 때 순량률은?

① 43%　② 45%
③ 86%　④ 96%

해설　$순량률(\%) = \dfrac{순정종자량(g)}{작업량(g)} \times 100$
$= \dfrac{43.2}{45} \times 100 = 96(\%)$

17 왜림의 특징이 아닌 것은?

① 벌기가 길다.
② 수고가 낮다.
③ 맹아로 갱신된다.
④ 땔감 생산용으로 알맞다.

해설　왜림작업은 활엽수림에 연료재 생산을 목적으로 짧은 벌기령을 가진다.

18 봄에 가식할 장소로서 옳지 않은 것은?

① 바람이 적은 곳
② 남향으로 양지 바른 곳
③ 토양의 습도가 적절한 곳
④ 배수가 양호하고 그늘진 곳

해설　봄에 가식할 때는 배수가 좋은 남향의 사양토나 식양토에 가식한다.

19 간벌에 대한 설명으로 옳지 않은 것은?

① 지름생장을 촉진하고 숲을 건전하게 만든다.
② 빽빽한 밀도로 경쟁을 촉진시켜 나무의 형질을 좋게 한다.
③ 벌채가 되기 전에 나무를 솎아 베어 중간 수입을 얻을 수 있다.
④ 나무를 솎아 벤 곳에 잡초가 무성하게 되어 표토의 유실을 막고 빗물을 오래 머무르게 하여 숲 땅이 비옥해진다.

해설　간벌작업을 통해 임도의 밀도를 낮게하고 수목간의 경쟁을 완화시켜 나무의 형질을 좋게 한다.

20 채종림의 조성 목적으로 가장 적합한 것은?

① 방풍림 조성
② 산사태 방지
③ 우량종자 생산
④ 휴양 공간 조성

정답　13.④　14.③　15.④　16.④　17.①　18.②　19.②　20.③

해설: 채종림은 천연림이나 인공림에서 형질이 우수한 나무를 통해 유전적으로 우량종자를 채집할 목적의 산림이다.

21 우리나라가 원산인 수종은?
① 백송   ② 삼나무
③ 잣나무   ④ 연필향나무

해설: 백송, 삼나무의 원산은 일본이며 연필향나무는 북아메리카가 원산이다. 국내의 고유수종으로는 해송, 잣나무, 전나무, 황철나무 등이 있다.

22 택벌작업의 특징으로 옳지 않은 것은?
① 보속적인 생산
② 산림 경관 조성
③ 양수 수종 갱신
④ 임지의 생산력 보전

해설: 택벌작업은 양수 수종에는 적용하기 곤란하다.

23 묘목을 1.8m×1.8m 정방향으로 식재할 때 1ha당 묘목의 본수로 가장 적당한 것은?
① 약 308본   ② 약 555본
③ 약 3086본   ④ 약 5555본

해설: 식재묘목수 $= \dfrac{10{,}000m^2}{1.8m \times 1.8m} ≒ 3086$ 본

24 파종상의 해가림 시설을 제거하는 시기로 가장 적절한 것은?
① 5월 중순 ~ 6월 중순
② 7월 하순 ~ 8월 중순
③ 9월 중순 ~ 10월 상순
④ 10월 중순 ~ 11월 중순

해설: 너무 오랜 해가림은 생장을 방해하기에 8월부터는 제거해준다.

25 순량률 80%, 발아율 90%인 종자의 효율은?
① 10%   ② 72%
③ 89%   ④ 90%

해설: 효율(%) $= \dfrac{순량률 \times 발아율}{100}$
$= \dfrac{80 \times 90}{100} = 72(\%)$

26 바이러스에 의하여 발병하는 것은?
① 청변병   ② 불마름병
③ 뿌리혹병   ④ 모자이크병

해설: 바이러스병의 증상으로 모자이크, 괴저, 기형, 줄무늬 등이 나타난다.

27 향나무를 중간기주로 하여 기주교대를 하는 병은?
① 잣나무 털녹병
② 밤나무 줄기마름병
③ 대추나무 빗자루병
④ 배나무 붉은별무늬병

해설: 배나무붉은별무늬병의 중간기주는 향나무이다.

28 성충 및 유충 모두가 나무를 가해하는 것은?
① 솔나방
② 솔잎혹파리
③ 미국흰불나방
④ 오리나무잎벌레

해설: 오리나무잎벌레는 성충과 유충이 동시에 잎을 가해한다.

정답 21.③ 22.③ 23.③ 24.② 25.② 26.④ 27.④ 28.④

29 묘포에서 지표면 부분의 뿌리 부분을 주로 가해하는 곤충류는?

① 솜벌레과 ② 풍뎅이과
③ 혹파리과 ④ 유리나방과

해설 뿌리부분을 주로 가해하는 곤충류는 풍뎅이류, 하늘소류이다.

30 곤충과 거미의 차이에 대한 설명으로 옳은 것은?

① 다리의 경우 곤충과 거미 모두 3쌍이다.
② 더듬이의 경우 곤충은 1쌍이고, 거미는 2쌍이다.
③ 날개의 경우 곤충은 보통 2쌍이고, 거미는 1쌍이거나 없다.
④ 곤충은 머리, 가슴, 배의 3부분이고, 거미는 머리가슴, 배의 2부분으로 구분된다.

해설 곤충은 머리, 가슴, 배 3부분으로 분류되며 거미는 머리가슴, 배인 2부분으로 구분된다.

31 연 1회 발생하며 9월 하순 유충이 월동하기 위해 나무에서 땅으로 떨어지는 해충은?

① 소나무좀 ② 솔잎혹파리
③ 미국흰불나방 ④ 오리나무잎벌레

해설 솔잎혹파리는 1년에 1회 발생하고 월동을 위해 유충이 땅으로 내려오게 된다. 이러한 특성을 이용한 방제법으로 임지를 건조하는 방법도 있다.

32 벚나무 빗자루병의 병원체는?

① 세균 ② 자낭균
③ 바이러스 ④ 파이토플라스마

해설 벚나무 빗자루병은 진균(자낭균)에 의해 발생한다.

33 다음 중 솔나방의 주요 가해 부위는?

① 소나무 잎 ② 소나무 뿌리
③ 소나무 줄기 ④ 소나무 종자

해설 솔나방은 유충이 잎을 가해한다.

34 산불에 의한 피해 및 위험도에 대한 설명으로 옳지 않은 것은?

① 침엽수는 활엽수에 비해 피해가 심하다.
② 음수는 양수에 비해 산불위험도가 낮다.
③ 단순림과 동령림이 혼효림 또는 이령림보다 산불의 위험도가 낮다.
④ 낙엽활엽수 중에서 코르크층이 두꺼운 수피를 가진 수종은 산불에 강하다.

해설 단순림과 동령림이 혼효림 또는 이령림보다 산불의 위험도가 높다.

35 아바멕틴 유제 1000배액을 만들려면 물 18L에 몇 mL를 타야 하는가?

① 0.018 ② 1.8
③ 18 ④ 180

해설 소요약량(배액) = $\dfrac{단위면적당사용량}{소요희석배수}$
= $\dfrac{18,000ml}{1000배} = 18ml$

36 진딧물의 화학적 방제법 중 천적보호에 유리한 방제약제로 가장 좋은 것은?

① 훈증제 ② 기피제
③ 접촉 살충제 ④ 침투성 살충제

해설 침투성 살충제는 식물에 약제를 투입시키며 진딧물과 같은 흡즙성 해충 처리에 유리하며 다른 곤충이나 천적등에 피해가 적다.

정답 29.② 30.④ 31.② 32.② 33.① 34.③ 35.③ 36.④

37 곤충이 생활하는 도중에 환경이 좋지 않으면 발육을 멈추고 좋은 환경이 될 때까지 일시적으로 정지하는 현상으로 정상으로 돌아오는데 다소 시간이 걸리는 것은?

① 휴면　　　② 이주
③ 탈피　　　④ 휴지

해설　곤충이 생활하기 불리한 환경 조건을 극복하기 위해 발육을 정지하는 상태를 휴면이라 한다.

38 균류 병원균이 과습한 토양에서 묘목 뿌리로 침입하여 발병하는 것은?

① 반점병　　　② 탄저병
③ 모잘록병　　④ 불마름병

해설　모잘록병은 과습한 토양에서 피해속도가 증가하는 병원균이 있다. 이러한 모잘록병 방제를 위해 묘상의 배수를 양호하게 해주어야 한다.

39 주로 나무의 상처부위로 병원균이 침입하여 발병하는 것으로 상처부위에 올바른 외과수술을 해야 하며, 저항성 품종을 심어 방제하는 병은?

① 향나무 녹병
② 소나무 잎떨림병
③ 밤나무 줄기마름병
④ 삼나무 붉은마름병

해설　밤나무 줄기마름병은 상처부위로 감염되기에 상처에 주의하고 병든 부위는 도려내 도포제로 처리한다.

40 이른 봄에 수목의 발육이 시작된 후에 갑자기 내린 서리에 의해 어린 잎이 받는 피해는?

① 조상　　　② 만상
③ 동상　　　④ 춘상

해설　이른 봄에 서리가 내리는 경우를 늦서리 혹은 만상이라 하며 만상에 의해 어린나무는 고사하기도 한다.

41 농약의 물리적 형태에 따른 분류가 아닌 것은?

① 유제　　　② 분제
③ 전착제　　④ 수화제

해설　전착제는 병해충 및 식물의 전착에 도움을 주는 보조제이다.

42 포플러류 잎의 뒷면에 초여름 오렌지색의 작은 가루덩이가 생기고, 정상적인 나무보다 먼저 낙엽이 지는 현상이 나타나는 병은?

① 잎녹병　　　② 갈반병
③ 잎마름병　　④ 점무늬잎떨림병

해설　포플러 잎녹병의 병징으로 잎 뒷부분에 황색의 돌기가 발생하고 확산되면 잎 전면에 덮히게 된다. 감염시 낙엽이 빨라져 생장이 감소하게 된다.

43 솔나방의 발생 예찰을 하기 위한 방법 중 가장 좋은 것은?

① 산란수를 조사한다.
② 번데기의 수를 조사한다.
③ 산란기 기상 상태를 조사한다.
④ 월동하기 전 유충의 밀도를 조사한다.

해설　솔나방의 경우 전년도 10월 쯤 조사한 유충밀도를 통해 금년 봄의 발생밀도를 예측한다.

정답　37.①　38.③　39.③　40.②　41.③　42.①　43.④

44 농약의 독성에 대한 설명으로 옳지 않은 것은?

① 경구와 경피에 투여하여 시험한다.
② 농약의 독성은 중위치사량으로 표시한다.
③ LD_{50}은 시험동물의 50%가 죽는 농약의 양을 뜻한다.
④ 농약의 독성은 [농약의 양(mg) / 시험동물의 체적(m^3)]으로 표시한다.

해설 세계보건기구에서 쥐를 대상으로 한 급성 경구 및 피부 독성실험에 의거하여 LD_{50}(반수치사량, 중위치사량)을 산출하고 값에 따라 농약의 독성을 분류한다.

45 잣나무 털녹병균의 침입부위는?

① 잎　　　② 줄기
③ 종자　　④ 뿌리

해설 잣나무털녹병균은 잎의 기공으로 침입한다.

46 체인톱의 의한 벌목작업의 기본원칙으로 옳지 않은 것은?

① 벌목작업 시 도피로를 정해둔다.
② 걸린 나무는 지렛대 등을 이용하여 넘긴다.
③ 벌목방향은 집재하기가 용이한 방향으로 한다.
④ 벌목영역은 벌도목을 중심으로 수고의 1.2배에 해당한다.

해설 인접한 곳에서 벌목할 때에는 절단 대상수목을 중심으로 수목 높이의 1.5배 이상 안전거리를 유지하여 작업하여야 한다.

47 벌목 방법의 순서로 옳은 것은?

① 벌목 방향 설정 - 수구자르기 - 추구자르기 - 벌목
② 벌목 방향 설정 - 추구자르기 - 수구자르기 - 벌목
③ 수구자르기 - 추구자르기 - 벌목 방향 설정 - 벌목
④ 추구자르기 - 수구자르기 - 벌목 방향 설정 - 벌목

해설 벌목을 위해 대상목의 방향을 설정하고 수목의 수구를 만들고 반대쪽에 추구 작업을 하여 벌목을 한다.

48 체인톱의 평균 수명과 안내판의 평균 수명으로 옳은 것은?

① 1000시간, 300시간
② 1500시간, 450시간
③ 2000시간, 600시간
④ 2500시간, 700시간

해설 체인톱의 수명은 약 1500시간을 기준으로 하며 안내판은 약 450 시간을 기준으로 한다.

49 2사이클 가솔린엔진의 휘발유와 윤활유의 적정 혼합비는?

① 5:1　　② 1:5
③ 25:1　　④ 1:25

해설 2사이클 가솔린엔진의 경우 휘발유와 윤활유는 25 : 1 배합이 적합하다.

50 예불기의 톱이 회전하는 방향은?

① 시계방향　　② 좌우방향
③ 상하방향　　④ 반시계방향

해설 예불기의 톱날은 좌측방향인 시계반대방향으로 회전한다.

51 체인톱의 체인오일을 급유하는 과정에서 묽은 윤활유를 사용하게 되었을 때 나타나는 가장 주된 현상은?

① 가이드바의 마모가 빨리된다.
② 엔진의 내부가 쉽게 마모된다.
③ 엔진이 과열되어 화재 위험이 높다.
④ 체인톱날이 수축되어 회전속도가 감소한다.

해설 묽은 윤활유 사용시 적정 배합비보다 낮은 함량으로 인하여 부하가 증가되고 가이드바의 마모가 빨라진다.

52 엔진의 성능을 나타내는 것으로 1초 동안에 75kg의 중량을 1m 들어 올리는데 필요한 동력단위를 의미하는 것은?

① 강도   ② 토크
③ 마력   ④ RPM

해설 1초에 75kg 중력을 1m 올리는데 필요한 동력의 단위는 마력이라 하며 PS(독일마력), HP(영국마력) 등으로 표시한다.

53 예불날의 종류에 따른 예불기의 분류가 아닌 것은?

① 회전날식 예불기
② 로터리식 예불기
③ 왕복요동식 예불기
④ 나일론코드식 예불기

해설 예불날의 종류에 따라 회전날식 예불기, 직선왕복날 방식 예불기, 왕복요동식 예불기, 나일론 코드식 예불기 등이 있다.

54 무육 작업을 위한 도구로 가장 거리가 먼 것은?

① 쐐기   ② 보육낫
③ 이리톱   ④ 가지치기 톱

해설 쐐기는 벌목용 장비이다.

55 산림작업용 도끼의 날을 관리하는 방법으로 옳지 않은 것은?

① 아치형으로 연마하여야 한다.
② 날카로운 삼각형으로 연마하여야 한다.
③ 벌목용 도끼의 날의 각도는 9~12°가 적당하다.
④ 가지치기용 도끼의 날의 각도는 8~10°가 적당하다.

해설 연마한 도끼의 날은 아치형을 이루어야 올바른 형태이며 날카로운 삼각형이나 무딘 둔각형은 잘못된 형태로 작업이 어렵고 사고를 유발한 위험이 있다.

56 체인톱에 사용되는 연료인 혼합유를 제조하기 위해 휘발유와 함께 혼합하는 것은?

① 그리스   ② 방청유
③ 엔진오일   ④ 기어오일

해설 체인톱은 2행정 가솔린 기관으로 가솔린과 엔진오일을 25 : 1 정도로 배합한다.

57 활엽수 벌목작업시 손톱의 삼각형 톱니날 젖힘 크기로 가장 적당한 것은?

① 0.1~0.2mm   ② 0.2~0.3mm
③ 0.3~0.5mm   ④ 0.5~0.6mm

해설 침엽수는 0.3 ~ 0.5mm, 활엽수는 0.2 ~ 0.3mm 정도로 젖혀주고 젖힘의 크기는 모든 톱니가 일정해야 한다.

정답 51.① 52.③ 53.② 54.① 55.② 56.③ 57.②

58 4행정기관과 비교한 2행정기관의 특징으로 옳지 않은 것은?

① 연료 소모량이 크다.
② 저속운전이 곤란하다.
③ 동일배기량에 비해 출력이 작다.
④ 혼합연료 이외에 별도의 엔진오일을 주입하지 않아도 된다.

해설 2행정기관은 동일배기량에 비해 출력이 큰 편이다.

59 체인톱의 장기 보관 시 처리하여야 할 사항으로 옳지 않은 것은?

① 연료와 오일을 비운다.
② 특수오일로 엔진을 보호한다.
③ 매월 10분 정도 가동시켜 건조한 방에 보관한다.
④ 장력 조정나사를 조정하여 체인을 항상 팽팽하게 유지한다.

해설 체인톱의 장기 보관은 보기 1,2,3번 항목과 연간 1회 정도 전문가에게 검사를 받도록 한다.

60 체인톱의 안전장치가 아닌 것은?

① 체인잡이
② 핸드가드
③ 방진고무
④ 체인장력 조절나사

해설 기계톱의 안전장치에는 체인브레이크, 체인잡이볼트, 손잡이 및 보호판(핸드가드), 스로틀레버 차단판, 진동방지장치, 소음기, 방진고무 등이 있다.

정답 58.③ 59.④ 60.④

CBT 제1회 산림기능사

01 택벌작업에 대한 특성을 올바르게 설명하고 있는 것은?

① 택벌이 실시된 임분은 크고 작은 나무들이 뒤섞여 함께 자라므로 다층을 이룬 숲의 구조가 되도록 하는 작업
② 인공조림으로 이루어진 일제 동령 임분에 행하는 작업
③ 혼효림으로 저림, 교림을 동일 임지위에 성립시키는 작업
④ 벌채 적지에 모수를 남겨 치수 보호 잔존 모수의 생장 촉진을 위한 작업

> 해설 택벌작업은 벌기, 벌채량, 방법 등 제한이 없고 성숙한 임목을 골라 벌채하는 방법으로 작은 나무들과 뒤섞여 다층의 숲 구조가 나타난다.

02 산벌작업에서의 작업단계가 올바르게 된 것은?

① 예비벌 → 후벌 → 하종벌
② 예비벌 → 종벌 → 수광벌
③ 예비벌 → 하종벌 → 후벌
④ 수광벌 → 종벌 → 하종벌

> 해설 산벌작업은 갱신을 위해 예비벌, 하종벌, 후벌의 과정을 거친다.

03 다음 가지치기의 목적에 대한 설명으로 틀린 것은?

① 옹이가 없는 경제성 높은 목재를 생산한다.
② 하목을 보호하고 생장을 촉진시킨다.
③ 나무끼리의 생존경쟁을 완화시킨다.
④ 산림의 위해를 증가시킨다.

> 해설 가지치기는 옹이가 없는 우량 목재 생산에 적합하며 산림의 위해를 감소시킨다.

04 굵은 생가지치기 시 위험성이 적은 수종은?

① 단풍나무   ② 물푸레나무
③ 벚나무   ④ 포플러류

> 해설 소나무, 낙엽송, 포플러류, 삼나무, 편백 등은 생가지치기 위험이 적은 수종이다.

05 질소고정균인 근류균과 공생하는 수종으로만 짝지어진 것은?

① 아까시나무, 싸리나무
② 오리나무, 신갈나무
③ 리기테다소나무, 은행나무
④ 단풍나무, 낙엽송

> 해설 질소고정균인 근류균과 공생하는 나무에는 비료목의 콩과수목들이 있으며 아까시나무, 자귀나무, 칡, 싸리나무 등이 대표적이다. 대표적인 근류균으로 콩과수목에는 Rhizobium 가 있다.

06 움돋이를 위한 줄기베기의 그림이다. 가장 적합한 것은?

     (a)   (b)   (c)   (d)

① (a)   ② (b)
③ (c)   ④ (d)

> 해설 왜림작업에서 맹아 벌채시 (b) 의 형태가 가장 좋다. 벌채면이 약간 기울어져 있어 물이 고이는 것을 방지할 수 있다.

정답 01.① 02.③ 03.④ 04.④ 05.① 06.②

07 묘포장에서 해가림이 필요하지 않는 수종은?

① 잣나무 ② 전나무
③ 낙엽송 ④ 소나무

해설 소나무와 같은 양수에는 해가림이 필요 없으나 잣나무, 주목, 전나무, 가문비나무 등의 음수수종에 필요하다.

08 연료림 작업에 가장 적합한 작업종은?

① 개벌작업 ② 산벌작업
③ 중림작업 ④ 왜림작업

해설 활엽수림에 연료재 생산을 목적으로 짧은 벌기령을 가지며 개벌 후 근주로부터 나오는 맹아로 갱신하는 방법을 왜림작업이라 한다.

09 가지치기의 장점이 아닌 것은?

① 수고생장을 촉진한다.
② 옹이가 없는 완만재를 생산한다.
③ 나무끼리의 생존경쟁을 강화시킨다.
④ 산림의 위해를 감소시킨다.

해설 가지치기를 통해 나무간의 경쟁을 완화시킨다.

10 2ha의 임야에 밤나무를 4m간격의 정방형 식재를 하려면 얼마의 밤나무 묘목이 필요한가?

① 250본 ② 750본
③ 1250본 ④ 2250본

해설 식재본수 $= \dfrac{20,000m^2}{4m \times 4m} = 1,250$ 본

11 우량묘목 생산기준에서 T/R율은 무엇인가?

① 묘목의 무게이다.
② 묘목의 지상부 무게를 뿌리의 무게로 나눈 값이다.
③ 묘목의 뿌리부 무게를 지상부 무게로 나눈 값이다.
④ 묘목의 지상부의 무게에서 뿌리부의 무게를 뺀 값이다.

해설 T/R 율은 묘목의 지상부 무게를 뿌리의 무게로 나눈 값으로 우량묘목의 경우 T/R 값이 작은 것이 좋다.

12 1급목의 일부도 벌채하는 하층간벌 형식으로 솎아내는 간벌은?

① A종 간벌 ② B종 간벌
③ C종 간벌 ④ D종 간벌

해설 C종 간벌은 2,4,5 급목 전부, 3급목의 대부분을 벌채하고 1급목도 일부 벌채한다.

13 종자의 건조저장법 중 밀봉저장 을 적용하는데 적합 하지 않은 것은?

① 결실주기가 긴 수종에 적용한다.
② 수분이 많은 종자에 적용한다.
③ 소립종자를 가진 침엽수종에 흔히 적용한다.
④ 연구와 시험을 목적으로 할 때 이용한다.

해설 밀봉 저장법은 종자를 건조시켜 진공상태로 밀봉하는 방법으로 종자의 함수율이 5% 내외 정도로 유지하는 것이 좋다.

14 파종작업의 종류가 아닌 것은?

① 흩어뿌림 ② 점뿌림
③ 줄뿌림 ④ 대뿌림

해설 파종작업의 방법에는 산파(흩어뿌림), 조파(줄뿌림), 점파(점뿌림) 등의 방법이 있다.

정 답 07.④ 08.④ 09.③ 10.③ 11.② 12.③ 13.② 14.④

15 개화한 다음 해에 결실하는 수종으로만 짝지어진 것은?

① 소나무, 자작나무
② 전나무, 아까시나무
③ 오리나무, 버드나무
④ 삼나무, 가문비나무

해설 개화한 다음 해 결실하는 수종으로 소나무, 상수리나무, 굴참나무, 자작나무, 잣나무 등이 있다.

16 파종상에서 2년, 판갈이상에서 1년된 만 3년생의 묘목의 표기 방법은?

① 1-2   ② 2-1
③ 1-1-1 ④ 1-0-2

해설 파종상에서 2년, 판갈이 상에서 1년이 된 3년 된 묘목의 경우 〈2-1 묘〉로 표기한다.

17 종자 발아시험 기간이 가장 긴 수종들로 짝지어진 것은?

① 소나무, 삼나무
② 곰솔, 사시나무
③ 버드나무, 느릅나무
④ 일본잎갈나무, 가문비나무

해설 종자 발아검사 기준 소나무, 삼나무는 28일이며 사시나무, 느릅나무는 14일, 가문비나무는 21일 정도로 보기 중 가장 긴 수종으로 묶인 것은 소나무와 삼나무이다.

18 주로 뿌리를 이용하여 삽목하는 수종은?

① 삼나무   ② 동백나무
③ 오동나무 ④ 사철나무

해설 오동나무는 3~4월에 뿌리를 캐어 맹아를 자라게하는 근삽법을 이용한다.

19 봄에 가식할 장소로서 옳지 않은 것은?

① 바람이 적은 곳
② 남향으로 양지 바른 곳
③ 토양의 습도가 적절한 곳
④ 배수가 양호하고 그늘진 곳

해설 봄에 가식할 때는 배수가 좋은 남향의 사양토나 식양토에 가식한다.

20 우리나라가 원산인 수종은?

① 백송   ② 삼나무
③ 잣나무   ④ 연필향나무

해설 백송, 삼나무의 원산은 일본이며 연필향나무는 북아메리카가 원산이다. 국내의 고유수종으로는 해송, 잣나무, 전나무, 황철나무 등이 있다.

21 파종상의 해가림 시설을 제거하는 시기로 가장 적절한 것은?

① 5월 중순 ~ 6월 중순
② 7월 하순 ~ 8월 중순
③ 9월 중순 ~ 10월 상순
④ 10월 중순 ~ 11월 중순

해설 너무 오랜 해가림은 생장을 방해하기에 8월부터는 제거해준다.

22 산림토양층에서 가장 위층에 있는 것은?

① 표토층   ② 심토층
③ 모재층   ④ 유기물층

해설 유기물층은 토양의 단면에서 가장 위층에 존재하며 유기물이 분포되어 있는 층이다.

23 다음 중 내음성이 가장 강한 수종은?

① 밤나무   ② 사철나무
③ 버드나무 ④ 오리나무

해설 주목, 개비자나무, 사철나무, 회양목 등은 극음수로 내음성이 강한 수종이다.

정답 15.① 16.② 17.① 18.③ 19.② 20.③ 21.② 22.④ 23.②

24 수확을 위한 벌채 금지 구역으로 옳지 않은 것은?

① 내화수림대로 조성·관리되는 지역
② 도로변 지역은 도로로부터 평균 수고폭
③ 벌채구역과 벌재구역 사이 100m 폭의 잔존 수림대
④ 생태통로 역할을 하는 8부 능선 이상부터 정상부, 다만 표고가 100m 미만인 지역은 제외

해설) 벌채구역과 벌채구역 사이 20m 폭의 잔존 수림대는 수확을 위한 벌채를 금지하는 구역이다.

25 리기다소나무 노지묘 1년생 묘목의 곤포당 본수는?

① 1,000본   ② 2,000본
③ 3,000본   ④ 4,000본

해설) 리기다소나무 1-0 묘의 곤포당 본수는 2000본이다.

26 산불 발생이 가장 많은 시기는?

① 3~5월   ② 6~8월
③ 9~11월   ④ 12~2월

해설) 국내의 산불은 자연습도가 낮은 봄철에 많이 발생하며 대략 3~5월정도이며 4월에 가장 발생률이 높다.

27 도시의 공원이나 가로수에서 나타나는 수목 피해의 원인으로 틀린 것은?

① 토양 경화
② 호흡 불량
③ 뿌리 조임
④ 자연 유기물비료 과다 공급

해설) 도시공원이나 가로수의 경우 토양에 양분이 부족한 경우가 있기에 자연 유기물비료를 과다하게 공급할 경우 토양의 부족한 양분을 보충하여 수목의 피해를 경감시킨다.

28 다음 중 비생물적 병원(病原)인 것은?

① 선충   ② 진균
③ 공장폐수   ④ 파이토플라스마

해설) 비생물적 병원은 외부적 요인으로 토양, 기상, 양분, 농기구, 공업폐수 등이 있다.

29 다음 해충 중 수피 틈이나 지피물 밑에서 제 5령 유충으로 월동하는 것은?

① 솔나방   ② 매미나방
③ 어스렝이나방   ④ 버들재주나방

해설) 1년에 1회 발생하고 5령충이 지피물 혹은 나무껍질 사이에 월동한다.

30 땅속에서 월동하지 않는 해충은?

① 솔잎혹파리
② 오리나무잎벌레
③ 잣나무넓적잎벌
④ 어스렝이나방

해설) 어스렝이나방은 1년에 1회 발생하며 나무 위에서 알로 월동한다.

31 유충이 4령기까지는 잎 뒤에 실을 토하여 만든 집 속에 떼지어 살지만 5령기부터 흩어져서 엽액만 남기고 7월 중·하순까지 가해하며 생활하는 해충은?

① 독나방   ② 솔수염하늘소
③ 버들재주나방   ④ 미국흰불나방

해설) 미국흰불나방은 부화한 유충은 4령기까지 실을 만들어 잎을 둘러싸고 그 속에서 집단생활을 하며 5령기에 유충으로 흩어져 가해한다.

32 솔나방의 성충 1마리가 몇 개 정도의 알을 낳는가?

① 100개   ② 50~100개
③ 500개 정도   ④ 1000개 정도

정답 24.③ 25.② 26.① 27.④ 28.③ 29.① 30.④ 31.④ 32.③

해설 솔나방은 7~8월쯤 주로 발생하며 500개 내외 정도의 알을 솔잎 위에 낳는다.

33. 침엽수 모잘록병, 삼나무 붉은마름병은 어떤 비료를 많이 주었을 때 잘 발생하는가?

① 질소　② 인산
③ 칼륨　④ 유기질비료

해설 모잘록병, 삼나무 붉은마름병은 질소질비료의 과용을 하면 다량 발생할 수 있다.

34. 다음 중 상대적으로 가장 높은 온도의 발병 조건을 요구하는 수병은?

① 낙엽송 가지끝마름병
② 잿빛곰팡이병
③ 리지나뿌리썩음병
④ 소나무 잎떨림병

해설 리지나뿌리썩음병은 높은 온도에서 포자가 발아하여 발병하기에 산불피해지에 주로 나타난다.

35. 피해목을 벌채한 후 약제 훈증처리의 방제가 필요한 수병은?

① 대추나무 빗자루병
② 뽕나무 오갈병
③ 잣나무 털녹병
④ 참나무 시들음병

해설 참나무 시들음병의 방제법 중 한 방법으로 피해목을 벌목하여 메탐소듐 액제로 훈증한다.

36. 응애만을 죽일 수 있는 약제를 무엇이라 부르는가?

① 살충제　② 살균제
③ 살서제　④ 살비제

해설 살비제는 응애류를 선택적으로 방제하는 약제이며 작용점 및 작용기작의 경우 살충제와 유사한 특성을 가진다.

37. 다음 피해 증상 중 공해 피해(아황산가스) 증상을 바르게 설명한 것은?

① 잎에 둥근무늬가 생기고 갈색으로 변한다.
② 잎의 뒷면이 흰가루를 뿌린 것같이 보이고 색깔은 변하지 않는다.
③ 잎의 가장자리와 엽맥 사이에 암녹색의 괴사반점이 나타난다.
④ 잎에 그을음이 붙어 있는 것같이 검게 변한다.

해설 아황산가스는 식물체의 잎의 기공을 통해 유입되며 황산염 형태로 축적되며 잎의 끝부분과 엽맥 사이의 조직이 괴사되는 현상을 보인다.

38. 항생물질 살균제가 아닌 것은?

① 석회황합제
② 스트렙토마이신
③ 옥시테트라사이클린
④ 폴리옥신비

해설 항생물질 살균제는 농용항생제라 하며 가스가마이신, 스트렙토마이신, 폴리옥신비, 옥시테트라사이클린제 등이 있다.

39. 서릿발이 가장 많이 발생하는 곳은?

① 사양토　② 양토
③ 사토　④ 점토

해설 서릿발은 진흙이 많은 토양인 점토일수록 피해 정도가 심하게 나타난다.

40. 다음 중 담자균류에 의한 수병은?

① 소나무 혹병
② 밤나무 줄기마름령
③ 그을음병
④ 오동나무 탄저병

해설 담자균에 의해 발생하는 수목병으로 소나무혹병, 잣나무털녹병, 포플러잎녹병 등이 있다.

정답　33.①　34.③　35.④　36.④　37.③　38.①　39.④　40.①

41 기계톱 체인의 깊이제한부 역할은?

① 절삭 폭을 조절한다.
② 절삭 두께를 조절한다.
③ 절삭 각도를 조절한다.
④ 절삭 방향을 조절한다.

> 해설 톱날의 깊이제한부는 톱날이 한번에 팔수 있는 깊이로 절삭의 두께를 조절한다.

42 기계톱의 연료와 오일을 혼합할 때 휘발유 15리터이면 오일의 적정 양은 얼마인가?(단, 오일은 특수오일이 아님)

① 0.06리터 ② 0.15리터
③ 0.6리터 ④ 1.5리터

> 해설 체인톱은 2행정기관으로 연료와 윤활유를 25:1 비율로 배합하며 15L 연료의 경우 0.6L 를 배합한다.

43 기계톱의 사용 시 오일함유비가 낮은 연료의 사용으로 나타나는 현상으로 옳은 것은?

① 검은 배기가스가 배출되고 엔진에 힘이 없다.
② 오일이 연소되어 퇴적물이 연소실에 쌓인다.
③ 엔진 내부에 기름칠이 적게 되어 엔진을 마모시킨다.
④ 스파크플러그에 오일막이 생겨 녹킹이 발생할 수 있다.

> 해설 오일 함유비가 낮을 경우 엔진 내부 기름칠이 적어 엔진이 마모되기도 한다.

44 자동지타기를 이용한 작업에 대한 설명으로 옳지 않은 것은?

① 절단 가능한 가지의 최대직경에 유의한다.
② 우천 시 미끄러짐, 센서 이상 등의 문제점이 있다.
③ 나선형으로 올라가지 못하고 곧바로만 올라간다.
④ 승강용 바퀴 답압에 의해 수목에 상처가 발생하기도 한다.

> 해설 자동지타기는 수간을 나선형으로 돌면서 체인톱에 의해 가지를 제거한다.

45 임목수확작업 기계화에 대한 설명으로 옳지 않은 것은?

① 기상 및 지형 등 자연조건에 따라 작업능률에 미치는 영향이 크다.
② 임목의 규격화가 불가능하므로 목적에 맞는 기계를 선택해야 한다.
③ 작업의 소규모화에 따라 다공정 기계장비보다 전문 기계장비가 경제적이다.
④ 기계 조작 작업원의 숙련 정도에 따라 작업 능률에 미치는 영향이 크다.

> 해설 소규모 작업에는 전문 기계장비보다는 다공정 기계장비가 경제적이고 효율적이다.

46 손톱 톱니의 각 부분에 대한 설명으로 옳지 않은 것은?

① 톱니가슴 : 나무와의 마찰력을 감소시킨다.
② 톱니꼭지각 : 각이 작을수록 톱니가 약하다.
③ 톱니홈 : 톱밥이 임시 머문 후 빠져 나가는 곳이다.
④ 톱니꼭지선 : 일정하지 않으면 톱질할 때 힘이 든다.

> 해설 톱니가슴각은 나무를 절단하는 부분이다.

정답 41.② 42.③ 43.③ 44.③ 45.③ 46.①

47 기계톱의 안전장치가 아닌 것은?

① 이음쇠 ② 핸드가드
③ 체인잡이 ④ 안전스로틀

> 해설) 기계톱의 안전장치로 앞, 뒤손 보호판, 체인브레이크, 체인잡이볼트, 체인덮개, 완충스파이크, 스로틀레버차단판, 진동방지장치, 소음기, 방진고무 등이 있다.

48 실린더 속에서 가스가 압축되는 정도를 나타내는 압축비의 공식은?

① $\dfrac{행정용적 + 압축용적}{연소실용적}$
② $\dfrac{연소실용적 + 행정용적}{연소실용적}$
③ $\dfrac{크랭크실용적 + 압축용적}{크랭크실용적}$
④ $\dfrac{연소실용적 + 크랭크용적}{행정용적}$

> 해설) 실린더 속에서 가스가 압축되는 정도를 압축비라 하고 구하는 방법은 아래와 같다.
> 압축비 = $\dfrac{연소실용적 + 행정용적}{연소실용적}$

49 다음 중 벌목용 작업 도구가 아닌 것은?

① 쐐기 ② 밀대
③ 이식승 ④ 원목돌림대

> 해설) 벌목용으로 톱, 도끼, 쐐기, 목재 돌림대, 갈고리, 밀대, 박피삽, 사피, 측척 등이 있다.

50 기계톱의 크랭크축에 연결하여 톱체인을 회전하도록 하는 것은?

① 체인 ② 안내판
③ 스프라켓 ④ 전방손잡이

> 해설) 스프로킷은 체인을 걸어 톱날을 구동하는 톱니바퀴로 크랭크축에 연결되어 톱체인을 회전시킨다.

51 소형원치의 일반적인 사용목적으로 옳지 않은 것은?

① 대경재의 장거리 집재용
② 수라 설치를 위한 수라 견인용
③ 설치된 수라의 집재선까지의 횡집재용
④ 대형 집재장비의 집재선까지의 소집재용

> 해설) 소형원치는 지형이 험하거나 단거리의 통나무 집재시 이용된다.

52 휘발유와 윤활유 혼합비가 50 : 1일 경우 휘발유 20리터에 필요한 윤활유는?

① 0.2 리터 ② 0.4 리터
③ 0.6 리터 ④ 0.8 리터

> 해설) 휘발유와 윤활유의 혼합비가 50 : 1 인 경우 휘발유 20L 에 들어갈 윤활유는 〈50:1 = 20:0.4〉로 0.4 L 가 필요하다.

53 예불기의 원형톱날 사용 시 안전사고 예방을 위해 사용 금지된 부분은?

① 시계점 12 ~ 3시 방향
② 시계점 3 ~ 6시 방향
③ 시계점 6 ~ 9시 방향
④ 시계점 9 ~ 12시 방향

> 해설) 예불기는 톱날의 사각지점(12시 방향 ~ 3시방향)의 사용을 금지한다.

54 다음 중 조림 및 육림용 기계가 아닌 것은?

① 원치 ② 예불기
③ 동력지타기 ④ 체인톱

> 해설) 원치는 집재용 기계이다.

정답 47.① 48.② 49.③ 50.③ 51.① 52.② 53.① 54.①

55 예불기에 의한 작업 시 톱날의 위치는 지상으로부터 어느 정도의 높이가 가장 적당한가?

① 1~5cm
② 5~10cm
③ 10~20cm
④ 20~30cm

해설 예불기의 톱날은 지면에서 10~20cm 높이에 위치하는 것이 적당하고 톱날의 각도는 5~10° 정도를 유지하도록 한다.

56 전문 벌목용 체인톱의 일반적인 본체 수명으로 옳은 것은?

① 500시간 정도
② 1,000시간 정도
③ 1,500시간 정도
④ 2,000시간 정도

해설 체인톱 수명은 약 1500 시간 정도이다.

57 다음 ( )안에 적당한 값을 순서대로 나열한 것은?

> 기계톱의 체인 규격은 피치(pitch)로 표시하는데, 이는 서로 접하여 있는 ( )개의 리벳 간격을 ( )로 나눈 값을 나타낸다.

① 1, 2
② 3, 2
③ 2, 4
④ 4, 2

해설 톱체인 규격은 피치로 표시하며 피치는 3개의 리벳 간격의 1/2 길이를 말한다.

58 톱니를 갈 때 약간 둔하게 갈아야 톱의 수명도 길어지고 작업능률도 높아지는 벌목지는?

① 소나무 벌목지
② 포플러류 벌목지
③ 참나무류 벌목지
④ 잣나무 벌목지

해설 침엽수보다는 활엽수의 목섬유 강도가 강해서 톱니를 갈 때 약간 둔하게 갈아야 수명이 길어지고 작업능률이 높아진다.

59 임도가 적고 지형이 급경사지인 지역의 집재작업에 가장 적합한 집재기는?

① 포워더
② 타워야더
③ 트랙터
④ 펠러번처

해설 타워야더는 임도나 작업로에서 가선을 설치하여 원목을 이동시키는 집재 및 운재 기기이다. 임도가 적고 지형이 급경사지에서의 집재작업에 용이하다.

60 다음 중 임업기계의 외관검사 정비방법에 대한 설명으로 틀린 것은?

① 기계의 외관이나 분해하지 않아도 볼 수 있는 내부를 검사하여, 볼트, 너트, 나사류의 조임, 결손 등을 점검 한다.
② 회전을 정지하여 각 축 부위의 발열 상태를 점검할 때 뜨겁게 느껴질 때에는 이상이 발생한 것이다.
③ 주철제 브레이크 드럼, 기어박스 등을 맨손으로 만져보아 점검한다.
④ 오일유출은 없는가 확인하고 밀폐된 기어박스 등으로부터 오일이 나오고 있는 경우에는 오일 실의 마모, 가스켓의 불량 등을 생각할 수 있다.

해설 주철제 브레이크 드럼, 기어박스 등은 테스트 해머로 두들겨 보면 균열이 있는 경우는 깨끗한 음이 나지 않으므로 확인이 가능하다.

정답 55.③ 56.③ 57.② 58.③ 59.② 60.③

CBT 제2회 산림기능사

01 왜림 작업으로 가장 적합한 수종은?
① 전나무 ② 가문비나무
③ 아까시나무 ④ 향나무

> 해설) 왜림작업은 맹아갱신이 가능한 수종으로 상수리나무, 신갈나무, 굴참나무, 서어나무, 물푸레나무, 오리나무, 포플러, 피나무, 밤나무, 아까시나무 등이 적합하다.

02 대나무 숲의 갱신은 원칙적으로 어떤 방법으로 벌채하는가?
① 개벌작업 ② 산벌작업
③ 택벌작업 ④ 중림작업

> 해설) 대나무숲(죽림)은 택벌을 원칙으로 하나 소립해 있는 부분은 개벌하기도 한다.

03 성숙한 임분을 대상으로 벌채를 실시할 때 모수가 되는 임목을 산생시키거나 군상으로 남겨 두어 갱신에 필요한 종자를 공급하게 하고 그 밖의 임목은 개벌하는 갱신법은?
① 보잔목법 ② 택벌작업법
③ 보속작업법 ④ 모수작업법

> 해설) 성숙임분을 대상으로 실시하는 것이 유리하며 종자를 공급할수 있는 모수만 남기고 그 외 나무를 일시에 베어내는 작업을 말한다.

04 현재 리기다소나무로 조성되어 있는 숲을 잣나무 숲으로 전면 갱신하고자 할 때 가장 적합한 작업종은?
① 개벌작업 ② 제벌작업
③ 산벌작업 ④ 택벌작업

> 해설) 특정 수종의 숲을 다른 수종으로 전면 갱신할 때는 임분 전체를 1회에 벌채하는 개벌작업이 적합하다.

05 나무를 심고 나서 바로 또는 몇 달 뒤에 비료를 주는 것으로, 묘목의 줄기를 중심으로 하여 가장 긴 가지의 길이를 반지름으로 하는 원둘레에 5~10cm의 깊이로 구멍을 파고 그곳에 비료를 넣어 주는 방법은?
① 구덩이 전체 시비법
② 구덩이 밑 시비법
③ 구덩이 위 시비법
④ 측방 시비법

> 해설) 측방시비는 묘목의 줄기를 중심으로 가장 긴 가지의 길이를 반지름으로 하여 원둘레의 구멍을 파고 시비하는 방법이다. 경사지 위쪽에 같은 간격의 구멍을 4개를 파고 시비한다.

정답 01.③ 02.③ 03.④ 04.① 05.④

06 다음 그림에서 제벌작업 시 제거되어야 할 나무로 가장 잘 짝지어진 것은?

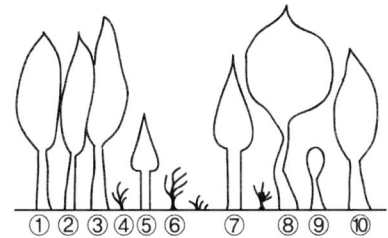

① ①, ⑧
② ④, ⑤
③ ⑦, ⑨
④ ②, ⑧

해설 제벌작업은 부적절한 임목을 선별하고 제거하여 원하는 생육환경을 조성하는 것을 목적으로 한다. 제거 대상목은 유해수종, 덩굴류, 피해목, 폭목 등으로 선정한다.

07 중부 이북지방을 제외한 전국에 리기테다 소나무의 식재를 권장하고자 할 때 그 이유로 가장 적합한 것은?

① 결실력이 강하므로
② 내충성이 리기다소나무 보다 강하므로
③ 수지의 분비량이 테에다소나무보다 많으므로
④ 내한력과 재질이 우수하므로

해설 리기테다소나무는 리기다소나무와 테다소나무의 교잡종으로 내한성이 강하고 재질이 우수하여 중부 이북지방을 제외한 다른 지역에 식재를 권장한다.

08 우량목과 불량목의 비율이 어느 정도 되어야만 그 임분은 좋은 채종림이 될 수 있는가?

① 우량목 30% 이상, 불량목 10% 이하
② 우량목 40% 이상, 불량목 10% 이하
③ 우량목 50% 이상, 불량목 20% 이하
④ 우량목 70% 이상, 불량목 30% 이하

해설 채종림 선발은 우량목, 중간목, 불량목으로 구분하고 우량목이 전체 나무의 50% 이상, 불량목은 20% 이하일 경우 양호한 상태라 할 수 있다.

09 개벌작업의 장점은?

① 잡초, 관목 등 식생이 무성하게 된다.
② 병충해가 한번 발생되어도 크게 번지지 않는다.
③ 수풀이 단조롭고 아름답다.
④ 작업이 한 지역에 집중되어 간편하고 경제적으로 진행될 수 있다.

해설 개벌작업은 임분 전체를 1회의 벌채로 모두 제거하고 작업이 한 지역에 집중되기에 경제적이다.

10 밤나무를 식재면적 1ha에 묘목간 거리 5m로 정사각형 식재를 할 때 총 소요 묘목 본수는?

① 400본
② 500본
③ 1200본
④ 3000본

해설 $\dfrac{10,000\,m^2}{5m \times 5m} = 400$ 본

11 덩굴식물을 설명한 것 중 옳지 않은 것은?

① 대체적으로 햇빛을 좋아하는 식물이다.
② 칡이 항상 문제로 되고 있다.
③ 덩굴치기의 시기는 덩굴식물이 뿌리속의 저장양분을 소모한 7월경이 좋다.
④ 덩굴을 잘라주면 쉽게 제거할 수 있다.

해설 덩굴의 제거를 위해서는 뿌리 굴취나 화학약제를 통해 완전제거가 가능하다.

12 덩굴식물에 속하지 않은 것은?

① 칡
② 머루
③ 다래
④ 편백

해설 덩굴식물에는 칡, 다래, 담쟁이덩굴, 머루, 으름덩굴 등이 있다.

정답 06.④ 07.④ 08.③ 09.④ 10.① 11.④ 12.④

13 잣나무 2 – 1 – 1 묘란 몇 년생 묘목을 뜻하는가?

① 1년생 ② 2년생
③ 3년생 ④ 4년생

해설) 2-1-1 묘는 파종상 2년, 이후 2회의 이식이 있었으며 각 1년을 지낸 4년생 실생묘이다.

14 측방천연하종 갱신을 할 때 항상 염두에 두고 고려해야 할 사항은?

① 바람 ② 충해
③ 비효 ④ 지력

해설) 측방천연하종 갱신은 종자가 가볍고 비산거리가 상대적으로 긴 수종에 유리한데 종자가 충분히 퍼지기 위해서는 바람의 역할이 중요하다.

15 다음 중 벌목구역 및 갱신기간이 가장 뚜렷하지 않는 벌채 방식은?

① 택벌작업 ② 개벌작업
③ 군상산벌작업 ④ 모수작업

해설) 택벌작업은 벌기, 벌채량, 방법 등 제한이 없고 성숙한 임목을 골라 벌채하는 방법으로 구역 및 기간이 명확하지는 않다.

16 조림지 준비 작업에서 둘러베기 방법을 적용하는데 적합한 수종은?

① 소나무 ② 곰솔
③ 일본잎갈나무 ④ 호두나무

해설) 호두나무의 경우 병충해를 예방하고 호두나무의 피압을 막고 시비효과를 높이기 위해 둘레베기를 한다.

17 뿌리가 1년, 지상부가 1년생 된 삽목묘의 올바른 표시법은?

① B 0/2 ② C 1/1
③ D 1/2 ④ A 2/1

해설) 뿌리가 1년, 지상부가 1년의 삽목묘는 뿌리의 나이를 분모, 줄기의 나이를 분자로 나타내며 C 1/1 식으로 표기한다.

18 임목종자의 발아에 필요한 필수 3요소는?

① 비료, 수분, 광선
② 온도, 수분, 산소
③ CO_2, 온도, 광선
④ 공기, 양분, 광선

해설) 종자의 발아조건으로 산소, 수분, 온도, 광선 등이 있다.

19 조림지 중 어린 임분에서 밀도가 높은 생장이 비슷할 때 한 줄씩 간벌하는 것은?

① 정성간벌 ② 정량간벌
③ 도태간벌 ④ 기계적 간벌

해설) 기계적 간벌은 남겨둘 나무간의 거리를 정해두고 그 외 나무들을 제거하는 방법이다.

20 종자 구입 시 가장 중요시 되는 요인이며 조림의 성과에 큰 영향을 미치는 것은?

① 종자회사 ② 종자산지
③ 종자채취인 ④ 종자가격

해설) 종자의 산지구역에 환경에 따라 조림의 성과에 많은 영향을 미친다.

21 다음 수종 중 도입수종이 아닌 것은?

① 리기다소나무 ② 백합나무
③ 낙우송 ④ 느티나무

해설) 느티나무는 토종수종이며 리기다소나무, 백합나무, 낙우송은 미국에서의 도입수종이다.

정답 13.④ 14.① 15.① 16.④ 17.② 18.② 19.④ 20.② 21.④

22 침엽수종의 간벌재가 경제적인 가치에 도달하게 되었을 때 처음 간벌은 보통 몇 년생일 때 실시하는가?

① 5~10년 ② 15~20년
③ 25~30년 ④ 35~40년

> **해설** 침엽수종은 15~20년생 일 때 1차 간벌을 실시하며 활엽수종은 30~40년생일 때 실시한다.

23 용재와 신탄재를 동시에 생산할 수 있는 작업종은?

① 교림작업 ② 저림작업
③ 중림작업 ④ 왜림작업

> **해설** 용재 생산이 목적인 교림작업, 연료재 생산이 목적인 왜림작업을 동시에 실시하는 것을 중림작업이라 한다.

24 산벌작업에서의 작업단계가 올바르게 된 것은?

① 예비벌 → 후벌 → 하종벌
② 예비벌 → 종벌 → 수광벌
③ 예비벌 → 하종벌 → 후벌
④ 수광벌 → 종벌 → 하종벌

> **해설** 산벌작업은 갱신을 위해 예비벌, 하종벌, 후벌의 과정을 거친다.

25 다음 중 개량종자를 공급할 목적으로 인위적으로 조성된 것은?

① 채종림 ② 잠정 채종림
③ 채종원 ④ 채수원

> **해설** 채종원은 우량 종자를 지속적으로 공급할 목적으로 채종림에서 선발된 수형목의 종자나 클론에 의해 조성된 1세대 채종원으로 인위적인 수목 집단이다.

26 한상(寒傷)에 대한 설명으로 옳은 것은?

① 식물체의 조직 내에 결빙현상은 발생하지 않지만 저온으로 인해 생리적으로 장애를 받는 것이다.
② 온대식물이 피해를 가장 받기 쉽다.
③ 저온으로 인해 식물체 조직 내에 결빙현상이 발생하여 식물체를 죽게 한다.
④ 한겨울 밤 수액이 저온으로 인해 얼면서 부피가 증가할 때 수간이 갈라지는 현상이다.

> **해설** 한상은 식물체 세포 내에 결빙현상은 나타나지 않으나 저온으로 인해 생리적 장애가 발생하여 생육에 지장을 초래하는 경우를 말한다.

27 유충으로 월동하는 해충끼리 짝지어진 것은?

① 참나무재주나방 - 잣나무넓적잎벌
② 미국흰불나방 - 누런솔잎벌
③ 매미나방 - 어스렝이나방
④ 독나방 - 버들재주나방

> **해설** 유충으로 월동하는 해충으로 솔나방, 솔잎혹파리, 밤나무혹벌, 솔알락명나방, 독나방, 버들재주나방 등이 있다.

28 솔잎혹파리의 월동장소로 옳은 것은?

① 나무껍질 사이 ② 땅속
③ 솔잎 사이 ④ 나무 속

> **해설** 솔잎혹파리는 1년에 1회 발생하고 유충형태로 지피물 아래 혹은 땅속에서 월동한다.

29 유아등(誘蛾燈)을 이용한 솔나방의 구제 적기는?

① 3월 하순~4월 중순
② 5월 하순~6월 중순
③ 7월 하순~8월 중순
④ 9월 하순~10월 중순

정답 22.② 23.③ 24.③ 25.③ 26.① 27.④ 28.② 29.③

해설 ▶ 솔나방은 주광성이 있어 유아등을 이용하여 유살하는데 7~8월쯤이 구제 적기이다.

30 우리나라 산림해충 중에서 많은 종류를 차지하고 있으며, 대부분 외골격이 발달하여 단단하며, 씹는 입틀을 가지고 완전변태를 하는 해충은?

① 딱정벌레목 ② 나비목
③ 노린재목   ④ 벌목

해설 ▶ 딱정벌레목은 곤충의 종 가운데 40% 정도인 35만여종을 차지하는 목으로 가장 많은 종수를 가지고 있다. 대부분 외골격이 발달하여 단단하고 씹는 입틀을 가지고 있으며 완전변태를 한다.

31 산림해충의 방제 시 분제(粉劑)살포에 대한 설명으로 틀린 것은?

① 인가주변이나 큰 도로 가까이에 사용이 용이하다.
② 저녁때는 상승기류가 없을 때 살포한다.
③ 단위시간당 액제보다 넓은 면적을 살포할 수 있다.
④ 살포량은 줄기나 잎을 손으로 문질렀을 때 가루가 손에 묻을 정도이면 좋다.

해설 ▶ 분제는 물에 섞지 않고 제품 그대로 살포하는 고체시용제로 잔효성이 수화제나 유제에 비해 낮은 편이라 인가주변이나 도로 가까이에서는 사용을 피해야 한다.

32 포플러 잎녹병 병원균의 상태를 가장 잘 나타낸 것은?

① 병원균이 포플러나 중간기주인 낙엽송과 현호색을 기주교대 하는 2종 기생균이다.
② 포플러의 잎에 녹병정자와 녹포자를 형성한다.
③ 낙엽송의 잎에 여름포자와 겨울포자를 형성한다.
④ 여름에 잎 뒷면에 노랑색의 소립점을 형성하고 겨울에는 잎이 담황색으로 변한다.

해설 ▶ 포플러는 기주인 포플러와 중간기주인 낙엽송, 현호색, 줄꽃주머니를 기주교대하는 이종 기생균이다.

33 잣나무 털녹병의 중간기주로 병의 예방을 위해서 잣나무부근에 식재를 피해야 할 수종은?

① 소나무   ② 비자나무
③ 참중나무 ④ 까치밥나무

해설 ▶ 잣나무 털녹병의 중간기주로 송이풀, 까치밥나무가 있으며 이들은 잣나무 부근의 식재를 피하도록 한다.

34 경사가 급하고 구름지가 많은 지형에서 연소방향 반대사면의 어느 곳이 불을 끌 수 있는 가장 좋은 장소인가?

① 8~9부 능선 ② 5부 중선
③ 산복부 부근 ④ 계곡 부근

해설 ▶ 산정 또는 능선 뒤편 8~9부 능선은 방화선을 설치하기 적합하다.

35 환경요인은 수목법을 발생시키는 요인으로서 중요 하게 작용한다. 환경요인과 병을 연결한 것으로 틀린 것은?

① 강풍 - 잣나무 잎떨림병
② 상처 - 밤나무 줄기마름병
③ 대기오염 - 소나무 그을음잎마름병
④ 산불, 모닥불 - 리지나뿌리썩음병

해설 ▶ 잣나무 잎떨림병은 강우에 의해 자낭포자가 비산하여 기공을 통해 침입한다.

정답 30.① 31.① 32.① 33.④ 34.① 35.①

36 다음 나비목 유충의 모식도에서 『가』의 명칭은?

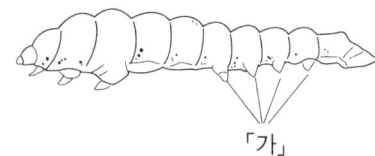

① 머리 ② 다리
③ 복지 ④ 기문

해설 나비목 유충의 배마디에는 복지가 있다.

37 뛰어난 번식력으로 인하여 수목 피해를 가장 많이 끼치는 동물로 올바르게 짝지은 것은?

① 사슴, 노루 ② 곰, 호랑이
③ 산토끼, 들쥐 ④ 산까치, 박새

해설 산토끼와 들쥐는 번식력이 강하며 산토끼는 어린싹이나 수피를 가해하고 들쥐는 임목의 목질부를 가해한다.

38 다음 중 바이러스에 의하여 발생되는 수목병해로 옳은 것은?

① 청변병 ② 불마름병
③ 뿌리혹병 ④ 모자이크병

해설 바이러스에 의해 발생하는 증상으로 위축 모자이크, 괴저, 잎말림, 돌기 등이 있다.

39 살충제 중 유제에 대한 설명으로 옳지 않은 것은?

① 수화제에 비하여 살포용 약액조제가 편리하다.
② 포장, 우송, 보관이 용이하며 경비가 저렴하다.
③ 일반적으로 수화제나 다른 제형보다 약효가 우수하다.
④ 살충제의 주제를 용제에 녹여 계면활성제를 유화제로 첨가하여 만든다.

해설 유제는 수화제보다는 살포액의 조제가 편리하고 약효가 높으나 제조비가 높은 편이다.

40 다음 중 잎을 가해하지 않는 해충은?

① 솔나방 ② 소나무좀
③ 미국흰불나방 ④ 오리나무잎벌레

해설 소나무좀은 주로 줄기를 가해한다.

41 노동강도의 경중(輕重)은 에너지대사율로 표시하는데 다음 중 표시방법으로 옳은 것은?

① GNP ② MRA
③ PPM ④ RMR

해설 에너지 대사율(RMR : Relative Metabolic Rate)은 산소 호흡량을 측정하여 에너지의 소모량을 표시하는 것이다.

42 기계톱 기화기의 벤트리관으로 유입된 연료량은 무엇에 의해 조정될 수 있는가?

① 저속조절나사와 노즐
② 지뢰쇠와 연료유입 조정 니들밸브
③ 고속조절나사와 공전조절나사
④ 배출 밸브막과 펌프막

해설 주연료 노즐끝의 압력을 낮추어 연료가 주연료 노즐에서 분출하게 한다. 유입된 연료는 고속조절나와와 기화기의 외부에 공전조절나사에 의해 조정된다.

43 기계톱의 엔진 과열현상이 일어날 수 있는 원인으로 가장 거리가 먼 것은?

① 사용연료의 부적합
② 점화플러그의 불량
③ 냉각판에 먼지흡착
④ 클러치의 측면 마모

해설 기계톱 엔진이 과열되는 경우 사용연료의 부적합, 점화플러그 불량, 냉각핀의 오염 및 먼지흡착, 연료실 카본 부착 등을 확인한다.

정답 36.③ 37.③ 38.④ 39.② 40.② 41.④ 42.③ 43.④

44 2행정기관은 크랭크축이 1회전 할 때마다 몇 회 폭발하는가?

① 1회 ② 2회
③ 3회 ④ 4회

해설 2행정 기관은 1회의 동력을 얻기 위해 1회의 크랭크축의 회전이 필요하고 이때 1회 폭발한다.

45 반끌형 톱날의 연마각도로 맞는 것은?

① 창날각 : 35° ② 가슴각 : 60°
③ 지붕각 : 85° ④ 수직각 : 45°

해설 반끝형톱날은 창날각 35°, 가슴각 85°, 지붕각 60° 이다

46 산림작업으로 인한 피로의 회복방법 중 적합하지 않은 것은?

① 휴식과 숙면을 취할 것
② 충분한 영양을 섭취할 것
③ 산책 및 가벼운 체조를 실시할 것
④ 스트레스 해소를 위하여 수영, 축구, 격투기 등의 운동을 할 것

해설 산림작업자의 피로 회복을 위해서는 음악감상 및 오락 등의 가벼운 취미 생활을 통해 기분전환을 하는 것이 좋다. 수영, 축구 등의 운동은 피로의 누적 가능성이 있어 피하도록 한다.

47 산림작업이 어려운 이유가 아닌 것은?

① 비, 바람 등과 같은 기상조건에 영향을 덜 받는다.
② 산림작업 도구 및 기계 자체가 위험성을 내포하고 있다.
③ 독사, 독충, 구르는 돌 등에 의해 피해를 받기 쉽다.
④ 산악지의 장애물과 경사로 인해 미끄러지기 쉽다.

해설 산림작업은 대부분 외업으로 비, 바람 등과 같은 기상조건에 영향을 많이 받는다.

48 산림 작업용 도끼를 손질할 때 날카로운 삼각형으로 연마하지 않고 아치형으로 연마하는 이유로 가장 적합한 것은?

① 도끼날이 목재에 끼이는 것을 막기 위하여
② 연마하기 쉽기 때문에
③ 도끼날의 마모를 줄이기 위하여
④ 마찰을 줄이기 위하여

해설 도끼날이 날카로운 삼각형 형태로 연마되면 벌목시 날이 나무속에 끼이기 쉽기 때문이다.

49 벌목작업 기술에서 수평절단기술과 거리가 먼 것은?

① 아래로 절단하는 기분으로 왼손 손잡이를 약간 들어 준다.
② 왼손은 손잡이 왼쪽을 잡아준다.
③ 왼손을 축으로 하여 오른손으로 돌린다.
④ 지렛대 발톱을 축으로 하여 뒷손잡이를 사용한다.

해설 벌목작업시 왼손을 축으로 하여 오른손을 15° 정도 아래로 한다.

50 일반 상황하에서의 벌목작업 과정 중 순서가 올바른 것은?

① 작업도구 정돈 → 정확한 벌목방향결정 → 주위정리 → 추구만들기 → 수구만들기
② 작업도구 정돈 → 주위정리 → 정확한 벌목 → 방향결정 → 수구만들기 → 추구만들기
③ 작업도구 정돈 → 정확한 벌목방향결정 → 수구만들기 → 추구만들기 → 주위정리
④ 작업도구 정돈 → 정확한 벌목방향결정 → 주위정리 → 수구만들기 → 추구만들기

정답 44.① 45.① 46.④ 47.① 48.① 49.① 50.④

해설 벌목을 위해 작업도구를 정리하고 벌목의 방향을 결정한다. 방향이 결정되면 주위정리를 통해 대피장소를 확보한다. 이후 수구를 만들고 반대쪽에 추구를 만들어 벌목한다.

51 다음 중 벌도와 가지치기가 가능한 장비는?

① 펠러번쳐 ② 하베스터
③ 프로세서 ④ 포워더

해설 하베스터는 임목을 벌목하여 가지자르기, 토막내기 작업을 일관된 공정으로 작업할 수 있는 다공정 벌채장비이다.

52 벌목작업 시 고려할 사항이 아닌 것은?

① 벌목방향을 정확히 하여야 한다.
② 안전사고를 예방하기 위한 준칙을 철저히 지켜야 한다.
③ 잔존목의 이용재적이 많이 나오도록 한다.
④ 주변 임목의 피해를 가능한 감소시켜야 한다.

해설 잔존목의 이용재적을 최소화 해야 한다.

53 다음 중 체인톱의 구비조건이 아닌 것은?

① 중량이 가볍고 소형이며 취급방법이 간편할 것
② 소음과 진동이 적고 내구성이 높을 것
③ 연료소비, 수리유지비 등 경비가 적게 들어갈 것
④ 벌근의 높이를 높게 절단할 수 있을 것

해설 체인톱은 벌근이 높이를 되도록 낮게 절단할 수 있어야 한다.

54 아크야윈치(썰매형윈치)의 집재작업시 올바른 작업 준비사항은?

① 작업노선 중앙에 지주목이 있도록 노선을 정리
② 작업노선은 경사를 따라 좌우로 설치
③ 작업노선 상에 있는 그루터기는 30cm 이하로 정리
④ 기계를 고정시키는 말뚝설치

해설 아크야윈치는 작업노선은 경사면을 따라 상하로 직선이 되게 설치해주고 집재노선에 포함된 지장목은 지면과 같이 정리하여 집재작업에 걸림이 없도록 한다. 작업노선 중앙에는 지주목이 있도록 노선을 정리해주도록 한다.

55 다음 그림에서 톱니의 명칭이 잘못된 것은?

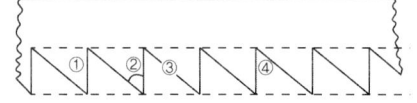

① ① 톱니가슴
② ② 톱니 꼭지각
③ ③ 톱니등
④ ④ 톱니 꼭지선

해설 보기 ④ 은 톱니홈 이다.

56 발전의 원리 중 플라이휠에 부착되어 있는 영구자석과 코일이 감겨있는 철심과의 전극간격은?

① 0.2 mm ② 0.5 mm
③ 1.0 mm ④ 1.2 mm

해설 플라이휠에 부착된 영구자석과 코일이 감겨있는 철심과의 전극간격은 0.2mm 정도이다.

정답 51.② 52.③ 53.④ 54.① 55.④ 56.①

57 체인톱 2행정기관의 연료 혼합비로 맞는 것은?

① 휘발유 25 : 중유 1
② 휘발유 25 : 오일 1
③ 휘발유 10 : 등유 1
④ 휘발유 10 : 오일 1

> 해설 체인톱은 2행정 가솔린 기관으로 가솔린과 윤활유(엔진오일)를 25 : 1 정도로 배합하여 사용한다.

58 엔진에서 피스톤이 상부에 있을 때를 상사점(TDC)이라 하고, 최하부로 내려갔을 때를 하사점(BDC)이라 한다. TDC와 BDC 사이는 무엇이라 하는가?

① 연소실   ② 행정
③ 실린더   ④ 피스톤

> 해설 상사점과 하사점 사이의 작동거리를 행정이라 한다.

59 견착식 예불기를 착용하였을 때 예불기 날과 지면과의 높이는 어느 정도가 적합한가?

① 5 - 10 cm   ② 10 ~ 20 cm
③ 20 ~ 30 cm   ④ 30 ~ 40 cm

> 해설 예불기의 톱날은 지면에서 10~20cm 높이에 위치하는 것이 적당하다.

60 임목집재용 기계 중 활로에 의한 집재 시 활로 구조에 따른 수라의 종류로 틀린 것은?

① 흙수라   ② 석수라
③ 나무수라   ④ 플라스틱 수라

> 해설 활로에 의한 집재는 토수라(흙수라), 나무수라, 플라스틱수라 등이 있다.

정답 57.② 58.② 59.② 60.②

CBT 제3회 산림기능사

01 덩굴식물을 제거하는 방법으로 옳지 않은 것은?

① 디캄바 액제는 콩과식물에 적용한다.
② 인력으로 덩굴의 줄기를 제거하거나 뿌리를 굴취한다.
③ 글라신 액제는 2~3월 또는 10~11월에 사용하는 것이 효과적이다.
④ 약제 처리 후 24시간 이내에 강우가 예상될 경우 약제 처리를 중지한다.

해설 글라신액제는 주로 7~8월쯤 작업하는 것이 가장 효과적이다.

02 대목의 수피에 T자형으로 칼자국을 내고 그 안에 접아를 넣어 접목하는 방법은?

① 절접　　② 눈접
③ 설접　　④ 할접

해설 눈접(아접)법은 접수 대신 눈을 대목의 껍질을 벗겨 끼워 붙이는 방법으로 대목의 수피에 마치 T 자와 같은 모양의 칼자국을 낸다.

03 용재 생산목적 수종으로 가장 거리가 먼 것은?

① 소나무　　② 느티나무
③ 자작나무　　④ 상수리나무

해설 용재 생산은 소나무, 전나무, 낙엽송 등의 침엽수종이 적합하다. 느티나무와 같은 활엽수종은 하목의 연료재 생산이 효율적이다.

04 늦은 가을철 묘목을 가식할 때 묘목의 끝 방향으로 가장 적합한 것은?

① 동쪽　　② 서쪽
③ 남쪽　　④ 북쪽

해설 가식을 할 때 묘목의 끝은 가을에는 남쪽, 봄에는 북쪽으로 45° 경사지게 한다.

05 그루터기에서 발생하는 맹아를 이용하여 후계림을 만드는 작업을 무엇이라 하는가?

① 왜림작업　　② 개벌작업
③ 산벌작업　　④ 택벌작업

해설 활엽수림에 연료재 생산을 목적으로 짧은 벌기령을 가지며 개벌 후 근주로부터 나오는 맹아로 갱신하는 방법을 왜림작업이라 한다.

06 발근촉진제로 쓰이는 식물성 호르몬제는?

① 지베렐린
② AMO-1618
③ 나프탈렌아세트산(NAA)
④ 수산화나트륨

해설 발근촉진제의 종류로 인돌젖산(IBA), 인돌초산(IAA), 루톤액, 나프탈린초산(NAA) 등이 있으며 대중적으로 IBA를 많이 사용한다.

정답 01.③ 02.② 03.② 04.③ 05.① 06.③

07 파종상을 만든 후 모판에 롤러로 흙의 입자와 입자가 밀착되도록 다짐작업을 함으로써 얻을 수 있는 장점은?

① 해충의 발생을 억제한다.
② 새의 피해를 줄인다.
③ 땅속의 수분을 효과적으로 이용한다.
④ 병해의 발생을 줄인다.

해설 진압을 해주면 토양 사이 공극이 줄어들고 긴밀해지면서 종자가 수분을 흡수하기 용이한 상태가 된다.

08 다음 중 산벌작업의 주된 목적은?

① 천연갱신
② 임지 건조방지
③ 보속적 수확
④ 임목무육

해설 산벌작업은 천연하종갱신으로 가장 안전한 작업으로 취급되며 동령림 갱신에 유리하다.

09 임지의 보호방법으로 옳지 않은 것은?

① 비료목을 식재한다.
② 황폐한 임지는 등고선 방향으로 수평구를 설치한다.
③ 임지 표면의 낙엽과 가지를 모두 제거한다.
④ 균근균을 배양하여 임지에 공급한다.

해설 임지의 표면의 낙엽과 가지를 모두 제거하면 토양 유실 및 양분 순환이 불량해지면서 토양의 황폐화가 진행된다.

10 묘목설계 구획 시에 시설부지, 주·부도 및 보도를 제외한 묘목을 양성하는 포지는 전체 면적으로 몇 %가 적당한가?

① 30 ~ 40
② 40 ~ 50
③ 50 ~ 60
④ 60 ~ 70

해설 묘목설계 구획에서 시설부지, 보도 및 기타 소요면적 등을 제외한 육묘포지는 60~70% 정도를 기준으로 한다.

11 택벌림에 대한 설명으로 틀린 것은?

① 병해와 충해에 저항력이 높다.
② 음수의 갱신에는 부적당하다.
③ 임관이 항상 울폐한 상태에 있으므로 임지와 어린나무가 보호를 받는다.
④ 숲의 심미적 가치가 좋다.

해설 택벌작업은 음수 수종에 적용하기 유리하고 양수수종에는 적용이 어렵다.

12 임목종자의 품질검사 항목에 해당되지 않는 것은?

① 종자의 건조법
② 순량률
③ 발아율
④ 종자 1000립의 중량

해설 종자의 품질검사 항목은 순량률, 용적중, 실중, l당 입수, kg당 입수, 수분, 발아율, 효율 등이다.

13 다음 중 왜림작업으로 가장 적합한 수종은?

① 전나무
② 참나무
③ 아까시나무
④ 가문비나무

해설 왜림작업에 적합한 수종으로 아까시나무, 상수리나무, 밤나무 등이 있다

14 열간거리 1.0m, 묘간거리 1.0m로 묘목을 식재하려면 1ha당 몇 그루의 묘목이 필요한가?

① 5,000
② 3,000
③ 10,000
④ 12,000

해설 $\dfrac{10000\,m^2}{1m \times 1m} = 10,000$ 본

정답 07.③ 08.① 09.③ 10.④ 11.② 12.① 13.③ 14.③

15 다음 중 나무의 가지를 자르는 방법으로 옳지 않은 것은?

① 고사지는 제거한다.
② 침엽수는 절단면이 줄기와 평행하게 가지를 자른다.
③ 활엽수에서 지름 5cm 이상의 큰 가지 위주로 자른다.
④ 수액유동이 시작되기 직전인 성장휴지기에 하는 것이 좋다.

해설 일반적인 활엽수의 경우 가지치기를 하면 상처유합이 잘 되지 않아 직경 5cm 이상의 가지는 자르지 않는다.

16 꽃핀 이듬해 가을에 종자가 성숙하는 수종은?

① 버드나무   ② 느릅나무
③ 졸참나무   ④ 비자나무

해설 꽃핀 이듬해 가을 종자 성숙하는 수종으로 소나무류, 상수리나무, 굴참나무, 잣나무, 비자나무가 있다.

17 다음 중 곤포당 수종의 본수가 가장 적은 것은?

① 삼나무(2년생)
② 자작나무(1년생)
③ 호두나무(1년생)
④ 잣나무(2년생)

해설 곤포당 본수
· 잣나무(2년생) : 2,000
· 삼나무(2년생) : 1,000
· 자작나무(1년생) : 1,000
· 호두나무(1년생) : 500

18 소나무, 해송과 같은 양수의 수종에 적용되는 풀베기의 방법은?

① 전면깎기   ② 줄깎기
③ 둘레깎기   ④ 점깎기

해설 전면깎기(모두베기)는 소나무, 낙엽송, 삼나무, 편백 등의 조림지에 적합한 방법이다.

19 일반적인 침엽수종에 대한 묘포의 가장 적당한 토양산도는?

① pH 4.0 ~ 5.0   ② pH 6.5 ~ 7.5
③ pH 5.0 ~ 6.5   ④ pH 3.0 ~ 4.0

해설 토양산도는 침엽수는 pH 5.0~5.5, 활엽수는 pH 5.5~6.0 이 적당하다.

20 종자의 저장방법으로 옳지 않은 것은?

① 건조저장   ② 저온저장
③ 냉동저장   ④ 노천매장

해설 종자의 저장방법으로 상온저장, 저온저장, 노천매장, 보호저장 등의 방법이 있다.

21 일반적으로 가지치기 작업 시에 자르지 말아야 할 가지의 최소 지름의 기준은?

① 5cm   ② 10cm
③ 15cm   ④ 20cm

해설 가지치기를 하면 상처유합이 잘 되지 않아 직경 5cm 이상의 가지는 자르지 않는다.

22 다음 중 조파에 의한 파종으로 가장 적합한 수종은?

① 회양목   ② 가래나무
③ 오리나무 ④ 아까시나무

해설 조파에 적합한 수종으로 느티나무, 물푸레나무, 싸리나무, 옻나무, 아까시나무 등이 있다.

정답 15.③ 16.④ 17.③ 18.① 19.③ 20.③ 21.① 22.④

23 인공조림의 장점으로 옳지 않은 것은?

① 미입목지나 황폐지에 숲을 조성할 수 있다.
② 숲을 조성하는 데 기간이 짧고 임분관리가 용이하다.
③ 전체적으로 불량한 형질을 가진 임분의 개량에 적용 가능하다.
④ 오랜 세월을 지내는 동안 그곳의 환경에 적응되어 견디어내는 힘이 강하다.

> **해설** 오랜세월을 지내고 환경에 잘 적응하는 것은 천연갱신의 장점이다.

24 풀베기 작업을 1년에 2회 실시하려 할 때 가장 알맞은 시기는?

① 1월과 3월   ② 3월과 6월
③ 6월과 8월   ④ 7월과 10월

> **해설** 풀베기 작업은 6~8월에 연 2회 실시하며 빠르면 5월에도 가능하다. 한해의 위험성이 높아지는 9월 이후에는 실시하지 않는다.

25 채종림 지정 기준으로 옳지 않은 것은?

① 벌채나 도남벌이 없었던 임분
② 보호관리 및 채종작업이 편리한 지역
③ 병충해가 없고 생태적 조건에 적응한 상태
④ 단위면적당 1ha 이상, 모수는 50본/ha 이상

> **해설** 채종림의 단위면적당 1ha 이상이고 모수가 150본/ha 이상인 산림이어야 한다.

26 대기 중 관계습도와 산불 발생 위험도와의 관계 중 산불이 대단히 발생하기 쉽고, 소방이 곤란한 습도는?

① 60% 이상   ② 50~60%
③ 40~50%   ④ 30%이하

> **해설** 상대습도 30% 이하에서는 산불이 발생하기 쉽고 진화가 어렵다.

27 천막벌레나방의 설명으로 부적합한 것은?

① 버드나무, 살구나무 등을 가해한다.
② 유충이 실로 집을 짓고 모여 산다.
③ 성충 수컷(♂)은 황갈색을 띠고, 암컷(♀)은 담등색을 띤다.
④ 1년에 2회 발생한다.

> **해설** 천막벌레는 1년에 1회 발생한다.

28 모잘록병의 방제법이 아닌 것은?

① 햇볕이 잘 쬐도록 한다.
② 파종량을 적게 하고 복토가 너무 두껍지 않도록 한다.
③ 인산질 비료를 적게 주어 묘목을 튼튼히 한다.
④ 병이 심한 묘포지는 돌려짓기를 한다.

> **해설** 모잘록병은 질소질 비료의 과용을 피하고 인산질 비료는 충분히 공급하도록 한다.

29 1968년 부산에서 처음 발견된 소나무재선충에 대한 설명으로 틀린 것은?

① 매개충은 솔수염하늘소이다.
② 유충은 자라서 터널 끝에 번데기방을 만들고 그 안에서 번데기가 된다.
③ 소나무재선충은 후식 상처를 통하여 수체내로 이동해 들어간다.
④ 피해고사목을 벌채 후 매개충의 번식처를 없애기 위하여 임지 외로 반출한다.

> **해설** 피해고사목은 훈증하여 처리하고 임지외로 반출하지 않는다.

정답   23.④ 24.③ 25.④ 26.④ 27.④ 28.③ 29.④

30 농약의 독성을 표시하는 용어인 LD 50의 설명으로 가장 적합한 것은?

① 시험동물의 50%가 죽는 농약의 양이며 mg/kg으로 표시
② 농약 독성평가의 어독성 기준 동물인 잉어가 50% 죽는 양이며 mg/kg으로 표시
③ 시험동물의 50%가 죽는 농약의 양이며 μg/g으로 표시
④ 농약 독성평가의 어독성 기준 동물인 잉어가 50% 죽는 양이며 μg/g으로 표시

해설 반수치사량은 농약을 위의 표와 같이 경구와 경피를 통해 침입된 독성이 동물의 반수인 50%정도가 치사하는 약품의 양을 의미한다.

31 소나무와 곰솔의 새잎에 벌레혹(벌레혹)을 만들어 피해를 주는 해충은?

① 솔나방　② 솔잎혹파리
③ 소나무좀　④ 소나무재선충

해설 솔잎혹파리는 소나무, 해송에 피해를 주며 유충이 잎의 기부에 벌레혹을 만들어 즙액을 빨아 먹는다.

32 살충기작에 의한 살충제의 분류 방법 중 나프탈렌, 크레오소트 등이 속하는 것은?

① 소화중독제　② 기피제
③ 화학불임제　④ 침투성살충제

해설 기피제는 해충이 식물에 접근하는 것을 방제하는데 나프탈렌, 크레오소트 등이 있다.

33 농약에서 보조제를 쓰는 목적과 거리가 먼 것은?

① 협력제는 유효성분의 효력을 증진시킨다.
② 전착제는 주제(主劑)의 전착력(展着力)을 좋게 한다.
③ 계면활성제는 유제의 유화성을 높이는 데 쓰인다.
④ 증량제는 문제에 있어서 유효성분의 농도를 높이기 위해 쓴다.

해설 증량제는 주성분의 농도를 낮추는 약제이다.

34 풍뎅이는 나무에 어떤 해를 끼치는가?

① 유충이나 성충 모두 잎을 가해한다.
② 유충은 즙액을 빨아먹고 성충은 잎을 가해한다.
③ 유충은 잎을 가해하고 성충은 즙액을 빨아 먹는다.
④ 유충은 기주식물의 뿌리를 가해하고 성충은 기주식물의 잎을 가해한다.

해설 풍뎅이류는 유충이 나무의 뿌리를 가해하고 성충이 되면 개화기에 꽃잎이나 어린잎을 가해한다.

35 구리풍뎅이의 유충이 식물에 피해를 주는 주요 부위는?

① 잎　② 줄기
③ 뿌리　④ 나뭇가지

해설 풍뎅이의 유충은 식물의 뿌리를 가해한다.

36 활엽수의 잎을 가해하는 미국흰불나방에 대한 설명으로 틀린 것은?

① 보통 1년에 2~3회 발생한다.
② 잎 뒷면에 600~700개의 알을 낳는다.
③ 1화기 성충은 7월 하순부터 8월 중순에 우화한다.
④ 용화 장소는 수피사이나 지피물밑 등이며, 번데기로 월동한다.

해설 미국흰불나방의 1화기 성충은 5~6월에 나타나고 2화기 성충은 7~8월에 발생한다.

정답 30.① 31.② 32.② 33.④ 34.④ 35.③ 36.③

37 산불에 대해 내화력이 가장 약한 수종은?

① 삼나무 ② 동백나무
③ 은행나무 ④ 고로쇠나무

해설 삼나무, 소나무, 녹나무, 아까시나무 등은 내화력이 약한 수종이다.

38 대기오염에 의한 급성피해 증상이 아닌 것은?

① 조기낙엽 ② 엽록괴사
③ 엽맥간 괴사 ④ 엽맥 황화현상

해설 엽맥의 황화현상은 만성피해에 해당한다.

39 기상에 의한 피해 중 풍해의 예방법으로 옳지 않은 것은?

① 택벌법을 이용한다.
② 묘목 식재 시 밀식 조림한다.
③ 단순동령림의 조성을 피한다.
④ 벌채 작업 시 순서를 풍향의 반대 방향부터 실행한다.

해설 풍해에 의한 방제법으로 단순동령림을 피하고 이령혼효림을 유도하며 묘목의 식재 시 밀식을 피하고 적정 밀도를 유지하도록 한다.

40 기주교대를 하는 수목병이 아닌 것은?

① 포플러 잎녹병
② 소나무 혹병
③ 오동나무 탄저병
④ 배나무 붉은별무늬병

해설 기주교대를 하는 수목병은 중간기주를 가지고 있으며 포플러 잎녹병은 낙엽송 및 줄꽃주머니가 있고 소나무혹병은 참나무가 중간기주이며 배나무 붉은별무늬병의 중간기주는 향나무이다.

41 다음 그림은 체인톱의 각 부분의 구조이다. 번호 ④의 스파이크(지레발톱)에 대한 설명이 올바른 것은?

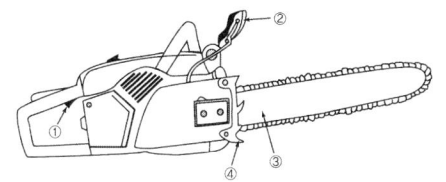

① 벌도목 가지치기 시 균형을 잡아준다.
② 기계톱을 조종하는 앞손잡이다.
③ 나무를 절삭하며, 보통 안전용 체인덮개로 보호한다.
④ 정확히 작업을 할 수 있도록 지지역할 및 완충과 받침대 역할을 한다.

해설 스파이크는 체인톱을 지지하는 지렛대 역할을 한다.

42 트랙터의 주행장치에 의한 분류 중 크롤러바퀴의 장점이 아닌 것은?

① 견인력이 크고 접지면적이 커서 연약지반, 험한 지형에서도 주행성이 양호하다.
② 무게가 가볍고 고속주행이 가능하여 기동성이 있다.
③ 회전반지름이 작다.
④ 중심이 낮아 경사지에서의 작업성과 등판능력이 우수하나.

해설 크롤러바퀴는 무게가 무겁고 주행속도가 느리며 기동성이 낮다.

43 내연기관의 동력전달장치가 아닌 것은?

① 커넥팅로드 ② 크랭크축
③ 플라이휠 ④ 밸브개폐장치

해설 동력전달장치에는 커넥팅로드, 크랭크축, 플라이휠이 있으며 밸브개폐장치는 엔진의 공기의 흡입과 배출에 관여하는 장치이다.

정 답 37.① 38.④ 39.② 40.③ 41.④ 42.② 43.④

44 구입비가 30,000,000원인 트랙터의 매년 일정액의 감가상각비를 구하면? (단, 잔존가격은 취득원가의 10%이고 상각률은 0.2이며, 정액법을 이용하여 계산한다.)

① 2,500,000원　② 1,000,000원
③ 5,400,000원　④ 4,500,000원

해설 매년감가상각비

$$= \frac{구입가격 - 잔존가격}{내용연수} \times 상각률$$

$$= \frac{30,000,000 - 3,000,000}{1} \times 0.2 = 5,400,000$$

45 벌목한 나무를 체인톱으로 가지치기 시 유의사항으로 틀린 것은?

① 안내판이 짧은 경체인톱을 사용한다.
② 작업자는 벌목한 나무와 최대한 멀리 떨어져 작업한다.
③ 안전한 자세로 서서 작업한다.
④ 체인톱은 자연스럽게 움직여야 한다.

해설 작업자는 벌목한 나무와 일정간격을 두고 작업하며 톱은 몸체와 가급적 밀착하고 무릎을 약간 구부린다.

46 2행정 내연기관에서 연료에 오일을 첨가시키는 가장 큰 이유는?

① 점화를 쉽게 하기 위하여
② 엔진 내부에 윤활작용을 시키기 위하여
③ 엔진 회전을 저속으로 하기 위하여
④ 체인의 마모를 줄이기 위하여

해설 2행정 내연기관에 연료에 오일을 첨가하는 것은 윤활작용을 통해 실린더 벽과 피스톤 사이의 압축손실을 감소시키고 부식의 방지 기능을 가진다.

47 산림 작업도구의 능률에 대한 설명이 틀린 것은?

① 자루의 길이는 적당히 길수록 힘이 세어진다.
② 도구 날의 끝 각도가 작을수록 나무가 잘 빠개진다.
③ 도구는 적당한 무게를 가져야 힘이 세어진다.
④ 자루가 너무 길면 정확한 작업이 어렵다.

해설 작업도구의 날 끝의 각도가 적당히 커야 나무가 잘 절단된다.

48 벌목 및 집재 작업 시 이용되는 도구로 옳지 않은 것은?

① 사피　　② 박살피
③ 이식승　④ 듀랄루민 쐐기

해설 벌목 및 집재 작비로 톱, 도끼, 쐐기류, 사피, 박살피, 지렛대 등이 있으며 이식승은 양묘사업용 소도구이다.

49 산림작업용 안전화가 갖추어야 할 조건으로 옳지 않은 것은?

① 철판으로 보호된 안전화코
② 미끄러짐을 막을 수 있는 바닥판
③ 땀의 배출을 최소화하는 고무재질
④ 발이 찔리지 않도록 되어있는 특수보호재료

해설 안전화의 경우 미끄러움을 막고 통풍이 잘되어 땀의 배출이 원활하게 이루어져야 한다. 또한 찍힘 등의 발을 보호하기 위해 철판으로 된 안전화코가 착용되어 있어야 한다.

정답　44.③　45.②　46.②　47.②　48.③　49.③

50 가선집재의 가공본줄로 사용되는 와이어로프의 최대장력이 2.5ton이다. 이 로프에 500kg의 벌목된 나무를 운반한다면 이 로프의 안전계수는 얼마인가?

① 0.05
② 5
③ 200
④ 1,250

해설 현재 와이어로프의 최대장력은 2500kg 이고 와이어로프에 걸리는 장력은 500kg 이므로 안전계수는 아래와 같다

$$안전계수 = \frac{2500}{500} = 5$$

51 벌도된 나무에 가지치기와 조재작업을 하는 임업기계는?

① 포워더
② 프로세서
③ 스윙야더
④ 원목집게

해설 프로세서는 이미 벌목된 전목의 가지를 자르고 토막을 내는 다공정 처리기계이다.

52 산림작업에서 개인 안전복장 착용 시 준수사항으로 가장 옳지 않은 것은?

① 몸에 맞는 작업복을 입어야 한다.
② 안전화와 안전장갑을 착용한다.
③ 가지치기 작업할 때는 얼굴보호망을 쓴다.
④ 작업복 바지는 멜빵있는 바지는 입지 않는다.

해설 산림작업자의 작업복 바지로 멜빵있는 바지를 입기도 하며 멜빵형이 있다.

53 다음 중 2행정 싸이클 기관에 있지만 4행정기관에는 없는 것은?

① 밸브
② 오일판
③ 소기공
④ 푸시로드

해설 2행정 기관은 피스톤이 상승하면 배기공과 소기공이 모두 막혀 실린더 속에 혼합가스가 압축한다.

54 체인톱니에서 창날각 30°, 가슴각 80°, 지붕각 60°인 것은?

① 끌형 톱날
② L형 톱날
③ 반끌형 톱날
④ 대패형 톱날

해설 끌형톱날은 창날각 30°, 가슴각 80°, 지붕각 60°이다

55 가선집재 기계를 이용하여 집재작업을 할 때, 초커 설치에 대한 유의사항으로 옳은 것은?

① 가급적 대량 집적하도록 설치를 한다.
② 작업자 위치는 작업줄의 내각에 있어야 한다.
③ 측방집재선 변경을 할 때에는 작업줄을 최대한 팽팽하게 하고 작업을 한다.
④ 작업원은 로딩 블록을 원목이 있는 지점까지 유도하여 정지시킨 상태에서 설치를 한다.

해설 로딩블록은 초커설치된 원목을 리프팅라인이나 홀라인에 의해 승강시키는 블록이다. 작업원은 로딩 블록을 원목이 있는 지점까지 유도하고 완전 정지시킨 상태에서 설치를 하도록 한다.

56 와이어로프의 손상에 대비한 교체기준이 아닌 것은?

① 킹크가 발생한 것
② 변화 정도가 현저한 것
③ 직경의 감소가 공칭직경의 3%를 초과한 것
④ 와이어로프의 꼬임사이의 소선수 1/10 이상 절단된 것

해설 와이어로프 손상 기준으로 지름의 감소가 공칭지름 7% 이상 인 것은 교체한다.

정답 50.② 51.② 52.④ 53.③ 54.① 55.④ 56.③

57 다음 ( ) 안에 들어갈 단어로 옳은 것은?

> 기계톱에 사용하는 오일은 여름철 상온 (10~40℃)에서는 SAE ( )을 사용한다.

① 10W ② 20
③ 20W ④ 30

해설 여름에는 점도가 높은 SAE30~50 을 주로 사용한다.

58 임업용 와이어로프의 용도 중 작업선의 안전계수 기준은?

① 2.7 이상 ② 4.0 이상
③ 6.0 이상 ④ 7.5 이상

해설 버팀줄, 고정줄, 작업줄 등의 안전계수는 4.0 이다.

59 벌목작업 시 안전사고 예방을 위하여 지켜야 하는 사항으로 옳지 않은 것은?

① 벌목방향은 작업자의 안전 및 집재를 고려하여 결정한다.
② 도피로는 사전에 결정하고 방해물도 제거한다.
③ 벌목구역 안에는 반드시 작업자만 있어야 한다.
④ 조재작업 시 벌도목의 경사면 아래에서 작업을 한다.

해설 경사지에서 조재작업을 할 때에는 작업자의 발이 나무 밑으로 향하지 않게 주의 하여야 한다.

60 농업용 트랙터를 임업용으로 활용 시 앞차축과 뒷차축의 하중비로 가장 적절한 것은?

① 50:50 ② 40:60
③ 60:40 ④ 30:70

해설 농용 트랙터는 앞차축 하중보다 뒷차축 하중이 크므로 이를 보완하기 위해 차체 앞부분에 웨이트나 추가 작업기를 부착하여 앞차축과 뒷차축의 하중비를 60:40 으로 조정한다.

정답 57.④ 58.② 59.④ 60.③

CBT 제4회 산림기능사

01 임목벌채를 개벌작업으로 실행할 때 1개 벌구를 몇 ha 내외로 실행하는가? (단, 경제림단지내의 경우는 제외한다.)
① 1ha ② 5ha
③ 10ha ④ 20ha

해설 개벌작업은 대벌구는 벌채면의 5ha 이상을 기준으로 한다.

02 대나무 숲의 갱신은 원칙적으로 어떤 방법으로 벌채하는가?
① 개벌작업 ② 산벌작업
③ 택벌작업 ④ 중림작업

해설 대나무숲(죽림)은 택벌을 원칙으로 하나 소립해 있는 부분은 개벌하기도 한다.

03 성숙한 임분을 대상으로 벌채를 실시할 때 모수가 되는 임목을 산생시키거나 군상으로 남겨 두어 갱신에 필요한 종자를 공급하게 하고 그 밖의 임목은 개벌하는 갱신법은?
① 보잔목법 ② 택벌작업법
③ 보속작업법 ④ 모수작업법

해설 성숙임분을 대상으로 실시하는 것이 유리하며 종자를 공급할수 있는 모수만을 남기고 그 외 나무를 일시에 베어내는 작업을 말한다.

04 현재 리기다소나무로 조성되어 있는 숲을 잣나무 숲으로 전면 갱신하고자 할 때 가장 적합한 작업종은?
① 개벌작업 ② 제벌작업
③ 산벌작업 ④ 택벌작업

해설 특정 수종의 숲을 다른 수종으로 전면 갱신 할때는 임분 전체를 1회에 벌채하는 개벌작업이 적합하다.

05 나무를 심고 나서 바로 또는 몇 달 뒤에 비료를 주는 것으로, 묘목의 줄기를 중심으로 하여 가장 긴 가지의 길이를 반지름으로 하는 원둘레에 5~10cm의 깊이로 구멍을 파고 그곳에 비료를 넣어 주는 방법은?
① 구덩이 전체 시비법
② 구덩이 및 시비법
③ 구덩이 위 시비법
④ 측방 시비법

해설 측방시비는 묘목의 줄기를 중심으로 가장 긴 가지의 길이를 반지름으로 하여 원둘레의 구멍을 파고 시비하는 방법이다. 경사지 위쪽에 같은 간격의 구멍을 4개를 파고 시비한다.

정답 01.② 02.③ 03.④ 04.① 05.④

06 산림 무육도구로서 가장 적합하지 않는 것은?

① 소형손톱 ② 제례식 낫
③ 손도끼   ④ 소형전정가위

해설 무육용 장비로 스위스 보육낫, 전정 가위, 무육용 이리톱, 가지치기 톱 등이 있다.

07 중부 이북지방을 제외한 전국에 리기테다 소나무의 식재를 권장하고자 할 때 그 이유로 가장 적합한 것은?

① 결실력이 강하므로
② 내충성이 리기다소나무 보다 강하므로
③ 수지의 분비량이 테에다소나무보다 많으므로
④ 내한력과 재질이 우수하므로

해설 리기테다소나무는 리기다소나무와 테다소나무의 교잡종으로 내한성이 강하고 재질이 우수하여 중부 이북지방을 제외한 다른 지역에 식재를 권장한다.

08 묘목을 심을 때 뿌리를 잘라주는 주목적은?

① 식재가 용이하다.
② 양분의 소모를 막는다.
③ 수분의 소모를 막는다.
④ 측근과 세근의 발달을 도모한다.

해설 묘목의 뿌리 끊기를 통해 잔뿌리를 발달시켜 활착률을 높이는 작업을 단근이라 한다.

09 낙엽송(묘령 2년)의 곤포당 본수는?

① 100   ② 200
③ 500   ④ 1000

해설 낙엽송(묘령 2년)의 곤포당 본수는 500본이며 속당본수는 20본이다.

10 소나무류에 흔히 이용되는 접목법은?

① 절접   ② 박접
③ 할접   ④ 설접

해설 소나무류나 낙엽활엽수는 할접을 적용한다.

11 무성번식에 의해 양성된 묘목이 아닌 것은?

① 삽목묘   ② 취목묘
③ 접목묘   ④ 실생묘

해설 실생묘는 종자를 파종하여 기른묘목으로 종자번식에 해당한다.

12 종자의 숙기가 7월경인 수종은?

① 황철나무   ② 회양목
③ 잣나무   ④ 은행나무

해설 종자의 성숙기가 7월인 수종으로 회양목, 벚나무 등이 있다.

13 모수작업에 대한 설명으로 틀린 것은?

① 남겨질 모수의 수는 전체 나무의 수에 비하여 극히 적으며 갱신이 끝나면 벌채 이용된다.
② 모수가 신임분의 상층을 구성하는 점을 제외 하고는 동령림이 조성된다.
③ 모수로 남겨야 할 임목은 전 임목에 대하여 본수로는 20~30%이다.
④ 남는 나무는 한 그루씩 외따로 서게 되는 일도 있고 때로는 몇 그루씩 무더기로 남기기도 한다.

해설 모수로 남겨야 할 임목은 전 임목에 대하여 본수로는 2~3%이다.

정답 06.③ 07.④ 08.④ 09.③ 10.③ 11.④ 12.② 13.③

14 덩굴식물을 설명한 것 중 옳지 않은 것은?

① 대체적으로 햇빛을 좋아하는 식물이다.
② 칡이 항상 문제로 되고 있다.
③ 덩굴치기의 시기는 덩굴식물이 뿌리속의 저장양분을 소모한 7월경이 좋다.
④ 덩굴을 잘라주면 쉽게 제거할 수 있다.

> **해설** 덩굴의 제거를 위해서는 뿌리 굴취나 화학약제를 통해 완전제거가 가능하다.

15 잣나무 2 – 1 – 1 묘란 몇 년생 묘목을 뜻하는가?

① 1년생   ② 2년생
③ 3년생   ④ 4년생

> **해설** 2-1-1 묘는 파종상 2년, 이후 2회의 이식이 있었으며 각 1년을 지낸 4년생 실생묘이다.

16 측방천연하종 갱신을 할 때 항상 염두에 두고 고려해야 할 사항은?

① 바람   ② 충해
③ 비효   ④ 지력

> **해설** 측방천연하종 갱신은 종자가 가볍고 비산거리가 상대적으로 긴 수종에 유리한데 종자가 충분히 퍼지기 위해서는 바람의 역할이 중요하다.

17 바다에서 불어오는 바람은 염분이 있어 식물에 해를 준다. 이러한 해풍을 막기 위해 조성하는 숲은?

① 방풍림   ② 풍치림
③ 사구림   ④ 보안림

> **해설** 바다에서 불어오는 해풍을 막기 위해 조성하는 숲을 사구림이라 한다. 대표적으로 염풍에 강한 수종으로 해송, 사철나무, 팽나무 등이 있다.

18 동령림과 이령림의 차이점에 대한 설명 중에서 동령림의 특징에 해당되는 것은?

① 풍해가 매우 적다.
② 갱신이 짧은 시간 내에 이루어진다.
③ 임상유기물이 지속적으로 축적된다.
④ 동령림 내 작은 나무들이 장차 유용임목으로 된다.

> **해설** 동령림의 경우 조림 및 육림 등의 작업이 간편하고 갱신이 짧은 시간 내에 이루어진다.

19 나무가 토양용액에 녹아 있는 무기양분을 주로 흡수하는 곳은?

① 잎   ② 뿌리
③ 부름켜 ④ 줄기

> **해설** 토양의 수분 및 무기양분을 흡수하는 나무 부위는 뿌리이다.

20 갱신을 위한 벌채 방식이 아닌 것은?

① 개벌작업   ② 산벌작업
③ 택벌작업   ④ 간벌작업

> **해설** 간벌의 목적은 부적합한 나무를 제거하고 형질이 우수한 임분으로 구성할 수 있으며 임분의 수직구조를 개선하여 임분의 안정화를 도모할 수 있다.

21 채종 직후 노천매장 하는 종자가 아닌 것은?

① 소나무, 해송
② 단풍나무, 들메나무
③ 잣나무, 은행나무
④ 호두나무, 가래나무

> **해설** 소나무와 해송은 토양동결이 풀린 후 파종 1개월 전 노천매장한다.

정답 14.④ 15.④ 16.① 17.③ 18.② 19.② 20.④ 21.①

22 대상택벌작업(帶狀擇伐作業)에서 벌채연구(伐採列區)를 한 바퀴 돌아서 벌채하는 기간은?

① 윤벌기 ② 회귀년
③ 갱신기간 ④ 갱정기

해설) 처음 작업한 구역으로 한 바퀴 돌아오는데 걸리는 기간을 회귀년이라 한다.

23 토양을 형성하는 암석 중 화성암에 속하지 않는 것은?

① 화강암 ② 편마암
③ 석영반암 ④ 현무암

해설) 편마암은 변성암에 속한다.

24 간벌의 효과에 대한 설명으로 틀린 것은?

① 지름생장을 촉진하고 숲을 건전하게 만든다.
② 빽빽한 밀도로 경쟁을 촉진시켜 나무의 형질을 좋게 한다.
③ 벌채가 되기 전에 나무를 솎아베어 중간수입을 얻을 수 있다.
④ 나무를 솎아 벤 곳에 잡초가 무성하게 되어 표토의 유실을 막고 빗물을 오래 머무르게 하여 숲땅이 비옥해진다.

해설) 간벌을 통해 생육 공간(밀도) 조절이 가능하며 임목의 직경생장을 촉진하여 재적이 증가하며 목재의 형질이 향상된다.

25 소나무 종자의 효율을 70%, 1g 당의 종자립수를 100, 가을이 되어 $1m^2$ 에 남길 묘목의 수를 500 그루, 잔존률을 0.3으로 할 때 m^2 당 파종량(g)은?

① 23.8g ② 25.8g
③ 28.8g ④ 30.8g

해설) $W = \dfrac{1 \times 500}{100 \times 0.7 \times 0.3} ≒ 23.8(g)$

26 경기도 가평에서 처음 발견된 병으로 줄기에 병징이 나타나면 어린나무는 대부분이 1~2년 내에 말라죽고 20년생 이상의 큰나무는 병이 수년간 지속되다가 마침내 말라 죽는 수병은?

① 잣나무털녹병
② 소나무모잘록병
③ 오동나무탄저병
④ 오리나무갈색무늬병

해설) 잣나무털녹병은 1936년 경기도 가평에서 처음발견되었으며 잎의 기공으로 침입하여 줄기로 전파된다. 잠복기간도 3~4년 정도로 긴편이며 어린나무는 대부분 1년내외로 말라죽고 큰나무는 병이 수년간 발병하다가 말라 죽는다.

27 수목병해 중 병징은 있으나 표징이 없는 것은?

① 낙엽송잎떨림병
② 잣나무털녹병
③ 오동나무빗자루병
④ 삼나무붉은마름병

해설) 오동나무빗자루병은 파이토플라스마에 의해 발생하는데 진균의 경우 표징이 나타나지만 바이러스, 파이토플라스마에 의한 경우 병징만 관찰되고 표징은 나타나지 않는다.

28 완전히 자란 유충이 9월 하순경부터 비온 뒤 벌레혹을 탈출, 지피물 밑이나 1~2cm 깊이의 흙속에 들어가 유충으로 월동하는 해충은?

① 소나무좀 ② 밤나무혹벌
③ 솔잎혹파리 ④ 가문비왕나무좀

해설) 솔잎혹파리는 유충으로 지피물 아래나 땅속에서 월동한다.

정 답 22.② 23.② 24.② 25.① 26.① 27.③ 28.③

29 향나무 녹병의 방제법으로 틀린 것은?

① 보르드액을 살포한다.
② 중간기주를 제거한다.
③ 주변에 배나무를 식재하여 보호한다.
④ 향나무의 감염된 수피를 제거 소각한다.

해설 배나무는 향나무 녹병의 중간기주로 주변에 배나무를 식재할 경우 피해가 더욱 확산된다.

30 길항미생물이 식물병을 방제하는 작용기작으로 틀린 것은?

① 미생물이 항생물질을 생산한다.
② 미생물이 식물을 자극시켜 지베렐린을 유도한다.
③ 미생물이 병원균에 병을 일으킨다.
④ 미생물이 병원균과 양분경쟁을 한다.

해설 지베렐린의 경우 생장조절제로 식물의 생장 촉진에 관여하는 호르몬이다.

31 유충으로 월동하는 해충끼리 짝지어진 것은?

① 참나무재주나방 - 잣나무넓적잎벌
② 미국흰불나방 - 누런솔잎벌
③ 매미나방 - 어스렝이나방
④ 독나방 - 버들재주나방

해설 유충으로 월동하는 해충으로 솔나방, 솔잎혹파리, 밤나무혹벌, 솔알락명나방, 독나방, 버들재주나방 등이 있다.

32 1년에 1회 발생하며 5령충으로 월동하는 것은?

① 솔나방   ② 미국흰불나방
③ 매미나방 ④ 어스렝이나방

해설 솔나방은 1년에 1회 발생하고 5령충이 지피물 혹은 나무껍질 사이에 월동하며 8령충이 번데기가 되어 이후 나방이 된다.

33 곤충이나 작은 동물의 몸에 붙거나 체내에 들어간 상태로 널리 분산되는 병은?

① 잣나무털녹병
② 향나무 녹병
③ 오동나무빗자루병
④ 모잘록병

해설 오동나무빗자루병은 파이토플라스마에 의해 발생하며 나무 전체에 걸쳐 병해가 나타나는 전신병이다. 담배장님노린재에 의해 매개되기도 하며 감염시 잎이 밀생하여 빗자루 모양처럼 되고 1~2년 이내로 전체로 퍼져 수년 이내로 말라죽게 된다.

34 불완전균류에 대한 설명으로 옳은 것은?

① 자낭 속에서 자낭포자 8개를 갖고 있다.
② 유성세대(有性世代)로 알려져 있는 균류이다.
③ 무성세대(無性世代)만으로 분류된 균류이다.
④ 버섯종류를 총칭한다.

해설 균사에 격막이 있고 유성포자가 확인되지 않는 무성세대로 분류된 균류이다.

35 묘포 모잘록병(입고병)의 방제 대책으로 볼 수 없는 것은?

① 밀식과 이어짓기를 피한다.
② 토양과 씨앗을 소독한 후 파종한다.
③ 모판이 습하지 않도록 배수를 양호하게 한다.
④ 시비를 자주하고, 일회 시비량을 많이 한다.

해설 모잘록병은 질소질 비료의 과용을 피한다.

정답 29.③ 30.② 31.④ 32.① 33.③ 34.③ 35.④

36 포플러 잎녹병 병원균의 상태를 가장 잘 나타낸 것은?

① 병원균이 포플러나 중간기주인 낙엽송과 현호색을 기주교대 하는 2종 기생균이다.
② 포플러의 잎에 녹병정자와 녹포자를 형성한다.
③ 낙엽송의 잎에 여름포자와 겨울포자를 형성한다.
④ 여름에 잎 뒷면에 노랑색의 소립점을 형성하고 겨울에는 잎이 담황색으로 변한다.

> 해설 포플러 잎녹병은 기주인 포플러와 중간기주인 낙엽송, 현호색, 줄꽃주머니를 기주교대 하는 이종 기생균이다.

37 충분히 자란 유충은 먹는 것을 중지하고 유충시기의 껍질을 벗고 번데기가 되는데, 이와 같은 현상을 무엇이라 하는가?

① 부화 ② 용화
③ 우화 ④ 난기

> 해설 유충이 껍질을 벗고 번데기가 되는 과정을 용화라 한다.

38 뽕나무 오갈병의 병원균은?

① 진균 ② 세균
③ 바이러스 ④ 파이토플라스마

> 해설 파이토플라스마에 의해 발생하는 주요 수목병으로 오동나무 빗자루병, 대추나무 빗자루병, 뽕나무오갈병이 있다.

39 다음 중 내화력에 가장 강한 수종은?

① 은행나무 ② 소나무
③ 밤나무 ④ 전나무

> 해설 은행나무, 가문비나무, 황벽나무, 굴참나무, 사시나무 등은 내화력이 강한 수종에 속한다.

40 임업경영상으로 볼 때 벌기(伐期)가 길면 많이 발생하는 해충은?

① 흡수성 해충 ② 식엽성 해충
③ 천공성 해충 ④ 뿌리 해충

> 해설 벌기가 길면 임목밀도가 높아져 수관경쟁으로 임목이 쇠약해지고 천공성 해충의 피해를 받기 쉬워진다.

41 다음 그림의 명칭과 사용되는 용도가 바르게 연결된 것은?

① 스웨디쉬형 갈고리 - 소경재 인력 집재
② 손잡이형 갈고리 - 대경재 인력 집재
③ 슈바쯔발더형 방향 갈고리 - 대경재 인력 집재
④ 박크서 방향 갈고리 - 벌도목의 방향유도

> 해설 스웨디쉬갈고리는 소경재 운반에 적합한 갈고리이다.

42 다음 중 기계톱의 안전장치가 아닌 것은?

① 전방손보호판
② 에어필터
③ 스로틀레버 차단판
④ 체인브레이크

> 해설 기계톱의 안전장치에는 체인브레이크, 체인잡이볼트, 손잡이 및 보호판, 스로틀레버 차단판, 진동방지장치, 소음기, 방진고무 등이 있다.

정답 36.① 37.② 38.④ 39.① 40.③ 41.① 42.②

43 산림작업 시 안전사고 예방을 위하여 지켜야 할 사항과 거리가 먼 것은?

① 작업 실행에 심사숙고 할 것
② 긴장하지 말고 부드럽게 할 것
③ 휴식직후에는 서서히 작업속도를 높일 것
④ 휴식과는 관계없이 능률을 높이기 위하여 열심히 할 것

해설 작업의 안전 및 능률을 높이기 위해서는 휴식이 필요하다.

44 특별한 경우를 제외하고 도끼자루를 사용하기에 적합한 길이는?

① 사용자 팔 길이
② 사용자 팔 길이의 2배
③ 사용자 팔 길이의 0.5배
④ 사용자 팔 길이의 1.5배

해설 손잡이 자루의 길이는 작업자의 팔 길이 정도가 적당하다.

45 안내판 홈이 마모되어 홈의 간격이 체인연결쇠(그림a)의 두께보다 클 경우에 기계톱 작동 시 압력을 가하면 어떻게 되는가?

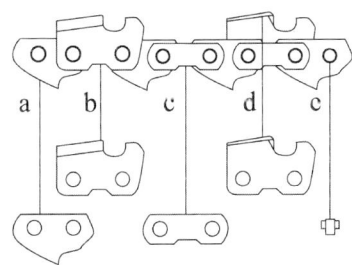

① 체인이 가동되지 않고 정지한다.
② 절삭률이 높아져 기계 효율이 높아진다.
③ 절삭 방향이 삐뚤어 나갈 위험이 높다.
④ 연료 소모량이 낮아진다.

해설 안내판 홈이 마모되면서 홈의 간격이 체인연결쇠 두께보다 크게되면 안내판이 불량하고 작업성능이 저하되면서 절삭이 제대로 안되 삐뚤어 나갈 확률이 높아진다.

46 기계톱에 보통 휘발유가 아닌 불법제조 휘발유 사용 시 예상되는 문제점은?

① 연료계통에 고장이 발생할 수 있다.
② 연료통 내막이 강화된다.
③ 연료호스가 경화되어 수명이 길어진다.
④ 오일막이 생긴다.

해설 내폭성이 낮은 저옥탄가의 가솔린을 사용하여야 고폭발로 인한 기계손상을 막을수가 있다. 잘못된 연료를 사용하게 될 경우 엔진 혹은 연료 계통에 고장이 발생할수 있다.

47 다음 중 노무관리의 3가지 질서가 아닌 것은?

① 사회질서   ② 경영질서
③ 조합질서   ④ 안전질서

해설 안전질서는 노무관리가 아닌 안전관리에 해당한다.

48 다음 중 벌도뿐만 아니라 초두부 제거, 가지 제거 작업을 거쳐 일정 길이의 원목생산에 이르는 조재작업을 동시에 수행할 수 있는 기계는? (단, 기계는 다른 부착물과 변형이 없는 기본형태이다.)

① 펠러(feller)
② 펠러번처(feller buncher)
③ 펠러스키더(feller skidder)
④ 하베스터(harvester)

해설 하베스터는 임목을 벌목하여 가지자르기, 토막내기 작업을 일관된 공정으로 작업할 수 있는 다공정 벌채장비이다.

정답 43.④ 44.① 45.③ 46.① 47.④ 48.④

49 조림용 도구가 아닌 것은?

① 식혈봉
② 각식재용 양날괭이
③ 아이디얼 식혈삽
④ 쐐기

해설 쐐기는 벌목용 도구이다.

50 기계톱의 연료와 오일을 혼합할 때 휘발유 15L이면 오일의 양은 약 몇 L가 필요한가? (단, 오일의 혼합비율은 25 : 1이다.)

① 0.1
② 0.3
③ 0.6
④ 1.2

해설 〈 휘발유 : 오일 = 25 : 1 = 15 : 0.6 〉으로 15L 휘발유에 필요한 오일의 양은 0.6L 이다.

51 예불기 사용시 올바른 자세와 작업방법이 아닌 것은?

① 돌발적인 사고예방을 위하여 안전모, 안면 보호망, 귀마개 등을 사용하여야 한다.
② 예불기를 멘 상태의 바른 자세는 예불기 톱날의 위치가 지상으로부터 10 ~ 20cm에 위치하는 것이 좋다.
③ 1년생 잡초 제거 작업 시 작업의 폭은 1.5m가 적당하다.
④ 항상 오른쪽 발을 앞으로 하고 전진할 때는 왼쪽발을 먼저 앞으로 이동시킨다.

해설 항상 왼발을 앞으로 하고 전진할 때는 오른발을 먼저 앞으로 이동시킨다.

52 산림작업이 어려운 이유가 아닌 것은?

① 비, 바람 등과 같은 기상조건에 영향을 덜 받는다.
② 산림작업 도구 및 기계 자체가 위험성을 내포하고 있다.
③ 독사, 독충, 구르는 돌 등에 의해 피해를 받기 쉽다.
④ 산악지의 장애물과 경사로 인해 미끄러지기 쉽다.

해설 산림작업은 대부분 외업으로 비, 바람 등과 같은 기상조건에 영향을 많이 받는다.

53 체인톱의 안전장치에 속하지 않는 것은?

① 자동체인브레이크
② 안전 스로틀
③ 핸드가드
④ 에어필터

해설 에어필터는 체인톱 기관에 공기 중의 먼지 및 톱밥 등을 제거해주는 일반 장치이다.

54 산림작업으로 인한 피로의 회복방법 중 적합하지 않은 것은?

① 휴식과 숙면을 취할 것
② 충분한 영양을 섭취할 것
③ 산책 및 가벼운 체조를 실시할 것
④ 스트레스 해소를 위하여 수영, 축구, 격투기 등의 운동을 할 것

해설 산림작업자의 피로 회복을 위해서는 음악감상 및 오락 등의 가벼운 취미 생활을 통해 기분전환을 하는 것이 좋다. 수영, 축구 등의 운동은 피로의 누적 가능성이 있어 피하도록 한다.

55 반끌형 톱날의 연마각도로 맞는 것은?

① 창날각 : 35°
② 가슴각 : 60°
③ 지붕각 : 85°
④ 수직각 : 45°

해설 반끝형톱날은 창날각 35°, 가슴각 85°, 지붕각 60°이다.

56 내연기관에서 연접봉의 역할은?

① 크랭크와 피스톤을 연결하는 역할을 한다.
② 엔진의 파손된 부분을 용접하는 봉이다.
③ 크랭크 양쪽으로 연결된 부분을 말한다.
④ 엑셀 레버와 기화기를 연결하는 부분이다.

정답 49.④ 50.③ 51.④ 52.① 53.④ 54.④ 55.① 56.①

> **해설** 커넥팅로드(연접봉)는 피스톤과 크랭크축을 연결하여 연소실에서 연소가스에 의해 피스톤에 가한 힘을 크랭크 축에 전달하는 역할을 한다.

57 가선집재의 장점에 대한 틀린 설명은?

① 다른 집재방법보다 지형조건의 영향을 적게 받는다.
② 임지 및 잔존임분에 피해를 최소화할 수 있다.
③ 트랙터 집재에 비해 집재작업에 필요한 에너지가 적게 소요된다.
④ 다른 집재방법보다 작업원에 대한 기술적 요구도가 낮다.

> **해설** 가선집재는 장비가 고가이고 숙련된 기술을 요구한다.

58 기계톱 기화기의 벤트리관으로 유입된 연료량은 무엇에 의해 조정될 수 있는가?

① 저속조절나사와 노즐
② 지뢰쇠와 연료유입 조정 니들밸브
③ 고속조절나사와 공전조절나사
④ 배출 밸브막과 펌프막

> **해설** 주연료 노즐끝의 압력을 낮추어 연료가 주연료 노즐에서 분출하게 한다. 유입된 연료는 고속조절나와와 기화기의 외부에 공진조절나사에 의해 조정된다.

59 체인에 오일이 적게 공급될 경우 예상되는 원인이 아닌 것은?

① 오일펌프에 잘못되어 공기가 들어가 있다.
② 안내판으로 가는 오일구멍이 막혀 있다.
③ 클러치의 측면이 마모되어 있다.
④ 오일펌프가 잘못 결합되어 있다.

> **해설** 오일펌프가 잘못 연결되거나 중간에 공기가 있을 경우 공급이 되지 않거나 적게 들어가게 된다. 또한 안내판으로 가는 오일 구멍이 막혀있는 경우도 유사한 현상이 발생하게 된다.

60 체인톱에 사용하는 윤활유의 설명이 올바른 것은?

① 윤활유의 점액도 표시는 사용 외기온도로 구분된다.
② 윤활유 등급을 표시하는 번호가 높을수록 점도가 낮다.
③ 윤활유 SAE 20W 중 W는 중량을 의미한다.
④ 윤활유 SAE 30 중 SAE는 국제자동차협회의 약자이다.

> **해설** 윤활유의 점액도 표시는 외부 온도에 따라 구분하며 겨울에는 점도가 낮고 여름에는 높다.

정답 57.④ 58.③ 59.③ 60.①

CBT 제5회 산림기능사

01 우량묘목 생산기준에서 T/R율은 무엇인가?
① 묘목의 무게이다.
② 묘목의 지상부 무게를 뿌리의 무게로 나눈 값이다.
③ 묘목의 뿌리부 무게를 지상부 무게로 나눈 값이다.
④ 묘목의 지상부의 무게에서 뿌리부의 무게를 뺀 값이다.

해설 T/R 율은 묘목의 지상부 무게를 뿌리의 무게로 나눈 값으로 우량묘목의 경우 T/R 값이 작은 것이 좋다.

02 동령림과 이령림의 차이점에 대한 설명 중에서 동령림의 특징에 해당되는 것은?
① 풍해가 매우 적다.
② 갱신이 짧은 시간 내에 이루어진다.
③ 임상유기물이 지속적으로 축적된다.
④ 동령림 내 작은 나무들이 장차 유용임목으로 된다.

해설 동령림의 경우 조림 및 육림 등의 작업이 간편하고 갱신이 짧은 시간 내에 이루어진다.

03 광합성작용은 이산화탄소와 물을 원료로 하여 무엇을 만드는 과정인가?
① 단백질   ② 지방
③ 비타민   ④ 탄수화물

해설 광합성은 식물이 빛에너지를 이용하여 엽록체에서 이산화탄소와 물을 이용하여 유기물(탄수화물)을 합성하는 동화작용을 말한다.

04 용재와 신탄재를 동시에 생산할 수 있는 작업종은?
① 교림작업   ② 저림작업
③ 중림작업   ④ 왜림작업

해설 용재 생산이 목적인 교림작업, 연료재 생산이 목적인 왜림작업을 동시에 실시하는 것을 중림작업이라 한다.

05 택벌작업에 대한 특성을 올바르게 설명하고 있는 것은?
① 택벌이 실시된 임분은 크고 작은 나무들이 뒤섞여 함께 자라므로 다층을 이룬 숲의 구조가 되도록 하는 작업
② 인공조림으로 이루어진 일제 동령 임분에 행하는 작업
③ 혼효림으로 저림, 교림을 동일 임지위에 성립시키는 작업
④ 벌채 적지에 모수를 남겨 치수 보호 잔존 모수의 생장 촉진을 위한 작업

해설 택벌작업은 벌기, 벌채량, 방법 등 제한이 없고 성숙한 임목을 골라 벌채하는 방법으로 작은 나무들과 뒤섞여 다층의 숲 구조가 나타난다.

06 산벌작업에서의 작업단계가 올바르게 된 것은?
① 예비벌 → 후벌 → 하종벌
② 예비벌 → 종벌 → 수광벌
③ 예비벌 → 하종벌 → 후벌
④ 수광벌 → 종벌 → 하종벌

정답 01.② 02.② 03.④ 04.③ 05.① 06.③

해설 산벌작업은 갱신을 위해 예비벌, 하종벌, 후벌의 과정을 거친다.

07 숲의 작업종 중 모수작업에 의하여 조성되는 후계림은 어떤 형태인가?

① 이령림   ② 노령림
③ 동령림   ④ 다층림

해설 모수작업은 모수만 남기고 나머지 나무를 일시에 벌채하는 작업으로 이후 나무의 나이가 유사한 동령림이 형성된다.

08 종자의 성숙기가 6~7월인 수종은?

① 소나무   ② 층층나무
③ 자작나무 ④ 벚나무

해설 종자의 성숙기가 6~7월에 걸치는 것으로 벚나무가 있다.

09 묘목의 뿌리가 2년생, 줄기가 1년생을 나타내는 삽목묘의 연령 표기를 바르게 한 것은?

① 2 – 1 묘   ② 1 – 2 묘
③ 1/2 묘   ④ 2/1 묘

해설 삽목묘는 뿌리의 나이를 분모, 줄기의 나이를 분자로 나타내며 묘목의 뿌리가 2년생, 줄기가 1년의 경우 C 1/2 로 표기한다.

10 봄에 묘목을 가식할 때 묘목의 끝은 어느 방향으로 향하게 땅에 묻는가?

① 동쪽   ② 서쪽
③ 남쪽   ④ 북쪽

해설 묘목의 끝은 가을에는 남쪽, 봄에는 북쪽으로 45° 경사지게 한다.

11 나무가 토양용액에 녹아 있는 무기양분을 주로 흡수하는 곳은?

① 잎   ② 뿌리
③ 부름켜 ④ 줄기

해설 토양 내의 무기양분은 뿌리를 통해 흡수된다.

12 다음 중 소나무, 해송, 리기다소나무, 낙엽송 등 건조시킨 후 실내에 저장한 종자들의 가장 효과적인 발아촉진 방법은?

① 노천매장법
② 침수처리법
③ 열탕처리법
④ 씨껍질에 상처를 내는 법

해설 건조저장 이후에 파종하는 낙엽송, 삼나무, 편백, 소나무, 해송 등은 침수처리법으로 처리하면 종자의 발아가 효과적으로 촉진된다.

13 은행나무, 잣나무, 벚나무, 느티나무, 단풍나무등의 발아촉진법으로 가장 적당한 것은?

① 종자 정선이 끝나면 바로 노천매장을 한다.
② 씨 뿌리기 한 달 전에 노천매장을 한다.
③ 보호저장을 한다.
④ 습적법으로 한다.

해설 들메나무, 단풍나무, 잣나무, 호두나무, 느티나무, 백합나무, 은행나무, 목련 등은 종자채취 직후 바로 매장하면 종자의 저장과 발아 촉진의 효과를 얻을수 있다.

14 숲 가꾸기에서 가지치기를 하는 가장 큰 목적은?

① 중간수입을 얻는다.
② 연료(땔감)를 수확한다.
③ 마디가 없는 우량목재를 생산한다.
④ 생장을 촉진한다.

정답   07.③ 08.④ 09.③ 10.④ 11.② 12.② 13.① 14.③

해설 가지치기는 우량 목재의 생산에 목적을 두고 있으며 나무의 생장 촉진 및 수간의 완만도를 높여준다.

15 다음에서 제벌작업 시 제거되어야 할 나무로만 옳게 나열한 것은?

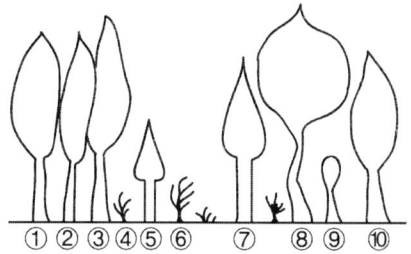

① ①,⑤ ② ④,⑤
③ ⑦,⑨ ④ ②,⑧

해설 제벌작업은 유해수종을 제거하여 밀생지의 공간 조절을 통해 양호한 생육환경을 조성하는 것이다. 주로 대상목의 생장에 지장이 되는 유해수종, 피해목, 불량목, 폭목 등을 제거하도록 한다.

16 침엽수의 가지를 제거하는 가장 좋은 방법은?

① 가지밑살의 끝부분에서 자른다.
② 가지가 뻗은 방향에 직각되게 자른다.
③ 수간에 오목한 자국이 생기게 자른다.
④ 수간에 바짝 붙여 수간축에 평행하도록 자른다.

해설 침엽수는 절단면을 줄기와 평행하게 자른다. 활엽수종은 캘러스가 상하지 않도록 지융부에 가깝게 제거한다.

17 산림용 고형복합비료의 함량비율(질소 : 인산 : 칼륨)으로 가장 적합한 것은?

① 1 : 3 : 4   ② 3 : 4 : 1
③ 2 : 2 : 2   ④ 3 : 1 : 4

해설 산림의 고형복합비료는 가장 많이 이용되는 비료이며 질소, 인산, 칼륨의 비가 3 : 4 : 1 이다.

18 다음의 특징을 갖는 작업종은?

- 임지가 노출되지 않고 항상 보호되며 표토의 유실이 없다.
- 음수갱신에 좋고 임지의 생산력이 높다.
- 미관상 가장 아름답다.
- 작업에 많은 기술을 요하고 매우 복잡하다.

① 산벌작업   ② 택벌작업
③ 모수작업   ④ 중림작업

해설 택벌작업은 성숙한 임목을 골라 벌채하는 방법으로 지력유지 및 토사유실 방지에 유리하고 좁은 면적의 산림에서도 보속적 수확이 가능하다. 또한 산림생태계 유지에 유리하고 미적인 가치가 높은 편이다.

19 B종간벌에 대한 설명으로 옳은 것은?

① 4·5급목을 전부 벌채하고 2급목의 소수를 벌채하는 것
② 최하층의 4·5급목 전부와 3급목의 일부, 그리고 2급목의 상당수를 벌채하는 것
③ 4·5급목의 전부와 3급목의 대부분을 벌채하고 때에 따라서는 1급목의 일부를 벌채하는 것
④ 4·5급목의 전부와 특히 1급목의 일부도 벌채하는 것

해설 B종간벌(중도간벌)은 4,5 급 전부, 3급목의 일부, 2급목의 상당수를 벌채한다. 가장 널리 이용되는 방법으로 3급목의 경쟁완화를 목적으로 한다.

정답 15.④ 16.④ 17.② 18.② 19.②

20 내음력이 뛰어난 음수끼리만 짝지어진 것은?

① 주목, 회양목 ② 회양목, 낙엽송
③ 소나무, 잣나무 ④ 주목, 소나무

해설 주목, 개비자나무, 사철나무, 회양목 등은 극음수에 속한다.

21 밑깎기의 가장 중요한 목적은?

① 조림목에 안정된 환경을 만들어 주기 위함
② 겨울철에 동해를 방지하기 위함
③ 음수 수종의 생장을 도모하기 위함
④ 수목의 나이테 너비를 조절하기 위함

해설 풀베기(밑깎기) 조림목의 성장을 돕고 토양의 양분 및 수분 빼앗기는 것을 막기 위해 매년 1~2회 실시 한다.

22 소나무 천연림의 나이가 어릴 때, 보육의 궁극적인 목표는?

① 우량 용재 생산
② 땔감, 표고 용재
③ 송이 생산
④ 휴양 풍치림

해설 소나무 천연림은 우량목재의 생산에 목적을 둔다.

23 묘목의 특수식재 중 천근성이며 직근이 빈약하고 측근이 잘 발달된 가문비나무 등과 같은수종의 어린 노지묘를 식재할 때 사용되는 방법은?

① 봉우리 식재 ② 치식
③ 용기묘 식재 ④ 대묘 식재

해설 봉우리 식재는 구덩이를 파고 안에 봉우리를 만들어 묘목을 심는 방법으로 천근성이면서 상대적으로 측근이 발달된 나무에 적합하다.

24 유실수인 밤나무는 보통 1ha당 몇 본을 식재하는가?

① 400본 ② 800본
③ 1,200본 ④ 3,000본

해설 밤나무의 경우 보통 1ha 당 400본을 식재한다.

25 임분 갱신에 관한 설명 중 틀린 것은?

① 파종조림, 식재조림은 인공갱신에 속한다.
② 맹아갱신은 대경 우량재 생산이 곤란하다.
③ 천연하종갱신은 경제적이고 적지적수가 될 수 있다.
④ 모든 임분갱신은 천연하종갱신으로 하는것이 좋다.

해설 임분갱신의 경우 임분의 환경 및 경제적 조건을 고려하여 결정한다.

26 비행하는 곤충을 채집하기 위해 사용하는 트랩으로 옳지 않은 것은?

① 유아등 ② 수반트랩
③ 미끼트랩 ④ 끈끈이트랩

해설 미끼트랩은 지상에 이동하는 곤충을 채집하는 용도로 비행하는 곤충에는 사용하기 어렵다.

27 이른 봄에 수목의 발육이 시작된 후에 갑자기 내린 서리에 의해 어린잎이 받는 피해는?

① 조상 ② 만상
③ 동상 ④ 춘상

해설 이른 봄에 서리가 내리는 경우를 늦서리 혹은 만상이라 하며 만상에 의해 어린나무는 고사하기도 한다.

정답 20.① 21.① 22.① 23.① 24.① 25.④ 26.③ 27.②

28 주로 나무의 상처부위로 병원균이 침입하여 발병하는 것으로 상처부위에 올바른 외과수술을 해야 하며, 저항성 품종을 심어 방제하는 병은?

① 향나무 녹병
② 소나무 잎떨림병
③ 밤나무 줄기마름병
④ 삼나무 붉은마름병

> **해설** 밤나무 줄기마름병은 상처부위로 감염되기에 상처에 주의하고 병든 부위는 도려내 도포제로 처리한다.

29 곤충이 생활하는 도중에 환경이 좋지 않으면 발육을 멈추고 좋은 환경이 될 때까지 일시적으로 정지하는 현상으로 정상으로 돌아오는데 다소 시간이 걸리는 것은?

① 휴면
② 이주
③ 탈피
④ 휴지

> **해설** 곤충이 생활하기 불리한 환경 조건을 극복하기 위해 발육을 정지하는 상태를 휴면이라 한다.

30 아바멕틴 유제 1000배액을 만들려면 물 18L에 몇 mL를 타야 하는가?

① 0.018
② 1.8
③ 18
④ 180

> **해설** 소요약량(배액) = $\dfrac{\text{단위면적당사용량}}{\text{소요희석배수}}$
> $= \dfrac{18{,}000ml}{1000배} = 18ml$

31 다음 중 솔나방의 주요 가해 부위는?

① 소나무 잎
② 소나무 뿌리
③ 소나무 줄기
④ 소나무 종자

> **해설** 솔나방은 유충이 잎을 가해한다.

32 연 1회 발생하며 9월 하순 유충이 월동하기 위해 나무에서 땅으로 떨어지는 해충은?

① 소나무좀
② 솔잎혹파리
③ 미국흰불나방
④ 오리나무잎벌레

> **해설** 솔잎혹파리는 1년에 1회 발생하고 월동을 위해 유충이 땅으로 내려오게 된다. 이러한 특성을 이용한 방제법으로 임지를 건조하는 방법도 있다.

33 성충 및 유충 모두가 나무를 가해하는 것은?

① 솔나방
② 솔잎혹파리
③ 미국흰불나방
④ 오리나무잎벌레

> **해설** 오리나무잎벌레는 성충과 유충이 동시에 잎을 가해한다.

34 바이러스에 의하여 발병하는 것은?

① 청변병
② 불마름병
③ 뿌리혹병
④ 모자이크병

> **해설** 바이러스병의 증상으로 모자이크, 괴저, 기형, 줄무늬 등이 나타난다.

35 송이풀이나 까치밥나무와 기주교대를 하는 것은?

① 소나무 혹병
② 소나무 잎녹병
③ 잣나무 털녹병
④ 배나무 붉은별무늬병

> **해설** 잣나무털녹병의 중간기주로 송이풀과 까치밥나무가 있다.

정답 28.③ 29.① 30.③ 31.① 32.② 33.④ 34.④ 35.③

36 우리나라에서 발생하는 상주(서릿발)에 대한 설명으로 옳은 것은?

① 가장 추운 1월 중순에 많이 발생한다.
② 중부지방보다 남부지방에 잘 발생한다.
③ 토양함수량이 90% 이상으로 많을 때 발생한다.
④ 비료를 주어 상주 생성을 막을 수 있지만 질소비료는 가장 효과가 낮다.

> **해설** 우리나라는 대체로 남부 지방이 서릿발 현상이 나타나기 쉽다.

37 아황산가스에 대한 저항성이 가장 약한 수종은?

① 향나무   ② 은행나무
③ 자작나무 ④ 동백나무

> **해설** 아황산가스에 저항성이 약한 수종으로 소나무, 벚나무, 가문비나무, 느티나무, 자작나무 등이 있다.

38 손이나 그물 등을 사용하여 해충을 직접 잡아 방제하는 것은?

① 포살법   ② 소살법
③ 직살법   ④ 수살법

> **해설** 포살은 알이나 유충 등을 손이나 기구를 이용하여 지접 주이는 방법이다

39 주제를 용제에 녹여 계면활성제를 유화제로 첨가하여 제재한 약제 종류는?

① 유제   ② 입제
③ 분제   ④ 수화제

> **해설** 유제는 주제의 성질이 지용성으로 물에 녹지 않아 유기용매에 녹여 유화제를 첨가한 용액을 말한다.

40 밤나무혹벌의 번식형태로 옳은 것은?

① 단위생식 ② 유성생식
③ 다배생식 ④ 유성번식

> **해설** 밤나무혹벌은 암컷만으로 단성생식(단위생식)을 한다.

41 다음 중 예불기 캬브레이터의 일반적인 청소 주기는?

① 10시간   ② 20시간
③ 50시간   ④ 100시간

> **해설** 예불기의 기화기(캬브레이터)의 청소주기는 100 시간 정도이다.

42 집재거리가 길어 스카이라인이 지면에 닿아 반송기의 주행이 곤란할 때 설치하는 장치는?

① 덴버클   ② 도르레
③ 힐블럭   ④ 중간지지대

> **해설** 집재선 중간에 산등성이가 있거나 스카이라인이나 원목이 땅에 닿거나 곡선집재 등으로 스카이라인 중간을 지지할 필요가 있을 경우 중간지지대를 이용한다.

43 4기통 디젤 엔진의 실린더 내경이 10cm, 행정이 4cm일 때 이 엔진의 총배기량은?

① 785cc   ② 1,256cc
③ 4,000cc   ④ 3,140cc

> **해설** $V_D = \dfrac{\pi}{4} \times D^2 \times l \times z$
>
> $= 0.785 \times 10^2 \times 4 \times 4 = 1256$
>
> 여기서, V_D : 총배기량(cc)
> D : 실린더내경(cm)
> l : 행정(cm)
> z : 기통수

정답 36.② 37.③ 38.① 39.① 40.① 41.④ 42.④ 43.②

44 집재용 도구로 적합하지 않는 것은?

① 로그잭 ② 피커룬
③ 캔트훅 ④ 파이크폴

해설 로그잭(Log Jack)은 벌목한 나무를 잡아 고정하여 구르지 못하도록 한다.

45 기계톱의 연속조작 시간으로 가장 적당한 것은?

① 10분 이내 ② 30분 이내
③ 45분 이내 ④ 1시간 이내

해설 체인톱의 연속 운전은 10분을 넘지 않아야 한다.

46 대표적인 다공정 처리계로서 벌도, 가지치기, 조재목 다듬질, 토막내기 작업을 모두 수행할 수 있는 기계는?

① 포워더 ② 펠러번처
③ 하베스터 ④ 프로세서

해설 하베스터는 임목을 벌목하여 가지자르기, 토막내기 작업을 일관된 공정으로 작업할 수 있는 다공정 벌채장비이다.

47 다음 그림과 같이 나무가 걸쳐 있을 때에 압력부는 어느 위치인가?

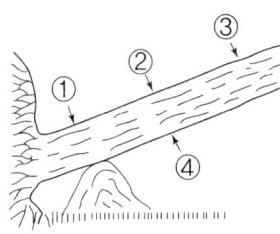

① 위치 ① ② 위치 ②
③ 위치 ③ ④ 위치 ④

해설 나무가 특정 지형에 의해 한쪽으로 걸쳐 있을 경우 하부에는 압력이 발생하여 압력부라 한다.

48 임업용 기계톱의 쏘체인 톱니의 피치(pitch)의 정의로 옳은 것은?

① 서로 접한 3개의 리벳간격을 2로 나눈 값
② 서로 접한 2개의 리벳간격을 3으로 나눈 값
③ 서로 접한 4개의 리벳간격을 3으로 나눈 값
④ 서로 접한 3개의 리벳간격을 4로 나눈 값

해설 톱체인 규격은 피치로 표시하며 피치는 3개의 리벳 간격의 1/2 길이를 말한다.

49 기계톱 작업 중 소음이 발생하는데 이에 대한 방음대책으로 옳지 않은 것은?

① 작업시간 단축
② 방음용 귀마개 사용
③ 머플러(배기구) 개량
④ 안전복 및 안전화 착용

해설 안전복 및 안전화는 작업의 안전을 위한 대책이지 방음대책은 되지 않는다.

50 기계톱에서 깊이제한부의 주요 역할은?

① 톱날 보호
② 절삭 두께 조절
③ 톱날 속도 조절
④ 톱날 연결 고정

해설 톱날의 깊이제한부는 톱날이 한번에 팔수 있는 깊이로 절삭의 두께를 조절한다.

51 산림용 기계톱에 사용하는 연료의 배합기준(휘발유 : 엔진오일)으로 가장 적합한 것은?

① 25 : 1 ② 4 : 1
③ 1 : 25 ④ 1 : 4

해설 기계톱에서 휘발유와 오일의 배합비는 25 : 1 이 적합하다.

정답 44.① 45.① 46.③ 47.④ 48.① 49.④ 50.② 51.①

52 벌목작업 도구 중에서 쐐기는?

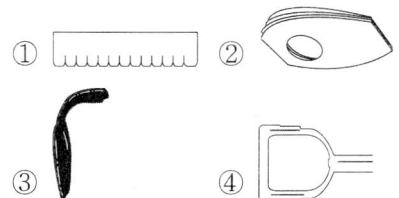

해설 쐐기는 벌목 방향을 결정하고 톱이 끼이는 것을 방지한다.

53 산림작업의 벌출공정 구성요소로 옳지 않은 것은?

① 조사　　② 벌목
③ 조재　　④ 집재

해설 산림작업에 있어 벌출공정 벌목, 조재, 집재, 운반, 적재 등이 있다.

54 산림용 기계톱 구성요소인 쏘체인(saw chain)의 톱날 모양으로 옳지 않은 것은?

① 리벳형(rivet)　② 안전형 (safety)
③ 치젤형(chisel)　④ 치퍼형(chipper)

해설 산림의 쏘체인 톱날의 모양으로 치퍼형, 치젤형, 안전형, 톱파일형 등이 있다.

55 전문 벌목용 기계톱에서 본체의 일반적인 수명은?

① 약 150시간
② 약 450시간
③ 약 600시간
④ 약 1,500시간

해설 체인톱의 일반적인 수명은 약 1500 시간이다.

56 임목수확작업 기계화에 대한 설명으로 옳지 않은 것은?

① 기상 및 지형 등 자연조건에 따라 작업능률에 미치는 영향이 크다.
② 임목의 규격화가 불가능하므로 목적에 맞는 기계를 선택해야 한다.
③ 작업의 소규모화에 따라 다공정 기계장비보다 전문 기계장비가 경제적이다.
④ 기계 조작 작업원의 숙련 정도에 따라 작업 능률에 미치는 영향이 크다.

해설 소규모 작업에는 전문 기계장비보다는 다공정 기계장비가 경제적이고 효율적이다.

57 손톱 톱니의 각 부분에 대한 설명으로 옳지 않은 것은?

① 톱니가슴 : 나무와의 마찰력을 감소시킨다.
② 톱니꼭지각 : 각이 작을수록 톱니가 약하다.
③ 톱니홈 : 톱밥이 임시 머문 후 빠져 나가는 곳이다.
④ 톱니꼭지선 : 일정하지 않으면 톱질할 때 힘이 든다.

해설 톱니가슴각은 나무를 절단하는 부분이다.

58 조림목을 심는 구덩이를 파는 데 주로 사용하는 기계는?

① 예열기　　② 예불기
③ 하예기　　④ 식혈기

해설 식혈기는 조림작업을 할 때 구덩이를 파는 기계이다.

59 4행정 기관과 비교한 2행정 기관의 특성으로 옳지 않은 것은?

① 시동이 용이　② 배기음이 낮음
③ 중량이 가벼움　④ 토크 변동이 적음

해설 2행정기관은 4행정기관보다 배기음이 높다.

정답　52.②　53.①　54.①　55.④　56.③　57.①　58.④　59.②

60 임업용 와이어로프의 용도 중 작업선의 안전계수 기준은?

① 2.7 이상 ② 4.0 이상
③ 6.0 이상 ④ 7.5 이상

해설 버팀줄, 고정줄, 작업줄 등의 안전계수는 4.0 이다.

정답 60.②

CBT 제6회 산림기능사

01 다음이 설명하고 있는 줄기접 방법으로 옳은 것은?

◎ 서로 독립적으로 자라고 있는 접수용 묘목과 대목용 묘목을 나란히 접근
◎ 양쪽 묘목의 측면을 각각 칼로 도려냄
◎ 도려낸 면을 서로 밀착시킨 상태에서 접목끈으로 단단히 묶음

① 절접 ② 합접
③ 기접 ④ 교접

해설 기접은 뿌리가 있는 식물 간의 줄기의 측면을 도려내어 양면을 합쳐 밀착시킨 상태로 접합하는 방법이다.

02 임지 보육상 비료목으로 적당한 수종은?

① 소나무 ② 잣나무
③ 오리나무 ④ 느티나무

해설 임지의 지력 향상에 도움을 주기 위해 심어주는 나무를 비료목이라 하며 대표적으로 오리나무, 아까시나무, 자귀나무 등이 있다.

03 산성 토양을 중화시키는 방법으로 가장 효과가 빠른 것은?

① 석회를 사용한다.
② NAA나 IBA를 시용한다.
③ 두엄을 많이 섞어준다.
④ 토양미생물을 접종한다.

해설 산성토양에는 염기성 성질을 가진 석회를 뿌려 중화시킬수 있다.

04 종자의 결실량이 많고 발아가 잘 되는 수종과 식재조림이 어려운 수종에 대하여 주로 실시하는 조림 방법은?

① 대묘조림 ② 용기조림
③ 소묘조림 ④ 직파조림

해설 종자의 결실량이 많고 발아가 잘되는 수종의 경우 파종의 방법을 이용한다. 이렇게 종자를 임지에 직접 파종하는 방법을 직파조림이라 한다.

05 우리나라의 산림대에 대한 설명으로 옳은 것은?

① 온대림과 냉대림으로 구분된다.
② 온대림과 난대림으로 구분된다.
③ 난대림, 온대림, (아)한대림으로 구분된다.
④ 난대림, 온대림, 온대북부림으로 구분된다.

해설 우리나라의 산림대는 난대림, 온대림, 한대림으로 분류되며 온대림은 온대남부, 온대중부, 온대북부로 분류한다.

06 한 나무에 암꽃과 수꽃이 달리는 암수한그루 수종은?

① 주목 ② 은행나무
③ 사시나무 ④ 상수리나무

해설 암수한그루 수종으로 오리나무, 삼나무, 소나무, 굴참나무, 가래나무, 호두나무, 곰솔, 상수리나무 등이 있다.

정답 01.③ 02.③ 03.① 04.④ 05.③ 06.④

07 갱신기간에 제한이 없고 성숙 임목만 선택해서 일부 벌채하는 것은?

① 왜림작업　② 택벌작업
③ 맹아작업　④ 산벌작업

해설 택벌작업은 벌기, 벌채량, 방법 등 제한이 없고 성숙한 임목을 골라 벌채하는 방법으로 일종의 이령림 작업에 속하는 갱신 작업종이다.

08 윤벌기가 80년이고 벌채구역이 4개인 임지에서의 회귀년의 기간으로 알맞은 것은?

① 20년　② 25년
③ 30년　④ 40년

해설 회귀년은 윤벌기를 벌채구로 나눈 값으로 나타낸다. 〈 80 / 4 = 20년 〉

09 군상개벌작업 시 군상지는 일반적으로 얼마정도 간격으로 벌채를 실시하는가?

① 2~3년　② 4~5년
③ 6~7년　④ 8~9년

해설 군상개벌작업의 갱신기간은 보통 4~5년 간격을 두고 다음 갱신지를 확대해 나간다.

10 일반적인 침엽수종에 대한 묘포의 가장 적당한 토양산도는?

① pH 4.0~5.0　② pH 6.5~7.5
③ pH 5.0~6.5　④ pH 3.0~4.0

해설 토양의 산도는 침엽수는 pH 5.0~5.5, 활엽수는 5.5~6.0이 적당하다.

11 파종상에서 1년간 키운 다음 이식하여 1년을 키운 후 다시 이식해서 1년을 더 키운 3년실생묘의 연령 표기는?

① 1-2묘　② 1-1-1묘
③ 1/2묘　④ 1-2-1묘

해설 실생묘의 처음 숫자는 파종상에서 지낸 연수, 뒤의 수는 판갈이상에서 지낸 연수를 의미하며 파종상 1년, 이식후 1년, 다시 이식해 1년을 키운 3년생은 〈1-1-1 묘〉로 표기 한다.

12 교림작업과 왜림작업을 혼합한 갱신작업으로 동일 임지에서 건축재(일반용재)와 신탄재를 동시에 생산하는 것을 목적으로 하는 작업종은?

① 개벌작업　② 산벌작업
③ 중림작업　④ 왜림작업

해설 용재 생산이 목적인 교림작업, 연료재 생산이 목적인 왜림작업을 동시에 실시하는 것을 중림작업이라 한다.

13 내음력이 뛰어난 음수끼리만 짝지어진 것은?

① 주목, 회양목　② 회양목, 낙엽송
③ 소나무, 잣나무　④ 주목, 소나무

해설 주목, 개비자나무, 사철나무, 회양목 등은 극음수에 속한다.

14 씨앗을 건조할 때 음지에 건조해야 하는 종은?

① 소나무　② 밤나무
③ 전나무　④ 낙엽송

해설 종자를 음지에서 건조하는 방법을 반음 건조법이라 하며 오리나무류, 포플러류, 편백, 화백, 미루나무, 참나무, 밤나무 등이 적합하다.

정답 07.② 08.① 09.② 10.③ 11.② 12.③ 13.① 14.②

15 가식에 관한 설명으로 맞는 것은?

① 가을철 가식 때에는 묘목의 끝이 남쪽으로 향하도록 한다.
② 단기간 가식할 때에는 다발을 풀어 가식한다.
③ 한풍해가 우려될 때에는 묘목 끝이 바람과 같은 방향으로 누인다.
④ 가식하는 장소는 햇빛이 많이 들어야 한다.

해설 묘목의 끝은 가을에는 남쪽, 봄에는 북쪽으로 45° 경사지게 한다.

16 완만재를 생산할 수 있을 뿐만 아니라 수간의 직경생장을 증대시키기 위한 육림작업은?

① 풀베기 ② 어린나무가꾸기
③ 덩굴제거 ④ 가지치기

해설 우량 목재 생산을 위해 가지를 끊어주는 작업을 가지치기라 한다. 가지치기는 수간의 완만도를 높이고 무절재 생산에 도움을 준다.

17 연료림이나 작은 나무의 생산에 적당한 작업종은?

① 교림작업 ② 왜림작업
③ 중림작업 ④ 모수작업

해설 왜림작업은 활엽수림에 연료재 생산을 목적으로 짧은 벌기령을 가진다.

18 다음 중 삽목발근이 어려운 수종은?

① 사철나무 ② 아까시나무
③ 동백나무 ④ 주목

해설 사철나무, 동백나무, 주목은 삽목발근이 용이한 수종이며 아까시나무와 참나무, 단풍나무 등은 삽목발근이 어려운 수종이다.

19 데라사끼 간벌형식 중 상층수관을 강하게 벌채하고 3급목을 남겨서 수간과 임상이 직사광선을 받지 않도록 하는 것은?

① A종 ② C종
③ D종 ④ E종

해설 D종간벌은 상층임관을 강하게 벌채하여 3급목을 남겨 임상이 직사광선을 받지 않도록 한다.

20 우량 대경재를 생산하기 위한 숲을 대상으로 미래목을 선발하여 우수한 나무의 자람을 촉진하는 간벌 방법은?

① 상층 간벌 ② 도태 간벌
③ 기계적 간벌 ④ 택벌식 간벌

해설 도태간벌은 상층간벌에 속하고 형질이 우수한 나무를 선발하여 생장을 촉진시킨다. 벌채 시기는 장기간으로 하고 미래목을 선정후 미래목을 기준으로 간벌을 시행한다.

21 산벌작업에서의 갱신기간으로 옳은 것은?

① 예비벌부터 하종벌까지
② 하종벌부터 후벌까지
③ 후벌부터 하종벌까지
④ 수광벌부터 종벌까지

해설 산벌삭업에서 하송벌무터 송멸까시의 기간을 갱신기간으로 한다.

22 산벌작업의 가장 올바른 작업 순서는?

① 예비벌 → 하종벌 → 후벌
② 하종벌 → 후벌 → 예비벌
③ 후벌 → 예비벌 → 하종벌
④ 후벌 → 하종벌 → 수광벌

해설 산벌작업은 갱신을 위해 예비벌, 하종벌, 후벌의 과정을 거친다.

정답 15.① 16.④ 17.② 18.② 19.③ 20.② 21.② 22.①

23 왜림작업에 대한 설명으로 틀린 것은?

① 과거 연료재나 신탄재가 필요했던 시절에 주로 사용되었다.
② 벌기가 짧아 적은 자본으로 경영할 수 있다.
③ 묘목의 식재부터 걸리는 여러 단계를 모두 거쳐 생장이 왕성할 때 벌채한다.
④ 벌채는 생장정지기인 11월 이후부터 이듬해 2월 이전까지 실시한다.

해설 활엽수림에 연료재 생산을 목적으로 짧은 벌기령을 가지며 개벌 후 근주로부터 나오는 맹아로 갱신하는 방법을 왜림작업이라 한다.

24 다음 중 무배유종자는?

① 밤나무   ② 물푸레나무
③ 잎갈나무 ④ 소나무

해설 무배유종자에는 호두나무, 자작나무, 밤나무, 단풍나무 등이 있다.

25 상층수관을 강하게 벌채하고 3급목을 남겨서 수간과 임상이 직사광선을 받지 않도록 하는 간벌 형식은?

① A종 간벌   ② B종 간벌
③ C종 간벌   ④ D종 간벌

해설 D종간벌은 상층간벌에 속하며 상층임관을 벌채하고 3급목을 남겨 임상이 직사광선을 받지 않게 한다.

26 다음 중 방화림 조성용으로 가장 적합한 수종은?

① 소나무   ② 삼나무
③ 갈참나무 ④ 녹나무

해설 방화림으로 적합한 수종은 내화성이 강한 수종으로 잎갈나무, 굴거리나무, 굴참나무, 갈참나무 등이 있으며 보기의 소나무, 삼나무, 녹나무는 내화성이 약해 방화림 조성용으로는 적합하지 않다.

27 식물에 병을 일으키는 병원체 중 균사를 갖고 있어 일명 사상균(絲狀菌)이라고 불리는 것은?

① 진균   ② 세균
③ 바이러스 ④ 선충

해설 진균류는 실모양의 균사가 발달된 사상균이라 한다.

28 포플러잎녹병을 방제하는 방법으로 틀린 것은?

① 비교적 지행성인 포플러 계통을 식재한다.
② 4 - 4식 보르도액을 살포한다.
③ 병든 잎이 달렸던 가지를 잘라준다.
④ 중간기주 식물이 많이 분포하고 있는 곳을 피하고 식재한다.

해설 포플러 잎녹병은 주로 잎에서 포자가 발생하기에 가지를 잘라줄 필요는 없고 감염된 낙엽의 소각을 해주도록 한다.

29 솔나방은 유충의 몇 령충으로 월동하는가?

① 1   ② 3
③ 5   ④ 8

해설 솔나방은 1년에 1회 발생하고 5령충이 지피물 혹은 나무껍질 사이에 월동한다.

30 담배장님노린재에 의하여 매개 전염되는 병은?

① 오동나무빗자루병
② 대추나무빗자루병
③ 잣나무 털녹병
④ 소나무 잎녹병

해설 오동나무 빗자루병은 담배장님노린재에 의해 매개된다.

정답 23.③ 24.① 25.④ 26.③ 27.① 28.③ 29.③ 30.①

31 1968년 부산에서 처음 발견된 소나무재선충에 대한 설명으로 틀린 것은?

① 매개충은 솔수염하늘소이다.
② 유충은 자라서 터널 끝에 번데기방을 만들고 그 안에서 번데기가 된다.
③ 소나무재선충은 후식 상처를 통하여 수체내로 이동해 들어간다.
④ 피해고사목을 벌채 후 매개충의 번식처를 없애기 위하여 임지 외로 반출한다.

해설 피해고사목은 훈증하여 처리하고 임지외로 반출하지 않는다.

32 소나무와 곰솔의 새잎에 벌레혹(충영)을 만들어 피해를 주는 해충은?

① 솔나방 ② 솔잎혹파리
③ 소나무좀 ④ 소나무재선충

해설 솔잎혹파리는 소나무, 해송에 피해를 주며 유충이 잎의 기부에 벌레혹을 만들어 즙액을 빨아 먹는다.

33 살충기작에 의한 살충제의 분류 방법 중 나프탈렌, 크레오소트 등이 속하는 것은?

① 소화중독제 ② 기피제
③ 화학불임제 ④ 침투성살충제

해설 기피제는 해충이 식물에 접근하는 것을 방제하는데 나프탈렌, 크레오소트 등이 있다.

34 소나무 잎녹병에 있어서 여름포자(하포자)의 중간 숙주가 되는 것은?

① 황벽나무 ② 잎갈나무
③ 까치밥나무 ④ 참나무류

해설 소나무 잎녹병의 중간기주로는 황벽나무, 참취, 잔대가 있다.

35 토양 중에 서식하는 균류에 의하여 전염되는 병은?

① 소나무 잎녹병
② 모잘록병
③ 오동나무 빗자루병
④ 뽕나무 오갈병

해설 모잘록병은 병원균이 토양에 월동하고 토양에 의해 전반된다. 모잘록병을 방제하기 위해 클로로피크린 등을 이용하여 토양을 소독한다.

36 유충과 성충 모두가 나무 잎을 식해하는 해충은?

① 참나무재주나방 ② 솔나방
③ 어스렝이나방 ④ 오리나무잎벌레

해설 오리나무잎벌레는 성충과 유충이 동시에 잎을 가해한다.

37 포플러 잎녹병 병원균의 상태를 가장 잘 나타낸 것은?

① 병원균이 포플러나 중간기주인 낙엽송과 현호색을 기주교대 하는 2종 기생균이다.
② 포플러의 잎에 녹병정자와 녹포자를 형성한다.
③ 낙엽송의 잎에 여름포자와 겨울포자를 형성한다.
④ 여름에 잎 뒷면에 노랑색의 소립점을 형성하고 겨울에는 잎이 담황색으로 변한다.

해설 포플러는 기주인 포플러와 중간기주인 낙엽송, 현호색, 줄꽃주머니를 기주교대하는 이종 기생균이다.

정답 31.④ 32.② 33.② 34.① 35.② 36.④ 37.①

38 다음 중 담자균류에 의한 수병은?

① 소나무 혹병 ② 밤나무 줄기마름병
③ 그을음병   ④ 오동나무 탄저병

해설 담자균에 의해 발생하는 수목병으로 소나무 혹병, 잣나무털녹병, 포플러잎녹병 등이 있다.

39 향나무 녹병의 방제법으로 틀린 것은?

① 보르드액을 살포한다.
② 중간기주를 제거한다.
③ 주변에 배나무를 식재하여 보호한다.
④ 향나무의 감염된 수피를 제거 소각한다.

해설 배나무는 향나무 녹병의 중간기주로 주변에 배나무를 식재할 경우 피해가 더욱 확산된다.

40 대부분의 균류, 세균, 파이토플라스마 및 바이러스 등의 병원체가 식물조직에 침입하는 방법은?

① 각피침입
② 화기(花器)침입
③ 상처를 통한침입
④ 자연개구(開口)를 통한침입

해설 나무 및 식물에 상처가 발생할 경우 대부분의 병원체가 침입할수 있다..

41 삼각톱날을 연마할 때 준비하지 않아도 되는 것은?

① 마름모줄   ② 원형 연마석
③ 톱니 젖힘쇠 ④ 원형줄

해설 원형줄은 톱체인의 톱날세우기에 이용한다.

42 기계톱의 안전장치로만 나열되어 있는 것은?

① 방진고무, 전방손잡이보호판, 후방손잡이, 에어휠터
② 체인잡이볼트, 스프라켓, 에어휠터, 체인브레이크
③ 기계톱날, 안내판, 지레발톱, 스파크플러그
④ 체인브레이크, 전방손잡이보호판, 후방손잡이보호판, 체인잡이 볼트

해설 기계톱의 안전장치에는 체인브레이크, 체인잡이볼트, 손잡이 및 보호판, 스로틀레버 차단판, 진동방지장치, 소음기, 방진고무 등이 있다.

43 와이어로프를 구성하는 스트랜드 조합 및 스트랜드를 구성하는 와이어로프의 조합 방법 중 24 본선 6꼬임 표기로 옳은 것은?

① 24 × 6   ② 6 × 24
③ IWRC × S(24) ④ IWRC × S(6)

해설 6 × 24(스트랜드 본수×와이어 개수) 의 경우 24본선과 6꼬임을 의미한다.

44 기관 윤활유에 요구되는 특성이 아닌 것은?

① 점도가 적당할 것
② 응고점이 낮을 것
③ 인화점이 낮을 것
④ 열과 산의 저항력이 클 것

해설 윤활유의 인화점이 낮으면 화재의 위험성이 있다. 윤활유는 소량투입하기는 하나 인화점이 높고 점도가 적당하며 안전성이 있어야 한다.

정답 38.① 39.③ 40.③ 41.④ 42.④ 43.② 44.③

45 다음 중 현재 우리나라 임업에서 널리 사용 되는 기계톱안내판(guide bar)의 길이는?

① 20cm 이하 ② 30~60cm
③ 70~100cm ④ 100cm 이상

해설 안내판의 길이는 체인톱 엔진출력에 따라 차이가 있으며 보통은 30 ~ 40cm 정도이다.

46 기계톱의 동력전달 순서를 바르게 나타낸 것은?

① 피스톤 → 스프라켓 → 크랭크축 → 클러치 → 체인톱날
② 피스톤 → 크랭크축 → 스프라켓 → 클러치 → 체인톱날
③ 피스톤 → 스프라켓 → 클러치 → 크랭크축 → 체인톱날
④ 피스톤 → 크랭크축 → 클러치 → 스프라켓 → 체인톱날

해설 체인톱은 동력전달장치에서 피스톤, 크랭크축, 원심형클러치, 스프로킷, 체인톱날 순서로 작동한다.

47 휘발유 1.8ℓ에 혼합하는 엔진오일의 적절한 양(ℓ)은? (단, 휘발유와 엔진오일의 혼합비는 1 : 25로 한다.)

① 0.072ℓ ② 0.72ℓ
③ 1.8ℓ   ④ 3.6ℓ

해설 〈 휘발유 : 오일 = 25 : 1 = 1.8 : 0.072 〉으로 1.8L 휘발유에 필요한 오일의 양은 0.072L 이다.

48 체인에 오일이 적게 공급될 경우 예상되는 원인이 아닌 것은?

① 오일펌프에 잘못되어 공기가 들어가 있다.
② 안내판으로 가는 오일구멍이 막혀 있다.
③ 클러치의 측면이 마모되어 있다.
④ 오일펌프가 잘못 결합되어 있다.

해설 오일펌프가 잘못 연결되거나 중간에 공기가 있을 경우 공급이 되지 않거나 적게 들어가게 된다. 또한 안내판으로 가는 오일 구멍이 막혀있는 경우도 유사한 현상이 발생하게 된다.

49 2행정기관의 기계톱에 사용하는 혼합연료의 취급방법으로 가장 적합한 것은?

① 각 연료를 혼합하지 않고 주입하여 사용한다.
② 주입하기 전 잘 흔들어서 혼합한 뒤 주입한다.
③ 오일만을 추가하여 사용한다.
④ 휘발유만을 추가하여 사용한다.

해설 2행정 기관의 기계톱은 휘발유와 오일을 주유 전에 잘 흔들어 혼합시켜 주입한다. 잘 혼합되지 않을 경우 연소가 불충분하여 오일이 연소실에 쌓이기도 한다.

50 조림 및 무육작업에 있어 식재작업 시 유의할 사항으로 틀린 것은?

① 안전장비를 착용한다.
② 작업자 간의 안전거리를 유지한다.
③ 경사지에서는 상하로 서서 작업한다.
④ 식재괭이 자루가 안전한가 확인한다.

해설 조림 및 무육작업을 할 때는 경사지는 안전사고의 위험성이 있어 상하로 서서 작업하지 않는다.

정답 45.② 46.④ 47.① 48.③ 49.② 50.③

51 체인톱 사용상의 벌목조재 시 안전사고 방지의 장비 중 불필요한 것은?

① 방진용 가죽장갑
② 소음방지용 귀마개
③ 헬멧
④ 마세티

> 해설) 마세티는 육림도구로 안전사고 방지 장비에는 해당되지 않는다.

52 다음 수종 중 산림 작업용 도구 자루로 가장 적합한 것은?

① 오동나무 ② 느티나무
③ 소나무   ④ 히말라야 시다

> 해설) 도끼에 사용되는 자루의 용재로는 박달나무, 물푸레나무, 단풍나무, 호두나무, 참나무류 등이 적합하다.

53 체인톱 공전 시 엔진이 정지하여 작업 진행에 시간 손실이 많다. 기화기의 어느 나사를 조정하여 주면 작업능률을 높일 수 있는가?

① H나사(고속 조정나사)
② L나사(저속 조정나사)
③ LA나사(공전 조정나사)
④ C나사

> 해설) 기화기에는 벤투리관, 스로틀밸브, 초크 밸브 등이 있으며 공전조절나사를 통해 기관의 회전속도 및 출력을 조절하여 작업능률을 높일 수 있다.

54 체인톱 연료 소비량이 비정상적으로 높을 경우 예상되는 원인이 아닌 것은?

① 흡수호스 또는 전기도선에 결함이 있다.
② 기화기 조절이 잘못되어 있다.
③ 기화기 내 공전 노즐이 막혀 있다.
④ 에어필터가 더럽혀져 있다.

> 해설) 기화기의 공전 노즐이 막혀있을 경우 연료 소비량은 비정상적으로 높아지지는 않는다.

55 작업장에서 작업자 배치 시 가장 먼저 고려해야 할 사항은?

① 작업능률 극대화
② 안전성 최대화
③ 감독의 난이도
④ 작업량 배정

> 해설) 작업장에서 작업자의 안전이 최우선적으로 고려되어야 한다.

56 다음 손톱을 연마하기 위한 톱니의 젖힘 크기 중에서 가장 적합한 것은?

① 침엽수 0.5~0.6㎜, 활엽수 0.4~0.6㎜
② 침엽수 0.4~0.6㎜, 활엽수 0.5~0.6㎜
③ 침엽수 0.3~0.5㎜, 활엽수 0.2~0.3㎜
④ 침엽수 0.2~0.3㎜, 활엽수 0.3~0.4㎜

> 해설) 침엽수는 0.3~0.5㎜, 활엽수는 0.2~0.3㎜ 정도로 젖혀주고 젖힘의 크기는 모든 톱니가 일정해야 한다.

57 다음 중 1 ps는 몇 kW인가?

① 0.7455   ② 0.7355
③ 0.7255   ④ 0.7555

> 해설) 1PS = 0.735kW 이다

58 벌목 및 집재 작업 시 이용되는 도구로 옳지 않은 것은?

① 사피   ② 박살피
③ 이식승   ④ 듀랄루민 쇄기

> 해설) 벌목 및 집재 작비로 톱, 도끼, 쇄기류, 사피, 박살피, 지렛대 등이 있으며 이식승은 양묘 사업용 소도구이다.

정답 51.④ 52.② 53.③ 54.③ 55.② 56.③ 57.② 58.③

59 기계톱의 대패형 톱날 연마 방법으로 옳은 것은?

① 가슴각 : 60° 연마
② 가슴각 : 90° 연마
③ 창날각 : 40° 연마
④ 창날각 : 25° 연마

해설 대패형톱날의 창날각 35°, 가슴각 90°, 지붕각 60°로 연마한다.

60 예불기의 원형톱날 사용 시 안전사고 예방을 위해 사용 금지된 부분은?

① 시계점 12 ~ 3시 방향
② 시계점 3 ~ 6시 방향
③ 시계점 6~ 9시 방향
④ 시계점 9~ 12시 방향

해설 예불기는 톱날의 사각지점(12시 방향 ~ 3시 방향)의 사용을 금지한다.

정답 59.② 60.①

CBT 제7회 산림기능사

01 소립종자의 실중에 대한 옳은 설명은?
① 종자 1L의 4회 평균 중량
② 종자 1,000립의 4회 평균 중량
③ 종자 100립의 4회 평균 중량 곱하기 10
④ 전체 시료종자 중량 대비 각종 불순물을 제거한 종자의 중량 비율

해설 소립종자 실중의 기준은 〈 1,000 × 4반복 = 4,000립 〉으로 종자 1000립의 4회 평균의 중량을 말한다.

02 덩굴류 제거작업 시 약제사용에 대한 설명으로 옳은 것은?
① 작업시기는 덩굴류 휴지기인 1~2월에 한다.
② 칡 제거는 뿌리까지 죽일 수 있는 글라신 액제가 좋다.
③ 약제 처리 후 24시간 이내에 강우가 있을 때 흡수율이 높다.
④ 제초제는 살충제보다 독성이 적으므로 약제 취급에 주의를 기울일 필요가 없다.

해설 덩굴류 제거 작업은 생장기인 5~9월에 실시하며 약제 처리 후 24시간 이내에 강우가 예상 될 경우 약제의 유실문제가 있어 중지한다. 제초제 사용 후 처리 도구는 잘 세척하여 보관하며 약제 취급에 주의를 기울여야 한다.

03 묘포의 정지 및 작상에 있어서 가장 적합한 밭갈이 깊이는?
① 20cm 미만
② 20cm~30cm 정도
③ 30cm~50cm 정도
④ 50cm 이상

해설 묘포지 경운시 20~25cm 정도가 적당하다.

04 임분을 띠 모양으로 구획하고 각 띠를 순차적으로 개벌하여 갱신하는 방법은?
① 산벌작업   ② 대상개벌작업
③ 군상개벌작업 ④ 대면적개벌작업

해설 대상개벌작업은 임지를 띠모양의 구역을 나누어 교대로 2회에 걸쳐 벌채하는 방법이다.

05 묘상에서 단근작업에 관한 설명으로 옳지 않은 것은?
① 주로 휴면기에 실시한다.
② 측근과 세근을 발달시킨다.
③ 묘목의 철늦은 자람을 억제한다.
④ 단근의 깊이는 뿌리의 2/3 정도로 남기도록 한다.

해설 단근은 잔뿌리의 발달과 활착률을 높이기 위해서 실시하기에 휴면기를 피하고 5~9월에 실시한다.

정답 01.② 02.② 03.② 04.② 05.①

06 다음 중 침엽수의 수형목 선발 기준으로 옳지 않은 것은?

① 수관이 넓을 것
② 생장이 왕성할 것
③ 상층 임관에 속할 것
④ 상당한 종자가 달릴 것

해설 침엽수의 수형목은 수관이 좁고 가지가 가늘며 한쪽으로 치우치지 않아야 한다.

07 모수작업에 대한 설명으로 옳은 것은?

① 양수 수종의 갱신에 적당하다.
② 양수와 음수의 섞임을 조절할 수 있다.
③ ha당 남겨질 모수는 100본 이상으로 한다.
④ 현재의 수종을 다른 수종으로 바꾸고자 할 때 적당하다.

해설 모수작업은 소나무, 곰솔 등의 양수에 적용되는 것에 유리하며 바람에 날려 전파가 용이한 수종에 적당하다.

08 다음 중 수목 종자 발아에 영향을 미치는 주요 환경인자로 가장 거리가 먼 것은?

① 수분   ② 공기
③ 토양   ④ 온도

해설 종자가 성장하는 과정을 발아라고 하며 온도, 습도, 공기, 광선의 조건이 중요하다.

09 다음 중 나무의 가지를 자르는 방법으로 옳지 않은 것은?

① 고사지는 제거한다.
② 침엽수는 절단면이 줄기와 평행하게 가지를 자른다.
③ 활엽수에서 지름 5cm 이상의 큰 가지 위주로 자른다.
④ 수액유동이 시작되기 직전인 성장휴지기에 하는 것이 좋다.

해설 일반적인 활엽수의 경우 가지치기를 하면 상처유합이 잘 되지 않아 직경 5cm 이상의 가지는 자르지 않는다.

10 산지에 묘목을 식재한 후 가장 먼저 해야 할 무육작업은?

① 제벌   ② 간벌
③ 풀베기 ④ 가지치기

해설 묘목을 식재한 지역은 풀베기를 통해 주위 잡초에 피압되어 묘목의 생육이 방해되지 않도록 가장 먼저 해야할 무육작업이다.

11 다음 중 생가지치기를 할 때 상처 부위의 부후 위험성이 가장 큰 수종은?

① 곰솔   ② 단풍나무
③ 리기다소나무 ④ 일본잎갈나무

해설 생가지치기를 할 때 부후 위험성이 큰 수종으로 단풍나무, 느릅나무, 벚나무, 물푸레나무, 벚나무, 너도밤나무, 가문비나무 등이 있다.

12 우리나라 지각의 대부분을 이루고 있는 암석은?

① 수성암   ② 석회암
③ 변성암   ④ 화성암

해설 국내의 경우 화성암이 지각의 60% 이상을 차지하고 있으며 화성암과 변성암을 합치면 95% 정도를 차지하고 있다.

13 풀베기 작업을 1년에 2회 실시하려 할 때 가장 알맞은 시기는?

① 1월과 3월   ② 3월과 6월
③ 6월과 8월   ④ 7월과 10월

해설 풀베기 작업은 6~8월에 연 2회 실시하며 빠르면 5월에도 가능하다. 한해의 위험성이 높아지는 9월 이후에는 실시하지 않는다.

정답 06.① 07.① 08.③ 09.③ 10.③ 11.② 12.④ 13.③

14 인공조림의 장점으로 옳지 않은 것은?

① 미입목지나 황폐지에 숲을 조성할 수 있다.
② 숲을 조성하는 데 기간이 짧고 임분관리가 용이하다.
③ 전체적으로 불량한 형질을 가진 임분의 개량에 적용 가능하다.
④ 오랜 세월을 지내는 동안 그곳의 환경에 적응되어 견디어내는 힘이 강하다.

해설 오랜세월을 지내고 환경에 잘 적응하는 것은 천연갱신의 장점이다.

15 10ha의 산림에 묘목을 2m 간격으로 정방형 식재하려면 최소 몇 주의 묘목이 필요한가?

① 2,500주 ② 25,000주
③ 5,000주 ④ 50,000주

해설 $\dfrac{100,000 m^2}{2m \times 2m} = 25,000$ 본

16 낙엽이 쌓이고 분해된 성분으로 구성된 토양 단면층은?

① 표토층 ② 모재층
③ 심토층 ④ 유기물층

해설 유기물층은 가장 표면에 있는 토양층으로 낙엽, 가지 등의 유기물이 있는 층이다.

17 산성 토양을 중화시키는 방법으로 가장 효과가 빠른 것은?

① 석회를 사용한다.
② NAA나 IBA를 사용한다.
③ 두엄을 많이 섞어준다.
④ 토양미생물을 접종한다.

해설 산성토양에는 염기성 성질을 가진 석회를 뿌려 중화시킬수 있다.

18 종자의 결실량이 많고 발아가 잘 되는 수종과 식재조림이 어려운 수종에 대하여 주로 실시하는 조림 방법은?

① 대묘조림 ② 용기조림
③ 소묘조림 ④ 직파조림

해설 종자의 결실량이 많고 발아가 잘되는 수종의 경우 파종의 방법을 이용한다. 이렇게 종자를 임지에 직접 파종하는 방법을 직파조림이라 한다.

19 우리나라의 산림대에 대한 설명으로 옳은 것은?

① 온대림과 냉대림으로 구분된다.
② 온대림과 난대림으로 구분된다.
③ 난대림, 온대림. (아)한대림으로 구분된다.
④ 난대림, 온대림, 온대북부림으로 구분된다.

해설 우리나라의 산림대는 난대림, 온대림, 한대림으로 분류되며 온대림은 온대남부, 온대중부, 온대북부로 분류한다.

20 한 나무에 암꽃과 수꽃이 달리는 암수한그루 수종은?

① 주목 ② 은행나무
③ 사시나무 ④ 상수리나무

해설 암수한그루 수종으로 오리나무, 삼나무, 소나무, 굴참나무, 가래나무, 호두나무, 곰솔, 상수리나무 등이 있다.

21 군상식재지 등 조림목의 특별한 보호가 필요한 경우 적용하는 풀베기 방법으로 가장 적합한 것은?

① 줄베기 ② 전면베기
③ 둘레베기 ④ 대상베기

해설 둘레베기는 조림목 반경 50cm 정도 정방형 혹은 원형으로 잘라내는 방법으로 강한음수나 군상식재지에 한해의 보호가 필요할 경우 적용한다.

정답 14.④ 15.③ 16.④ 17.① 18.④ 19.③ 20.④ 21.③

22 인공조림과 천연갱신의 설명으로 옳지 않은 것은?

① 천연갱신에는 오랜 시일이 필요하다.
② 인공조림은 기후 풍토에 저항력이 강하다.
③ 천연갱신으로 숲을 이루기까지의 과정이 기술적으로 어렵다.
④ 천연갱신과 인공조림을 적절히 병행하면 조림성과를 높일 수 있다.

> 해설 천연갱신은 기후 풍토에 저항력이 강하며 인공조림은 경제적 가치에 중점을 두고 수종을 선택하기에 기후 풍토에 저항력이 상대적으로 약한 편이다.

23 음수 갱신에 좋으며 예비벌, 하종벌, 후벌의 3단계로 모두 벌채되고 새로운 임분이 동령림으로 나타나게 하는 작업종으로 옳은 것은?

① 저림작업 ② 택벌작업
③ 모수작업 ④ 산벌작업

> 해설 산벌작업은 갱신을 위해 예비벌, 하종벌, 후벌의 과정을 거치며 후벌의 마지막인 종벌의 순서로 작업이 진행되는데 이를 순차벌이라 한다.

24 종자를 미리 건조하여 밀봉 저장할 때 다음 중 가장 적정한 함수율은?

① 상관없음 ② 약 5~10%
③ 약 11~15% ④ 약 16~20%

> 해설 밀봉 저장법은 종자를 건조시켜 진공상태로 밀봉하여 저온에 저장하는 방법으로 종자의 함수율은 5~7% 정도로 유지하는 것이 적합하다.

25 곰솔 1-1묘의 지상부 무게 27g, 지하부 무게 9g일 때 T/R율은?

① 0.3 ② 3.0
③ 18.0 ④ 36.0

> 해설 T/R = 지상부/지하부 = 27/9 = 3

26 1년에 2~3회 발생하며 1, 2령기 유충은 밤가시를 식해하다가 3령기 이후 성숙해지면 과육을 식해하는 해충은?

① 밤바구미 ② 밤나무혹벌
③ 복숭아명나방 ④ 솔알락명나방

> 해설 복숭아명나방은 어린 유충이 1,2 령 시기에 밤 가시를 식해하고 3령 이후 과육을 식해한다. 10월 쯤에는 줄기의 수피 사이에 고치를 짓고 그 속에서 유충으로 월동한다.

27 다음 중 알로 월동하는 해충은?

① 삼나무독나방 ② 텐트나방
③ 솔나방 ④ 버들재주나방

> 해설 텐트나방은 1년에 1회 발생하고 알로 월동한다.

28 다음 중 기주교대를 하는 수목병에 해당하지 않는 것은?

① 포플러 잎녹병
② 소나무 재선충병
③ 잣나무 털녹병
④ 사과나무 붉은별무늬병

> 해설 소나무재선충은 매개충에 의해 전반되고 기주교대는 하지 않는다.

29 배나무를 기주교대하는 이종기생성 병은?

① 향나무 녹병 ② 소나무 혹병
③ 전나무 잎녹병 ④ 오리나무 잎녹병

> 해설) 향나무녹병의 중간기주로 배나무가 있으며 기주교대를 통해 수목병이 확산된다.

30 다음 중 살충제의 제형에 따라 분류된 것은?

① 수화제 ② 훈증제
③ 소화중독제 ④ 유인제

> 해설) 제형에 따른 분류로 유제, 액제, 수용제, 수화제, 유탁제, 미탁제 등이 있다.

31 다음 중 산불에 대한 내화력이 강한 수종은?

① 편백 ② 곰솔
③ 삼나무 ④ 은행나무

> 해설) 내화력이 강한 수종으로 은행나무, 낙엽송, 가문비나무, 굴참나무, 고로쇠나무 등이 있다.

32 다음 중 제초제의 병뚜껑과 포장지 색으로 옳은 것은?

① 녹색 ② 황색
③ 분홍색 ④ 빨간색

> 해설) 용도별 색깔
>
> | 살균제 | 분홍색 |
> | --- | --- |
> | 살충제 | 녹색 |
> | 제초제 | 황색 |
> | 생장조절제 | 청색 |

33 성숙한 유충의 몸길이가 가장 큰 해충은?

① 독나방 ② 박쥐나방
③ 매미나방 ④ 어스렝이나방

> 해설) 어스렝이나방의 유충 몸길이는 100mm 이며 주로 줄기에서 알로 월동한다. 1년에 1회 발생하고 5~7월쯤 잎을 식해하는 식엽성 해충이다.

34 볕데기에 대한 설명으로 옳지 않은 것은?

① 남서방향 임연부의 고립목에 피해가 나타나기 쉽다.
② 오동나무나 호두나무처럼 코르크층이 발달되지 않는 수종에서 자주 발생한다.
③ 강한 복사광선에 의해 건조된 수피의 상처부위에 부후균이 침투하여 피해를 입는다.
④ 토양의 온도를 낮추기 위한 관수나 해가림 또는 짚을 이용한 토양피복 등의 처리를 하는 것이 좋다.

> 해설) 나무의 줄기가 강한 태양광선에 의해 급격한 수분증발이 발생하며 심할 경우 형성층에 피해를 입게 되어 고사한다.

35 잣나무 털녹병의 중간기주는?

① 잔대 ② 송이풀
③ 향나무 ④ 황벽나무

> 해설) 잣나무털녹병의 대표기주는 잣나무, 스트로브잣나무이며 중간기주는 송이풀, 까치밥나무이다.

정 답 29.① 30.① 31.④ 32.② 33.④ 34.④ 35.②

36 산불 진화 방법에 대한 옳지 않은 설명은?

① 불길이 약한 산불 초기는 화두부터 안전하게 진화한다.
② 직접, 간접법으로 끄기 어려울 때 맞불을 놓아 끄기도 한다.
③ 물이 없을 경우 삽 등으로 토사를 끼얹는 간접소화법을 사용할 수 있다.
④ 불길이 강렬하면 소화선을 만들어 화두의 불길이 약해지면 그 후 간접소화법을 쓴다.

해설 간접소화법은 직접진화가 어려워 방화선 구축이나 주위에 식생을 제거하여 가연물을 없애는 방법이다. 물이 없을 경우 삽으로 토사를 끼얹는 것은 간접소화법이 아닌 진화 후 잔불을 정리하는 방법에 해당한다.

37 묘포에서 가장 피해가 심한 모잘록병의 발병 원인은?

① 세균　　　② 균류
③ 오리나무잎벌레 ④ 바이러스

해설 묘포에서 발생하는 모잘록병의 병원균은 균류로 Rhizoctonia, Pythium 균은 토양의 습도가 높은 경우 피해속도가 빠르며 Fusarium은 온도가 높고 건조한 토양에서 자주 발생한다.

38 저온에 의한 피해 중에서 수목 조직 내에 결빙이 일어나는 피해는?

① 습해　　　② 한해
③ 동해　　　④ 설해

해설 동해는 저온에 의한 피해로 식물이 세포 내외로 결빙이 일어나 심할 경우 고사한다.

39 알로 월동하는 해충끼리 짝지어진 것은?

① 솔나방, 참나무재주나방, 매미나방
② 짚시나방, 텐트나방, 어스렝이나방
③ 미국흰불나방, 천막벌레나방, 복숭아명나방
④ 참나무재주나방, 어스렝이나방, 복숭아명나방

해설 알로 월동하는 해충으로 짚시나방, 텐트나방, 박쥐나방, 어스렝이나방 등이 있다.

40 다음 살충제 중에서 불임제의 작용 특성을 갖는 것은?

① 비산석회
② 알킬화제
③ 크레오소트
④ 메틸브로마이드

해설 불임제는 해충의 생식에 피해를 주어 번식을 막는 약제로 아폴레이트, 메테파 등의 알킬화제가 있다.

41 2행정 내연기관에서 외부의 공기가 크랭크실로 유입되는 원리로 옳은 것은?

① 피스톤의 흡입력
② 기화기의 공기펌프
③ 크랭크축 운동의 원심력
④ 크랭크실과 외부와의 기압차

해설 2행정 기관은 피스톤이 상승하면 배기공과 소기공이 모두 막혀 실린더 속에 혼합가스가 압축한다. 크랭크 케이스 속의 압력이 낮아져 기화기에 형성된 혼합가스가 흡기구를 통해 크랭크케이스로 흡입된다. 이때 크랭크실과 외부와 발생되는 기압차에 의해 외부 공기가 크랭크실로 유입하게 된다.

정답 36.③ 37.② 38.③ 39.② 40.② 41.④

42 내연기관에서 연접봉(커넥팅 로드)이란?

① 크랭크 양쪽으로 연결된 부분을 말한다.
② 엔진의 파손된 부분을 용접하는 봉이다.
③ 크랭크와 피스톤을 연결하는 역할을 한다.
④ 엑셀 레버와 기화기를 연결하는 부분이다.

해설 커넥팅로드(연접봉)는 피스톤과 크랭크축을 연결하여 연소실에서 연소가스에 의해 피스톤에 가한 힘을 크랭크 축에 전달하는 역할을 한다.

43 디젤기관의 특징이 아닌 것은?

① 압축열에 의한 자연발화 방식이다.
② 연료는 윤활유와 함께 혼합하여 넣는다.
③ 진동 및 소음이 가솔린기관에 비해 크다.
④ 배기가스 온도가 가솔린기관에 비해 낮다.

해설 연료와 윤활유를 함께 혼합하여 넣는 것은 가솔린 기관이다.

44 예불기 구성요소인 기어 케이스 내 그리스(윤활유)의 교환은 얼마 사용 후 실시하는 것이 가장 효과적인가?

① 200시간   ② 20시간
③ 10시간   ④ 50시간

해설 예불기의 오일(윤활유)은 사용시간이 20시간이 되면 교환해주는 것이 좋다.

45 산림용 기계톱에 사용하는 연료의 배합기준(휘발유 : 엔진오일)으로 가장 적합한 것은?

① 25:1   ② 4:1
③ 1:25   ④ 1:4

해설 기계톱에서 휘발유와 오일의 배합비는 25 : 1 이 적합하다.

46 임업용 기계톱의 엔진을 냉각하는 방식으로 주로 사용되는 것은?

① 공냉식   ② 수냉식
③ 호퍼식   ④ 라디에이터식

해설 체인톱과 같은 소형기관은 주로 공랭식을 사용한다. 공랭식은 실린더 주위에 설치한 냉각판을 이용하며 효율을 높이기 위해 송풍기를 사용한다.

47 벌목작업 도구 중에서 쐐기는?

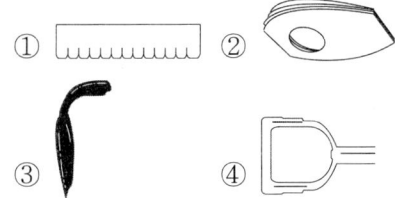

해설 쐐기는 벌목 방향을 결정하고 톱이 끼이는 것을 방지한다.

48 산림작업의 벌출공정 구성요소로 옳지 않은 것은?

① 조사   ② 벌목
③ 조재   ④ 집재

해설 산림작업에 있어 벌출공정 벌목, 조재, 집재, 운반, 적재 등이 있다.

49 산림용 기계톱 구성요소인 쏘체인(saw chain)의 톱날 모양으로 옳지 않은 것은?

① 리벳형(rivet)   ② 안전형(safety)
③ 치젤형(chisel)   ④ 치퍼형(chipper)

해설 산림의 쏘체인 톱날의 모양으로 치퍼형, 치젤형, 안전형, 톱파일형 등이 있다.

50 전문 벌목용 기계톱에서 본체의 일반적인 수명은?

① 약 150시간 ② 약 450시간
③ 약 600시간 ④ 약 1,500시간

> 해설 체인톱의 일반적인 수명은 약 1500시간이다.

51 산림작업에 사용하는 식재도구로 옳지 않은 것은?

① 재래식 삽 ② 재래식 낫
③ 재래식 괭이 ④ 각식재용 양날괭이

> 해설 산림작업의 식재용 도구로 사식재용 괭이, 각식재용 양날 괭이, 손도끼, 재래식 삽, 재래식 괭이 등이 있다.

52 체인톱 엔진이 돌지 않을 시 예상되는 고장원인이 아닌 것은?

① 기화기 조절이 잘못되어 있다.
② 기화기 내 연료체가 막혀 있다.
③ 기화기 내 공전노즐이 막혀 있다.
④ 기화기 내 펌프질하는 막에 결함이 있다.

> 해설 기화기 노즐이 막히는 경우 엔진에 힘이 없고 간혹 검은 연기가 배출된다.

53 대패형 톱날의 창날각도로 가장 적당한 것은?

① 30° ② 35°
③ 80° ④ 60°

> 해설 대패형톱날의 창날각은 35° 연마한다.

54 임업용 트랙터를 사용하는 데 있어 집재목과 트랙터 간의 허용각도와 안전각도로 옳은 것은?

① 허용각도 = 최대 15°, 안전각도 = 0 ~ 10°
② 허용각도 = 최대 30°, 안전각도 = 0 ~ 30°
③ 허용각도 = 최대 35°, 안전각도 = 0 ~ 40°
④ 허용각도 = 최대 90°, 안전각도 = 0 ~ 45°

> 해설 임업용 트랙터는 집재목과 허용각도는 최대 15°, 안전각도는 10° 이상 기울지 않도록 한다.

55 산림작업 안전사고 예방수칙으로 옳지 않은 것은?

① 몸 전체를 고르게 움직이며 작업할 것
② 긴장하지 말고 부드럽게 작업에 임할 것
③ 작업복은 작업종과 일기에 따라 착용할 것
④ 안전사고 예방을 위하여 가능한 혼자 작업할 것

> 해설 안전사고 예방을 위해 최소 2인 1개조로 작업한다.

56 기계톱 운전, 작업 시 유의사항으로 옳지 않은 것은?

① 벌목 가동 중 톱을 빼낼 내는 톱을 비틀어서 빼낸다.
② 절단작업 시 충분히 스로틀레버를 잡아주어야 한다.
③ 안내판의 끝 부분으로 작업하지 않는다.
④ 이동 시는 반드시 엔진을 정지한다.

> 해설 절단 작업 중 안내판이 끼어 톱체인이 정지할 경우 무리하게 운전하지 않고 비틀어 빼내지 않는다.

정답 50.④ 51.② 52.③ 53.② 54.① 55.④ 56.①

57 체인톱에 사용하는 연료로 휘발유와 윤활유를 혼합할 때 일반적으로 사용하는 비율(휘발유 : 윤활유)로 가장 적당한 것은?

① 5 : 1 ② 15 : 1
③ 25 : 1 ④ 35 : 1

해설 체인톱은 2행정 가솔린 기관으로 가솔린과 윤활유(엔진오일)를 25 : 1 정도로 배합하여 사용한다.

58 동력 가지치기톱 사용에 대한 설명으로 옳지 않은 것은?

① 작업 진행 순서는 나무 아래에서 위로 향한다.
② 큰가지는 반드시 아래쪽에 1/3 정도 베고 위에서 아래로 향한다.
③ 작업자와 가지치기봉과의 각도는 약 70° 정도를 유지해야 한다.
④ 큰가지나 긴가지는 가능한 톱날이 끼지 않도록 3단계 정도로 나누어 자른다.

해설 동력 가지치기톱은 작업 진행이 위에서 아래로 향한다.

59 플라스틱 수라의 속도 조절 장치를 설치하는 종단 경사로 가장 적당한 것은?

① 20 ~ 30% ② 30 ~ 40%
③ 40 ~ 50% ④ 50 ~ 60%

해설 플라스틱 수라는 최대 경사가 50~60% 인 경우는 속도 조절장치가 필요하다.

60 산림작업용 안전화가 갖추어야 할 조건으로 옳지 않은 것은?

① 철판으로 보호된 안전화코
② 미끄러짐을 막을 수 있는 바닥판
③ 땀의 배출을 최소화하는 고무재질
④ 발이 찔리지 않도록 되어있는 특수보호 재료

해설 안전화의 경우 미끄러움을 막고 통풍이 잘되어 땀의 배출이 원활하게 이루어져야 한다. 또한 찍힘 등의 발을 보호하기 위해 철판으로 된 안전화코가 착용되어 있어야 한다.

정답 57.③ 58.① 59.④ 60.③

CBT 제8회 산림기능사

01 비교적 짧은 기간 동안에 몇 차례로 나누어 베어내고 마지막에 모든 나무를 벌채하여 숲을 조성하는 방식으로, 갱신된 숲은 동령림으로 취급되는 작업 방식은?

① 산벌작업 ② 모수작업
③ 택벌작업 ④ 왜림작업

해설 산벌작업은 비교적 짧은 갱신기간 동안 수차례 갱신벌채로 벌채 및 새로운 임분을 만드는 방법으로 윤벌기가 완료되기 이전에 갱신이 완료된다하여 전갱작업이라고도 한다.

02 우량묘목 생산기준에서 T/R율은 무엇인가?

① 묘목의 무게이다.
② 묘목의 지상부 무게를 뿌리부의 무게로 나눈 값이다.
③ 묘목의 뿌리부 무게를 지상부의 무게로 나눈 값이다.
④ 묘목의 지상부의 무게에서 뿌리부의 무게를 뺀 값이다.

해설 T/R 율은 지상부 비율/지하부의 비율을 의미하며 지상부가 크거나 지하부가 작을 경우 T/R 율은 커진다.

03 다음에서 제벌작업 시 제거되어야 할 나무로만 옳게 나열한 것은?

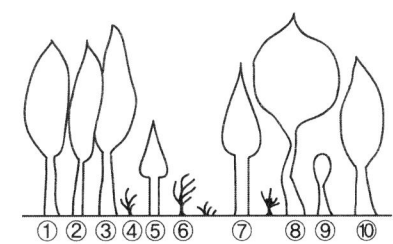

① ①,⑤ ② ④,⑤
③ ⑦,⑨ ④ ②,⑧

해설 제벌작업은 유해수종을 제거하여 밀생지의 공간 조절을 통해 양호한 생육환경을 조성하는 것이다. 주로 대상목의 생장에 지장이 되는 유해수종, 피해목, 불량목, 폭목 등을 제거하도록 한다.

04 바다에서 불어오는 바람은 염분이 있어 식물에 해를 준다. 이러한 해풍을 막기 위해 조성하는 숲은?

① 방풍림 ② 풍치림
③ 사구림 ④ 보안림

해설 바다에서 불어오는 해풍을 막기 위해 조성하는 숲을 사구림이라 한다. 대표적으로 염풍에 강한 수종으로 해송, 사철나무, 팽나무 등이 있다.

정답 01.① 02.② 03.④ 04.③

05 상층수관을 강하게 벌채하고 3급목을 남겨서 수간과 임상이 직사광선을 받지 않도록 하는 간벌 형식은?

① A종 간벌 ② B종 간벌
③ C종 간벌 ④ D종 간벌

> **해설** D종간벌은 상층간벌에 속하며 상층임관을 벌채하고 3급목을 남겨 임상이 직사광선을 받지 않게 한다.

06 치수 무육(어린나무가꾸기) 작업의 가장 큰 목적은?

① 목재를 생산하여 수익을 얻기 위함이다.
② 숲을 보기 좋게 하기 위함이다.
③ 산불 피해를 줄이기 위함이다.
④ 불량목을 제거하여 치수의 생육공간을 충분히 제공하기 위함이다.

> **해설** 치수 무육을 통해 불량목 및 유해수종을 제거하여 적절한 생육환경 및 공간을 조성한다.

07 다음 설명에 해당하는 벌채 방법은?

> 숲을 띠모양으로 나누고 순차적으로 개벌해 나가면서 갱신을 끝내는 방법으로 이때 띠모양의 구역을 교대로 벌채하여 두 번 만에 모두 개벌하는 것

① 연속대상개벌작업
② 군상개벌작업
③ 대상택벌작업
④ 교호대상개벌작업

> **해설** 교호대상개벌법은 임지를 띠모양의 구역을 나누어 교대로 2회에 걸쳐 벌채하는 방법이다.

08 묘포설계 구획 시에 시설부지, 주·부도 및 보도를 제외한 묘목을 양성하는 포지는 전체 면적의 몇 %가 적합한가?

① 20 ~ 30 ② 40 ~ 50
③ 60 ~ 70 ④ 80 ~ 90

> **해설** 묘목을 양성하는 육묘포지는 60~70% 정도를 차지하고 관배수로, 부대시설, 방풍림 등이 20% 정도를, 기타 소요면적 및 퇴비장 등이 10%를 차지한다.

09 조림용 장려 수종은 장기수, 속성수, 유실수 등으로 구분하는데, 그 중 특성에 따라 오랜기간 자라서 큰 목재를 생산하는 장기수로 적합한 것은?

① 잣나무 ② 현사시나무
③ 오동나무 ④ 밤나무

> **해설** 잣나무, 전나무, 삼나무, 해송 등은 장기수에 해당한다.

10 산벌작업의 가장 올바른 작업 순서는?

① 예비벌 → 하종벌 → 후벌
② 하종벌 → 후벌 → 예비벌
③ 후벌 → 예비벌 → 하종벌
④ 후벌 → 하종벌 → 수광벌

> **해설** 산벌작업은 갱신을 위해 예비벌, 하종벌, 후벌의 과정을 거친다.

11 다음 중 묘령의 표시가 맞는 것은?

① 1-1묘 : 발아한 후 파종상에서 1년을 지낸 1년생 묘
② 1/1묘 : 파종상에서 6개월, 그 후 판갈이하여 6개월을 지낸 만 1년생 묘
③ 2-1-1묘 : 파종상에서 2년, 그 후 판갈이하여 1년씩 두 번 상체된 묘
④ 1/2묘 : 뿌리의 나이가 1년, 줄기의 나이가 2년인 삽목묘

정답 05.④ 06.④ 07.④ 08.③ 09.① 10.① 11.③

해설 2-1-1묘는 파종상 2년, 이후 2회의 이식이 있었으며 각 1년을 지낸 4년생 실생묘이다.

12 다음 중 삽목발근이 어려운 수종은?

① 사철나무 ② 아까시나무
③ 동백나무 ④ 주목

해설 사철나무, 동백나무, 주목은 삽목발근이 용이한 수종이며 아까시나무와 참나무, 단풍나무 등은 삽목발근이 어려운 수종이다.

13 종자의 품질검사에서 발아율이 60%이고, 순량률이 80%인 종자의 효율은?

① 13% ② 20%
③ 48% ④ 75%

해설 $효율(\%) = \dfrac{순량율 \times 발아율}{100}$
$= \dfrac{60 \times 80}{100} = 48(\%)$

14 연료림이나 작은 나무의 생산에 적당한 작업종은?

① 교림작업 ② 왜림작업
③ 중림작업 ④ 모수작업

해설 왜림작업은 활엽수림에 연료재 생산을 목적으로 짧은 벌기령을 가진다.

15 완만재를 생산할 수 있을 뿐만 아니라 수간의 직경생장을 증대시키기 위한 육림작업은?

① 풀베기 ② 어린나무가꾸기
③ 덩굴제거 ④ 가지치기

해설 우량 목재 생산을 위해 가지를 끊어주는 작업을 가지치기라 한다. 가지치기는 수간의 완만도를 높이고 무절재 생산에 도움을 준다.

16 채종림에 대한 설명으로 틀린 것은?

① 채종림은 전국 산림 중 우량 임분을 골라 법적인 절차를 거쳐 지정한다.
② 지금 당장 필요한 우량종자를 확보하고자 잠정적으로 이용하는 임분이다.
③ 사유림에서는 채종림으로 지정받을 수 없다.
④ 채종림으로 지정되면 우량한 형질을 지니니 개체목을 잔존시키고 불량목을 제거한다.

해설 사유림도 1단지의 면적이 1만m² 이상 이며 모수가 150본 이상인 산림이고 채종림의 지정기준에 적합한 경우 채종림으로 지정이 가능하다.

17 가식에 관한 설명으로 맞는 것은?

① 가을철 가식 때에는 묘목의 끝이 남쪽으로 향하도록 한다.
② 단기간 가식할 때에는 다발을 풀어 가식한다.
③ 한풍해가 우려될 때에는 묘목 끝이 바람과 같은 방향으로 누인다.
④ 가식하는 장소는 햇빛이 많이 들어야 한다.

해설 묘목의 끝은 가을에는 남쪽, 봄에는 북쪽으로 45° 경사지게 한다.

18 씨앗을 건조할 때 음지에 건조해야 하는 종은?

① 소나무 ② 밤나무
③ 전나무 ④ 낙엽송

해설 종자를 음지에서 건조하는 방법을 반음 건조법이라 하며 오리나무류, 포플러류, 편백, 화백, 미루나무, 참나무, 밤나무 등이 적합하다.

정답 12.② 13.③ 14.② 15.④ 16.③ 17.① 18.②

19 꽃의 구조 중 암꽃과 수꽃이 한 나무에 달리는 자웅동주에 해당하는 수종이 아닌 것은?

① 자작나무 ② 밤나무
③ 버드나무 ④ 호두나무

해설 › 버드나무는 자웅이주에 속한다.

20 산림묘포 적지 선정에 대한 틀린 설명은?

① 토심이 깊고 부식질 함량이 많으면 좋다.
② 묘포 토양의 적정 산도는 pH 5.5~6.5가 적당하다.
③ 평탄지보다 5° 이하의 경사가 있으면 관수와 배수에 좋다.
④ 북반구에서는 조림할 장소보다 남쪽에 있는 것이 유리하다.

해설 › 북반구의 경우 조림 장소보다 묘포지를 북쪽에 위치하는 것이 유리하다

21 노천매장법 중 파종하기 한 달쯤 전에 매장하는 것이 발아촉진에 도움을 주는 수종은?

① 백합나무 ② 측백나무
③ 옻나무   ④ 가래나무

해설 › 노천매장법에서 파종하기 1달 전에 매장하여 발아촉진에 도움이 되는 수종으로 소나무, 해송, 가문비나무, 전나무, 삼나무, 측백나무 등이 있다.

22 정선종자의 수율이 가장 높은 수종은?

① 가문비나무 ② 소나무
③ 편백   ④ 전나무

해설 › 정선종자의 수율은 전나무가 19.2%로 보기 중에서 가장 높으며 가문비나무 2.1%, 소나무 3%, 편백 11.4% 정도이다

23 다음 중 측면맹아력이 가장 강한 수종은?

① 잣나무   ② 아까시나무
③ 소나무   ④ 낙엽송

해설 › 맹아력이 강한 수종으로 상수리나무, 굴참나무, 서어나무, 물푸레나무, 밤나무, 아까시나무 등이 있다.

24 산벌작업의 특성에 대한 설명으로 가장 옳은 것은?

① 약간 음수성을 띤 수종에 알맞은 작업종이고 갱신이 짧다.
② 약간 음수성을 띤 수종에 알맞은 작업종이고 갱신이 비교적 오래 걸린다.
③ 약간 양수성을 띤 수종에 알맞은 작업종이고 갱신이 비교적 오래 걸린다.
④ 약간 양수성을 띤 수종에 알맞은 작업종이고 갱신이 짧다.

해설 › 산벌작업은 음수 갱신에 유리하며 갱신기간은 보통 15~20년정도이나 혼효상태에 따라 60년이 소요될 정도로 비교적 오래 걸린다.

25 조림수종의 선택 조건에 맞지 않는 것은?

① 가지가 굵고 긴 나무
② 입지 적응력이 큰 나무
③ 위해에 대하여 적응력이 큰 나무
④ 성장속도가 빠른 나무

해설 › 조림수종의 선택조건에서 가지는 가늘고 길어야 한다.

26 다음 해충 중 소나무의 새순에 기생하여 양분을 빨아먹음으로써 수세를 약화시켜 새로운 순을 말라 죽이는 것은?

① 소나무좀
② 박쥐나방
③ 향나무하늘소
④ 소나무가루깍지벌레

정답 19.③ 20.④ 21.② 22.④ 23.② 24.② 25.① 26.④

해설 소나무가루깍지벌레는 가지의 수액을 빨아 먹어 신초가 잘 자라지 못하게 하고 수세를 약화시킨다.

27 유충과 성충이 모두 잎을 식해하는 해충은?

① 오리나무잎벌레 ② 솔나방
③ 미국흰불나방 ④ 매미나방

해설 오리나무잎벌레는 성충과 유충이 동시에 잎을 식해한다.

28 산불 발생이 가장 많은 시기는?

① 3~5월 ② 6~8월
③ 9~11월 ④ 12~2월

해설 국내의 산불은 자연습도가 낮은 봄철에 많이 발생하며 대략 3~5월정도이며 4월에 가장 발생률이 높다.

29 다음 중 비생물적 병원(病原)인 것은?

① 선충 ② 진균
③ 공장폐수 ④ 파이토플라스마

해설 비생물적 병원은 외부적 요인으로 토양, 기상, 양분, 농기구, 공업폐수 등이 있다.

30 다음중 살충제의 부작용에 대한 설명으로 틀린 것은?

① 천적류는 접촉제보다 소화중독제의 영향을 특히 많이 받는다.
② 살충제 약해는 강우 전후에 발생하기 쉽다.
③ 같은 살충제를 오랫동안 사용하면 저항성 해충군이 출현한다.
④ 진딧물류나 응애류의 경우 살충제를 사용 한 후 해충밀도가 급격히 증가할 수도 있다.

해설 천적류는 소화중독제보다는 접촉제에 더 영향을 많이 받는다.

31 유아등으로 등화유살 할 수 있는 해충은?

① 오리나무잎벌레 ② 솔잎혹파리
③ 밤나무혹벌 ④ 어스렝이나방

해설 등화유살은 주광성이 강한 해충에 적용하는데 어스렝이나방에 적용 가능하다.

32 다음 중 상대적으로 가장 높은 온도의 발병 조건을 요구하는 수병은?

① 낙엽송 가지끝마름병
② 잿빛곰팡이병
③ 리지나뿌리썩음병
④ 소나무 잎떨림병

해설 리지나뿌리썩음병은 높은 온도에서 포자가 발아하여 발병하기에 산불피해지에 주로 나타난다.

33 내화력이 강한 수종으로 짝지어진 것은?

① 단풍나무와 삼나무
② 소나무와 녹나무
③ 대왕송과 은행나무
④ 해송과 벽오동나무

해설 내화력이 강한 수종으로 은행나무, 대왕송, 낙엽송, 굴참나무, 동백나무 등이 있다.

34 성충의 몸 길이는 7mm 내외이며 몸은 진한 남색이고, 알은 황색이며 타원형으로 장경이 1mm인 산림해충은?

① 오리나무잎벌레 ② 솔나방
③ 독나방 ④ 깍지벌레

해설 성충의 몸길이가 7mm 내외로 진한 남색을 띠는 것은 오리나무잎벌레이다.

정답 27.① 28.① 29.③ 30.① 31.④ 32.③ 33.③ 34.①

35 다음 중 우리나라 산림 쇠퇴의 원인이라고 할 수 없는 것은?

① 공해의 증가
② 자연적 산불의 발생
③ 기후변동과 악화
④ 병이나 해충의 피해

해설) 자연적 산불의 발생과 같은 경우는 산불의 발생률에서 매우 적은 비중을 차지한다.

36 다음 중 진균의 특징이 아닌 것은?

① 균체에는 가는 실모양의 균사가 발달되어 있다.
② 균사는 격막이 있는 것과 없는 것이 있다.
③ 엽록소를 갖고 있어 광합성 작용을 한다.
④ 고등식물의 세포처럼 세포벽이 있다.

해설) 진균은 실모양의 균사체로 개체를 유지하는 영양체와 종족을 보존해주는 번식체로 분류한다.
진균의 일부분인 균사는 격막의 유무로 분류되며 외부에 세포벽이 있고 그 성분은 키틴으로 이루어져 있다.

37 다음 중 솔잎혹파리의 우화 최성기로 가장 적합한 것은?

① 4월 상순
② 6월 상·중순
③ 9월 하순
④ 10월 상·중순

해설) 솔잎혹파리는 5월 중순~7월상순에 우화하여 성충이 되며 6월 상순이 우화 최성기이다.

38 피해목을 벌채한 후 약제 훈증처리의 방제가 필요한 수병은?

① 대추나무 빗자루병
② 뽕나무 오갈병
③ 잣나무 털녹병
④ 참나무 시들음병

해설) 참나무 시들음병의 방제법 중 한 방법으로 피해목을 벌목하여 메탐소듐 액제로 훈증한다.

39 응애만을 죽일 수 있는 약제를 무엇이라 부르는가?

① 살충제   ② 살균제
③ 살서제   ④ 살비제

해설) 살비제는 응애류를 선택적으로 방제하는 약제이며 작용점 및 작용기작의 경우 살충제와 유사한 특성을 가진다.

40 다음 피해 증상 중 공해 피해(아황산가스) 증상을 바르게 설명한 것은?

① 잎에 둥근무늬가 생기고 갈색으로 변한다.
② 잎의 뒷면이 흰가루를 뿌린 것같이 보이고 색깔은 변하지 않는다.
③ 잎의 가장자리와 엽맥 사이에 암녹색의 괴사반점이 나타난다.
④ 잎에 그을음이 붙어 있는 것같이 검게 변한다.

해설) 아황산가스는 식물체의 잎의 기공을 통해 유입되며 황산염 형태로 축적되며 잎의 끝부분과 엽맥 사이의 조직이 괴사되는 현상을 보인다.

정답 35.② 36.③ 37.② 38.④ 39.④ 40.③

41 기계톱으로 원목을 절단할 경우 절단면에 파상무늬가 생기며 체인이 한쪽으로 기운다면 어떤 원인인가?

① 측면날의 각도가 서로 다르다.
② 창날각이 고르지 못하다.
③ 톱날의 길이가 서로 다르다.
④ 깊이 제한부가 서로 다르다.

해설 창날각이 너무 작으면 절단면에 파상무늬가 발생하고 체인이 한쪽으로 기울게 된다. 창날각이 너무 크게 되면 절삭날이 목재로부터 벗어나 측면에 끼게 된다.

42 4행정 엔진과 2행정 엔진의 비교 중 2행정 엔진의 설명으로 올바른 것은?

① 동일 배기량일 때 출력이 적다.
② 배기음이 낮다.
③ 무게가 가볍다.
④ 휘발유와 오일 소비가 적다.

해설 2행정 기관의 경우 4행정 기관과 비교하면 중량이 가볍다.

43 벌목작업용 도구가 아닌 것은?

① 지렛대   ② 밀게
③ 사피   ④ 양날괭이

해설 벌목용으로 톱, 도끼, 쐐기, 목재 돌림대, 갈고리, 밀대, 박피삽, 사피, 측척 등이 있다.

44 다음 중 원형기계톱 사용 시 기계톱이 목재사이에 끼었을 때 사용하는 것은?

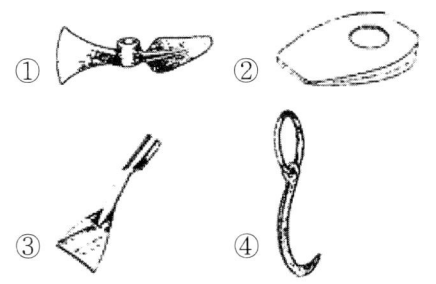

해설 쐐기는 벌목 방향을 결정하고 톱이 끼이는 것을 방지한다.

45 기계톱 사용 시 안전에 대한 내용으로 틀린 것은?

① 안전작업에 필요한 각종 장비를 반드시 착용한다.
② 절단작업 시는 충분히 스로틀레버를 잡아 가속한 후 사용한다.
③ 위험한 부분은 안내판코로 찔러 베기를 한다.
④ 기계작업 전이나 작업 중 음주는 시각, 감각, 판단상의 장애를 일으킨다.

해설 안내판코 부분으로 찔러베기를 할 경우 반력이 생길수 있기에 주의한다.

46 경사진 산림에서 임목벌도 방향은 보통 임지의 경사방향에 대하여 얼마 정도가 적합한가?

① 10°
② 가로방향 또는 30°
③ 45°
④ 60°

해설 일반적으로 경사진 산림은 벌도방향이 보통 임지의 경사방향에 대하여 가로방향이나 혹은 약 30° 경사지 방향이 적합하다.

47 기계톱의 구비조건으로 맞지 않은 것은?

① 중량이 무겁고 대형이어야 한다.
② 소음과 진동이 적고 내구성이 높아야 한다.
③ 벌근의 높이를 되도록 낮게 절단할 수 있어야 한다.
④ 부품공급이 용이하고 가격이 저렴하여야 한다.

해설 기계톱의 중량은 가벼워야 한다.

정답 41.② 42.③ 43.④ 44.② 45.③ 46.② 47.①

48 조림용 도구가 아닌 것은?

① 식혈봉
② 각식재용 양날괭이
③ 아이디얼 식혈삽
④ 쐐기

해설 쐐기는 벌목용 도구이다.

49 다음 중 벌도뿐만 아니라 초두부 제거, 가지 제거 작업을 거쳐 일정 길이의 원목생산에 이르는 조재작업을 동시에 수행할 수 있는 기계는? (단, 기계는 다른 부착물과 변형이 없는 기본형태이다.)

① 펠러(feller)
② 펠러번처(feller buncher)
③ 펠러스키더(feller skidder)
④ 하베스터(harvester)

해설 하베스터는 임목을 벌목하여 가지자르기, 토막내기 작업을 일관된 공정으로 작업할 수 있는 다공정 벌채장비이다.

50 다음 중 노무관리의 3가지 질서가 아닌 것은?

① 사회질서　　② 경영질서
③ 조합질서　　④ 안전질서

해설 안전질서는 노무관리가 아닌 안전관리에 해당한다.

51 다음 중 임업기계의 외관검사 정비방법에 대한 설명으로 틀린 것은?

① 기계의 외관이나 분해하지 않아도 볼 수 있는 내부를 검사하여, 볼트, 너트, 나사류의 조임, 결손 등을 점검 한다.
② 회전을 정지하여 각 축 부위의 발열 상태를 점검할 때 뜨겁게 느껴질 때에는 이상이 발생한 것이다.
③ 주철제 브레이크 드럼, 기어박스 등을 맨손으로 만져보아 점검한다.
④ 오일유출은 없는가 확인하고 밀폐된 기어박스 등으로부터 오일이 나오고 있는 경우에는 오일 실의 마모, 가스켓의 불량 등을 생각할 수 있다.

해설 주철제 브레이크 드럼, 기어박스 등은 테스트 해머로 두들겨 보면 균열이 있는 경우는 깨끗한 음이 나지 않으므로 확인이 가능하다.

52 우리나라의 임업기계화 작업을 위한 제약인 자가 아닌 것은?

① 험준한 지형조건
② 풍부한 전문기능인
③ 기계화 시업의 경험부족
④ 영세한 경영규모

해설 풍부한 전문기능인은 임업기계화 작업에 도움이 된다.

53 다음 중 4행정 점화기관의 사이클 작동순서로 가장 맞는 것은?

① 흡입 → 압축 → 팽창 → 배기
② 흡입 → 팽창 → 압축 → 배기
③ 압축 → 흡입 → 팽창 → 배기
④ 팽창 → 흡입 → 압축 → 배기

해설 4행정기관은 1사이클에 흡입, 압축, 폭발, 배기의 순으로 작동된다.

54 기계톱의 엔진에서 스파크플러그의 적정 전극간격은 얼마인가?

① 0.1~0.2㎜　　② 0.2~0.3㎜
③ 0.3~0.4㎜　　④ 0.4~0.5㎜

해설 기계톱의 스파크플러그의 전극간격 기준은 0.4 ~ 0.5mm 이다.

정 답　48.④　49.④　50.④　51.③　52.②　53.①　54.④

55 다음 중 기계톱의 안전장치가 아닌 것은?

① 전방손보호판
② 에어필터
③ 스로틀레버 차단판
④ 체인브레이크

해설) 기계톱의 안전장치에는 체인브레이크, 체인잡이볼트, 손잡이 및 보호판, 스로틀레버 차단판, 진동방지장치, 소음기, 방진고무 등이 있다.

56 다음 중 윤활유로서 구비해야 할 성질이 아닌 것은?

① 유성이 좋아야 한다.
② 점도가 적당해야 한다.
③ 온도에 의한 점도의 변화가 커야 한다.
④ 부식성이 없어야 한다.

해설) 윤활유의 구비 조건으로 온도에 의한 점도 변화가 적어야 하고 부식성이 없어야 한다.

57 기계톱에서 톱니의 1피치(인치)는 어떻게 표시하는가?

① 2개의 리벳간의 간격을 3으로 나눈 것
② 3개의 리벳간의 간격을 2로 나눈 것
③ 5개의 리벳간의 간격을 3으로 나눈 것
④ 3개의 리벳간의 간격을 5로 나눈 것

해설) 톱체인 규격은 피치로 표시하며 피치는 3개의 리벳 간격의 1/2 길이를 말한다.

58 내연기관에 있어서 열기관이란 무엇인가?

① 연료를 연소시켜 질적 에너지를 양적 에너지로 바꾼다.
② 연료를 연소시켜 열에너지를 기계적 에너지로 바꾼다.
③ 연료를 연소시켜 기계적 에너지를 열에너지로 바꾼다.
④ 연료를 연소시켜 화학적 에너지로 바꾼다.

해설) 열기관은 연료의 에너지를 내부기관을 통해 연소시켜 발생하는 고온, 고압의 가스, 증기를 팽창하여 발생하는 동력을 기계적 에너지로 바꾸는 기관을 말한다.

59 노동의 경중에 따른 에너지 대사율 중 임업 노동이 속하는 중노동 작업은 얼마인가?

① 0~1   ② 1~2
③ 4~7   ④ 7이상

해설) 산림 작업에서 RMR(에너지 대사율) 4~7을 중노동 작업으로 간주한다.

60 다음 중 벌목과 유재계획의 수립을 위한 조사항목에 해당하지 않는 것은?

① 벌목구역에 대한조사
② 반출방법에 대한조사
③ 반출노선의 측량과 집재지점의 선정
④ 기상에 대한조사소묘의 사식에 적합하다.

해설) 벌목과 운재계획을 수립할 경우 벌목구역에 대한 조사가 필요하며 반출방법, 반출노선, 집재지점의 선정이 필요하다.

정 답 55.② 56.③ 57.② 58.② 59.③ 60.④

CBT 제9회 산림기능사

01 측방천연하종 갱신을 할 때 항상 염두에 두고 고려해야 할 사항은?

① 바람 ② 충해
③ 비효 ④ 지력

해설 측방천연하종 갱신은 종자가 가볍고 비산거리가 상대적으로 긴 수종에 유리한데 종자가 충분히 퍼지기 위해서는 바람의 역할이 중요하다.

02 잣나무 2-1-1 묘란 몇 년생 묘목을 뜻하는가?

① 1년생 ② 2년생
③ 3년생 ④ 4년생

해설 2-1-1 묘는 파종상 2년, 이후 2회의 이식이 있었으며 각 1년을 지낸 4년생 실생묘이다.

03 현재의 숲을 일시에 다른 수종으로 변경하고자할 때 가장 좋은 방법은?

① 개벌작업 ② 모수작업
③ 택벌작업 ④ 산벌작업

해설 개벌작업은 임분 전체를 1회의 벌채로 모두 제거하기에 일시에 다른 수종으로 변경할수 있다.

04 종자의 숙기가 7월경인 수종은?

① 황철나무 ② 회양목
③ 잣나무   ④ 은행나무

해설 종자의 성숙기가 7월인 수종으로 회양목, 벚나무 등이 있다.

05 모수작업에 대한 설명으로 틀린 것은?

① 남겨질 모수의 수는 전체 나무의 수에 비하여 극히 적으며 갱신이 끝나면 벌채 이용된다.
② 모수가 신임분의 상층을 구성하는 점을 제외 하고는 동령림이 조성된다.
③ 모수로 남겨야 할 임목은 전 임목에 대하여 본수로는 20~30%이다.
④ 남는 나무는 한 그루씩 외따로 서게 되는 일도 있고 때로는 몇 그루씩 무더기로 남기기도 한다.

해설 모수로 남겨야 할 임목은 전 임목에 대하여 본수로는 2~3%이다.

06 소나무류에 흔히 이용되는 접목법은?

① 절접 ② 박접
③ 할접 ④ 설접

해설 소나무류나 낙엽활엽수는 할접을 적용한다.

07 조림을 위한 우량묘목의 구비조건이 아닌 것은?

① 발육이 왕성하고 조직이 충실한 것
② 가지가 사방으로 고루 뻗어 발달한 것
③ 묘목이 약간 웃자란 것
④ 측근(側根)과 세근(細根)의 발달량이 많은 것

해설 우량묘목의 조건으로 지상부와 지하부가 발달하였다면 T/R 률 값이 작은 것이 좋다. 또한 발육이 완전하고 조직이 충실하며 뿌리가 비교적 짧고 측근과 세근이 발달하며 지상과 지하의 균형을 이루어야 한다.

정답 01.① 02.④ 03.① 04.② 05.③ 06.③ 07.③

08 발아율이 가장 높은 수종은?

① 박달나무　② 잣나무
③ 해송　　　④ 상수리나무

> 해설) 수종별 발아율은 해송 92%, 잣나무 74%, 상수리나무 57%, 박달나무 21% 정도로 해송이 가장 높다.

09 종자가 발아하기 위하여 갖추어야 할 기본 요건이 아닌 것은?

① 효소　② 온도
③ 수분　④ 공기

> 해설) 종자의 발아조건으로 산소, 수분, 온도, 광선 등이 있다.

10 조림목을 중심으로 둘레의 잡초와 관목만을 제거 하는 밑깎기(풀베기) 방법은?

① 모두베기　② 줄베기
③ 둘레베기　④ 부분베기

> 해설) 둘레베기는 조림목 반경 50cm 정도 정방형 혹은 원형으로 잘라내는 방법이다.

11 토양입자의 직경이 0.02~0.2mm인 것은? (단, 토양입자의 분류 기준은 국제 분류법에 따른다.)

① 자갈　② 조사
③ 세사　④ 점토

> 해설) 토양의 직경이 0.02 ~ 0.2 mm 인 것을 세사(가는모래)라고 한다.

12 삽목 발근이 용이한 수종은?

① 무궁화, 덩굴사철나무
② 전나무, 호두나무
③ 소나무, 밤나무
④ 참나무류, 두릅나무

> 해설) 삽목발근이 용이한 수종으로 버드나무류, 은행나무, 사철나무류, 삼나무, 동백나무, 무궁화, 미루나무, 회양목 등이 있다.

13 바다에서 불어오는 바람을 막기 위해 방조림을 만드는데 적합하지 않는 수종은?

① 해송　　② 동백나무
③ 사철나무　④ 느티나무

> 해설) 해안사지의 조림 수종으로 양분과 수분에 대한 요구도가 적어야 하는데 느티나무의 경우 양분의 요구도가 높은 수종 중 하나로 방조림 수종으로는 적합하지 않다.

14 종자의 정선법 중 풍구, 키, 선풍기 또는 종자풍선 용으로 만든 동력식 장치 등으로 종자에 섞여있는 종자날개, 잡물, 쭉정이 등을 선별하는 방법은?

① 입선법　② 사선법
③ 풍선법　④ 액체선법

> 해설) 풍선법은 날개 및 가벼운 과피, 쭉정이를 분리할 목적, 바람을 이용하는 방법이다.

15 채집된 종자를 건조시킬 때 음지 건조를 시켜야 하는 수목종자로 바르게 짝지어진 것은?

① 소나무류, 해송　② 낙엽송, 전나무
③ 참나무류, 편백　④ 회양목, 소나무류

> 해설) 반음건조법에는 오리나무류, 포플러류, 편백, 화백, 미루나무, 참나무류 등이 적합하다.

정답 08.③　09.①　10.③　11.③　12.①　13.④　14.③　15.③

16 크고 작은 나무들이 혼생 되어 있는 복층림으로 이루어진 임상에서 성숙한 임목을 국소적으로 잘라 벌채하는 작업방법은?

① 개벌작업 ② 모수작업
③ 산벌작업 ④ 택벌작업

해설 택벌작업은 벌기, 벌채량, 방법 등 제한이 없고 성숙한 임목을 골라 벌채하는 방법이다.

17 수종 중에서 결실주기가 5~7년인 수종은?

① 소나무 ② 낙엽송
③ 상수리나무 ④ 리기다소나무

해설 수종의 결실주기가 5년 이상인 것으로 낙엽송이 있다.

18 간벌의 효과에 대한 설명으로 틀린 것은?

① 지름생장을 촉진하고 숲을 건전하게 만든다.
② 빽빽한 밀도로 경쟁을 촉진시켜 나무의 형질을 좋게 한다.
③ 벌채가 되기 전에 나무를 솎아베어 중간 수입을 얻을 수 있다.
④ 나무를 솎아 벤 곳에 잡초가 무성하게 되어 표토의 유실을 막고 빗물을 오래 머무르게 하여 숲땅이 비옥해진다.

해설 간벌을 통해 생육 공간(밀도) 조절이 가능하며 임목의 직경생장을 촉진하여 재적이 증가하며 목재의 형질이 향상된다.

19 침엽수의 가지를 제거하는 방법으로 가장 옳은 것은?

① 가지밑살의 끝부분에서 자른다.
② 가지가 뻗은 방향에 직각되게 자른다.
③ 수간에 오목한 자국이 생기게 자른다.
④ 수간에 바짝 붙여 수간축에 평행하도록 자른다.

해설 침엽수종은 절단면이 줄기와 평행하게 작업을 실시한다.

20 1급목의 일부도 벌채하는 하층간벌 형식으로 솎아내는 간벌은?

① A종 간벌 ② B종 간벌
③ C종 간벌 ④ D종 간벌

해설 C종 간벌은 2,4,5 급목 전부, 3급목의 대부분을 벌채하고 1급목도 일부 벌채한다.

21 종자를 채취하여 즉시 파종하여야 하는 것은?

① 소나무 ② 일본잎갈나무
③ 주목 ④ 회양목

해설 회양목, 느릅나무, 사시나무 등은 종자의 저장이 어려워 즉시 파종한다.

22 종자의 건조저장법 중 밀봉저장을 적용하는데 적합 하지 않은 것은?

① 결실주기가 긴 수종에 적용한다.
② 수분이 많은 종자에 적용한다.
③ 소립종자를 가진 침엽수종에 흔히 적용한다.
④ 연구와 시험을 목적으로 할 때 이용한다.

해설 밀봉 저장법은 종자를 건조시켜 진공상태로 밀봉하는 방법으로 종자의 함수율이 5% 내외 정도로 유지하는 것이 좋다.

23 뿌리가 1년, 지상부가 1년생 된 삽목묘의 올바른 표시법은?

① B 0/2 ② C 1/1
③ D 1/2 ④ A 2/1

해설 뿌리가 1년, 지상부가 1년의 삽목묘는 뿌리의 나이를 분모, 줄기의 나이를 분자로 나타내며 C 1/1 식으로 표기한다.

정답 16.④ 17.② 18.② 19.④ 20.③ 21.④ 22.② 23.②

24 우량한 종자의 채집방법을 바르게 설명한 것은?

① 상수리나무는 사다리를 타고 올라가서 채집한다.
② 키가 낮고 구과가 많이 달린 나무는 집중적으로 채집한다.
③ 채집이 어려운 경우 톱이나 도끼로 가지을 잘라서 채집한다.
④ 원칙적으로 나무에 올라가서 구과나 열매를 손으로 따도록 한다.

해설 우량한 종자는 사다리, 로프 등을 사용하여 나무에 올라가 손으로 채취하는 등목채취법을 실시한다.

25 조림지 중 어린 임분에서 밀도가 높은 생장이 비슷할 때 한 줄씩 간벌하는 것은?

① 정성간벌   ② 정량간벌
③ 도태간벌   ④ 기계적 간벌

해설 기계적 간벌은 남겨둘 나무간의 거리를 정해 두고 그 외 나무들을 제거하는 방법이다.

26 동·식물 및 미생물에 의한 수목 및 산림 피해에 대한 설명으로 틀린 것은?

① 유용미생물이 사멸될 수 있으므로 묘포의 퇴비는 충분히 발효되지 않은 것을 사용한다.
② 임업에서는 대형동물보다는 소형동물에 의한 피해가 더 크다.
③ 조류의 산림에 대한 관계는 복잡하지만 대개 유익한 관계인 경우가 더 많다.
④ 풀베기는 여름 삼복 중에 하는 것이 효과적이다.

해설 묘포의 퇴비는 충분히 발효되어야 유용미생물이 활발하다.

27 임내 습도가 높은 곳에서 왕성한 활동을 보이는 해충은?

① 솔나방   ② 명나방
③ 응애   ④ 솔잎혹파리

해설 솔잎혹파리는 임내 습도가 높은 곳에서 활동이 왕성하다. 그래서 이를 방제하기 위해 임지를 건조하기도 한다.

28 밤나무순혹벌은 어떤 번식을 하는가?

① 다배생식   ② 단위생식
③ 유생생식   ④ 유성생식

해설 밤나무순혹벌은 암컷만으로 생식을 하는 단위생식을 한다.

29 하늘소의 피해를 방제하기 위하여 철사로 찔러 죽였다. 무슨 방제법에 속하는가?

① 생물적 방제법   ② 화학적 방제법
③ 임업적 방제법   ④ 기계적 방제법

해설 직접 찔러 죽이는 방법은 포살법으로 기계적 방제법에 해당한다.

30 어스렝이나방의 설명이 옳지 않은 것은?

① 밤나무, 버즘나무 등의 잎을 먹는다.
② 날개 편 길이는 105~135mm, 몸길이는 45mm 정도이다.
③ 성충으로 월동한다.
④ 천적인 어스렝이알좀벌을 이용하여 방제한다.

해설 어스렝이나방은 알로 월동한다.

31 향나무 녹병균은 배나무를 중간숙주로 하는데 배나무에 기생하는 시기는?

① 1~2월   ② 3~4월
③ 5~7월   ④ 8~9월

해설 향나무 녹병의 중간기주인 배나무에는 6~7월쯤 기생하여 녹병자기가 형성된다.

정답 24.④ 25.④ 26.① 27.④ 28.② 29.④ 30.③ 31.③

32 대벌레의 년 발생세대수는?
① 1세대　② 2세대
③ 3세대　④ 4세대

해설 ▶ 대벌레는 잎을 식해하며 1년에 1회 발생한다.

33 피해목을 벌채한 후 약제 훈증처리의 방제가 필요한 수병은?
① 호두나무 탄저병
② 밤나무 줄기마름병
③ 참나무 시들음병
④ 잣나무털녹병

해설 ▶ 참나무 시들음병에 의한 피해목은 벌목하여 메탐소듐 액제로 훈증한다.

34 유충이 잎살만 먹고 엽맥을 남겨 잎이 그물 모양이 되며 성충은 주맥만 남기고 잎을 갉아 먹는 해충은?
① 텐트나방　② 오리나무잎벌레
③ 미국흰불나방　④ 박쥐나방

해설 ▶ 오리나무잎벌레는 잎살만 먹고 엽맥을 남겨 잎이 그물 모양이 되며 성충은 주맥만 남기고 잎을 갉아 먹는데 성충과 유충이 동시에 잎을 식해한다.

35 훈증제가 갖추어야 할 조건이 아닌 것은?
① 휘발성이 커서 일정한 시간 내에 살균 또는 살충시킬 수 있어야 한다.
② 인화성이어야 한다.
③ 침투성이 커야 한다.
④ 훈증할 목적물의 이화학적, 생물학적 변화를 주어서는 안 된다.

해설 ▶ 훈증제는 인화성이 없어야 안전하게 사용할 수 있다.

36 수목 병해는 병원체의 감염특성으로 인하여 특징적인 병징을 만든다. 아래의 병명 중 바이러스에 의하여 발생되는 병은 무엇인가?
① 흰가루병　② 떡병
③ 모자이크병　④ 청변병

해설 ▶ 식물성 바이러스에 의한 대표적인 병으로 모자이크병이 있다.

37 농약의 사용 목적 및 작용 특성에 따른 분류에서 보조제가 아닌 것은 어느 것인가?
① 전착제　② 증량제
③ 용제　④ 혼합제

해설 ▶ 보조제는 해충 처리 효율을 높이는 보조물질로 용제, 유화제, 전착제, 증량제 등이 있다.

38 녹병균에 의한 수병은 중간기주를 거쳐야 병이 전염된다. 다음 수종 중 향나무녹병의 중간기주는?
① 송이풀　② 상수리나무
③ 꽃아그배나무　④ 낙엽송

해설 ▶ 향나무녹병의 중간기주는 배나무, 사과나무 등이 있다.

39 솔나방의 월동형태와 월동장소로 짝지어진 것 중 옳은 것은?
① 알 - 낙엽밑　② 유충 - 낙엽밑
③ 성충 - 솔잎　④ 번데기 - 나무껍질

해설 ▶ 솔나방은 식엽성해충으로 5형 유충이 지피물이나 나무껍질 사이에 월동한다.

정답　32.①　32.③　34.②　35.②　36.③　37.④　38.③　39.②

40 임업경영상으로 볼 때 벌기(伐期)가 길면 많이 발생하는 해충은?

① 흡수성 해충 ② 식엽성 해충
③ 천공성 해충 ④ 뿌리 해충

해설 벌기가 길면 임목밀도가 높아져 수관경쟁으로 임목이 쇠약해지고 천공성 해충의 피해를 받기 쉬워진다.

41 일반 상황하에서의 벌목작업 과정 중 순서가 올바른 것은?

① 작업도구 정돈 → 정확한 벌목방향결정 → 주위정리 → 추구만들기 → 수구만들기
② 작업도구 정돈 → 주위정리 → 정확한 벌목 → 방향결정 → 수구만들기 → 추구만들기
③ 작업도구 정돈 → 정확한 벌목방향결정 → 수구만들기 → 추구만들기 → 주위정리
④ 작업도구 정돈 → 정확한 벌목방향결정 → 주위정리 → 수구만들기 → 추구만들기

해설 벌목을 위해 작업도구를 정리하고 벌목의 방향을 결정한다. 방향이 결정되면 주위정리를 통해 대피장소를 확보한다. 이후 수구를 만들고 반대쪽에 추구를 만들어 벌목한다.

42 다음 중 벌도와 가지치기가 가능한 장비는?

① 펠러번쳐 ② 하베스터
③ 프로세서 ④ 포워더

해설 하베스터는 임목을 벌목하여 가지자르기, 토막내기 작업을 일관된 공정으로 작업할 수 있는 다공정 벌채장비이다.

43 톱니 젖히기에 대한 설명으로 틀린 것은?

① 나무와의 마찰을 줄이기 위해 한다.
② 활엽수는 침엽수보다 많이 젖혀 준다.
③ 톱니 뿌리선으로부터 2/3 지점을 중심으로 하여 젖혀준다.
④ 젖힘의 크기는 0.2 ~ 0.5㎜가 적당하다.

해설 톱니의 젖히기는 침엽수는 0.3 ~ 0.5mm, 활엽수는 0.2 ~ 0.3mm 정도로 침엽수가 더 많이 젖혀 준다.

44 산림무육작업 시 준수하여야 할 유의사항으로 틀린 것은?

① 단독작업을 하되 동료와 가시권, 가청권 내에서 작업한다.
② 기계작업 시는 수동작업과 기계작업을 교대로 한다.
③ 안전장비를 착용한다.
④ 작업로를 설치하지 않고 분산하여 작업한다.

해설 산림무육작업을 할 때는 작업로를 설치하여 작업의 안전성을 높이고 과도한 분산 작업보다는 적정거리를 유지하여 작업한다.

45 와이어로프의 꼬임과 스트랜드의 꼬임방향이 같은 방향으로 된 것은?

① 보통꼬임 ② 교차꼬임
③ 랑꼬임   ④ 랑 보통꼬임

해설 랑꼬임은 와이어로프의 꼬임과 스트랜드의 꼬임방향이 같은 방향인 것을 말한다.

정답 40.③ 41.④ 42.② 43.② 44.④ 45.③

46 다음 중 산림작업을 위한 개인안전장비로 가장 거리가 먼 것은?

① 안전화 ② 안전헬멧
③ 구급낭 ④ 안전장갑

해설 작업자는 안전모, 안전화 등의 보호구를 착용하여야 하며, 항상 호루라기 등 경적 신호기를 휴대하여야 한다. 구급낭은 개인장비가 아닌 작업조별 장비에 해당한다.

47 예불기에 의한 작업 시 톱날의 위치는 지상으로부터 어느 정도의 높이가 가장 적당한가?

① 1~5cm ② 5~10cm
③ 10~20cm ④ 20~30cm

해설 예불기의 톱날은 지면에서 10~20cm 높이에 위치하는 것이 적당하고 톱날의 각도는 5~10° 정도를 유지하도록 한다.

48 체인톱의 배기가스가 검고, 엔진에 힘이 없다. 어떠한 경우에 이러한 결함이 생기는가?

① 기화기 조절이 잘못되었다.
② 연료 내 오일 혼합량이 적다.
③ 플러그에서 조기점화가 되기 때문이다.
④ 안내판으로 통하는 오일 구멍이 막혔다.

해설 기화기 조절이 잘못되거나 오염된 경우 체인톱의 배기가스가 검고 엔진이 잘 돌아가지 않는다.

49 다음 중 체인톱날 연마용 줄의 선택으로 적합한 것은?

① 줄의 지름이 1/10 상부날 아래로 내려오는 것
② 줄의 지름이 1/10 상부날 위로 올라오는 것
③ 줄의 지름이 상부날과 수평인 것
④ 줄의 지름이 5/10 정도 상부날 아래로 내려오는 것

해설 체인톱날 연마용 줄은 직경은 1/10 정도로 상부날 위로 올라오게 한다.

50 톱니를 갈 때 약간 둔하게 갈아야 톱의 수명도 길어지고 작업능률도 높아지는 벌목지는?

① 소나무 벌목지
② 포플러류 벌목지
③ 참나무류 벌목지
④ 잣나무 벌목지

해설 침엽수보다는 활엽수의 목섬유 강도가 강해서 톱니를 갈 때 약간 둔하게 갈아야 수명이 길어지고 작업능률이 높아진다.

51 측척의 용도로 옳은 것은?

① 벌도목의 방향전환에 사용되는 도구이다.
② 침엽수의 박피를 위한 도구이다.
③ 벌채목을 규격재로 자를 때 표시하는 도구이다.
④ 산악지대 벌목지에서 사용되는 도구로서 방향전환 및 끌어내기를 동시에 할 수 있는 도구이다.

해설 측척은 벌채목을 규격대로 자를 때 표시하는 도구이다.

52 소경재 벌목을 위해 비스듬히 절단할 때는 수구를 만들지 않는 경우 벌목 방향으로 몇 정도 경사를 두어 바로 벌채하는가?

① 20° ② 30°
③ 40° ④ 50°

해설 소경재는 비스듬히 절단을 하며 20° 정도의 경사를 두어 벌목한다.

정답 46.③ 47.③ 48.① 49.② 50.④ 51.③ 52.①

53 체인톱을 항상 양호한 상태로 유지하기 위해서는 작업 전과 작업 후에 반드시 기계를 점검하고 청소를 해야 한다. 체인톱의 청소 항목에 해당되지 않는 것은?

① 기계 외부의 흙, 톱밥 등 제거
② 에어클리너의 청소
③ 엔진 내부 및 연료통의 청소
④ 톱 체인의 청소와 톱니세우기

해설 연료통의 청소는 분기별 정비에 해당한다.

54 체인톱의 톱니가 잘 세워지지 않은 것을 사용할 때 발생할 수 있는 문제점으로 가장 거리가 먼 것은?

① 절단효율 저하
② 톱체인 마모 또는 파손
③ 진동발생
④ 엔진파손

해설 체인톱의 톱니가 잘 세워지지 않은 경우 절단이 잘 이루어지지 않아 진동이 발생하며 톱체인의 마모 및 파손이 발생하게 된다. 작업 효율이 떨어지나 엔진파손까지는 발생하지 않는다.

55 경사지에서의 벌목작업방법이 올바르게 설명된 것은?

① 벌목할 나무가 미끄러질 위험이 있는 곳에서는 산정방향과 비스듬히 벌목한다.
② 조재작업 시는 가능한 한 벌목한 나무의 산정 반대방향에 서서 작업한다.
③ 작업자들이 경사지 상하에 서서 작업한다.
④ 작업장 아래에 도로가 있을 경우에는 경찰에 접수만 하고 작업한다.

해설 벌목할 나무가 미끄러질 위험이 있을 경우 산정방향에서 작업을 하며 동일 벌채사면의 위, 아래 동시 작업은 하지 않는다.

56 다음은 벌채 및 반출사업 경비 중 기계작업시 단위재적당 연료비를 산출하는 공식이다. ( )안에 들어갈 알맞은 것은?

$$\text{단위재적당연료비(원}/m^3) = \frac{(\quad) \times \text{연료단가(원}/L)}{\text{기계작업1일작업량}(m^3/\text{일})}$$

① 기계작업 1일당 연료소비량
② 기계작업 1본당 연료소비량
③ 기계작업 1시간당 연료소비량
④ 기계작업 1분당 연료소비

해설 단위재적당 연료비는 기계작업 1일당 연료소비량에 단가를 곱하고 이를 기계작업 1일 작업량으로 나누어 준다.

57 4행정기관에서 1사이클을 완료하기 위하여 크랭크축은 몇 회전하는가?

① 4 ② 3
③ 2 ④ 1

해설 4행정기관은 1사이클 완료에 피스톤이 4행정 2왕복운동으로 크랭크 2회전을 한다.

58 다음 중 가선집재 작업의 순서로 가장 알맞은 것은?

① 벌목조재 → 가선집재 → 조재 → 집적작업 → 수요처(제재소)
② 가선집재 → 벌목조재 → 조재 → 집적작업 → 수요처(제재소)
③ 집적작업 → 조재 → 가선집재 → 벌목조재 → 수요처(제재소)
④ 벌목조재 → 가선집재 → 집적작업 → 조재 → 수요처(제재소)

해설 임목집재에서 가선집재의 작업은 벌목 조재, 가선집재, 조재, 집적작업, 상차작업, GMC 운재, 상차작업, 화물트럭 운반, 수요처 순서로 진행이 된다.

정답 53.③ 54.④ 55.① 56.① 57.③ 58.①

59 내연기관에 속하지 않는 것은?

① 디젤기관 ② 가솔린기관
③ 로켓기관 ④ 증기기관

해설 내연기관에는 디젤기관, 가솔린기관, 가스터빈, 로켓기관, 제트기관 등이 있다. 증기기관은 외연기관에 속한다.

60 도끼와 자루를 연결하였을 때 그림과 같이 도끼의 일부에 공기가 통과할 수 있는 공간이 있을 때 어떤 결과가 나타나는가?

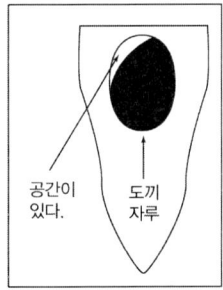

① 자루 빼기가 힘들다.
② 자루의 사용이 효율적이다.
③ 자루가 빠질 위험이 높다.
④ 특별한 영향이 없다.

해설 도끼와 자루의 연결부위에 공간이 있으면 빠질 위험이 있다.

정답 59.④ 60.③

CBT 제10회 산림기능사

01 발근촉진제로 쓰이는 식물성 호르몬제는?

① 지베렐린
② AMO-1618
③ 나프탈렌아세트산(NAA)
④ 수산화나트륨

해설 발근촉진제의 종류로 인돌젖산(IBA), 인돌초산(IAA), 루톤액, 나프탈린초산(NAA) 등이 있으며 대중적으로 IBA 를 많이 사용한다.

02 결실을 촉진시키는 방법으로 옳은 것은?

① 질소질 비료의 비율을 높여 시비한다.
② 줄기의 껍질을 환상으로 박피한다.
③ 수목의 식재밀도를 높게 한다.
④ 차광망을 씌워 그늘을 만들어 준다.

해설 환상박피, 단근, 접목 등이 있으며 수목의 지상부에 탄수화물의 함량을 많게 하여 개화결실을 촉진한다.

03 예비벌 → 하종벌 → 후벌의 순서로 시행되는 작업종은?

① 왜림작업   ② 중림작업
③ 산벌작업   ④ 모수림작업

해설 산벌작업은 갱신을 위해 예비벌, 하종벌, 후벌의 과정을 거치며 후벌의 마지막인 종벌의 순서로 작업이 진행되는데 이를 순차벌이라 한다.

04 다음 중 천연림에 대한 설명으로 맞지 않는 것은?

① 수종이 다양하다.
② 나무의 크기가 일정하다.
③ 층위가 다양하다.
④ 원시림 또는 처녀림이라 한다.

해설 천연림은 수종 및 임령이 다양하여 나무의 크기도 다양하다.

05 수목과 광선에 대한 설명으로 틀린 것은?

① 수종에 따라 광선의 요구도에 차이가 있는 것은 아니다.
② 광선은 임목의 생장에 절대적으로 필요하다.
③ 소나무와 같은 수종을 양수라고 한다.
④ 전나무와 같은 수종을 음수라고 한다.

해설 수종에 따라 광의 요구도가 차이가 난다.

06 예비벌을 실시하는 주요 목적으로 거리가 먼 것은?

① 벌채목의 반출 용이
② 잔존목의 결실 촉진
③ 부식질의 분해 촉진
④ 어린나무 발생의 적합한 환경 조성

해설 예비벌은 산벌작업의 초기단계로 피압목, 불량목, 폭목 등 모수로서 부적합한 나무를 벌채하여 산림의 갱신준비 작업을 한다.

정답 01.③ 02.② 03.③ 04.② 05.① 06.①

07 구과가 성숙한 후에 10년 이상이나 모수에 부착되어 있어 종자의 발아력이 상실되지 않고 산불이 나면 인편이 열리는 수종은?

① 편백 ② 소나무
③ 잣나무 ④ 방크스소나무

해설 방크스소나무는 북아메리카가 원산인 외래종으로 산불 직후 싹이 나는 수종이다. 가을에 구과를 채취하여 고온처리를 통해 비늘조각이 벌어지면 종자를 얻을 수 있다.

08 개화한 다음 해에 결실하는 수종으로만 짝지어진 것은?

① 소나무, 자작나무
② 전나무, 아까시나무
③ 오리나무, 버드나무
④ 삼나무, 가문비나무

해설 개화한 다음 해 결실하는 수종으로 소나무, 상수리나무, 굴참나무, 자작나무, 잣나무 등이 있다.

09 파종상에서 2년, 판갈이상에서 1년된 만 3년생의 묘목의 표기 방법은?

① 1-2 ② 2-1
③ 1-1-1 ④ 1-0-2

해설 파종상에서 2년, 판갈이 상에서 1년이 된 3년 된 묘목의 경우 〈2-1 묘〉로 표기한다.

10 순량률 80%, 발아율 90%인 종자의 효율은?

① 10% ② 72%
③ 89% ④ 90%

해설 $효율(\%) = \dfrac{순량률 \times 발아율}{100}$
$= \dfrac{80 \times 90}{100} = 72(\%)$

11 택벌작업의 특징으로 옳지 않은 것은?

① 보속적인 생산
② 산림 경관 조성
③ 양수 수종 갱신
④ 임지의 생산력 보전

해설 택벌작업은 양수 수종에는 적용하기 곤란하다.

12 간벌에 대한 설명으로 옳지 않은 것은?

① 지름생장을 촉진하고 숲을 건전하게 만든다.
② 빽빽한 밀도로 경쟁을 촉진시켜 나무의 형질을 좋게 한다.
③ 벌채가 되기 전에 나무를 솎아 베어 중간 수입을 얻을 수 있다.
④ 나무를 솎아 벤 곳에 잡초가 무성하게 되어 표토의 유실을 막고 빗물을 오래 머무르게 하여 숲 땅이 비옥해진다.

해설 간벌작업을 통해 임도의 밀도를 낮게하고 수목 간의 경쟁을 완화시켜 나무의 형질을 좋게 한다.

13 왜림의 특징이 아닌 것은?

① 맹아로 갱신된다.
② 벌기가 길다.
③ 수고가 낮다.
④ 땔감 생산용으로 알맞다.

해설 왜림작업은 활엽수림에 연료재 생산을 목적으로 짧은 벌기령을 가진다.

14 다음 중 우량묘목의 조건이 아닌 것은?

① 유전적으로 우량한 형질을 지닌 것
② 병충해의 피해가 없고 줄기가 곧은 것
③ 가지가 굵고 주근이 길게 잘 발달된 것
④ 가지가 사방으로 고르게 뻗어 발달한 것

해설 우량묘목은 줄기가 곧고 가지가 균형있게 발달해야 한다. 뿌리는 비교적 짧고 측근과 세근이 발달하며 지상과 지하의 균형을 이루어야 한다.

정답 07.④ 08.① 09.② 10.② 11.③ 12.② 13.② 14.③

15 밤나무, 호두나무, 가래와 같은 씨앗의 정선법은?

① 수선법　　② 노천매장법
③ 입선법　　④ 풍선법

해설) 굵은 종자나 열매를 손으로 선별하는 방법을 입선법이라 하며 밤나무, 가래나무, 호두나무, 상수리나무, 칠엽수 등의 대립종자에 적합하다.

16 음수 수종으로 바르게 짝지어진 것은?

① 주목, 서어나무　② 소나무, 전나무
③ 주목, 해송　　　④ 편백, 낙엽송

해설) 수목은 극음수이며 서어나무는 음수이다.

17 다음 중 흉고직경이 6~16cm의 임목을 나타낸 것은?

① 치수　　② 소경목
③ 대경목　④ 중경목

해설) 흉고직경 6~16cm 의 임목을 소경목으로 분류한다.

18 다음 중 임지를 보호하기 위한 가장 좋은 작업 방법은?

① 개벌작업　② 모수작업
③ 산벌작업　④ 택벌작업

해설) 택벌작업은 성숙한 임목을 골라 벌채하는 방법으로 지력유지 및 토사유실 방지에 유리하다.

19 나무가 토양용액에 녹아 있는 무기양분을 주로 흡수하는 곳은?

① 잎　　② 뿌리
③ 부름켜　④ 줄기

해설) 토양 내의 무기양분은 뿌리를 통해 흡수된다.

20 봄에 묘목을 가식할 때 묘목의 끝은 어느 방향으로 향하게 땅에 묻는가?

① 동쪽　② 서쪽
③ 남쪽　④ 북쪽

해설) 묘목의 끝은 가을에는 남쪽, 봄에는 북쪽으로 45° 경사지게 한다.

21 매년 결실하는 수종은?

① 소나무　② 오리나무
③ 자작나무　④ 아까시나무

해설) 해마다 결실하는 수종으로 버드나무류, 오리나무류, 포플러류 등이 있다.

22 겉씨식물에 속하는 수종은?

① 밤나무　② 은행나무
③ 가시나무　④ 신갈나무

해설) 겉씨식물은 씨방이 밑씨를 감싸고 있지 않아 밑씨가 외부로 드러나있는 것으로 소나무, 은행나무 등의 침엽수종들이 있다.

23 지력을 향상시키기 위한 비료목으로 적당하지 않은 것은?

① 오리나무　② 갈참나무
③ 자귀나무　④ 소귀나무

해설) 비료목에는 아까시나무, 자귀나무, 칡, 싸리나무, 오리나무, 보리수나무, 소귀나무 등이 있다.

24 종자의 발아력 조사에 쓰이는 약제는?

① 에틸렌　② 지베렐린
③ 테트라졸륨　④ 사이토키닌

해설) 종자의 발아력 조사에서 환원법에 사용되는 약품으로 테트라졸륨이 있다. 테트라졸륨을 사용한 배는 적색 혹은 분홍색일때 건전한 배로 간주한다.

정답 15.③　16.①　17.②　18.④　19.②　20.④　21.②　22.②　23.②　24.③

25 임목 간 식재밀도를 조절하기 위한 벌채 방법에 속하는 것은?

① 간벌작업　② 개벌작업
③ 산벌작업　④ 중림작업

해설 간벌작업은 부적합한 나무를 제거하여 형질이 우수한 임분으로 구성하도록 하는 것을 목적으로 하며 중간간벌을 통해 식재밀도를 조절한다.

26 서릿발이 가장 많이 발생하는 곳은?

① 사양토　② 양토
③ 사토　④ 점토

해설 서릿발은 진흙이 많은 토양인 점토일수록 피해 정도가 심하게 나타난다.

27 항생물질 살균제가 아닌 것은?

① 석회황합제
② 스트렙토마이신
③ 옥시테트라사이클린
④ 폴리옥신비

해설 항생물질 살균제는 농용항생제라 하며 가스가마이신, 스트렙토마이신, 폴리옥신비, 옥시테트라사이클린제 등이 있다.

28 다음 피해 증상 중 공해 피해(아황산가스) 증상을 바르게 설명한 것은?

① 잎에 둥근무늬가 생기고 갈색으로 변한다.
② 잎의 뒷면이 흰가루를 뿌린 것같이 보이고 색깔은 변하지 않는다.
③ 잎의 가장자리와 엽맥 사이에 암녹색의 괴사반점이 나타난다.
④ 잎에 그을음이 붙어 있는 것같이 검게 변한다.

해설 아황산가스는 식물체의 잎의 기공을 통해 유입되며 황산염 형태로 축적되며 잎의 끝부분과 엽맥 사이의 조직이 괴사되는 현상을 보인다.

29 응애만을 죽일 수 있는 약제를 무엇이라 부르는가?

① 살충제　② 살균제
③ 살서제　④ 살비제

해설 살비제는 응애류를 선택적으로 방제하는 약제이며 작용점 및 작용기작의 경우 살충제와 유사한 특성을 가진다.

30 피해목을 벌채한 후 약제 훈증처리의 방제가 필요한 수병은?

① 대추나무 빗자루병
② 뽕나무 오갈병
③ 잣나무 털녹병
④ 참나무 시들음병

해설 참나무 시들음병의 방제법 중 한 방법으로 피해목을 벌목하여 메탐소듐 액제로 훈증한다.

31 다음 중 볕데기의 피해를 가장 많이 받는 수종은?

① 오동나무　② 소나무
③ 낙엽송　④ 상수리나무

해설 볕데기의 피해를 많이 받는 수종은 코르크층의 발달이 미흡한 오동나무, 호두나무, 가문비나무 등이 있다.

32 다음은 선충에 대한 설명이다. 틀린 것은?

① 대체로 실같이 가늘고 긴 모양을 하고 있다.
② 식물기생선충은 몸길이가 평균 1mm 내외이다.
③ 주로 식물의 뿌리를 물어 뜯어먹어 가해한다.
④ 선충에 의한 수병으로는 침엽수 묘목의 뿌리썩이 선충병이 있다.

해설 선충류는 뿌리속의 양분을 흡즙하여 세포의 비대현상이 일어나게 한다.

정답 25.① 26.④ 27.① 28.③ 29.④ 30.④ 31.① 32.③

33 우리나라에서 발생하는 주요 소나무류 잎녹병균의 중간기주가 아닌 것은?

① 잔대　　② 현호색
③ 황벽나무　④ 등골나물

해설 소나무 잎녹병의 중간기주로 황벽나무, 참취, 잔대가 있다.

34 바이러스에 의한 수목병으로 옳은 것은?

① 전나무 잎녹병
② 밤나무 줄기마름병
③ 대추나무 빗자루병
④ 아까시나무 모자이크병

해설 바이러스병은 모자이크, 위축, 잎말림 등의 증상을 보인다.

35 다음 해충 중 소나무의 새순에 기생하여 양분을 빨아먹음으로써 수세를 약화시켜 새로운 순을 말라 죽이는 것은?

① 소나무좀
② 박쥐나방
③ 향나무하늘소
④ 소나무가루깍지벌레

해설 소나무가루깍지벌레는 가지의 수액을 빨아먹어 신초가 잘 자라지 못하게 하고 수세를 약화시킨다.

36 벚나무 빗자루병의 방제법으로 옳지 않은 것은?

① 디페노코나졸 입상수화제를 살포한다.
② 옥시테트라사이클린 항생제를 수간주사한다.
③ 동절기에 병든 가지 밑부분을 잘라 소각한다.
④ 이미녹타딘트리스알베실레이트 수화제를 살포한다.

해설 옥시테트라사이클린 항생제는 파이토플라스마에 의해 발생하는 대추나무 빗자루병, 오동나무 빗자루병에 효과적인 약제이며 진균에 의해 발생하는 벚나무 빗자루병에는 적합하지 않다.

37 어스렝이나방에 대한 설명으로 옳지 않은 것은?

① 알로 월동한다.
② 1년에 1회 발생한다.
③ 유충이 열매를 가해한다.
④ 플라타너스, 호두나무 등을 가해한다.

해설 어스렝이나방은 유충이 잎을 가해한다.

38 다음 중 솔잎혹파리에 대한 설명으로 옳지 않은 것은?

① 완전변태를 한다.
② 솔잎의 기부에서 즙액을 빨아 먹는다.
③ 1년에 2회 발생하며 알로 월동한다.
④ 기생성 천적으로 솔잎혹파리먹좀벌 등이 있다.

해설 솔잎혹파리는 1년에 1회 발생하고 유충형태로 지피물 아래 혹은 땅속에서 월동한다.

39 산림환경관리에 대한 설명으로 옳지 않은 것은?

① 천연림 내에서는 급격한 환경변화가 적다
② 복층림의 하층목은 상층목보다 내음성 수종을 선택하여야 한다.
③ 혼효림은 구성 수종이 다양하여 특정병해의 대면적 산림피해가 발생하기 쉽다.
④ 천연림은 성립과정에서 여러 가지 도태압을 겪어 왔으므로 특정 병해에 대한 저항성이 강하다.

해설 특정병해에 대면적 산림피해가 발생하기 쉬운 곳은 단순림으로 혼효림의 경우 다양한 수종이 존재하여 저항성을 가진 경우가 있기에 산림피해가 상대적으로 적게 발생한다.

정답 33.② 34.④ 35.④ 36.② 37.③ 38.③ 39.③

40 향나무 녹병균은 배나무를 중간숙주로 기생하여 오렌지색 별무늬가 나타나는 시기로 가장 옳은 것은?

① 3 ~ 4월 ② 6 ~ 7월
③ 8 ~ 9월 ④ 10 ~ 11월

해설) 배나무와 같은 중간기주에서 6~7월에 노란색의 작은 반점들이 발생하고 중앙에 흑색점의 녹병자기가 형성된다.

41 트랙터를 이용한 집재 시 안전과 효율성을 고려했을 때 일반적으로 작업 가능한 최대 경사도로 옳은 것은?

① 5~10 ② 15~20
③ 25~30 ④ 35~40

해설) 트랙터는 평탄지나 완경사지 정도에 집재가 적합한 기기로 약 25° 정도가 적합하다.

42 다음 중 작업도구와 능률에 관한 기술로 가장 거리가 먼 것은?

① 자루의 길이는 적당히 길수록 힘이 강해진다.
② 도구의 날 끝 각도가 클수록 나무가 잘 부서진다.
③ 도구는 가볍고 내려치는 속도가 빠를수록 힘이 세어진다.
④ 도구의 날은 날카로운 것이 땅을 잘 파거나 잘 자를 수 있다.

해설) 도구는 적당한 무게를 가져야 내려치는 속도가 빠르고 힘이 세지며 작업 효율이 높아진다.

43 기계톱의 동력연결은 어떤 힘에 의하여 스프로킷에 전달되는가?

① 반력 ② 구심력
③ 원심력과 마찰력 ④ 중력과 마찰력

해설) 원심분리형 클러치에서 동력을 받아 스프로킷이 톱체인을 움직이는 방식으로 회전속도가 증가하면서 발생하는 원심력과 마찰력이 스프로킷에 전달된다.

44 안전사고 예방준칙과 관계가 먼 것은?

① 작업의 중용을 지킬 것
② 율동적인 작업을 피할 것
③ 규칙적인 휴식을 취할 것
④ 혼자서는 작업하지 말 것

해설) 율동적인 작업은 조화롭고 규칙적으로 작업하는 것으로 안전사고 예방에 도움이 된다.

45 기계톱 작업자를 위한 안전장치로 옳지 않은 것은?

① 스프로킷 덮개
② 체인잡이 볼트
③ 후방손잡이 보호판
④ 스로틀레버 차단판

해설) 기계톱의 안전장치에는 체인브레이크, 체인잡이볼트, 손잡이 및 보호판, 스로틀레버 차단판, 진동방지장치, 소음기, 방진고무 등이 있다.

46 기계톱의 연료와 오일을 혼합할 때 휘발유 15리터이면 오일의 적정 양은 얼마인가? (단, 오일은 특수오일이 아님)

① 0.06리터 ② 0.15리터
③ 0.6리터 ④ 1.5리터

해설) 체인톱은 2행정기관으로 연료와 윤활유를 25:1 비율로 배합하며 15L 연료의 경우 0.6L를 배합한다.

47 체인톱의 안내판 1개가 수명이 다하는 동안 체인은 보통 몇 개 사용할 수 있는가?

① 1/2개 ② 2개
③ 3개 ④ 4개

해설) 체인톱의 안내판의 수명은 평균 450 시간이고 톱체인의 수명은 평균 150시간 정도이다. 안내판 1개의 수명동안 체인 3개 정도가 가능하다.

정답 40.② 41.③ 42.③ 43.③ 44.② 45.① 46.③ 47.③

48 기계톱 체인의 깊이제한부 역할은?

① 절삭 폭을 조절한다.
② 절삭 두께를 조절한다.
③ 절삭 각도를 조절한다.
④ 절삭 방향을 조절한다.

해설) 톱날의 깊이제한부는 톱날이 한번에 팔수 있는 깊이로 절삭의 두께를 조절한다.

49 플라스틱 수라의 속도 조절 장치를 설치하는 종단 경사로 가장 적당한 것은?

① 20 ~ 30%   ② 30 ~ 40%
③ 40 ~ 50%   ④ 50 ~ 60%

해설) 플라스틱 수라는 최대 경사가 50~60% 인 경우는 속도 조절장치가 필요하다.

50 어깨걸이식 예불기를 메고 바른 자세로서 손을 떼었을 때 지상으로부터 날까지의 가장 적절한 높이는 몇 cm 정도인가?

① 5 ~ 10   ② 10 ~ 20
③ 20 ~ 30   ④ 30 ~ 40

해설) 예불기의 톱날은 지면에서 10~20cm 높이에 위치하는 것이 적당하다.

51 4행정 엔진의 작동순서로 옳은 것은?

① 흡입→ 폭발→ 배기→ 압축
② 압축→ 흡입→ 배기→ 폭발
③ 폭발→ 압축→ 배기→ 흡입
④ 흡입→ 압축→ 폭발→ 배기

해설) 4행정 2왕복운동으로 흡기, 압축, 폭발 및 배기의 1사이클이 4행정으로 완료한다.

52 다음 중 가선 집재기계로 옳지 않은 것은?

① 하베스터
② 자주식 반송기
③ 썰매식 집재기
④ 이동식 타워형 집재기

해설) 하베스터는 임목을 벌목하여 가지자르기, 토막내기 작업을 일관된 공정으로 작업할 수 있는 다공정 벌채장비이다.

53 외기온도에 따른 윤활유 점액도로 올바르게 짝지은 것은?

① +30°C ~ +60°C : SAE 30
② +10°C ~ +30°C : SAE 10
③ -60°C ~ -30°C : SAE 30 W
④ -30°C ~ -10°C : SAE 20 W

해설) SAE는 점도의 분류에 분류를 나타내고 날씨가 추운 겨울용의 경우 숫자 뒤에 W를 붙여 표현한다.

54 대패형 톱날의 창날각도로 가장 적당한 것은?

① 30°   ② 35°
③ 80°   ④ 60°

해설) 대패형톱날의 창날각은 35° 연마한다

55 초보자가 사용하기 편리하고 모래 등이 많이 박힌 도로변 가로수 정리용으로 적합한 체인톱 톱날의 종류는?

① 대패형 톱날   ② 끌형 톱날
③ 반끌형 톱날   ④ L형 톱날

해설) 대패형은 가로수 혹은 모래나 흙이 묻어 있는 나무 벌목에 적합하다.

56 다음 중 산림무육 도구가 아닌 것은?

① 스위스 보육낫   ② 가지치기톱
③ 양날괭이   ④ 전정가위

해설) 양날괭이는 산림 식재용 도구이다.

정답 48.② 49.④ 50.② 51.④ 52.① 53.④ 54.② 55.① 56.③

57 산림작업에 사용하는 식재도구로 옳지 않은 것은?

① 재래식 삽 ② 재래식 낫
③ 재래식 괭이 ④ 각식재용 양날괭이

해설 산림작업의 식재용 도구로 사식재용 괭이, 각식재용 양날 괭이, 손도끼, 재래식 삽, 재래식 괭이 등이 있다.

58 자동지타기를 이용한 작업에 대한 설명으로 옳지 않은 것은?

① 절단 가능한 가지의 최대직경에 유의한다.
② 우천 시 미끄러짐, 센서 이상 등의 문제점이 있다.
③ 나선형으로 올라가지 못하고 곧바로만 올라간다.
④ 승강용 바퀴 답압에 의해 수목에 상처가 발생하기도 한다.

해설 자동지타기는 수간을 나선형으로 돌면서 체인톱에 의해 가지를 제거한다.

59 기계톱의 안전장치가 아닌 것은?

① 이음쇠 ② 핸드가드
③ 체인잡이 ④ 안전스로틀

해설 기계톱의 안전장치로 앞, 뒤손 보호판, 체인브레이크, 체인잡이볼트, 체인덮개, 완충스파이크, 스로틀레버차단판, 진동방지장치, 소음기, 방진고무 등이 있다.

60 실린더 속에서 가스가 압축되는 정도를 나타내는 압축비의 공식은?

① $\dfrac{행정용적 + 압축용적}{연소실용적}$

② $\dfrac{연소실용적 + 행정용적}{연소실용적}$

③ $\dfrac{크랭크실용적 + 압축용적}{크랭크실용적}$

④ $\dfrac{연소실용적 + 크랭크용적}{행정용적}$

해설 실린더 속에서 가스가 압축되는 정도를 압축비라 하고 구하는 방법은 아래와 같다.

압축비 = $\dfrac{연소실용적 + 행정용적}{연소실용적}$

정답 57.② 58.③ 59.① 60.②

CBT 제11회 산림기능사

01 묘포장에서 해가림이 필요하지 않는 수종은?

① 잣나무 ② 전나무
③ 낙엽송 ④ 소나무

해설 소나무와 같은 양수에는 해가림이 필요 없으나 잣나무, 주목, 전나무, 가문비나무 등의 음수 수종에 필요하다.

02 밤나무에 가장 알맞은 종자 파종법은?

① 흩어뿌림
② 줄뿌림
③ 점뿌림
④ 군상으로 모아뿌림

해설 점뿌림(점파)는 종자 크기가 큰 밤나무, 호두나무 등의 수종에 적합하다.

03 움돋이를 위한 줄기베기의 그림이다. 가장 적합한 것은?

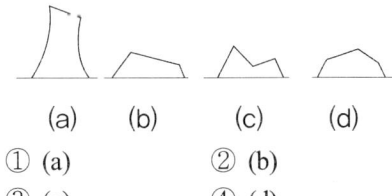

① (a) ② (b)
③ (c) ④ (d)

해설 왜림작업에서 맹아 벌채시 (b) 의 형태가 가장 좋다. 벌채면이 약간 기울어져 있어 물이 고이는 것을 방지할 수 있다.

04 질소고정균인 근류군과 공생하는 수종으로만 짝지어진 것은?

① 아까시나무, 싸리나무
② 오리나무, 신갈나무
③ 리기테다소나무, 은행나무
④ 단풍나무, 낙엽송

해설 질소고정균인 근류군과 공생하는 나무에는 비료목의 콩과수목들이 있으며 아까시나무, 자귀나무, 칡, 싸리나무 등이 대표적이다. 대표적인 근류균으로 콩과수목에는 Rhizobium이 있다.

05 득묘율 70%, 순량율 80%, 고사율 50%, 발아율 90%일 때 그 종자의 효율은?

① 40% ② 56%
③ 63% ④ 72%

해설 효율(%) = $\dfrac{순량률 \times 발아율}{100}$
= $\dfrac{80 \times 90}{100}$ = 72(%)

06 냉한대 침엽수림을 구성하는 대표적인 우점 수종에 속하지 않는 것은?

① 오리나무류 ② 소나무류
③ 가문비나무류 ④ 전나무류

해설 오리나무류는 온대 중부지방에 주로 나타나는 수종이다.

정답 01.④ 02.③ 03.② 04.① 05.④ 06.①

07 덩굴치기의 최적기는 언제인가?
① 3~4월   ② 5~6월
③ 7~8월   ④ 9~10월

해설 덩굴제거의 적기는 생장기인 5~9월쯤이 적합하다.

08 경제림 조성을 위한 작업종에서 임목들을 소군상, 군상, 단상형태로 불규칙적으로 벌채하는 갱신법은?
① 대상벌   ② 군상벌
③ 택벌   ④ 대벌

해설 대상임지의 기복이 심하거나 임상이 불규칙할 경우 임분내 수개의 군상개벌면을 소군상, 군상, 단상의 형태로 정하고 주위의 모수림으로부터 하종을 갱신하는 방법이다.

09 다음 중 하예작업 시 적용이 용이한 작업장비는?
① 기계톱   ② 예불기
③ 트랙터   ④ 견인용 집재기

해설 하예작업은 풀베기라 하며 원형톱날을 이용한 예불기를 주로 이용한다.

10 묘목을 굴취하여 식재하기 전에 묘포지나 조림지 근처에 일시적으로 도랑을 파서 뿌리 부분을 묻어 두어 건조방지 및 생기회복 작업으로 옳은 것은?
① 가식   ② 선묘
③ 접목   ④ 곤포

해설 묘목을 심기전 잠시 뿌리를 묻어 건조를 방지하고 묘목의 생기를 회복하기 위한 작업을 가식이라 한다.

11 다음 중 나무의 가지를 자르는 방법으로 옳지 않은 것은?
① 고사지는 제거한다.
② 침엽수는 절단면이 줄기와 평행하게 가지를 자른다.
③ 활엽수에서 지름 5cm 이상의 큰 가지 위주로 자른다.
④ 수액유동이 시작되기 직전인 성장휴지기에 하는 것이 좋다.

해설 일반적인 활엽수의 경우 가지치기를 하면 상처유합이 잘 되지 않아 직경 5cm 이상의 가지는 자르지 않는다.

12 대면적 개벌 천연하종갱신법의 장단점에 관한 설명으로 옳은 것은?
① 음수의 갱신에 적용한다.
② 새로운 수종 도입이 불가하다.
③ 성숙임분 갱신에는 부적당하다.
④ 토양의 이화학적 성질이 나빠진다.

해설 대면적의 임분을 한번에 개벌하여 측방천연하종으로 갱신하는 방법으로 임지의 황폐화 및 지력의 저하가 발생하여 토양의 이화학적 성질이 나빠진다.

13 다음 종자의 발아촉진방법 중 옳지 않은 것은?
① 종피에 기계적으로 상처를 가하는 방법
② 황산처리법
③ 노천매장법
④ X선법

해설 X선법은 종자의 발아검사 방법이다.

14 일반적인 침엽수종에 대한 묘포의 가장 적당한 토양산도는?
① pH 4.0 ~ 5.0   ② pH 6.5 ~ 7.5
③ pH 5.0 ~ 6.5   ④ pH 3.0 ~ 4.0

해설 토양산도는 침엽수는 pH 5.0~5.5, 활엽수는 pH 5.5~6.0 이 적당하다.

정답 07.② 08.② 09.② 10.① 11.③ 12.④ 13.④ 14.③

15 일반적으로 가지치기 작업 시에 자르지 말아야 할 가지의 최소 지름의 기준은?

① 5cm   ② 10cm
③ 15cm ④ 20cm

해설 가지치기를 하면 상처유합이 잘 되지 않아 직경 5cm 이상의 가지는 자르지 않는다.

16 다음 중 천연림에 대한 설명으로 맞지 않는 것은?

① 수종이 다양하다.
② 나무의 크기가 일정하다.
③ 층위가 다양하다.
④ 원시림 또는 처녀림이라 한다.

해설 천연림은 수종 및 임령이 다양하여 나무의 크기도 다양하다.

17 다음 중 산벌작업의 주된 목적은?

① 천연갱신   ② 임지 건조방지
③ 보속적 수확 ④ 임목무육

해설 산벌작업은 천연하종갱신으로 가장 안전한 작업으로 취급되며 동령림 갱신에 유리하다.

18 덩굴식물에 속하지 않는 것은?

① 칡   ② 머루
③ 다래 ④ 싸리

해설 덩굴식물은 칡, 다래, 담쟁이덩굴, 머루, 으름덩굴 등이 있다.

19 임목을 생산 벌채하고, 이용하고, 또 그곳에 새로운 숲을 조성하는 작업체계를 기술적으로 무엇이라 하는가?

① 무육작업 ② 산림작업종
③ 제벌작업 ④ 임목개량

해설 산림작업종 혹은 갱신작업종은 임분의 조성, 무육, 수확, 갱신 등의 작업체계를 말한다.

20 이듬해 춘기까지 저장하기 어려운 수종으로 종자의 발아력이 상실되지 않도록 7월에 채종하면 즉시 파종해야 되는 수종은?

① 버드나무 ② 벚나무
③ 회양목   ④ 잣나무

해설 회양목은 7~8월에 채종하여 저장이 어려워 즉시 파종한다.

21 다음 중 가지치기 방법으로 옳은 것은?

① 가지치기는 수종 및 경영목적에 따라 결정되어야 한다.
② 가지치기 시기는 수목의 생장이 왕성한 여름에 실시한다.
③ 활엽수는 지융부를 제거한다.
④ 절단부가 융합이 늦어도 관계없으므로 굵은 가지는 제거해도 된다.

해설 가지치기는 우량 목재 생산을 위해 가지를 끊어주는 작업으로 수종이나 경영목적에 따라 시기 및 작업방법을 결정한다.

22 낙엽송(묘령 2년)의 곤포당 본수는?

① 100 ② 200
③ 500 ④ 1000

해설 묘령 2년의 낙엽송은 곤포당 본수는 500본, 속수는 25본이다.

23 삽수 발근에 가장 큰 영향을 끼치는 요인이 아닌 것은?

① 모수의 연령
② 수종의 유전성
③ 삽수의 양분 조건
④ 모수의 생육환경 조건

해설 삽수 발근에 영향 인자로 모수의 연령, 수종의 유전성, 삽수의 양분 정도, 온도, 습도, 광선 등의 외부조건이 있다.

정답 15.① 16.② 17.① 18.④ 19.② 20.③ 21.① 22.③ 23.④

24 침엽수종의 간벌재가 경제적인 가치에 도달하게 되었을 때 처음 간벌은 보통 몇 년생일 때 실시하는가?

① 5 ~ 10년　② 15 ~ 20년
③ 25 ~ 30년　④ 35 ~ 40년

해설 대표적으로 소나무와 잣나무와 같은 침엽수종은 15~20년 쯤에 간벌을 처음 실시한다.

25 왜림의 특징이 아닌 것은?

① 맹아로 갱신된다.
② 벌기가 길다.
③ 수고가 낮다.
④ 땔감 생산용으로 알맞다.

해설 왜림작업은 활엽수림에 연료재 생산을 목적으로 짧은 벌기령을 가진다.

26 뽕나무 오갈병의 병원균은?

① 진균　② 세균
③ 바이러스　④ 파이토플라스마

해설 파이토플라스마에 의해 발생하는 주요 수목병으로 오동나무 빗자루병, 대추나무 빗자루병, 뽕나무오갈병이 있다.

27 길항미생물이 식물병을 방제하는 작용기작으로 틀린 것은?

① 미생물이 항생물질을 생산한다.
② 미생물이 식물을 자극시켜 지베렐린을 유도한다.
③ 미생물이 병원균에 병을 일으킨다.
④ 미생물이 병원균과 양분경쟁을 한다.

해설 지베렐린의 경우 생장조절제로 식물의 생장 촉진에 관여하는 호르몬이다.

28 응애류에 대해서만 선택적으로 방제효과가 있는 약제는?

① 살균제　② 살충제
③ 살비제　④ 살서제

해설 살비제는 응애류를 선택적으로 방제하는 약제이며 작용점 및 작용기작의 경우 살충제와 유사한 특성을 가진다.

29 유아등(誘蛾燈)을 이용한 솔나방의 구제 적기는?

① 3월 하순~4월 중순
② 5월 하순~6월 중순
③ 7월 하순~8월 중순
④ 9월 하순~10월 중순

해설 솔나방은 주광성이 있어 유아등을 이용하여 유살하는데 7~8월쯤이 구제 적기이다.

30 산림해충의 방제 시 분제(粉劑)살포에 대한 설명으로 틀린 것은?

① 인가주변이나 큰 도로 가까이에 사용이 용이하다.
② 저녁때는 상승기류가 없을 때 살포한다.
③ 단위시간당 액제보다 넓은 면적을 살포할 수 있다.
④ 살포량은 줄기나 잎을 손으로 문질렀을 때 가루가 손에 묻을 정도이면 좋다.

해설 분제는 물에 섞지 않고 제품 그대로 살포하는 고체사용제로 잔효성이 수화제나 유제에 비해 낮은 편이라 인가주변이나 도로 가까이에서는 사용을 피해야 한다.

31 다음 중 내화력에 가장 강한 수종은?

① 은행나무　② 소나무
③ 밤나무　④ 전나무

해설 은행나무, 가문비나무, 황벽나무, 굴참나무, 사시나무 등은 내화력이 강한 수종에 속한다.

정답 24.② 25.② 26.④ 27.② 28.③ 29.③ 30.① 31.①

32 아까시나무 모자이크병의 매개충은?

① 솔잎깍지벌레
② 복숭아혹진딧물
③ 담배장님노린재
④ 솔잎혹파리

해설 모자이크병은 바이러스에 의해 발생하며 진딧물에 의해 충매전염을 한다.

33 수병의 예방법으로 임업적(생태적) 방제법과 거리가 가장 먼 것은?

① 그 지역에 알맞은 조림 수종의 선택
② 위생법에 의한 철저한 식물 검역 제도 도입
③ 단순림 보다는 침엽수와 활엽수의 혼효림 조성
④ 육림작업을 적기에 실시하고, 벌채를 벌기령에 맞추어 실시

해설 식물 검역제도 도입은 법적 방제법으로 일종의 제도적 방법이다.

34 우리나라 산림해충 중에서 많은 종류를 차지하고 있으며, 대부분 외골격이 발달하여 단단하며, 씹는 입틀을 가지고 완전변태를 하는 해충은?

① 딱정벌레목   ② 나비목
③ 노린재목   ④ 벌목

해설 딱정벌레목은 곤충의 종 가운데 40% 정도인 35만여종을 차지하는 목으로 가장 많은 종수를 가지고 있다. 대부분 외골격이 발달하여 단단하고 씹는 입틀을 가지고 있으며 완전변태를 한다.

35 솔잎혹파리의 월동장소로 옳은 것은?

① 나무껍질 사이   ② 땅속
③ 솔잎 사이   ④ 나무 속

해설 솔잎혹파리는 1년에 1회 발생하고 유충형태로 지피물 아래 혹은 땅속에서 월동한다.

36 다음 보기에 해당하는 해충은?

> 부화유충은 소나무와 해송의 잎집이 쌓인 침엽기부에 충영을 형성하고 그 안에서 흡즙함으로써 피해를 입은 침엽은 생장이 저해되어 조기에 변색, 고사할 뿐만 아니라 피해를 입은 입목은 침엽의 감소에 의하여 생장이 감퇴된다.

① 솔나방   ② 솔잎혹파리
③ 소나무좀   ④ 솔노랑잎벌

해설 소나무, 해송에 피해를 주며 유충이 잎의 기부에 벌레혹을 만들어 즙액을 빨아 먹는다.

37 늦은 봄부터 늦가을까지 주로 묘목에 많이 발생하는 병해로서 잎의 뒷면에 표징이 나타나며, 어린 눈을 침해하면 잎이 오그라들고 기형이 되는 것은?

① 소나무 그을음병
② 잣나무털녹병
③ 밤나무 흰가루병
④ 소나무 혹병

해설 밤나무 흰가루병은 어린 눈이나 새순에 피해를 주며 위축 및 기형이 발생하고 생육이 저해된다. 7월 장마철 이후부터 잎의 표면이나 뒷면에 백색의 반점이 발생하고 가을이 되면 잎을 덮는다. 가을철에는 흑색의 알갱이인 자낭구가 나타난다.

38 농작물 또는 기타 저장물에 해충이 모이는 것을 막기 위해 쓰이는 약제는?

① 훈증제   ② 훈연제
③ 기피제   ④ 유인제

해설 기피제는 직접적인 살상작용은 하지 않으나 해충의 접근을 막는 약제로 나프탈렌, 크레졸혼합제 등이 있다.

정답 32.② 33.② 34.① 35.② 36.② 37.③ 38.③

39 포플러 잎녹병의 중간숙주는?

① 향나무　② 송이풀
③ 일본잎갈나무　④ 까치밥나무

해설　포플러 잎녹병의 중간기주는 낙엽송(일본잎갈나무), 현호색, 줄꽃주머니 이다.

40 향나무 녹병의 방제법으로 틀린 것은?

① 보르도액을 살포한다.
② 중간기주를 제거한다.
③ 주변에 배나무를 식재하여 보호한다.
④ 향나무의 감염된 수피를 제거 소각한다.

해설　배나무는 향나무 녹병의 중간기주로 주변에 배나무를 식재할 경우 피해가 더욱 확산된다.

41 벌목한 나무를 기계톱으로 가지치기 할 때 유의할 사항으로 올바른 것은?

① 안내판이 짧은 기계톱을 사용한다.
② 후진하면서 작업한다.
③ 벌목한 나무를 몸과 기계톱밖에 놓고 작업한다.
④ 작업자는 벌목한 나무와 멀리 떨어져 서서 작업한다.

해설　톱은 몸체와 가급적 밀착하고 무릎을 약간 구부리고 안내판이 짧은 기계톱을 사용한다.

42 벌목 중 나무에 걸린 나무의 방향전환이나 벌도목을 돌릴 때 사용되는 작업도구는?

① 쐐기　② 식혈봉
③ 박피삽　④ 지렛대

해설　지렛대는 벌목중 걸린 나무를 빼거나, 벌도목의 방향을 돌리는데 이용한다.

43 다음은 다른 나무에 걸린 벌채목의 처리방법이다. 틀린 것은?

① 걸린 나무를 흔들어 넘긴다.
② 지렛대를 이용하여 넘긴다.
③ 소형 견인기나 로프를 이용하여 넘긴다.
④ 넘길 가능성이 없으면 위험 표시등을 하지 않고 그대로 방치한다.

해설　걸림목은 견인용 도구를 이용하여 실시하며 나무의 벌도, 넘기기, 원구자르기, 가지제거 등의 작업에 위험 부담이 있을 경우 작업을 실행하지 않는다.

44 내연기관 중 4행정기관 의 작동순서는?

① 흡입 → 폭발 → 배기 → 압축
② 압축 → 흡입 → 폭발 → 배기
③ 배기 → 폭발 → 흡입 → 압축
④ 흡입 → 압축 → 폭발 → 배기

해설　4행정기관은 1사이클에 흡입, 압축, 폭발, 배기의 순으로 작동된다.

45 측척이란 무엇에 사용되는 도구인가?

① 벌도목의 방향전환에 사용되는 도구이다.
② 침엽수의 박피를 위한 도구이다.
③ 벌채목을 규격재로 자를 때 표시하는 도구이다.
④ 산악지대 벌목지에서 사용되는 도구로서 방향전환 및 끌어내기를 동시에 할 수 있는 도구이다.

해설　측척은 벌채목을 규격대로 자를 때 표시하는 장비이다.

46 손톱의 톱니 젖힘이 옳은 것은?

① 침엽수 : 0.3~0.5㎜
② 활엽수 : 0.3~0.5㎜
③ 침엽수 : 0.5~0.8㎜
④ 활엽수 : 0.5~0.8㎜

해설　침엽수는 0.3 ~ 0.5mm, 활엽수는 0.2 ~ 0.3mm 정도로 젖혀주고 젖힘의 크기는 모든 톱니가 일정해야 한다.

정답　39.③　40.③　41.①　42.④　43.④　44.④　4.③　46.①

47 다음 중 자동지타기를 사용하여 가지치기 하는 입목으로 적합한 것은?

① 가지가 가늘고 통직하게 잘 자란 나무
② 가지가 굵고 수간이 구불구불한 나무
③ 가지가 가늘고 수간이 쌍갈래로 자란 나무
④ 가지가 굵고 휘어진 나무

해설 자동지타기를 사용하는 나무는 가지가 가늘고 통직하게 잘 자란 나무에 적합하다.

48 다음 중 벌목과 운재계획의 수립을 위한 조사항목에 해당하지 않는 것은?

① 벌목구역에 대한조사
② 반출방법에 대한조사
③ 반출노선의 측량과 집재지점의 선정
④ 기상에 대한조사소묘의 사식에 적합하다.

해설 벌목과 운재계획을 수립할 경우 벌목구역에 대한 조사가 필요하며 반출방법, 반출노선, 집재지점의 선정이 필요하다.

49 임업용 기계톱의 쏘체인 톱니의 피치(pitch)의 정의로 옳은 것은?

① 서로 접한 3개의 리벳간격을 2로 나눈 값
② 서로 접한 2개의 리벳간격을 3으로 나눈 값
③ 서로 접한 4개의 리벳간격을 3으로 나눈 값
④ 서로 접한 3개의 리벳간격을 4로 나눈 값

해설 톱체인 규격은 피치로 표시하며 피치는 3개의 리벳 간격의 1/2 길이를 말한다.

50 대표적인 다공정 처리계로서 벌도, 가지치기, 조재목 다듬질, 토막내기 작업을 모두 수행할 수 있는 기계는?

① 포워더
② 펠러번처
③ 하베스터
④ 프로세서

해설 하베스터는 임목을 벌목하여 가지자르기, 토막내기 작업을 일관된 공정으로 작업할 수 있는 다공정 벌채장비이다.

51 기계톱 체인의 수명 연장 및 파손 방지 예방방법으로 가장 적합한 것은?

① 석유에 넣어 둔다.
② 윤활유에 넣어 둔다.
③ 가솔린에 넣어 둔다.
④ 구리스에 넣어 둔다.

해설 체인톱날은 마모, 파괴부분, 상해부분을 점검하고 손상된 부분은 교환을 한다. 체인은 휘발유나 석유로 깨끗하게 청소한 다음 윤활유에 담가둔다.

52 산림 작업도구의 능률에 대한 설명이 틀린 것은?

① 자루의 길이는 적당히 길수록 힘이 세어진다.
② 도구 날의 끝 각도가 작을수록 나무가 잘 빠개진다.
③ 도구는 적당한 무게를 가져야 힘이 세어진다.
④ 자루가 너무 길면 정확한 작업이 어렵다.

해설 작업도구의 날 끝의 각도가 적당히 커야 나무가 잘 절단된다.

53 산림 작업용 도구의 자루를 원목으로 제작하려 할 때 가장 부적합한 것은?

① 옹이가 있으며 더욱 단단해서 좋다.
② 목질섬유가 길고 탄성이 크며 질긴 나무가 좋다.
③ 일반적으로 가래나무 또는 물푸레나무 등이 적합하다.
④ 다듬어진 각목의 섬유방향은 긴 방향으로 배열되어야 한다.

해설 자루의 재료는 가볍고 열전도율이 낮으며 탄력이 있고 질긴 소재를 사용한다. 원목이 갈라지거나 옹이가 없어야 한다.

정답 47.① 48.④ 49.① 50.③ 51.② 52.② 53.①

54 예불기를 휴대 형식으로 구분한 것으로 가장 거리가 먼 것은?

① 등짐식 ② 손잡이식
③ 허리걸이식 ④ 어깨걸이식

해설 예불기는 휴대방식(장착방식)에 의해 어깨걸이식(견괘식), 손잡이식, 등짐식(배부식)이 있다.

55 스카이라인을 집재기로 직접 견인하기 어려움에 따라 견인력을 높이기 위한 가선장비는?

① 샤클 ② 힐블럭
③ 반송기 ④ 윈치드럼

해설 스카이라인을 잡아당기는 경우 집재기로 직접 견인하는 것은 곤란하기 때문에 힐라인과 힐블럭을 넣어 견인력을 높여 잡아당긴다. 힐블럭에는 2차형, 4차형, 6차형 등이 있다.

56 와이어로프로 고리를 만들 때 와이어로프 직경의 몇 배 이상으로 하는가?

① 10배 ② 15배
③ 20배 ④ 25배

해설 와이어로프 고리는 와이어로프 직경의 약 20배 이상으로 한다.

57 산림 작업용 도끼 날 형태 중에서 나무속에 끼어 쉽게 무뎌지는 것은?

① 아치형 ② 삼각형
③ 오각형 ④ 무딘 둔각형

해설 도끼날이 날카로운 삼각형 형태로 연마되면 벌목시 날이 나무속에 끼이기 쉽고, 무딘 둔각형은 나무가 잘 잘라지지 않아 날이 튀기도 한다.

58 벌도목 운반이 주목적인 임업기계는?

① 지타기 ② 포워더
③ 펠러번쳐 ④ 프로세서

해설 포워더는 평지에서 집재 통나무를 싣고 운반하는 장비이다.

59 정원목 및 정원석 주위에 입목을 휘감은 풀들을 깎을 때 안심하고 사용가능한 예불기의 날 형태는?

① 회전날식 ② 왕복요동식
③ 직선왕복날식 ④ 나일론코드식

해설 나일론줄 날 예불기는 일반 예불기로는 안전상 사용이 어려운 묘소나 콘크리트 등의 주위나 입목을 휘감은 풀을 깎을 때 사용한다.

60 체인톱의 안전장치가 아닌 것은?

① 체인잡이 ② 핸드가드
③ 방진고무 ④ 체인장력 조절나사

해설 기계톱의 안전장치에는 체인브레이크, 체인잡이볼트, 손잡이 및 보호판(핸드가드), 스로틀레버 차단판, 진동방지장치, 소음기, 방진고무 등이 있다.

정답 54.③ 55.② 56.③ 57.② 58.② 59.④ 60.④

CBT 제12회 산림기능사

01 다음 중 생가지치기를 할 때 상처 부위의 부후 위험성이 가장 큰 수종은?

① 곰솔
② 단풍나무
③ 리기다소나무
④ 일본잎갈나무

해설 생가지치기를 할 때 부후 위험성이 큰 수종으로 단풍나무, 느릅나무, 벚나무, 물푸레나무, 벚나무, 너도밤나무, 가문비나무 등이 있다.

02 채종림 지정 기준으로 옳지 않은 것은?

① 벌채나 도남벌이 없었던 임분
② 보호관리 및 채종작업이 편리한 지역
③ 병충해가 없고 생태적 조건에 적응한 상태
④ 단위면적당 1ha 이상, 모수는 50본/ha 이상

해설 채종림의 단위면적당 1ha 이상이고 모수가 150본/ha 이상인 산림이어야 한다.

03 우리나라 지각의 대부분을 이루고 있는 암석은?

① 수성암 ② 석회암
③ 변성암 ④ 화성암

해설 국내의 경우 화성암이 지각의 60% 이상을 차지하고 있으며 화성암과 변성암을 합치면 95% 정도를 차지하고 있다.

04 묘목이 활착되지 못하는 주요 이유로 옳지 않은 것은?

① T/R율이 낮을 때
② 건조한 임지에 심었을 때
③ 비료가 직접 뿌리에 닿았을 때
④ 적정 식재 시기보다 늦어졌을 때

해설 일반적인 묘목의 T/R 율이 낮을 경우 뿌리 부분이 잘 발달하여 활착율이 높은 것을 의미한다.

05 묘포의 정지 및 작상에 있어서 가장 적합한 밭갈이 깊이는?

① 20cm 미만
② 20cm~30cm 정도
③ 30cm~50cm 정도
④ 50cm 이상

해설 묘포지 경운시 20~25cm 정도가 적당하다.

06 산림 내 가지치기 작업의 주된 목적은 무엇인가?

① 연료용재 생산
② 우량목재 생산
③ 중간수입 목재
④ 각종 위해 방지

해설 가지치기는 우량 목재 생산을 위해 실시하는 작업이다.

정답 01.② 02.④ 03.④ 04.① 05.② 06.②

07 묘목과 묘목 사이의 거리가 1m, 열과 열 사이의 거리가 4m의 장방형 식재일 때 1ha에 심게 되는 묘목 본수는?

① 2,500본   ② 3,000본
③ 1,000본   ④ 4,000본

해설 식재묘목 본수 $= \dfrac{10,000m^2}{1m \times 4m} = 2,500$본

08 조림목 외의 수종을 제거하고 조림목이라도 형질이 불량한 나무를 벌채하는 무육작업은?

① 덩굴치기   ② 풀베기
③ 가지치기   ④ 잡목 솎아베기

해설 부적합한 나무를 제거하여 형질이 우수한 임분으로 구성하기 위해 잡목 솎아베기를 실시한다.

09 다음 중 두 번 판갈이 한 3년생 묘령을 나타낸 것은?

① 3-0묘   ② 2-1묘
③ 1-2묘   ④ 1-1-1묘

해설 1-1-1 묘는 파종상에서 1년, 그뒤에 2번의 이식이 있었고 각 이식에서 1년을 지난 총 3년생 묘목을 의미한다.

10 비료목으로 적합하지 않는 수종은?

① 소나무   ② 오리나무
③ 보리수나무   ④ 자귀나무

해설 비료목에는 아까시나무, 자귀나무, 칡, 싸리나무, 오리나무, 보리수나무, 소귀나무 등이 있다.

11 봄에 묘목을 가식할 때 묘목의 끝은 어느 방향으로 향하게 하여 경사지게 묻는가?

① 동쪽   ② 서쪽
③ 북쪽   ④ 남쪽

해설 가식할 때 묘목의 끝은 가을에는 남쪽, 봄에는 북쪽으로 45° 경사지게 한다.

12 풍치가 좋고 지속적으로 목재생산이 가능한 산림작업종은?

① 개벌작업   ② 택벌작업
③ 모수작업   ④ 중림작업

해설 택벌작업은 성숙한 임목을 골라 벌채하는 방법으로 보속적인 수확이 가능하고 미적 가치가 높고 산림생태계 유지에도 유리하다.

13 인공조림으로 갱신할 때 가장 용이한 작업종은?

① 개벌작업   ② 택벌작업
③ 산벌작업   ④ 모수작업

해설 개벌작업은 임분 전체를 1회의 벌채로 모두 제거하는 것으로 후계림 조성이 간단하다.

14 다음 중 밤나무 종자의 정선 방법으로 가장 좋은 것은?

① 입선법   ② 수선법
③ 풍선법   ④ 사선법

해설 입선법은 굵은 종자를 손으로 선별하는 방법으로 밤나무, 가래나무, 호두나무 등에 대립 종자에 적합한 방법이다.

15 종자 검사에 관한 설명으로 옳지 않은 것은?

① 실중이란 1리터에 대한 무게를 나타낸 것이다.
② 효율이란 발아율과 순량률의 곱으로 계산할 수 있다.
③ 발아율이란 일정한 수의 종자 중에서 발아력이 있는 것을 백분율로 표시한 것이다.
④ 순량률이란 일정한 양의 종자 중 협잡물을 제외한 종자량을 백분율로 표시한 것이다.

정답   07.①   08.④   09.④   10.①   11.③   12.②   13.①   14.①   15.①

해설) 실중은 종자 1,000 립의 무게를 의미하며 단위는 g 이다.

16 3년생 잣나무를 관리하기 위해 풀베기 작업 계획 수립 시 가장 적절하지 않은 것은?

① 모두베기를 한다.
② 5~8년간은 계속한다.
③ 5~7월 중에 실행한다.
④ 잡초가 무성한 곳은 한 해에 2번 실행한다.

해설) 모두베기는 임지가 비옥하거나 식재목에 광선이 많이 요구되는 양수 수종에 적합하다. 잣나무의 경우 중용수에 해당하기에 모두베기 방법은 적절하지 않다.

17 가지치기에 관한 설명으로 옳지 않은 것은?

① 포플러류는 역지(으뜸가지) 이하의 가지를 제거한다.
② 임목의 질적 개선으로 옹이가 없고 통직한 완만재 생산을 위한 육림작업이다.
③ 큰 생가지를 잘라도 위험성이 적은 수종은 물푸레나무, 단풍나무, 벚나무, 느릅나무 등이다.
④ 나무가 생리적으로 활동하고 있을 때 가지치기를 하면 껍질이 잘 벗겨지고 상처가 크게 된다.

해설) 물푸레나무, 단풍나무, 벚나무, 느릅나무 등은 생가지치기의 위험이 높은 수종이다.

18 종묘사업 실시요령의 종자품질기준에서 다음 중 발아율이 가장 높은 수종은?

① 곰솔   ② 주목
③ 비자나무 ④ 전나무

해설) 곰솔의 발아율은 92%, 비자나무 61%, 주목 55%, 전나무 25% 정도로 곰솔이 가장 높다.

19 수확을 위한 벌채 금지 구역으로 옳지 않은 것은?

① 내화수림대로 조성·관리되는 지역
② 도로변 지역은 도로로부터 평균 수고폭
③ 벌채구역과 벌재구역 사이 100m 폭의 잔존 수림대
④ 생태통로 역할을 하는 8부 능선 이상부터 정상부, 다만 표고가 100m 미만인 지역은 제외

해설) 벌채구역과 벌채구역 사이 20m 폭의 잔존 수림대는 수확을 위한 벌채를 금지하는 구역이다.

20 다음 중 내음성이 가장 강한 수종은?

① 밤나무   ② 사철나무
③ 버드나무   ④ 오리나무

해설) 주목, 개비자나무, 사철나무, 회양목 등은 극음수로 내음성이 강한 수종이다.

21 덩굴제거 작업에 대한 설명으로 옳지 않은 것은?

① 물리적방법과 화학적방법이 있다.
② 콩과작물은 디캄바액제를 살포한다.
③ 일반적인 덩굴류는 글라신액제로 처리한다.
④ 24시간 이내 강우가 예상될 경우 약제 필요량 보다 1.5배 정도 더 사용한다.

해설) 덩굴제거를 위한 약제 처리시 강우가 예상될 경우 약제처리를 중지한다.

22 산림토양층에서 가장 위층에 있는 것은?

① 표토층   ② 심토층
③ 모재층   ④ 유기물층

해설) 유기물층은 토양의 단면에서 가장 위층에 존재하며 유기물이 분포되어 있는 층이다.

정답 16.① 17.③ 18.① 19.③ 20.② 21.④ 22.④

23 광합성작용은 이산화탄소와 물을 원료로 하여 무엇을 만드는 과정인가?

① 지방　　② 단백질
③ 비타민　④ 탄수화물

해설) 식물은 광합성을 통해 이산화탄소와 물을 원료로하여 탄수화물을 합성하는 동화작용을 한다.

24 제벌작업에서 제거대상목이 아닌 것은?

① 폭목
② 하층식생
③ 침입목 또는 가해목
④ 열등 형질목

해설) 유용 하층식생의 경우 작업에 지장이 없다면 제거하지 않는다.

25 군상개벌작업 시 군상지는 일반적으로 얼마정도 간격으로 벌채를 실시하는가?

① 2~3년　② 4~5년
③ 6~7년　④ 8~9년

해설) 군상개벌작업의 갱신기간은 보통 4~5년 간격을 두고 다음 갱신지를 확대해 나간다.

26 살충제 중 유제에 대한 설명으로 옳지 않은 것은?

① 수화제에 비하여 살포용 약액조제가 편리하다.
② 포장, 우송, 보관이 용이하며 경비가 저렴하다.
③ 일반적으로 수화제나 다른 제형보다 약효가 우수하다.
④ 살충제의 주제를 용제에 녹여 계면활성제를 유화제로 첨가하여 만든다.

해설) 유제는 수화제보다는 살포액의 조제가 편리하고 약효가 높으나 제조비가 높은 편이다.

27 뛰어난 번식력으로 인하여 수목 피해를 가장 많이 끼치는 동물로 올바르게 짝지은 것은?

① 사슴, 노루　② 곰, 호랑이
③ 산토끼, 들쥐　④ 산까치, 박새

해설) 산토끼와 들쥐는 번식력이 강하며 산토끼는 어린싹이나 수피를 가해하고 들쥐는 임목의 목질부를 가해한다.

28 다음 중 방화림 조성용으로 가장 적합한 수종은?

① 편백　　② 삼나무
③ 소나무　④ 가문비나무

해설) 방화림은 내화성이 강한 수종으로 조성하는 것이 적합하며 대표적으로 은행나무, 가문비나무, 황벽나무, 음나무 등이 있다.

29 어린 묘목을 재배하는 양묘장에서 겨울철에 저온의 피해를 막기 위하여 주풍 방향에 나무를 심어 바람을 막아 주는 것을 무엇이라 하는가?

① 방풍림　② 방조림
③ 채종림　④ 보안림

해설) 방풍림은 저온에 의한 상해 피해 및 바람에 의한 피해를 막아준다.

30 유관속 시들음병의 기주 및 전파경로로 짝지어진 것으로 옳지 않은 것은?

① 흑변뿌리병 - 나무좀
② 감나무 시들음병 - 뿌리
③ 느릅나무 시들음병 - 나무좀
④ 참나무 시들음병 - 광릉긴나무좀

해설) 감나무 시들음병은 특정 매개체에 의해 전반된다.

정답 23.④ 24.② 25.② 26.② 27.③ 28.④ 29.① 30.②

31 성충으로 월동하는 것끼리 짝지어진 것은?

① 미국흰불나방, 소나무좀
② 소나무좀, 오리나무잎벌레
③ 잣나무넓적잎벌, 미국흰불나방
④ 오리나무잎벌레, 잣나무넓적잎벌

해설 성충으로 월동하는 해충으로 소나무좀, 오리나무잎벌레, 버즘나무방패벌레 등이 있다.

32 향나무 녹병균은 배나무를 중간숙주로 기생하여 오렌지색 별무늬가 나타나는 시기로 가장 옳은 것은?

① 3 ~ 4월
② 6 ~ 7월
③ 8 ~ 9월
④ 10 ~ 11월

해설 배나무와 같은 중간기주에서 6~7월에 노란색의 작은 반점들이 발생하고 중앙에 흑색점의 녹병자기가 형성된다.

33 잣나무 털녹병에 대한 설명으로 옳지 않은 것은?

① 송이풀 제거 작업은 9월 이후 시행해야 효과적이다.
② 여름포자는 환경이 좋으면 여름동안 계속 다른 송이풀에 전염한다.
③ 여름포자가 모두 소실되면 그 자리에 털 모양의 겨울포자퇴가 나타난다.
④ 중간기주에서 형성된 담자포자는 바람에 의하여 잣나무 잎에 날아가 기공을 통하여 침입한다.

해설 잣나무 털녹병은 4~6월쯤 병든 가지나 줄기가 황색으로 변하고 부풀어 오르다가 터진 후 황색의 가루가 비산하여 중간기주로 녹포자가 날아가기에 중간기주 제거 작업은 그 전에 실시하는 것이 좋다.

34 볕데기 현상의 원인은 무엇인가?

① 급격한 온도변화
② 급격한 토양 내 양분 용탈
③ 대기 중 오존농도의 급격한 증가
④ 대기 중 황산화물의 급격한 증가

해설 볕데기(피소)는 강한 태양광선을 받으면서 온도 상승 및 급격한 수분증발로 형성층에 피해를 입어 심할 경우 고사한다.

35 소나무 잎떨림병의 병원균이 월동하는 형태는?

① 자낭각
② 소생자
③ 자낭포자
④ 분생포자

해설 소나무 잎떨림병은 병든 잎에서 자낭포자 형태로 월동한다.

36 수목 병해 원인 중 세균에 의한 수병으로 옳은 것은?

① 모잘록병
② 그을음병
③ 흰가루병
④ 뿌리혹병

해설 뿌리혹병은 세균에 의해 발생한다.

37 오동나무 빗자루병의 매개충이 아닌 것은?

① 솔수염하늘소
② 썩덩나무노린재
③ 담배장님노린재
④ 오동나무매미충

해설 솔수염하늘소는 소나무재선충병의 매개충이다.

38 버즘나무, 벚나무, 포플러류 가로수를 주로 가해하는 미국흰불나방의 월동 형태는?

① 알
② 유충
③ 성충
④ 번데기

해설 미국흰불나방은 1년에 2회 발생하며 나무 껍질 혹은 지피물 밑에서 번데기 형태로 월동한다.

정답 31.② 32.② 33.① 34.① 35.③ 36.④ 37.① 38.④

39 쇠약하거나 죽은 소나무 및 벌채목에 주로 발생하는 해충은?

① 소나무재선충 ② 소나무좀
③ 솔나방 ④ 솔잎혹파리

해설) 소나무좀은 쇠약목이나 죽은 소나무 및 벌채목에서 주로 발생한다. 이러한 소나무좀의 방제를 위해 쇠약목, 고사목은 벌채하여 제거하기도 한다.

40 산림해충이 여름철의 밤에 불빛을 보면 모여드는 성질을 이용하여 방제하는 방법은?

① 차단법 ② 식이유살법
③ 잠복소유살법 ④ 등화유살법

해설) 등화유살법은 기계적 방제법 중 하나로 빛을 보면 모이는 주광성을 이용한 방제법이다.

41 기계톱의 체인을 갈기 위하여 적합한 직경의 원통줄이 사용되어야 한다. 아래 그림에서 원통줄의 선정이 가장 잘 된 것은?

(1) (2) (3)

① (1) ② (2)
③ (3) ④ 모두 잘못되었다.

해설) 기계톱의 체인을 갈기 위한 원통줄은 보기 (1)이 가장 적합하다.

42 4행정 엔진과 2행정 엔진의 비교 중 2행정 엔진의 설명으로 올바른 것은?

① 동일 배기량일 때 출력이 적다.
② 배기음이 낮다.
③ 무게가 가볍다.
④ 휘발유와 오일 소비가 적다.

해설) 2행정 기관의 경우 4행정 기관과 비교하면 중량이 가볍다.

43 예불기 운전 및 작업상 유의사항으로 옳지 않은 것은?

① 발끝에 예불기의 톱날이 접촉되지 않도록 주의한다.
② 작업 방향은 톱날의 회전방향이 좌측이므로 우측에서 좌측으로 실시한다.
③ 주변에 사람 유무를 확인하고 엔진을 시동한다.
④ 작업원간 거리는 가능한 5m 이내로 최대한 근접한 거리에서 실행한다.

해설) 예불기 작업시 다른 작업자와의 거리는 최소 10m 이상 안전거리를 확보한다.

44 경사진 산림에서 임목벌도 방향은 보통 임지의 경사방향에 대하여 얼마 정도가 적합한가?

① 10° ② 가로방향 또는 30°
③ 45° ④ 60°

해설) 일반적으로 경사진 산림은 벌도방향이 보통 임지의 경사방향에 대하여 가로방향이나 혹은 약 30° 경사진 방향이 적합하다.

45 기계톱은 원동기부, 동력전달부 및 톱체인부로 구분된다. 다음 중 동력전달부가 아닌 것은?

① 에어필터 ② 원심클러치
③ 스프라킷 ④ 안내판

해설) 기계톱의 동력전달장치에는 피스톤, 크랭크축, 원심클러치, 스포로킷, 안내판, 체인톱날 등이 있다.

46 기계톱의 연료와 오일을 혼합할 때 휘발유 15L이면 오일의 양은 약 몇 L가 필요한가? (단, 오일의 혼합비율은 25 : 1이다.)

① 0.1 ② 0.3
③ 0.6 ④ 1.2

정답 39.② 40.④ 41.① 42.③ 43.④ 44.② 45.① 46.③

해설 〈 휘발유 : 오일 = 25 : 1 = 15 : 0.6 〉으로 15L 휘발유에 필요한 오일의 양은 0.6L 이다

47 조림용 도구가 아닌 것은?
① 식혈봉
② 각식재용 양날괭이
③ 아이디얼 식혈삽
④ 쐐기

해설 쐐기는 벌목용 도구이다.

48 다음 중 벌도뿐만 아니라 초두부 제거, 가지 제거 작업을 거쳐 일정 길이의 원목생산에 이르는 조재작업을 동시에 수행할 수 있는 기계는? (단, 기계는 다른 부착물과 변형이 없는 기본형태이다.)
① 펠러(feller)
② 펠러번처(feller buncher)
③ 펠러스키더(feller skidder)
④ 하베스터(harvester)

해설 하베스터는 임목을 벌목하여 가지자르기, 토막내기 작업을 일관된 공정으로 작업할 수 있는 다공정 벌채장비이다.

49 다음 중 노무관리의 3가지 질서가 아닌 것은?
① 사회질서   ② 경영질서
③ 조합질서   ④ 안전질서

해설 안전질서는 노무관리가 아닌 안전관리에 해당한다.

50 우리나라의 임업기계화 작업을 위한 제약인자가 아닌 것은?
① 험준한 지형조건
② 풍부한 전문기능인
③ 기계화 시업의 경험부족
④ 영세한 경영규모

해설 풍부한 전문기능인은 임업기계화 작업에 도움이 된다.

51 구입비가 30,000,000원인 트랙터의 매년 일정액의 감가상각비를 구하면? (단, 잔존가격은 취득원가의 10%이고 상각율은 0.2이며, 정액법을 이용하여 계산한다.)
① 1,000,000원   ② 2,500,000원
③ 4,500,000원   ④ 5,400,000원

해설 매년감가상각비

$$= \frac{30,000,000 - 3,000,000}{1} \times 0.2$$
$$= 5,400,000$$

52 와이어로프 교체 기준이 아닌 것은?
① 킹크가 발생한 경우
② 소선이 절단된 경우
③ 형태 변형 및 부식이 현저한 경우
④ 와이어로프 직경의 감소가 공칭 직경 5% 이내인 경우

해설 와이어로프 직경의 감소가 공칭 직경 7% 이상인 경우 와이어로프를 교체해준다.

53 다음 중 윤활유로서 구비해야 할 성질이 아닌 것은?
① 유성이 좋아야 한다.
② 점도가 적당해야 한다.
③ 온도에 의한 점도의 변화가 커야 한다.
④ 부식성이 없어야 한다.

해설 윤활유의 구비 조건으로 온도에 의한 점도 변화가 적어야 하고 부식성이 없어야 한다.

정답 47.④ 48.④ 49.④ 50.② 51.④ 52.④ 53.③

54 산림집재작업 방법 중에서 사용하는 동력에 따른 종류에 속하지 않는 것은?

① 인력에 의한 집재 작업
② 축력에 의한 집재 작업
③ 자력에 의한 집재 작업
④ 기계력에 의한 집재 작업

해설 산림집재작업의 동력에는 인력에 의한 집재, 축력에 의한 집재, 중력에 의한 집재, 기계에 의한 집재 등이 있다.

55 내연기관에 있어서 열기관이란 무엇인가?

① 연료를 연소시켜 질적 에너지를 양적 에너지로 바꾼다.
② 연료를 연소시켜 열에너지를 기계적 에너지로 바꾼다.
③ 연료를 연소시켜 기계적 에너지를 열에너지로 바꾼다.
④ 연료를 연소시켜 화학적 에너지로 바꾼다.

해설 열기관은 연료의 에너지를 내부기관을 통해 연소시켜 발생하는 고온, 고압의 가스, 증기를 팽창하여 발생하는 동력을 기계적 에너지로 바꾸는 기관을 말한다.

56 노동의 경중에 따른 에너지 대사율 중 임업 노동이 속하는 중노동 작업은 얼마인가?

① 0~1   ② 1~2
③ 4~7   ④ 7이상

해설 산림 작업에서 RMR(에너지 대사율) 4~7을 중노동 작업으로 간주한다.

57 기계톱날의 구성요소 중 목재의 절삭두께에 영향을 주는 것은?

① 창날각   ② 지붕각
③ 전동쇠   ④ 깊이제한부

해설 깊이제한부는 톱날이 한번에 팔수 있는 깊이로 절삭두께를 결정하는 주요인자이다. 너무 높게 연마되면 절삭 깊이가 얇아 절삭량이 적어지며 반대의 경우 절삭 깊이가 깊어 절삭량이 많아져 톱날의 부하가 많이 걸리게 된다.

58 전문 벌목용 체인톱의 일반적인 본체 수명으로 옳은 것은?

① 500시간 정도
② 1,000시간 정도
③ 1,500시간 정도
④ 2,000시간 정도

해설 체인톱 수명은 약 1500 시간 정도이다.

59 예불기에 의한 작업 시 톱날의 위치는 지상으로부터 어느 정도의 높이가 가장 적당한가?

① 1~5cm   ② 5~10cm
③ 10~20cm ④ 20~30cm

해설 예불기의 톱날은 지면에서 10~20cm 높이에 위치하는 것이 적당하고 톱날의 각도는 5~10° 정도를 유지하도록 한다.

60 무육작업 시 사용되는 임업용 톱의 톱니 관리방법 중 톱니 젖힘은 톱니 뿌리선으로부터 어느 지점을 중심으로 젖혀야 하는가?

① 1/4 지점   ② 1/3 지점
③ 1/5 지점   ④ 2/3 지점

해설 톱니 젖힘은 톱니 뿌리선에서 2/3 지점을 중심으로 젖혀준다.

정답 54.③ 55.② 56.③ 57.④ 58.③ 59.③ 60.④

CBT 제13회 산림기능사

01 동령림과 이령림의 차이점에 대한 설명 중에서 동령림의 특징에 해당되는 것은?
① 풍해가 매우 적다.
② 갱신이 짧은 시간 내에 이루어진다.
③ 임상유기물이 지속적으로 축적된다.
④ 동령림 내 작은 나무들이 장차 유용임목으로 된다.

해설 동령림의 경우 조림 및 육림 등의 작업이 간편하고 갱신이 짧은 시간 내에 이루어진다.

02 갱신을 위한 벌채 방식이 아닌 것은?
① 개벌작업 ② 산벌작업
③ 택벌작업 ④ 간벌작업

해설 간벌의 목적은 부적합한 나무를 제거하고 형질이 우수한 임분으로 구성할수 있으며 임분의 수직구조를 개선하여 임분의 안정화를 도모할 수 있다.

03 채종 직후 노천매장 하는 종자가 아닌 것은?
① 소나무, 해송
② 단풍나무, 들메나무
③ 잣나무, 은행나무
④ 호두나무, 가래나무

해설 소나무와 해송은 토양동결이 풀린 후 파종 1개월 전 노천매장한다.

04 다음 침엽수 중 잎 속에 1개의 관다발을 가진 것은?
① 해송   ② 소나무
③ 리기다소나무 ④ 잣나무

해설 잣나무의 잎 횡단면의 관다발은 1개이고 소나무는 관다발이 2개이다.

05 토양을 형성하는 암석 중 화성암에 속하지 않는 것은?
① 화강암   ② 편마암
③ 석영반암 ④ 현무암

해설 편마암은 변성암에 속한다.

06 파종상에서 1년, 두 번 이식하여 각각 1년씩 보낸 3년생 묘목의 묘령은?
① 1 - 1 - 1   ② 2 - 1
③ 1 - 2   ④ 3 - 0

해설 ⟨1-1-1 묘⟩는 파종상 1년, 이후 2회의 이식이 있었으며 각 1년을 지낸 3년생 실생묘이다.

07 간벌의 효과에 대한 설명으로 틀린 것은?
① 지름생장을 촉진하고 숲을 건전하게 만든다.
② 빽빽한 밀도로 경쟁을 촉진시켜 나무의 형질을 좋게 한다.
③ 벌채가 되기 전에 나무를 솎아베어 중간 수입을 얻을 수 있다.
④ 나무를 솎아 벤 곳에 잡초가 무성하게 되어 표토의 유실을 막고 빗물을 오래 머무르게 하여 숲땅이 비옥해진다.

해설 간벌을 통해 생육 공간(밀도) 조절이 가능하며 임목의 직경생장을 촉진하여 재적이 증가하며 목재의 형질이 향상된다.

정답 01.② 02.④ 03.① 04.④ 05.② 06.① 07.②

08 파종상의 해가림 시설을 제거하는 가장 적절한 시기는?

① 5월 중순 ~ 6월 중순
② 7월 하순 ~ 8월 중순
③ 9월 중순 ~ 10월 상순
④ 10월 중순 ~ 11월 중순

해설 너무 오랜 해가림은 생장을 방해하기에 8월부터는 제거해준다.

09 수종 중에서 결실주기가 5~7년인 수종은?

① 소나무　　② 낙엽송
③ 상수리나무　④ 리기다소나무

해설 수종의 결실주기가 5년 이상인 것으로 낙엽송이 있다.

10 모수작업으로 임목벌채를 시행할 때 모수의 조건으로 틀린 것은?

① 음수 수종일 것
② 바람의 저항이 강할 것
③ 결실 연령에 도달할 것
④ 유전적 형질이 좋은 나무일 것

해설 모수작업은 소나무, 곰솔 등의 양수에 적용되는 것에 유리하다.

11 데라사끼의 수관급 구분에서 너무 피압 되어서 충분한 공간을 주어도 쓸만한 나무로 될 가능성이 없는 것은?

① 1급목　　② 2급목
③ 3급목　　④ 4급목

해설 수형급에서 4급목은 열세목으로 생장중이나 활용될 가능성이 없는 나무이다.

12 가로 2.5m, 세로 2m인 직사각형 임지에 식재를 할 때 1ha에 심을 수 있는 나무의 수는?

① 1,000그루　② 2,000그루
③ 2,500그루　④ 3,000그루

해설 식재묘목 본수 = $\dfrac{10,000m^2}{2m \times 2.5m} = 2,000$본

13 정성간벌의 설명으로 틀린 것은?

① 간벌할 시기, 간벌할 나무의 수와 재적을 미리 정한다.
② 간벌목의 선정이 기술자의 주관에 따라 크게 영향을 받는다.
③ 간벌을 되풀이하는데 미리 한계를 정하기가 어렵다.
④ 상층간벌과 하층간벌이 있다.

해설 간벌할 시기, 간벌할 나무의 수와 재적을 미리 정하는 것은 정량간벌이다.

14 임목종자의 품질검사에 대한 설명으로 틀린 것은?

① (협잡물을 제거한 순정종자의 무게/시료의 무게) × 100이 순량률이다.
② 소립종자의 실중은 종자 100알의 무게를 g으로 나타낸 값이다.
③ 발아율은 순량률을 조사할 때 얻은 순정종자를 대상으로 조사한다.
④ 효율은 실제 득묘할 수 있는 효과를 예측하는데 사용될 수 있는 종자의 사용가치를 말한다.

해설 실중은 종자 1,000 립의 무게를 의미하며 단위는 g 이다.

정답　08.② 09.② 10.① 11.④ 12.② 13.① 14.②

15 주요 수종과 대목의 연결이 옳지 않은 것은?

① 소나무류 – 해송
② 장미나무 - 찔레나무
③ 호두나무 – 가래나무
④ 사과나무 - 산돌배나무

해설 사과나무의 대목으로 해당화가 적합하다.

16 임지에 서있는 성숙한 나무로부터 종자가 떨어져 어린나무를 발생시키는 갱신 방법은?

① 맹아갱신   ② 인공조림
③ 천연하종갱신   ④ 파종조림

해설 천연하종갱신은 자연적으로 종자를 낙하하여 자연발아시켜 후계림을 만드는 방법이다.

17 풀베기의 형식 중 조림목의 주변에 나는 잡초목만을 깎아 버리는 방법을 무엇이라 하는가?

① 싹베기   ② 모두베기
③ 줄베기   ④ 둘레베기

해설 둘레베기는 조림목 반경 50cm 정도 정방형 혹은 원형으로 잘라내는 방법이다.

18 종자의 품질기준에서의 발아율이 가장 높은 것은?

① 잣나무   ② 테다소나무
③ 오동나무   ④ 호두나무

해설 테다소나무 85%, 잣나무 74%, 호두나무, 66%, 오동나무 30% 의 발아율을 보이며 보기 중 테다소나무가 가장 높다.

19 간벌을 실시하는 필요성과 관계가 먼 것은?

① 생육공간 조절
② 생장조절
③ 임분 수직 구조개선으로 임분 안정화 도모
④ 유기물의 생산량 감소

해설 간벌을 통해 목재의 형질이 향상되고 병해충 및 다양한 위해를 감소시킬수 있다. 또한 지력을 증진시키고 간벌재를 통해 중간소득이 가능하며 생육 공간의 조절에 유리하다.

20 유실수인 밤나무는 보통 1ha 당 몇 본을 식재하는가?

① 400본   ② 800본
③ 1200본   ④ 3000본

해설 밤나무의 경우 보통 1ha 당 400본을 식재한다.

21 밤나무에 가장 알맞은 종자 파종법은?

① 흩어뿌림
② 줄뿌림
③ 점뿌림
④ 군상으로 모아뿌림

해설 점뿌림(점파)는 종자 크기가 큰 밤나무, 호두나무 등의 수종에 적합하다.

22 무성번식의 장점과 관계가 없는 것은?

① 개화가 결실이 빨라진다.
② 초기의 생장이 빠르다.
③ 씨앗의 생산이 잘 안 되는 나무를 번식한다.
④ 실생묘에 비해 대량생산이 쉽다.

해설 무성번식은 실생묘에 비해 대량생산이 어렵다.

정답 15.④ 16.③ 17.④ 18.② 19.④ 20.① 21.③ 22.④

23 다음 중 조림지의 풀베기를 실시하는 시기로 가장 적합한 것은?

① 3~5월　② 6~8월
③ 9~11월　④ 12~2월

해설　풀베기 작업은 6~8월에 연 2회 실시하며 빠르면 5월에도 가능하다. 한해의 위험성이 높아지는 9월 이후에는 실시하지 않는다.

24 다음 우량묘의 조건으로 틀린 것은?

① 발육이 왕성하고 신초의 발달이 양호한 것
② 우량한 유전성을 지닌 것
③ 측근과 세근이 잘 발달된 것
④ 침엽수종의 묘에 있어서는 줄기가 곧고 측아가 정아보다 우세한 것

해설　줄기가 곧고 정아가 측아보다 우세한 것이 좋다.

25 결실을 촉진시키는 방법으로 옳은 것은?

① 질소질 비료의 비율을 높여 시비한다.
② 줄기의 껍질을 환상으로 박피한다.
③ 수목의 식재밀도를 높게 한다.
④ 차광망을 씌워 그늘을 만들어 준다.

해설　환상박피, 단근, 접목 등이 있으며 수목의 지상부에 탄수화물의 함량을 많게 하여 개화결실을 촉진한다.

26 땅속에서 월동하지 않는 해충은?

① 솔잎혹파리　② 오리나무잎벌레
③ 잣나무넓적잎벌④ 어스렝이나방

해설　어스렝이나방은 1년에 1회 발생하며 나무 위에서 알로 월동한다.

27 병원균이 기주식물의 조직 내에서 월동하지 않는 것은?

① 뿌리혹병
② 벚나무 빗자루병
③ 포플러 흰가루병
④ 낙엽송 가지끝마름병

해설　흰가루병은 병든 낙엽이나 가지에서 월동한다.

28 다음 중 솔잎혹파리의 우화 최성기로 가장 적합한 것은?

① 4월 상순
② 6월 상·중순
③ 9월 하순
④ 10월 상·중순

해설　솔잎혹파리는 5월 중순~7월상순에 우화하여 성충이 되며 6월 상순이 우화 최성기이다.

29 침엽수 모잘록병, 삼나무 붉은마름병은 어떤 비료를 많이 주었을 때 잘 발생하는가?

① 질소　② 인산
③ 칼륨　④ 유기질비료

해설　모잘록병, 삼나무 붉은마름병은 질소질비료의 과용을 하면 다량 발생할수 있다.

30 내화력이 강한 수종으로 짝지어진 것은?

① 단풍나무와 삼나무
② 소나무와 녹나무
③ 대왕송과 은행나무
④ 해송과 벽오동나무

해설　내화력이 강한 수종으로 은행나무, 대왕송, 낙엽송, 굴참나무, 동백나무 등이 있다.

정답　23.② 24.④ 25.② 26.④ 27.③ 28.② 29.① 30.③

31 다음 중 상대적으로 가장 높은 온도의 발병 조건을 요구하는 수병은?

① 낙엽송 가지끝마름병
② 잿빛곰팡이병
③ 리지나뿌리썩음병
④ 소나무 잎떨림병

해설 리지나뿌리썩음병은 높은 온도에서 포자가 발아하여 발병하기에 산불피해지에 주로 나타난다.

32 서릿발이 가장 많이 발생하는 곳은?

① 사양토 ② 양토
③ 사토   ④ 점토

해설 서릿발은 진흙이 많은 토양인 점토일수록 피해 정도가 심하게 나타난다.

33 산불에 관한 설명 중 틀린 것은?

① 일반적으로 침엽수는 활엽수에 비해 피해가 심하다.
② 교림은 왜림보다 피해가 적다.
③ 혼효림은 단순림보다 피해가 적다.
④ 유령림보다는 노령림의 피해가 크다.

해설 일반적으로 활엽수종으로 구성된 왜림은 상대적으로 침엽수종이 많은 교림보다 피해가 적게 나타난다.

34 다음 중 볕데기의 피해를 가장 많이 받는 수종은?

① 오동나무 ② 소나무
③ 낙엽송   ④ 상수리나무

해설 볕데기의 피해를 많이 받는 수종은 코르크층의 발달이 미흡한 오동나무, 호두나무, 가문비나무 등이 있다.

35 다음 중 밤나무혹벌을 방제하는 방법 중 가장 효과적인 것은?

① 내병성 품종을 식재한다.
② 천적을 보호한다.
③ 살충제를 수시 살포한다.
④ 실생묘를 식재한다.

해설 밤나무혹벌은 늦봄에 비료를 주면 피해를 감소시킬수 있으나 피해가 심하면 내충성 품종으로 교체하는 방법이 가장 효과적이다.

36 응애만을 죽일 수 있는 약제를 무엇이라 부르는가?

① 살충제 ② 살균제
③ 살서제 ④ 살비제

해설 살비제는 응애류를 선택적으로 방제하는 약제이며 작용점 및 작용기작의 경우 살충제와 유사한 특성을 가진다.

37 다음 피해 증상 중 공해 피해(아황산가스) 증상을 바르게 설명한 것은?

① 잎에 둥근무늬가 생기고 갈색으로 변한다.
② 잎의 뒷면이 흰가루를 뿌린 것같이 보이고 새깔은 변하지 않는다.
③ 잎의 가장자리와 엽맥 사이에 암녹색의 괴사반점이 나타난다.
④ 잎에 그을음이 붙어 있는 것같이 검게 변한다.

해설 아황산가스는 식물체의 잎의 기공을 통해 유입되며 황산염 형태로 축적되며 잎의 끝부분과 옆맥 사이의 조직이 괴사되는 현상을 보인다.

정답 31.③ 32.④ 33.② 34.① 35.① 36.④ 37.③

38 항생물질 살균제가 아닌 것은?

① 석회황합제
② 스트렙토마이신
③ 옥시테트라사이클린
④ 폴리옥신비

> 해설) 항생물질 살균제는 농용항생제라 하며 가스가마이신, 스트렙토마이신, 폴리옥신비, 옥시테트라사이클린제 등이 있다.

39 묘목이 어느 정도 자라서 목화된 후에 뿌리가 침해되어 암갈색으로 변하며 썩는 모잘록병 유형은?

① 도복형 ② 지중부패형
③ 수부형 ④ 근부형

> 해설) 모잘록병은 5가지 정도의 유형이 있으며 묘목이 생장하여 목질화가 진행된 여름이후에 뿌리가 부패하고 병든 묘는 말라죽지는 않으나 생육이 불량해지는 것을 근부형이라 한다.

40 수병과 중간기주와의 연결이 옳게 된 것은?

① 소나무 혹병-참나무
② 잣나무 털녹병 -낙엽송
③ 포플러 잎녹병-송이풀
④ 소나무류 잎녹병 - 등골나물

> 해설) 잣나무 털녹병의 중간기주는 송이풀류 까치밥나무류, 포플러 잎녹병은 낙엽송, 현호색, 줄꽃주머니이며 소나무 잎녹병은 황벽나무, 참취, 잔대 이다.

41 체인톱날 연마 시 깊이제한부를 너무 낮게 연마했을 때 나타나는 현상으로 틀린 것은?

① 톱밥이 정상으로 나오며 절단이 잘 된다.
② 톱밥이 두꺼우며 톱날에 심한 부하가 걸린다.
③ 안내판과 톱니발의 마모가 심해 수명이 단축된다.
④ 체인이 절단되면서 사고가 날 수 있다.

> 해설) 깊이제한부를 너무 높게 연마시 절삭 깊이가 얕아 절삭량이 적어지게 되며 반대의 경우 절삭 깊이가 깊어 절삭량은 많아져도 톱날에 부하가 많이 걸리게 되어 수명이 짧아진다

42 체인톱날 종류에 따른 각 부의 연마각도로 옳은 것은?

① 반끌형 : 가슴날 80°
② 끌형 : 가슴각 80°
③ 반끌형 : 창날각 30°
④ 끌형 : 창날각 35°

> 해설) 반끌형 가슴날은 85°, 반끌형 창날각은 35°, 끌형 창날각은 30° 이다

43 소경재 벌목을 위해 비스듬히 절단할 때는 수구를 만들지 않는 경우 벌목 방향으로 몇 정도 경사를 두어 바로 벌채하는가?

① 20° ② 30°
③ 40° ④ 50°

> 해설) 소경재는 비스듬히 절단을 하며 20° 정도의 경사를 두어 벌목한다

정 답 38.① 39.④ 40.① 41.① 42.② 43.①

44 임도가 적고 지형이 급경사지인 지역의 집재작업에 가장 적합한 집재기는?

① 포워더 ② 타워야더
③ 트랙터 ④ 펠러번처

해설 타워야더는 임도나 작업로에서 가선을 설치하여 원목을 이동시키는 집재 및 운재 기기이다. 임도가 적고 지형이 급경사지에서의 집재작업에 용이하다.

45 무육작업 시 사용되는 임업용 톱의 톱니 관리방법 중 톱니 젖힘은 톱니 뿌리선으로부터 어느 지점을 중심으로 젖혀야 하는가?

① 1/4 지점 ② 1/3 지점
③ 1/5 지점 ④ 2/3 지점

해설 톱니 젖힘은 톱니 뿌리선에서 2/3 지점을 중심으로 젖혀준다.

46 기계톱을 이용한 벌도목 가지치기 시 유의사항으로 옳지 않은 것은?

① 톱은 몸체와 가급적 가까이 밀착시키고 무릎을 약간 구부린다.
② 오른발은 후방손잡이 뒤에 오도록 하고 왼발은 뒤로 빼내어 안내판으로부터 멀리 떨어져 있도록 한다.
③ 가지는 가급적 안내판의 끝 쪽인 안내판 코를 이용하여 절단한다.
④ 장력을 받고 있는 가지는 조금씩 절단하여 장력을 제거한 후 작업한다.

해설 반력현상을 방지하기 위해 안내판 끝단부 체인 위쪽 부분으로 절단하지 않는다.

47 전문 벌목용 체인톱의 일반적인 본체 수명으로 옳은 것은?

① 500시간 정도 ② 1,000시간 정도
③ 1,500시간 정도 ④ 2,000시간 정도

해설 체인톱 수명은 약 1500 시간 정도이다.

48 예불기에 의한 작업 시 톱날의 위치는 지상으로부터 어느 정도의 높이가 가장 적당한가?

① 1~5cm ② 5~10cm
③ 10~20cm ④ 20~30cm

해설 예불기의 톱날은 지면에서 10~20cm 높이에 위치하는 것이 적당하고 톱날의 각도는 5~10° 정도를 유지하도록 한다.

49 내연기관에 속하지 않는 것은?

① 디젤기관 ② 가솔린기관
③ 로켓기관 ④ 증기기관

해설 내연기관에는 디젤기관, 가솔린기관, 가스터빈, 로켓기관, 제트기관 등이 있다. 증기기관은 외연기관에 속한다.

50 4행정기관에서 1사이클을 완료하기 위하여 크랭크축은 몇 회전하는가?

① 4 ② 3
③ 2 ④ 1

해설 4행정기관은 1사이클 완료에 피스톤이 4행정 2왕복운동으로 크랭크 2회전을 한다.

정답 44.② 45.④ 46.③ 47.③ 48.③ 49.④ 50.③

51 체인톱 2행정기관의 연료 혼합비로 맞는 것은?

① 휘발유 25 : 중유 1
② 휘발유 25 : 오일 1
③ 휘발유 10 : 등유 1
④ 휘발유 10 : 오일 1

해설 체인톱은 2행정 가솔린 기관으로 가솔린과 윤활유(엔진오일)를 25 : 1 정도로 배합하여 사용한다.

52 벌목용 작업도구로 이용되는 것은?

① 쐐기
② 이식판
③ 식혈봉
④ 양날괭이

해설 벌목용으로 톱, 도끼, 쐐기, 목재 돌림대, 갈고리, 밀대, 박피삽, 사피, 측척 등이 있다.

53 경사지에서의 벌목작업방법이 올바르게 설명된 것은?

① 벌목할 나무가 미끄러질 위험이 있는 곳에서는 산정방향과 비스듬히 벌목한다.
② 조재작업 시는 가능한 한 벌목한 나무의 산정 반대방향에 서서 작업한다.
③ 작업자들이 경사지 상하에 서서 작업한다.
④ 작업장 아래에 도로가 있을 경우에는 경찰에 접수만 하고 작업한다.

해설 벌목할 나무가 미끄러질 위험이 있을 경우 산정방향에서 작업을 하며 동일 벌채사면의 위, 아래 동시 작업은 하지 않는다.

54 임목집재용 기계 중 활로에 의한 집재 시 활로 구조에 따른 수라의 종류로 틀린 것은?

① 흙수라
② 석수라
③ 나무수라
④ 플라스틱 수라

해설 활로에 의한 집재는 토수라(흙수라), 나무수라, 플라스틱수라 등이 있다.

55 우리나라의 임업기계화 작업을 위한 제약 인자가 아닌 것은?

① 험준한 지형조건
② 풍부한 전문기능인
③ 기계화 사업의 경험부족
④ 영세한 경영규모

해설 풍부한 전문기능인의 증가는 임업기계화를 촉진시키는 역할을 한다.

56 2행정 내연기관에서 연료에 오일을 첨가시키는 가장 큰 이유는?

① 점화를 쉽게 하기 위하여
② 엔진 내부에 윤활작용을 시키기 위하여
③ 엔진 회전을 저속으로 하기 위하여
④ 체인의 마모를 줄이기 위하여

해설 2행정 내연기관에 연료에 오일을 첨가하는 것은 윤활작용을 통해 실린더 벽과 피스톤 사이의 압축손실을 감소시키고 부식의 방지 기능을 가진다.

57 일반적으로 예불기는 연료를 시간당 몇 리터(L)를 소모되는 것으로 보고 준비하는 것이 좋은가?

① 0.5L
② 2L
③ 10L
④ 5L

해설 예불기의 연료는 약 0.5L/h 정도가 소모된다.

정답 51.② 52.① 53.① 54.② 55.② 56.② 57.①

58 벌목한 나무를 체인톱으로 가지치기 시 유의사항으로 틀린 것은?

① 안내판이 짧은 경체인톱을 사용한다.
② 작업자는 벌목한 나무와 최대한 멀리 떨어져 작업한다.
③ 안전한 자세로 서서 작업한다.
④ 체인톱은 자연스럽게 움직여야 한다.

해설 작업자는 벌목한 나무와 일정간격을 두고 작업하며 톱은 몸체와 가급적 밀착하고 무릎을 약간 구부린다.

59 기계톱 일일정비의 대상이 아닌 것은?

① 에어필터(공기청정기) 청소
② 안내판 손질
③ 휘발유와 오일의 혼합
④ 스파크 플러그 전극 간격 조정

해설 점화부분의 스파크플러그의 점검을 하고 양극간격은 0.4~0.5mm 로 조정하는 등의 정비는 주간정비에 해당한다.

60 트랙터의 주행장치에 의한 분류 중 크롤러바퀴의 장점이 아닌 것은?

① 견인력이 크고 접지면적이 커서 연약지반, 험한 지형에서도 주행성이 양호하다.
② 무게가 가볍고 고속주행이 가능하여 기동성이 있다.
③ 회전반지름이 작다.
④ 중심이 낮아 경사지에서의 작업성과 등판능력이 우수하다.

해설 크롤러바퀴는 무게가 무겁고 주행속도가 느리며 기동성이 낮다.

정답 58.② 59.④ 60.②

CBT 제14회 산림기능사

01 숲의 작업종 중 모수작업에 의하여 조성되는 후계림은 어떤 형태인가?
① 이령림　② 노령림
③ 동령림　④ 다층림

> **해설** 모수작업은 모수만 남기고 나머지 나무를 일시에 벌채하는 작업으로 이후 나무의 나이가 유사한 동령림이 형성된다.

02 묘목의 뿌리가 2년생, 줄기가 1년생을 나타내는 삽목묘의 연령 표기를 바르게 한 것은?
① 2 - 1 묘　② 1 - 2 묘
③ 1/2 묘　④ 2/1 묘

> **해설** 삽목묘는 뿌리의 나이를 분모, 줄기의 나이를 분자로 나타내며 묘목의 뿌리가 2년생, 줄기가 1년의 경우 C 1/2 로 표기한다.

03 다음 중 천연림에 대한 설명으로 맞지 않는 것은?
① 수종이 다양하다.
② 나무의 크기가 일정하다.
③ 층위가 다양하다.
④ 원시림 또는 처녀림이라 한다.

> **해설** 천연림은 수종 및 임령이 다양하여 나무의 크기도 다양하다.

04 산림용 고형복합비료의 함량비율(질소 : 인산 : 칼륨)으로 가장 적합한 것은?
① 1 : 3 : 4　② 3 : 4 : 1
③ 2 : 2 : 2　④ 3 : 1 : 4

> **해설** 산림의 고형복합비료는 가장 많이 이용되는 비료이며 질소, 인산, 칼륨의 비가 3 : 4 : 1 이다.

05 산림묘포 적지 선정에 대한 틀린 설명은?
① 토심이 깊고 부식질 함량이 많으면 좋다.
② 묘포 토양의 적정 산도는 pH 5.5~6.5가 적당하다.
③ 평탄지보다 5° 이하의 경사가 있으면 관수와 배수에 좋다.
④ 북반구에서는 조림할 장소보다 남쪽에 있는 것이 유리하다.

> **해설** 북반구의 경우 조림 장소보다 묘포지를 북쪽에 위치하는 것이 유리하다.

06 도태간벌의 특성에 대한 옳은 설명은?
① 간벌양식으로 볼 때 하층간벌에 속한다.
② 간벌재 이용에 유리하다.
③ 복층구조 유도가 힘들다.
④ 장벌기 고급 대경재 생산에는 부적합하다.

> **해설** 도태간벌은 상승간벌에 속하고 복층구조 유도가 쉬운편이다. 벌채 시기를 장기간으로 하기에 장벌기 고급 대경재 생산에도 유리하다. 간벌의 경우 미래목의 생장에 방해되는 피해목, 불량목, 폭목등을 대상으로 한다.

정답　01.③　02.③　03.②　04.②　05.④　06.②

07 밑깎기의 가장 중요한 목적은?

① 조림목에 안정된 환경을 만들어 주기 위함
② 겨울철에 동해를 방지하기 위함
③ 음수 수종의 생장을 도모하기 위함
④ 수목의 나이테 너비를 조절하기 위함

해설 풀베기(밑깎기) 조림목의 성장을 돕고 토양의 양분 및 수분이 빼앗기는 것을 막기 위해 매년 1~2회 실시 한다.

08 일반적인 간벌 순서로 옳은 것은?

① 간벌목 선정 →답사→ 벌도→ 뒷손질
② 답사 → 간벌목 선정→ 벌도 -뒷손질
③ 답사 → 간벌목 선정→ 뒷손질→ 벌도
④ 간벌목 선정 →뒷손질 →답사→ 벌도

해설 일반적으로 답사를 통해 벌목량 및 상태를 조사하고 간벌목을 선정한다. 이후 벌도 및 뒷손질을 실시한다.

09 다음 중 왜림작업으로 가장 적합한 수종은?

① 전나무   ② 참나무
③ 아까시나무 ④ 가문비나무

해설 왜림작업에 적합한 수종으로 아까시나무, 상수리나무, 밤나무 등이 있다.

10 다음 설명 중 옳지 않은 것은?

① 취목은 휘묻이라고도 한다.
② 삽목과 조직배양은 무성번식이다.
③ 접목은 가을에 실시하는 것이 좋다.
④ 취목 시 환상박피하면 발근이 잘 된다.

해설 보통 접수는 휴면상태, 대목은 활발한 상태일 때 접목의 적기이다.

11 산림 부식질의 기능으로 옳지 않은 것은?

① 토양 가비중을 높인다.
② 토양 입자를 단단히 결합한다.
③ 토양수분의 이동, 저장에 영향을 미친다.
④ 질소, 인산 같은 양분의 공급원으로 제공된다.

해설 토양에서 부식질이 많은 토양은 가비중이 낮은 편이다.

12 용재생산과 연료생산을 동시에 생산할 수 있으며, 하목은 짧은 윤벌기로 모두 베어지고 상목은 택벌식으로 벌채되는 작업종은?

① 택벌작업   ② 산벌작업
③ 중림작업   ④ 왜림작업

해설 용재 생산이 목적인 교림작업, 연료재 생산이 목적인 왜림작업을 동시에 실시하는 것을 중림작업이라 한다.

13 동령림과 비교한 이령림의 장점으로 옳지 않은 것은?

① 산림경영상 산림조사 및 수확이 간편하다.
② 병중해 등 유해인자에 대한 저항력이 높다.
③ 시장의 목재 경기에 따라 벌기 조절에 융통성이 있다.
④ 숲의 공간구조가 복잡하여 생태적 측면에서는 바람직한 형태이다.

해설 이령림은 동령림에 비해 산림 조사 및 수확이 상대적으로 복잡하다.

정답 07.① 08.② 09.③ 10.③ 11.① 12.③ 13.①

14 종자 정선 방법으로 풍선법을 적용하기 어려운 수종은?
① 밤나무 ② 소나무
③ 가문비나무 ④ 일본잎갈나무

해설) 풍선법은 날개 및 가벼운 과피, 쭉정이를 분리할 목적, 바람을 이용하는 방법으로 소나무, 가문비나무, 낙엽송 등에 주로 적용한다. 밤나무와 같은 대립종자를 가진 수종은 입선법이 효율적이다.

15 묘포상에서 해가림이 필요 없는 수종은?
① 전나무 ② 삼나무
③ 사시나무 ④ 가문비나무

해설) 묘포상에서 소나무, 포플러, 사시나무 등은 양수 수종들은 해가림이 필요 없다.

16 종자 정선 후 바로 노천매장을 하는 수종은?
① 벚나무 ② 피나무
③ 전나무 ④ 삼나무

해설) 종자를 채취 후에 노천매장을 하는 수종으로 들메나무, 단풍나무, 잣나무, 호두나무, 느티나무, 백합나무, 은행나무, 목련 등이 있다.

17 매년 결실하는 수종은?
① 소나무 ② 오리나무
③ 자작나무 ④ 아까시나무

해설) 해마다 결실하는 수종으로 버드나무류, 오리나무류, 포플러류 등이 있다.

18 인공조림과 비교한 천연갱신의 특징이 아닌 것은?
① 생산된 목재가 균일하다.
② 조림실패의 위험이 적다.
③ 숲 조성에 시간이 걸린다.
④ 생태계 구성원 보호에 유리하다.

해설) 생산된 목재가 균일한 것은 인공조림의 특징이다.

19 예비벌을 실시하는 주요 목적으로 거리가 먼 것은?
① 벌채목의 반출 용이
② 잔존목의 결실 촉진
③ 부식질의 분해 촉진
④ 어린나무 발생의 적합한 환경 조성

해설) 예비벌은 산벌작업의 초기단계로 피압목, 불량목, 폭목 등 모수로서 부적합한 나무를 벌채하여 산림의 갱신준비 작업을 한다.

20 종자 발아시험 기간이 가장 긴 수종들로 짝지어진 것은?
① 소나무, 삼나무
② 곰솔, 사시나무
③ 버드나무, 느릅나무
④ 일본잎갈나무, 가문비나무

해설) 종자 발아검사 기준 소나무, 삼나무는 28일이며 사시나무, 느릅나무는 14일, 가문비나무는 21일 정도로 보기 중 가장 긴 수종으로 묶인 것은 소나무와 삼나무이다.

21 우리나라가 원산인 수종은?
① 백송 ② 삼나무
③ 잣나무 ④ 연필향나무

해설) 백송, 삼나무의 원산은 일본이며 연필향나무는 북아메리카가 원산이다. 국내의 고유수종으로는 해송, 잣나무, 전나무, 황철나무 등이 있다.

정답 14.① 15.③ 16.① 17.② 18.① 19.① 20.① 21.③

22 묘목을 1.8m×1.8m 정방향으로 식재할 때 1ha당 묘목의 본수로 가장 적당한 것은?

① 약 308본　② 약 555본
③ 약 3086본　④ 약 5555본

> 해설　식재묘목수 = $\dfrac{10{,}000 m^2}{1.8m \times 1.8m}$ ≒ 3086본

23 파종상의 해가림 시설을 제거하는 시기로 가장 적절한 것은?

① 5월 중순 ~ 6월 중순
② 7월 하순 ~ 8월 중순
③ 9월 중순 ~ 10월 상순
④ 10월 중순 ~ 11월 중순

> 해설　너무 오랜 해가림은 생장을 방해하기에 8월부터는 제거해준다.

24 순량률 80%, 발아율 90%인 종자의 효율은?

① 10%　② 72%
③ 89%　④ 90%

> 해설　효율(%) = $\dfrac{순량률 \times 발아율}{100}$
> = $\dfrac{80 \times 90}{100}$ = 72(%)

25 다음 가지치기의 목적에 대한 설명으로 틀린 것은?

① 옹이가 없는 경제성 높은 목재를 생산한다.
② 하목을 보호하고 생장을 촉진시킨다.
③ 나무끼리의 생존경쟁을 완화시킨다.
④ 산림의 위해를 증가시킨다.

> 해설　가지치기는 옹이가 없는 우량 목재 생산에 적합하며 산림의 위해를 감소시킨다.

26 바이러스에 의하여 발병하는 것은?

① 청변병　② 불마름병
③ 뿌리혹병　④ 모자이크병

> 해설　바이러스병의 증상으로 모자이크, 괴저, 기형, 줄무늬 등이 나타난다.

27 불완전균류에 의한 병이 아닌 것은?

① 삼나무붉은마름병
② 오동나무탄저병
③ 오리나무갈색무늬병
④ 대추나무빗자루병

> 해설　대추나무빗자루병은 파이토플라스마에 의해 발생한다.

28 충분히 자란 유충은 먹는 것을 중지하고 유충시기의 껍질을 벗고 번데기가 되는데, 이와 같은 현상을 무엇이라 하는가?

① 부화　② 용화
③ 우화　④ 난기

> 해설　유충이 껍질을 벗고 번데기가 되는 과정을 용화라 한다.

29 한상(寒傷)에 대한 설명으로 옳은 것은?

① 식물체의 조직 내에 결빙현상은 발생하지 않지만 저온으로 인해 생리적으로 장애를 받는 것이다.
② 온대식물이 피해를 가장 받기 쉽다.
③ 저온으로 인해 식물체 조직 내에 결빙현상이 발생하여 식물체를 죽게 한다.
④ 한겨울 밤 수액이 저온으로 인해 얼면서 부피가 증가할 때 수간이 갈라지는 현상이다.

> 해설　한상은 식물체 세포 내에 결빙현상은 나타나지 않으나 저온으로 인해 생리적 장애가 발생하여 생육에 지장을 초래하는 경우를 말한다.

정답　22.③　23.②　24.②　25.④　26.④　27.④　28.②　29.①

30 경기도 가평에서 처음 발견된 병으로 줄기에 병징이 나타나면 어린나무는 대부분이 1~2년 내에 말라죽고 20년생 이상의 큰나무는 병이 수년간 지속되다가 마침내 말라 죽는 수병은?

① 잣나무털녹병
② 소나무모잘록병
③ 오동나무탄저병
④ 오리나무갈색무늬병

해설 잣나무털녹병은 1936년 경기도 가평에서 처음발견되었으며 잎의 기공으로 침입하여 줄기로 전파된다. 잠복기간도 3~4년 정도로 긴편이며 어린나무는 대부분 1년내외로 말라 죽고 큰나무는 병이 수년간 발병하다가 말라 죽는다.

31 "송충이"라고도 불리며, 5령 유충으로 월동을 하여 이듬해 4월경부터 잎을 갉아먹는 해충은?

① 솔나방
② 소나무좀
③ 솔잎혹파리
④ 솔껍질깍지벌레

해설 1년에 1회 발생하고 5령충이 지피물 혹은 나무껍질 사이에 월동하고 이듬해 4월에 잎에 피해를 준다.

32 나비목에 속하는 곤충은?

① 밤나방
② 나무좀류
③ 깍지벌레
④ 나무이

해설 나비목에는 나비, 솔나방, 밤나방 등이 있다

33 다음 해충 중 소나무의 새순에 기생하여 양분을 빨아먹음으로써 수세를 약화시켜 새로운 순을 말라 죽이는 것은?

① 소나무좀
② 박쥐나방
③ 향나무하늘소
④ 소나무가루깍지벌레

해설 소나무가루깍지벌레는 가지의 수액을 빨아먹어 신초가 잘 자라지 못하게 하고 수세를 약화시킨다.

34 진딧물이나 깍지벌레 등이 수목에 기생한 후 그 분비물 위에 번식하여 나무의 잎, 가지, 줄기가 검게 보이는 병은?

① 흰가루병
② 그을음병
③ 줄기마름병
④ 잎떨림병

해설 그을음병은 진딧물, 깍지벌레의 배설물에 의해 발생하고 그을음과 같은 포자 덩어리로 인해 검게 보인다.

35 최근에 산불이 발생하면 임내에 가연물이 많아 대형화되는 경우가 많다. 최근까지 조사된 산불 원인 중 산불발생빈도가 가장 높은 것은?

① 어린이 불장난
② 성묘객의 실화
③ 입산자의 실화
④ 논·밭두렁 소각

해설 산림화재는 등산자의 부주의로 인한 화재가 가장 많다.

정답 30.① 31.① 32.① 33.④ 34.② 35.③

36 솔나방의 방제방법으로 틀린 것은?

① 4월 중순 ~ 6월 중순과 9월 상순 ~ 10월 하순에 유충이 솔잎을 가해할 때 약제를 살포한다.
② 6월 하순부터 7월 중순 고치 속의 번데기를 집게로 따서 소각한다.
③ 솔나방의 기생성 천적이 발생할 수 있도록 가급적 단순림을 조성한다.
④ 성충 활동기에 피해 임지에 수은등을 설치한다.

해설 솔나방의 방제를 위해 단순림보다는 혼효림이 효과적이다.

37 농약 주성분의 농도를 낮추기 위하여 사용하는 보조제는?

① 전착제 ② 유화제
③ 증량제 ④ 협력제

해설 증량제는 주성분의 농도를 낮추는 보조제이다.

38 다음 중 낙엽송잎벌에 대한 설명으로 옳지 않은 것은?

① 1년에 3회 발생한다.
② 어린 유충이 군서하여 잎을 가해한다.
③ 3령 유충부터는 분산하여 잎을 가해한다.
④ 기존의 가지보다는 새로운 가지에서 나오는 짧은 잎을 식해한다.

해설 낙엽송잎벌은 어린 유충이 군서하여 잎을 가해하는데 새로 나오는 가지보다는 기존의 가지에서 나오는 짧은 잎을 식해한다.

39 향나무를 중간기주로 하여 기주교대를 하는 병은?

① 잣나무 털녹병
② 밤나무 줄기마름병
③ 대추나무 빗자루병
④ 배나무 붉은별무늬병

해설 배나무붉은별무늬병의 중간기주는 향나무이다.

40 유충이 잎살만 먹고 엽맥을 남겨 잎이 그물 모양이 되며 성충은 주맥만 남기고 잎을 갉아 먹는 해충은?

① 텐트나방 ② 오리나무잎벌레
③ 미국흰불나방 ④ 박쥐나방

해설 오리나무잎벌레는 잎살만 먹고 엽맥을 남겨 잎이 그물 모양이 되며 성충은 주맥만 남기고 잎을 갉아 먹는데 성충과 유충이 동시에 잎을 식해한다.

41 기계톱에 보통 휘발유가 아닌 불법제조 휘발유 사용 시 예상되는 문제점은?

① 연료계통에 고장이 발생할 수 있다.
② 연료통 내막이 강화된다.
③ 연료호스가 경화되어 수명이 길어진다.
④ 오일막이 생긴다.

해설 내폭성이 낮은 저옥탄가의 가솔린을 사용하여야 고폭발로 인한 기계손상을 막을수가 있다. 잘못된 연료를 사용하게 될 경우 엔진 혹은 연료 계통에 고장이 발생할 수 있다.

42 노동의 경중에 따른 에너지 대사율 중 임업노동이 속하는 중노동 작업은 얼마인가?

① 0~1 ② 1~2
③ 4~7 ④ 7이상

해설 산림 작업에서 RMR(에너지 대사율) 4~7을 중노동 작업으로 간주한다.

정답 36.③ 37.③ 38.④ 39.④ 40.② 41.① 42.③

43 산림작업의 기계화가 갖는 목적이 아닌 것은?

① 상품가치의 하락
② 생산비용의 절감
③ 노동생산성의 향상
④ 중노동으로부터 해방

해설) 산림작업의 기계화를 통해 생산비용의 절감, 노동생산성의 향상, 중노동으로의 해방 등이 있다.

44 기계톱의 일일정비 및 점검사항에 해당하지 않는 것은?

① 안내판의 손질
② 에어필터의 청소
③ 연료필터의 청소
④ 휘발유와 오일의 혼합

해설) 연료필터는 깨끗한 연료로 세척 및 조립하고 필요시 필터를 교환하는 것은 분기별 정비에 해당한다.

45 일반적으로 가솔린과 오일을 25 : 1로 혼합하여 연료로 사용하는 기계장비로 묶여 있는 것은?

① 예불기, 기계톱
② 예불기, 타워야더
③ 파미원치, 타워야더
④ 파미원치, 아크야윈치

해설) 예불기, 기계톱의 2행정 가솔린 기관의 경우 가솔린과 윤활유를 25 : 1 비율로 혼합하여 사용한다.

46 기계톱의 안전장치로만 나열되어 있는 것은?

① 방진고무, 전방손잡이보호판, 후방손잡이, 에어휠터
② 체인잡이볼트, 스프라켓트, 에어휠터, 체인브레이크
③ 기계톱날, 안내판, 지레발톱, 스파크플러그
④ 체인브레이크, 전방손잡이보호판, 후방손잡이보호판, 체인잡이 볼트

해설) 기계톱의 안전장치에는 체인브레이크, 체인잡이볼트, 손잡이 및 보호판, 스로틀레버 차단판, 진동방지장치, 소음기, 방진고무 등이 있다.

47 다음 중 산림토목용 기계의 범주에 포함되는 기계는?

① 모터그레이더(motor grader)
② 집재기
③ 벌도기(feller buncher)
④ 적재집재차량(forwarder)

해설) 모터그레이더는 정지기계로 노면의 깎기, 노면의 다지기 등을 수행하는 산림토목용 기계이다.

48 다음 그림은 기계톱의 각 부분의 구조이다. 번호 ③의 지레발톱에 대한 설명이 올바른 것은?

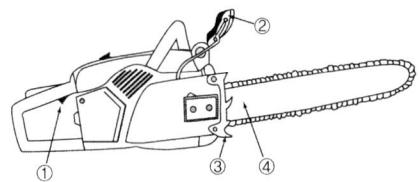

① 악셀레버의 차단기이다.
② 기계톱을 조종하는 앞손잡이이다.
③ 나무를 절삭하며, 보통 안전용 체인덮개로 보호한다.
④ 정확히 작업을 할 수 있도록 지지역할 및 완충과 받침대 역할을 한다.

정답 43.① 44.③ 45.① 46.④ 47.① 48.④

해설> 스파이크(지레발톱)는 체인톱을 지지하는 지렛대 역할을 한다.

49 엔진의 출력은 마력(HP, PS)대신에 kW 단위를 사용하고 있다. 1마력은 약 몇 kW와 같은가?

① 0.7 ② 1.0
③ 1.4 ④ 2.0

해설> 1마력은 0.735kW 와 같다.

50 산림작업도구인 각식재용 양날괭이에 대한 설명으로 틀린 것은?

① 형태에 따라 타원형과 네모형이 있다.
② 도끼날 부분은 나무를 자르는 것으로만 사용한다.
③ 타원형은 자갈이 섞이고 지중에 뿌리가 있는 곳에서 사용한다.
④ 네모형은 땅이 무르고 자갈이 없으며 잡초가 많은 곳에서 사용한다.

해설> 도끼날 부분은 땅을 가르는 용도로 사용한다.

51 가선집재의 장점에 대한 틀린 설명은?

① 다른 집재방법보다 지형조건의 영향을 적게 받는다.
② 임지 및 잔존임분에 피해를 최소화할 수 있다.
③ 트랙터 집재에 비해 집재작업에 필요한 에너지가 적게 소요된다.
④ 다른 집재방법보다 작업원에 대한 기술적 요구도가 낮다.

해설> 가선집재는 장비가 고가이고 숙련된 기술을 요구한다.

52 엔진에서 피스톤이 상부에 있을 때를 상사점(TDC)이라 하고, 최하부로 내려갔을 때를 하사점(BDC)이라 한다. TDC와 BDC 사이는 무엇이라 하는가?

① 연소실 ② 행정
③ 실린더 ④ 피스톤

해설> 상사점과 하사점 사이의 작동거리를 행정이라 한다.

53 가선집재 장비 중 Koller K-300의 상향 최대집재거리로 옳은 것은?

① 300m ② 400m
③ 500m ④ 600m

해설> 타워야더(Koller K-300)은 300m 까지 상향 집재가 가능하다. Koller K-800 의 경우 상, 하향 집재로 800m 까지 가능하다.

54 다음 중 가선 집재기계로 옳지 않은 것은?

① 하베스터
② 자주식 반송기
③ 썰매식 집재기
④ 이동식 타워형 집재기

해설> 하베스터는 임목을 벌목하여 가지자르기, 토막내기 작업을 일관된 공정으로 작업할 수 있는 다공정 벌채장비이다.

55 내연기관(4행정)에 부착되어 있는 캠축의 역할로 가장 적당한 것은?

① 오일의 순환추진
② 피스톤의 상·하 운동
③ 연료의 유입량을 조절
④ 흡기공과 배기공을 열고 닫음

해설> 4행정 엔진이 1사이클을 완료하면 크랭크축이 2회전, 캠축이 1회전을 하면서 각 실린더의 흡기밸브와 배기밸브가 각 1회 열리고 닫히게 된다.

정답 49.① 50.② 51.④ 52.② 53.① 54.① 55.④

56 기계톱 사용 시 안전에 대한 내용으로 틀린 것은?

① 안전작업에 필요한 각종 장비를 반드시 착용한다.
② 절단작업 시는 충분히 스로틀레버를 잡아 가속한 후 사용한다.
③ 위험한 부분은 안내판코로 찔러 베기를 한다.
④ 기계작업 전이나 작업 중 음주는 시각, 감각, 판단상의 장애를 일으킨다.

> 해설 안내판코 부분으로 찔러베기를 할 경우 반력이 생길 수 있기에 주의한다.

57 기계톱의 엔진에서 스파크플러그의 적정 전극간격은 얼마인가?

① 0.1~0.2mm ② 0.2~0.3mm
③ 0.3~0.4mm ④ 0.4~0.5mm

> 해설 기계톱의 스파크플러그의 전극간격 기준은 0.4 ~ 0.5mm 이다.

58 벌목도구의 사용법에 대한 설명으로 틀린 것은?

① 목재돌림대는 벌목 중 나무에 걸려있는 벌도목과 땅 위에 있는 벌도목의 방향전환 및 돌리는 작업에 주로 사용된다.
② 지렛대와 밀게는 밀집된 간벌지에서 벌도방향 유인과 잘린나무 방향전환에 유용하게 사용된다.
③ 쐐기는 톱의 끼임을 방지하기 위하여 사용한다.
④ 스웨디쉬 갈고리는 기울어진 나무의 방향전환에 주로 사용되는 방향 갈고리이다.

> 해설 스웨디쉬갈고리는 소경재 운반에 적합한 갈고리이다.

59 다음 중 점화방식에 의해 분류된 기관이 아닌 것은?

① 외연기관   ② 전기점화기관
③ 압축착화기관 ④ 소구기관

> 해설 내연기관의 점화방식에 따라 전기점화기관, 압축착화기관, 소구기관 으로 분류한다.

60 산림도구를 만들기 위한 자루용 원목으로 사용되는 목재로서 가치가 없는 것은?

① 침엽수 목재
② 목질 섬유가 긴 나무
③ 탄력이 크고 질긴 나무
④ 옹이, 갈라진 흠이 없는 나무

> 해설 자루의 재료는 가볍고 열전도율이 낮으며 탄력이 있고 질긴 소재로 주로 활엽수 목재를 이용한다.

정답 56.③ 57.④ 58.④ 59.① 60.①

CBT 제15회 산림기능사

01 숲의 작업종 중 모수작업에 의하여 조성되는 후계림은 어떤 형태인가?

① 이령림 ② 노령림
③ 동령림 ④ 다층림

해설 ❯ 모수작업은 모수만 남기고 나머지 나무를 일시에 벌채하는 작업으로 이후 나무의 나이가 유사한 동령림이 형성된다.

02 다음 중 천연림에 대한 설명으로 맞지 않는 것은?

① 수종이 다양하다.
② 나무의 크기가 일정하다.
③ 층위가 다양하다.
④ 원시림 또는 처녀림이라 한다.

해설 ❯ 천연림은 수종 및 임령이 다양하여 나무의 크기도 다양하다.

03 산림용 고형복합비료의 함량비율(질소 : 인산 : 칼륨)으로 가장 적합한 것은?

① 1 : 3 : 4 ② 3 : 4 : 1
③ 2 : 2 : 2 ④ 3 : 1 : 4

해설 ❯ 산림의 고형복합비료는 가장 많이 이용되는 비료이며 질소, 인산, 칼륨의 비가 3 : 4 : 1 이다.

04 내음력이 뛰어난 음수끼리만 짝지어진 것은?

① 주목, 회양목 ② 회양목, 낙엽송
③ 소나무, 잣나무 ④ 주목, 소나무

해설 ❯ 주목, 개비자나무, 사철나무, 회양목 등은 극음수에 속한다.

05 연료림이나 작은 나무의 생산에 적당한 작업종은?

① 교림작업 ② 왜림작업
③ 중림작업 ④ 모수작업

해설 ❯ 왜림작업은 활엽수림에 연료재 생산을 목적으로 짧은 벌기령을 가진다.

06 무육작업이라고 할 수 없는 것은?

① 풀베기 ② 솎아베기(간벌)
③ 가지치기 ④ 갱신

해설 ❯ 산림무육작업에는 풀베기, 덩굴제거, 제벌, 가지치기, 간벌이 있다.

07 2ha의 임야에 밤나무를 4m 간격의 정방형 식재를 하려면 얼마의 밤나무 묘목이 필요한가?

① 250 본 ② 750 본
③ 1,250 본 ④ 2,250 본

해설 ❯ $\frac{20000m^2}{4m \times 4m} = 1250$ 본

정답 01.③ 02.② 03.② 04.① 05.② 06.④ 07.③

08 묘목의 특수식재 중 천근성이며 직근이 빈약하고 측근이 잘 발달된 가문비나무 등과 같은수종의 어린 노지묘를 식재할 때 사용되는 방법은?

① 봉우리 식재 ② 치식
③ 용기묘 식재 ④ 대묘 식재

해설 봉우리 식재는 구덩이를 파고 안에 봉우리를 만들어 묘목을 심는 방법으로 천근성이면서 상대적으로 측근이 발달된 나무에 적합하다.

09 대면적 개벌법에 의한 갱신 시 소나무의 종자 비산거리로 옳은 것은?

① 모수 수고의 1~3배
② 모수 수고의 3~5배
③ 모수 수고의 4~6배
④ 모수 수고의 5~7배

해설 소나무는 모수 수고의 3~5배 정도의 비산거리를 갖는다.

10 노천매장법 중 파종하기 한 달쯤 전에 매장하는 것이 발아촉진에 도움을 주는 수종은?

① 백합나무 ② 측백나무
③ 옻나무   ④ 가래나무

해설 노천매장법에서 파종하기 1달 전에 매장하여 발아촉진에 도움이 되는 수종으로 소나무, 해송, 가문비나무, 전나무, 삼나무, 측백나무 등이 있다.

11 다음 설명 중 옳지 않은 것은?

① 취목은 휘묻이라고도 한다.
② 삽목과 조직배양은 무성번식이다.
③ 접목은 가을에 실시하는 것이 좋다.
④ 취목 시 환상박피하면 발근이 잘 된다.

해설 보통 접수는 휴면상태, 대목은 활발한 상태일 때 접목의 적기이다.

12 산림 부식질의 기능으로 옳지 않은 것은?

① 토양 가비중을 높인다.
② 토양 입자를 단단히 결합한다.
③ 토양수분의 이동, 저장에 영향을 미친다.
④ 질소, 인산 같은 양분의 공급원으로 제공된다.

해설 토양에서 부식질이 많은 토양은 가비중이 낮은 편이다.

13 용재생산과 연료생산을 동시에 생산할 수 있으며, 하목은 짧은 윤벌기로 모두 베어지고 상목은 택벌식으로 벌채되는 작업종은?

① 택벌작업 ② 산벌작업
③ 중림작업 ④ 왜림작업

해설 용재 생산이 목적인 교림작업, 연료재 생산이 목적인 왜림작업을 동시에 실시하는 것을 중림작업이라 한다.

14 묘포상에서 해가림이 필요 없는 수종은?

① 전나무   ② 삼나무
③ 사시나무 ④ 가문비나무

해설 묘포상에서 소나무, 포플러, 사시나무 등은 양수 수종들은 해가림이 필요 없다.

15 파종상에서 2년, 그 뒤 판갈이상에서 1년을 지낸 3년생 묘목의 표시 방법은?

① 1-2묘 ② 2-1묘
③ 0-3묘 ④ 1-1-1묘

해설 2-1 묘는 파종상에서 2년, 이식상에서 1년을 보낸 3년생 묘목이다.

정답 08.① 09.② 10.② 11.③ 12.① 13.③ 14.③ 15.②

16 종자 발아시험 기간이 가장 긴 수종들로 짝지어진 것은?

① 소나무, 삼나무
② 곰솔, 사시나무
③ 버드나무, 느릅나무
④ 일본잎갈나무, 가문비나무

해설 종자 발아검사 기준 소나무, 삼나무는 28일이며 사시나무, 느릅나무는 14일, 가문비나무는 21일 정도로 보기 중 가장 긴 수종으로 묶인 것은 소나무와 삼나무이다.

17 솎아베기가 잘된 임지, 유령림 단계에서 집약적으로 관리된 임분에서 생략이 가능한 산벌작업 과정은?

① 후벌
② 종벌
③ 하종벌
④ 예비벌

해설 산림의 갱신준비 작업인 예비벌은 관리가 잘 된 임분이나 상황에 따라 생략이 가능하다.

18 소나무 종자의 무게가 45g이고 협잡물을 제거한 후의 무게가 43.2g일 때 순량률은?

① 43%
② 45%
③ 86%
④ 96%

해설 순량률(%) = $\dfrac{순정종자량(g)}{작업량(g)} \times 100$

$= \dfrac{43.2}{45} \times 100 = 96(\%)$

19 간벌에 대한 설명으로 옳지 않은 것은?

① 지름생장을 촉진하고 숲을 건전하게 만든다.
② 빽빽한 밀도로 경쟁을 촉진시켜 나무의 형질을 좋게 한다.
③ 벌채가 되기 전에 나무를 솎아 베어 중간 수입을 얻을 수 있다.
④ 나무를 솎아 벤 곳에 잡초가 무성하게 되어 표토의 유실을 막고 빗물을 오래 머무르게 하여 숲 땅이 비옥해진다.

해설 간벌작업을 통해 임도의 밀도를 낮게하고 수목간의 경쟁을 완화시켜 나무의 형질을 좋게 한다.

20 종자의 숙기가 7월경인 수종은?

① 황철나무
② 회양목
③ 잣나무
④ 은행나무

해설 종자의 성숙기가 7월인 것으로 회양목, 벚나무 등이 있다.

21 질소고정균인 근류균과 공생하는 수종으로만 짝지어진 것은?

① 아까시나무, 싸리나무
② 오리나무, 신갈나무
③ 리기테다소나무, 은행나무
④ 단풍나무, 낙엽송

해설 질소고정균인 근류균과 공생하는 나무에는 비료목의 콩과수목들이 있으며 아까시나무, 자귀나무, 칡, 싸리나무 등이 대표적이다. 대표적인 근류균으로 콩과수목에는 Rhizobium이 있다.

22 산림토양에서만 볼 수 있는 토양층으로 가장 위층을 이루는 것은?

① 유기물층(O층)
② 표토층(A)
③ 심토층(B)
④ 모재층(C)

해설 산림토양은 가장 위층인 유기물층이 있고 그 아래로 용탈층, 집적층, 모재층 순서로 이루어져 있다.

23 밤나무에 가장 알맞은 종자 파종법은?

① 흩어뿌림
② 줄뿌림
③ 점뿌림
④ 군상으로 모아뿌림

해설 점뿌림(점파)는 종자 크기가 큰 밤나무, 호두나무 등의 수종에 적합하다.

정답 16.① 17.④ 18.④ 19.② 20.② 21.① 22.① 23.③

24 무성번식의 장점과 관계가 없는 것은?

① 개화가 결실이 빨라진다.
② 초기의 생장이 빠르다
③ 씨앗의 생산이 잘 안 되는 나무를 번식한다.
④ 실생묘에 비해 대량생산이 쉽다.

> 해설) 무성번식은 실생묘에 비해 대량생산이 어렵다.

25 덩굴식물을 설명한 것 중 옳지 않은 것은?

① 대체적으로 햇빛을 좋아하는 식물이다.
② 칡이 항상 문제로 되고 있다.
③ 덩굴치기의 시기는 덩굴식물이 뿌리속의 저장양분을 소모한 7월경이 좋다.
④ 덩굴을 잘라주면 쉽게 제거할 수 있다.

> 해설) 덩굴식물은 생존력이 강해 물리적으로 잘라주는 것만으로는 제거가 어렵다. 물리적 덩굴제거는 통상 2~3회 정도 실시하며 덩굴줄기 제거 및 덩굴의 완전제거를 위해 뿌리 굴취를 실시한다.

26 충분히 자란 유충은 먹는 것을 중지하고 유충시기의 껍질을 벗고 번데기가 되는데, 이와 같은 현상을 무엇이라 하는가?

① 부화   ② 용화
③ 우화   ④ 난기

> 해설) 유충이 껍질을 벗고 번데기가 되는 과정을 용화라 한다.

27 한상(寒傷)에 대한 설명으로 옳은 것은?

① 식물체의 조직 내에 결빙현상은 발생하지 않지만 저온으로 인해 생리적으로 장애를 받는 것이다.
② 온대식물이 피해를 가장 받기 쉽다.
③ 저온으로 인해 식물체 조직 내에 결빙현상이 발생하여 식물체를 죽게 한다.
④ 한겨울 밤 수액이 저온으로 인해 얼면서 부피가 증가할 때 수간이 갈라지는 현상이다.

> 해설) 한상은 식물체 세포 내에 결빙현상은 나타나지 않으나 저온으로 인해 생리적 장애가 발생하여 생육에 지장을 초래하는 경우를 말한다.

28 경기도 가평에서 처음 발견된 병으로 줄기에 병징이 나타나면 어린나무는 대부분이 1~2년 내에 말라죽고 20년생 이상의 큰 나무는 병이 수년간 지속되다가 마침내 말라 죽는 수병은?

① 잣나무털녹병
② 소나무모잘록병
③ 오동나무탄저병
④ 오리나무갈색무늬병

> 해설) 잣나무털녹병은 1936년 경기도 가평에서 처음 발견되었으며 잎의 기공으로 침입하여 줄기로 전파된다. 잠복기간도 3~4년 정도로 긴 편이며 어린나무는 대부분 1년내외로 말라죽고 큰나무는 병이 수년간 발병하다가 말라 죽는다.

29 "송충이"라고도 불리며, 5령 유충으로 월동을 하여 이듬해 4월경부터 잎을 갉아먹는 해충은?

① 솔나방   ② 소나무좀
③ 솔잎혹파리 ④ 솔껍질깍지벌레

> 해설) 1년에 1회 발생하고 5령충이 지피물 혹은 나무껍질 사이에 월동하고 이듬해 4월에 잎에 피해를 준다.

30 유충과 성충 모두가 나무 잎을 식해하는 해충은?

① 참나무재주나방
② 솔나방
③ 어스렝이나방
④ 오리나무잎벌레

> 해설) 오리나무잎벌레는 성충과 유충이 동시에 잎을 가해한다.

정답 24.④ 25.④ 26.② 27.① 28.① 29.① 30.④

31 나비목에 속하는 곤충은?

① 밤나방　　② 나무좀류
③ 깍지벌레　④ 나무이

해설 　나비목에는 나비, 솔나방, 밤나방 등이 있다.

32 대나무류 개화병의 발병 원인은?

① 세균감염　② 동해
③ 생리적 현상　④ 바이러스 감염

해설 　대나무 개화병은 오랫동안 무성번식에 의한 갱신을 계속하는 도중에 개화현상이 나타나는데 이는 대나무의 영양조건에 의한 생리적 현상에 의해 발생한다.

33 도시의 공원이나 가로수에서 나타나는 수목 피해의 원인으로 틀린 것은?

① 토양 경화
② 호흡 불량
③ 뿌리 조임
④ 자연 유기물비료 과다 공급

해설 　도시공원이나 가로수의 경우 토양에 양분이 부족한 경우가 있기에 자연 유기물비료를 과다하게 공급할 경우 토양의 부족한 양분을 보충하여 수목의 피해를 경감시킨다.

34 진딧물이나 깍지벌레 등이 수목에 기생한 후 그 분비물 위에 번식하여 나무의 잎, 가지, 줄기가 검게 보이는 병은?

① 흰가루병　② 그을음병
③ 줄기마름병　④ 잎떨림병

해설 　그을음병은 진딧물, 깍지벌레의 배설물에 의해 발생하고 그을음과 같은 포자 덩어리로 인해 검게 보인다.

35 다음 중 비생물적 병원(病原)인 것은?

① 선충　　② 진균
③ 공장폐수　④ 파이토플라스마

해설 　비생물적 병원은 외부적 요인으로 토양, 기상, 양분, 농기구, 공업폐수 등이 있다.

36 유아등으로 등화유살 할 수 있는 해충은?

① 오리나무잎벌레　② 솔잎혹파리
③ 밤나무혹벌　　　④ 어스렝이나방

해설 　등화유살은 주광성이 강한 해충에 적용하는데 어스렝이나방에 적용 가능하다.

37 다음중 살충제의 부작용에 대한 설명으로 틀린 것은?

① 천적류는 접촉제보다 소화중독제의 영향을 특히 많이 받는다.
② 살충제 약해는 강우 전후에 발생하기 쉽다.
③ 같은 살충제를 오랫동안 사용하면 저항성 해충군이 출현한다.
④ 진딧물류나 응애류의 경우 살충제를 사용한 후 해충밀도가 급격히 증가할 수도 있다.

해설 　천적류는 소화중독제보다는 접촉제에 더 영향을 많이 받는다.

38 다음 중 담자균류에 의한 수병은?

① 소나무 혹병
② 밤나무 줄기마름령
③ 그을음병
④ 오동나무 탄저병

해설 　담자균에 의해 발생하는 수목병으로 소나무혹병, 잣나무털녹병, 포플러잎녹병 등이 있다.

정답　31.① 32.③ 33.④ 34.② 35.③ 36.④ 37.① 38.①

39 살충제 중 훈증제로 쓰이는 약제는?

① 메틸브로마이드 ② Bt제
③ 비산연제 ④ DDVP

> 해설: 살충제 중 훈증제로 메틸브로마이드, 클로로피크린 등이 대표적이다.

40 같은 뜻을 가진 용어로 연결된 것은?

① 절대기생체-사물영양성
② 비절대기생체-반활물영양성
③ 임의기생체 - 조건적부생체
④ 임의부생체- 조건적기생체

> 해설: 살아 있는 기주와 죽은 기주 뿐 아니라 각종 영양배지에서 번식하는 경우를 비절대기생체라 한다.

41 4행정 기관과 비교한 2행정기관의 설명으로 틀린 것은?

① 구조가 간단하다.
② 무게가 가볍다.
③ 오일소비가 적다.
④ 폭발음이 적다.

> 해설: 2행정 기관의 오일소비량은 4행정과 비교하여 많은 편이다.

42 산림작업에 사용하는 식재도구로 옳지 않은 것은?

① 재래식 삽 ② 재래식 낫
③ 재래식 괭이 ④ 각식재용 양날괭이

> 해설: 산림작업의 식재용 도구로 사식재용 괭이, 각식재용 양날 괭이, 손도끼, 재래식 삽, 재래식 괭이 등이 있다.

43 대추나무 빗자루병 방제를 위한 약제로 가장 적합한 것은?

① 피리다벤 수화제
② 디플루벤주론 수화제
③ 비티쿠르스타키 수화제
④ 옥시테트라사이클린 수화제

> 해설: 대추나무 빗자루병은 파이토플라스마에 의해 발생하며 옥시테트라사이클린 수화제로 방제한다.

44 다음 중 농약의 물리적 형태에 따른 분류가 아닌 것은?

① 유제 ② 분제
③ 전착제 ④ 수화제

> 해설: 전착제는 병해충 및 식물의 전착에 도움을 주는 보조제이다.

45 기계톱에 보통 휘발유가 아닌 불법제조 휘발유 사용 시 예상되는 문제점은?

① 연료계통에 고장이 발생할 수 있다.
② 연료통 내막이 강화된다.
③ 연료호스가 경화되어 수명이 길어진다.
④ 오일막이 생긴다.

> 해설: 내폭성이 낮은 저옥탄가의 가솔린을 사용하여야 고폭발로 인한 기계손상을 막을수가 있다. 잘못된 연료를 사용하게 될 경우 엔진 혹은 연료 계통에 고장이 발생할 수 있다.

46 노동의 경중에 따른 에너지 대사율 중 임업 노동이 속하는 중노동 작업은 얼마인가?

① 0~1 ② 1~2
③ 4~7 ④ 7이상

> 해설: 산림 작업에서 RMR(에너지 대사율) 4~7을 중노동 작업으로 간주한다.

정답 39.① 40.② 41.③ 42.② 43.④ 44.③ 45.① 46.③

47 산림작업을 위한 안전장비가 아닌 것은?

① 안전헬멧 ② 귀마개
③ 얼굴보호망 ④ 마스크

> 해설 산림작업의 안전장비로 안전헬멧, 귀마개, 얼굴보호망, 안전복, 안전장갑, 안전화 등이 있다.

48 기계톱에 사용되는 연료는 휘발유와 무엇을 혼합하여 혼합유를 만들어 사용하는가?

① 기어오일 ② 엔진오일
③ 그리스 ④ 방청유

> 해설 기계톱에 사용하는 휘발유는 엔진오일과 25 : 1 비율로 혼합하여 사용한다.

49 일반적으로 예불기는 시간당 몇 리터(L)를 소모되는 것으로 보고 준비하는 것이 좋은가?

① 50L ② 5L
③ 0.5L ④ 0.05L

> 해설 예불기의 연료는 약 0.5L/h 정도가 소모된다.

50 라이싱거 듀랄은 무엇에 사용되는 도구인가?

① 땅위에 쓰러져 있는 벌노목의 방향전환 도구이다.
② 벌도방향 위치선정을 위한 쐐기의 일종이다.
③ 원형 기계톱 사용시 기계톱이 목재 사이에 끼었을 때 사용하는 쐐기의 일종이다.
④ 자루가 짧은 침엽수 박피기의 일종이다.

> 해설 라이싱거 듀랄은 원형 기계톱 사용시 이용하며 톱날이 목재 사이 끼었을 때 사용하는 쐐기의 일종이다.

51 반끌형 톱날의 연마각도로 맞는 것은?

① 창날각 : 35° ② 가슴각 : 60°
③ 지붕각 : 85° ④ 수직각 : 45°

> 해설 반끌형톱날은 창날각 35°, 가슴각 85°, 지붕각 60° 이다.

52 구입비가 30,000,000원인 트랙터의 매년 일정액의 감가상각비를 구하면? (단, 잔존가격은 취득원가의 10%이고 상각률은 0.2이며, 정액법을 이용하여 계산한다.)

① 2,500,000원 ② 1,000,000원
③ 5,400,000원 ④ 4,500,000원

> 해설 매년감가상각비
> $= \dfrac{\text{구입가격} - \text{잔존가격}}{\text{내용연수}} \times \text{상각률}$
> $= \dfrac{30,000,000 - 3,000,000}{1} \times 0.2 = 5,400,000$

53 산림작업 안전사고 예방수칙으로 옳지 않은 것은?

① 몸 전체를 고르게 움직이며 작업할 것
② 긴장하지 말고 부드럽게 작업에 임할 것
③ 작업복은 작업종과 일기에 따라 착용할 것
④ 안전사고 예방을 위하여 가능한 혼자 작업 할 것

> 해설 안전사고 예방을 위해 최소 2인 1개조로 작업한다.

54 4기통 디젤 엔진의 실린더 내경이 10cm, 행정이 4cm일 때 이 엔진의 총배기량은?

① 785cc ② 1,256cc
③ 4,000cc ④ 3,140cc

> 해설 $V_D = \dfrac{\pi}{4} \times D^2 \times l \times z$
> $= 0.785 \times 10^2 \times 4 \times 4 = 1256$
>
> 여기서, V_D : 총배기량(cc), D : 실린더 내경(cm)
> l : 행정(cm), z : 기통수

정답 47.④ 48.② 49.③ 50.③ 51.① 52.③ 53.④ 54.②

55 기계톱으로 가지치기를 할 때 지켜야 할 유의사항이 아닌 것은?

① 후진하면서 작업한다.
② 안내판이 짧은 기계톱을 사용한다.
③ 작업자는 벌목한 나무에 가까이 서서 작업한다.
④ 벌목한 나무를 몸과 체인톱 사이에 놓고 작업한다.

> 해설: 가지치기 작업시 체인톱을 가볍게 접촉시켜 전진하면서 절단한다.

56 예불날의 종류에 따른 예불기의 분류가 아닌 것은?

① 회전날식 예불기
② 로터리식 예불기
③ 왕복요동식 예불기
④ 나일론코드식 예불기

> 해설: 예불날의 종류에 따라 회전날식 예불기, 직선 왕복날 방식 예불기, 왕복요동식 예불기, 나일론 코드식 예불기 등이 있다.

57 산림작업용 도끼의 날을 관리하는 방법으로 옳지 않은 것은?

① 아치형으로 연마하여야 한다.
② 날카로운 삼각형으로 연마하여야 한다.
③ 벌목용 도끼의 날의 각도는 9~12°가 적당하다.
④ 가지치기용 도끼의 날의 각도는 8~10°가 적당하다.

> 해설: 연마한 도끼의 날은 아치형을 이루어야 올바른 형태이며 날카로운 삼각형이나 무딘 둔각형은 잘못된 형태로 작업이 어렵고 사고를 유발할 위험이 있다.

58 활엽수 벌목작업 시 손톱의 삼각형 톱니날 젖힘 크기로 가장 적당한 것은?

① 0.1~0.2mm
② 0.2~0.3mm
③ 0.3~0.5mm
④ 0.5~0.6mm

> 해설: 침엽수는 0.3 ~ 0.5mm, 활엽수는 0.2 ~ 0.3mm 정도로 젖혀주고 젖힘의 크기는 모든 톱니가 일정해야 한다.

59 벌목작업용 도구가 아닌 것은?

① 지렛대
② 밀게
③ 사피
④ 양날괭이

> 해설: 벌목용으로 톱, 도끼, 쐐기, 목재 돌림대, 갈고리, 밀대, 박피삽, 사피, 측척 등이 있다.

60 경사진 산림에서 임목벌도 방향은 보통 임지의 경사방향에 대하여 얼마 정도가 적합한가?

① 10°
② 가로방향 또는 30°
③ 45°
④ 60°

> 해설: 일반적으로 경사진 산림은 벌도방향이 보통 임지의 경사방향에 대하여 가로방향이나 혹은 약 30° 경사진 방향이 적합하다.

정답 55.① 56.② 57.② 58.② 59.④ 60.②

참고문헌

- **산림과임업기술**, 산림청
- **조림학**, 이돈구·권기원, 향문사
- **조림학원론**, 임경빈, 향문사
- **수목학**, 이창복, 향문사
- **토양학**, 조성진, 향문사
- **산림토양학**, 진현오, 향문사
- **산림보호학**, 현신규, 향문사
- **수목병리학**, 나용준·신현동, 향문사
- **산림생태학**, 이경준, 향문사
- **산림경영학**, 안종만, 향문사
- **임업경영학**, 박태식, 향문사
- **사방공학**, 우보명, 향문사
- **임업토목공학**, 우보명, 향문사
- **산림측정학**, 김갑덕, 향문사

 **이러닝 강의 및 교재내용 문의**

올배움 홈페이지 www.kisa.co.kr 에
방문하시면 본 교재의 저자직강 강의를 통하여
자격증 단기합격을 할 수 있습니다.
또한 본 교재의 정오표는
올배움 홈페이지를 통해 확인이 가능하며
그 밖의 다른 의견 및 오탈자를 제보해주시면
더 좋은 강의와 교재로 보답하겠습니다.

www.kisa.co.kr

📞 1544-8509 TALK 카톡 ID : kisa

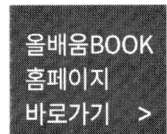

올배움BOOK
홈페이지
바로가기 >

산림기능사 필기

1판1쇄 발행	2021년 1월 10일	2판1쇄 발행	2022년 1월 10일
3판1쇄 발행	2023년 1월 10일	4판1쇄 발행	2024년 1월 10일
5판1쇄 발행	2025년 1월 10일	6판1쇄 발행	2026년 1월 10일

지 은 이 • 권 현 준
펴 낸 이 • 이 정 훈
펴 낸 곳 •
주　　소 • 서울시 금천구 가산디지털1로 168 B동 B105(가산동, 우림라이온스밸리)
전　　화 • 1544-8509 / FAX 0505-909-0777
홈페이지 • www.kisa.co.kr

법인등록번호 • 110111-5784750
I S B N • 979-11-6517-182-7 (13520)

정가 25,000원

이 책에서 내용의 일부 또는 도해를 다음과 같은 행위자들이 사전 승인없이 인용할 경우에는
저작권법 제93조 「손해배상청구권」에 적용 받습니다.
① 단순히 공부할 목적으로 부분 또는 전체를 복제하여 사용하는 학생 또는 복사업자
② 공공기관 및 사설교육기관(학원, 인정직업학교), 단체 등에서 영리를 목적으로 복제・배포
　하는 대표, 또는 당해 교육자
③ 디스크 복사 및 기타 정보 재생 시스템을 이용하여 사용하는 자

※ 파본은 구입하신 서점에서 교환해 드립니다.